超深层重磁电震勘探技术

徐礼贵　邓志文　倪宇东　陈敬国 等　著

科学出版社

北　京

内 容 简 介

万米埋深中新元古界是我国油气资源战略接替领域和深层油气资源的第二勘查空间，该领域面临盆地结构不清、区带目标不明、钻探风险很大等重大地质难题，超深层重磁电震勘探技术是破解这些地质难题、突破和扩展中新元古界油气领域的关键途径。本书首先介绍超深层地球物理勘探基础与应用研究，成功研发高温高压原位测量实验设备及平台，进行超深层重磁电震物性参数分析和超深层重磁电的模型正演研究，为超深层地球物理勘探奠定了理论与实践基础。在此基础上，系统介绍了超深层重磁电弱信号高精度采集处理技术、大吨位低频可控震源广角地震采集技术、重磁电震约束与联合反演技术、复杂超深层弱反射信号高精度地震成像技术、超深层勘探有利区带优选与评价等技术的研究成果和应用成效。本书最后对超深层重磁电震配套技术集成及技术经济适用性进行了系统评价，并对塔里木盆地、鄂尔多斯盆地、渤海湾盆地和四川盆地四个重点目标区进行了经济效益评估。

本书是一部优秀的物探工程实践指南，书中所形成的超深层重磁电震勘探配套技术不仅对国家深地资源探查具有重要的指导意义，同时对国内外超深层油气勘探、地壳活动探测和防震减灾研究也具有重要的借鉴和指导意义，可供石油物探、石油地质及工程物探专业技术人员和高等院校相关专业师生参考。

图书在版编目(CIP)数据

超深层重磁电震勘探技术 / 徐礼贵等著. -- 北京 : 科学出版社, 2024. 12. -- ISBN 978-7-03-079322-5

Ⅰ. P631. 3

中国国家版本馆 CIP 数据核字第 2024AP4800 号

责任编辑：王　运　张梦雪 / 责任校对：何艳萍

责任印制：肖　兴 / 封面设计：无极书装

科学出版社出版

北京东黄城根北街 16 号

邮政编码：100717

http://www.sciencep.com

北京建宏印刷有限公司印刷

科学出版社发行　各地新华书店经销

*

2024 年 12 月第　一　版　开本：787×1092　1/16

2024 年 12 月第一次印刷　印张：28 1/4

字数：670 000

定价：388. 00 元

（如有印装质量问题，我社负责调换）

《超深层重磁电震勘探技术》编写委员会

序

新中国成立70余年来的油气勘探主要是在埋深6000m以浅的层系进行的，找到的油气储量90%以上分布在中浅层。随着油气勘探不断向纵深发展，埋深大于6000m的超深层将是我国乃至世界范围发现新油气资源的重要接替领域，其地质层系古老，勘探程度很低，地质理论认识与有效勘探技术尚在探索发展中。超深层油气资源丰富，亟待勘探理论与技术的突破，以加快资源的探明与开采节奏。我国陆上超深层油气勘探开发的主要区带集中分布于华北、中上扬子和塔里木这三大克拉通盆地，松辽、准噶尔和柴达木等盆地也有较大潜力。与传统的中浅层和深层相比，超深层油气勘探面临层系古老、岩性物性差异小、物探信噪比和分辨率低、目标落实难度大与多物理信息联合反演难于实现等挑战。这些难点彼此关联，给超深层油气勘探开发带来了巨大的技术风险、工程风险和发现风险，长期制约着超深油气勘探领域的突破与拓展。

超深层因其特殊的油气地质条件和复杂的工程环境，备受国家和石油产业界的高度重视与关注。2016年，科技部在“十三五”重点研发计划“深地资源勘查开采”专项之下设立“超深层重磁电震勘探技术研究”项目，聚焦提高深层–超深层地球物理资料信噪比及分辨能力、重磁电震一体化技术及联合反演、深层–超深层区带评价与勘探目标优选等重大科学与技术问题，开展专题研究和技术攻关。由牵头单位中国石油集团东方地球物理勘探有限责任公司与19家院所联合，在“十三五”期间开展了持续研究、协同攻关和后期拓展应用，高质量完成了专项研究内容和攻关目标，为深层–超深层油气勘探和扩展“深地”资源奠定了坚实的物探技术基础，在超深层油气勘探发现中提供了有力的技术成果支撑。

超深层重磁电震勘探技术研究项目在物探基础研究、关键设备研制和重点技术攻关上均取得了重大进步和突破。研制了400kW恒流电磁发射系统样机，保持了时频电磁勘探恒流发射系统功率和超深探测能力的业界领先地位；研发了基于大吨位低频可控震源激发的广角地震观测及采集配套技术；研发了针对超深层目标的弱信号信噪分离与增强、高精度偏移成像等关键技术；发展了基于新型结构耦合三维重磁电联合反演，以及基于地震数据为核心的重力与叠后地震波阻抗联合反演、电法与叠后地震波阻抗联合反演等为内涵的重磁电震约束与联合反演技术，提升超深层重磁电震反演及综合处理解释精度。近十年来，超深层物探技术的突破和生产应用，有力推动了超深层重磁电震资料品质的大幅提高、重点盆地深层–超深层结构的重新认识，为塔里木、四川、鄂尔多斯、渤海湾等盆地超深油气的重大发现与规模上产作出了重要贡献。

作为项目的长期跟踪专家，我同步感受和体验了我国超深物探技术快速进步和超深油气勘探的重大进展，为《超深层重磁电震勘探技术》一书的出版感到高兴，它将对超深层油气物探和相关地质工程技术人员大有裨益。期望以该书公开出版为契机，在超深油气及其他资源的勘查中，继续发展物探配套技术，加大综合物探部署，进一步发挥物探先导与勘探保障的关键作用。

中国工程院院士 [signature]

2024 年 5 月于北京

前　　言

埋深为6000～10000m范围（超深层）的下古生界、中新元古界等目标层系，是我国油气资源战略接替领域和深层油气资源的第二勘查空间，尤其以上扬子、华北、塔里木三大克拉通盆地勘探潜力及研究意义重大。超深油气领域普遍存在盆地结构不清、区带目标不明、钻探风险很大等重大地质难题，重磁电震勘探技术是破解这些地质难题、突破和扩展超深层油气领域的关键途径。

该领域的地球物理勘探研究面临着提高超深层地球物理资料信噪比及分辨能力、重磁电震一体化技术及联合反演、中新元古界油气有利区带评价等三大科学问题。油气勘探开发领域面临着五大挑战：超深层物性岩性差异小、物探采集的资料少，以及信噪比和弱信号问题突出；现今埋藏深度大、上覆地层多，超深层目标准确成像困难；超深层物探方法场源各异，重磁电震联合反演技术难度大；原型盆地不清、储层古老，超深层区带目标落实与评价困难；勘探周期长、投入大、风险高，超深目标优选和井位论证要求高等。

“十三五”期间，由中国石油集团东方地球物理勘探有限责任公司牵头，联合国内19家知名科研院所，共同立项开展了为期五年的超深层重磁电震勘探技术攻关研究。“超深层重磁电震勘探技术研究”项目隶属于国家重点研发计划“深地资源勘查开采”的重点专项“超深层新层系油气资源形成理论与评价技术”。项目总体研究目标聚焦上扬子、华北和塔里木等三大克拉通盆地超深油气潜力区，攻关突破关键技术，形成“经济有效、国际先进的超深层重磁电震综合勘探配套技术”，为中新元古界油气勘探和扩展“深地”资源提供可靠的技术成果支撑。通过五年的攻关研究及后期的扩展应用，全面实现了项目目标。

本书以“超深层重磁电震勘探技术研究”项目技术成果为基础，简要梳理岩石物理测量、技术方法基础、关键装备与技术等内容，向地球物理同行分享基础数据和技术进展。全书共分为七章，第一章论述了超深层地球物理勘探基础与应用研究；第二章介绍了超深层重磁电弱信号高精度采集处理技术；第三章介绍了大吨位低频可控震源广角地震采集技术；第四章介绍了重磁电震约束与联合反演技术；第五章介绍了复杂超深层弱反射信号高精度地震成像技术；第六章论述了超深层勘探有利区带优选与评价；第七章介绍了超深层重磁电震配套技术集成及技术经济适用性评价。

本书由徐礼贵、邓志文、倪宇东、陈敬国等提出编写思路并组织编写。具体分工为：前言由徐礼贵、倪宇东、陈敬国编写；第一章由赵文举、王天平、胡文涛、赵国等编写；第二章由刘云祥、司华陆、庞恒昌、陈召曦等编写；第三章由倪宇东、蓝益军、王乃建、韩志雄等编写；第四章由胡祖志、石艳玲、邓志文、李静等编写；第五章由李道善、宁斌、罗文山等编写；第六章由李明杰、田兵、陈湘飞、郭冉等编写；第七章由邓志文、祝杨、胡永贵、郑晓东等编写。本书由陈敬国、韩志雄、姜福豪统稿，由徐礼贵、邓志文、倪宇东、陈敬国主审，由徐礼贵、邓志文定稿。

赵文智院士对陆上深层超深层、海洋深水超深水、非常规油气等领域的勘探开发理论与技术工作都非常重视，积极推动和悉心指导了超深层地球物理勘探的理论研究和应用实践工作。衷心感谢赵院士在百忙之中抽出时间为本书的编写给予指导并欣然作序！本书的编写还得到了李庆忠、何继善、苟量、张少华、李建雄、庞雄奇、任文军、曹宏、于宝利、张建军、符力耘、刘财、詹仕凡、王家林、张捷、徐义贤等领导专家的大力支持和帮助。谨在本书出版之际，向以上领导专家表示衷心感谢！

本书的出版得到了科技部的资助，是“十三五”国家重点研发计划“超深层重磁电震勘探技术研究”项目下设七个课题组——“超深层地球物理勘探基础与应用研究”“超深层重磁电弱信号高精度采集处理技术”“大吨位低频可控震源广角地震采集技术”“重磁电震约束与联合反演技术”“复杂超深层弱信号高精度地震成像技术”“中新元古界有利区带优选与评价”“超深层重磁电震配套技术集成及技术”等全体研究人员五年来共同技术攻关的结晶。

本书部分内容参考自中国石油集团东方地球物理勘探有限责任公司与19家科研院所的联合研究成果，19家联合单位分别是（排名不分先后）：中国石油科学技术研究院、中国石油川庆钻探工程有限公司、中国科学院测量与地球物理研究所、中国科学院地质与地球物理研究所、中国科学院地球化学研究所、中国地质科学院地质研究所、中国地质调查局油气资源调查中心、中国地质调查局自然资源航空物探遥感中心、中国科学技术大学、中国地质大学（北京、武汉）、吉林大学、中国石油大学（北京、华东）、同济大学、中南大学、西南石油大学、成都理工大学、北京化工大学。

本书是一本物探工程技术与实践类教材，书中展示的超深层重磁电震勘探配套技术，不仅对国家超深油气资源的有效勘探开发具有重要指导作用，而且对国内外深地资源勘查、地壳活动探测和防震减灾研究等也具有重要的借鉴和指导意义，可供石油物探、石油地质及工程物探专业技术人员和高等院校相关专业师生参考。

由于水平有限，书中难免有不足之处，敬请同行专家和读者批评指正。

目　录

第一章　超深层地球物理勘探基础与应用研究

针对古老超深层地质目标体，采用岩石物性测定研究中新元古界岩石的重磁电等物性规律并构建目标模型，利用重磁电模型正演技术，研究不同超深层目标的正演响应，为重磁电方法组合勘探的可行性论证、数据处理和反演方法研究提供基础依据。

第一节　超深层重磁电物性参数研究

随着我国油气资源战略向深层、超深层推进，超深中新元古界古老层系成了研究热点，上扬子、华北、塔里木三大克拉通盆地成为研究的重点区域（孙枢和王铁冠，2016）。重磁电勘探和研究的基础目标就是要搞清楚超深地层的密度、磁性、电性等特征，以及其与上下接触地层的物性及差异，这需要大量的岩石物性资料支持。

一、中新元古界岩石采样

针对三大克拉通盆地中的上扬子克拉通和华北克拉通，重点在四川盆地川西南地区和华北克拉通涞水地区的中新元古界地质露头展开重磁电的物性采测工作。

（一）四川盆地中新元古界地质露头采样

为了研究四川盆地中新元古界和岩石的物性特征，2017 年 10 月，在四川盆地的雅安地区开展了中新元古界岩石露头的采样工作，野外露头采样为期 20 天。根据研究任务，结合 1：20 万地质图，围绕雅安地区汉源、峨边及甘洛三县采样区域，共落实 36 处采样地点。采集区域内的中新元古界主要包括震旦系的灯影组、喇叭岗组，南华系的观音崖组、列古六组、开建桥组、苏雄组，峨边群的上、中、下三组以及火成岩等。采集的岩性主要包括砂岩、灰岩、白云岩、板岩、页岩、流纹岩、玄武岩、花岗岩等。另外，考虑到建模物性资料的完整性，对上覆地层二叠系、泥盆系、志留系和寒武系等年代地层的主要岩性也进行了少量采样，本次共采集岩石露头样本 410 块，具体采样位置、层位及岩性详见表 1.1。

表 1.1　四川盆地雅安地区中新元古界露头采样信息统计表

点位序号	界/宇	系（群）	代号	岩性	样品数/块	经度	纬度
1	元古宇	震旦系	Zas	紫褐色流纹斑岩	10	102°50′10″	29°13′19″
2			Zas	灰色酸性熔岩	10	102°51′45″	29°06′07″
3			Zas	黑色玄武岩	10	102°51′28″	29°09′25″

续表

点位序号	界/宇	系（群）	代号	岩性	样品数/块	经度	纬度
4	元古宇	震旦系	Zas	黑色玄武岩	10	102°49′13″	29°17′06″
5			Zak	灰绿色凝灰岩	5	102°50′26″	29°06′38″
6			Zak	紫褐色砂岩	20	102°50′29″	29°06′34″
7			Zak	灰褐色砂岩	10	102°50′54″	29°10′54″
8			Zb^1	紫褐色砂岩	15	102°49′18″	29°05′16″
9			Zb^1	紫褐色砂质泥岩	10	102°49′18″	29°05′16″
10			Zb^1	灰黄色砂岩	5	102°49′02″	29°04′56″
11			Zbd	灰色白云质灰岩	10	102°48′11″	29°01′36″
12			Zbd	灰色灰岩	5	102°48′01″	29°02′24″
13			Zbd	灰白色白云岩	5	102°48′50″	29°04′32″
14			Zbd	灰白色白云岩	10	102°54′46″	29°16′17″
15			Zbg	灰色含砂质硅质灰岩	10	103°02′12″	29°14′29″
16			Zbg	褐色页岩	10	103°02′12″	29°14′29″
17			Zbg	灰白色石英砂岩	10	103°02′12″	29°14′29″
18			Zbh	灰色白云岩	10	103°05′26″	29°20′41″
19			Zbh	灰色白云岩	10	103°04′00″	29°21′28″
20			Zbl	灰色砂岩	10	103°05′48″	29°21′42″
21			γ_2^2	灰白色花岗岩	35	102°50′08″	29°14′17″
22			$\gamma\pi_2^1$	肉红色花岗斑岩	45	103°07′40″	29°17′48″
23		峨边群	$Pteb^1$	灰绿色结晶灰岩	15	103°04′51″	29°15′22″
24			$Pteb^1$	灰白色大理岩	15	103°04′51″	29°15′22″
25			$Pteb^2$	黑色变质玄武岩	10	103°06′57″	29°18′13″
26			$Pteb^2$	灰色砂质板岩	10	103°07′01″	29°18′25″
27			$Pteb^2$	灰绿色片岩	5	103°07′57″	29°17′28″
28			$Pteb^2$	黑色碳质板岩	10	103°08′20″	29°17′17″
29			$Pteb^3$	深灰色变质细砂岩	15	103°09′16″	29°11′47″
30			$Pteb^3$	灰色变质砂岩	10	103°08′22″	29°11′35″
31			$Pteb^3$	灰黑色板岩	5	103°08′00″	29°11′31″
32	古生界	寒武系	Є$_1$q	灰色砂岩	3	102°48′52″	29°04′15″
33			Є$_1$q	灰黑色砂质页岩	10	102°48′51″	29°04′19″
34			Є$_2$x	紫红色钙质粉砂岩	3	102°48′50″	29°00′51″
35			Є$_3$e	浅灰色白云岩	3	102°47′52″	29°00′31″
36		奥陶系	O_1h	紫红色砂岩	3	102°47′45″	29°00′24″
37			O_2d	灰黑色灰岩	3	102°47′26″	29°00′15″
38		志留系	S	灰绿色页岩	3	102°47′39″	28°59′54″
39		泥盆系	D_2	灰黑色灰岩	3	102°47′40″	28°59′42″
40		二叠系	P_1q+m	灰色灰岩	3	102°47′36″	28°59′37″
41			$P_2\beta$	黑绿色玄武岩	3	102°47′31″	28°59′36″

续表

点位序号	界/宇	系（群）	代号	岩性	样品数/块	经度	纬度
42	太古宇—元古宇		$Ar—Pt_1$	灰色变粒岩	10	29°14′17″	102°50′08″
43			$Ar—Pt_1$	灰绿色斜长角闪岩	20	29°14′17″	102°50′08″
44			Ar—Pt	灰色角闪斜长片麻岩	13	29°14′17″	102°50′08″

（二）华北地区中新元古界露头采样

为研究华北克拉通中新元古界岩石重磁电物性规律，采集并测量完整的中新元古界岩样，在涞水县百里峡及北京房山白草畔景区周边设计了1条物性剖面。该剖面主要围绕108国道展开，总长约150km。该剖面古生界、中新元古界在燕山地区广泛出露，在华北平原也有广泛分布。根据选定地质图和具体路线，本次采样所涉及的地层包括古生界的石炭系、奥陶系、寒武系，元古宇的震旦系，太古宇以及部分侵入岩体等。

从2019年3月18日起，野外采样历时约10天。其中，古生界各组地层主要岩性共采样110块；新元古界青白口系各组地层主要岩性每种采样15块，共30块；中元古界蓟县系各组地层主要岩性每种采样15块，共60块；长城系各组地层主要岩性每种采样15块，共60块；太古宇各组地层主要岩性共采样35块，总计295块（表1.2）。

表1.2　华北地区涞水剖面古生界—中新元古界露头采样信息统计表

界	系	地层（组）	代号	主要岩性	样品数/块	采样位置（纬度，经度）
古生界	石炭系	中统+上统	C_{3+2}	灰黑色页岩	10	39°46′38″，115°28′40″
	奥陶系	马家沟组	O_2m	灰黑色灰岩	10	39°47′03″，115°34′59″
		亮甲山组	O_1l	灰色灰岩	20	39°46′32″，115°34′55″
	寒武系	上统	$Є_3$	灰色灰岩	20	39°46′09″，115°36′01″
		中统	$Є_2$	灰色灰岩	20	39°45′59″，115°36′22″
		毛庄+馒头组	$Є_1mz+m$	紫红色页岩	20	39°44′56″，115°24′05″
		府君山组	$Є_1f$	灰色灰岩	10	39°45′42″，115°36′49″
新元古界	青白口系	景儿峪组	Q_bj	灰色石英砂岩	15	39°43′51″，115°24′39″
		下马岭组	Q_bx	灰黑色页岩	15	39°44′01″，115°24′33″
中元古界	蓟县系	铁岭组	J_xt	灰色白云岩	15	39°43′39″，115°25′06″
		雾迷山组	雾3　J_xw^3	灰色白云岩	15	39°43′09″，115°25′41″
			雾2　J_xw^2	灰色白云岩	15	39°36′05″，115°40′56″
			雾1　J_xw^1	灰色白云岩	15	39°38′19″，115°32′42″
	长城系	高于庄组	高3　C_hg^3	灰色白云岩	15	39°39′09″，115°29′20″
			高2　C_hg^2	灰色白云岩	15	39°44′53″，115°20′46″
			高1　C_hg^1	灰白色白云岩	15	39°44′26″，115°20′39″
		大红峪组	C_hd	紫红色长石石英砂岩	15	39°47′19″，115°59′56″

续表

界	系	地层（组）	代号	主要岩性	样品数/块	采样位置（纬度，经度）
太古宇	阜平群	白涧组	Arb	灰白色片麻岩	15	39°40′23″，115°16′32″
		黑儿口组	Arh	肉红色花岗片麻岩	20	39°36′13″，115°13′26″

（三）华北地区钻井岩心样本采样

钻井岩心的物性测量是地层（岩石）物性测量的重要组成部分。由于岩心直接取自地下，基本保持了在地层深处的原始面貌，属于未受风化的新鲜岩石，其重磁电物性更具有代表性。本书共遴选了华北地区 14 口钻遇古生界、中新元古界的钻井，对这些井进行了取心。具体层位包括古近系、奥陶系、寒武系、青白口系和蓟县系等 5 个层系，共获得标准岩心柱 59 块，取样具体井名、时代、岩性、井段及编号详见表 1.3。

表 1.3　华北地区钻井岩心采样信息统计表

序号	井名	时代	岩性	井段/m
1	大 8	奥陶系（O）	灰色白云岩	1384.13～386.91
2	马 205	寒武系（€）	灰色角砾状白云岩	2206.34～2209.12
3	马 205	寒武系（€）	灰色角砾状白云岩	2206.34～2209.12
4	马 41	元古宇蓟县系雾迷山组（Jxw）	灰褐色油浸硅质白云岩	2592.31～2593.9
5	马 41	元古宇蓟县系雾迷山组（Jxw）	灰褐色油浸硅质白云岩	2592.31～2593.9
6	马 41	元古宇蓟县系雾迷山组（Jxw）	灰褐色油浸硅质白云岩	2592.31～2593.9
7	马 41	元古宇蓟县系雾迷山组（Jxw）	灰褐色油浸硅质白云岩	2592.31～2593.9
8	马 41	元古宇蓟县系雾迷山组（Jxw）	灰褐色油浸硅质白云岩	2592.31～2593.9
9	马 41	元古宇蓟县系雾迷山组（Jxw）	灰褐色油浸硅质白云岩	2592.31～2593.9
10	马 6	寒武系（€）	灰色白云岩	1830.13～1835.68
11	马 6	寒武系（€）	灰色白云岩	1830.13～1835.68
12	马古 4	元古宇青白口系景儿峪组（Qbj）	灰色泥灰岩	2400～2402.4
13	马古 4	元古宇青白口系景儿峪组（Qbj）	灰色泥灰岩	2400～2402.4
14	马古 4	元古宇青白口系景儿峪组（Qbj）	灰色泥灰岩	2400～2402.4
15	马古 4	元古宇青白口系景儿峪组（Qbj）	灰色泥灰岩	2400～2402.4
16	马古 4	元古宇青白口系景儿峪组（Qbj）	灰色泥灰岩	2400～2402.4
17	马古 4	元古宇青白口系景儿峪组（Qbj）	灰色泥灰岩	2400～2402.4
18	马检 1	元古宇蓟县系雾迷山组（Jxw）	灰色白云岩	2601.47～2602.6
19	马检 1	元古宇蓟县系雾迷山组（Jxw）	灰色白云岩	2602.6～2603.95
20	马检 1	元古宇蓟县系雾迷山组（Jxw）	灰色白云岩	2602.6～2603.95

续表

序号	井名	时代	岩性	井段/m
21	马检 1	元古宇蓟县系雾迷山组（Jxw）	灰色白云岩	2604.83～2605.97
22	马检 1	元古宇蓟县系雾迷山组（Jxw）	灰色白云岩	2614.96～2615.96
23	马检 1	元古宇蓟县系雾迷山组（Jxw）	灰色白云岩	2744.03～2745.97
24	马检 1	元古宇蓟县系雾迷山组（Jxw）	灰色白云岩	2744.03～2745.97
25	苏 28	奥陶系峰峰组（Of）	灰褐色白云岩	3903.22～3904.72
26	苏 4	奥陶系峰峰组（Of）	灰色含泥白云岩	4542.46～4544.96
27	苏 4	奥陶系峰峰组（Of）	灰色含泥白云岩	4542.46～4544.96
28	文 103	古近系东营组（Ed）	灰色砂岩	2378.14～2382.29
29	文 103	古近系东营组（Ed）	灰色砂岩	2378.14～2382.29
30	文 103	古近系东营组（Ed）	灰色砂岩	2378.14～2382.29
31	文 24	奥陶系（O）	灰褐色灰岩	3755.13～3757.43
32	文 24	奥陶系（O）	灰褐色灰岩	3755.13～3757.43
33	文 24	奥陶系（O）	灰褐色灰岩	3755.13～3757.43
34	文 24	奥陶系（O）	灰褐色灰岩	3755.13～3757.43
35	文 24	奥陶系（O）	灰褐色灰岩	3755.13～3757.43
36	文 24	奥陶系（O）	灰褐色灰岩	3755.13～3757.43
37	文 24	奥陶系（O）	灰褐色灰岩	3755.13～3757.43
38	文 24	奥陶系（O）	灰褐色灰岩	3755.13～3757.43
39	文 24	奥陶系（O）	灰褐色灰岩	3755.13～3757.43
40	文 68	古近系沙二段（Es_2）	灰色细砂岩	2846.56～2854.81
41	文 68	古近系沙二段（Es_2）	灰色细砂岩	2846.56～2854.81
42	文 68	古近系沙三段（Es_3）	浅灰色细砂岩	3378.07～3386.47
43	文 68	古近系沙三段（Es_3）	浅灰色细砂岩	3378.07～3386.47
44	文古 1	古近系沙三段（Es_3）	浅灰色细砂岩	3552.25～3558.54
45	文古 1	古近系沙三段（Es_3）	灰褐色油斑细砂岩	3569.16～3573.37
46	文古 1	古近系沙三段（Es_3）	灰褐色油斑含砾砂岩	3569.16～3573.37
47	文古 1	寒武系张夏组（$€_2z$）	浅灰色灰岩	4391.6～4395.81
48	文古 1	寒武系张夏组（$€_2z$）	浅灰色灰岩	4391.6～4395.81
49	文古 1	寒武系张夏组（$€_2z$）	浅灰色灰岩	4391.6～4395.81
50	西 22	元古宇青白口系（Qb）	灰绿色油斑海绿石砂岩	1902.18～1908.08
51	西 22	元古宇青白口系（Qb）	灰绿色油斑海绿石砂岩	1902.18～1908.08
52	西 22	元古宇青白口系（Qb）	灰绿色油斑海绿石砂岩	1902.18～1908.08

续表

序号	井名	时代	岩性	井段/m
53	西22	元古宇青白口系（Qb）	灰绿色油斑海绿石砂岩	1902.18～1908.08
54	西22	元古宇青白口系（Qb）	灰绿色油斑海绿石砂岩	1902.18～1908.08
55	西22	元古宇青白口系（Qb）	灰绿色油斑海绿石砂岩	1902.18～1908.08
56	西36	元古宇蓟县系雾迷山组（Jxw）	浅灰色油斑白云岩	2026.55～2027.75
57	西36	元古宇蓟县系雾迷山组（Jxw）	浅灰色油斑白云岩	2026.55～2027.75
58	西36	元古宇蓟县系雾迷山组（Jxw）	浅灰色油斑白云岩	2026.55～2027.75
59	西36	元古宇蓟县系雾迷山组（Jxw）	浅灰色油斑白云岩	2026.55～2027.75

二、岩石物性参数测量方法

1. 密度测量

密度通常采用静水法测量。具体的静水法测量方法为：首先用仪器测量标本在空气中的重量，再将标本完全浸没在装有水的容器中，用仪器测量标本在水中的重量，仪器即可计算出标本的密度。其工作原理为阿基米德定律：浸在液体里的物体受到向上的浮力，浮力的大小等于它排开的液体所受的重力。标本测定前认真检查仪器，确保仪器工作正常。每次读数精确到三位小数。

2. 磁化率测量

测量磁化率采用在露头上用磁化率仪直接测量的方法。测量开工前和收工后，分别用标准样对仪器进行标定，确保仪器在正常状态下进行测量工作。

3. 电阻率测量

电阻率采用对称小四极方法在岩石露头上直接测量，其计算公式为$\rho=2\pi dU/I$，其中，ρ为电阻率，d为电极间距，U和I分别为电压和电流。岩石标本电阻测量使用LZSD-C直流数字电测仪测定。

4. 极化率测量

岩石、矿石由激电效应引起的复电阻率随频率的变化可以用Cole-Cole模型表示，因此可用Cole-Cole模型拟合实测的电阻率、相位频谱曲线，进而获得岩石标本的极化率参数。

三、岩石物性规律分析

（一）四川盆地中新元古界重磁电物性规律

对四川盆地西南部雅安地区中新元古界露头岩石进行重磁电物性研究，根据实测每种岩性的密度、磁化率、电阻率和极化率，分别统计了极大值、极小值和平均值，对密度、磁化率和电阻率还进行了层加权统计。下面结合各层主要岩性和实测物性，对中新元古界露头的重磁电物性进行综合阐述（表 1.4、表 1.5）。表 1.5 中个别岩石由于岩性易碎，加工取样时未获得测量电阻率和极化率的合格样本，因此测量数据为空。

表 1.4　四川盆地雅安地区中新元古界露头密度、磁化率统计表

地层/时代			岩性	标本数/个	密度/（g/cm³）				磁化率/10⁻⁵SI			
					最大	最小	平均	分层 1	最大	最小	平均	分层 1
$P_2β$	二叠系	上二叠统	墨绿色玄武岩	5	2.85	2.81	2.83	2.83	3154	2689	2917	2917
P_1q+m		茅口组+栖霞组	灰色灰岩	5	2.79	2.69	2.72	2.72	2	1	2	2
D_2	泥盆系	中泥盆统	灰黑色灰岩	5	2.70	2.68	2.69	2.69	4	3	4	4
S	志留系		灰绿色页岩	5	2.60	2.55	2.58	2.58	15	12	13	13
O_2d	奥陶系	大箐组	灰黑色灰岩	5	2.70	2.68	2.69	2.69	23	18	21	21
O_1h		红石崖组	紫红色砂岩	5	2.64	2.62	2.62	2.62	13	11	12	12
$€_3e$	寒武系	二道水组	浅灰色白云岩	5	2.85	2.83	2.84	2.84	4	2	3	3
$€_2x$		西王庙组	紫红色钙质粉砂岩	5	2.76	2.73	2.74	2.74	12	8	10	10
$€_1q$		筇竹寺组	灰黑色砂质页岩	5	2.67	2.64	2.66	2.66	32	23	26	25
			灰色砂岩	5	2.67	2.65	2.66		28	20	23	
Zbd	震旦系	灯影组	灰色白云质灰岩	10	2.89	2.87	2.88	2.87	5	2	3	4
			灰色灰岩	5	2.86	2.85	2.86		2	0	1	
			灰白色白云岩	15	2.89	2.85	2.87		6	2	4	
Zbh		洪春坪组	灰色白云岩	20	2.89	2.83	2.83	2.83	5	1	3	3
Zb_1		喇叭岗组	灰色砂岩	10	2.70	2.67	2.68	2.68	61	39	50	50
Zbg		观音崖组	灰色含砂质硅质灰岩	10	2.76	2.94	2.82	2.72	36	21	30	28
			褐色页岩	10	2.70	2.69	2.69		38	29	35	
			灰白色石英砂岩	10	2.66	2.63	2.64		22	18	20	
Zb^1		列古六组	紫褐色砂岩	15	2.81	2.73	2.77	2.71	38	28	34	26
			紫褐色砂质泥岩	10	2.82	2.76	2.78		37	31	34	
			灰黄色砂岩	5	2.68	2.47	2.58		13	8	11	
Zak		开建桥组	紫褐色砂岩	20	2.69	2.64	2.67	2.69	15	5	9	13
			灰褐色砂岩	10	2.69	2.63	2.67		20	5	11	
			灰绿色凝灰岩	5	2.81	2.71	2.74		24	13	18	
Zas		苏雄组	紫褐色流纹斑岩	10	2.76	2.70	2.73	2.74	29	18	22	908
			灰色酸性熔岩	10	2.72	2.68	2.70		2141	576	1268	
			黑色玄武岩	20	2.98	2.77	2.86		19002	5678	10591	

续表

地层/时代			岩性	标本数/个	密度/（g/cm³）				磁化率/10⁻⁵SI			
					最大	最小	平均	分层1	最大	最小	平均	分层1
$Pteb^3$	古元古界	峨边群第三段	深灰色变质细砂岩	15	2.78	2.71	2.74	2.65	37	28	33	25
			灰色变质砂岩	10	2.55	2.49	2.53		27	21	24	
			灰黑色板岩	5	2.75	2.63	2.69		23	13	18	
$Pteb^2$		峨边群第二段	黑色变质玄武岩	10	2.95	2.88	2.93	2.80	6567	4128	5397	1390
			灰色砂质板岩	10	3.08	3.00	3.04		165	59	90	
			灰绿色片岩	5	2.81	2.67	2.75		65	42	55	
			黑色碳质板岩	10	2.50	2.44	2.47		21	15	18	
$Pteb^1$		峨边群第一段	灰绿色结晶灰岩	15	2.81	2.73	2.77	2.75	21	8	15	10
			灰白色大理岩	15	2.78	2.70	2.74		6	3	5	
γ_2^2	早震旦世		灰白色花岗岩	35	2.63	2.61	2.62	2.62	80	13	52	52
$\gamma\pi_2^1$	前震旦纪		肉红色花岗斑岩	35	2.67	2.64	2.65	2.65	18	15	17	17

表1.5　四川盆地雅安地区中新元古界露头电阻率和极化率统计表

地层/时代			岩性	标本数	电阻率/（Ω·m）				极化率			
					最大	最小	平均	分层	最大	最小	平均	分层
Zbd	震旦系	灯影组	灰色白云质灰岩	10	128519	12336	59914	29988	3.086	0.304	1.455	1.001
			灰色灰岩	5	13475	5694	8538		0.309	0.084	0.216	
			灰白色白云岩	15	22420	5068	10788		3.231	0.139	0.939	
Zbh		洪春坪组	灰色白云岩	20	17274	2254	8838	8838	4.084	0.027	0.845	0.845
Zbl		喇叭岗组	灰色砂岩	10	39607	15936	25905	25905	3.568	1.151	2.258	2.258
Zbg		观音崖组	灰色含砂质硅质灰岩	10	6728	4499	5170	5170	0.424	0.153	0.248	0.248
			褐色页岩	10								
			灰白色石英砂岩	10								
Zb^1		列古六组	紫褐色砂岩	15	949	691	820	690	0.285	0.109	0.174	0.151
			紫褐色砂质泥岩	10	786	623	681		0.208	0.081	0.130	
			灰黄色砂岩	5	527	158	312		0.137	0.070	0.105	
Zak		开建桥组	紫褐色砂岩	20	4239	997	2197	1660	0.439	0.050	0.185	0.229
			灰褐色砂岩	10	1281	761	1097		0.380	0.144	0.257	
			灰绿色凝灰岩	5	1971	1313	1607		0.591	0.132	0.270	
Zas		苏雄组	紫褐色流纹斑岩	10	4254	2209	3105	3232	0.649	0.149	0.369	0.371
			灰色酸性熔岩	10	2851	1218	1719		0.483	0.191	0.321	
			黑色玄武岩	20	6816	2782	4872		0.802	0.185	0.424	

续表

地层/时代			岩性	标本数	电阻率/（Ω·m）				极化率			
					最大	最小	平均	分层	最大	最小	平均	分层
$Pteb^3$	古元古界	峨边群第三段	深灰色变质细砂岩	15	2409	1234	1596	1190	0.576	0.086	0.290	0.235
			灰色变质砂岩	10	459	235	329		0.158	0.139	0.149	
			灰黑色板岩	5	1889	1060	1408		0.316	0.125	0.214	
$Pteb^2$		峨边群第二段	黑色变质玄武岩	10	28426	4251	13463	6855	0.543	0.058	0.356	0.344
			灰色砂质板岩	10	3432	2206	2832		0.660	0.176	0.377	
			灰绿色片岩	5	2637	1439	1884		0.226	0.061	0.151	
			黑色碳质板岩	10	427	218	323		0.676	0.636	0.656	
$Pteb^1$		峨边群第一段	灰绿色结晶灰岩	15	2802	2038	2326	2153	0.239	0.048	0.145	0.136
			灰白色大理岩	15	2717	1467	2045		0.188	0.069	0.130	
γ_2^2	早震旦世		灰白色花岗岩	35	3015	2266	2566	2566	0.400	0.048	0.224	0.224
$\gamma\pi_2^1$	前震旦纪		肉红色花岗斑岩	35	2137	1637	1858	1858	0.453	0.236	0.330	0.330

苏雄组：该组属火山岩建造，由一套陆相基性–酸性火山熔岩夹火山碎屑岩组成，以熔岩比例最大，部分地段有砾岩、砂岩夹层出现。与中元古界呈角度不整合接触。创名地的苏雄组厚1164m，下部为火山碎屑岩，主要为灰绿色凝灰岩，仅夹少量玄武岩及英安岩；中部则以中酸性至酸性熔岩为主；上部主要为沉凝灰岩和玄武岩，以一层致密块状玄武岩与开建桥组假整合分界。该组在汉源县团宝山、峨边县金口河、越西、冕宁小相岭、泸定五里沟，以及米易县白坡山等地均有分布，其厚度变化较大，从十几米到几千米不等，以流纹岩、凝灰岩为主。

综合物性研究表明，该组整体密度较高（$2.74g/cm^3$），特别是黑色玄武岩非常致密，平均密度可达$2.86g/cm^3$。在火山岩建造中，酸性熔岩磁性较强（$576\times10^{-5}\sim2141\times10^{-5}$ SI），黑色玄武岩磁性非常强（$5678\times10^{-5}\sim19002\times10^{-5}$ SI），流纹斑岩磁性较弱。因此来说，该组玄武岩含量较多时磁性较强（3960×10^{-5} SI）；当以流纹岩和凝灰岩为主时，磁性会相对弱化，但整体还是表现为中强磁性特征。该组岩性电阻率均较高，达1292Ω·m，中低极化率特征。

开建桥组：创名于甘洛县开建桥。该组与下伏苏雄组假整合接触，或超覆不整合于晋宁期花岗岩体及中元古界之上，分布于大相岭、小相岭、螺髻山至德昌一带。开建桥组在命名地厚2861.2m。开建桥组在横向上变化大，在数千米至数十千米范围内，厚度从数千米迅速变薄为几百米，甚至完全尖灭。主要岩性包括砂质凝灰岩含砾砂质凝灰岩、凝灰长石岩屑砂岩等。综合物性研究表明，该组整体属中密（$2.69g/cm^3$）、弱磁（13×10^{-5} SI）、中阻（664Ω·m）及低极化率特征。

列古六组：创名于甘洛县凉红剖面。该组与下伏开建桥组为假整合接触，分布于甘洛凉红、大相岭、小相岭及螺髻山等地。该组整体厚度不大，从几百米至几十米甚至尖灭。

其下部为紫红色砾岩，上部为紫色夹灰绿色条带的砂质凝灰岩、凝灰质砂岩、粉砂岩及泥岩，夹含砾凝灰质岩屑砂岩。综合物性研究表明，该组整体属中密（2.71g/cm^3）、弱磁（26×10^{-5}SI）、低阻（276Ω · m）及低极化率特征。

观音崖组：创名于盐边县把关河。该组为一套紫红色砂页岩夹灰岩、白云岩，假整合于列古六组之上，或区域性地超覆于澄江组、开建桥组、苏雄组或中元古界之上。创名地厚652.2m。综合物性研究表明，该组整体属高密（2.74g/cm^3）、弱磁（26×10^{-5}SI）、高阻（5322Ω · m）及低极化率特征。

灯影组：灯影组是以白云岩为主的碳酸盐岩地层，与下伏观音崖组整合接触，或超覆于中元古界之上。下部为灰白色内碎屑白云岩，含核形石及燧石条带和结核；中部为黑色薄板状含硅质、沥青质微晶石灰岩；上部主要为灰白色块状硅质白云岩、微晶或粗晶白云岩。全组厚度在200～1000m之间变动。综合物性研究表明，该组整体属高密（2.87g/cm^3）、弱磁（4×10^{-5}SI）、高阻（1199Ω · m）及低极化率特征。

以本次实测的中新元古界岩样重磁电物性为基础，结合前人对四川盆地中生界、古生界乃至Ar、Pt_1、Pt_2实测重磁电物性和电测井成果，综合研究形成了四川盆地中新元古界及接触地层重磁电物性综合统计表（表1.6）。

表1.6　四川盆地中新元古界及接触地层重磁电物性综合统计表

<table>
<tr><th colspan="3" rowspan="2">地层</th><th rowspan="2">主要岩性</th><th rowspan="2">标本数/个</th><th colspan="2">密度/（g/cm^3）</th><th colspan="2">磁化率/10^{-5}SI</th><th colspan="2">电阻率/（Ω · m）</th></tr>
<tr><th>平均</th><th>综合</th><th>平均</th><th>综合</th><th>平均</th><th>综合</th></tr>
<tr><td rowspan="2">Mz</td><td colspan="2">J</td><td>砂岩、泥岩</td><td></td><td>2.48</td><td rowspan="5">2.63</td><td>42</td><td rowspan="5">27</td><td>58</td><td rowspan="5">273</td></tr>
<tr><td colspan="2">T</td><td>砂岩、泥岩、页岩</td><td></td><td>2.52</td><td>21</td><td>235</td></tr>
<tr><td rowspan="3">Pz</td><td colspan="2">P</td><td>灰岩、泥灰岩</td><td></td><td>2.62</td><td>15</td><td>332</td></tr>
<tr><td colspan="2">O</td><td>砂岩、页岩夹灰岩</td><td></td><td>2.66</td><td>30</td><td>87</td></tr>
<tr><td colspan="2">€</td><td>砂岩、页岩、灰岩</td><td></td><td>2.75</td><td>25</td><td>656</td></tr>
<tr><td rowspan="5">Pt_3</td><td rowspan="2">Z_2</td><td>Z_2dn</td><td>灰岩、白云岩</td><td>30</td><td>2.87</td><td rowspan="2">2.81</td><td>4</td><td rowspan="2">10</td><td>4000</td><td rowspan="2">3034</td></tr>
<tr><td>Z_2g</td><td>砂岩、灰岩、页岩</td><td>60</td><td>2.74</td><td>15</td><td>2068</td></tr>
<tr><td rowspan="3">Z_1</td><td>Z_1l</td><td>砂岩、泥岩</td><td>30</td><td>2.71</td><td rowspan="3">2.71</td><td>26</td><td rowspan="3">292</td><td>276</td><td rowspan="3">744</td></tr>
<tr><td>Z_1k</td><td>砂岩、灰岩、凝灰岩</td><td>35</td><td>2.69</td><td>13</td><td>664</td></tr>
<tr><td>Z_1s</td><td>凝灰岩、流纹岩、玄武岩</td><td>40</td><td>2.74</td><td>650</td><td>1293</td></tr>
<tr><td rowspan="3">Pt_2</td><td rowspan="3">e</td><td>Pt_2ln</td><td>变质砂岩、千枚岩、凝灰岩</td><td>30</td><td>2.74</td><td rowspan="4">2.81</td><td>205</td><td rowspan="4">1474</td><td>3657</td><td rowspan="4">4935</td></tr>
<tr><td>Pt_2j</td><td>玄武岩、板岩、片岩</td><td>35</td><td>2.78</td><td>620</td><td>2000</td></tr>
<tr><td>Pt_2l</td><td>板岩、灰岩、火山角砾岩</td><td>30</td><td>2.82</td><td>349</td><td>2356</td></tr>
<tr><td colspan="3">Ar—Pt_1</td><td>片麻岩、混合岩、角闪岩</td><td>70</td><td>2.88</td><td>4723</td><td>5374</td></tr>
</table>

基底（Ar—Pt_1、Pt_2）：就四川盆地内的基底性质而言，其基底可划分为前震旦系的结晶基底（Ar—Pt_1）和不整合于结晶基底之上的前震旦系浅变质地层加下震旦统共同构成的沉积岩变质基底（Pt_2）。前震旦系结晶基底地层为太古宇—古元古界（Ar—Pt_1），其下部为一套中基性火山岩建造，上部为中酸性火山碎屑岩及复理石建造。因此这套基底的密

度（2.88g/cm³）、磁性（4723×10^{-5}SI）、电阻率（5374Ω·m）均比较高。沉积岩变质基底（Pt_2）除枷担桥组外，根据峨眉幅地质图描述还包括冷竹坪组和烂包坪组。根据冷竹坪组物性描述，其主要岩性为板岩、灰岩、蚀变玄武岩、火山角砾岩等，具有高密（2.82g/cm³）、中磁（349×10^{-5}SI）、高阻（2356Ω·m）的特征。烂包坪组以变质砂岩、千枚岩和凝灰岩等岩性为主，具有高密（2.74g/cm³）、中磁（205×10^{-5}SI）、高阻（3657Ω·m）的特征。因此综合的基底具有高密（2.81g/cm³）、高磁（1474×10^{-5}SI）、高阻（4935Ω·m）的特征。

新元古界下震旦统（Pt_3Z_1）：包括苏雄组、开建桥组和列古六组三个组，主要岩性包括砂岩、泥岩、凝灰岩、流纹岩等。综合物性特征为相对低密（2.71g/cm³）、中磁（292×10^{-5}SI）、中阻（744Ω·m）。

新元古界上震旦统（Pt_3Z_2）：包括灯影组和观音崖组，其主要岩性为白云岩、灰岩等碳酸盐岩，综合物性特征为高密（2.81g/cm³）、弱磁（216×10^{-5}SI）、高阻（8659Ω·m）。

古生界（Pz）和中生界（Mz）：作为以往的主要勘探层位，其岩性主要为砂岩、泥岩、页岩等，因此其综合密度较低（2.63g/cm³）、综合磁性较弱（27×10^{-5}SI）、综合电阻率较低（273Ω·m）。

（二）华北地区超深层岩石重磁电物性规律

对华北地区涞水县剖面古生界—中新元古界露头岩石进行重磁物性研究，根据实测每种岩性的密度、磁化率，分别进行极大值、极小值和平均值及层加权统计。结合各层主要岩性和实测物性，对古生界—中新元古界的重磁电物性进行综合阐述（表1.7、表1.8）。其中，表1.8中个别岩石由于岩性易碎，加工取样时未获得测量电阻率和极化率的合格样本，因此测量数据为空。

太古宇阜平群：黑儿口组（Arh）岩性为肉红色花岗片麻岩、黑云斜长片麻岩，夹角闪斜长片麻岩、石榴斜长角闪岩、紫苏角闪中长麻粒岩，地层厚度大于1641m；白涧组（Arb）岩性为角闪奥长片麻岩夹斜长角闪岩、黑云奥长片麻岩、含透辉角闪中长麻粒岩，下部夹变质铁矿，地层厚度大于805m。该群以变质岩为主，密度高（2.73g/cm³）、磁性强（1590×10^{-5}SI）、电阻率较高（1872Ω·m），与上覆地层物性差异大，构成了本区的基底。

元古宇：大红峪组（Z_1d）岩性为紫红色长石石英砂岩、深灰色硅质灰岩、钙质白云岩。中下部为灰黄色、黄绿色长石砂岩；底部为暗绿色含砾长石砂岩、黑色页岩、浅肉红色石英砂岩。地层厚度为440m。该组以砂岩为主，具有低密（2.53g/cm³）、低磁（12×10^{-5}SI）、高阻（2492Ω·m）的特征，当其在局部增厚时，可引起重磁局部低异常。高于庄组（Z_1g）可划分为三段，第一段厚层夹薄层含粉砂质燧石条带白云岩，顶部含藻灰岩，底部含砾石英砂岩，地层厚度为311～675m；第二段为灰白色厚层夹薄层细晶白云岩，具缝合线构造，含少量燧石结核，底部薄层含锰页岩、粉砂岩，地层厚度为252～420m；第三段为灰白色、灰黑色燧石条带细晶白云岩，顶部具环状硅质透镜体，下部夹沥青质灰岩，地层厚度为265～459m。高于庄组以白云岩为主，具有高密（2.8g/cm³）、低磁（12×10^{-5}SI）、高阻（5231Ω·m）的特征，在大红峪组较薄的情况下，该层与基底很难分辨。

表 1.7　华北地区涞水县剖面古生界—中新元古界露头密度、磁化率统计表

界	系	地层（组）	代号	主要岩性	样品数/个	密度/（g/cm^3）				磁化率/10^{-5}SI			
						最大	最小	平均	层	最大	最小	平均	层
古生界	石炭系	中统+上统	C_{3+2}	灰黑色页岩	10	2. 42	2. 58	2. 48	2. 48	17	25	21	12
	奥陶系	马家沟组	O_2m	灰黑色灰岩	10	2. 70	2. 72	2. 71	2. 74	1	2	1	
		亮甲山组	O_1l	灰色灰岩	20	2. 80	2. 84	2. 81		1	2	1	
	寒武系	上统	$€_3$	灰色灰岩	20	2. 61	2. 77	2. 7		2	6	4	
		中统	$€_2$	灰色灰岩	20	2. 71	2. 82	2. 76		3	9	7	
		毛庄+馒头组	$€_1mz+m$	紫红色页岩	20	2. 74	2. 78	2. 76		19	28	24	
		府君山组	$€_1f$	灰色灰岩	10	2. 63	2. 71	2. 69		1	1	2	
新元古界	青白口系	景儿峪组	Z_3j	灰色石英砂岩	15	2. 49	2. 64	2. 55	2. 61	2	11	6	
		下马岭组	Z_3x	灰黑色页岩	15	2. 60	2. 69	2. 66		12	19	16	
中元古界	蓟县系	铁岭组	Z_2t	灰色白云岩	15	2. 81	2. 84	2. 83	2. 8	0	3	1	
		雾迷山组 雾 3	Z_2w^3	灰色白云岩	15	2. 62	2. 84	2. 74		0	3	2	
		雾迷山组 雾 2	Z_2w^2	灰色白云岩	15	2. 75	2. 87	2. 81		0	4	2	
		雾迷山组 雾 1	Z_2w^1	灰色白云岩	15	2. 78	2. 87	2. 85		0	2	1	
	长城系	高于庄组 高 3	Z_1g^3	灰色白云岩	15	2. 81	2. 86	2. 85		0	3	2	
		高于庄组 高 2	Z_1g^2	灰色白云岩	15	2. 81	2. 84	2. 83		2	5	3	
		高于庄组 高 1	Z_1g^1	灰白色白云岩	15	2. 67	2. 71	2. 69		4	12	6	
		大红峪组	Z_1d	紫红色长石石英砂岩	15	2. 47	2. 64	2. 53	2. 53	39	235	97	
太古宇	阜平群	白涧组	Arb	灰白色片麻岩	15	2. 68	2. 72	2. 69	2. 73	165	1255	820	1590
		黑儿口组	Arh	肉红色花岗片麻岩	20	2. 56	2. 86	2. 76		8	5625	2361	

表 1.8　华北地区涞水县剖面古生界—中新元古界露头电阻率、极化率统计表

界	系	地层（组）	代号	主要岩性	样品数/个	电阻率/（Ω·m）				极化率			
						最大	最小	平均	层	最大	最小	平均	层
古生界	石炭系	中统+上统	C_{3+2}	灰黑色页岩	10								
	奥陶系	马家沟组	O_2m	灰黑色灰岩	10	8624	2000	4074	2914	0. 968	0. 250	0. 608	0. 689
		亮甲山组	O_1l	灰色灰岩	20	4916	1312	3321		0. 986	0. 326	0. 718	
	寒武系	上统	$€_3$	灰色灰岩	20	2947	859	2255		0. 970	0. 403	0. 644	
		中统	$€_2$	灰色灰岩	20	3471	1624	2562		0. 985	0. 264	0. 638	
		毛庄+馒头组	$€_1mz+m$	紫红色页岩	20	4134	474	1577		0. 986	0. 495	0. 895	
		府君山组	$€_1f$	灰色灰岩	10	5147	1993	3696		0. 987	0. 330	0. 632	
新元古界	青白口系	景儿峪组	Z_3j	灰色石英砂岩	15	5838	433	2172	1229	0. 988	0. 308	0. 753	0. 852
		下马岭组	Z_3x	灰黑色页岩	15	286	286	286		0. 951	0. 951	0. 951	

续表

界	系	地层（组）		代号	主要岩性	样品数/个	电阻率/（Ω·m）				极化率			
							最大	最小	平均	层	最大	最小	平均	层
中元古界	蓟县系	铁岭组		Z_2t	灰色白云岩	15	22987	3059	11218	8478	0.891	0.439	0.694	0.655
		雾迷山组	雾3	Z_2w^3	灰色白云岩	15	34984	2185	12160		0.967	0.238	0.655	
			雾2	Z_2w^2	灰色白云岩	15	11192	683	6465		0.986	0.339	0.719	
			雾1	Z_2w^1	灰色白云岩	15	10243	1066	5196		0.981	0.086	0.528	
	长城系	高于庄组	高3	Z_1g^3	灰色白云岩	15	26121	1459	11846		0.968	0.348	0.615	
			高2	Z_1g^2	灰色白云岩	15	11028	2503	6542		0.878	0.334	0.628	
			高1	Z_1g^1	灰白色白云岩	15	10996	2349	5922		0.980	0.409	0.744	
		大红峪组		Z_1d	紫红色长石石英砂岩	15	9387	2020	4611	4611	0.984	0.833	0.953	0.953
太古宇	阜平群	白涧组		Arb	灰白色片麻岩	15	3161	1570	2192	2409	0.989	0.409	0.907	0.867
		黑儿口组		Arh	肉红色花岗片麻岩	20	3837	1592	2626		0.985	0.315	0.826	

雾迷山组（Z_2w）共分三段，第一段岩性为灰黑色厚-中厚层含沥青质燧石条带白云岩，底部为含砾砂岩、紫红色含砂白云岩，地层厚度为359～850m；第二段岩性为深灰色厚层夹薄层含沥青质燧石条带白云岩，夹白云岩，上部燧石条带发育，地层厚度为500～1892m；第三段岩性为浅灰色巨厚层白云岩，含燧石团块和条带，底部为厚层角砾状白云岩，顶部为白色板状白云岩，地层厚度为293～582m。铁岭组（Z_2t）上部含藻白云岩；中部为薄层含燧石结核白云岩夹页岩，微含锰；底部为石英砂岩或角砾灰岩，地层厚度为162～191m。该组以白云岩为主，具有高密（$2.8g/cm^3$）、低磁（12×10^{-5} SI）、高阻（5231Ω·m）特征。

下马岭组（Z_3x）岩性以灰黑色页岩、砂质页岩、粉砂岩为主，中部夹泥质白云岩；底部有赤铁矿透镜体，地层厚度为207～400m。景儿峪组（Z_3j）上部为灰白色薄层泥质灰岩，中部为板岩，下部为厚层含砾石英砂岩，地层厚度为40～276m。该统以砂岩为主，具有中等密度（$2.61g/cm^3$）、低磁（12×10^{-5}SI）和中低阻（754Ω·m）的特征，以及较好的勘探物性条件。

古生界寒武系：府君山组（$€_1f$）岩性为灰色巨厚层豹皮灰岩。底部为碎层灰岩，局部为燧石角砾岩，地层厚度为11～49m。馒头组（$€_1m$）岩性为紫红色页岩、砂质页岩，夹泥质灰岩。顶部为纹带灰岩和厚层白云岩，底部为角砾岩，地层厚度为27～67m。毛庄组（$€_1mz$）岩性为紫红、绿色砂质页岩，含孔雀石，夹黑灰色厚层结晶灰岩，地层厚度为31～39m。徐庄组（$€_2x$）岩性为中厚层结晶灰岩、泥质条带灰岩、鲕状灰岩，夹页岩和竹叶状灰岩，下部为紫红色云母页岩，地层厚度为40～95m。张夏组（$€_2z$）岩性为厚层鲕状灰岩夹致密灰岩、竹叶状灰岩，地层厚度为141～158m。崮山组（$€_3g$）岩性为灰色中至厚层泥质条带灰岩、结晶灰岩，夹竹叶状、鲕状灰岩，地层厚度为59～130m。长山组（$€_3c$）岩性为中厚层竹叶状灰岩夹页岩，地层厚度为 29～35m。凤山组（$€_3f$）岩性为浅灰色、深灰色泥质条带灰岩，夹结晶灰岩、竹叶状灰岩，地层厚度为 67～70m。寒武系以灰岩为主，具有高密（2.74g/cm^3）、低磁（12×10^{-5}SI）、高阻（2796Ω·m）的特征。

古生界奥陶系：冶里组（O_1y）岩性为灰色泥纹状灰岩，夹竹叶、泥纹条带灰岩，地层厚度为 101m。亮甲山组（O_1l）上部为灰色厚–巨厚层结晶灰岩，中部为白云质灰岩、结晶灰岩，含燧石结核，下部为泥纹条带灰岩，底部为页岩，地层厚度为 280m。马家沟组（O_2m）岩性为灰黑色厚层灰岩、细粒结晶灰岩，夹泥纹灰岩，底部为角砾状灰岩，地层厚度为 267m。奥陶系以灰岩为主，具有高密（2.74g/cm^3）、低磁（12×10^{-5}SI）、高阻（2796Ω·m）的特征。

古生界石炭系：本溪群（C_2）岩性为黑色页岩、夹砂岩和泥灰岩，底部为铝土页岩、褐铁矿，地层厚度为 5～100m。太原群（C_3）岩性为黑色页岩，中部含主要可采煤层，下部为砂岩夹砂质页岩，底部为砾岩，地层厚度为 26～176m，石炭系以页岩为主，具有低密（2.48g/cm^3）、低磁（12×10^{-5}SI）的特征。

（三）华北地区钻井岩心超深层岩石常温常压重磁电物性规律

表 1.9 为本次华北地区钻井岩心的重磁物性统计表。该表对每块岩心的密度、磁化率、电阻率和极化率的测量结果进行了展示。实测岩心共 59 块，其中，砂岩 16 块、灰岩 18 块、白云岩 25 块。

表 1.9　华北地区钻井岩心密度、磁化率、电阻率和极化率一览统计表

序号	井名	时代	岩性	井段/m	岩心编号	密度/(g/cm^3)	磁化率/10^{-5}SI	电阻率/(Ω·m)	极化率
1	大 8	奥陶系（O）	灰色白云岩	1384.13～1386.91	H11	2.819	2	972.8	0.04
2	马 205	寒武系（€）	灰色角砾状白云岩	2206.34～2209.12	H20	2.699	6	102.5	0.1
3	马 205	寒武系（€）	灰色角砾状白云岩	2206.34～2209.12	H21	2.744	6	110.3	0.1
4	马 41	元古宇蓟县系雾迷山组（Jxw）	灰褐色油浸硅质白云岩	2592.31～2593.9	46	2.779	2	3578.1	0.08
5	马 41	元古宇蓟县系雾迷山组（Jxw）	灰褐色油浸硅质白云岩	2592.31～2593.9	47	2.752	1	3149.4	0.09
6	马 41	元古宇蓟县系雾迷山组（Jxw）	灰褐色油浸硅质白云岩	2592.31～2593.9	48	2.701	6	330.7	0.07
7	马 41	元古宇蓟县系雾迷山组（Jxw）	灰褐色油浸硅质白云岩	2592.31～2593.9	H12	2.796	3	1031.2	0.08
8	马 41	元古宇蓟县系雾迷山组（Jxw）	灰褐色油浸硅质白云岩	2592.31～2593.9	H13	2.696	3	1084.5	0.06

续表

序号	井名	时代	岩性	井段/m	岩心编号	密度/(g/cm^3)	磁化率/10^{-5}SI	电阻率/($\Omega\cdot m$)	极化率
9	马41	元古宇蓟县系雾迷山组（Jxw）	灰褐色油浸硅质白云岩	2592.31～2593.9	H14	2.744	3	2321.1	0.02
10	马6	寒武系（€）	灰色白云岩	1830.13～1835.68	37	2.752	2	8869.2	0.09
11	马6	寒武系（€）	灰色白云岩	1830.13～1835.68	38	2.759	3	8108.5	0.09
12	马古4	元古宇青白口系景儿峪组（Qbj）	灰色泥灰岩	2400～2402.4	34	2.713	17	1728.5	0.12
13	马古4	元古宇青白口系景儿峪组（Qbj）	灰色泥灰岩	2400～2402.4	H16	2.713	8	1077	0.09
14	马古4	元古宇青白口系景儿峪组（Qbj）	灰色泥灰岩	2400～2402.4	H17	2.715	10	4414.9	0.17
15	马古4	元古宇青白口系景儿峪组（Qbj）	灰色泥灰岩	2400～2402.4	H18	2.73	10	3661.4	0.12
16	马古4	元古宇青白口系景儿峪组（Qbj）	灰色泥灰岩	2400～2402.4	H19	2.726	19	790.4	0.04
17	马古4	元古宇青白口系景儿峪组（Qbj）	灰色泥灰岩	2400～2402.4	35	2.723	8	1845.8	0.05
18	马检1	元古宇蓟县系雾迷山组（Jxw）	灰色白云岩	2601.47～2602.6	52	2.737	4	3330	0.11
19	马检1	元古宇蓟县系雾迷山组（Jxw）	灰色白云岩	2602.6～2603.95	53	2.718	2	10349	0.09
20	马检1	元古宇蓟县系雾迷山组（Jxw）	灰色白云岩	2602.6～2603.95	54	2.674	4	473.6	0.06
21	马检1	元古宇蓟县系雾迷山组（Jxw）	灰色白云岩	2604.83～2605.97	55	2.744	3	5880.8	0.08
22	马检1	元古宇蓟县系雾迷山组（Jxw）	灰色白云岩	2614.96～2615.96	56	2.688	3	380	0.05
23	马检1	元古宇蓟县系雾迷山组（Jxw）	灰色白云岩	2744.03～2745.97	58	2.734	3	3982.4	0.12
24	马检1	元古宇蓟县系雾迷山组（Jxw）	灰色白云岩	2744.03～2745.97	59	2.703	3	5943.4	0.03
25	苏28	奥陶系峰峰组（Of）	灰褐色白云岩	3903.22～3904.72	H15	2.691	4	632.1	0.05
26	苏4	奥陶系峰峰组（Of）	灰色含泥白云岩	4542.46～4544.96	H10	2.773	6	203.1	0.11
27	苏4	奥陶系峰峰组（Of）	灰色含泥白云岩	4542.46～4544.96	23	2.742	12	170.9	0.09

续表

序号	井名	时代	岩性	井段/m	岩心编号	密度/(g/cm³)	磁化率/10^{-5}SI	电阻率/(Ω·m)	极化率
28	文103	古近系东营组(Ed)	灰色砂岩	2378.14～2382.29	H5			62.4	0.12
29	文103	古近系东营组(Ed)	灰色砂岩	2378.14～2382.29	H6			51.5	0.12
30	文103	古近系东营组(Ed)	灰色砂岩	2378.14～2382.29	H22			54	0.12
31	文24	奥陶系（O）	灰褐色灰岩	3755.13～3757.43	43	2.731	4	60228.1	0.13
32	文24	奥陶系（O）	灰褐色灰岩	3755.13～3757.43	44	2.721	3	41999.5	0.13
33	文24	奥陶系（O）	灰褐色灰岩	3755.13～3757.43	H1	2.724	3	4961.7	0.1
34	文24	奥陶系（O）	灰褐色灰岩	3755.13～3757.43	H2	2.724	3	4344.4	0.1
35	文24	奥陶系（O）	灰褐色灰岩	3755.13～3757.43	H3	2.724	4	3961.6	0.06
36	文24	奥陶系（O）	灰褐色灰岩	3755.13～3757.43	H4	2.728	3	5726.6	0.06
37	文24	奥陶系（O）	灰褐色灰岩	3755.13～3757.43	H31	2.715	3	4562	0.08
38	文24	奥陶系（O）	灰褐色灰岩	3755.13～3757.43	H32	2.746	4	6142.4	0.08
39	文24	奥陶系（O）	灰褐色灰岩	3755.13～3757.43	41	2.751	8	1459.8	0.09
40	文68	古近系沙二段(Es_2)	灰色细砂岩	2846.56～2854.81	27	2.341	15	16.7	0.13
41	文68	古近系沙二段(Es_2)	灰色细砂岩	2846.56～2854.81	28			37.3	0.13
42	文68	古近系沙三段(Es_3)	浅灰色细砂岩	3378.07～3386.47	29	2.419	11	16	0.13
43	文68	古近系沙三段(Es_3)	浅灰色细砂岩	3378.07～3386.47	30	2.425	10	19.5	0.13
44	文古1	古近系沙三段(Es_3)	浅灰色细砂岩	3552.25～3558.54	13	2.499	10	63.9	0.12
45	文古1	古近系沙三段(Es_3)	灰褐色油斑细砂岩	3569.16～3573.37	14			17.9	0.12
46	文古1	古近系沙三段(Es_3)	灰褐色油斑含砾砂岩	3569.16～3573.37	15			37.5	0.12
47	文古1	寒武系张夏组($€_2z$)	浅灰色灰岩	4391.6～4395.81	16	2.739	5	479.3	0.09
48	文古1	寒武系张夏组($€_2z$)	浅灰色灰岩	4391.6～4395.81	17	2.687	5	10645.6	0.09
49	文古1	寒武系张夏组($€_2z$)	浅灰色灰岩	4391.6～4395.81	18	2.697	4	11056.7	0.09

续表

序号	井名	时代	岩性	井段/m	岩心编号	密度/(g/cm^3)	磁化率/10^{-5}SI	电阻率/($\Omega \cdot m$)	极化率
50	西22	元古宇青白口系(Qb)	灰绿色油斑海绿石砂岩	1902.18~1908.08	10	2.529	18	83.9	0.12
51	西22	元古宇青白口系(Qb)	灰绿色油斑海绿石砂岩	1902.18~1908.08	11	2.5	12	133.2	0.08
52	西22	元古宇青白口系(Qb)	灰绿色油斑海绿石砂岩	1902.18~1908.08	H27	2.588	17	141.2	0.22
53	西22	元古宇青白口系(Qb)	灰绿色油斑海绿石砂岩	1902.18~1908.08	H28	2.499	12	98.7	0.18
54	西22	元古宇青白口系(Qb)	灰绿色油斑海绿石砂岩	1902.18~1908.08	H29	2.481	12	139.1	0.12
55	西22	元古宇青白口系(Qb)	灰绿色油斑海绿石砂岩	1902.18~1908.08	H30	2.527	16	65.6	0.19
56	西36	元古宇蓟县系雾迷山组(Jxw)	浅灰色油斑白云岩	2026.55~2027.75	49	2.833	2	730.3	0.11
57	西36	元古宇蓟县系雾迷山组(Jxw)	浅灰色油斑白云岩	2026.55~2027.75	50	2.826	2	8588.8	0.08
58	西36	元古宇蓟县系雾迷山组(Jxw)	浅灰色油斑白云岩	2026.55~2027.75	H9	2.626	3	4596.9	0.07
59	西36	元古宇蓟县系雾迷山组(Jxw)	浅灰色油斑白云岩	2026.55~2027.75	51	2.751	2	3975	0.07

根据密度和磁化率测量数据统计，灰岩和白云岩具有较高的密度（2.626~2.833g/cm^3），呈无磁或弱磁性（1×10^{-5}~19×10^{-5}SI）。砂岩具有较低的密度和磁性。根据反演提取的极化率（IP）参数，砂岩电阻率最大值为133.2Ω·m，最小值为16Ω·m，多数在50Ω·m以下，极化率约为0.12；灰岩电阻率最大值为60228.1Ω·m，最小值为479.3Ω·m，平均值较大，极化率约为0.09；白云岩电阻率最大值为10349Ω·m，最小值为102.5Ω·m，平均值相对灰岩偏小，极化率约为0.08。

第二节　超深层重磁电模型正演研究

（一）重磁电正演方法

本研究涉及的重磁电正演方法包括重力、磁力、大地电磁和时频电磁等四种方法。

1. 重力正演方法

重力勘探是地球物理勘探方法之一，是利用组成地壳的各种岩体、矿体间的密度差异所引起的地表重力加速度值的变化而进行地质勘探的一种方法。它是以牛顿万有引力定律为基础的，只要勘探地质体与其周围岩体有一定的密度差异，就可以用精密的重力测量仪器找出重力异常。然后结合工区的地质和其他物探资料，对重力异常进行定性解释，推断覆盖层以下密度不同矿体与岩层的埋藏情况，进而找出隐伏矿体存在的位置和地质构造情况。

为了认识和掌握场与场源，即重力异常与异常质量的对应关系，必须研究正演问题。所谓重力正演，就是给定地下某种地质体的形状、产状和剩余密度等，通过理论计算求取它在地面上或空间范围内引起的异常大小、特征和变化规律等，即“由源求场”。

重力二维正演原理示意图如图 1.1 所示，假设各层内密度均匀，分别用 ρ_i（$i=1$，2，…）表示。采用一系列平行于 Y 轴（垂直纸面向里为正方向）的等间距（dξ）平面，将各密度层剖分成近似于矩形体的块体（王万银和潘作枢，1992）。只要剖分足够细，就可以精细地描述该地质模型。为了离散计算的需要，设重力异常计算点间距为 dx，计算点数为 M，第一计算点坐标为（dx/2，0），计算点编号为 $i=0$，1，…，$M-1$；界面数为 K，界面编号为 $k=1$，2，…，K；每层划分的矩形数目为 N，矩形的宽度为 dξ，矩形编号为 $j=0$，1，…，$N-1$；各层的剩余密度为 σ_1，σ_2，…，σ_k。

对于图 1.1 中阴影矩形二度体在计算点 $P(x,0)$ 处产生的重力异常可用式（1.1）表示：

$$\Delta g(x,0) = 2G\sigma\iint_{\xi_1\zeta_1}^{\xi_2\zeta_2} \frac{\zeta}{(\xi - x)^2 + \zeta^2}\mathrm{d}\xi\mathrm{d}\zeta \tag{1.1}$$

式中，G 为万有引力常数；σ（$\sigma=\rho_2-\rho_4$）为剩余密度；ξ 和 ζ 为积分变量；ξ_1、ξ_2、ζ_1 及 ζ_2 的意义见图 1.1。

根据重力场的叠加原理，在计算点 $P(x,0)$ 处的重力异常时，$g(x,0)$ 为全部矩形二度体产生异常的累加，则第 i 个计算点处的重力异常可用式（1.2）的离散公式计算：

$$\begin{aligned} g_i = \sum_{k=1}^{K}\sum_{j=0}^{N-1} G\sigma_k \Bigg[& \left(j+\frac{\mathrm{d}x}{2}-i\right)\ln\frac{\left(j+\frac{\mathrm{d}x}{2}-i\right)^2+H_{k,j}^2}{\left(j+\frac{\mathrm{d}x}{2}-i\right)^2+H_{k-1,j}^2} \\ & -\left(j-\frac{\mathrm{d}x}{2}-i\right)\ln\frac{\left(j-\frac{\mathrm{d}x}{2}-i\right)^2+H_{k,j}^2}{\left(j-\frac{\mathrm{d}x}{2}-i\right)^2+H_{k-1,j}^2} \\ & +2H_{k,j}\left(\tan^{-1}\frac{j+\frac{\mathrm{d}x}{2}-i}{H_{k,j}}-\tan^{-1}\frac{j-\frac{\mathrm{d}x}{2}-i}{H_{k,j}}\right) \\ & -2H_{k-1,j}\left(\tan^{-1}\frac{j+\frac{\mathrm{d}x}{2}-i}{H_{k-1,j}}-\tan^{-1}\frac{j-\frac{\mathrm{d}x}{2}-i}{H_{k-1,j}}\right) \end{aligned} \tag{1.2}$$

式中，$H_{k,j}$ 为第 k 层编号为 j 的矩形下底的深度；$H_{k-1,j}$ 为第 $k-1$ 层编号为 j 的矩形上底的深度。

这样，当 i 从 0 变化到 $M-1$ 时，我们即可计算出所有计算点的重力异常。当然，其中不包含模型外部物质产生的重力异常，但这与实际情况不符，实际的地下密度模型是向两

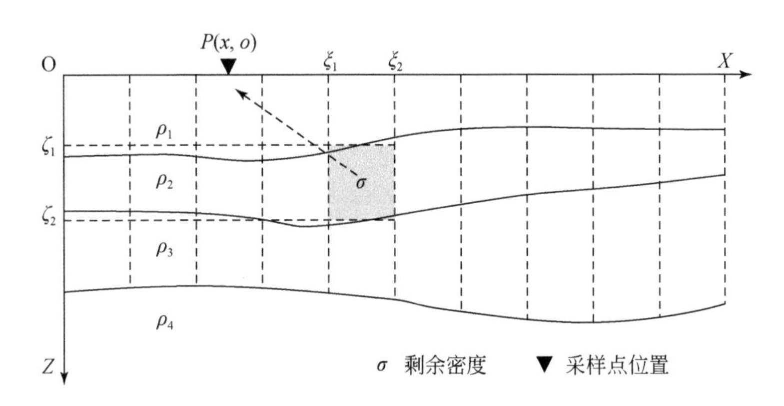

图 1.1　重力二维正演原理示意图

侧无限延伸的。如果我们只计算图 1.1 所示的有限地质模型所产生的重力异常，必将造成重力异常在模型边部产生畸变，因此有必要对模型边部进行扩展。扩边的方法一般有平均深度法、自然延伸法及对称延伸法等，但很难说哪种方法更好，不同的方法适用于不同模型。通过模型试算工作，本书采取了先对称延伸、后逐渐衰减到平均深度的扩边方法，且取得了好的正演效果，扩边长度一般取 3～5 倍剖面长度。

2. *磁力正演方法*

磁力勘探的主要解释任务是根据测得的磁异常，判断确定引起该磁异常磁性体的几何参数（位置、形状、大小、产状）及磁性参数（磁化强度大小、方向）。根据静磁场理论，运用数学工具由已知的磁性体求出磁场的分布，这个过程称为磁力正（演）问题。

自 20 世纪 70 年代以来，磁异常正演计算方法已由单一空间域发展为空间域与频率域的两大正演计算系列，两者各有特点，相辅相成，丰富和完善了正（演）问题的基本内容。一般而言，频率域的正演可由空间域的磁异常表达式经傅里叶变换得到，所以空间域的正演是基础。

磁化均匀和形态规则的假设，使磁性体的正问题大为简化，有解析表达式。一般利用直接积分法，由磁性体磁位和磁场的积分表达式出发，在确定了积分上下限之后，直接通过积分运算，求得磁位和磁场的解析表达式。把磁化强度均匀或分区均匀地分成任意形态磁性体，用多个均匀磁化规则形体的组合形体近似代替；各个均匀磁化规则形体的磁化强度可以相同或不同。该磁性体磁场的近似值等于各规则体解析场值之和。组件的规则形体可以是正方体、直立长方体等，因为直立长方体的多个 ln 项可以合并成一项计算，而且在一定条件下多个 arctan 项亦可合并计算，使计算速度大大加快；又因其组合任意形体的能力较强，故直立长方体组合法得到了普遍应用。

由 $U=\frac{1}{4\pi}\int_v M_Q\frac{l_Q r}{r^3}\mathrm{d}v$ 出发，当磁性体为二度时，取 $y=0$，则有式（1.3）：

$$
\begin{aligned}
U &= \frac{1}{4\pi}\int_v M_Q\frac{l_Q r}{r^3}\mathrm{d}v = \frac{1}{4\pi}\int_v\left\{\frac{M_\xi(x-\xi)+M_\eta(y-\eta)+M_\zeta(z-\zeta)}{r^3}\right\}\mathrm{d}\xi\mathrm{d}\eta\mathrm{d}\zeta \\
&= \frac{1}{4\pi}\left\{\iint_S\left[M_\xi(x-\xi)+M_\zeta(z-\zeta)\right]\int_{-\infty}^{\infty}\frac{\mathrm{d}\eta}{r^3}\right\}\mathrm{d}\xi\mathrm{d}\zeta
\end{aligned}
$$

$$+\frac{1}{4\pi}\iint_S\left\{M_\eta\int_{-\infty}^{\infty}\frac{0-\eta}{r^3}\mathrm{d}\eta\right\}\mathrm{d}\xi\mathrm{d}\zeta \tag{1.3}$$

式中，U 为磁位；M_Q 为积分体内 Q 点的磁化强度矢量；l_Q 为 Q 点的方向；r 为 Q 点到观测点的距离；$M_\xi=M_Q\alpha_Q$，$M_\eta=M_Q\beta_Q$，$M_\zeta=M_Q\gamma_Q$，分别为M_Q在 x、y、z 轴上的分量。

式（1.3）第二个积分为奇函数在对称区间上的积分，其值为0。而积分：

$$\int_{-\infty}^{\infty}\frac{\mathrm{d}\eta}{r^3}=\frac{2}{(x-\xi)^2+(z-\zeta)^2} \tag{1.4}$$

若取$M_S=M_\xi i+M_\zeta k=M_S$（$\alpha_S i+\gamma_S k$）$=M_S l_S$为二度体的有效磁化强度，取 $r=$（$x-\xi$）$i+$（$z-\zeta$）k，则由上面式（1.3）和式（1.4）可得式（1.5）：

$$\begin{aligned}U&=\frac{1}{2\pi}\int_S\frac{M_\xi(x-\xi)+M_\zeta(z-\zeta)}{(x-\xi)^2+(z-\zeta)^2}\mathrm{d}\xi\mathrm{d}\zeta=\frac{1}{2\pi}\int_S M_S\frac{l_S r}{r^2}\mathrm{d}S\\&=-\frac{1}{2\pi}\int_S M_S\nabla_P(\ln r)\mathrm{d}S\end{aligned} \tag{1.5}$$

式中，M_S 为有效磁化强度；S 为包围磁性体的表面。

M_S、l_S的方向余弦α_S和γ_S可由式（1.6）求出：

$$\begin{gathered}M_S=(M_x^2+M_z^2)^{1/2}=M(\alpha^2+\gamma^2)^{1/2}\\ i_S=\arctan\frac{M_z}{M_x}=\arctan(\tan/\sec A')=\arctan(\tan/\csc A)\\ \alpha_S=\cos i_S=\frac{M_x}{M_S}=\frac{\alpha}{(\alpha^2+\gamma^2)^{1/2}}\\ \gamma_S=\sin i_S=\frac{M_z}{M_S}=\frac{\gamma}{(\alpha^2+\gamma^2)^{1/2}}\\ \alpha_S^2+\gamma_S^2=1\end{gathered} \tag{1.6}$$

式中，（α_S，γ_S）为 M_S 的方向余弦；i_S 为 M_S 与 ox 轴的夹角；A 为磁性体走向与磁化强度矢量 $\boldsymbol{M}$ 在 oxy 面上投影的夹角；A'为磁化强度矢量 $\boldsymbol{M}$ 在 oxy 面上投影与 ox 轴的夹角。

取二度体磁场有效分量方向为t_S，方向余弦为（L_S，N_S），则有

$$\begin{aligned}T&=-\mu_0\frac{\partial U}{\partial t}=\frac{\mu_0}{4\pi}t_S\nabla_P\left\{2\int_S M_S\nabla_P\left(\ln\frac{1}{r}\right)\mathrm{d}S\right\}\\&=-\frac{\mu_0}{4\pi}\int_S M_S\left\{2t_S\nabla_P\left(\frac{l_S r}{r^2}\right)\right\}\mathrm{d}S\end{aligned}$$

因为

$$\nabla_P\left(\frac{l_S r}{r^2}\right)=\left\{(l_S r)\nabla_P\left(\frac{1}{r^2}\right)+\frac{1}{r^2}\nabla_P(l_S r)\right\}=-\frac{1}{r^4}\{2(l_S r)r-r^2 l_S\}$$

所以有

$$T=\frac{\mu_0}{2\pi}\int_S\frac{M_S}{r^4}\{2(l_S r)(t_S r)-r^2(t_S l_S)\}\mathrm{d}S \tag{1.7}$$

有

$$Z_a=-\mu_0\frac{\partial U}{\partial z}=\mu_0 k\nabla_P U,\text{方向余弦}(0,1)$$

$$H_a=-\mu_0\frac{\partial U}{\partial x}=\mu_0 i\nabla_P U,\text{方向余弦}(1,0)$$

$$T=-\mu_0\frac{\partial U}{\partial t_S}=L_S H_a+N_S Z_a$$

式中，T 为计算的总场强度；∇_P为向量微分算子；N_S 为中心偶极子磁场单位矢量与 z 轴的方向余弦；Z_a 为磁异常总强度矢量在 z 轴的分量。

3. 大地电磁正演方法

目前大地电磁的二维正演主要采用有限单元（FE）和有限差分（FD）两种算法（陈小斌等，2000）。由于三角单元剖分有对地形和复杂异常体模拟的适应性强、单元内选择二次函数插值的计算精度比线性插值高等优点，用三角单元剖分的有限元法（finite element method，FEM）进行大地电磁模拟最为普遍。理论模型研究表明，只要有限差分方法剖分网格合适，就能获得较高精度的模拟复杂异常体响应，同时计算时间要比常规的有限单元法大幅缩短。因此，本项研究选取有限差分方法进行二维大地电磁法（magnetotelluric method，MT）正演。

大地电磁场可以近似看作是在地球表面垂直入射的平面波。在二维介质模型情况下，令 z 轴垂直向下，y 轴水平向右，x 轴为走向，如图 1.2 所示，时间因子为$\mathrm{e}^{-\mathrm{i}\omega t}$，麦克斯韦方程可写为

$$\begin{cases}\nabla\times E=\mathrm{i}\omega\mu_0 H\\ \nabla\times H=\sigma E\\ \nabla\cdot H=0\\ \nabla\cdot E=0\end{cases}\tag{1.8}$$

式中，E 为电场；H 为磁场；ω 为圆频率；μ_0与 σ 分别为介质真空中磁导率和电导率。

因为 x 轴为走向，则有$\frac{\partial}{\partial x}=0$，展开式（1.8）可得 E_x 型［式（1.9）］和 H_x 型［式（1.10）］偏振波方程：

$$\begin{cases}\frac{\partial H_z}{\partial y}-\frac{\partial H_y}{\partial z}=\sigma E_x\\ \frac{\partial E_x}{\partial z}=\mathrm{i}\omega\mu H_y\\ \frac{\partial E_x}{\partial y}=-\mathrm{i}\omega\mu H_z\end{cases}\tag{1.9}$$

$$\begin{cases}\frac{\partial E_z}{\partial y}-\frac{\partial E_y}{\partial z}=\mathrm{i}\omega\mu H_x\\ \frac{\partial H_x}{\partial z}=\sigma E_y\\ \frac{\partial H_x}{\partial y}=-\sigma E_z\end{cases}\tag{1.10}$$

利用传输面对比法，把式（1.9）和式（1.10）统一为同一种形式：

$$\begin{cases}\dfrac{\partial\left(\dfrac{1}{\eta}\dfrac{\partial u}{\partial y}\right)}{\partial y}+\dfrac{\partial\left(\dfrac{1}{\eta}\dfrac{\partial u}{\partial z}\right)}{\partial z}=\lambda u \\ \dfrac{1}{\eta}\dfrac{\partial u}{\partial n}+\alpha u=\beta\end{cases} \tag{1.11}$$

其中对于 E_x 型偏振波（TE 模式）：$u=E_x$，$\eta=-\mathrm{i}\omega\mu$，$\lambda=\sigma$；对于 H_x 型偏振波（TM 模式）：$u=H_x$，$\eta=\sigma$，$\lambda=-\mathrm{i}\omega\mu$。

从上面的讨论可看出，大地电磁二维正演问题实际上是解偏微分方程［式（1.11）］，而要得到偏微分方程的定解，还必须给定所涉及问题的边界条件。

如图 1.2 所示，将计算区域 Ω 取为足够大的矩形区域。对于垂直入射的平面电磁波场源，取上边界 AB（$z=Z_{\min}$）处的 u 为常数，一般可以取 1；左右两边界 BC（$y=Y_{\max}$）及 DA（$y=Y_{\min}$）处满足场的法向偏导数为零，即 $\frac{\partial u}{\partial n}=0$；下边界 CD（$z=Z_{\max}$）处，取为第三类边界条件，即 $\frac{\partial u}{\partial z}=\frac{\partial u}{\partial n}=-ku$，其中 $k=\sqrt{-\mathrm{i}\omega\mu\sigma_n}$ 为复波数，σ_n 为深度 $Z_{\max}$ 以下介质的电导率。

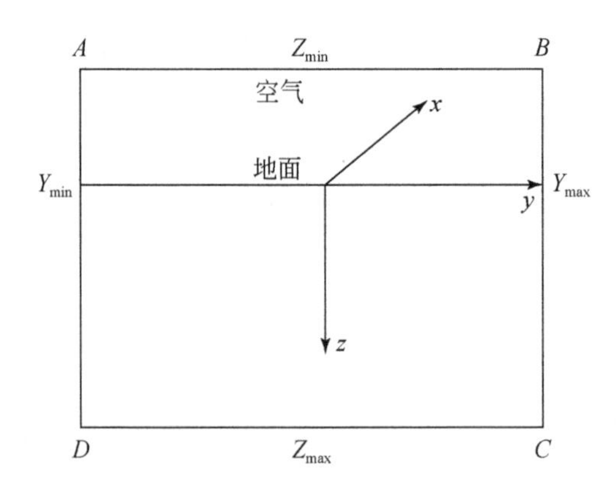

图 1.2　大地电磁计算区域示意图

将上述边界条件写成统一形式后，便可求解式（1.11）。其中 α 和 β 的取值如表 1.10 所示，其中 $Z_n=\sqrt{-\mathrm{i}\omega\mu/\sigma_n}$ 为下边界面上的表面阻抗。

表 1.10　大地电磁计算的边界条件

边界	TE 模式	TM 模式	
AB（$z=Z_{\min}$）	$\alpha=0$，$\beta=-1$	$\alpha=\beta=10^{20}$	$u=1$
CD（$z=Z_{\max}$）	$\alpha=1/Z_n$，$\beta=0$	$\alpha=Z_n$，$\beta=0$	$\frac{\partial u}{\partial z}=\frac{\partial u}{\partial n}=-ku$
DA（$y=Y_{\min}$）	$\alpha=0$，$\beta=0$	$\alpha=0$，$\beta=0$	$\frac{\partial u}{\partial n}=0$
BC（$x=X_{\max}$）	$\alpha=0$，$\beta=0$	$\alpha=0$，$\beta=0$	$\frac{\partial u}{\partial n}=0$

求解式（1.11）的解析解非常困难，通常只求解其数值解。本项研究采用有限差分法，将微分方程离散化，最终可写为如下格式的线性方程组：

$$\boldsymbol{K}\cdot\boldsymbol{u}=\boldsymbol{P} \tag{1.12}$$

式中，$\boldsymbol{K}$ 为对称的稀疏复系数矩阵；$\boldsymbol{u}$ 为网格采样点的 E_x 或 H_x 组成的列向量；右端向量 $\boldsymbol{P}$ 为与频率和网格单元电阻率有关的向量。

根据求得的场值，即可求出在地表观测点处的视电阻率和相位。TE 模式和 TM 模式的视电阻率和相位分别为

$$\begin{cases}\rho_{\mathrm{TE}}=\dfrac{1}{\omega\mu_0}\left|\dfrac{E_x}{H_y}\right|^2, \theta_{\mathrm{TE}}=\arg\left(\dfrac{E_x}{H_y}\right)\\ \rho_{\mathrm{TM}}=\dfrac{1}{\omega\mu_0}\left|\dfrac{E_y}{H_x}\right|^2, \theta_{\mathrm{TM}}=\arg\left(\dfrac{E_y}{H_x}\right)\end{cases} \tag{1.13}$$

式中，ρ_{TE} 为 TE 模式下的电阻率；ρ_{TM} 为 TM 模式下的电阻率；θ_{TE} 为 TE 模式下的相位；θ_{TM} 为 TM 模式下的相位；arg 为复数辐角。

4. 时频电磁正演方法

时频电磁二维模型的电偶极源电磁场响应计算，由于在偶极源处的奇异性，故采用散射场原理，先计算一次场，再求解二次场（散射场），最终得到总场，即电偶极源的电磁场响应（何展翔等，2002）。

根据麦克斯韦方程，电场磁场（E，H）满足的方程为式（1.14）和式（1.15）：

$$\nabla\times E=\mathrm{i}\mu_0\omega H \tag{1.14}$$

$$\nabla\times H-\sigma E=J_S \tag{1.15}$$

式中，J_S 为偶极源的电流密度；σ 为二维模型的电导率，$\sigma=\sigma(y, z)$。

由于式（1.14）和式（1.15）在偶极源处存在奇异性，为了消除由偶极源造成的奇异性，采用散射场理论，将电磁场（E，H）分解为一次场（E^p，H^p）和散射场（E^S，H^S）。

一次场（E^p，H^p）可以采用有解析表达式的均匀半空间偶极源响应公式计算，当然也可以采用利用快速汉克尔变换计算的 N 层层状介质电磁响应公式计算。

二次场（E^S，H^S）满足式（1.16）和式（1.17）：

$$\nabla\times E^S=\mathrm{i}\omega\mu_0 H^S \tag{1.16}$$

$$\nabla\times H^S-\sigma E^S=(\sigma-\sigma^p)E^p \tag{1.17}$$

式中，σ^p 为计算一次场所用层状介质模型的电导率，$\sigma^p=\sigma^p(z)$。

由于模型走向是沿 x 轴方法，即 x 方向的场分量不变，采用一维傅里叶变换，将三维问题变换为二维问题。式（1.16）和式（1.17）变换为下列六个方程［式（1.18）~式（1.23）］。

$$\frac{\partial\hat{E}_z^s}{\partial y}-\frac{\partial\hat{E}_y^s}{\partial z}=\mathrm{i}\omega\mu_0\hat{H}_x^s \tag{1.18}$$

$$\frac{\partial\hat{E}_x^s}{\partial z}-ik_x\hat{E}_z^s=\mathrm{i}\omega\mu_0\hat{H}_y^s \tag{1.19}$$

$$\mathrm{i}k_x\hat{E}_y^s-\frac{\partial\hat{E}_x^s}{\partial y}=\mathrm{i}\omega\mu_0\hat{H}_z^s \tag{1.20}$$

$$\frac{\partial \hat{H}_z^s}{\partial y}-\frac{\partial \hat{H}_y^s}{\partial z}-\sigma \hat{E}_x^s=\sigma_s \hat{E}_x^p \tag{1.21}$$

$$\frac{\partial \hat{H}_x^s}{\partial z}-\mathrm{i}k_x \hat{H}_z^s-\sigma \hat{E}_y^s=\sigma_s \hat{E}_y^p \tag{1.22}$$

$$\mathrm{i}k_x \hat{H}_y^s-\frac{\partial \hat{H}_x^s}{\partial y}-\sigma \hat{E}_z^s=\sigma_s \hat{E}_z^p \tag{1.23}$$

式中，k_x 为 x 轴方向的波数。

在上述六个方程中只有两个变量（$\hat{E}_x^s$和$\hat{H}_x^s$）是独立的，进一步整理得到式（1.24）和式（1.25）：

$$\nabla\cdot\left(\frac{\sigma}{\gamma^2}\nabla\hat{E}_x^s\right)-\sigma\hat{E}_x^s-\frac{\partial}{\partial y}\left(\frac{\mathrm{i}k_x}{\gamma^2}\frac{\partial \hat{H}_x^s}{\partial z}\right)+\frac{\partial}{\partial z}\left(\frac{\mathrm{i}k_x}{\gamma^2}\frac{\partial \hat{H}_x^s}{\partial y}\right)=-\frac{\partial}{\partial y}\left(\frac{\mathrm{i}k_x}{\gamma^2}\sigma_s\hat{E}_y^p\right)-\frac{\partial}{\partial z}\left(\frac{\mathrm{i}k_x}{\gamma^2}\sigma_s\hat{E}_z^p\right)+\sigma_s\hat{E}_x^p \tag{1.24}$$

$$\nabla\cdot\left(\frac{\mathrm{i}\omega\mu_0}{\gamma^2}\nabla\hat{H}_x^s\right)-\mathrm{i}\omega\mu_0\hat{H}_x^s-\frac{\partial}{\partial y}\left(\frac{\mathrm{i}k_x}{\gamma^2}\frac{\partial \hat{E}_x^s}{\partial z}\right)+\frac{\partial}{\partial z}\left(\frac{\mathrm{i}k_x}{\gamma^2}\frac{\partial \hat{E}_x^s}{\partial y}\right)=-\frac{\partial}{\partial y}\left(\frac{\mathrm{i}\omega\mu_0}{\gamma^2}\sigma_s\hat{E}_z^p\right)-\frac{\partial}{\partial z}\left(\frac{\mathrm{i}\omega\mu_0}{\gamma^2}\sigma_s\hat{E}_y^p\right) \tag{1.25}$$

在波数域（k_x，y，z）中对式（1.24）和式（1.25）进行离散，得到一个线性方程组[式（1.26）]，如下所示。

$$\boldsymbol{Ku}=\boldsymbol{p} \tag{1.26}$$

式中，$\boldsymbol{u}$ 为待求的未知二次场；$\boldsymbol{p}$ 为式（1.24）和式（1.25）等号右边的离散形式；$\boldsymbol{K}$ 为有限元系数矩阵（带状稀疏）。

采用自适应有限元法（FEM）求解方程，一般步骤如下：

（1）计算一系列波数对应的线性方程（kx 取 N 个离散波数值）；

（2）计算网格的后验误差；

（3）重新剖分误差较大的网格；

（4）重复步骤（1）~（3），直至达到解收敛；

（5）将所有波数的 FEM 解做变换到空间域（x，y，z）。

（二）重磁电正演结果分析

1. 四川川中超深层重磁电模型正演结果分析

选取川中高石梯-龙女寺地区的 4 条地质解释断面作为超深层重磁电模型设计的典型模型。四川川中（乐山-龙女寺构造）超深层地质模型从左到右横跨 3 个构造单元，从左到右依次为北部断陷、中央隆起、南部断陷，具有比较典型的特征。中新元古界埋藏深度最深处（南北断陷）可达 8000m 左右，最浅处（中央凸起）约为 6000m，剖面长度约为 143km。这样一个典型的模型，基本能满足川中超深层重磁电模型的正演需求。

乐山-龙女寺古隆起沉积盖层由震旦系、古生界、中生界、新生界组成，厚度巨大，具有多旋回特点。乐山-龙女寺古隆起基底由前震旦系变质岩和岩浆岩构成，时代上属太古宙至中新元古代。基底之上发育震旦系—第四系沉积盖层，震旦系—中三叠统是以碳酸盐岩为主的海相沉积，上三叠统—第四系为陆相沉积。

4条地质地球物理模型经过适当的离散化处理，在经过上述各方法的二维正演之后，就得到了重力、磁力、MT大地电磁和时频电磁的正演响应。下面代表性地展示01线的重磁电正演结果，并给出简要分析。

1）重力和磁力正演异常分析

重力、磁力在设计的采样点处会得到一个场值，每条二维剖面会形成两条连续的曲线，表现地下综合密度和磁性在剖面内的连续变化。其中，重力异常的单位为mGal，磁力异常的单位为nT。

重力方法本身没有纵向分辨能力，其测点的重力值是地下所有密度不均匀体的综合反映。重力值的大小与密度差的大小成正比，与距离平方成反比。通过前述的各地层密度统计来看，川中裂谷（Z_1）与下伏综合峨边群+太古宇的密度差异非常明显，可达-0.1g/cm^{3}左右，这个密度差对正演的重力异常影响是明显的，因此裂谷的重力异常是明显的，且能够被高精度重力仪器所探测。

分析01线综合地质模型［图1.3（a）］和重力异常曲线［图1.3（b）］得出如下认识：四川盆地川中地区古生界及以上地层厚度均匀、局部构造稀少，不是引起重力异常变化的主要因素；裂谷被上下高密度地层（上为震旦系，下为峨边群+太古宇）包围，密度差异显著。裂谷所引起的重力异常呈重力低，频率呈中-高变化；深部火成岩与围岩的密

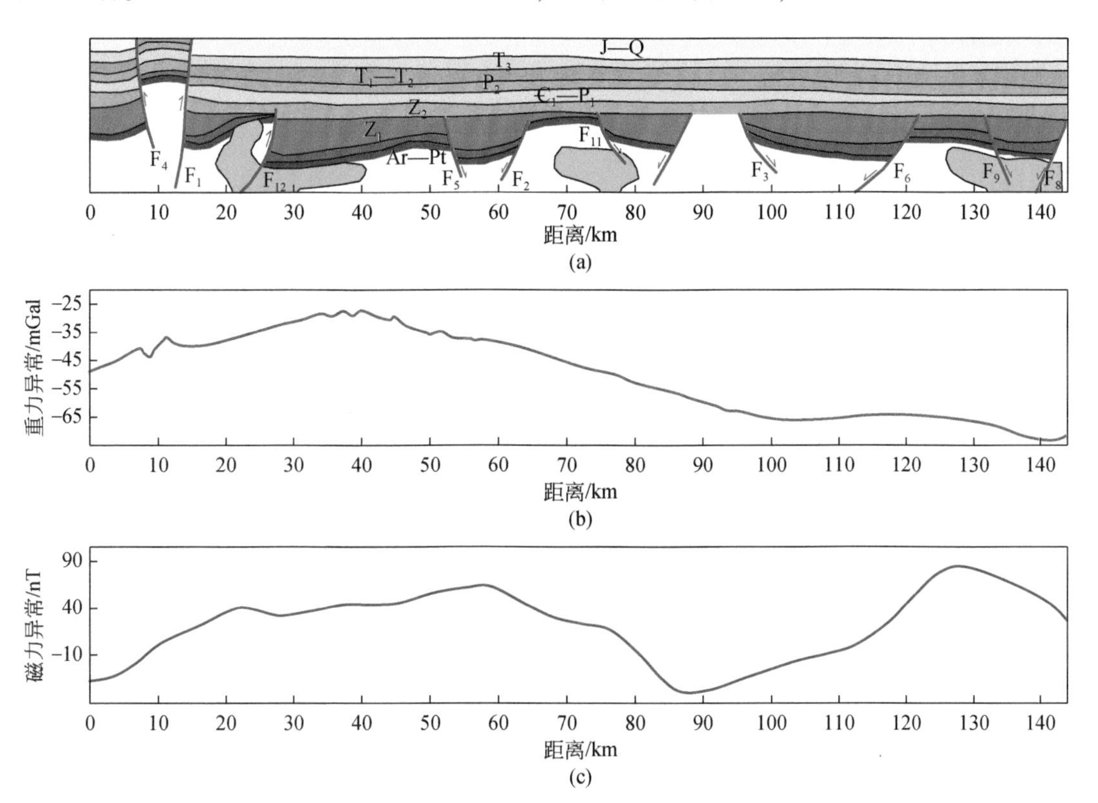

图1.3　四川川中高石梯-龙女寺地区01线超深层模型的重磁响应曲线

（a）地质模型；（b）重力异常曲线；（c）磁力异常曲线

度差异是影响重力异常变化的重要原因，其频率成分与裂谷较相似，是影响重力裂谷勘探的主要因素；重力场长波长主要反映太古宇区域岩性变化、莫霍面深浅、上地幔横向密度不均等更深层的地质因素。

从前面的磁性统计中可以看出，裂谷（Z_1）平均具有一定的磁化率，但当裂谷大面积被火成岩所侵入或替代时，其磁性可以达到上千。因此，利用磁力资料的高低来判断裂谷的存在时，首先需要考虑火成岩的发育情况。

分析 01 线磁力异常曲线［图 1.3（c）］可以有以下结论：四川盆地川中地区古生界及以上地层厚度均匀、局部构造稀少，基本无磁或弱磁，不是引起磁力异常变化的主要因素；裂谷被下伏围岩地层（峨边群+太古宇）包围，磁力差异显著。裂谷所引起的磁力异常呈低磁力，频率呈中-高变化，磁力资料对裂谷的反应较重力资料灵敏；深部火成岩的磁度变化是影响磁力异常变化的重要原因，其频率成分与裂谷较相似，是影响磁力裂谷勘探的主要因素；磁力场长波长主要反映峨边+太古宇区域岩性的不均等地质因素。

2）MT 正演响应分析

01 线模型 MT 模拟获得了 TE 模式和 TM 模式的视电阻率和相位拟断面图（图 1.4、图 1.5），从视电阻率和相位图上清楚可见 F_1 和 F_4 断裂构造的影响，其中 TM 模式的视电阻率和相位断面对模型的基底起伏形态有所指示。裂谷地层（Z_1）的电阻率相对较高，与基底电阻率基本属于同一数量级，因此正演响应不能达到直接指示裂谷是否存在的目的，需要结合反演才能确定。

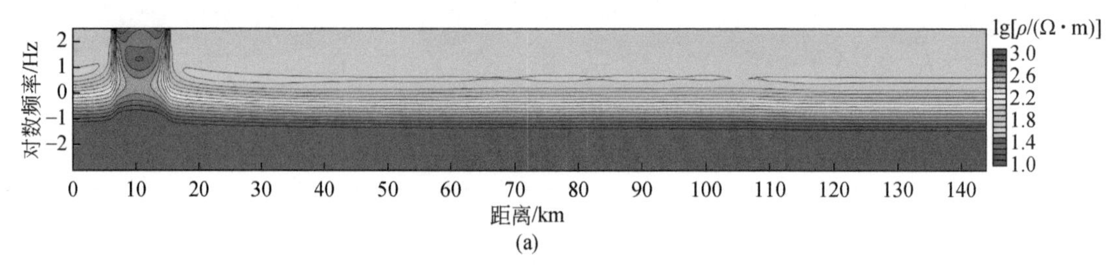

(a)

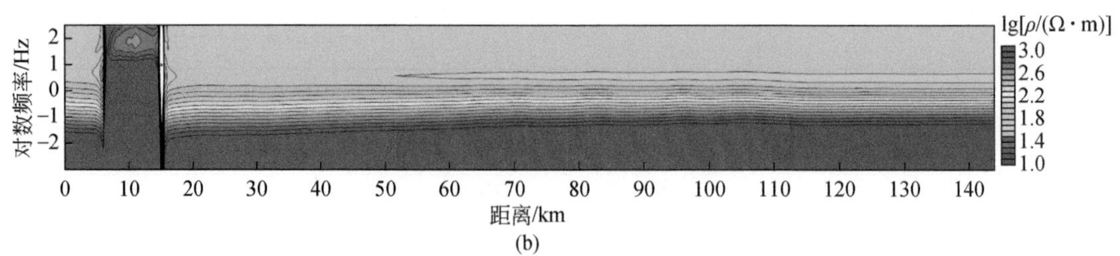

(b)

图 1.4　四川川中高石梯-龙女寺地区 01 线超深层模型的视电阻率拟断面图

（a）TE 模式；（b）TM 模式

3）时频电磁正演响应分析

时频电磁法采用多测站排列接收的工作方式。表 1.11 为本次模拟计算所使用的参数表，共模拟 25 个频率的数据，目标体异常主要表现在中低频率之间。本次模拟施工参数设置为发射长度 10km，不同发射之间首尾相接，接收站间隔 100m。如图 1.6 所示，为 01

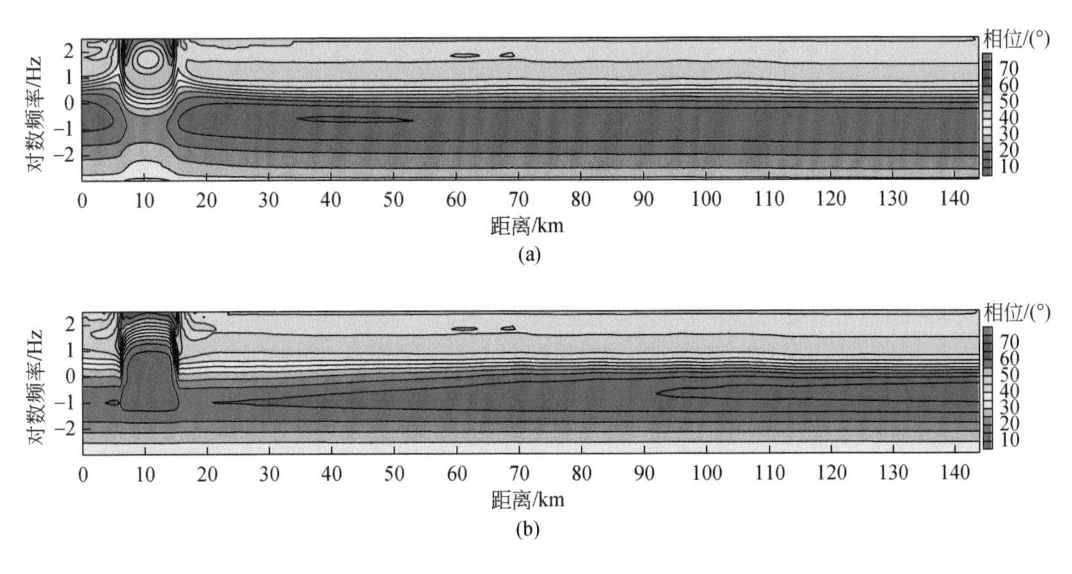

图 1.5　四川川中高石梯-龙女寺地区 01 线超深层模型的相位拟断面图

（a）TE 模式；（b）TM 模式

线的观测系统位置关系图。由于时频电磁响应与地下介质电阻率的关系是非线性的隐函数，正演结果不能直观反映地下介质的电性信息。

表 1.11　川中地区高石梯-龙女寺时频电磁模拟频率表

序号	周期/s	频率/Hz	序号	周期/s	频率/Hz
1	100.000	0.0100	14	2.3714	0.4217
2	74.9894	0.0133	15	1.7783	0.5623
3	56.2341	0.0178	16	1.3335	0.7499
4	42.1697	0.0237	17	1.0000	1.0000
5	31.6228	0.0316	18	0.7499	1.3335
6	23.1137	0.0422	19	0.5623	1.7783
7	17.7828	0.0562	20	0.4217	2.3714
8	13.3352	0.0750	21	0.3162	3.1623
9	10.0000	0.1000	22	0.2371	4.2170
10	7.4989	0.1334	23	0.1778	5.6234
11	5.6234	0.1778	24	0.1334	7.4989
12	4.2170	0.2371	25	0.1000	10.000
13	3.1623	0.3162			

在 01 线模型时频电磁模拟中，获得了振幅和曲线图（图 1.7），在两图上可以清楚地观察到 F_1 和 F_4 断裂构造的影响。由于时频电磁响应与地下介质电阻率的关系是非线性的隐函数，正演的振幅结果不能直观反映地下介质的电性信息，需要结合反演才能确定。

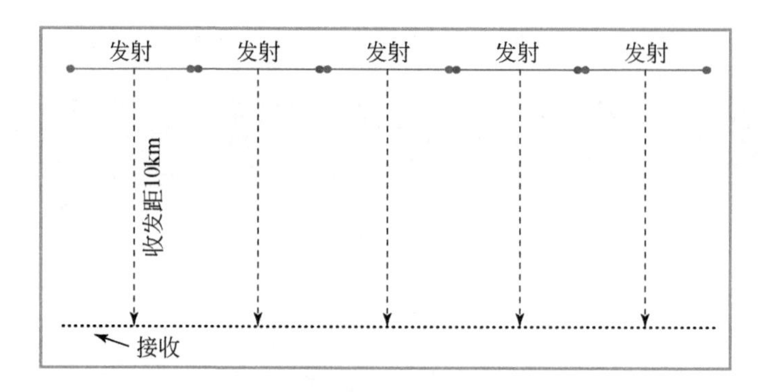

图 1.6　四川川中时频电磁模拟的观测系统位置关系图

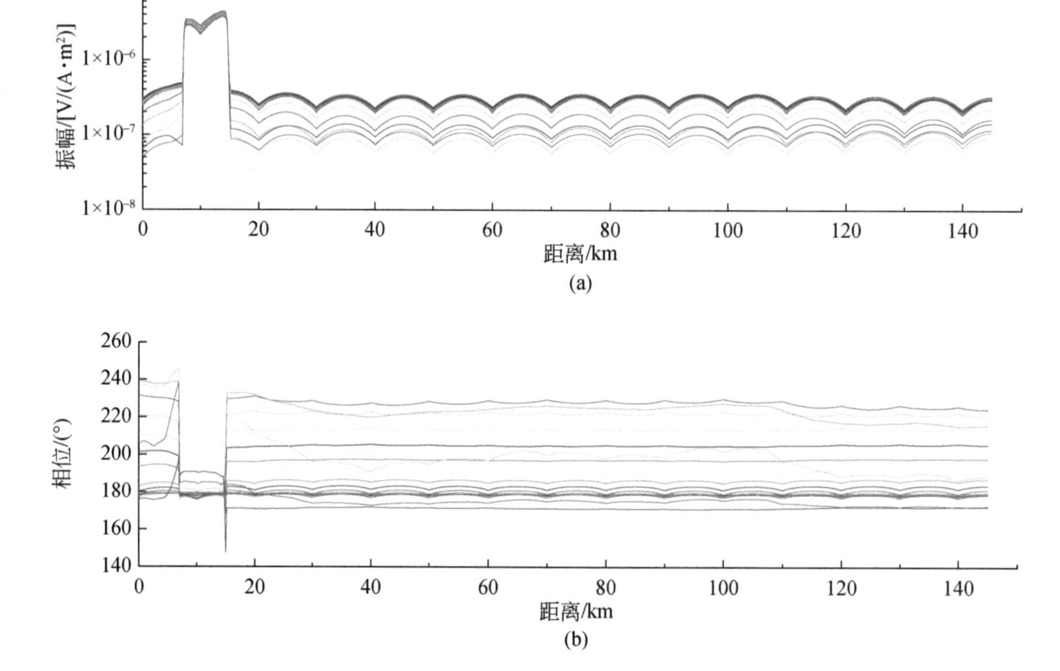

图 1.7　四川川中高石梯-龙女寺构造 01 线时频电磁模拟的振幅和相位曲线

（a）E_x 振幅；（b）E_x 相位

2. 冀中拗陷超深层重磁电模型正演结果分析

以冀中探区武清凹陷泗村店潜山为研究区，结合地震、钻井、测井等资料，以及重磁电震模型构建和正演研究的需求，选择如图 1.8 所示的模型剖面位置和研究区范围。研究区东西长 55km，南北宽 30km，包含 3 条剖面。1 线长 50km，与 2 线的交点为该线拐点。2 线和 3 线长 20km，相互平行。

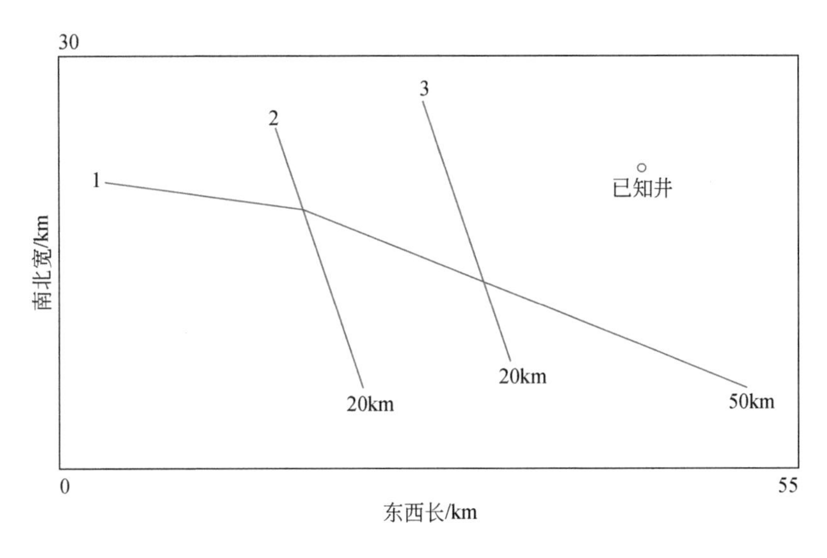

图 1.8　华北冀中坳陷中新元古界模型正演研究区范围及模型剖面位置图

根据地震、钻井揭示的地层，构建了 3 条地质模型剖面。冀中探区武清凹陷泗村店潜山从浅到深的主要地层包括 N+Q、Ed+Es_1、Es_2、Es_3、Es_4+Ek、Mz、C—P、O、€、Qb、Jx 等地层。在此展示 1 线的重磁电正演结果，并给出简要分析。

根据各地层密度、磁化率和电阻率的平均值，结合图 1.9，建立了 1 线的二维地质地球物理模型。每个多边形块体包含三个物性参数，分别为密度（g/cm^3）、电阻率（Ω · m）和磁化率（10^{-5}SI）。

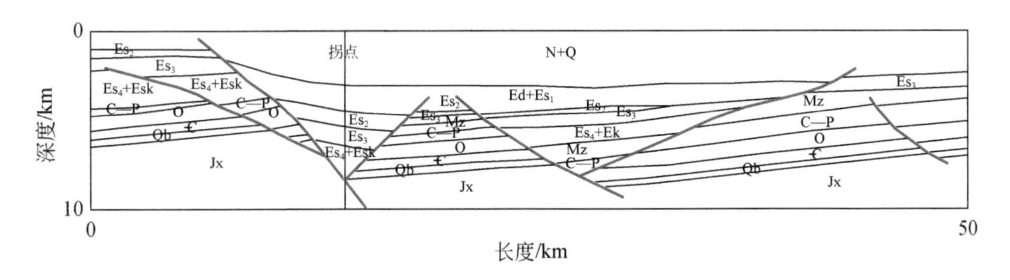

图 1.9　华北冀中坳陷中新元古界模型 1 线地质模型图

针对地质地球物理模型，利用重力、磁力、大地电磁和时频电磁的二维正演方法进行计算。地质地球物理模型经过适当的离散化处理，经二维正演之后，得到了响应。其中，重力和磁力方法在设计的采样点处会得到一个场值，每条二维剖面会形成两条连续的曲线，表现地下综合密度和磁性在剖面内的连续变化。其中重力异常的单位为 mGal，磁力单位为 nT。MT 会在每个测点得到 38 个频点的视电阻率值和相位值，每条二维剖面的多个测点可以形成视电阻率和相位等值线图，视电阻率的单位为 Ω · m，相位的单位为（°）。上述重磁、MT 均为被动源法，而时频电磁法（time-frequency electromagnetic method，TFEM）则为主动源法，其正演响应主要包含一次场和二次场的影响，正演响应为振幅曲线和相位曲线，其中每个频点一条曲线。振幅曲线的单位为 V/(A · m²)，相位的单位为 (°)。

1）重力正演响应分析

重力方法本身没有纵向分辨能力，其测点的重力值是地下所有密度不均匀体的综合反映。重力值的大小与密度差的大小成正比，与距离平方成反比。从前述的各地层密度统计来看，冀中寒武系（€）以上地层密度较连续，不存在较明显的密度差异。但寒武系（€）与下伏综合地层（元古宇+太古宇）的密度差异非常明显，可达到-0.1g/cm³左右，这个密度差对重力正演响应是明显的，这也可以从正演重力曲线左右两端幅值的高低看出，如1线模型剖面的左端中新元古界浅于右端，正演响应也是左端的幅值大于右端，从而使正演重力曲线的整体形态都是左高右低，如图1.10所示。

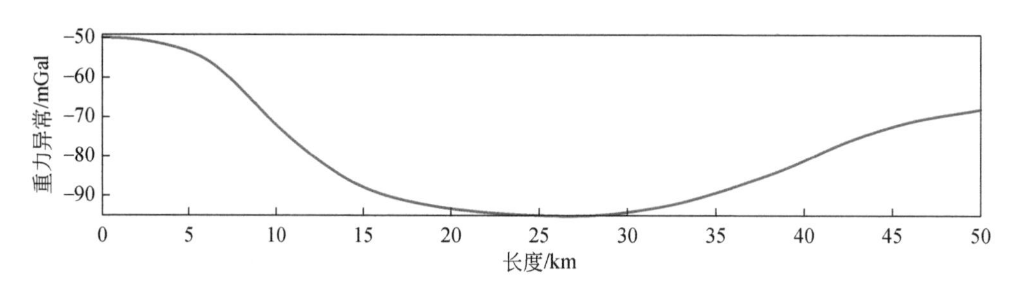

图1.10　华北泗村店地区1线重力正演结果

重力正演响应的另一个主要特征是曲线中间下凹，这与浅部新近系+第四系（N+Q）底面的起伏变化一致，这是由于密度界面距观测点较近，起了主要的作用。因此重力正演响应的形态和幅值主要由上述两种因素决定，是一个叠加效应。

分析1线重力正演结果得出：重力正演响应是所有地层的综合响应，中新元古界顶面的埋深主要影响重力曲线的整体趋势，或者说背景场；浅层模型对重力正演响应的影响是比较大的，其主要影响重力曲线的局部特征；当通过地震等其他方法获得浅层的构造形态时，可以通过重力剥层手段，消除或减弱浅层的影响，从而突出深层的响应。

从冀中拗陷超深中新元古界复合模型重力正演结果的分析中可以看到，中新元古界顶面这一主要密度界面决定着重力场的整体趋势，当通过重震剥层等手段去除或减弱浅层的影响后，可以通过剥层重力场来研究中新元古界顶面的起伏特征。

2）磁力正演响应分析

从前面的磁性参数表中可以看出，青白口系景儿峪组（Qbj）的平均磁化率达到了 2200×10^{-5}SI，属强磁，而其他地层的平均磁化率不超过 25×10^{-5}SI，属弱磁。因此，景儿峪组（Qbj）的深度和横向变化对磁力正演曲线形态的影响尤为明显。

从1线磁力正演模拟结果来看（图1.11），磁力正演响应曲线的高低起伏主要表现为新元古界景儿峪组磁性层的深浅。1线模型剖面中部潜山两侧的深凹由于缺少该套磁性地层，正演响应为磁力低，突显了潜山的磁力高。

分析1线磁力正演结果得出：对于冀中拗陷超深层勘探，当中新元古界存在景儿峪组（Qbj）高磁性层时，磁力正演响应反映的深层信息要优于重力。当磁力正演响应主要是由

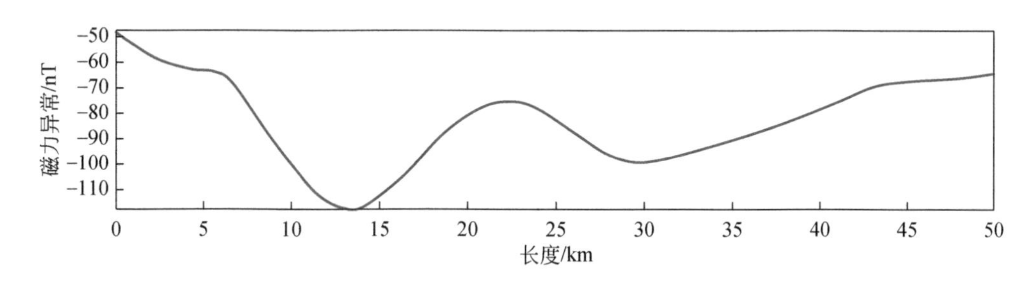

图 1.11　华北泗村店地区 1 线磁力正演模拟结果

超深中新元古界引起时，可以利用磁力来研究冀中中新元古界的深浅和存在情况。冀中拗陷元古宇景儿峪组（Qbj）高磁性层在模型剖面上发育比较薄，规模有限、埋藏深，因此磁异常幅值较低。值得一提的是，上述磁力模型没有涉及长城系、蓟县系乃至下部的太古宇，当这些地层具有一定磁性或某些深部的火成岩具有较强磁性时，会对上述正演磁力响应产生影响。

3）大地电磁正演响应分析

模型 1 如图 1.12 所示，黄色的层位为目标层位——中新元古界烃源岩，埋深为 5500～8500m，层厚度在 500m 左右，电阻率取值分别为 30Ω · m、100Ω · m 和 300Ω · m，当不含中新元古界时，电阻率取值与基底相同，为 2000Ω · m。分别对不同电阻率值的目标层位模型进行正演，分析利用 MT 研究类似于模型 1 中新元古界的可行性。正演的 TE 模式与 TM 模式视电阻率剖面见图 1.13、图 1.14。

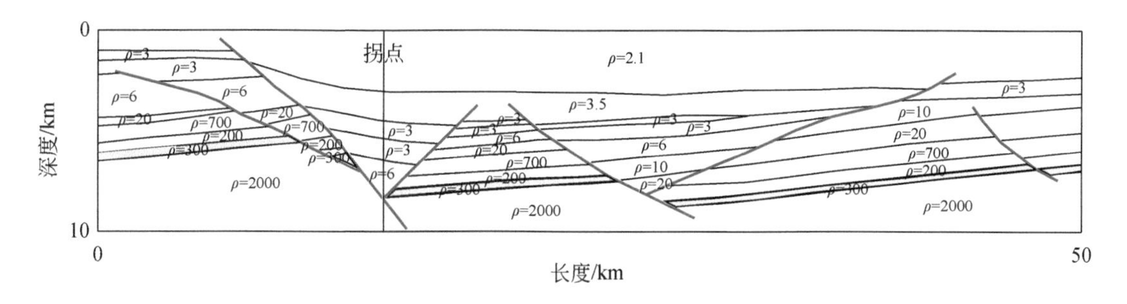

图 1.12　华北泗村店地区 1 线电阻率剖面图（单位：Ω · m）

目标层位电阻率分别为 2000Ω · m、300Ω · m、100Ω · m、30Ω · m

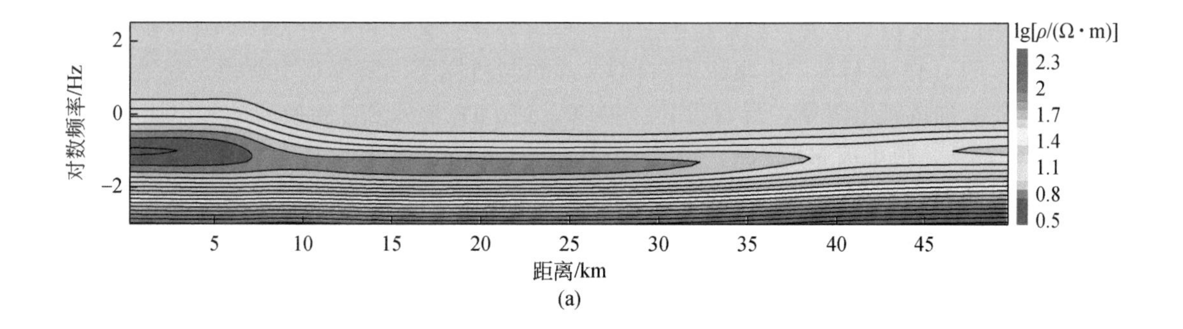

(a)

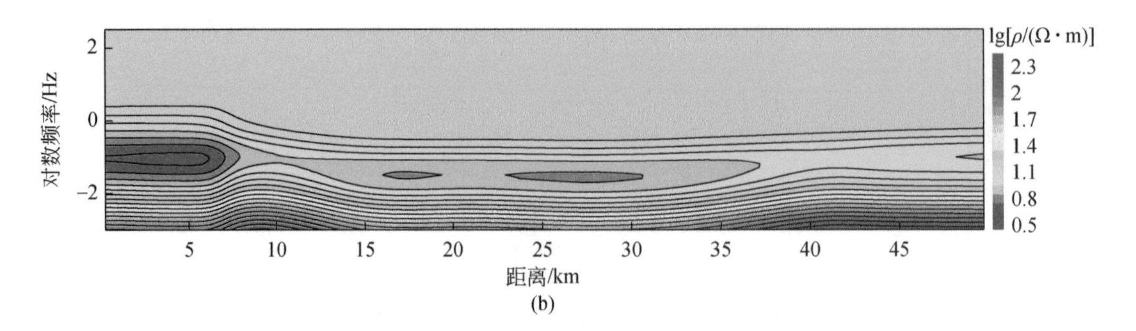

图 1.13　华北泗村店地区 1 线二维正演视电阻率剖面图（目标层位电阻率为 2000Ω · m）
（a）TE 模式；（b）TM 模式

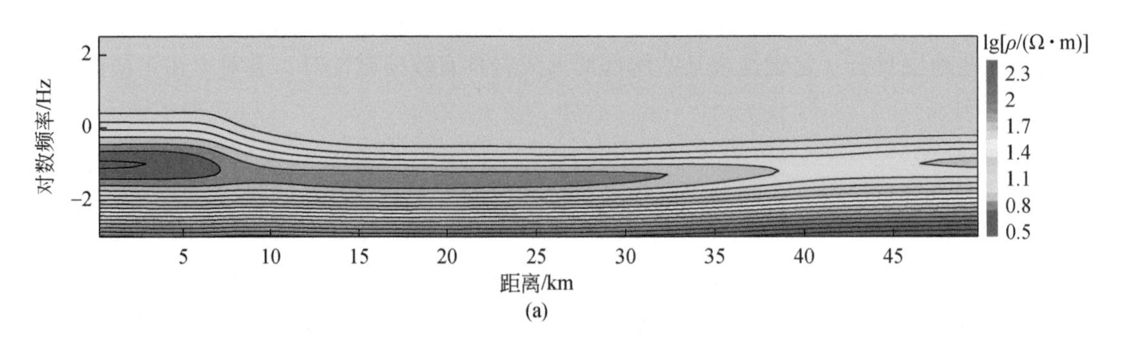

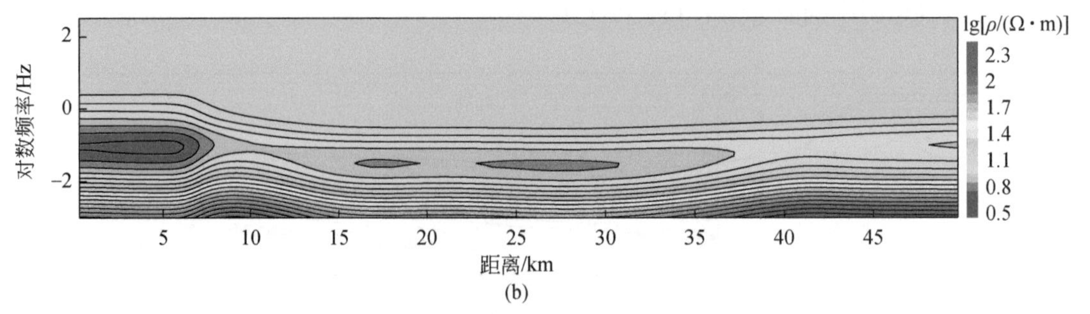

图 1.14　华北泗村店地区 1 线二维正演视电阻率剖面图（目标层位电阻率为 300Ω · m）
（a）TE 模式；（b）TM 模式

从图 1.13、图 1.14 中很难看出不同电阻率的目标层位正演响应差异，我们通过求取不同电阻率目标层位与不含目标层位响应的差异百分比，来分析利用 MT 探测中新元古界的可行性。图 1.15 是目标层电阻率为 300Ω · m 时与目标层电阻率为 2000Ω · m（即不含中新元古界）时的视电阻率差异百分比，可以看到，TE 模式和 TM 模式的视电阻率最大差异在±0.22%，很难被 MT 探测。

为了提高 MT 探测的效果，需要减小目标层的电阻率，增大目标层与基底电阻率的差异。当目标层电阻率为 100Ω · m 时，与不含中新元古界的地层视电阻率相比，TE 模式和 TM 模式的视电阻率最大差异在±1.4%之间，接近 2%，很难被 MT 探测；继续减小目标层的电阻率，目标层电阻率为 30 Ω · m时与不含中新元古界的地层视电阻率差异相比，TE

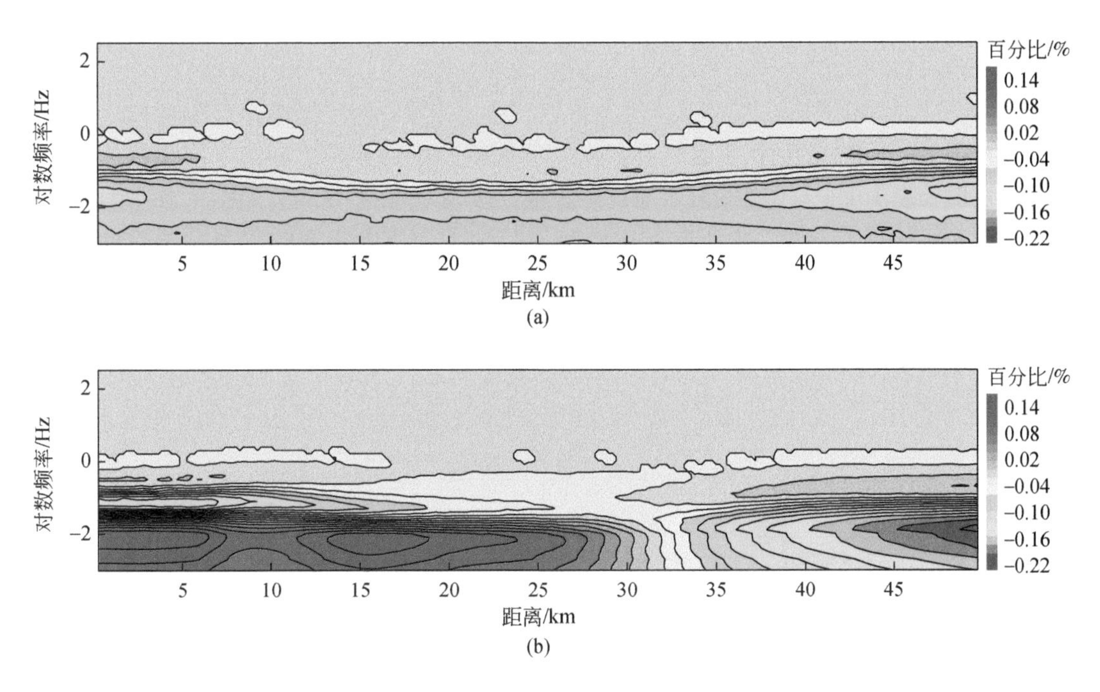

图 1.15　华北泗村店地区 1 线二维正演视电阻率差异百分比剖面图（目标层位电阻率为 300Ω·m）
（a）TE 模式；（b）TM 模式

模式和 TM 模式的视电阻率最大差异在±4%之间，此时就能够被 MT 探测。1 线、2 线和 3 线模型目标层电阻率取 300Ω·m、100Ω·m、30Ω·m 时的可探测性详见表 1.12。

表 1.12　华北泗村店地区超深层模型 MT 正演可探测性统计表

模型		1 线				2 线				3 线			
背景电阻率 2000Ω·m		层厚 500m		埋深 5500～8500m		层厚 400m		埋深 6600～9000m		层厚 400m		埋深 6800～8500m	
电阻率取值/(Ω·m)	300	最大视电阻率差异/%	±0.22	可探测性		最大视电阻率差异/%	±1.6	可探测性		最大视电阻率差异/%	±1.0	可探测性	
	100		±1.4				±2.4				±1.2		
	30		±4		√		±5		√		±2.4		√

通过对不同中新元古界的地电模型进行不同电阻率的正演模拟，从差异百分比剖面可以看出，当目标层的电阻率值与上覆地层以及下伏基底电阻率有较大的差异时，在本次模型中分别小于 0.5 与 0.05，如果存在低阻的中新元古界都可能被 MT 探测到。

4）时频电磁正演响应分析

时频电磁法人工场源法，不同于前述的重力、磁力和 MT，其正演模拟还与发射源有关。时频电磁法施工采用轴向偶极装置，分发射和接收两部分。发射端由多根并联的铜导线构成水平有限长度接地线源，采用大功率发射机按不同频率向地下发送一系列直角状脉冲电流，接收端通过接地线 MN 测量电分量 E_x。

时频电磁法采用不过零方波，可以有多种不同的组合，从高频到低频连续激发，每个频率重复激发若干次，重复次数视频率的高低设置，高频的重复次数多，低频的重复次数相对减少，数据质量和可靠性较高。

时频电磁法采用多测站排列接收的工作方式。表 1.13 为本次模拟计算所使用的参数表，共模拟 25 个频率的数据，目标体异常主要表现在中低频率之间。本次模拟施工参数设置为发射长度 10km，不同发射之间首尾相接，接收站间隔 100m。如图 1.16 所示，为 1 线的观测系统位置关系图。由于时频电磁响应与地下介质电阻率的关系是非线性的隐函数，正演结果不能直观反映地下介质的电性信息。

表 1.13　华北泗村店地区时频电磁模拟频率表

序号	周期/s	频率/Hz	序号	周期/s	频率/Hz
1	100.000	0.0100	14	2.3714	0.4217
2	74.9894	0.0133	15	1.7783	0.5623
3	56.2341	0.0178	16	1.3335	0.7499
4	42.1697	0.0237	17	1.0000	1.0000
5	31.6228	0.0316	18	0.7499	1.3335
6	23.1137	0.0422	19	0.5623	1.7783
7	17.7828	0.0562	20	0.4217	2.3714
8	13.3352	0.0750	21	0.3162	3.1623
9	10.0000	0.1000	22	0.2371	4.2170
10	7.4989	0.1334	23	0.1778	5.6234
11	5.6234	0.1778	24	0.1334	7.4989
12	4.2170	0.2371	25	0.1000	10.000
13	3.1623	0.3162			

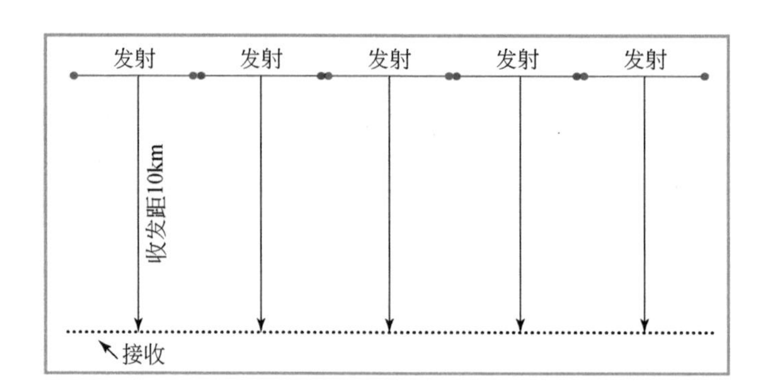

图 1.16　华北泗村店地区时频电磁模拟的观测系统位置关系图

油气藏是复杂的多参数物理目标，存在烃类中最有特征的电法勘探标志是烃饱和区储层电阻的增高，即在油气藏周围有高的电导率。而油、气、水的电性差异非常明显，油、气和水的相对介电常数达到近 40 倍，而电阻率的差异更大，地下水是导电的，而油、气则为绝缘体。为了研究不同流体赋存条件下时频电磁法的勘探能力，我们对目标层设置不同的电阻率进行模拟论证。

图 1. 12 为 1 线中新元古界电阻率剖面图，图 1. 17 和图 1. 18 为正演模拟得到的 1 线振幅曲线和相位曲线。

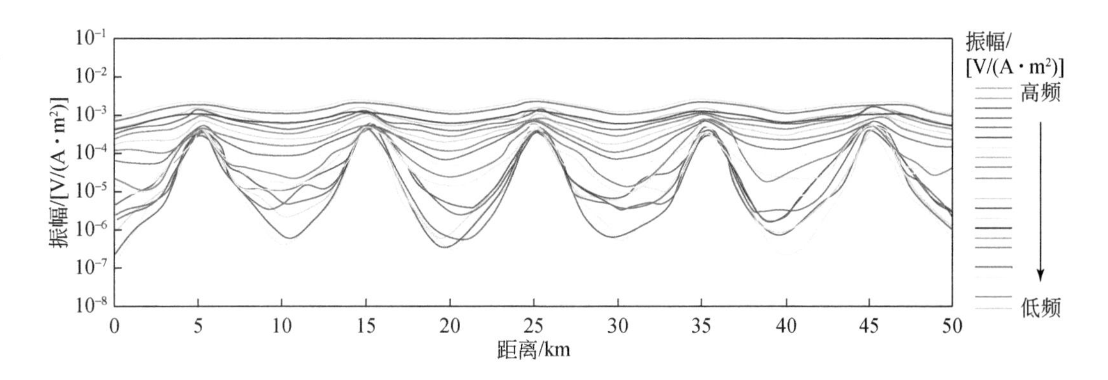

图 1. 17　华北泗村店地区 1 线正演模拟振幅曲线

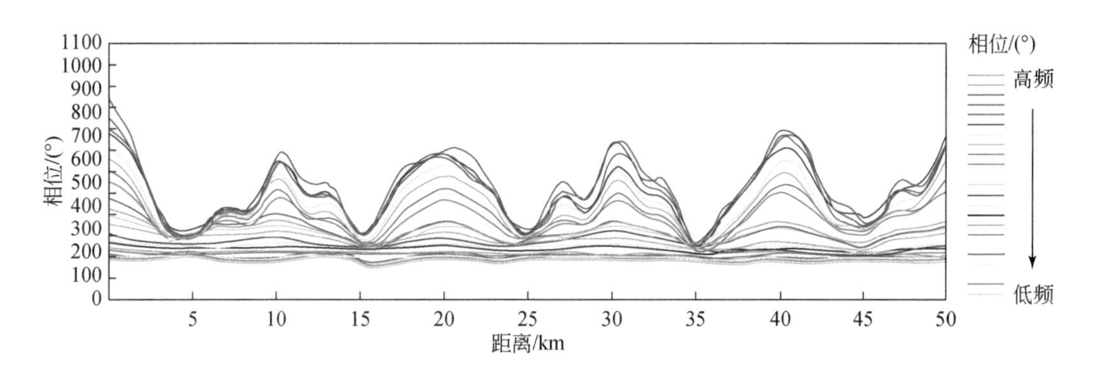

图 1. 18　华北泗村店地区 1 线正演模拟相位曲线

图 1. 19 为 1 线目标层电阻率等于 350Ω · m 时正演结果与背景场目标层电阻率为 300Ω · m 正演的背景场响应之间的归一化差异。图 1. 20 为 1 线目标层位电阻率等于 500Ω · m时正演结果与目标层电阻率为 300Ω · m 正演的背景场响应之间的归一化差异。

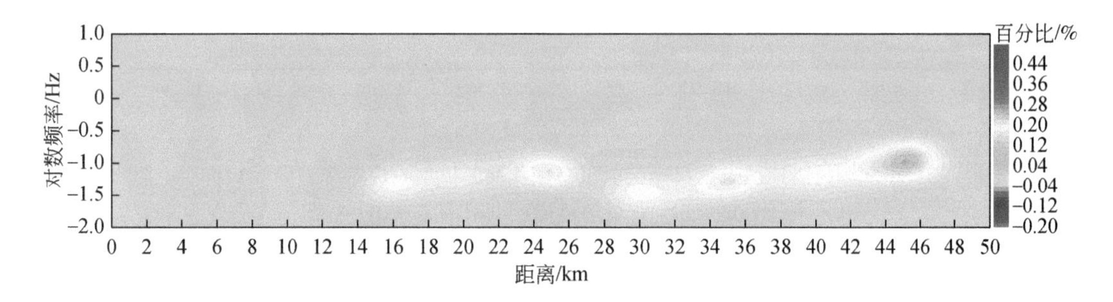

图 1. 19　华北泗村店地区 1 线目标层电阻率变化前后模型响应振幅差异（目标层电阻率为 350Ω · m，背景场目标层电阻率为 300Ω · m）

图1.21为1线目标层位电阻率等于750Ω·m时正演结果与目标层电阻率为300Ω·m时正演的背景场响应之间的归一化差异。图1.22为1线目标层位电阻率等于1000Ω·m时正演结果与目标层电阻率为300Ω·m时正演的背景场响应之间的归一化差异。通过对比，我们发现，随目标层电阻率升高，振幅异常逐渐增强。表明目标层电阻率与围岩电阻率差异越大，时频电磁响应的差异越大。

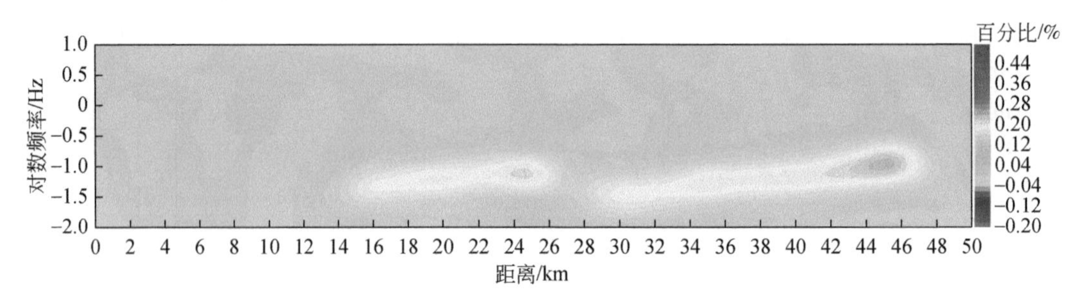

图1.20　华北泗村店地区1线目标层电阻率变化前后模型响应振幅差异（目标层电阻率为500Ω·m，背景场目标层电阻率为300Ω·m）

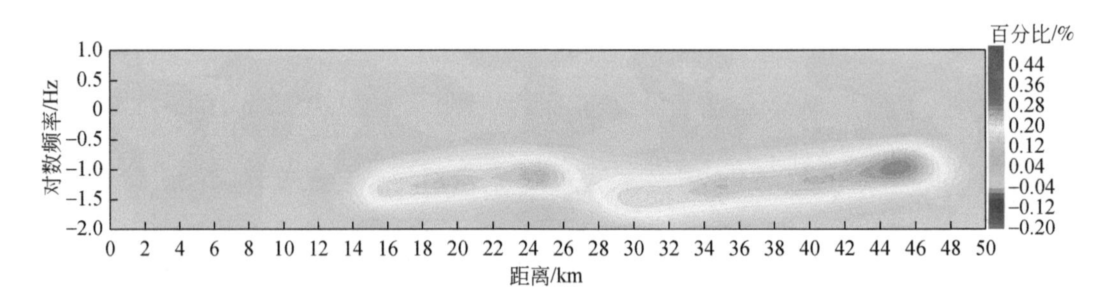

图1.21　华北泗村店地区1线目标层电阻率变化前后模型响应振幅差异（目标层电阻率为750Ω·m，背景场目标层电阻率为300Ω·m）

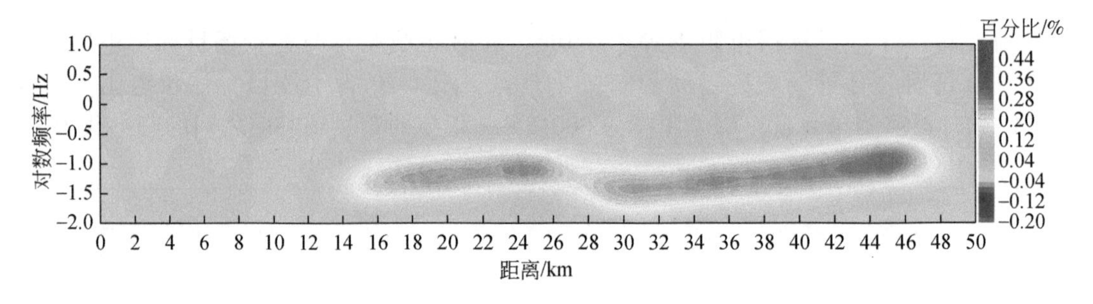

图1.22　华北泗村店地区1线目标层电阻率变化前后模型响应振幅差异（目标层电阻率为1000Ω·m，背景场目标层电阻率为300Ω·m）

由于可控源电磁法（controlled source electromagnetics，CSEM）模拟程序采用单位长度、单位电流的点状偶极源进行模拟计算，而实际工作中采用有限长度和大电流激发长线源进行勘探，所以需要在理论模拟的结果上进行等比例放大，这样才能反映实际地质目标体的可勘探性。根据麦克斯韦方程，目标体的反映与激发源长度和电流强度乘积的平方根成正比。设激发源的长度等于10km，电流等于10A，校正系数等于10。

通过对不同中新元古界的地电模型进行不同电阻率的正演模拟，从最大归一化振幅差异剖面可以看出，当目标层的最大归一化振幅差异大于3%时，目标中新元古界都可能被TFEM方法探测到。1线、2线和3线时频电磁正演可探测性统计见表1.14。

表1.14 华北泗村店地区超深层模型时频电磁正演可探测性统计表

<table>
<tr><td colspan="2">模型</td><td colspan="4">1线</td><td colspan="4">2线</td><td colspan="4">3线</td></tr>
<tr><td colspan="2">背景电阻率
300Ω·m</td><td colspan="2">层厚500m</td><td colspan="2">埋深
5500~8500m</td><td colspan="2">层厚400m</td><td colspan="2">埋深
6600~9000m</td><td colspan="2">层厚400m</td><td colspan="2">埋深
6800~8500m</td></tr>
<tr><td rowspan="3">电阻率取值/(Ω·m)</td><td>500</td><td rowspan="3">最大归一化振幅差异/%</td><td>2.5</td><td rowspan="3">可探测性</td><td></td><td rowspan="3">最大归一化振幅差异/%</td><td>2</td><td rowspan="3">可探测性</td><td></td><td rowspan="3">最大归一化振幅差异/%</td><td>1.8</td><td rowspan="3">可探测性</td><td></td></tr>
<tr><td>750</td><td>3.4</td><td>√</td><td>3.1</td><td>√</td><td>2.4</td><td></td></tr>
<tr><td>1000</td><td>4.5</td><td>√</td><td>4</td><td>√</td><td>3.5</td><td>√</td></tr>
</table>

（三）小结

四川川中超深前震旦系裂谷单一模型的重磁正演研究表明，重磁均表现为相对低异常，这对潜在的裂谷发现具有指导意义。另外，就裂谷的物性差异、埋藏深度、规模与重磁相对幅值的分析表明，一般条件下，重磁力法现有的勘探精度能够达到探测裂谷的目的。因此，在重磁力勘探的信号采集方面，采集到具有高信噪比的信号是完全可以实现的。复合裂谷模型的重磁正演表明，裂谷表现为相对重磁力低异常，磁力资料对裂谷的反应较重力资料灵敏；MT和时频电磁正演研究表明，裂谷的电阻率相对较高，与基底电阻率基本属于同一数量级，因此正演响应不能直接指示裂谷是否存在。但就重磁电裂谷勘探来说，其深受深层火成岩或岩性不均匀的影响，川中超深层裂谷的勘探需要多种方法和多种资料相结合，以提高综合成果精度。

在冀中超深中新元古界复合模型重磁正演研究中，由于重磁场的叠加效应不能直接给出超深目的层的信号特征，需要结合重磁信号分离或定量正反演等手段进行研究。MT和TFEM的模型正演，给出的当目标层与围岩的电阻率差异达到一定条件且目标层具有一定规模时，该目标层可以被电磁法探测到。当然，定量研究目标层的深度、规模时，必须结合地震、测井及电磁反演的手段进行。

参考文献

陈小斌，张翔，胡文宝. 2000. 有限元直接迭代算法在MT二维正演计算中的应用［J］. 石油地球物理勘探，35（4）：487-496.

何展翔，王绪本，孔繁恕，等. 2002. 时-频电磁测深法［C］. 北海：中国地球物理学会第十八届年会.

孙枢，王铁冠. 2016. 中国东部中-新元古界地质学与油气资源［M］. 北京：科学出版社.

王万银，潘作枢. 1992. 双界面模型重力场快速正反演［J］. 石油物探，32（2）：81-87.

第二章　超深层重磁电弱信号高精度采集处理技术

第一节　时频电磁勘探新技术

时频电磁勘探是一种人工源电磁法，是主要采用类似大偏移距地震勘探的工作方式，给大地提供强电流激发，通过测量油气藏孔隙介质放电形成的次生电磁场和电磁场频谱，从而探测油气勘探目标的一种勘探技术。以往的电磁勘探资料精度低，探测深度一般在5～7km，缺少针对7～10km的高精度人工源电磁法勘探技术。随着油气勘探向深层与超深层进军，时频电磁勘探技术对人工源勘探仪器装备提出了更大功率、更深探测能力的新要求（王志刚等，2016）。

大功率恒流电磁发射系统是为时频电磁勘探提供电磁激发信号的信号源，也就是时频电磁采集装备的核心设备。在国家重点研发计划深地资源勘探开采专项“超深层重磁电震勘探技术研究”课题“超深层重磁电弱信号高精度采集处理技术”的支持下，中国石油集团东方地球物理勘探有限责任公司（以下简称东方地球物理公司，BGP）通过“产、学、研、用”一体化攻关，进行样机系统研制、方法创新与技术集成，实现超深层电磁场弱信号采集，研制出大功率恒流电磁发射系统——TFEM-4，其发电机最大功率达到460kW，发射仪输出最大功率为400kW，最低频率为0.001Hz，恒流精度高于1%。目前国内陆地勘探用途的电磁发射系统的功率为30～200kW。本次研制的大功率恒流发射系统（TFEM-4）的发射输出最大功率达400kW，最低频率为0.001Hz，可连续工作3～4h，将成为最大功率的陆地电磁勘探恒流电磁发射系统，能使有效勘探深度由7km增加到10km以上。

为更好地发挥时频电磁技术的优势，系统可实现过零和不过零两种方式，可采用伪随机编码发送信号。为降低线路通信干扰，系统采用了光纤通信技术。

一、超大功率400kW恒流电磁发射系统样机

在国际上，研制生产大功率发射机的主要有：英国OHM公司生产的大功率电磁发射机主要用于海洋电磁勘探，其最新的产品为第四代电磁信号发射源，全称为深海活动式场源设备（DASI Ⅳ）；美国Zonge公司生产了三种不同的型号发电机，从便携式的3kW到拖车式的30kW，经过野外验证，Zonge系统和其他发射机的动力系统均非常坚固；加拿大Phoenix Geophysics公司的T-200大功率电流源，可用于复电阻率、瞬变电磁和可控源音频大地电磁法（CSAMT），最大输出功率为160kW；俄罗斯KruKo公司能够提供75kW、100kW、175kW三种型号的发射机，此发射机在俄罗斯、白俄罗斯、乌克兰、哈萨克斯

坦、中国等国家的油气勘探与储层含油能力评价方面得到了成功的应用（表 2.1）。

表 2.1　陆上大功率恒流电磁发射系统对比

现状	公司名称	功率/kW
国外	美国 Zonge 公司	30
	加拿大 Phoenix Geophysics 公司	160
	俄罗斯 KruKo 公司	175
国内	东方地球物理公司	200
	东方地球物理公司（本项目新研制）	400

国内生产大功率电源的厂家只有东方地球物理公司西安物探装备分公司。其主要产品有 TFEM-2（T2）、TFEM-3（T3）大功率恒流时频电磁仪，采用全新的设计理念，实现恒流电源的稳定输出；采用长线遥控技术，实现电磁仪的远距离控制；采用水散热风冷系统，使仪器的体积、重量比原来减少一半；采用全球定位系统（GPS）实现长稳时钟，实现连续几个小时采集无误差，确保传输速率的稳定性和准确性；TFEM-3 大功率恒流时频电磁仪最大功率为 200kW。

本次研制的陆上勘探使用的大功率恒流电磁发射系统是目前国际上最大功率的勘探发射系统，最大发射功率为 400kW，最大电流为 200A。

（一）超大功率 400kW 恒流电磁发射系统设计与研制

1. 发射系统设计

发电机、整流逆变、控制盒、计算机、电流霍尔、励磁控制器构成一个闭环负反馈系统，设置好工作电流后，系统进行恒流发射。其工作原理（图 2.1）是若负载发生变化（增大或减少），相应工作电流就会随系统发生变化（减少或增大），电流霍尔将电流的变化量反馈到励磁控制器，调节发电机的输出电压，确保发射输出的电流恒定工作。

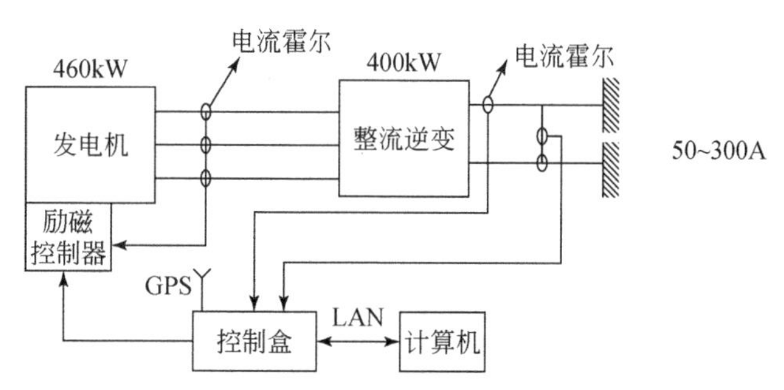

图 2.1　超大功率 400kW 恒流电磁发射系统线路图

GPS 为外置定位系统天线；LAN 为通用网络接口

本设计攻克了系统设计中强电流、强干扰、散热及安全保护等众多技术难点。实现了 300A 大电流逆变（线路图见 2.2）；采用光纤控制，提高了仪器电磁抗干扰的能力；采用我们陆上电磁仪器上的专利技术“水循环和强风冷却系统”，散热效率是普通风冷的 5 倍以上，可以确保仪器在较低的温度范围内（<40℃）工作；对于安全保护措施，一方面在结构设计上将高压部分与人体接触的地方完全隔离，弱电与强电隔离；另一方面，在电路上设计有过压、过流、欠流、过热、短路、开路等多种快速保护电路，一旦某一部分出现故障，10μs 内切断主回路电源。图 2.3 为过流保护线路图。主要参数指标如下：工作电流为 50～300A、发射频率为 0.01～256Hz、电压为 300～2000V_{DC}、恒流精度≥2%（调整时间 1s）、发射机功率为 400kW。

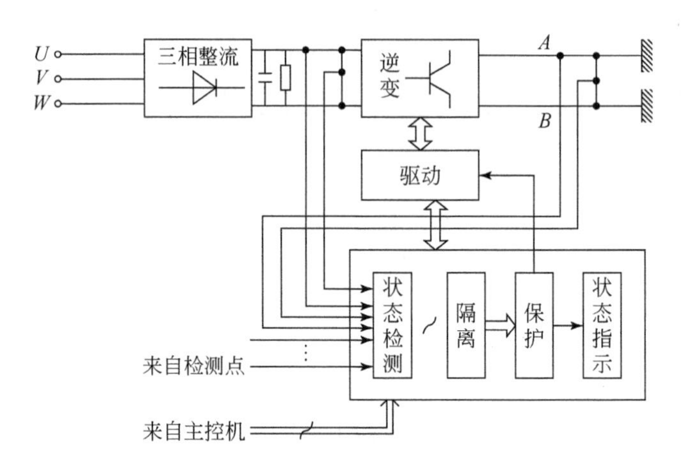

图 2.2　整流逆变线路图

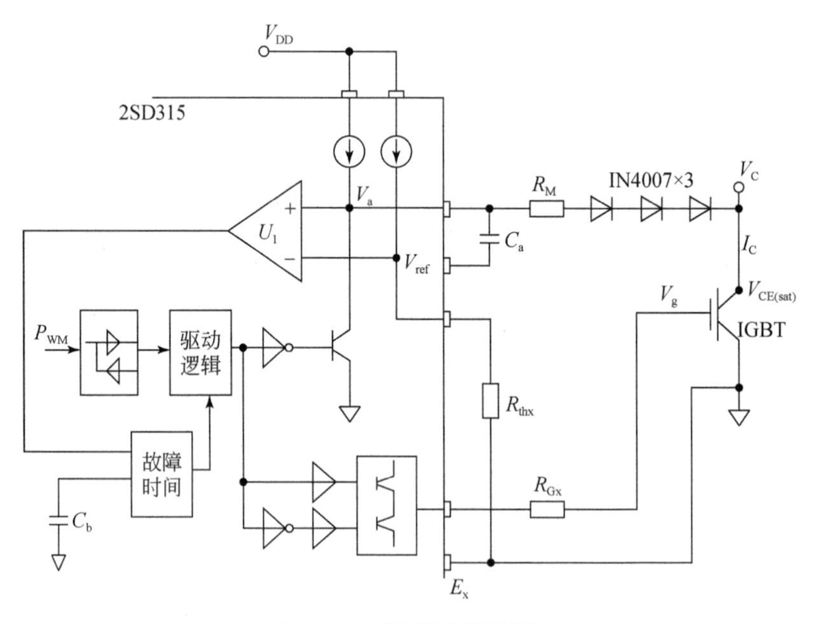

图 2.3　过流保护线路图

V_{DD}为保护电路板的正电源输入；V_a为实时电流对应电压；V_{ref}为故障警告对比电压，当实时电流对应电压超过此值，则产生保护信号；R_M、R_{Gx}、R_{thx}为限流电阻；C_a、C_b为滤波电容；V_g为控制信号产生的经过计算的高压 IGBT 模块控制信号；V_C、I_C为高压 IGBT 模块集电极输入的电压、电流；$V_{CE(sat)}$为 IGBT 模块饱和压降；IGBT 为高压绝缘栅双极型晶体管；P_{WM}为保护电路板输入的控制信号；E_x为保护电路的地

2. 主要相关技术

1）发电机与逆变设计成闭环控制的负反馈系统

实现大功率、多波形、宽频的恒流逆变输出，以前所做的大功率电源都是通过可控硅调节三相电压的导向角来调节整流输出电压。这种电源产生的谐波非常大，而且稳定性差，尤其在高压时更容易损坏。因此这种方法很难用在这种大功率野外用的电法仪器上。为了提高仪器野外使用的可靠性、稳定性，这次完全推翻以前发射仪的设计方法，提出了一个全新的设计理念，将发电机与逆变器结合成一个整体来设计（以前购买普通发电机），发电机的输出不再是一个恒压（380V），而是通过改变发电机励磁电压来调节发电机的输出电压。仪器工作时，我们连续采集系统的负载电流，根据负载电流的变化不断自动调节发电机的励磁电压，从而达到稳流输出的目的（图2.4）。

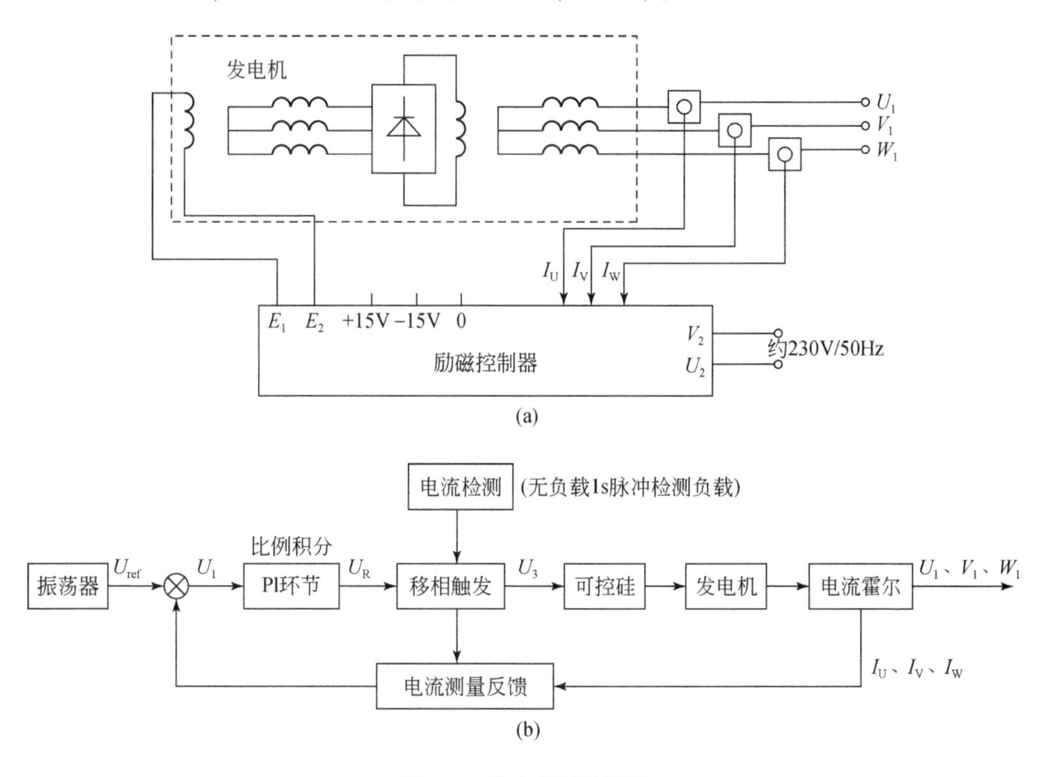

图2.4　发电机工作原理

发电机输出的负载电流经霍尔电流传感器作为调节器的测量反馈信号，在工作之前设置好励磁电位（工作电流）。工作后，发电机输出电流取样后与设置电流进行比较，若负载增大，发电机电流下降，经 I_U、I_V、I_W 端子测到的这一反馈信号经比例积分运算将平均值与给定值进行比较，使得励磁控制器里的移相触发脉冲前移，增加可控硅的导通时间，使励磁电流增大，发电机输出电压升高，负载电流上升；反之发电机电压降低，电流下降，从而维持发电机输出负载电流不变。恒流发射系统不需要升压变压器、换挡接触器等辅助设备，不但成本降低，而且仪器的体积也大大减小，不仅省去了一辆大的工程车，施工设计大大简化，仪器工作的可靠性也大大提高，只要在主控制上设置好电流值，仪器就会自动恒流工作，便于野外流动式作业。

2）采用散热效率最好的水循环和强风冷却系统实现便携移动式水散热系统

由于大功率逆变输出会产生很大的热量，以前的发射仪采用的是风冷系统，体积、质量比较大，我们现在采用水循环和强风冷却系统（图 2.5），散热效率非常高，使得仪器的体积、质量比原来减少了二分之一，非常适合野外作业。

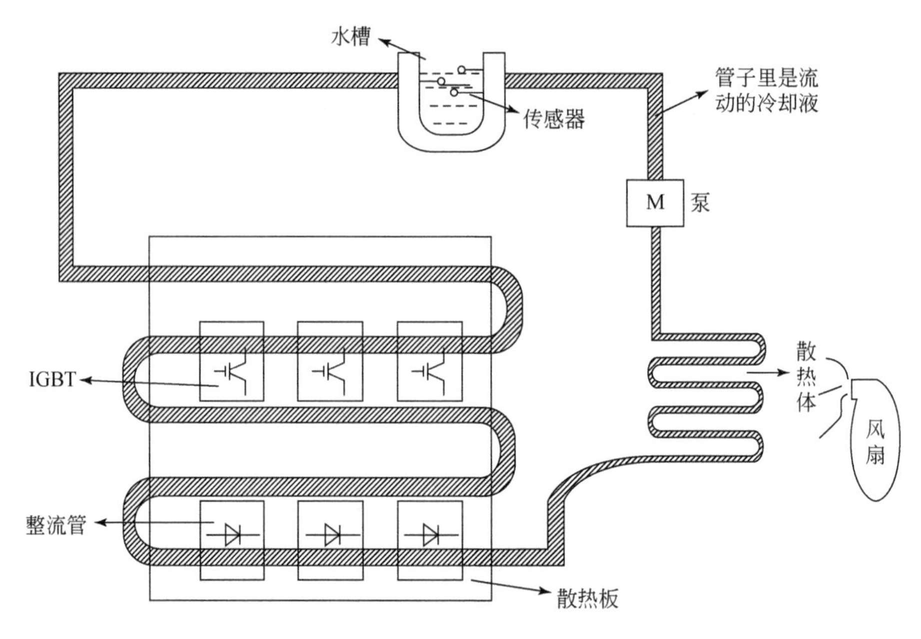

图 2.5　水冷散热结构

3）GPS 秒脉冲实现长稳时钟连续几个小时采集无误差

通常电法仪器采用专用器件定做恒稳时钟，成本很高，0.1ppm① 的时钟需约 1 万元人民币，但因为存在积累误差，这个时钟也不能连续工作超过 1h。我们就地取材，利用系统中现有的 GPS 高精度秒脉冲配合压控晶振实现长稳时钟源，实现多个时钟无误差的要求，确保数据采集的稳定性和准确性。

其工作原理（图 2.6）是用一个单片机的两个计数器同时计数时钟脉冲和 GPS 秒脉冲，在每秒内根据记录时钟的脉冲数与理论数之差转换成相应的电压值去控制压控时钟，确保压控时钟输出在每秒内接近理论值。这样无论工作多长时间，时钟都不会产生积累误差，确保了接收、发射时钟都完全相同。

发射系统样机封装后野外现场照片见图 2.7。

4）500kW 柴油发电机组参数与要求

A. 主发电机的指标

主输出（恒流调节）考核点输出电流为 408A，输出电压为 910V、100Hz，功率因数为 0.7（滞后）。

① $1\text{ppm}=10^{-6}$。

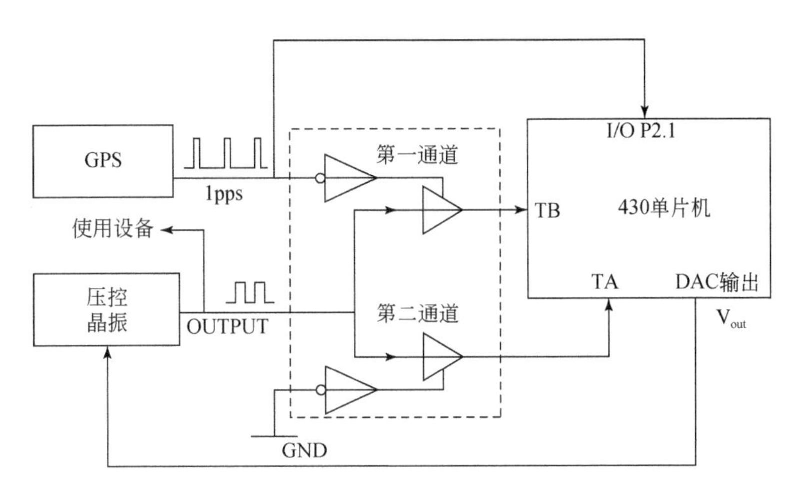

图 2.6　长稳时钟设计框图

1pps 即每秒产生一个脉冲；OUTPUT 为晶振输出的时钟信号；GND 为电路板数字地；TA 为 430 单片机的定时器 A；TB 为 430 单片机的定时器 B；DAC 输出为 430 单片机的模拟数字输出信号；V_{out} 为 430 单片机输出的（0 ~ 3.3V）模拟信号；I/O P2.1 为 430 单片机的输入输出引脚

图 2.7　400kW 发射系统外装

（1）稳态电流调整率：≤±5%（在输出电压≤1500V 时考核；给定信号≤2mA 时关闭主机励磁）；

（2）发电机空载电压 150V；

（3）波形畸变率≤5%［线电压 910V（电流 408A）时考核］；

（4）输出电压范围：160 ~ 2000V（完全跟随负载变化）；

（5）输出电流整定范围：40 ~ 408A 连续给定且稳流运行。

B. 主要功能

a. 控制功能

控制系统（包括控制箱），通过控制单元功能开关元件完成机组的启动、停机、供电、断电等基本操作。

b. 起动和带载

机组在常温（不低于10℃）下经三次启动应能成功，两次启动的时间间隔为20s。启动成功后应能在3min内带50%额定负载工作。

c. 监视

机组控制屏能够显示以下参数：转速、机油压力、机油温度、电池电压、冷却液温度、发动机运行小时数，主发电机（G1）三相线电压、三相线电流、有功功率、功率因数，辅发电机（G2）相电压、相电流等。

d. 机组报警与保护功能

机组报警与保护功能如下：

（1）水温高保护：柴油机水温高于规定数值时报警并发出停机信号，延时停机；

（2）油压低保护：柴油机油压低于规定数值时报警并发出停机信号，机组停机；

（3）超速保护：当柴油机转速高于规定数值时声光报警并发出停机信号，停机；

（4）启动蓄电池电压异常：蓄电池电压低于16V或高于30V时，报警；

（5）发电机电压异常：当发电机≥1500V时报警并延时分闸；

（6）当发生短路时瞬时分闸；

（7）过电流：1.15I_{r1}时，15s后分闸（I_{r1}=408A）；

（8）过电压：1.2U_e时，10s后分闸（U_e=1500V）。

C. 发电机组及控制系统

笔记本电脑向发射主控盒发送命令，发射主控盒解析笔记本电脑发送的命令，执行自检，控制逆变柜的工作方式，设置发电机的励磁电位，精确的GPS同步，进行高精度的电流、电压采集，并回传给笔记本电脑。

控制盒采集指标如下：

（1）同步精度：<10μs；

（2）采样率：0.5ms、1ms、2ms、4ms、8ms；

（3）APC：24位；

（4）增益：0dB；

（5）增益精度：≤1%；

（6）内噪声：≤1μV（48dB、0.5ms）；

（7）脉冲一致性：≤2%；

（8）串音：≤-90dB。

D. 控制盒

由核心主控制器TMS320F2812、长稳时钟（包括GPS接收机）、USB接口、数据采集系统、扫频信号发生以及自检模块等部分组成（图2.8）。

（二）野外仪器测试

1. 冀中地区初次测试

2019年1月在冀中目标区开展了大功率发射系统的野外测试，对超大功率系统在野外

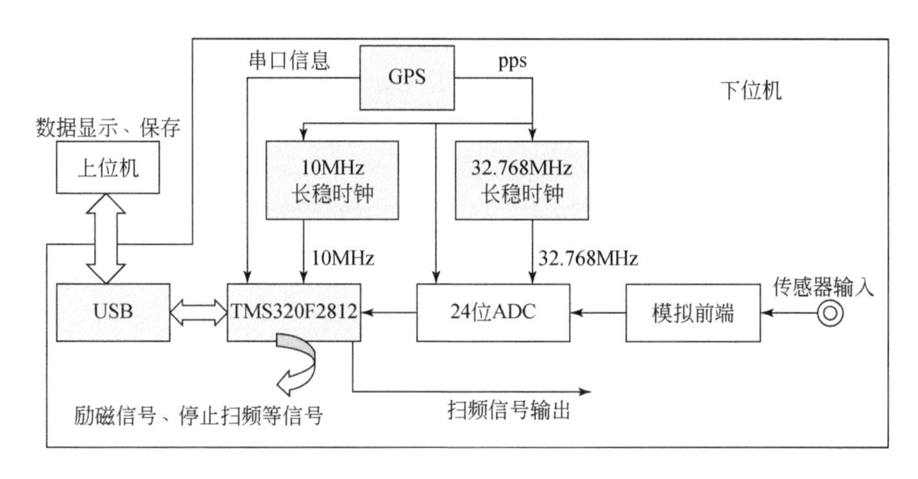

图 2.8　控制系统示意图

实地发射情况下的功能进行了测试，发现超大功率系统在野外施工中需要满足预热、接地电阻等技术要求，以及系统需要完善的局部细节，如过流保护极值的设置等，总结出系统施工的最佳接地电阻区间。测试之后，对仪器进行了改进。

2. 塔西南地区野外测试

2019 年 5 月试验小组按照“大功率（400kW）恒流发射系统验收试验方案”在新疆塔西南地区开展了大功率发射系统的野外试验。本次试验实地验证了 400kW 恒流电磁发射系统功能和指标，成功采集数据 7.5km，系统各项参数达到设计目标。测试电压为 1200V、1500V、1800V 和 2000V；测试电流为 97A、120A、145A、175A。试验对比情况为 200kW 发射机发射 80A 的数据、400kW 发射机发射 120A 的数据（收发距、AB 距、频率表完全相同）。电场和磁场归一化后的原始资料对比表明，400kW 大功率发射系统采集的磁场资料明显优于 200kW 采集的磁场资料（图 2.9）。

400kW 恒流电磁发射系统样机 TFEM-4 通过野外功能测试和采集试验，样机的功率、电流、电压、频率、波形、恒流精度等主要技术指标均达到了设计要求，且该系统性能稳定，可以满足超深层电磁法勘探需求。新系统在资料采集抗干扰方面具有明显优势，试验采集获得了 TFEM-4 系统的使用操作和施工经验。超大功率恒流发射系统的研制成功是陆上油气超深层电磁勘探领域的重要进展，它将大大提升时频电磁法采集资料的品质，扩大有效探测深度。

在完成测试后，对系统安装减震件，并加装了外箱封装，有利于长期野外使用。目前，该系统已累计采集时频电磁资料剖面 3000km，经历不同季节不同地形环境的使用，仪器性能稳定良好。

3. WQ 地区应用试验

2019 年 6 月至 8 月，400kW 恒流电磁发射系统应用于新疆 WQ 地区二维时频电磁勘探项目生产中。工区为山地、戈壁和农田，施工期间为夏季，气温高，400kW 大功率恒流电磁发射系统性能稳定，功率强大，保证了野外生产的顺利实施。

从新老仪器采集剖面数据对比来看（图 2.10），400kW 恒流电磁发射系统采集资料，

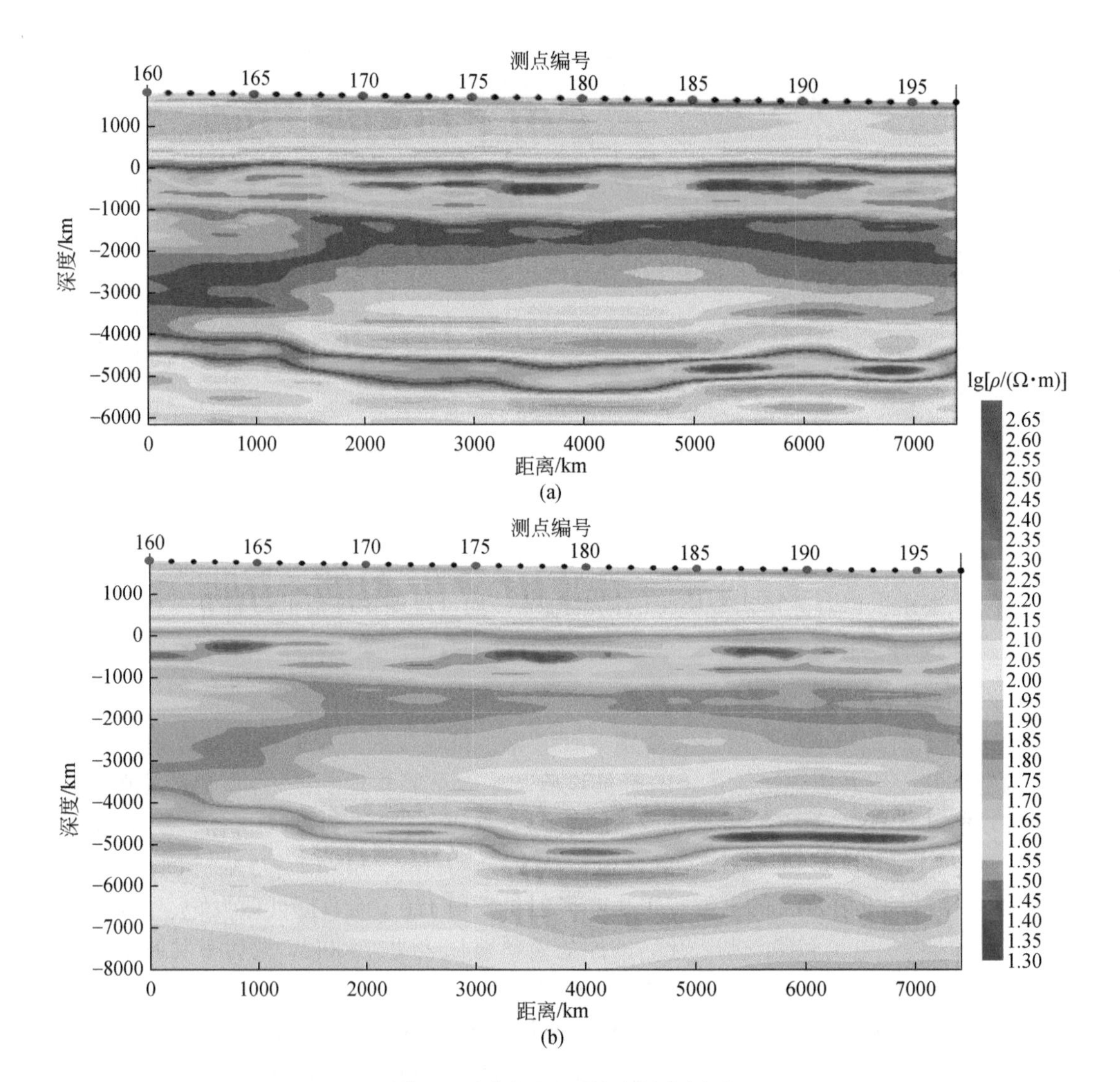

图 2.9　测试对比反演电阻率剖面

(a) TFEM-3 发射 80A 采集电阻率剖面；(b) TFEM-4 发射 120A 采集电阻率剖面

获得了 10 ~ 12km 深度的地层电阻率特征，信息丰富，符合地下地质规律，比老仪器采集的资料在中深层资料更可靠，中深层信息无畸变且深部基底电性特征更连续更清晰；新仪器具备探测 10 ~ 12km 深度能力，资料精度较以往提高 20% 以上，为复杂区深层构造研究提供了重要支撑。

4. BJ 地区应用试验

在新疆 BJ 地区的试验工作，包括新老测线采集对比试验和格架线采集生产。新老测线采集对比部署在 2018 年老测线（100 ~ 165 号点），新采集工作采用 400kW 恒流电磁发射系统，针对超深层的时频电磁资料采集，完成超大功率恒流电磁发射系统应用研究。

在 2018 年已有时频电磁测线基础上（TFEM-3 系统发射），2019 年应用400kW 大功率发射（发射电流 90A）、大收发距（13km）、大 AB 距 13km 长排列和低频加密（40s、60s、

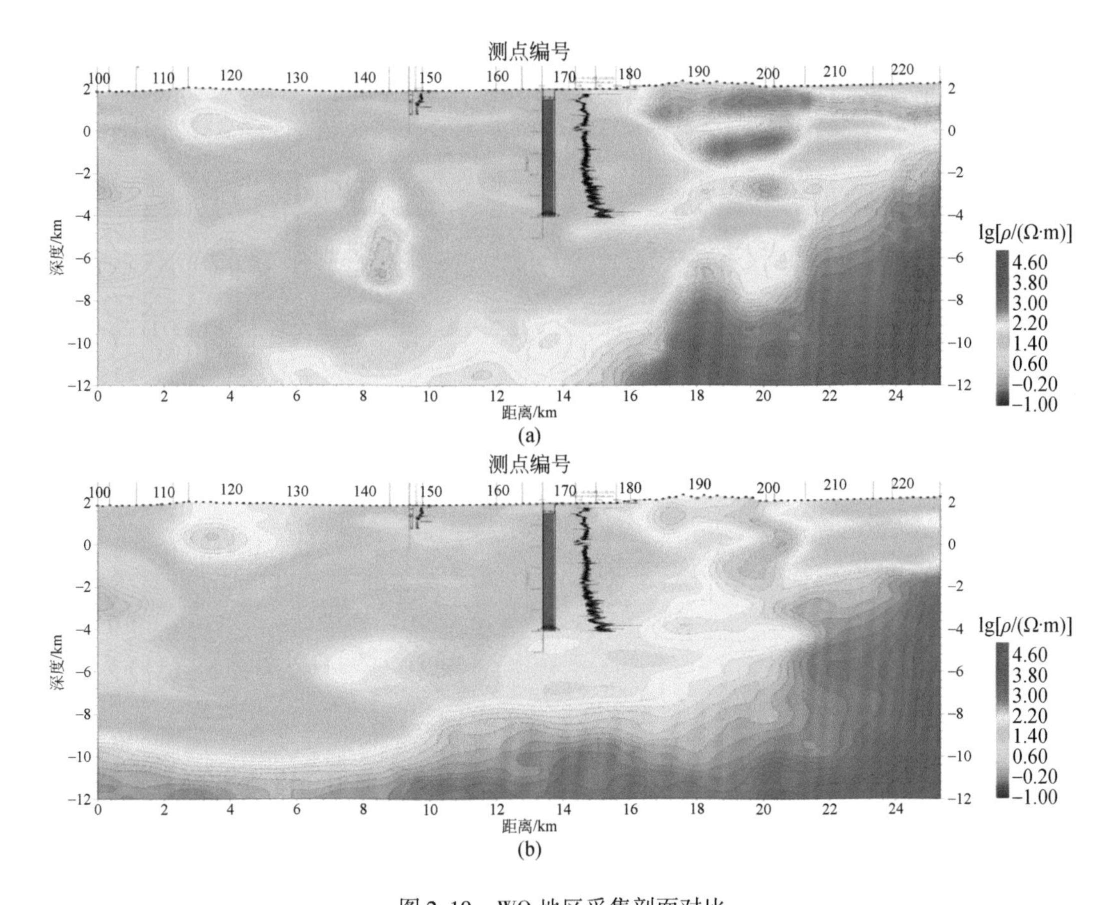

图 2.10　WQ 地区采集剖面对比

（a）TFEM-3 采集电阻率剖面（老系统）；（b）TFEM-4 采集电阻率剖面（新系统）

90s）进行新的采集试验。该试验投入组网式采集站 66 套，大功率发电机、发射系统一套。

完成试验区剖面总长度 13.0km，点距 200m，采集物理点 66 个。采集试验实现参数：时频电磁法 400kW 大功率发射（发射电流 91A）、收发距（13.6km）、大 AB 距-长排列（13.2km）、低频加密采集试验（40s、60s、90s）。试验发射接地电阻 18Ω。

完成野外资料采集后，对 2018 年 TFEM-3 老资料（收发距 7.8km、发射电流 60A，最长周期 40s）进行了重新反演，得到电阻率反演结果［图 2.11（a）］；对 2019 年新采集资料进行了电阻率反演，得到电阻率反演结果［图 2.11（b）］。

老剖面采集资料对于 7km 以上地层电阻率的反映与新采集资料剖面一致，反映均较好。对比发现，新仪器新参数采集剖面在 8～12km 深度资料特征更清晰、可靠，信息更丰富。而老剖面资料在 8～12km 深度段则地层电阻率特征较为模糊，尤其是新仪器新参数采集剖面对 12km 以下超深层地层特征仍有反映，体现了大功率 400kW 恒流地层发射系统及针对超深层勘探采集参数的应用具有明显效果和重要意义。

从以上试验与生产应用对比来看，400kW 大功率恒流电磁发射系统及采集方法的探测深度可以达到 12km 以上，保障了超深层电磁勘探的地质需要。通过试验对比可见，新系

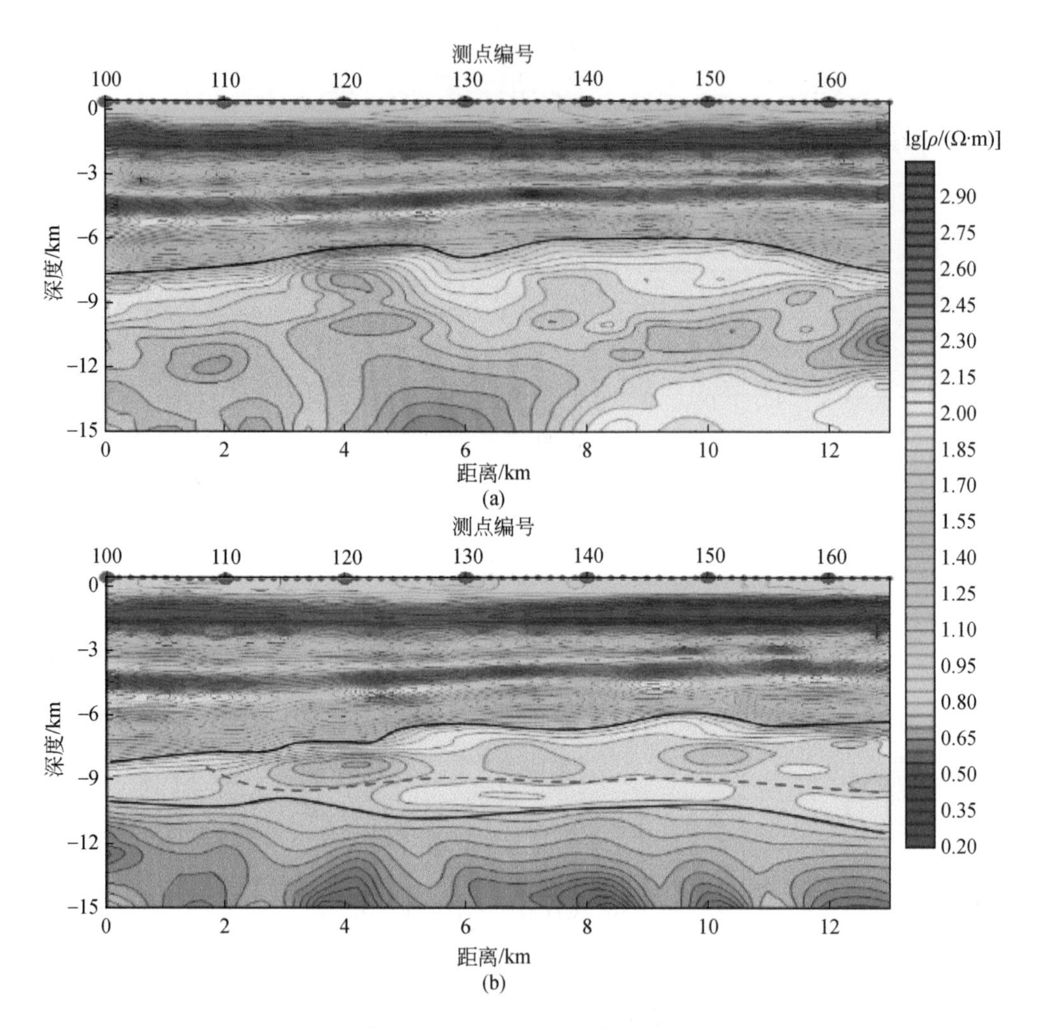

图 2.11　BJ 地区采集剖面对比

(a) 2018 年采集电阻率剖面；(b) 2019 年新采集电阻率剖面

统采集资料的抗干扰能力增强，深层资料品质提升了 20% 以上。

400kW 超大功率恒流发射系统 TFEM-4 是 TFEM 发射系统系列的最新产品，该样机已通过了测试、对比及生产试验，它的研制成功是我国陆上油气超深层电磁勘探技术的重要进展，这将大大提升时频电磁法采集资料的品质，扩大有效探测深度，为提高时频电磁法在超深层油气勘探的应用奠定坚实的基础，进而助力我国深层–超深层油气勘探攻关和油气突破。

时频电磁勘探需要的是恒流电磁发射信号，发射波形为方波。TFEM-4 的主要技术难点多，样机研制克服了大功率可变电压发电机研制、大功率恒流发射仪高精度电流整流、系统高温高效散热、宽频率范围、安全隔离、精确关断等技术难题。TFEM-4 达到的指标为发电机功率 460kW，发射仪的最大输出功率为 400kW，电流为 30 ~ 200A，电压为 200 ~ $2000V_{DC}$，关断时间<1ms，恒流精度为±1%，工作温度为–25 ~ 60℃，整机重量为 5.7t。

TFEM-4 的主要技术创新点：

（1）200A 大电流逆变的实现；

（2）实现强电磁抗干扰：采用光纤控制；

（3）系统散热：采用水循环和强风冷却系统；

（4）安全保护措施；

（5）大功率可变电压发电机组研制。

400kW 恒流电磁发射系统样机 TFEM-4 已通过野外功能测试和采集试验，样机在功率、电流、电压、频率、波形、恒流精度等主要技术指标方面均达到了设计要求，系统性能稳定，可以满足超深层电磁法勘探的需要，新系统在资料采集抗干扰方面具有明显优势；试验采集获得了 TFEM-4 系统的使用操作和施工经验。超大功率恒流发射系统的成功研制是陆上油气超深层电磁勘探领域的重要进展，它将大大提升时频电磁法采集资料的品质，扩大有效探测深度。

二、时频电磁法采集新技术

时频电磁法是近十年来发展的新的人工源电磁法勘探方法（何展翔等，2020），恒流电磁发射系统是时频电磁勘探方法的核心装备，时频电磁勘探数据采集参数需要依靠发射系统支持得以实现。发射系统的输出功率、恒流电流、恒流精度、频率带宽、环境温度和工作时长等均是重要因素。

400kW 超大功率恒流电磁发射系统（第四代发射系统 TFEM-4）的研制成功，为时频电磁勘探技术创新提供了重要支撑。基于第四代发射系统和超深层采集技术实现了大于 10km 深度的深层电磁资料采集处理，利用同侧双源激发、超长收发低频激发技术获得浅层与中深层时频电磁剖面资料，为浅层砾石层、深部结构、油气预测提供了重要资料，实践应用获得了较好的勘探效果。

（一）超深层大功率时频电磁采集技术

400kW 超大功率恒流电磁发射系统设计的主要参数如下：输出额定功率 400kW，最大电流为 200A，电压为 200～2000V_{DC}，电流稳定误差<1%，频率为 0.001～300Hz，关断时间<1ms，连续工作时间大于 4h。新系统 TFEM-4 研发后实际达到的指标如下：发电机功率为 460kW，发射仪最大输出功率为 400kW，恒流电流为 30～200A，电压为 200～2000V_{DC}，频率为 0.001～400Hz，关断时间<1ms，恒流精度为±0.5%，工作方式有过零、不过零两种，工作温度为-25～60℃，整机重量为 5.7t。为适应实际勘探需要，对系统内电容器进行了分级管理和使用，采用了光纤传输信号，保证了高频采集与低频采集的参数精度及系统性能稳定（表 2.2）。经近三年来的勘探应用，累计成功生产 3000km 以上，证实了新系统性能稳定，满足了超深层勘探时频电磁法采集需求。

表 2.2　大功率恒流电磁发射系统 TFEM-3 与 TFEM-4 对比表

指标	现有 TFEM-3	新系统 TFEM-4
功率/kW	200	400

续表

指标	现有 TFEM-3	新系统 TFEM-4
电压/V_{DC}	150～2000	200～2000
电流/A	30～150	30～200
电流稳定性/%	≤±1	≤±1
频率/Hz	0.005～500	0.001～500
关断时间/ms	<1	<1
连续工作时间/h	>2	>4
外形	980mm×500mm×750mm	≤1200mm×600mm×900mm

同侧双源激发采集技术：为了兼顾同一测线深层与浅层勘探，采用测线同侧双源激发技术，即在测线同一侧布设两个激发源。一个是针对浅层的高频率段加密频率、小收发距、小电流激发源的激发接收采集方法；另一个是针对深层的中低频率段加密频率、长周期、大收发距、大电流激发源的激发接收采集方法。浅层激发参数：电流≥25A，收发距为3～5km，AB距（震源与检波器之间的距离）为5～6km，最小周期为0.003s。

我国西部山前带第四系、新近系多发育砾石层，砾石层厚度可达500～2500m，砾石层厚度变化快，而砾石层速度的变化往往会对地震速度研究造成困难。利用时频电磁勘探开展山前带浅层砾石层调查，在库车拗陷、准南缘、吐哈台北等地区均取得较好效果。准南缘地区针对浅层砾石层调查，利用 TFEM-4 系统，对时频电磁勘探采集参数进行了优化，激发电流为30A，收发距为3.5～5km，方波信号频率为0.003～0.512s，共36个频段，信噪比达到300以上。时频电磁浅层剖面显示，准南缘地区砾石层纵向上有高阻和次高阻两套砾石层（图2.12），砾石层南厚北薄，准南缘中西段砾石广泛分布，自西向东具有砾石规模和厚度逐渐减小的趋势；时频电磁砾石层调查成果为地震浅层速度调整提供了依据。

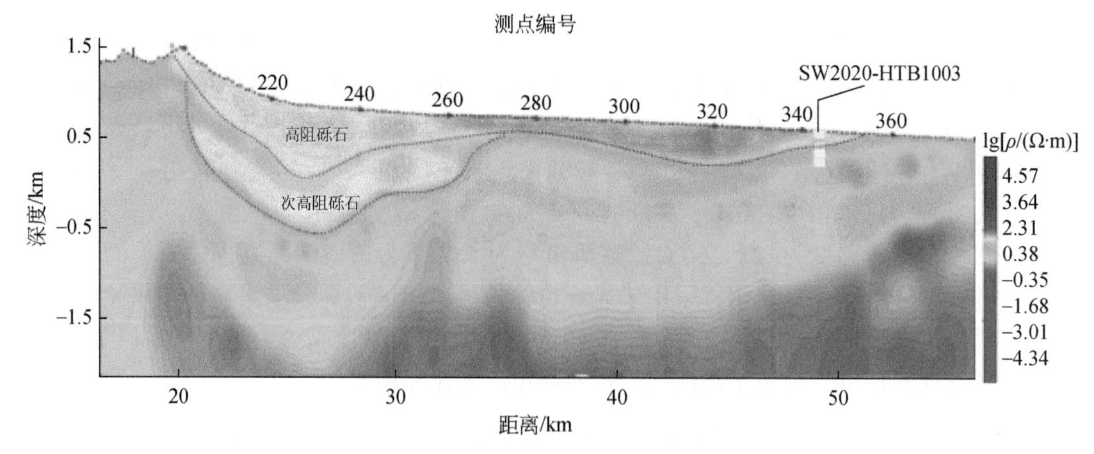

图2.12　时频电磁反演浅层电阻率剖面

（二）超深层时频电磁采集试验

1. 大功率大收发距长排列采集

发挥新系统超大功率的优势，采用大电流（>90A）、大收发距（9~14km）、大AB距（10~15km）、长排列（12~14km）、宽频采集技术，且发射源接地电阻不大于20Ω。

2. 加密频点长周期采集

频点由原来的26个增加到60个，最长周期由原来的40s增加到90s，最长采集时间达到3.2h；测点点距为200m，接收电场和磁场分量。实测测点一级品率达95%，实测采集资料有效深度达12km。

TFEM-4系统超深层采集参数与原有发射采集参数对比见表2.3。

表2.3　超深层时频电磁采集参数对比表

参数	TFEM-3	TFEM-4
电流/A	50~70	90~150
收发距/km	5~9	9~14
AB距/km	7~9	10~15
排列/km	7~9	12~14
信号周期/s	0.003~40	0.003~90
日效/（km/d）	4.5~7.0	9.5~10.0
探测深度/km	7~8	10~15

针对准南缘超深层复杂结构勘探需求，采用超大功率发射系统和超深层时频电磁采集技术，激发电流为100~110A，最长信号周期为90s，获得优质数据资料，资料一级品率达90%以上，探测深度达到12km以上。剖面电阻率反演结果揭示出准南缘中段发育“似花”状构造模式（图2.13），基底整体抬升，向盆地发育一系列逆冲断层的构造特征，同时揭示出深层二叠系—三叠系烃源岩分布以及基底石炭系内部岩性变化，石炭系存在火山

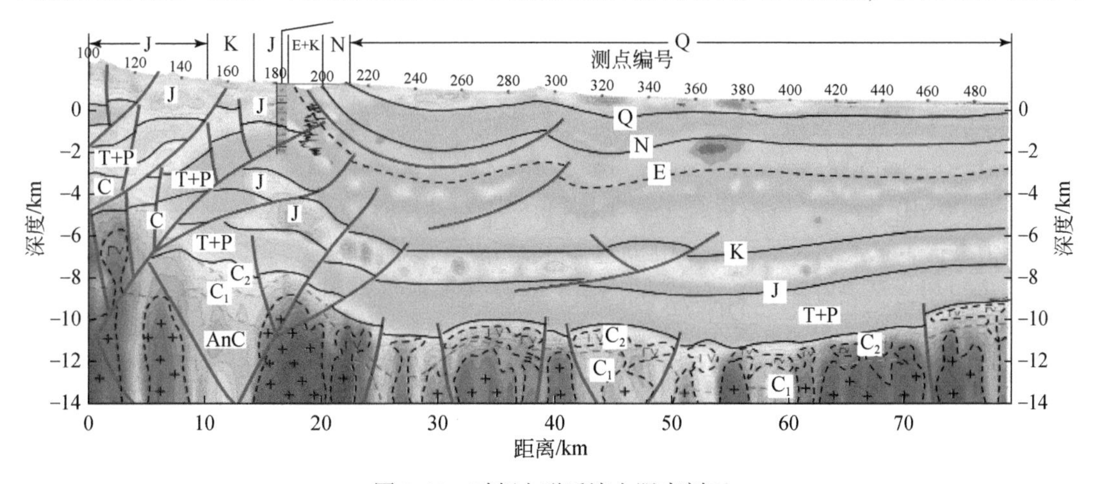

图2.13　时频电磁反演电阻率剖面

岩及相对低阻沉积岩的分布特征。利用时频电磁资料反演极化率参数，对研究区深层目标进行了含油气预测，为 GT1、HT1 井部署和油气突破发挥了重要推动作用。

超大功率发射系统为时频电磁深层勘探提供了重要装备，时频电磁新技术采集获得了高品质时频电磁资料，在浅层砾石层调查和深层地质结构与油气预测研究方面取得了突出效果。

第二节　高精度重磁力勘探新技术

进入 21 世纪以来，我国陆上油气重磁力勘探技术进步明显，随着勘探程度的提高及重磁力仪器与处理方法的发展，三维重磁力勘探技术在采集、处理、解释技术方面均取得了显著的进展，并在地表复杂区、山前构造带、深层目标、特殊岩性体等勘探领域获得了广泛应用（刘云祥等，2006），为我国油气勘探作出了新贡献。尤其是近十年来，针对深层超深层油气勘探步伐大大加快（徐礼贵和胡祖志，2021），为重力、磁法勘探技术发展提供了新的进步空间，并在塔里木、四川、准噶尔、华北、鄂尔多斯等探区取得了较好的勘探效果。未来针对深层超深层油气勘探的地质需求将进一步增加，深层勘探难度增大，更需要综合勘探攻关与协同创新技术，油气勘探的新趋势给重磁力勘探技术发展提出了新的要求，也提供了新的发展机遇。

一、重磁力采集技术

目前油气重力勘探中使用的重力仪以 CG-5 型、CG-6 型和 L&R-D/G 型重力仪为主，仪器精度为 $0.005\times10^{-5}\sim0.010\times10^{-5}m/s^2$，CG 型重力仪的优点是电子读数，仪器观测精度受操作员的影响相对较小，且在冰面等似稳条件下可以获得读数；CG-6 型重力仪较 CG-5 型更轻便，且性能更加稳定，观测精度明显提高。L&R-D/G 型重力仪为人工读数、人工记录，近年来已很少生产制造。磁力仪以 G-858/856 型为主，仪器分辨率可达 0.001～0.005nT。常规面积性重磁力勘探以 1∶50000 比例尺为主；平原区重力勘探精度一般可达 $0.04\times10^{-5}\sim0.08\times10^{-5}m/s^2$，山区精度一般可达 $0.06\times10^{-5}\sim0.15\times10^{-5}m/s^2$；磁力勘探精度一般可达 1.5～3.0nT。

21 世纪发展起来的三维重磁力复式采集技术（刘云祥和徐晓芳，2008），近年来又有不断创新，采用复测观测、正交式或多面元式观测等方式，可以显著地提高重磁力资料的采集精度，以 1∶50000 为例，三维重力资料采集精度在平原区可达 $0.03\times10^{-5}m/s^2$，在山地可达 $0.06\times10^{-5}m/s^2$，磁力资料采集精度可达 1.0～1.5nT，较常规方法有明显提高。在精细重力勘探中，采集测网已达到 100m×100m，重力异常总精度达到 $0.025\times10^{-5}m/s^2$，高精度高密度重磁力精测资料有助于发现 $0.3\sim0.5km^2$ 规模的深潜山。在渤海湾盆地开展的应用实例包括泗村店、虎 8 井区、深县等重力勘探，对落实深潜山分布规律、沉积洼槽的存在等问题发挥了重要作用。

采集方法方面的技术进步，完善了三维重磁电采集技术，而且组建了三维重磁电联合作业队伍，协同施工，共同完成三维重磁电联合勘探。重磁三维采集方面进一步实现了按单面元或多面元采集，协同三维电磁法和测地工作。

1. 重磁面元式采集

按单面元或多面元方式安排野外重磁作业，图 2.14（a）为多面元方式重磁三维采集，左侧方形区是 3×3 电法面元，红线为重磁点号方向采集路线（2 个工作单元），蓝色线为重磁线号方向采集路线（2 个工作单元），4 个面元实现了重磁正交观测。图 2.14（b）为单面元方式重磁三维采集，蓝色方形区是 3×3 电法面元，红线为重磁点号方向采集路线工作单元，蓝色线为重磁线号方向采集路线工作单元，在 1 个面元内实现了重磁正交观测。

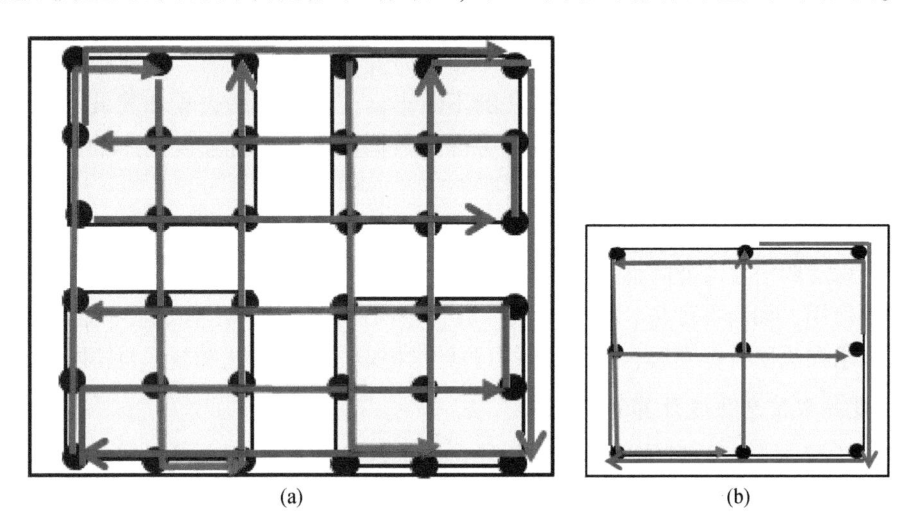

图 2.14　三维重力采集面元复测示意图
（a）多面元正交采集；（b）单面元正交采集

2. 超差复测技术

常规重磁采集一般采用线（工作单元）检查，即通过在一个工作单元上设置实测检查点来评估整个工作单元的质量，检查点合格即该工作单元合格。而在三维重磁采集中，除了对每个工作单元均要进行检查点观测以检查每个工作单元的质量外，还要核对每个测点的两次观测值的差值，超过限差的测点，还要进行三次复测，测点值的选取满足限差要求的两次观测值的平均值。可见，三维重磁采集实现了变线检查为点检查的转变。

3. 微重力多重复测技术

微重力勘探技术要求：①统一仪器角架高度；②统一基点使用，全区普点统一启闭使用同一个基点；③三重启闭基点，辅助点固定，减小基点启闭误差；④高精度重力仪 200% 重复采集，减小观测误差；⑤超差复测，对超差的测点进行超差复测，减小观测误差，提高精度；⑥普点重力值统计分析，每个坐标点共获得 2×18 个数据，统计分析剔除离差大的读数，提高重力测点精度；⑦精选重力仪，对重力仪根据静态掉格改正值、动态观测精度及仪器一致性等仪器性能试验结果进行挑选，以减小系统误差。

微重力测线观测方式的改进有四方面：①采用往返式 100% 重复；②采用两台重力仪同时观测；③每台重力仪读数为一个测点上单次观测时记录连续三个相差不大于 5μGal 的

数据；④基点启闭方式为“基-辅-基”-普点 1-普点（n-1）-普点 n-“基-辅-基”，和以往对比，辅助点为固定基点形式，具有重力基点值。

二、超深层重磁力数据处理新技术

（一）重磁力数据处理新技术

深层超深层目标体重磁异常信号弱，加强重磁力数据精细处理十分必要。除了对重力数据的地形校正工作外，对磁测数据的地形影响研究也在不断完善；针对数据特点，选择和研究适宜的网格化方法；数据去噪方法的不断丰富，让统计法去噪和滤波去噪均取得较好效果。带阀门的方差滤波迭代去噪方法考虑到数据精度与干扰强度的影响，对有效信号进行了合理的保护。

重磁力弱信号提取与增强有利于发现深层目标异常，对弱异常进行分析评价同样重要，只有可靠的深层弱信号才能降低深层勘探的风险。一些经典的弱信号增强方法在实践中仍然发挥着重要作用，如向下延拓、垂向二次导数、垂向高阶导数、组合滤波、插值切割法等，随着勘探需求向深层目标发展，新的重磁力弱异常提取与增强方法和技术将不断涌现。

1. 梯度异常信息快速计算界面埋深

利用重力异常梯度信息快速反演局部异常体埋深的方法如下：①将目标重力异常数据网格化，数据坐标单位取为 km，求取重力垂直一次导数异常和重力垂直二次导数异常；②异常转换处理，即对重力垂直一次导数异常和重力垂直二次导数异常进行指数运算转换处理；③局部重力异常深度加权合成；④埋藏深度标定，标定常数可根据研究区地质露头、钻井数据或其他已知物探信息确定，深度和标定常数的单位为 km。图 2. 15（a）是利用重力异常梯度信息快速反演方法获得的局部重力异常体埋深结果，它突出了局部体深度信息，具有较好的局部体反演效果。

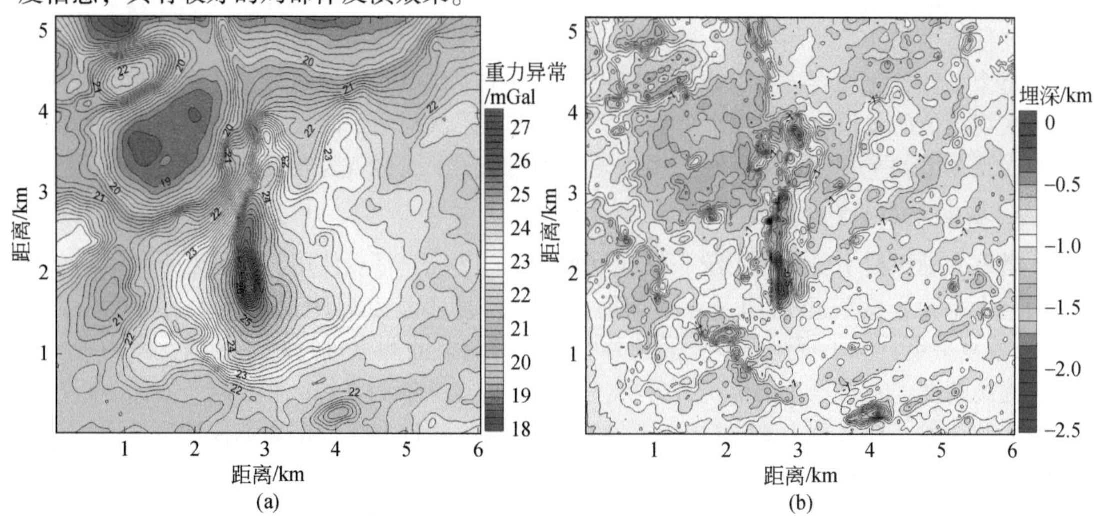

图 2. 15　重力梯度异常快速反演局部构造埋深

（a）重力异常；（b）重力梯度反演局部构造埋深

2. 向下延拓及其更新方法

向下延拓方法具有放大深层目标异常的作用，但是由于中浅层异常体的叠加因素或采集误差的影响在向下延拓过程中被放大，所以需要压制这种影响，更新方法包括逐步下延与圆滑组合滤波、等效源迭代下延等新方法。

3. 三维剥层处理

剥层处理可以消除中浅层异常体的叠加影响，依据地震、钻井等资料构置模型，采用三维（变密度、变磁化率）正演计算中浅层异常体的重力、磁力异常，三维正演计算精度更高，进而从总异常中剥离中浅层异常体的叠加影响，得到反映深层目标体的异常，使深层弱信号得到恢复和增强。

重磁力异常剥层处理是深层超深层重磁力勘探中的重要技术之一，它是重磁力异常分离的定量方法。合理地利用剥离处理，有利于精确分离出深层超深层目标的重磁力异常信息。重磁异常剥层的基础是构建模型和正演计算，重磁力界面正演技术或三维正演计算方法已取得长足进步，在实际工作中应更加重视构建地质-地球物理模型的工作。正演剥层与反演工作相辅相成，三维重力地震剥层联合反演已取得较好效果。

剥层可以有不同的方式，如多界面精细正演剥层、变密度三维正演剥层、层块组合变密度正演剥层、基底密度归一式剥层法和逐层递进式剥离法等。剥层计算应加强对物性参数的研究和使用，充分考虑物性变化的因素；对浅层模型的细化和剥离也很重要，浅层异常变化快，不能简单地以圆滑滤波压制代替精细建模正演剥离。边界影响是正演剥离时需要注意的另一个问题，要保障一定外扩范围的有效模型数据，也要考虑采用合理的外延外推方法。要对剥层处理的结果进行分析和评价，既要分析处理参数和计算方法的因素，又要考察剥层结果是否符合地质规律的问题。

4. 特殊滤波

针对研究区的地质特点，利用上延、低通滤波等方法可以获得相对深层构造的宏观特征，但该方法处理的结果一般只具有定性作用。针对具有方向差异的深浅层叠加异常，可以采用迭代补偿方向滤波方法，该方法是新开发的空间域方向滤波新方法，在一些特殊地区的实测资料处理中具有较好的效果。

重力异常梯度信息的相干增强方法：重力梯度弱信号得到增强，异常关系清晰，有利于断裂构造的解释。位场曲化曲下延方法能够考虑上、下延拓面起伏对异常的影响，较平面-平面下延方法有独特的优势，且具有更普遍的适用性，该方法在超深层重磁资料处理中具有良好的应用前景。

迭代补偿方向滤波方法：方向滤波分离或提取重力异常是基于重力异常信息中包含了两种（或两种以上）的不同方向特征的重力异常，提高特征方向选择，实现分离特定方向展布的重力异常。方向滤波实现方法有频率域和空间域，空间域迭代补偿方向滤波方法通过方向细化、补偿滤波和迭代运算达到较好的方向滤波分离效果（图 2.16）。

由于叠合盆地经历多期构造运动，不同期次的构造运动往往由不同方向的应力主导，从而造成深层构造与浅层构造发育方向存在较大差异，这种差异体现在重力异常中，就形成了不同方向、不同深度重力异常的叠加异常。重力剥层法是精确分离叠加异常的最佳方法，有时由于各种原因，无法实现精确重力剥层。方向滤波方法则成为替代方法或补充方法，有时可取得显著效果（图 2.17）。

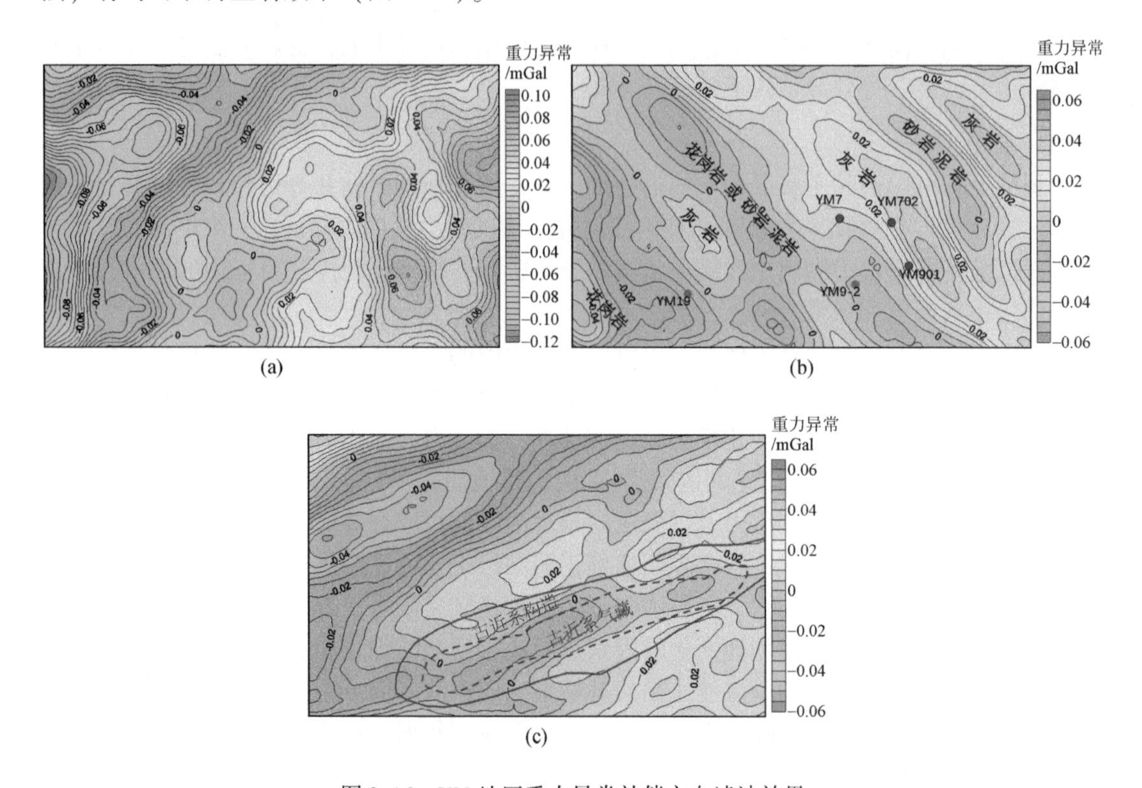

图 2.16　YM 地区重力异常补偿方向滤波效果

（a）实测重力异常；（b）北西-南东向补偿方向滤波重力异常；（c）北东-南西向补偿方向滤波重力异常

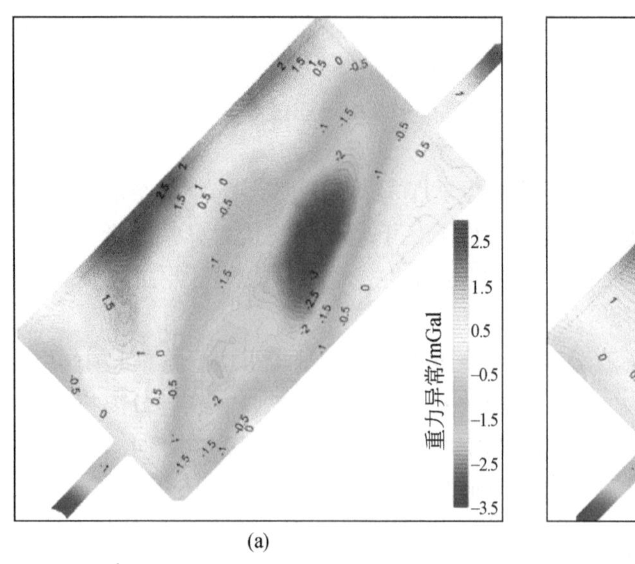

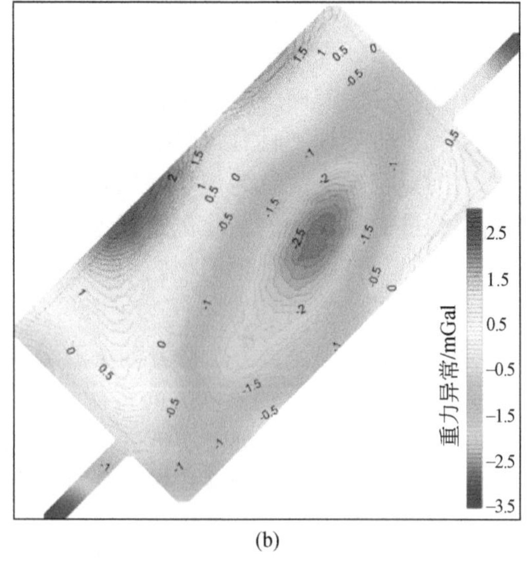

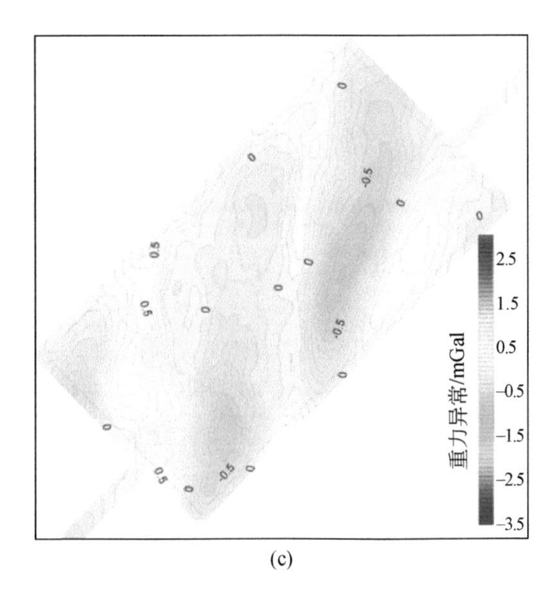

图 2.17　BY 地区重力异常补偿方向滤波效果

（a）实测重力异常；（b）剩余重力异常；（c）南北向补偿方向滤波重力异常

(二) 重力正演剥层算法改进

界面正演与层块正演剥层方案对比见图 2.18。

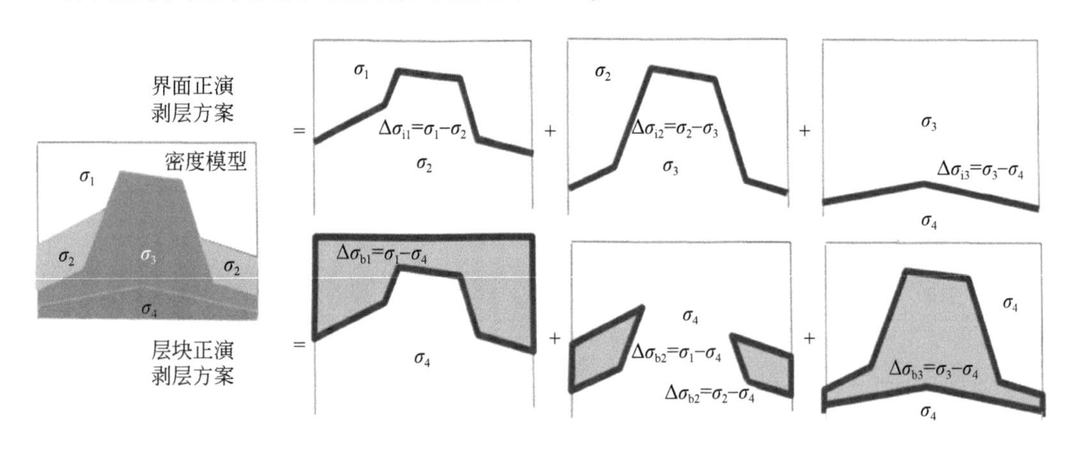

图 2.18　界面正演与层块正演剥层方案对比图

界面正演剥层可以随意增减界面数，计算时只考虑界面形态，但增加的界面物性会影响上下界面参数，并改变整体密度结构包括基底物性。

层块正演剥层可以随意增减块体数，计算时需同时考虑上下界面形态，但基底密度须事先确定，在整个正演剥层计算中不能改变。

剩余重力异常的界面剥层反演与层块正演剥层反演结果见图 2.19。

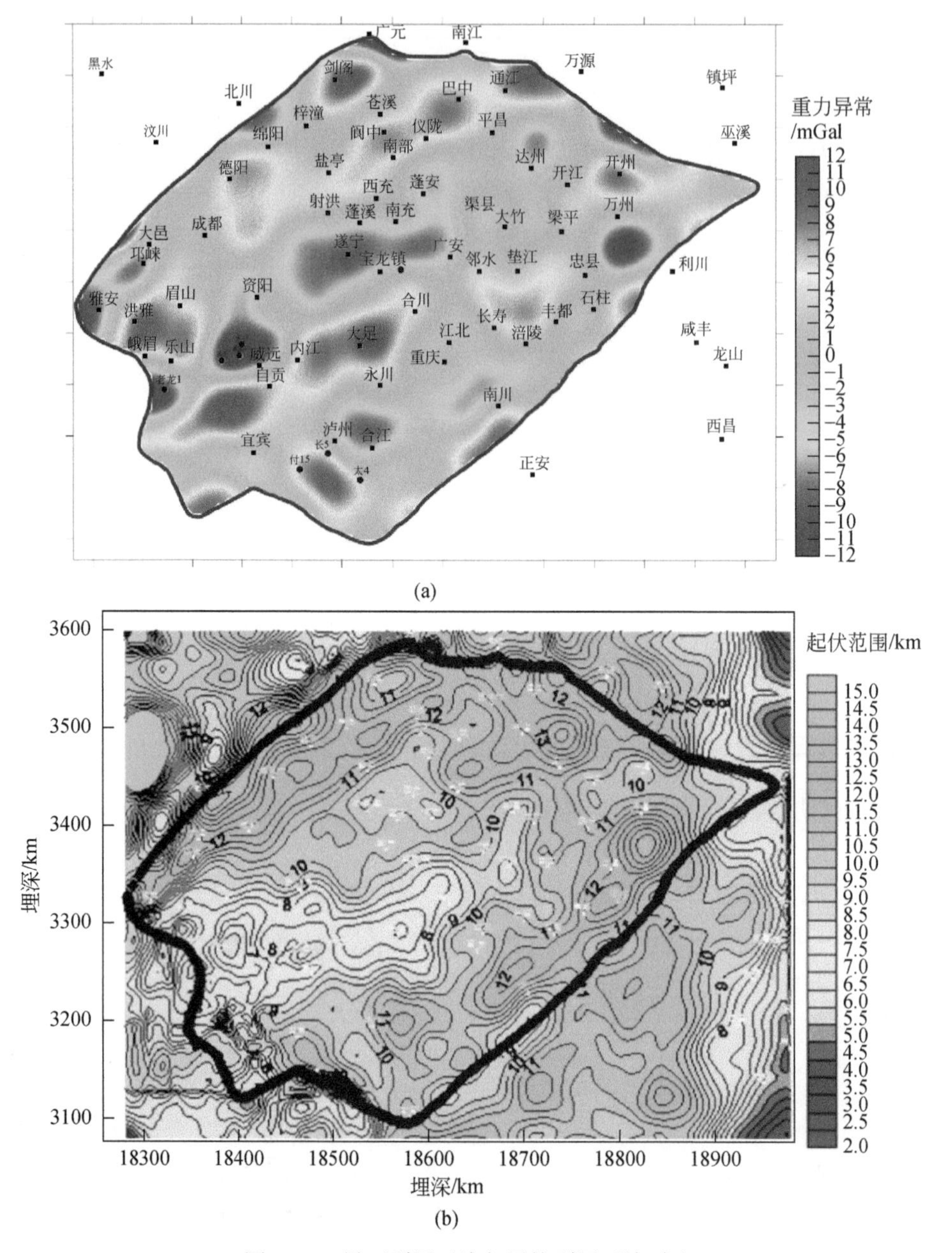

图 2.19　界面剥层反演与层块剥层反演对比

（a）界面正演剥层反演新元古界底界埋深图（密度差−0.15g/cm³，起伏范围 8～14km）；

（b）层块剥层反演中新元古界底界深度图（密度差−0.2g/cm³，剩余异常偏移量−30mGal）

分层级建模正演剥层技术流程如下。

根据国内外岩石标本物性测试结果、地壳分层结构建模和初步实际应用效果，我们提出深层构造重力异常提取的分层级建模层块正演剥层技术流程。

（1）按照浅中深层级，利用不同的数据资源和转换关系，建立研究区的浅表层、中浅层和深层密度结构三维模型。以电磁勘探结果为主，结合微测井和浅折射的构造信息，以及露头或岩心物性测量建立浅表层密度结构模型；以地震构造层为主，结合测井资料和岩心物性测量，建立中浅层密度结构模型；以深反射地震和电磁剖面为主，以地震速度模型为基础，通过速度密度转换，获得深层物性结构模型。

（2）以三维层块正演为基础，按照分辨率大小，由浅层至深层计算各层级的重力异常，逐层剥离重力效应，提取主要地震构造层的重力异常。

（3）结合地震剖面和电磁剖面解释成果，通过波阻抗与电阻率，或速度与密度的结构相似性，完善各层级物性结构，优化不同层级的重力正演异常，以适应重磁电震一体化解释需要。

（4）针对深层基底构造，通过单层或多层结构反演或密度反演和多物理场综合分析解释，优化深层构造重力异常特征。

浅层构造研究利用了三维地震体数据和井资料，研究沉积层分布和油气疏导断层。

深层基底结构研究利用了布格重力数据、磁测数据及地震解释剖面成果，研究基底构造和主控断裂分布。

（三）三维重力节点密度正演

近年来重磁力三维正反演方法进步较快，包括三维成像、三维物性反演、多界面反演，尤其是三维重磁约束反演方法，克服了三维反演中的多解性问题，使得其解决实际问题的能力和实用性进一步增强。重力正演更加精细化，考虑沉积盆地横向密度变化的三维重力正演更加符合实际地质模型。

重磁力梯度信息有利于提高重磁异常的分辨率，应重视重磁异常梯度信息的正反演方法研究。作者尝试了对重力异常、磁力异常进行梯度转换深度处理，通过标定和试验，利用重力（磁力）异常垂直导数进行局部异常体的埋藏深度计算是可以取得较好应用效果的。陈召曦等提出了基于 GPU（图形处理器）并行的重力及重力梯度三维正演快速计算方法，并取得了一定效果。重力与重力梯度异常联合反演具有比单一重力异常更好的反演结果。

作者利用基于标准几何格架的重磁力快速层序三维正反演方法可以实现简单模型的反演，在此基础上，利用井资料和地震界面资料，通过建模和迭代反演，实现了复杂结构井约束三维重磁力物性反演，在西部地区获得了较好的应用效果。中浅层异常剥离与深层目标三维反演的结合，是提高深层目标反演效果的可行方式，在实际资料处理中具有较好的推广应用空间。

重磁联合反演在火成岩、基底研究中有较好的效果。作者认为，在推广应用三维正反演的同时，也需要加强骨干剖面的联合反演解释工作，尤其是在剖面（2D/2.5D）反演解释中，通过已知信息的约束和人机交互，实现了直观、实时、同一模型、同一平台的处理解释。

基于密度与速度的良好相关特性，重震联合反演、密度-速度转换在油气勘探中开始引起地球物理学家的重视，包括剖面综合处理解释、三维反演解释和密度-速度建场等方面的应用。井约束三维重力反演方法有助于获得绝对密度数值，为复杂区密度-速度建场提供了重要手段；充分利用电法-地震资料信息，有助于减少重力反演中的多解性问题。

1. 节点密度三维正反演及并行计算

推导基于网格节点算法的重力场正演公式，进行程序编写。

1）网格节点密度定义说明

根据重力异常正演公式，直立六面体单元在观测点处的重力异常可以看作是直立六面体八个角点处相对位置函数 S（x_i-x，y_j-y，z_k-z）的线性组合。在三维剖分中，三个方向剖分网格数分别为 nx，ny，nz，其节点数则为 $nx+1$，$ny+1$，$nz+1$，相邻剖分块体共用同一个剖分网格节点（图 2.20），因此，在正演计算过程中，共用节点处的相对位置函数 S（x_i-x，y_j-y，z_k-z）需要重复计算八次，这导致了严重的冗余计算，为了化解这种冗余计算，我们引入了节点密度的概念。

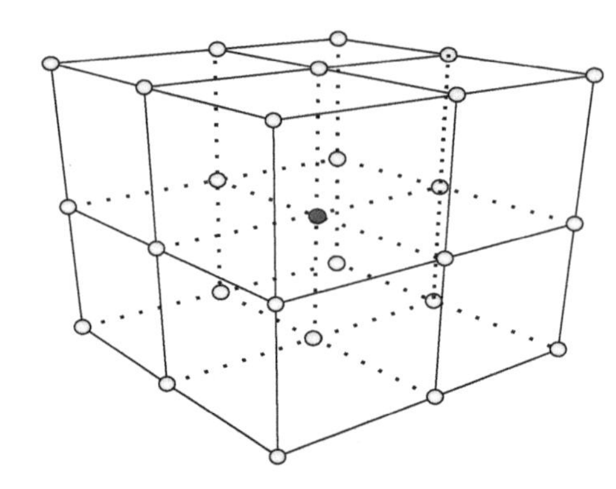

图 2.20　三维网格剖分中共用计算节点情况示意图

在三维网格剖分情况下，网格节点及其周围八个剖分单元块体位置如图 2.21 所示，我们定义网格节点密度如下：

$$\sigma=(\rho_1+\rho_3+\rho_6+\rho_8)-(\rho_2+\rho_4+\rho_5+\rho_7) \tag{2.1}$$

其中 ρ_i（$i=1$，…，8）分别为计算网格节点周围八个卦限的剖分块体密度值，其正负号由 $u_{ix,jy,kz}=(-1)^{ix+jy+kz}$ 确定。

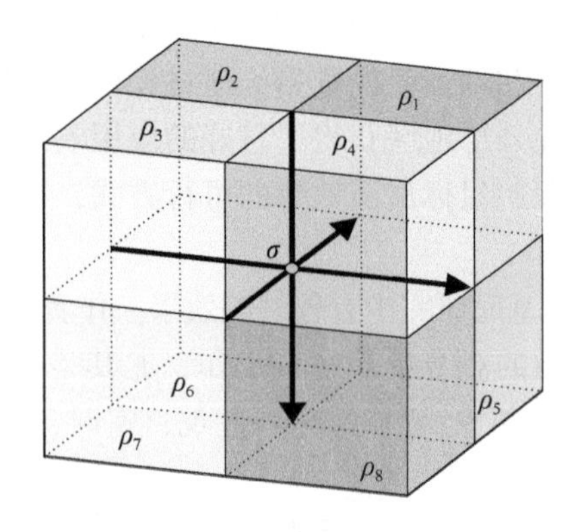

图 2.21　三维节点密度定义示意图

在三维剖分网格中，为了程序编写和计算方便，上述网格节点密度的定义式可以扩展为如下通用计算公式：

$$\sigma(ix,jy,kz)=(\rho_1+\rho_3+\rho_6+\rho_8)-(\rho_2+\rho_4+\rho_5+\rho_7) \tag{2.2}$$

$$\rho_1=\rho(ix,jy,kz-1)$$
$$\rho_2=\rho(ix,jy-1,kz-1)$$
$$\rho_3=\rho(ix-1,jy-1,kz-1)$$
$$\rho_4=\rho(ix-1,jy,kz-1)$$
$$\rho_5=\rho(ix,jy,kz)$$
$$\rho_6=\rho(ix,jy-1,kz)$$
$$\rho_7=\rho(ix-1,jy-1,kz)$$
$$\rho_8=\rho(ix-1,jy,kz)$$

式中，ix、jy、kz 为网格节点索引。

图 2.22 展示了三维情况下包含有正负两个密度异常体的剩余密度模型及其相应的节点密度模型。可以看出，在这种简单模型情况下，无论模型剖分多么精细，节点密度模型只在密度变化的角度处有非零值，在密度异常内部及无密度异常的区域均为零值，这种节点密度的稀疏特性在一定情况下能够减少计算量，快速提升正演计算速度。

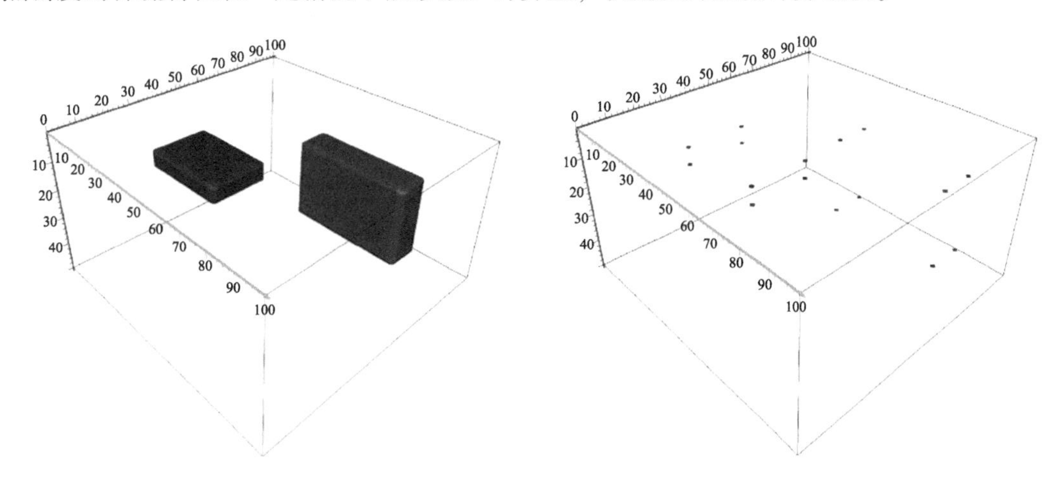

图 2.22 正负密度异常块体的剩余密度模型（左）及对应的网格节点密度模型（右）

红色为正密度异常；蓝色为负密度异常

2）基于网格节点算法的重力场正演公式

将上述三维或二维节点密度定义带入经典的重力正演公式中，经过整理，可以很容易得到基于网格节点密度的重力正演公式。在三维情况下，将节点密度定义带入正演公式中，通过在网格节点处进行结合，很容易得到基于网格节点密度的重力正演公式：

$$\Delta g(x,y,z)=\gamma\sum_{ix=1}^{nx+1}\sum_{jy=1}^{ny+1}\sum_{kz=1}^{nz+1}\sigma(x_{ix},y_{jy},z_{kz})S(x_{ix}-x,y_{jy}-y,z_{kz}-z) \tag{2.3}$$

式中，γ 为万有引力常数，值为 $6.67\times10^{-11}\mathrm{m^3\cdot kg^{-1}\cdot s^{-2}}$；$S(x_{ix}-x,\ y_{jy}-y,\ z_{kz}-z)$ 为只与观测点和网格节点相对位置有关的函数；$\sigma(x_{ix},\ y_{jy},\ z_{kz})$ 为三维网格节点密度；ix、jy、kz 为网格节点索引；nx、ny、nz 为剖分网格块体个数，在三个方向上分别有 $nx+1$、$ny+1$、

$nz+1$ 个网格节点。

上述通过引入节点密度简化重力正演中冗余计算的方法具有普遍性，可以非常容易推广到其他类似的正演计算。例如，在重力正演中，只需要将相应的 $S(x_{ix}-x,\ y_{jy}-y,\ z_{kz}-z)$ 函数形式进行替换，该正演方案可以推广到重力、重力梯度、重力梯度张量等物理量的正演计算中，为了方便，将相应的物理量和相对位置函数汇总为表 2.4。

表 2.4　三维重力异常、重力异常梯度正演的相对位置函数汇总表

物理量	相对位置函数 S
$U_z(\Delta g)$	$S(x,y,z)=x\ln(y+r)+y\ln(x+r)-z\tan^{-1}\frac{xy}{zr}$
U_{xx}	$S(x,y,z)=\tan^{-1}\frac{yz}{xr}$
U_{yy}	$S(x,y,z)=\tan^{-1}\frac{xz}{yr}$
U_{zz}	$S(x,y,z)=\tan^{-1}\frac{xy}{zr}$
U_{xy}	$S(x,y,z)=-\ln(z+r)$
U_{xz}	$S(x,y,z)=-\ln(y+r)$
U_{yz}	$S(x,y,z)=-\ln(x+r)$

在实际应用中，尤其是在重力反演中，重力正演的矩阵形式应用更为普遍，因此我们给出基于网格节点密度重力正演的矩阵形式：

$$\boldsymbol{d}=\boldsymbol{Gm}$$

式中，$\boldsymbol{d}$ 为正演重力异常；$\boldsymbol{m}$ 为网格节点密度向量；$\boldsymbol{G}$ 为模型正演核矩阵，其元素 G_{ij} 表示第 j 个网格节点密度在第 i 个观测点处的贡献值。

$$G_{ij}=\gamma S(x_i-x_j,y_i-y_j,z_i-z_j)$$
$$i=1,2,\cdots,n$$
$$j=1,2,\cdots,(nx+1)(ny+1)(nz+1) \tag{2.4}$$

利用和三维情况相同的导出方法，可以很容易得到二维情况下基于网格节点密度的重力正演计算公式：

$$\Delta g(x,z)=\gamma\sum_{ix=1}^{nx+1}\sum_{kz=1}^{nz+1}\sigma(x_{ix},z_{kz})S(x_{ix}-x,z_{kz}-z) \tag{2.5}$$

式中，γ 为万有引力常数；$\sigma(x_{ix},\ z_{kz})$ 为二维情况下的网格节点密度，定义如下：

$$\sigma(x_{ix},z_{kz})=\rho(ix-1,kz-1)-\rho(ix,kz-1)-\rho(ix-1,kz)+\rho(ix,kz) \tag{2.6}$$

$S(x_{ix}-x,\ z_{kz}-z)$ 为计算二维重力异常所采用的相对位置函数，其表达式为

$$S(x,z)=x\ln(x^2+z^2)+2z\tan^{-1}\frac{x}{z} \tag{2.7}$$

与三维情况相同，在二维情况下，同样可以通过替换相应的位置函数形式达到计算重力异常、重力梯度等物理量的目的，将二维情况下相应的计算物理量和对应的位置函数形式总结为表 2.5。

表 2.5　二维情况下，计算重力、重力梯度所用相对位置函数汇总表

物理量	相对位置函数 S
$U_z(\Delta g)$	$S(x,z)=x\ln(x^2+z^2)+2z\tan^{-1}\frac{x}{z}$
U_{xz}	$S(x,z)=-\ln(x^2+z^2)$
U_{zz}	$S(x,z)=2\tan^{-1}\frac{z}{x}$
U_{zzz}	$S(x,z)=-\frac{2x}{x^2+z^2}$

2. 模型模拟

1）Marmousi 2 密度模型重力正演

1988 年，法国石油研究院所属机构制作了最初的 Marmousi 声波模型，之后被全世界成千上万的科研人员用于地球物理尤其是石油地震勘探科研项目中。2005 年，为了使该模型能够应用于弹性波波场研究，该课题组在原有模型基础上，构建生成了新的 Marmousi 模型和数据，并命名为 Marmousi 2 模型。Marmousi 2 模型是一个弹性波模型，在给定各层位岩性和纵波速度之后，应用 Greenburg 和 Castagna 的变换公式得到横波速度和密度。在重力勘探中，只要有密度属性就可以计算模型在观测点上的重力异常，因此，可以计算该模型的重力及重力梯度异常。

该模型水平方向为 17km，深 3.5km，共有 199 个层段，为模拟深水环境，该模型含有 450m 的水层，并在水底以上增加了两层厚度为 25m 和 30m 的平坦过渡层。该模型水平方向有 13601 块块体，深度方向有 2801 块块体，总块剖分单元数量达到 38096401 块，共有网格节点 38112804 个。该模型给定的是真实密度，且模型结构复杂，很难得到其剩余密度模型，因此常规的重力正演模拟方法并不适用，为此，我们采用水平方向连续密度边界、上下零值边界条件计算了该密度模型的网格节点密度。计算结果含有 13778 个非零节点密度值，约占总节点数目的 0.8%，从这一点也可以看出，只采用非零网格节点密度进行重力正演计算能够极大减少计算工作量和计算机内存使用量。计算非零网格节点密度模型的过程采用单 CPU（中央处理器）线程计算，用时约 26.24s。

我们共设置了 3001 个观测点，观测范围为 0～17km，点距 5.6m，计算高程在水面位置，即 0m 处。正演计算过程中采用 4 个 CPU 线程并行计算，最终结果显示计算重力异常用时 11.35s，计算 U_{xz}用时 5.66s，计算 U_{zz}用时 8.46s，计算 U_{zzz}用时 3.79s。

计算结果表明，重力异常整体上反映了该模型在水平方向上的横向密度变化趋势，从左侧至右侧，水平方向上（横向）密度增加，在 8～12km 之间为主要断裂发育位置，对应于重力异常整体抬升趋势，同时重力水平一阶导数达到最大值，在 10km 处重力垂向一阶导数和垂向二阶导数达到局部极大值，其峰值两侧零值对应最浅的断裂出现位置。由于重力异常大小随距离二次方衰减，正演曲线反映的浅层密度变化信息更为明显。

2）BP2004 密度模型重力正演

2004 年，英国石油公司（BP 公司）构建了一个二维速度模型，用于测试不同的速度模型构建技术。该模型水平方向长 67. 5km，深度为 12km，剖分单元水平方向为 12. 5m，深度方向为 6. 25m。密度模型共包含 5395 块×1911 块块体，共计 10 317 152 个网格节点，本研究采用单 CPU 线程计算非零网格节点密度模型，计算过程共耗时 9s。得到 6 417 985 个非零网格节点密度（约占总节点数的 62%）。我们设置观测面为水平面，共有 5395 个计算点，采用 4 个 CPU 线程进行重力、重力梯度正演计算，计算重力异常用时 382s，计算 U_{xz}用时 128s，计算 U_{zz}用时 262s，计算 U_{zzz}用时 77s。

计算结果表明，正演所得重力异常从左至右整体呈逐渐抬升趋势，这与 BP2004 密度模型地下地层起伏引起的横向密度逐渐增大相对应；从左至右，随着水深逐渐变浅，重力异常（尤其是各阶导数中高频信息）在逐渐增加，这与实际情况是非常吻合的；在重力异常曲线的 30 ~ 40km 之间出现一个明显的局部重力异常低值，对应于地下岩体发育位置。在 50km 处，重力异常曲线有一个明显抬升，重力水平一阶导数在此取得极大值，垂向导数在此为 0，正好对应海底地形抬升位置。

3）SEG/EAGE 三维盐丘密度模型重力正演

SEG/EAGE 三维盐丘模型是国际上测试三维波场模拟、偏移成像、全波形反演等三维地球物理数据处理方法的标准地质模型。该模型于 1993 年 10 月由来自墨西哥湾的主要石油及油服公司的 27 位构造学家、地球物理学家根据该地区典型的盐丘构造共同设计，并于同年的 12 月利用 GOCAD 软件平台完成了模型的数字化建模工作，直到 1994 年完成模型的速度设定及合成地震记录工作。

由于该模型只提供了地震波速度属性，未提供相应的密度参数，我们进行了地震波速度和密度的转换工作，设置盐丘密度为 2. 2g/cm^3，将周围地层设置为 2. 4g/cm^3。该模型水平方向展布范围如下：X、Y 方向展布范围分别为 13. 5km 和 13. 5km，剖分为 nx=676 个和 ny=676 个单元块体，深度方向为 4km，剖分为 nz=201 个单元块体，网格间距为 20m，总计 676×676×201 = 91852176 个剖分单元块体，相应的网格节点数为 677×677×202 = 92582458 个。采用连续密度边界条件计算该模型的节点密度模型，共得到非零节点密度 130892 个，约占总剖分块体数的 0. 15%。采用和模型水平方向剖分节点相同的测网，共计观测点数 677×677 = 458329 个。我们利用 4 个 CPU 线程进行重力、重力梯度张量的正演计算，计算重力异常用时 790s，计算重力异常梯度张量六个分量（U_{xx}、U_{yy}、U_{zz}、U_{xy}、U_{xz}、U_{yz}）分别用时 498. 94s、502. 83s、491. 00s、292. 77s、287. 17s 和 293. 29s。

图 2. 23 为三维盐丘密度模型的三维视图和正演重力异常，可以看出盐丘引起的重力异常整体为负异常，其幅值在-5. 2 ~ 0. 0mGal 之间，这与盐丘为负的剩余密度异常是对应的，异常极小值出现在水平位置（8，5）处，对应盐丘的顶部最浅位置。

基于网格节点密度的稀疏约束反演方法的计算流程如图 2. 24 所示。

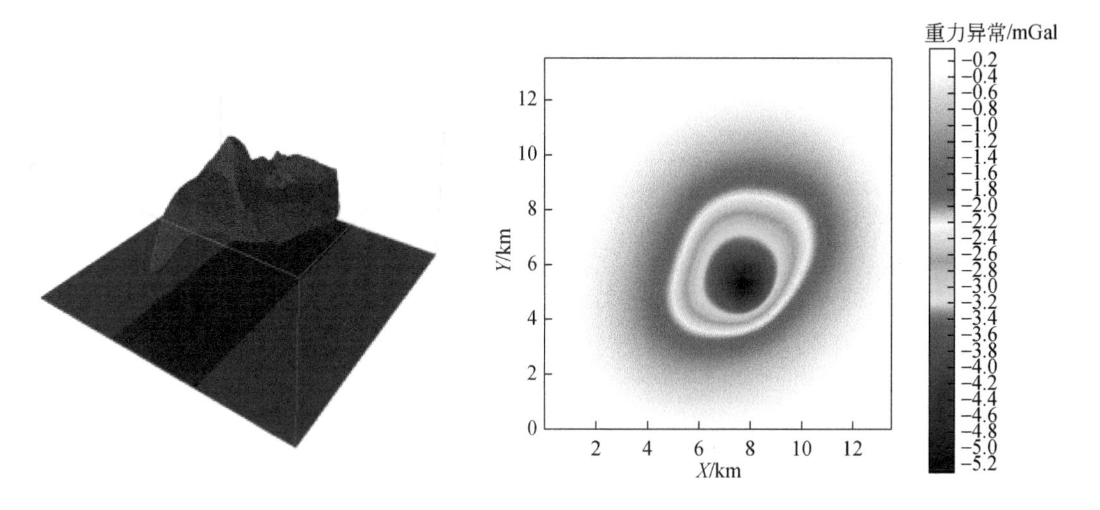

图 2.23　SEG/EAGE 三维盐丘密度模型三维视图及其正演重力异常

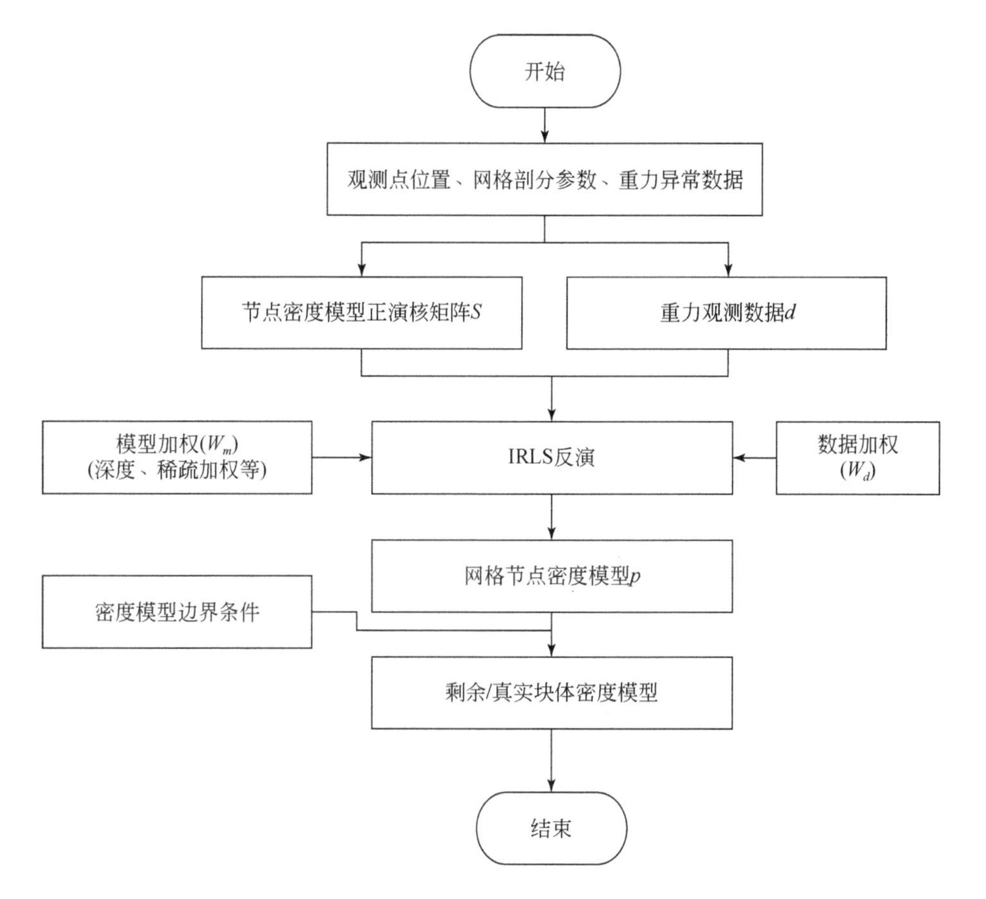

图 2.24　基于网格节点密度模型的稀疏约束反演流程图

第三节　电磁法深层勘探新技术

一、广域电磁法勘探技术

（一）$E-E_x$ 广域电磁法

目前为止采用水平电流源发射信号测量电场的 x 分量的 $E-E_x$ 广域电磁法应用最为广泛。均匀大地表面水平电流源的电场 x 分量的计算公式如下：

$$E_x=\frac{I\mathrm{d}L}{2\pi\sigma r^3}\left[1-3\sin^2\varphi+\mathrm{e}^{-\mathrm{i}kr}(1+\mathrm{i}kr)\right] \tag{2.8}$$

式中，I 为供电电流；$\mathrm{d}L$ 为电偶极源的长度；i 为纯虚数；k 为均匀半空间的波数；r 为收发距，即观测点距偶极子中心的距离；σ 为电导率；φ 为电偶极源方向和源的中点到接收点矢径之间的夹角。

将电场水平分量 E_x 的表达式改写如下：

$$E_x=\frac{I\mathrm{d}L}{2\pi\sigma r^3}F_{E-E_x}(\mathrm{i}kr) \tag{2.9}$$

其中：

$$F_{E-E_x}(\mathrm{i}kr)=1-3\sin^2\varphi+\mathrm{e}^{-\mathrm{i}kr}(1+\mathrm{i}kr) \tag{2.10}$$

式（2.10）是一个与地下电阻率、工作频率以及发送-接收距离有关的函数。在实际勘探中，E_x 测量是通过测量两点（M，N）之间的电位差实现，即

$$\Delta V_{\mathrm{MN}}=E_x\cdot\mathrm{MN}=\frac{I\mathrm{d}L\rho}{2\pi r^3}F_{E-E_x}(\mathrm{i}kr)\cdot\mathrm{MN} \tag{2.11}$$

令

$$K_{E-Ex}=\frac{2\pi r^3}{\mathrm{d}L\cdot\mathrm{MN}} \tag{2.12}$$

式中，MN 为两点（M，N）之间的测量电极距；K_{E-Ex} 为一个只与极距有关的系数，称为广域电磁测深提取视电阻率的装置系数。

于是，由式（2.11）可以提取视电阻率如下：

$$w\rho_a=K_{E-Ex}\frac{\Delta V_{\mathrm{MN}}}{I}\frac{1}{F_{E-E_x}(\mathrm{i}kr)} \tag{2.13}$$

式（2.13）定义的就是广域视电阻率，只要测量出电位差、发送电流以及有关的极距参数，采用迭代法计算，便可提取视电阻率信息。

广域视电阻率是一个严格的定义，没有经过任何近似和舍弃，而 CSAMT 采用 Cagniard 视电阻率计算公式 $\rho_a=\frac{1}{\omega\mu}\left|\frac{E_x}{H_y}\right|^2$，其定义是在满足“远区”条件而舍弃了一些高次项得出的一个近似计算公式，当不满足“远区”条件时，Cagniard 电阻率公式不成立，因此 CSAMT 只能在“远区”测量。广域视电阻率定义是一个严格的表达式，不必限制在“远

区”，可以在广大非“远区”工作。

（二）E–E_{φ} 广域电磁法

E–E_x 广域电磁法可以在非远区测量，其探测范围与 CSAMT 相比有了不小的扩展，但由于 E_x 本身的性质，比如 E_x 的零带分布位置，当采用赤道偶极装置时，其测量范围只能局限在与 CSAMT 一样的扇形角度内，只能在方位角为 60°～120°的范围内测量，造成部分能量信息的浪费，这样在大面积的油气勘查或地质调查时，由于测线很长，需要多次移动发射源，势必带来很多不便。针对这个问题，我们开展了 E–E_{φ} 广域电磁法研究。

准静态极限条件下柱坐标系中地表电场 E_r 与 E_{φ} 分量（图 2.25）表达式为

$$E_r = \frac{I\rho_1 \mathrm{d}L}{2\pi}\cos\varphi \int_0^{\infty}\left[\frac{1}{r}\left(\frac{m_1}{R_N^*} + \frac{k_1^2 R_N}{mR_N + m_1}\right)J_1(mr) - \frac{mm_1}{R_N^*}J_0(mr)\right]\mathrm{d}m \tag{2.14}$$

$$E_{\varphi} = \frac{\mathrm{i}\omega\mu I\mathrm{d}L}{2\pi}\sin\varphi \int_0^{\infty}\left[\frac{mR_N}{mR_N + m_1}J_0(mr) - \frac{1}{rk_1^2}\left(\frac{m_1}{R_N^*} + \frac{k_1^2 R_N}{mR_N + m_1}\right)J_1(mr)\right]\mathrm{d}m \tag{2.15}$$

式中，I 为供电电流；$\mathrm{d}L$ 为电偶极源的长度；i 为纯虚数；ω 为角速度；μ 为磁导率；r 为收发距，即观测点距偶极子中心的距离；φ 为电偶极源方向和源的中点到接收点矢径之间的夹角。

式中：

$$R^* = \coth\left[m_1h_1 + \coth^{-1}\frac{m_1}{m_2}\coth\left(m_2h_2 + \cdots + \coth^{-1}\frac{m_{N-1}}{m_N}\right)\right] \tag{2.16}$$

$$R = \coth\left[m_1h_1 + \coth^{-1}\frac{m_1\rho_1}{m_2\rho_2}\coth\left(m_2h_2 + \cdots + \coth^{-1}\frac{m_{N-1}\rho_{N-1}}{m_N\ \ \rho_N}\right)\right] \tag{2.17}$$

式中，$m_j = \sqrt{m^2 + k_j^2}$；$k_j^2 = \dfrac{\mathrm{i}\omega\mu}{\rho_j}$；$\coth x = \dfrac{\mathrm{e}^x + \mathrm{e}^{-x}}{\mathrm{e}^x - \mathrm{e}^{-x}}$；$m$ 为空间频率；R^* 与 R 为空间频率特性函数；N 为地层的层数。

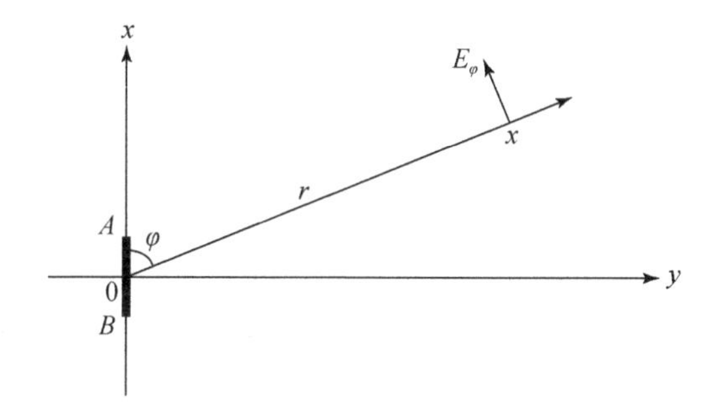

图 2.25　水平电偶极子产生 E_{φ} 方向电场

当 $N=1$ 时，可得到均匀半空间表面的电场 E_r 与 E_{φ} 分量的表达式：

$$E_r = \frac{I\mathrm{d}L\rho}{2\pi r^3}\cos\phi\left[1 + \mathrm{e}^{-\mathrm{i}kr}(1 + \mathrm{i}kr)\right] \tag{2.18}$$

$$E_{\varphi}=\frac{IdL\rho}{2\pi r^{3}}\sin\phi\left[2-e^{-ikr}(1+ikr)\right] \tag{2.19}$$

由

$$E_{x}=E_{r}\cos\varphi-E_{\varphi}\sin\varphi \tag{2.20}$$

$$E_{y}=E_{r}\sin\varphi+E_{\varphi}\cos\varphi \tag{2.21}$$

可将式（2.17）和式（2.18）两式转换到直角坐标系下 E_x 和 E_y 的表达式，得到均匀大地表面上水平电偶极源的 E_x 的严格、精确的表达式：

$$E_{x}=\frac{IdL\rho}{2\pi r^{3}}\left[1-3\sin^{2}\varphi+e^{-ikr}(1+ikr)\right] \tag{2.22}$$

令

$$K_{E-E_x}=\frac{2\pi r^{3}}{dL\cdot MN},\Delta V_{MN}=E_{x}\cdot MN,F_{E-E_x}(ikr)=1-3\sin^{2}\varphi+e^{-ikr}(1+ikr)$$

可得到 $E-E_x$ 广域电磁法的视电阻率公式（2.22）：

$$\rho_{a}=K_{E-E_x}\frac{\Delta V_{MN}}{I}\frac{1}{F_{E-E_x}(ikr)} \tag{2.23}$$

仿效 $E-E_x$ 广域电磁法的视电阻率公式的推导过程，根据式（2.19）可直接得到 $E-E_{\varphi}$ 广域电磁法的视电阻率公式：

$$\rho_{a}=K_{E-E_{\varphi}}\frac{\Delta V_{MN}}{I}\frac{1}{f_{E-E_{\varphi}}(ikr)} \tag{2.24}$$

式中：

$$K_{E-E_{\varphi}}=\frac{2\pi r^{3}}{dL\cdot MN} \tag{2.25}$$

$$\Delta V_{MN}=E_{\varphi}\cdot MN=\frac{IdL\rho}{2\pi r^{3}}f_{E-E_{\varphi}}(ikr)\cdot MN \tag{2.26}$$

$$E_{\varphi}=\frac{IdL\rho}{2\pi r^{3}}f_{E-E_{\phi}}(ikr) \tag{2.27}$$

$$f_{E-E_{\varphi}}(ikr)=\sin\varphi\left[2-e^{-ikr}(1+ikr)\right] \tag{2.28}$$

$f_{E-E_{\varphi}}(ikr)$ 表达式中含有电阻率 ρ 的信息，即式（2.24）是关于电阻率 ρ 的隐函数，即不能通过直接计算求取视电阻率的精确值。而计算机的发展为式（2.24）的求解提供了可能，通过计算机编程，逐次迭代，直到得到的 E_{φ} 与实测的 E_{φ} 符合设定的精度为止，即得到的视电阻率的误差与设定的精度密切相关。

（三）广域电磁法最佳观测装置

$E-E_x$ 和 $E-E_{\varphi}$ 广域电磁法是测量水平电流源产生的电场水平分量 E_x 和 E_{φ}，因此这两个广域电磁法分支的特点与 E_x 和 E_{φ} 传播、分布规律密切相关。

电磁波在传播过程中，依据接收点与发射源的距离可划分为三个区域：近区、过渡区和远区。远区场的物理含义是地面波占主导地位的场区；近区场的物理含义是地层波占主导地位的场区；过渡场是电磁波中的地面波和地层波成分相当的场区。

E_x 的场强分布特征决定了在野外观测它们时的装置有所不同。$E-E_x$ 有两种观测装置

(图 2. 26)：旁侧装置和轴向偶极装置。

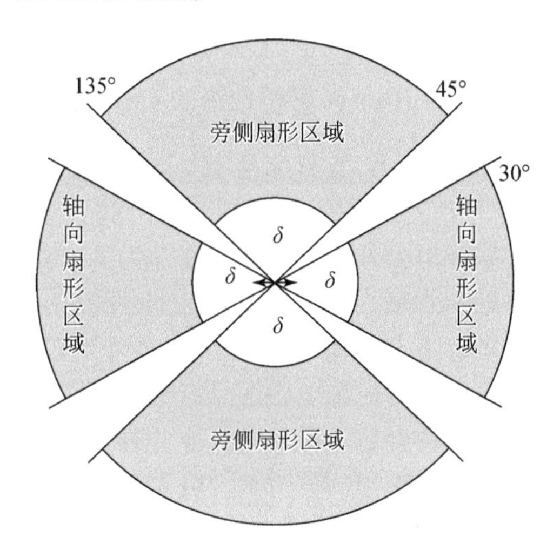

图 2. 26　E-E_x 装置的测量范围

旁侧装置：测量范围一般在发射偶极中垂线两侧各 45°张角，且 $r \geqslant \delta$ 的两个扇形区域。低频测量时张角适当减小。

轴向偶极装置：测量范围一般在发射偶极轴向线两侧各 30°张角，且 $r \geqslant \delta$ 的两个扇形区域。低频测量时张角适当减小。

E-E_φ 测量范围一般在发射偶极中垂线两侧各 85°张角，且 $r \geqslant \delta$ 的两个扇形区域(图 2. 27)。

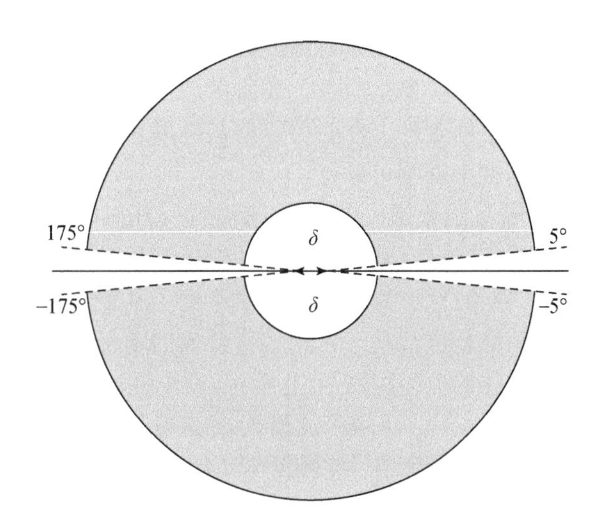

图 2. 27　E-E_φ 装置的测量范围

通过广域电磁法最佳观测装置研究可知：

(1) 为保证数据质量和探测效果，广域电磁法野外数据采集时，65° ~ 115°之间采用 E_x 测量方式，30° ~ 65°和 115° ~ 150°之间采用 E_φ 测量方式。

（2）E-E_x 的广域视电阻率随着夹角的变化而变化，为了提高数据处理精度和地质解释效果，采用有源的广域电磁法反演成像。

（四）频率域基于小波变换和 Hilbert 解析包络的 CSEM 噪声评价

可控源电磁法（CSEM）的信号几乎都是基于伪随机编码（pseudo random binary signal）发送的，周期方波信号是伪随机信号的最简单形式，众多商用频率域电磁仪采用方波信号、扫频方式进行勘探，但野外施工效率不高。为了提高勘探效率和信号抗干扰能力，伪随机信号被引入电磁勘探领域，其中具有代表性的 $2n$ 序列伪随机信号能够同时采集多个频率信息，且在对数坐标下其频率域能量分布均匀，更符合勘探需要。一次供电，便可以完成多个频率的测量，因此可控源电磁法具有快速、高效、电源利用率高等优点。

理论上，方波和伪随机信号均含有大量谐波成分，若能充分利用谐波成分，将会极大提高 CSEM 的频率密度，进而提高勘探的分辨率。以 K. L. Zonge 为代表的学者将方波的奇次谐波提取出来加以利用，命名为“奇次谐波法”，并在 GDP 系列仪器中保留该方法。但在野外工作中，有效信号总会受到各种电磁噪声的干扰，不同频率均受到噪声的影响而导致信噪比不同程度地降低。在这种情况下，有学者认为谐波能量不大，更易受到噪声干扰等，倾向于只应用主频信号，或根据经验选取部分低阶谐波。复杂的伪随机信号同样要面对这样的问题，而且其谐波成分更加复杂。

如果能够快速提取伪随机信号中的有效信号（主频和其谐波），在野外施工条件理想情况下，只需要发射一组伪随机信号（如 13 频波）就可以获取整个频段的高频率密度的有效信号，能够极大地提高电磁法的纵向分辨率和能源利用率。从公开的文献来看，目前还没有一种标准判断谐波什么时候可以利用，什么时候不可以利用。在野外勘探数据中，噪声在频率域的影响是不均匀的，可能是对谐波影响大，对主频影响小；也可能是对主频影响大，而对谐波频率影响小。如果是后者，高阶谐波虽然幅度小，但相比主频和低阶谐波拥有更多的叠加次数，稳定性更好，此时可以将其提取并加以利用，而不是以往简单地认为幅度大就更可靠，而幅度小就不可靠。

我们提出一种在频率域基于小波变换和希尔伯特（Hilbert）解析包络的噪声评价方法，首先对原始时间域数据进行混合基离散傅里叶变换，得到准确频谱曲线，在 CSEM 频率位置对频谱进行预处理，同时保持其他频率频谱不变，基于小波分解将预处理后频谱分成低频和高频部分，对高频部分进行基于希尔伯特变换的解析包络，获得上包络线，并与低频部分重构后获得频谱整体的上包络线（上界）。在 CSEM 频率，计算包络线数值与原始振幅的比值（噪声评价系数），估计噪声的最大影响程度，根据阈值筛选出高信噪比的主频和谐波信号。在评价过程中，所有主频和谐波均为候选的有效信号，如果包络线数值与 CSEM 频率频谱之比小于某个阈值（如 5%），则将该频率信息提取并加以利用，反之则丢弃处理。该方法可应用于所有频率域电磁勘探信号的有效频率筛选。

从图 2.28 可以看出，处理后的频谱更加平滑，尤其是在 0.5Hz、1Hz 等频点，频谱形态变得更加合理。特别需要注意的是，不仅主频信号得到了恢复，主频对应的谐波成分也得到了很好的恢复，这意味着有更多的频率成分可以用来进行后期的地球物理反演解释，能够为更高精度的地球物理勘探提供前提。

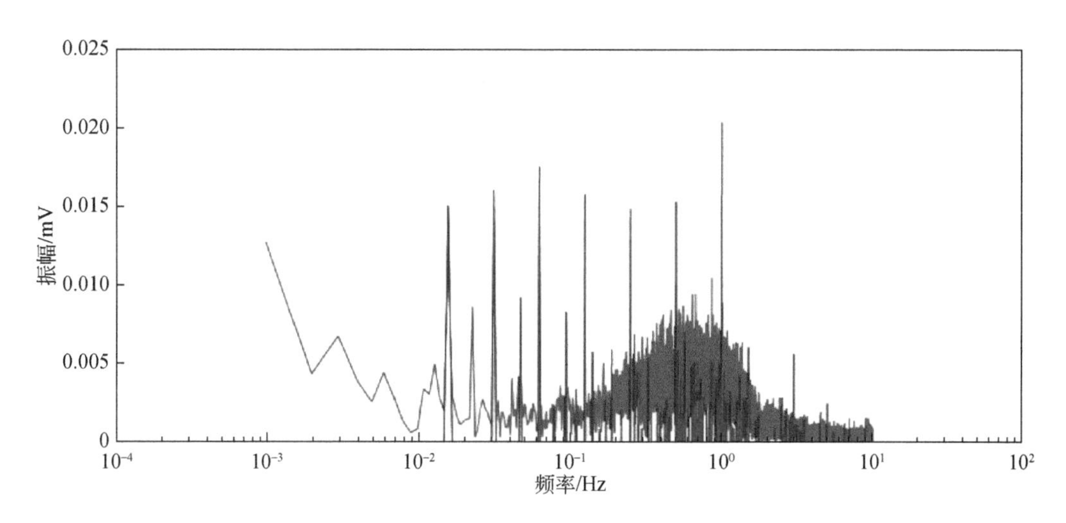

图 2.28　广域电磁实测信号去噪处理示意图（蓝色为去噪后频谱图）

（五）川中地区广域电磁法试验与处理技术

1. 试验方法

2017 年 11 月 4 日 ~ 12 月 20 日在川中重磁电工区完成试验测线 1 条：采集数据剖面长度 78km，完成检查点 8 个，检查率为 5.13%，一级品为 86.09%，二级品为 12.91%。

施工仪器与参数：250kW 电源车 1 台、250kW 整流逆变柜 1 套、发射电缆 2 ~ 3km、发射电缆横截面积 18mm²、布设场源 3 个；接收机 22 套、接收电缆 30km、不极化电极 60 个；1mm 厚、1m×2m 的铝板 100 块、工业盐 200kg、警示牌 5 块；点距 500m、*MN* 长度为 200m、方位误差小于 1°、接地电阻小于 2kΩ、测量电位差大于 5μV、电极埋入土中20 ~ 30cm，保持与土壤接触良好。

2. 方法进步对比

通过以上研究工作，广域电磁法目前取得了明显进步（表 2.6）。

表 2.6　广域电磁法方法进步对比表

研究内容	传统电磁法存在的问题	本项目提出的对策	效果
广域电磁法方法研究	不考虑测量装置的几何参数，只考虑浅部的电磁感应系数，导致探测深度小，信息提取不完整	首次将装置和电磁效应全部考虑在内，实现了全息电磁勘探	视电阻率定义在任意位置都是准确的，极大地提高了深部信息的探测能力
广域电磁法测量范围研究	传统测量方式的旁侧剖面长度仅为垂直收发距的 1.15 倍，覆盖范围小，工作效率低，场源效应严重	E-E_φ 模式的广域电磁法测量	测线长度可达垂直收发距的 2.46 倍，覆盖范围是传统方法的 3 倍多，工作效率极大提高

续表

研究内容	传统电磁法存在的问题	本项目提出的对策	效果
频率域基于小波变换和 Hilbert 解析包络的 CSEM 噪声评价	传统方法，只利用主频信息，得到的界面少，分辨率低	有源周期电磁信号有效信息高效提取技术	理论数据的数据量提高 57 倍，实测数据量提高 7 倍以上，电磁法的分辨率提高 7 倍以上

3. 广域电阻率相位高分辨率成图技术

对于大地电磁法（magnetotelluric method，MT）和可控源音频大地电磁法而言，测量的是彼此正交的电场和磁场水平分量。它们模的比值即为波阻抗，通过波阻抗得到卡尼亚视电阻率的计算公式，并将电场与磁场的相位差定义为波阻抗的相位。在一维介质中，由于大地电磁阻抗是最小相位的响应函数，对于最小相位响应函数来说，幅值和相位角之间的关系可由希尔伯特转换公式给出：

$$\theta(f) = -\frac{1}{\pi}\int_{-\infty}^{\infty}\frac{\lg|Z(g)|}{f-g}\mathrm{d}g \tag{2.29}$$

式中，θ 为波阻抗的相位；Z 为波阻抗。

由此可以求得近似公式：

$$\theta(\omega) \approx \frac{\pi}{4}+\frac{\pi}{4}\frac{\mathrm{d}[\lg\rho_{\mathrm{T}}]}{\mathrm{d}[\lg\omega]} \tag{2.30}$$

同时可得

$$\frac{\mathrm{d}[\lg\rho_{\mathrm{T}}]}{\mathrm{d}[\lg\omega]} \approx \frac{4}{\pi}\theta-1 \tag{2.31}$$

因此，在实际应用中，可以根据实测的视电阻率曲线，按照式（2.30）求出与之对应的相位曲线，实测的相位曲线按照式（2.31）可以求出与之对应的视电阻率曲线。

从上述公式可以看出，在大地电磁法和可控源音频大地电磁法中，相位与视电阻率之间的关系如式（2.32）所示。

$$\theta(f) \propto \frac{\mathrm{d}[\lg\rho_{\mathrm{T}}(f)]}{\mathrm{d}[\lg f]} \tag{2.32}$$

在广域电磁法中，仅测量电磁场的一个分量，因此不存在电场与磁场的电位差，也就无法按照大地电磁法和可控源音频大地电磁法的定义方式计算相位。

在此，以式（2.33）为基础，给出广域电阻率相位的定义。

$$\theta(\rho) \approx \frac{\mathrm{d}[\lg\rho(D)]}{\mathrm{d}[\lg D]} \tag{2.33}$$

式中，D 为深度广域电阻率所对应的深度。

图 2.29 为测线的广域电阻率相位高分辨率成图，根据广域电阻率相位对测线的地层进行简单的划分。从图 2.30 中可以看出，通过广域电阻率定义得到的相位，表征电阻率纵向变化特征，变化最剧烈的位置可以有效指示高阻与低阻的分界面，有助于地层的识别。地层划分结果与磨溪 9 井基本吻合。

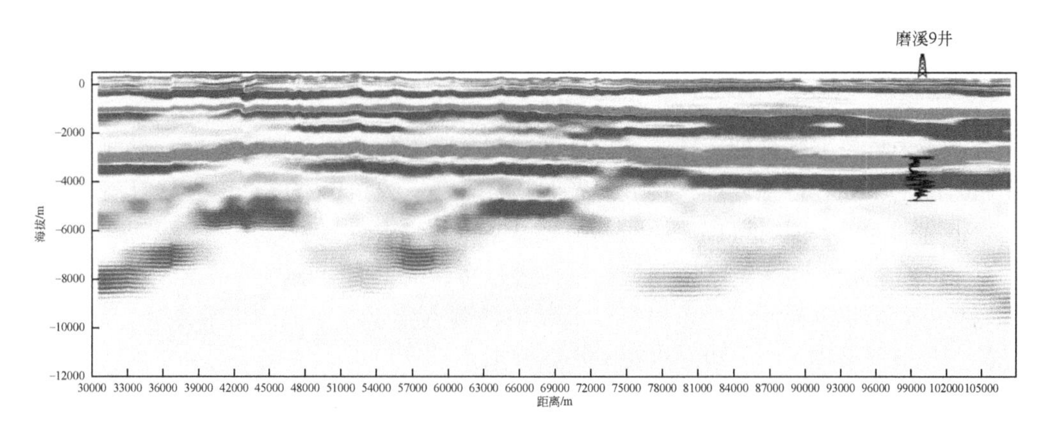

图 2.29　广域电阻率相位高分辨率成图

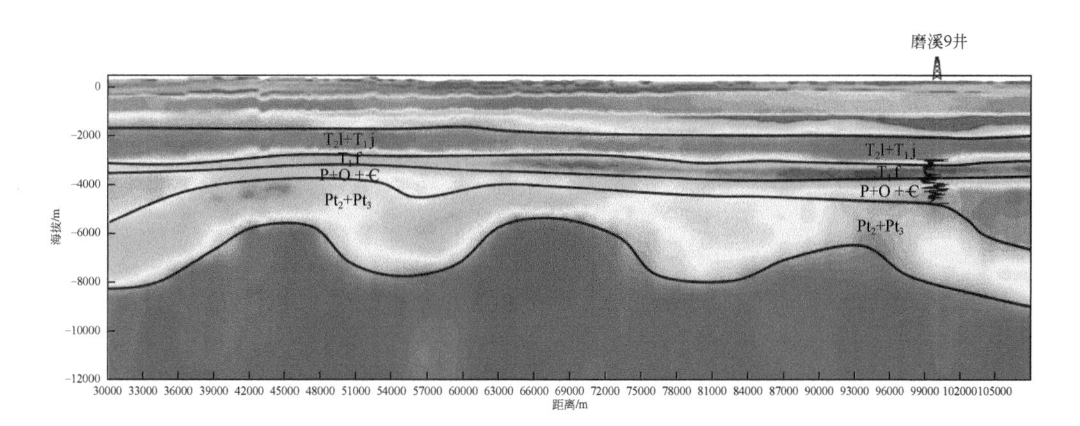

图 2.30　广域电阻率相位高分辨率地层划分

二、超宽频 MT 勘探技术

由于地表条件以及要解决的地质问题越来越复杂、油气目标越来越隐蔽，圈闭含油气性难以落实，油气勘探难度不断加大，而电磁法在解决地表和深层油气目标的应用需求也不断增多，这对电磁法勘探技术提出了新的挑战。常规的电磁方法很难解决这些复杂的地表以及地质问题，发展新的电磁采集、处理和解释技术十分必要。

宽频电磁勘探不但能够解决深层构造，还能解决地表的砾石层和黄土层分布等，但现今宽频电磁勘探存在以下问题：一体化的宽频电磁采集仪器匮乏；相应的宽频电磁处理方法也需要随之更新；常规的单源激发时频电磁采集数据易受干扰；电磁反演数据体的解释方法陈旧。针对生产中常规电磁采集存在的不足、处理方法欠缺、解释技术滞后等问题，研究人员充分意识到了开展新的采集处理解释技术升级的必要性。因此，根据生产需要，在试验和生产中探索宽频电磁和多源时频电磁的采集技术，在室内进行处理和解释方法研究的攻关，对“三维 MT 反演数据体解释性处理方法研究”项目进行了研究，宽频电磁对浅层（1000m）的分辨率更高，反演精度可以提高 20%。

（一）高精度宽频电磁采集技术

对电磁采集技术进行创新性改进，分别利用高频磁棒和低频磁棒在同一个测点采集数据，同时加密频点进行预处理，扩展传统 MT 勘探采集的频带宽度，该方法具有采集精度高、频带宽的优点，同时可以节约购买全频段磁棒的成本。

对于二维宽频电磁采集，以测线为单位进行布设采集，每条测线布设 5 ~7 个采集站。三维宽频电磁采集以面元为单位进行，面元内各测点位于田字形网格节点处，同步采集，面元的点数根据采集站的多少和点距大小来确定，一般为 9 个（3×3）测点。

常规的二维大地电磁采集只采集低频磁棒，频率范围为 0.001 ~320Hz，采集的频点一般为 40 个。宽频电磁则分别利用高频磁棒和低频磁棒在同一个测点采集数据，频率范围为 0.001 ~10400Hz，采集频点可以达到 100 个，从而扩展了常规大地电磁勘探采集的频带宽度，能够有效地提高中浅层的分辨率。利用远参考采集处理技术，提高资料信噪比。采集的时候首先布设高频磁棒采集数据，一般在半小时后更换低频磁棒，继续采集数据。后期对采集的高频和低频数据进行室内处理，从而获得宽频数据。

（二）宽频电磁三维正反演技术

1. 宽频电磁三维正演并行技术

在三维积分方程正演方法的基础上，开发宽频电磁的 CPU+GPU 三维并行正演。在三维模拟过程中，涉及大量的快速傅里叶变换（FFT）密集度比较大的运算，这部分计算在 GPU 上完成，对于计算密集度不高的运算，在 CPU 上完成，可以提高正演模拟效率。

2. 宽频电磁带地形反演技术

利用三角网格对地形进行模拟剖分，提高地形对宽频电磁影响的模拟精度；采用互易性的方法计算反演过程中的雅可比矩阵，减小反演计算时间。开发宽频电磁二维带地形反演技术，能够有效压制复杂地形对宽频电磁法的影响。

利用宽频 MT 技术，研究了柯东 7 号构造格局，并攻关解决黄土层、砾石层的分布及厚度分布等问题（图 2.31）。

（三）超宽频大地电磁

数据采集使用 MTU-5A 系列大地电磁测深仪。宽频带 MT 测点采集 10000 ~0.001Hz 的宽频带，在达到探测深度的同时，实现浅层高频采集，提高深层目的层反演精度；超宽频带 MT 测点采集 0.0001 ~10000Hz（超宽频），实现超宽频率的观测，同时满足高频和低频双向扩频的目的。测点满足高频采集时间大于 0.5h，宽频测深点采集时间大于 10h，超宽频测深点大于 144h 的要求。

超宽频 MT 勘探技术应用于西部某区，处理结果显示，该方法对中深层断陷、地层发育有较好的揭示，而且对超深层基底及地壳结构有很好的反映。该剖面揭示了柴达木地块、祁连山褶皱系、阿拉善地块等三个不同构造域的深部地电特征与差异，成为研究盆山

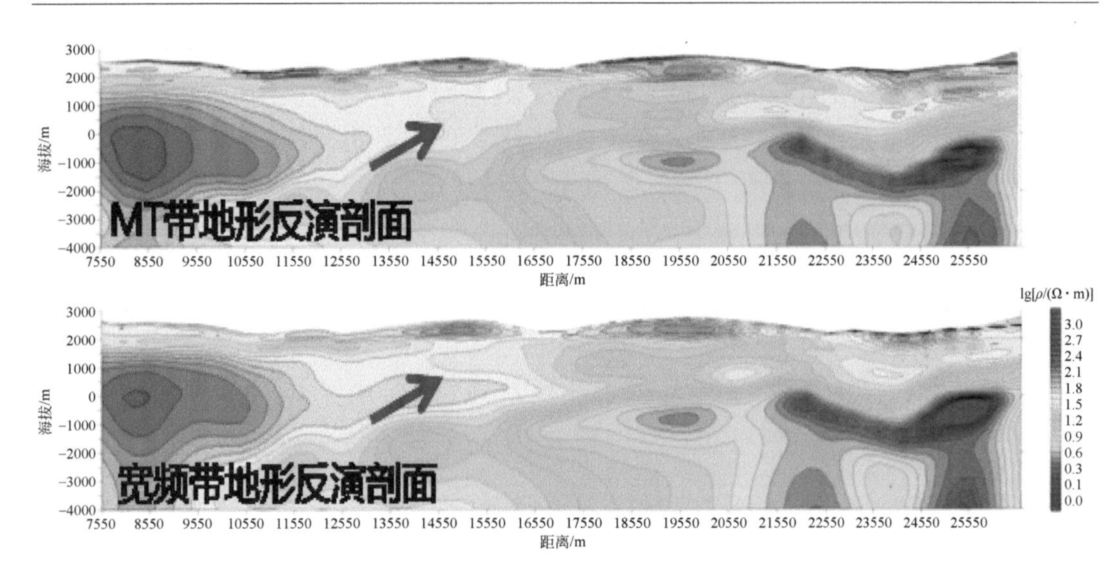

图 2.31　柯东地区宽频 MT 反演浅层电阻率剖面

关系及大地构造问题的重要资料依据（图 2.32）。

三、极低频-大地电磁联合勘探技术

利用极低频无线电磁法（wireless electromagnetic method，WEM）发射系统发射的覆盖范围达数千千米、高信噪比的人工源电磁信号，结合大地电磁测深法利用天然场信号测深的优势，可在油气矿田大剖面上进行阵列式 WEM 电磁信号和 MT 天然场信号接收，针对 WEM 电磁信号和 MT 天然场信号联合处理与反演技术研究，可望获得深部高分辨率的电性精细结构，提升中新元古界弱信号采集处理能力，为该深度范围内油气资源评估提供科学依据。

在极低频-大地电磁联合勘探技术研究上取得的主要成果及成效有：WEM 与 MT 联合测量的可行性分析、WEM 与 MT 联合观测方式和最佳发射观测时间、基于相位平滑的 Robust 阻抗估计和 HHT 方法改进抗干扰技术等，在川中地区的 WEM 与 MT 联合测量试验，经过弱信号提取和抗干扰处理，取得该地区深部结构和深部上震旦统灯影组白云岩油气赋存等信息。

WEM 方法是在 MT 和 CSAMT 基础上发展而来的一种新电磁勘探方法，本次研究了野外采集装置和采集最佳时间频率工作表，以及数据处理手段的研究可获得可靠数据，使得 WEM 方法在油气深部资源勘探得到应用。

（1）采用球坐标系的球谐函数法得到模型试验台 90Hz 发射频率在全国范围内的场强分布等值线图，基本反映了 WEM 信号强度在全国的分布情况，为后期工作布置提供依据。

（2）通过均匀半空间和三层地电断面的 WEM 数值模拟，从曲线形态特征分析得到在电离层作用下，在发射源大于 250km 远处为平面波，其视电阻率和相位与 MT 曲线完全一致，以此证明在实际野外观测中，在远离发射源 250km 时 WEM 观测可以用 MT 观测装置进行观测，并且可进行 WEM 与 MT 联合观测。

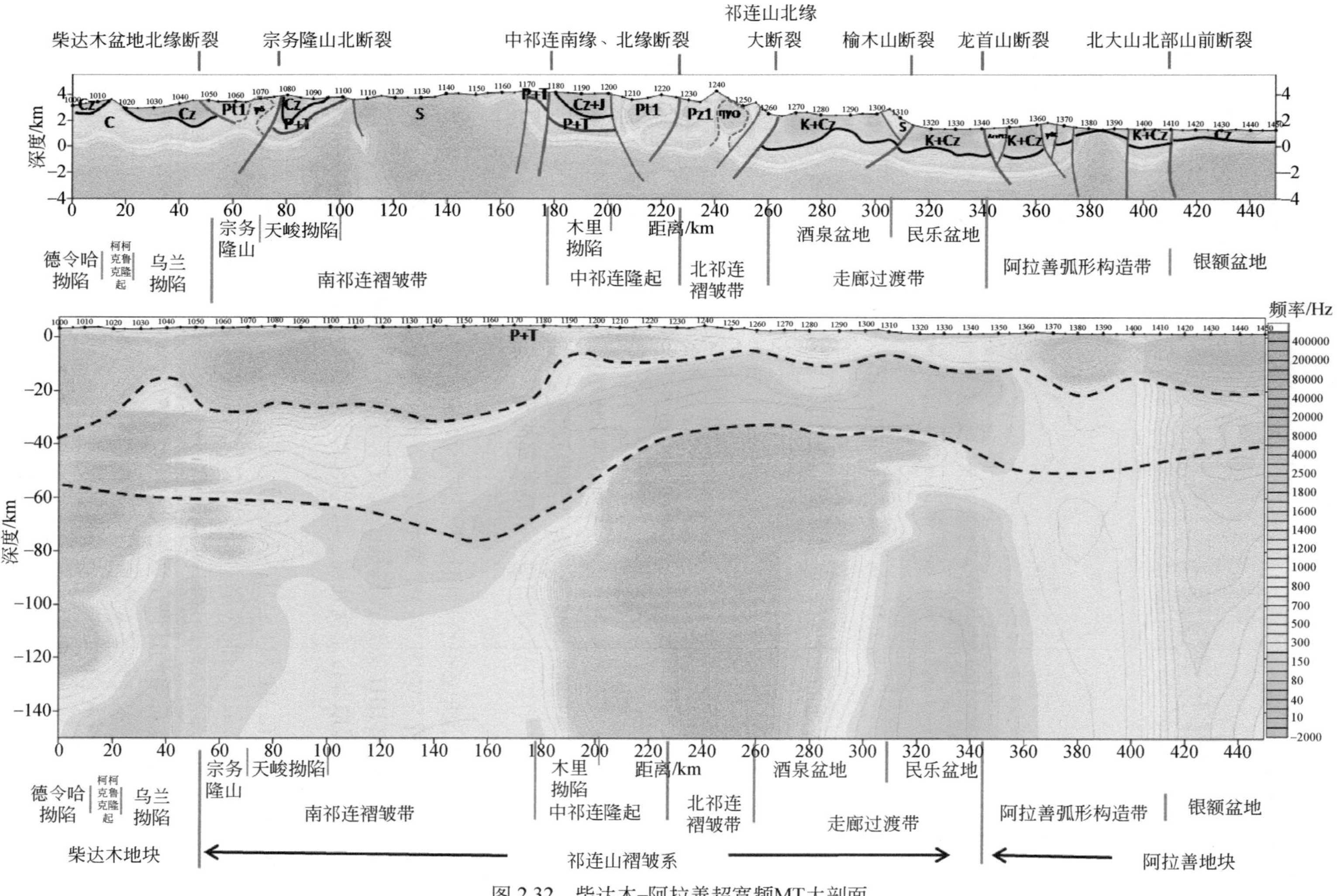

图 2.32　柴达木-阿拉善超宽频MT大剖面

（3）为验证 WEM 仪器设备的接收系统（即大功率多功能电磁法系统——CLEM）采集 WEM 数据时是否也适用于采集 MT 数据，在试验中将 CLEM 系统与加拿大 MTU 系统、德国 ADU-07 系统进行同步同测点数据采集，对比分析三套系统的结果，得出 CLEM 系统以 2.4kHz 采样率获得的 WEM 曲线与其同时采集的 MT 曲线基本吻合，说明 CLEM 仪器适合 WEM 与 MT 联合采集数据，并研究了数据处理流程。

（4）通过以上对 WEM 信号时间序列和频谱特征的分析，得出野外影响 WEM 信号的主要强噪声特点，并采用改进的希尔伯特-黄变换（Hilbert-Huang trasform，HHT）方法对其进行处理，其结果显示强噪声得到了很好的压制，结合 Robust 数据处理实现了低频弱信号提取，可获得高质量数据，为进一步的数据处理和反演工作奠定了良好的基础。

（5）在指定 1 线的 320 点以南布置测点 40 个，总长度约 30km。野外对 4 个检查点进行了质量检查，检查率为 10%，检查的 XY 模式视电阻率均方相对误差值为 3.57%，XY 模式相位均方相对误差值为 4.26%，YX 模式视电阻率均方相对误差值为 3.68%，XY 模式相位均方相对误差值为 0.88%，符合相关规范的要求，说明了本次 WEM 数据采集质量可靠。

（6）东西向天线发射的信号要强于南北向天线发射的信号。本次试验获得的东西向天线和南北向天线发射的信号在频率高于 0.5Hz 时，与源同向的电场 E_x、E_y 信号和磁场 H_x、H_y 要高于噪声水平，而当频率低于 0.5Hz 时，电场 E_x、E_y 信号强度较弱，但可经过恰当数据处理计算出可靠的视电阻率和相位。

（7）WEM 方法的原始视电阻率曲线比较平滑，与同点观测的 MT 曲线吻合较好，且在 50Hz 与 0.1Hz 至 1Hz 较 MT 曲线圆滑。

（8）原始视电阻率和阻抗相位拟断面图成层性较好，基本反映了地下电性结构的变化。

（9）模拟表明，引起的电磁响应较强，WEM 电磁法对高阻体的低阻异常的分辨能力较强，适合超深层油气勘查，而对低阻中的高阻异常的分辨能力较弱，其勘查深度适当减小。

（10）对所取得的野外数据反演结果（图 2.33～图 2.35）表明，在剖面右侧（北段）的 5km 以浅的电阻率分布与附近的高石 2 井基本一致；对向斜和背斜有较为清晰的显示，

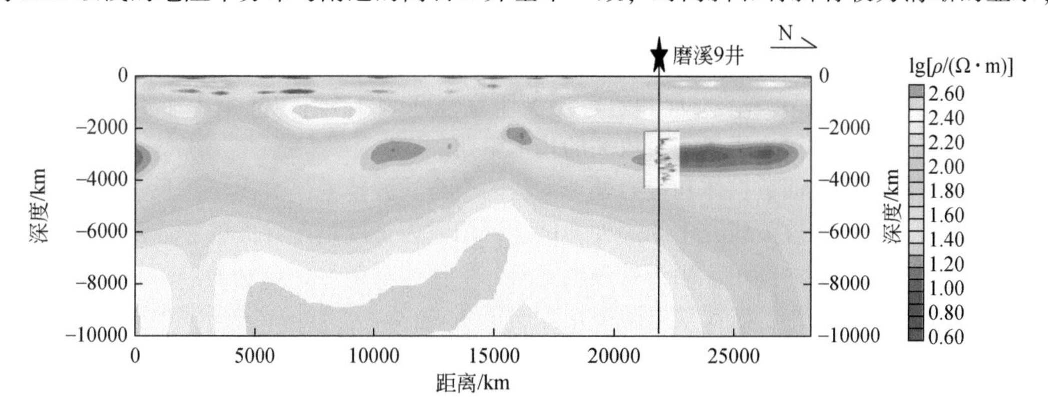

图 2.33　测线 TM 模式二维反演电阻率断面图（高石 2 井）

且在 14～23km 为隆起背斜构造均与井震电联合约束反演结果一致，其效果较原先 MT 清晰、分辨率高。

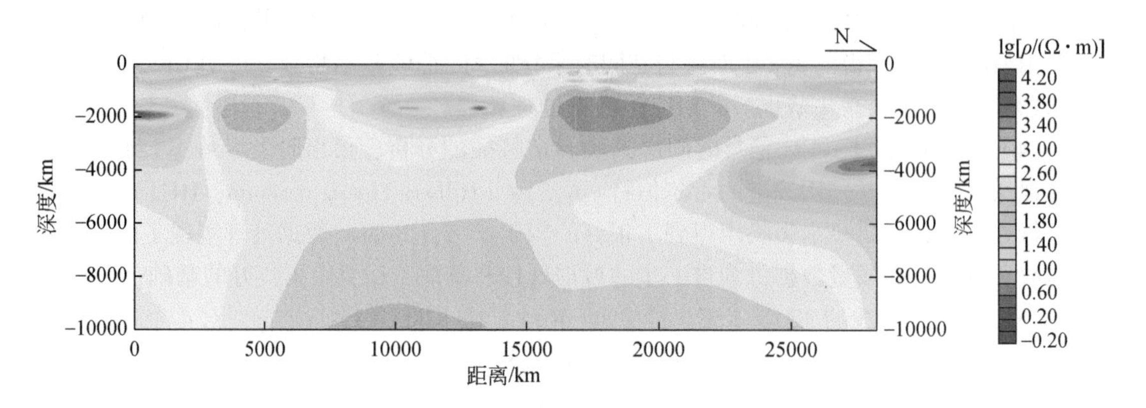

图 2.34　测线 TE 模式二维反演电阻率断面图

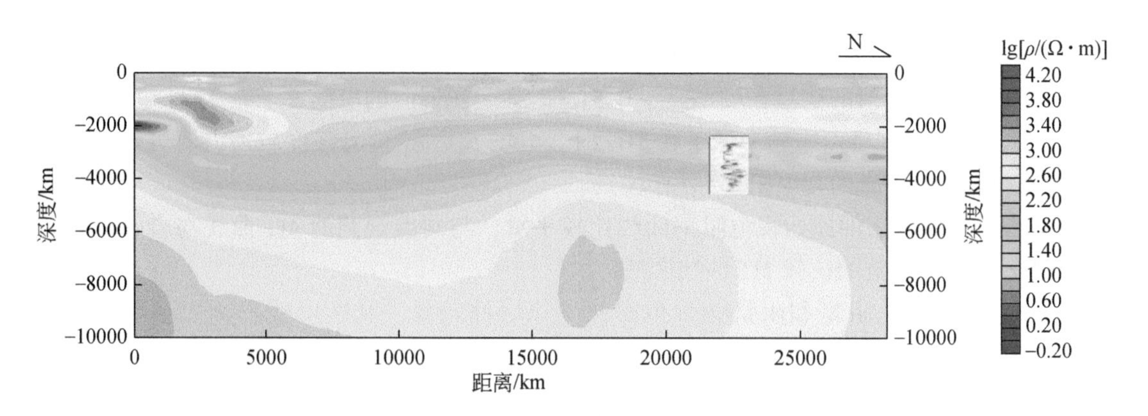

图 2.35　测线 WEM+MT（TE+TM 模式）二维反演电阻率断面图

四、电法资料电阻率薄层识别技术

D 盆地是一个中生代火山岩盆地，地震勘探难度大，解释火山岩地层中的沉积岩夹层，尤其是在 4000m 埋深，发现和追踪厚度不足 200m 的薄层，甚至小于 100m 的薄层，这对于三维重磁电勘探来讲是需要攻关的技术难题。

利用三维电法反演数据体和重力处理方法的组合滤波技术，突出电法反演电阻率剖面中的弱信号，是技术攻关研究中的一种尝试。采用重力梯度追踪界面的特点和位场垂向高阶导数法突出弱信号的作用，用于处理电阻率剖面薄层弱信号、识别薄层沉积岩，获得了较好的地质效果。三维电法反演电阻率切片弱信号处理，在三维电法反演电阻率切片数据的基础上，求取电阻率切片数据的梯度异常信号，以及电阻率切片数据梯度异常求取垂直二次导数的梯度弱信号等，具有一定的突出弱电性薄层的效果。

图 2.36 是三维电法反演电阻率切片弱信号处理图，其中，图 2.36（a）为三维电法反

演电阻率切片；图 2.36（b）为电阻率切片求取梯度异常；图 2.36（c）为电阻率切片梯度异常求取垂直二次导数的梯度弱信号。

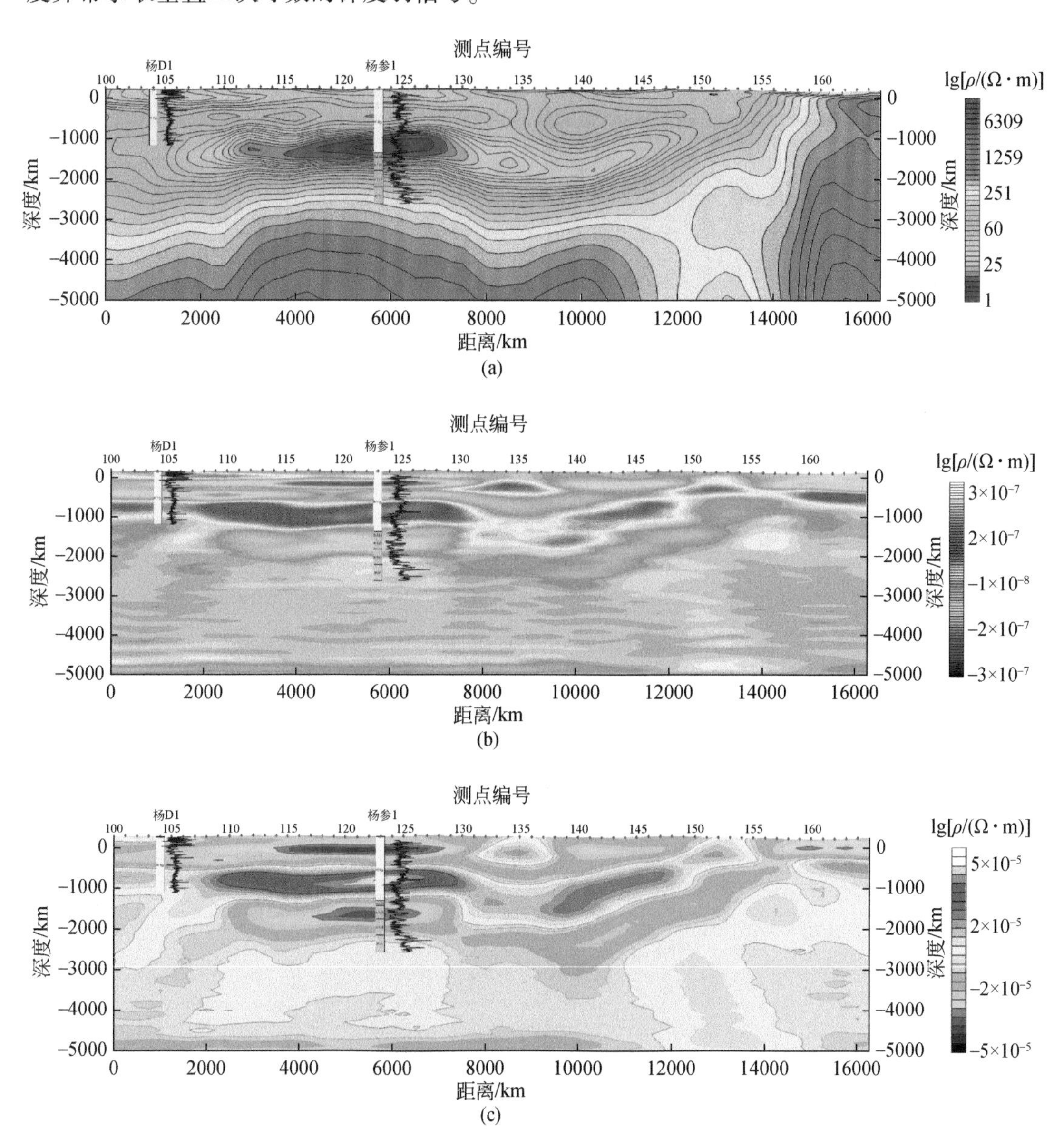

图 2.36　三维电法反演电阻率切片弱信号处理

（a）三维电法反演电阻率切片；（b）电阻率切片求取梯度异常；（c）电阻率切片梯度异常求取二次导数的梯度弱信号

第四节　重磁电采集处理解释应用

重磁力勘探资料的解释具有多解性，这主要是由位场的叠加性引起的。为克服多解性，提高解释准确性，重磁力勘探资料的处理解释工作一般都注重异常剥离（分离）和综合研究，尽可能地综合已有的重、磁、电、震、测井、地质等多种资料和信息进行综合解释。随着勘探程度的提高，可以利用的资料更加丰富，异常剥离（分离）和综合研究方法的联合使用有效地弥补了重磁力数据多解性的不足，使得重磁力勘探解决问题的能力获得明显提高，如结合地震、钻井资料使得重磁勘探解释工作加深了对山前带巨厚砾石层、深层-超深层盐岩分布的认识，对火山岩的发育深度的反演和解释也更加准确。

一、复杂区深层重磁异常处理解释

1. 实例 1 深层复杂构造重力剥层

YN 地区位于某盆地西部，油气勘探潜力大，但是该区地表地形复杂、地下构造复杂，地震勘探难度较大。图 2.37（a）是 YN 地区布格重力异常图，显示该区存在一明显的北西向重力高带。2001 年，该重力高引起了勘探家的重视，但随后的勘探进展并不顺利，深层构造特征不清楚，地震资料品质差，勘探进程放缓。为探索 YN 地区深层构造特征，近期对重磁电资料进行了重新处理解释研究。

应用深层目标重力异常处理技术，利用重磁电等多种资料信息，重点对该区重力异常进行了各项外部校正、变密度校正和上覆地层的重力剥层处理，获得了深层目标的重力异常特征［图 2.37（b）］。重力剥层的密度界面模型参考了地震资料和电法资料，密度值参考了区内的钻井资料。从深层目标重力异常来看，本区深层构造较为复杂，与布格重力异常图显示的完整重力高不同，深层重力异常显示为南北两排重力高带。这一构造特征在最新的地震攻关中得到印证。

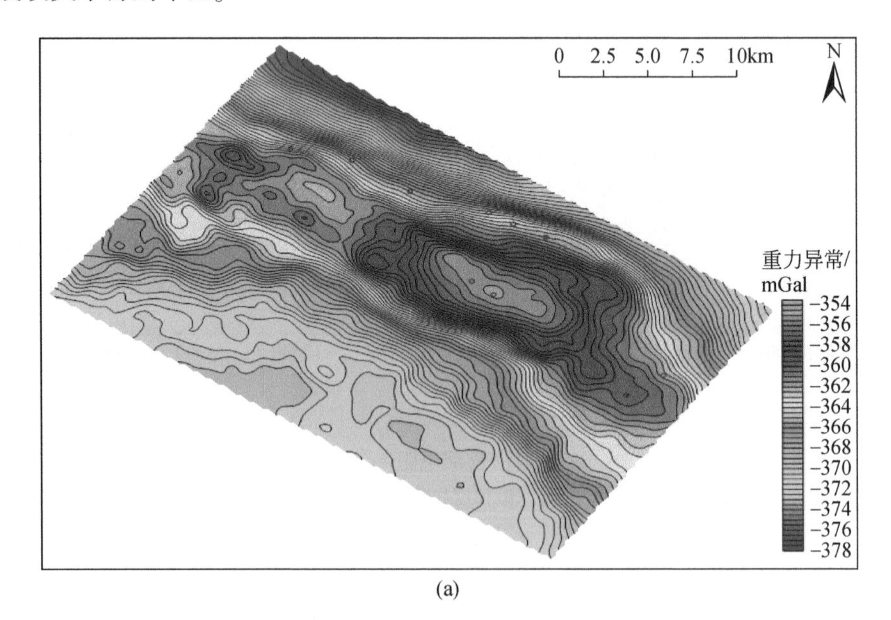

(a)

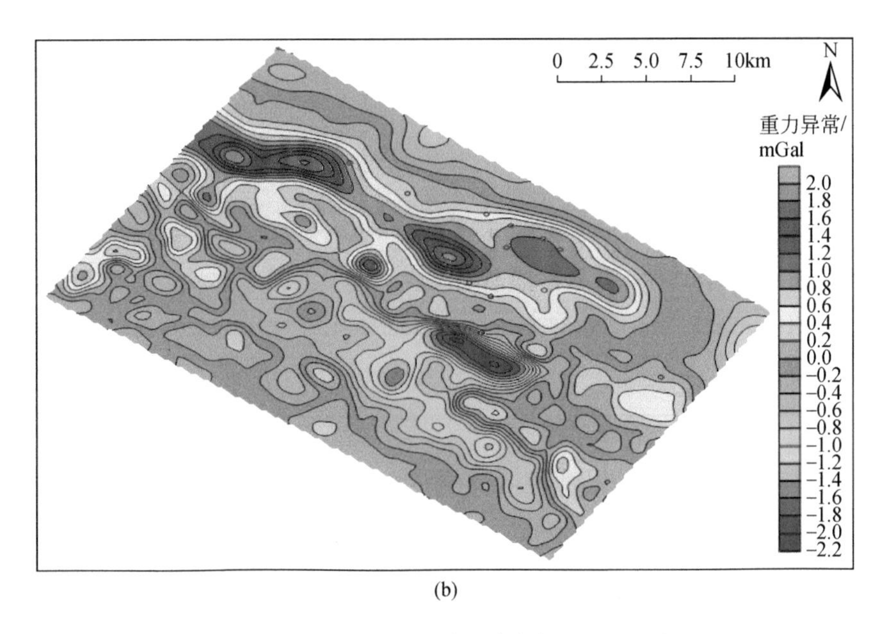

(b)

图 2.37　YN 地区实测重力异常与深层重力异常图

2. 实例 2 深层岩性重磁力处理解释

S 地区位于 SL 盆地北部，随着勘探进程的不断发展，勘探目标逐步向深层领域转移，勘探难度越来越大。石炭系—二叠系是本区的勘探新领域，也是潜在有利区，由于上覆拗陷期、断陷期地层与构造的影响，尤其是断陷期火山岩发育的影响，深层地震资料品质差，需要利用重磁电资料进行综合研究（图 2.38）。

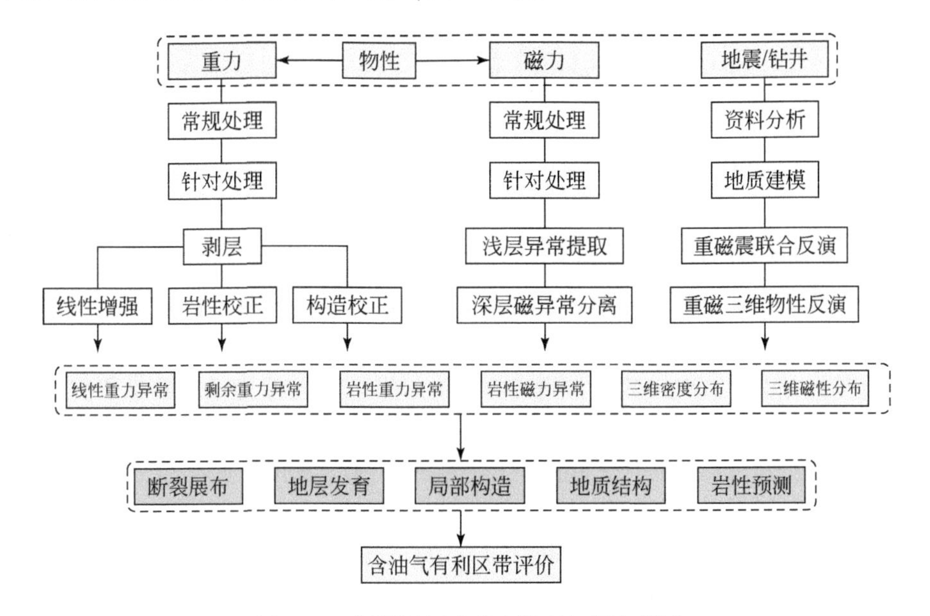

图 2.38　深层目标重磁力处理解释流程图

针对本区地质特征和重力磁力异常特点，综合利用多种资料信息，发挥重力磁力反演优势，对重力、磁力异常进行分离和解释。开展断陷期磁性体磁异常分离研究，以及重力异常剥层和岩性校正处理，进而获取了反映深层上古生界地层特征的剩余重力异常和岩性磁力异常，为判别和划分深部的上古生界地层岩性分布奠定了基础。

图 2.39 左是剥层后重力异常，剥除了拗陷期地层、断陷期地层的重力异常，可见仍然存在基底岩性体的岩性影响，主要是侵入岩体的岩性。利用磁异常反映的侵入体特征进行岩性重力校正（图 2.39 右），较好地消除了其影响，获得了岩性校正后的剥层剩余重力异常，配合深层磁异常信息，较好地划分了深层上古生界地层的分布特征，为寻找上古生界烃源岩发育区提供了重要依据。

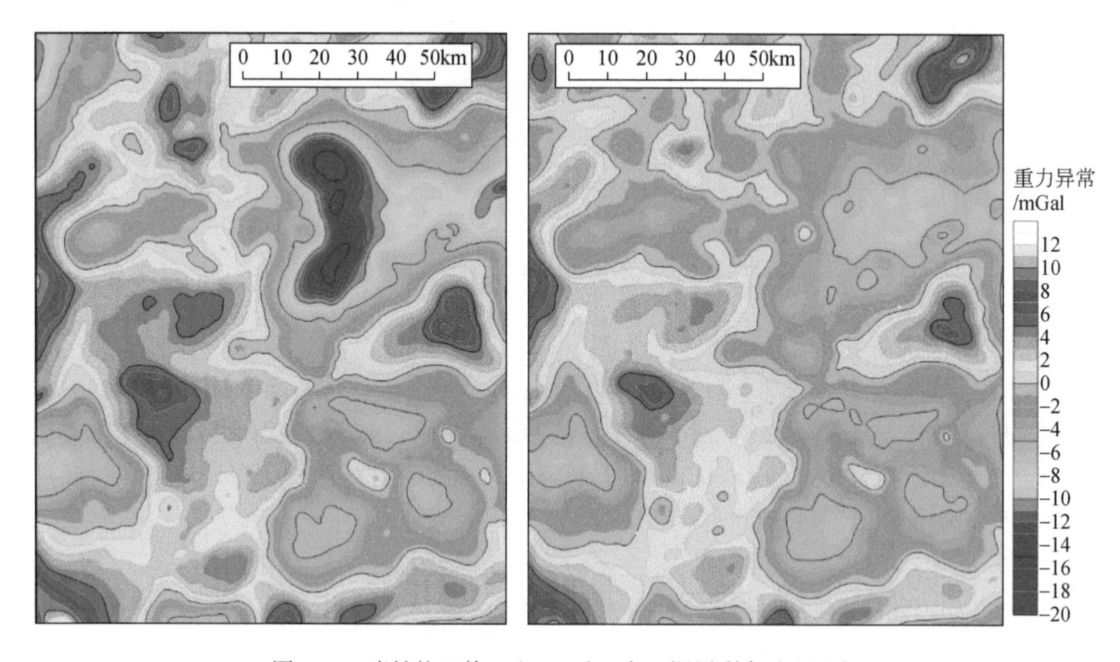

图 2.39 岩性校正前（左）、后（右）深层剩余重力异常

3. 走滑断裂重磁力数据处理解释

1）多种重力异常信息综合解释

布格重力异常、剩余重力异常、重力水平总梯度异常是最基本的常规处理重力异常数据，也是区域地质研究的基础信息，综合地震（电法）、钻井、地质等资料开展综合解释，再进一步开展重力垂直二次导数异常研究、重力水平总梯度垂直导数异常研究，发现和分析贯穿深层超深层的走滑断裂存在的细节信息和解释依据，对两者解释的走滑断裂方案进行对比和综合，并分析其可靠性，剔除数据误差和干扰因素的影响，落实走滑断裂解释的最终位置和地质解释方案。

在某些特殊地区的深层、超深层勘探研究中，还需要进行重力剥层处理，分析剥层处理后重力梯度信息和深层断裂解释方案，突出深层走滑断裂重力弱信号分析，深层或基底走滑断裂发育特征。

方向滤波重力梯度异常信息提取与解释是进一步深化走滑断裂解释的一种方法，与重力垂直二次导数、重力水平总梯度垂直导数等信息可以对比分析和开展综合解释。

2）重力磁力异常综合解释

利用重力、磁力异常信息开展综合研究是有益的，在一些地区的特定地质问题中，往往具有重要作用。

晚期活动的走滑断裂对沉积盖层产生重要影响，利用局部重力异常关系或梯度导数信息研究走滑断裂往往具有突出效果。而在火山岩发育的沉积盆地内，后期活动的走滑断裂对火山岩分布和构造发育有重要影响，利用重力磁力资料结合的方法研究走滑断裂特征也是值得重视的，磁力异常往往提供了磁性分布差异对走滑断裂特殊反应。走滑断裂的存在和发育也会影响火山岩分布和储集性能，其研究对油气目标评价有重要意义，图 2.40 是 JZ 地区凹陷重磁力导数异常及推测的走滑断裂解释。

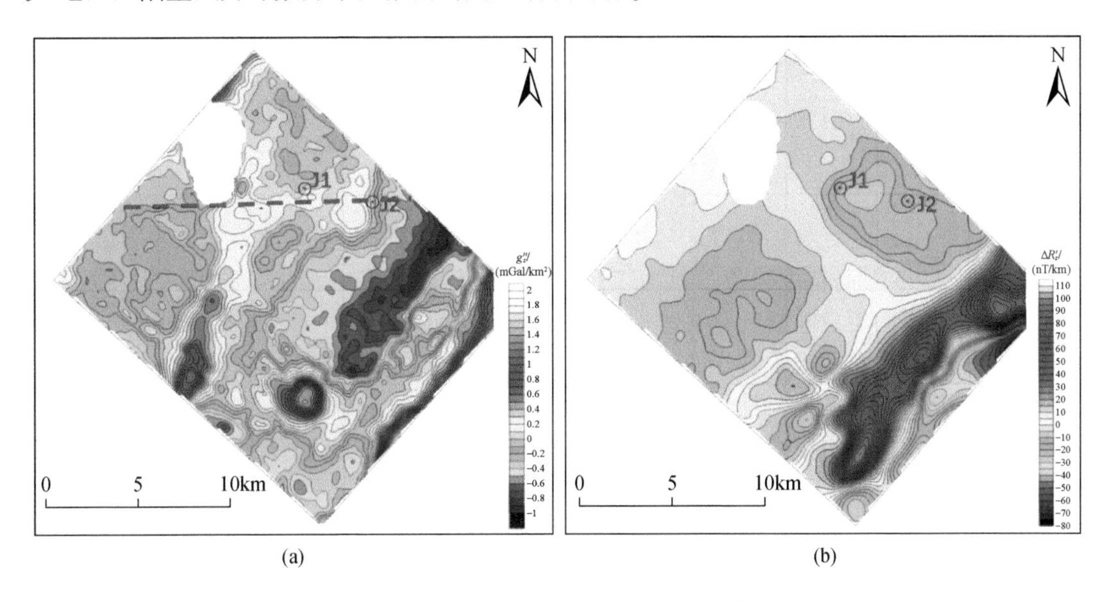

图 2.40　JZ 地区火山岩重力、磁力异常图

（a）重力垂直二次导数异常；（b）磁力垂直一次导数异常

基底结构对盆地深层断裂具有重要的控制作用，基底断裂对深层走滑断裂的发育有重要影响。重磁力数据是研究基底结构的重要资料，其对基底结构、基底断裂的反映和解释有助于研究深层走滑断裂区域特征。

利用深层剩余磁力异常或磁力导数异常、深层重力异常、重力梯度异常结合，可以解释基底岩性与结构特征、基底深大断裂特征，由于基底结构存在差异，往往直接或间接地影响盖层断裂、走滑断裂的发育。

3）重磁资料综合地质研究

早期走滑断裂的现今特征可能被后期构造活动改造，且其埋藏深度往往较深，需要重力剥层处理和重磁联合处理解释。晚期走滑断裂往往对晚期构造特征有影响，其对应地质体埋藏浅，通过突出重磁力异常局部信息可以获得较好效果。

不同时期的走滑断裂，其地质作用和对油气成藏的影响不同。走滑断裂研究对于碳酸盐岩断溶体、中浅层砂岩储层、火成岩储集体的含油气目标评价具有重要意义，重磁资料研究走滑断裂具有广泛的发展空间。

高精度重力磁力勘探资料有利于走滑断裂的综合解释，综合多种高精度重磁异常信息有利于描述走滑断裂特征、走滑位移量、延伸方向和延伸长度等参数及特征。结合地震、钻井资料，开展平面剖面综合研究，有利于提高对走滑断裂的认识和解释精度。

准噶尔盆地周缘发育晚古生代、中生代和新生代三期变形；晚二叠世—侏罗纪，盆地周缘发育走滑断层。盆地南缘 GT1 井、HT1 井的勘探成果证实了走滑断层与逆冲构造叠加部位是有利的勘探目标（刘云祥，2017）。利用重磁力资料研究南缘地区的走滑断裂特征具有重要意义。

图 2.41（a）是准噶尔南缘地区剩余重力异常，中北部重力异常平缓，而南部山前带剩余重力异常呈条带状分布，北西向走向重力异常突出，反映了晚期挤压构造的主要特征，而北西向局部重力高之间呈雁列状或局部错断关系，但错断特征不清晰；图 2.41（b）是经方向滤波处理后的剩余重力异常，方向滤波消除了北西向条带异常，突出了北东向异常差异特征，反映了北东向走滑断裂在重力异常上存在的信息特征。南缘地区构造复杂，地震攻关难度大，重力资料显示发育的北东向走滑断裂对该地区油气勘探具有重要意义。

图 2.42（a）是对图 2.41（a）的中北部剩余重力异常求取的重力垂直二次导数异常，重力数据为 1∶5 万高精度采集，重力二次导数异常信息丰富，北西向重力异常发育，可清晰解释出北东向走滑断裂的存在。图 2.42（b）是对图 2.41（a）之中北部剩余重力异常求取的重力水平总梯度垂直一次导数异常，可清晰看出重力梯度导数异常的错断及局部区域沿走滑断裂发育的重力梯度导数高异常，与图 2.43 的信息是吻合一致的。重力垂直二次导数异常及重力水平总梯度垂直一次导数对于解释中深层发育的走滑断裂具有明显效果。

准噶尔盆地主要磁性层为石炭系—下二叠统，磁力二次导数异常主要与火山岩分布有关，磁力二次导数异常细节可能反映了上覆盖层与火山岩源岩有关的砾石、砂岩等存在。重力导数异常与磁力导数异常解释走滑断裂是吻合的，说明走滑断裂受深层结构的控制作用明显。

4）塔里木塔中-富满地区重磁力资料走滑断裂解释

重磁力资料在塔里木盆地早期研究中发挥着重要作用，重磁力异常是认识盆地基底结构的基础资料。图 2.44（a）是重力水平总梯度异常，图 2.44（b）是化极剩余磁力异常，重磁力数据源于 1∶20 万地面重力和航空磁测。将重力水平总梯度解释的北东向走滑断裂叠合在剩余磁力异常图上，可以看到二者的对应关系，表明基底结构构造线对走滑断裂的控制作用，该观点在早期内部勘探成果中已形成，得到后续地震解释及勘探成果的验证。

该组走滑断裂延伸长度大，对寒武系—奥陶系碳酸盐岩勘探意义重大，走滑断裂发育影响着下古生界碳酸盐岩储层物性与碳酸盐岩断溶体分布。

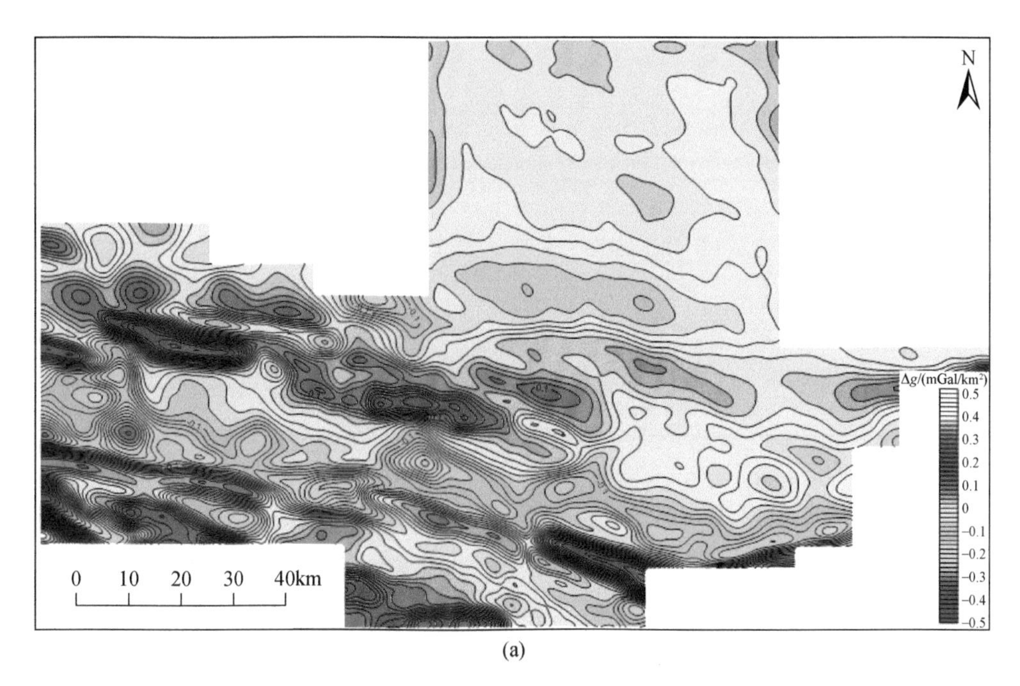

(a)

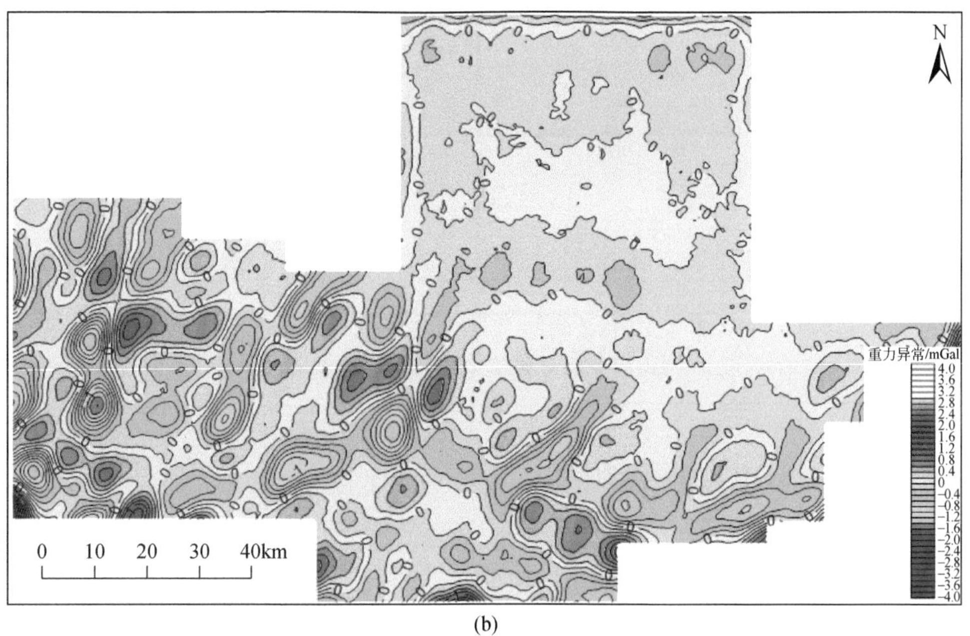

(b)

图 2.41　南缘剩余重力异常与方向滤波重力异常

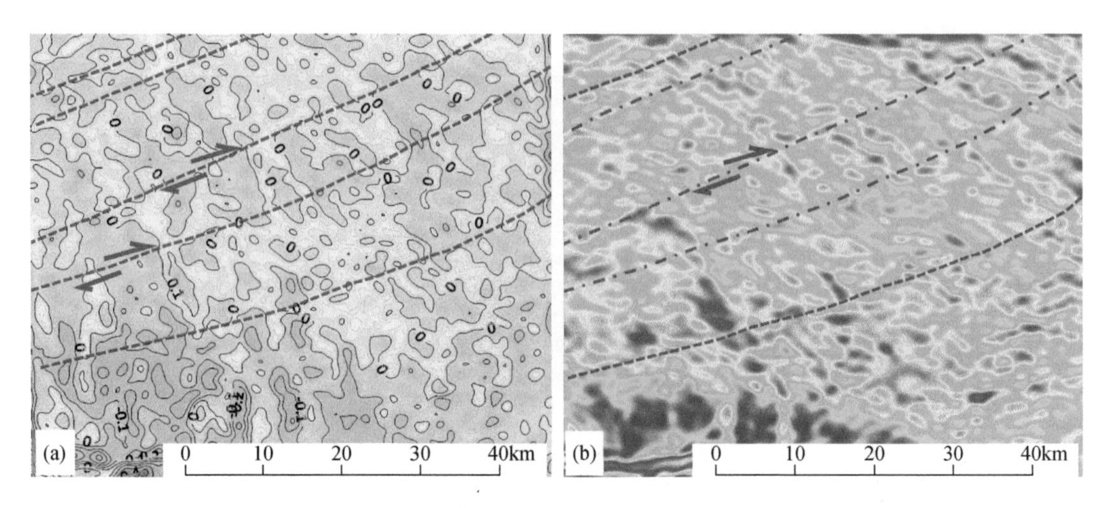

图 2.42　重力二次导数（a）与重力水平总梯度一次导数（b）

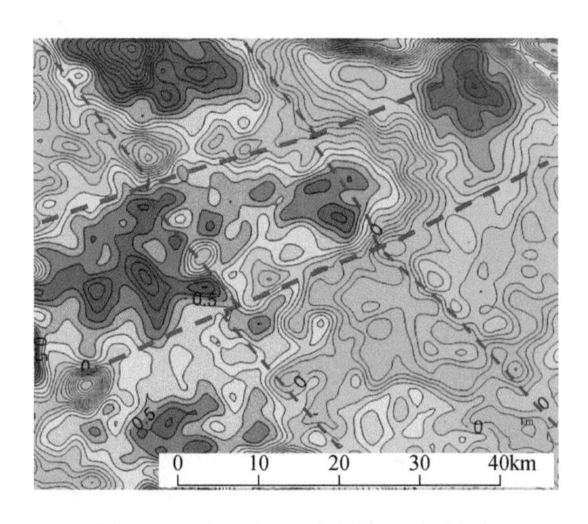

图 2.43　磁力垂直二次导数及断裂解释

二、超深层重磁电勘探应用

（一）冀中拗陷泗村店潜山重磁电勘探

渤海湾盆地冀中探区武清凹陷泗村店潜山部署重力勘探面积为460km²、时频电磁勘探4 条测线长 67.7km（图 2.45）。剩余重力异常与时频电磁相位异常叠合图显示（图2.46），泗村店潜山存在，且位于时频电磁异常有利区内，是下一步油气勘探的重要目标。

资料采集工作中，采用了重力加密测网和磁力梯度观测技术。时频电磁勘探针对深层目标加大了发射电流和激发频率等。

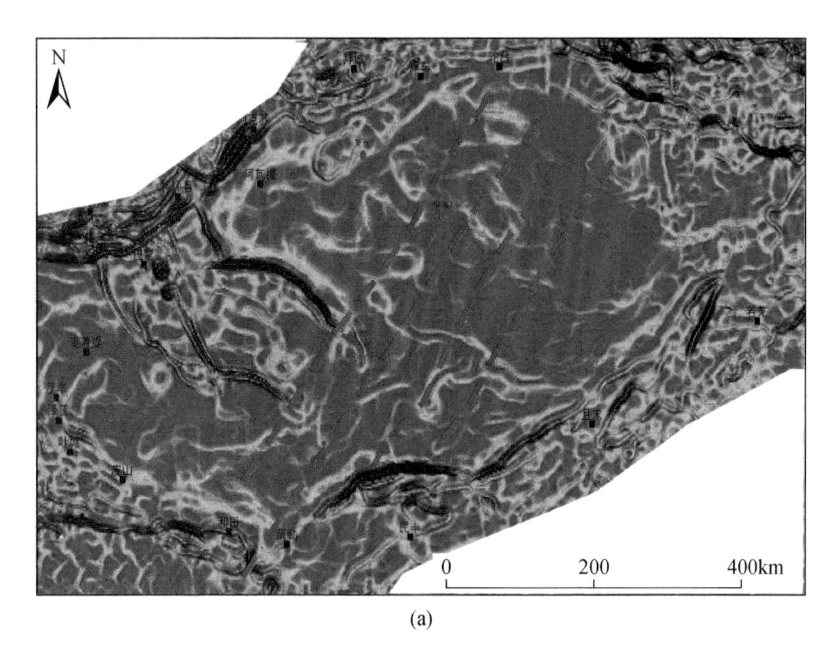

(a)

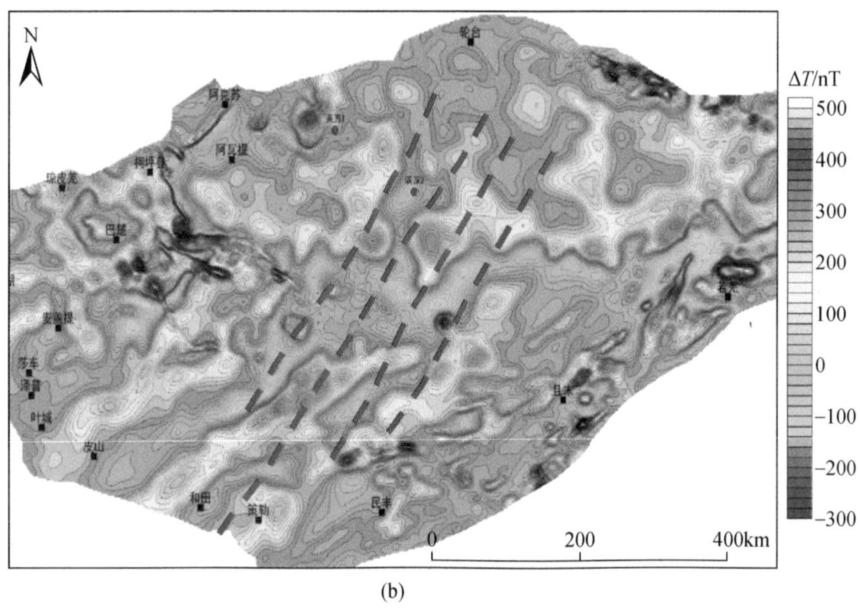

(b)

图 2.44　塔里木盆地区域重磁力资料走滑断裂预测图

（a）重力水平总梯度异常；（b）磁力剩余异常

重力资料反映出泗村店潜山的存在，其东侧发育断槽；时频电磁剖面显示潜山的油气异常较强。推动了泗村店地区三维地震勘探部署（下古生界及新元古界，埋深为 5000 ~ 6000m）。

针对深层目标和干扰压制，加大发射激发电流，解决了线缆电阻大、接地电阻大、发射仪负荷等问题。冀中泗村店地区时频电磁发射实现 80A 以上电流发射，塔里木玉龙也达到80A电流发射；而之前其他地区通常最高使用60A的发射电流。大功率发射信号使得资料品质得到明显提升。

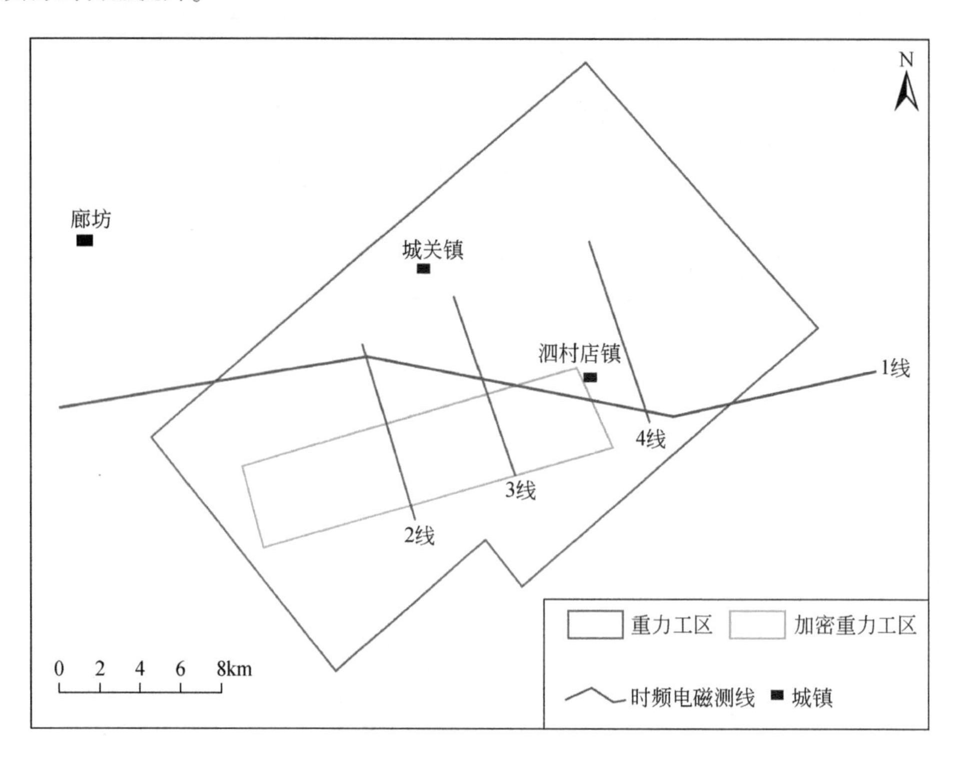

图 2.45　冀中探区武清凹陷泗村店潜山重力、时频电磁勘探部署图

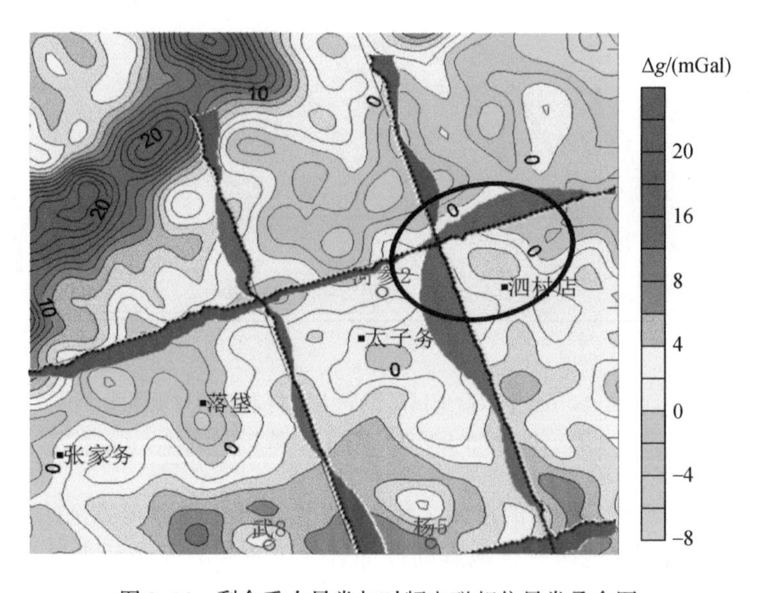

图 2.46　剩余重力异常与时频电磁相位异常叠合图

后续钻探的ST1井证实了潜山的存在，并在石炭系—二叠系获得油气突破。

（二）北疆地区格架线时频电磁资料采集处理

北疆地区二维时频电磁格架剖面主要针对深层二叠系—石炭系部署。以往部署的电磁测线大多针对局部目标，难以对北疆区域石炭系结构开展整体研究；已有的地质及电磁资料已无法满足该区当前地质任务对石炭系展布特征、盆山接触关系、火山岩结构及岩体特征的准确识别和刻画要求，制约了北疆石炭系整体结构的认识。

为配合准噶尔盆地二维地震格架线深层处理解释，开展新疆北部盆地石炭系凹隆格局建立及石炭系火山岩分布特征研究，部署时频电磁格架线勘探工作，共部署时频测线 3 条，测线总长度为 831.4km，点距为 200m，坐标点 4163 个，检查点 126 个。其中南北向测线 GJ2019TFEM-01 线长 455.7km。

本次时频电磁法勘探采用 400kW 大功率恒流电磁发射系统作为信号激发源，该系统为格架线深层资料采集处理奠定了重要基础，验证了新研发的发射系统性能和优势。时频电磁法采用多测站排列接收的工作方式，信号接收系统通过 GPS 与发射同步接收每个频率重复激发的所有信号。资料处理中可以有时间域和频率域两种处理手段，有效提高了勘探精度，本工区最大采集周期为 90s，采集时长为 2.61h，较以往时频项目采集频点进行了加密、加宽。时频电磁野外采集参数见表 2.7。

表 2.7　时频电磁野外采集参数统计表

参数名称	采集参数	参数名称	采集参数
激发波型	方波	供电电流/A	最小 67，最大 105
观测分量	H_z 和 E_x	AB 距/km	最小 7.5，最大 17.5
收发距/km	最小 9.97，最大 15.19	激发周期/s	0.032 ~ 90
极距长度/m	最小 51，最大 124	AB 最大辐射角度/（°）	101.6

采用新发射系统 TFEM-4 按上述大功率大收发距长排列方式采集深层格架线剖面，实际生产采集剖面 831km，坐标点 4163 个，一级品率 95%。资料反映石炭系顶面埋藏深度最深达到 15km，并揭示了石炭系内幕火山岩及低阻碎屑岩地层分布。

“2019 年度新疆北部盆地二维时频电磁格架勘探”项目野外资料采集共计完成时频电磁勘探测线 3 条，点距为 200m，测线总长度为 831.4km，完成实测物理点 4289 个，其中坐标点 4163 个，检查点 126 个，一级品 3955 个，二级品 208 个，无废品，一级品率为 95%，野外采集各项精度要求均满足设计要求。

从图 2.47 可以看出，准噶尔盆地上古生界断陷与中新生界拗陷叠合盆地，福津盆地为古生界弧后盆地。准噶尔盆地为叠合盆地，上拗下断。Q—J：由北向南厚度逐渐增大；T+P：总体趋势南厚北薄，继承性沉积特点明显，局部厚度变化大；C：总体南深北浅，起伏较大，隆拗相间。福津盆地特征为古生界弧后盆地，石炭系西厚东薄，泥盆系广泛分布；新生界一般<500m，缺失中生界。

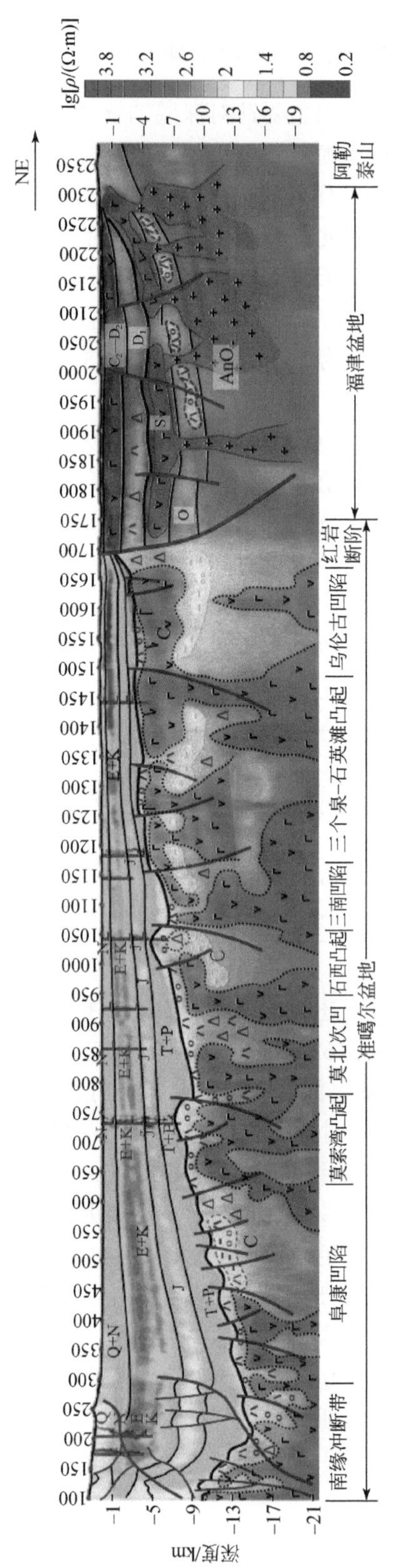

图 2.47　BJ地区TFEM-4采集数据反演电阻率剖面

利用 TFEM-4 新系统发射采集时频电磁勘探南北向格架线大剖面，揭示了 BJ 盆地深层构造特征，结合重磁力资料，整体解剖了盆地石炭系结构。可以看到，Q—J 由北向南厚度逐渐增大；T+P 总体趋势为南厚北薄，继承性沉积特点明显，局部厚度变化大；石炭系总体南深北浅，起伏较大，隆拗相间。而剖面北部 FJ 盆地则显示出古生界弧后盆地特征，石炭系西厚东薄，泥盆系广泛分布。准噶尔盆地内深层石炭系高阻下掩伏的相对低阻层可能是石炭系烃源岩赋存的砂泥岩地层，对下一步勘探意义重大。

（三）中上扬子地区重磁电资料处理解释

1. 岩石磁性特征

区内已见新太古界—古元古界康定岩群、后河杂岩及中新元古界会理群、板溪岩群等变质岩系出露，中酸性侵入岩分布不广，基性岩较发育，超基性岩出露不多，中新生代和二叠纪火山岩较发育。区内磁性资料丰富，经统计归纳，其磁性特征如下。

（1）变质岩：新太古界—古元古界在川南以康定岩群、川北以后河杂岩为代表，岩性以角闪片麻岩、变粒岩类、混合岩类及片岩类为主，其中康定岩群变质岩系磁性强，磁化率为 $350\times10^{-5}\sim28300\times10^{-5}$SI。

中新元古界在中上扬子区以会理群、板溪群为代表，岩性主要为片岩、变质砂岩、板岩类、千枚岩类、硅质岩和砂页岩等，其磁性较弱，磁化率为 $15\times10^{-5}\sim900\times10^{-5}$SI。

（2）沉积岩：新生界砂岩、砂泥岩、泥岩磁性很弱，磁化率平均值小于 30×10^{-5}SI；中生界砾岩、砂岩、泥岩磁性很弱，磁化率平均值小于 30×10^{-5}SI，而分布于上扬子区的三叠系夜郎组和飞仙关组碎屑岩系具有一定的磁性，磁化率平均为 500×10^{-5}SI。古生界磁性很弱，磁化率平均值小于 30×10^{-5}SI。

（3）侵入岩：大多数具有磁性，其磁性强弱与岩性密切相关，从超基性到酸性其磁性呈由强至弱的下降趋势。其中超基性岩磁性最强，磁化率平均为 3600×10^{-5}SI，剩磁为 1095×10^{-3}A/m；辉长岩磁化率平均为 2649×10^{-5}SI，剩磁平均为 1203×10^{-3}A/m，辉绿岩磁化率平均为 1080×10^{-5}SI；闪长岩类磁化率平均为 2150×10^{-5}SI；花岗闪长岩磁化率平均为 1770×10^{-5}SI；花岗岩类磁化率平均为 217×10^{-5}SI。

（4）火山岩：具有强磁性，其中玄武岩磁化率平均为 4410×10^{-5}SI，剩磁为 1010×10^{-3}A/m；安山岩磁化率平均为 1357×10^{-5}SI，剩磁为 639×10^{-3}A/m；凝灰岩类磁化率平均为 4547×10^{-5}SI；变基性火山岩和火山熔岩磁化率平均为 2500×10^{-5}SI。

2. 资料解释方法

根据航磁原始资料及处理转换资料，对研究区的断裂展布及岩浆岩分布进行了初步圈划。

完成航磁数据拼接处理、化极及上延、剩余异常求取、导数求取等数据转换与处理工作；在此基础上，完成断裂解释、火成岩分布解释以及磁性基底深度计算等工作。

根据航磁原始资料及处理转换资料，对研究区的断裂展布及岩浆岩分布进行了圈划；并且对断裂、岩浆岩分布进行了编号、命名及进一步的描述及解释工作。

圈定岩浆岩方法：利用航磁资料圈定岩浆岩，尤其对隐伏岩浆岩的发现和圈定是一种重要方法。磁性资料表明，发育在不同地区的岩浆岩一般都具有磁性，但它们之间又存在着差别，表现在随着岩石基性程度的增高而磁性增强，岩石的这种磁性差异能被航磁异常反映出来，在磁场上能引起形态各异的磁异常，以此作为圈定岩浆岩的依据，同时依据地质资料能够确定其岩性。

在具体圈定时，首先要研究各类岩浆岩的磁性特点，然后对不同类型已知岩浆岩引起的磁异常进行分析、归类，再依据磁异常形态、强度、规模以及变化规律等来建立超基性岩、基性-超基性岩、基性岩、中性岩、中酸性岩及酸性岩的磁异常解释标志。

另一方面，由于岩浆岩引起的磁异常往往叠加在背景场上不易区辨，所以，对原磁场进行位场换算处理，以提取局部异常。比较成熟的方法是化极垂向一阶导数处理，这对确认磁异常和磁性体边界起到了重要的作用。

四川盆地及周缘断裂发育，盆地周缘断裂呈北东向、北西向、南北向三组，盆地内断裂主要呈北东向，局部发育近东西向断裂。岩浆岩分布与断裂发育有关。

磁性基底计算采用切线法和欧拉反褶积法，磁性基底埋藏深度见图 2. 48。

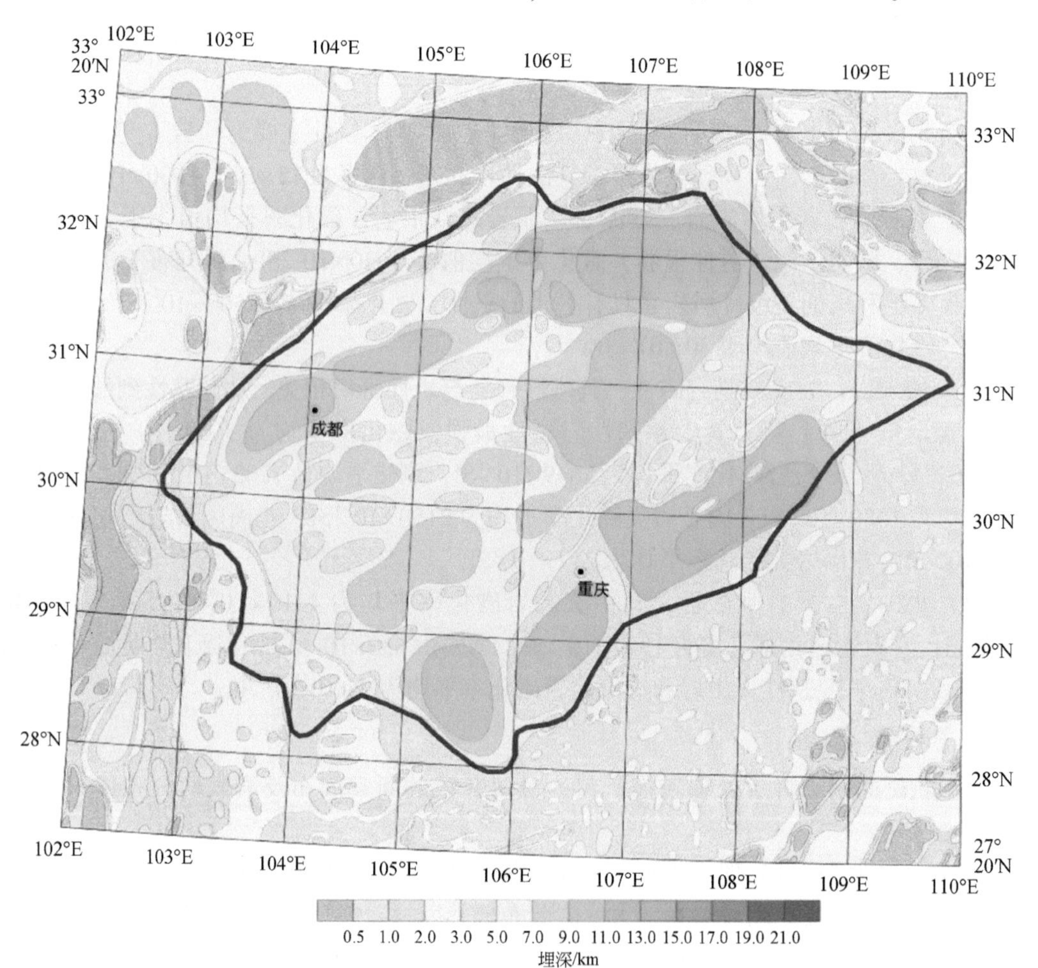

图 2. 48　四川盆地磁性基底埋深图

四川盆地基底具有稳定的克拉通性质，主要为新太古代—古元古代康定岩群、后河群变质岩系，这套岩系结晶程度高、磁性较强至强，在磁场上能引起背景值升高变化，它们构成了盆地的强磁性基底，并被中新元古界会理群、昆阳群等弱磁性变质岩系“焊接”在一起，共同构成盆地的基底，总体上在深层为一菱形的结晶基底岩块。

综合重力磁力资料，对四川盆地基底结构进行了再认识，获得了基底岩性分布与结构图、裂谷（南华系裂谷）分布预测图（图 2.49）。

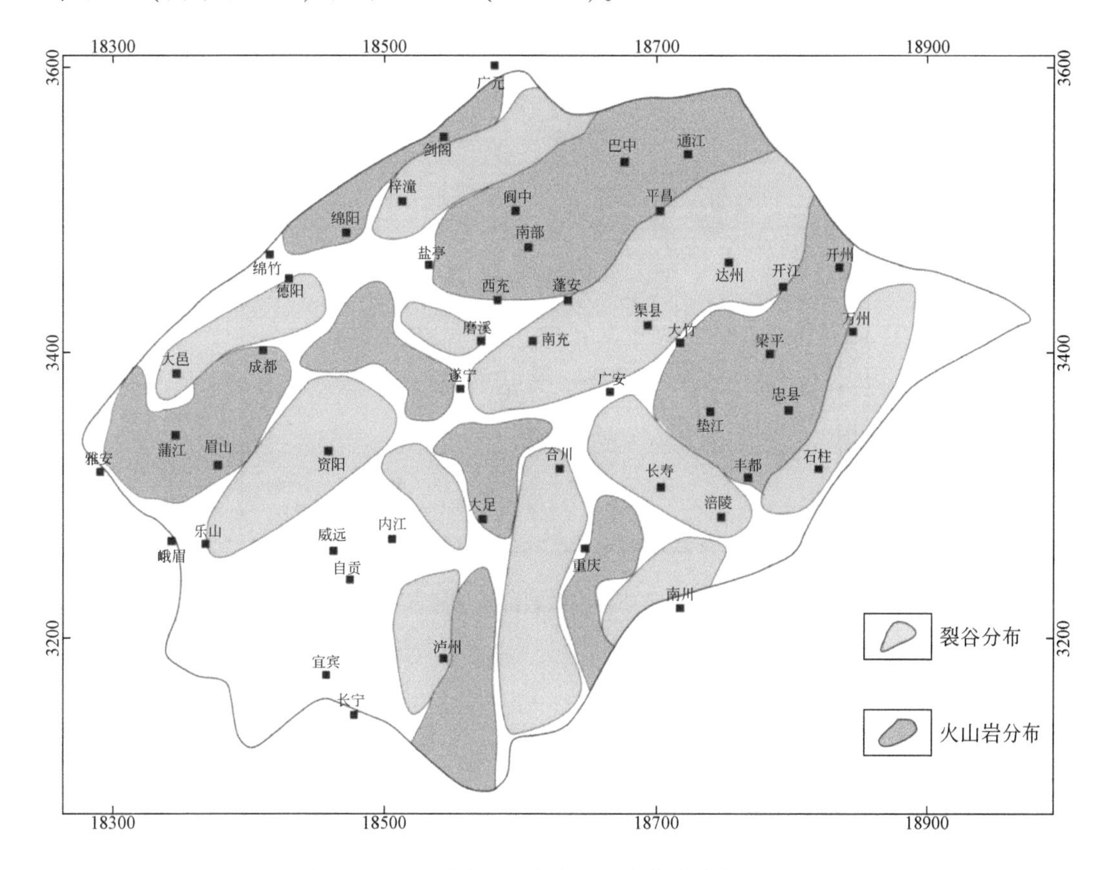

图 2.49　四川盆地基底岩性及岩浆岩分布预测图

3. 川西地区深层裂谷

针对川西雅安-三台地区深层裂谷分布及二叠纪火山岩特征研究需要，部署重磁勘探面积 $16025km^2$，部署时频电磁测线 7 条，总长 747.6km。通过重磁电资料处理和初步解释，获得了该区深层裂谷剥层剩余重力异常图（图 2.50），雅安-三台地区基底构造格局受北东向深大断裂控制，区内划分为三拗两隆。

雅安-宜宾地区以发育北东、北西向两组断裂为主，宜宾西南部发育北西西向断裂；犍为西侧基底隆起、拗陷规模大，犍为东部基底隆拗规模小；受基底断裂控制初步划分为 5 个基底凸起区，除了沐川西南基底凸起呈北西向外，其余基底凸起均呈北东走向；基底隆起是火山岩发育的主要分布区，这与雅安-三台地区分布特征一致。

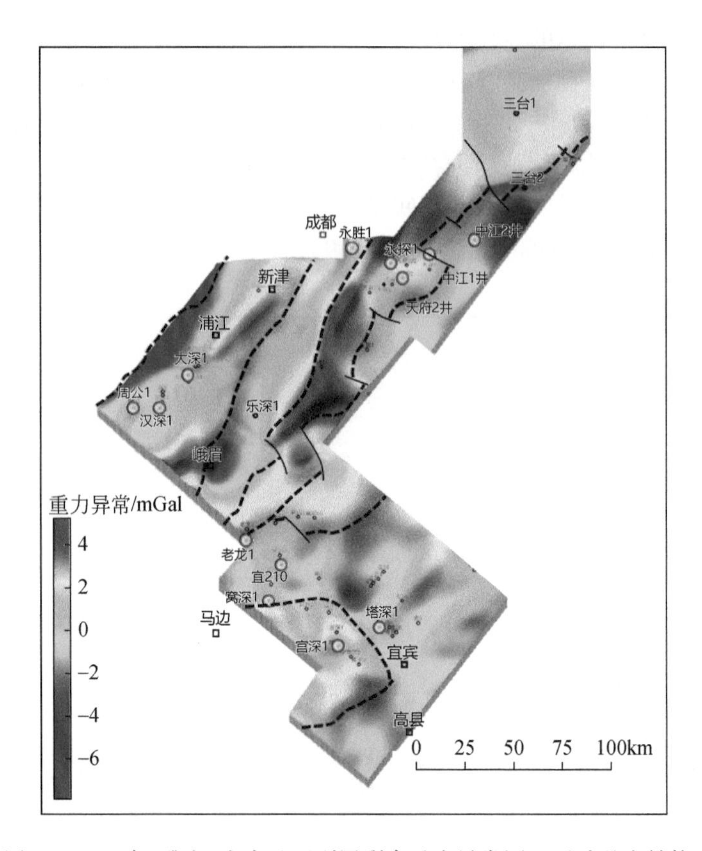

图 2.50 三台-雅安-宜宾地区剥层剩余重力异常图（反映基底结构）

4. 四川盆地超深层重磁电大剖面采集处理

1）采集方案及模型正演

部署重、磁、电勘探测线 1 条，点距为 500～3000m，剖面总长度为 418km，重、磁同点位布设。具体工作量如下：电法物理点 411 个，其中坐标点 366 个，各向异性试验点 13 个，天波采集试验 32 个；重力物理点 501 个，其中坐标点 458 个，重力检查点 23 个，基点 20 个；磁力物理点 517 个，其中坐标点 458 个，磁力垂直梯度点 36 个，检查点 23 个，磁力日变站 5 个以上。

为了验证勘探方案的可行性，我们建立了模型，对重、磁、电在该地区的实用性进行了研究。

A. 重力模型 1

裂谷顶面埋深 6000m，厚度 4000m，顶宽 10km，底宽 6km。

重力模型 1 正演结果：①当泥页岩与变质岩基底密度差达到 $0.1g/cm^3$ 时，重力异常可以达到 $5.7\times10^{-5}m/s^2$；②当泥页岩与变质岩基底密度差达到 $0.2g/cm^3$ 时，重力异常可以达到 $11.4\times10^{-5}m/s^2$。

B. 重力模型 2

裂谷顶面埋深 6000m，厚度 4000m，顶宽 5km，底宽 1km。

重力模型 2 正演结果：①当泥页岩与变质岩基底密度差达到 0. 1g/cm^{3}时，重力异常可以达到 3. 7×10^{-5}m/s^2；②当泥页岩与变质岩基底密度差达到 0. 2g/cm^{3}时，重力异常可以达到 7. 4×10^{-5}m/s^2。

从两个模型的正演结果来看，当泥页岩与变质基底的密度差达到 0. 1g/cm^3 时，即使是小模型（顶宽 5km，底宽 1km），也超过仪器的分辨率 10 倍。也就是说如果存在裂谷的话，应用重力勘探能够分辨。

C. 磁力模型正演研究

磁力模型参数为裂谷期火山岩顶面埋深 6000m，厚度 4000m，设计了三个模型，火山岩 A（宽 2km）、火山岩 B（宽 1km）、火山岩 C（宽 5km），正演结果如下所示。

（1）火山岩 A：当火山岩与变质岩基底磁化率差达到 500×10^{-5}SI 时，磁力异常幅度可以达到 6. 17nT；当火山岩与变质岩基底磁化率差达到 1000×10^{-5}SI 时，火山岩 A 磁力异常幅度可以达到 13. 02nT；当火山岩与变质岩基底磁化率差达到 2000×10^{-5}SI 时，火山岩 A 磁力异常幅度可以达到 16. 77nT。

（2）火山岩 B：当火山岩与变质岩基底磁化率差达到 500×10^{-5}SI 时，磁力异常幅度可以达到 2. 98nT；当火山岩与变质岩基底磁化率差达到 1000×10^{-5}SI 时，磁力异常幅度可以达到 6. 43nT；当火山岩与变质岩基底磁化率差达到 2000×10^{-5}SI 时；磁力异常幅度可以达到 13. 26nT。

（3）火山岩 C：当火山岩与变质岩基底磁化率差达到 500×10^{-5}SI 时，磁力异常幅度可以达到 13. 37nT；当火山岩与变质岩基底磁化率差达到 1000×10^{-5}SI 时，火山岩 A 磁力异常幅度可以达到 28. 80nT；当火山岩与变质岩基底磁化率差达到 2000×10^{-5}SI 时，火山岩 A 磁力异常幅度可以达到 58. 57nT。

从三个火山岩体的正演结果来看，当火山岩 A 与变质基底的磁化率差达到 1000×10^{-5}SI 时，当火山岩 B 与变质基底的磁化率差达到 2000×10^{-5}SI 时，当火山岩 C 与变质基底的磁化率差达到 500×10^{-5}SI 时，可以识别出火山岩引起的磁异常。

D. 电法模型正演研究

裂谷顶面埋深 6000m，厚度 4000m，顶宽 10km，底宽 6km。模型电阻率为 100 ~ 2000Ω · m，围岩电阻率为 20000Ω · m。通过反演得出的反演剖面可以知道，电法能够反映出裂谷。

2）勘探效果

为开展四川盆地深层结构与裂谷发育特征研究，2017 年 10 月 ~2018 年 1 月实测了川中重磁及 MT 大剖面，剖面位置见图 2. 51。完成了四川重磁及 MT 大剖面 418km 试验采集，处理剖面长度 486km。该剖面处理反演结果清楚揭示了在盆地深层存在三个大型裂谷发育区带（图 2. 52）。

三、重磁力资料精细处理解释

我国油气勘探已开展了大量 1 : 5 万高精度重磁力勘探工作，取得了不少高质量研究成果和较好勘探成效（刘云祥等，2023）。但是，由于重磁力异常的多解性以及误差、干

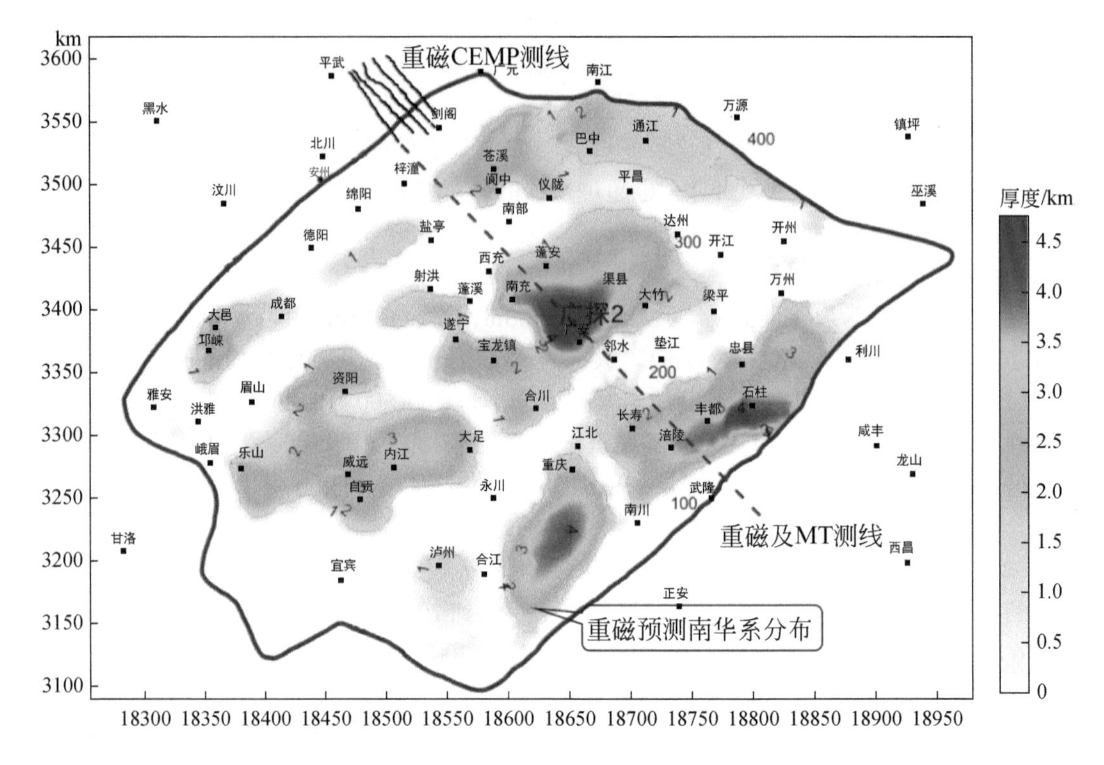

图 2.51　川中地区重磁电剖面位置示意图

扰等因素，在重磁力资料的实际处理工作中，往往存在较多使用平滑滤波等的习惯，以及重磁力资料解释“宜粗不宜细”的观念，使得精细处理解释变得困难。精细处理涉及深层目标勘探和重磁力弱信号提取（刘云祥，2007），需要处理方法创新和系统细致的技术流程，精细处理使得目标重磁力异常特征细节清晰，为解释提供更加准确的依据。

（一）重磁力精细处理解释技术

重力异常精细处理技术流程如图 2.53 所示。

重磁力异常精细处理技术涉及预处理、数据处理、剥层处理各个环节，尤其是预处理和数据处理阶段问题较多。预处理阶段需要做好数据去噪、变密度改正、变磁化倾角化极等处理工作，数据处理阶段需要做好弱信号提取、特殊滤波等针对性处理工作。针对高精度重磁力资料，形成了如图 2.53 所示的精细处理技术流程（以重力数据处理为例），在实际工作中取得了较好的应用效果。

重磁力数据精细处理需要系统且完整的针对性技术流程以保障处理效果，同时也需要针对性的处理方法以弥补常规方法简单化、统一式滤波造成的不足。重磁力精细处理技术需要从数据去噪、网格化、特殊滤波、异常分离、异常剥离、精细化成图及图示等多方面提升，形成配套合力以保障精细解释的需要。

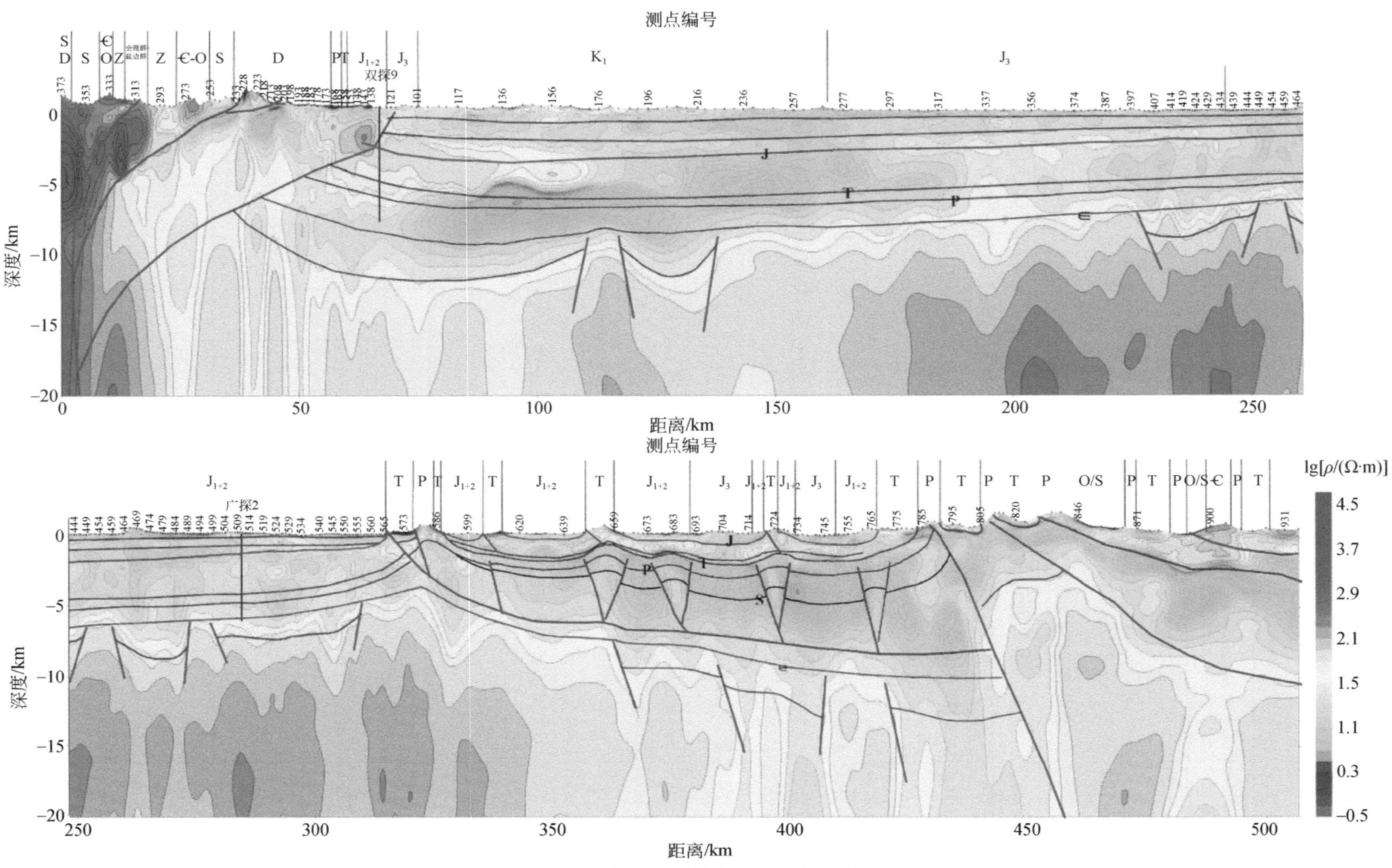

图 2.52　川中地区MT大剖面反演电阻率断面

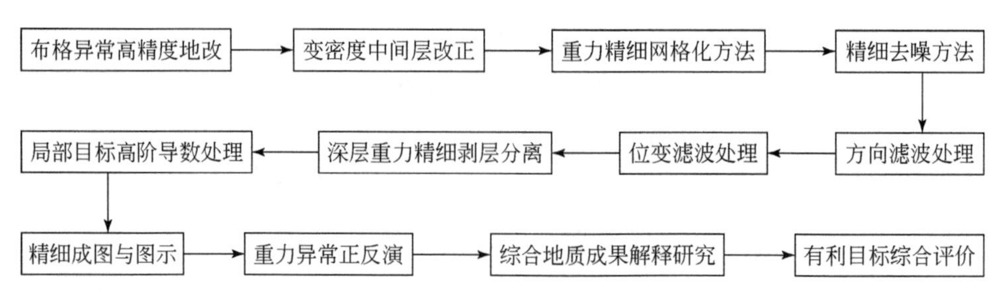

图 2.53　重力异常精细处理技术流程

1. 重磁力精细处理新技术

常规滤波、导数运算等处理方法在重磁力数据处理中发挥着重要作用，但是若不注重弱异常保护、不经意的圆滑滤波会损失重要的异常细节，造成地质解释的多解和解释结果的模糊性。目前，重力异常剥层已经形成广泛应用的局面，但是数据去噪、位变滤波、方向滤波等方法在某些地区重力数据处理中可能具有重要意义。

带阀门的方差统计迭代滤波去噪方法：带阀门的方差统计迭代滤波去噪方法是一种基于数据统计的迭代滤波方法，在不超过阀门控制限值时，保持数据值；异常干扰大的区域则由于方差大，启动去噪压制干扰的滤波阀门，并通过迭代方法逐次降低干扰数据的影响。该方法对于磁异常去噪具有重要作用。

2. 方向滤波新技术

空间域迭代补偿方向滤波方法以窗口内节点选择确定滤波方向和补偿滤波方向，以多次迭代优化方向滤波结果和分离背景场异常。以往采取 7×7 窗口，取得较好方向滤波效果，本次研究进一步改进算法，采取 9×9 窗口（图 2.54），方向性更强，选取新的滤波节点系数，如北北西向，方向滤波节点加权系数分别为（3，1，1，6，2，2，12，2，2，6，1，1，3）/42，而背景场方向滤波节点加权系数则分别为（1，1，1，1，1，1，1，1，1，1，1，1，1）/13，方向滤波效果更突出。

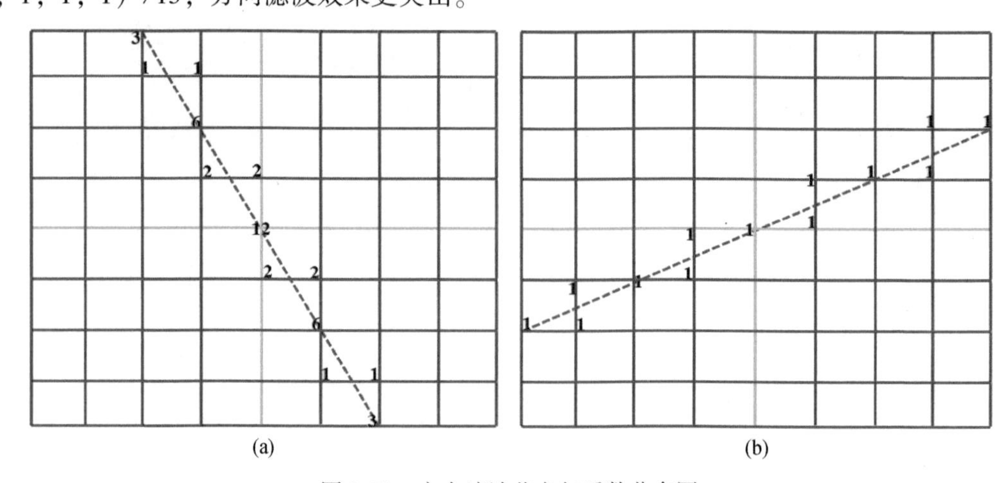

图 2.54　方向滤波节点与系数分布图

（a）北北西向滤波节点与系数；（b）北东东方向补偿滤波节点与系数

(二) 应用及效果

1. M 地区重力数据处理

图 2.55 (a) 是 M 地区重力异常原始数据成图 (等值线间距为 0.050μGal)，原始数据含有观测误差、近地表重力干扰，重力异常特征受到影响。图 2.55 (b) 是常规圆滑滤波重力异常成图结果 (等值线间距为 0.100μGal)，其保留了图 2.55 (a) 中的宏观异常规律，但重力异常细节被忽略。图 2.55 (c) 是精细重力处理技术针对性处理结果，重力异常成图等值线间距为 0.025μGal，重力异常特征清晰，异常细节丰富且规律性很强，为重力资料解释提供了可靠依据和准确异常边界。

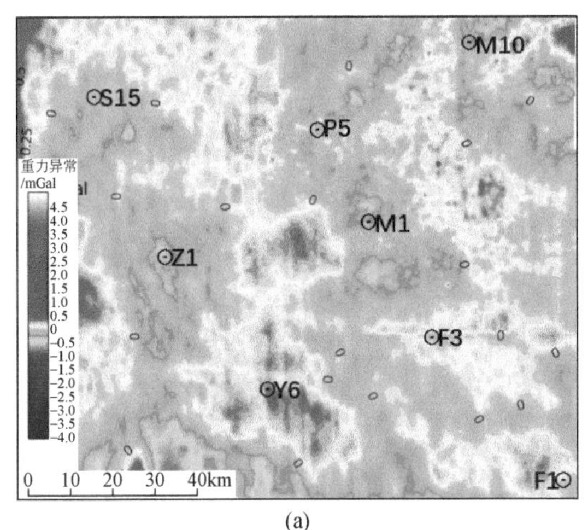

(a)

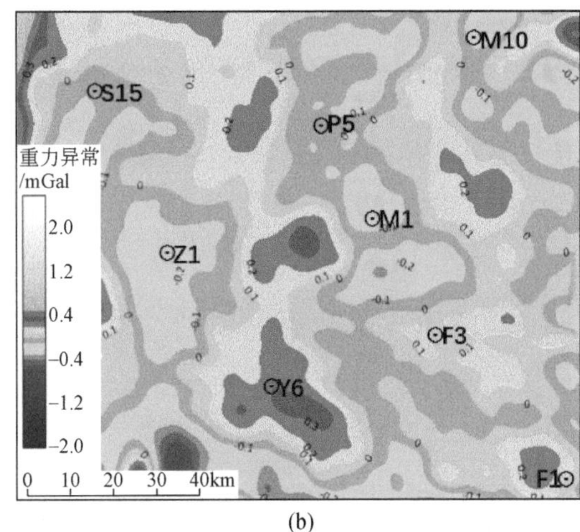

(b)

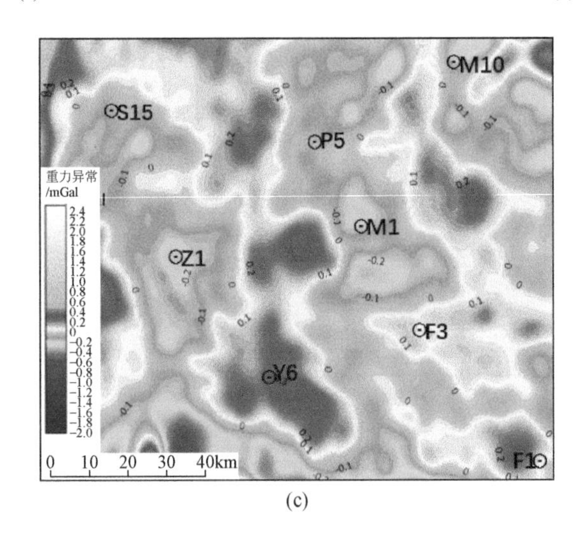

(c)

图 2.55　M 地区重力异常处理对比

(a) 实测数据异常图; (b) 常规处理重力异常图; (c) 精细处理重力异常图

2. GL 地区重力数据处理

图 2. 56 为 GL 地区重力异常的方向滤波处理效果图，图 2. 56（a）是该区的布格重力异常图，它受北东向、南北向等多组构造的影响，其中，北东向重力异常低带与白垩系断陷分布有关，而南北向构造则与更早的上古生界分布有关。图 2. 56（b）是新的方向滤波技术处理结果，它比较彻底地消除了北东向重力异常的叠加影响，清晰地展现了该区南北向及北西向重力异常的分布特征，为上古生界构造解释提供了重要依据。而图 2. 56（c）是常规处理异常分离结果，上延处理部分地压制了北东向重力异常特征，但没能消除北东向异常的影响，同时南北向重力异常特征不清晰，受到北东向的干扰，上延平滑作用也损害了南北向重力异常的细节特征。

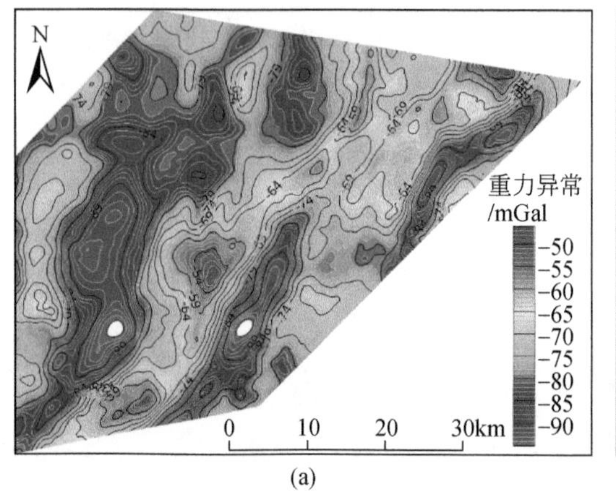

(a)

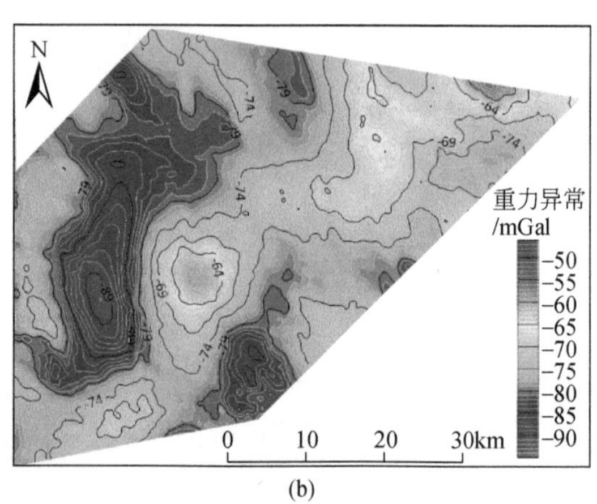

(b)

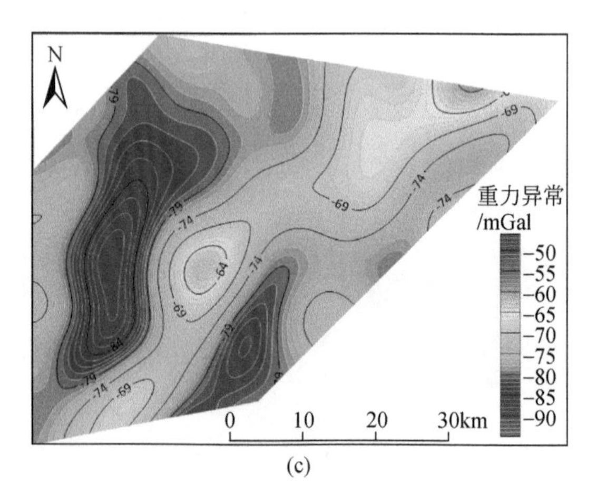

(c)

图 2. 56　GL 地区重力异常方向滤波处理效果图

（a）实测数据异常；（b）精细处理重力异常；（c）常规处理重力异常

3. KM 地区磁力数据处理

KM 地区是准噶尔盆地重要的火山岩勘探目标区，石炭系油气前景好，高精度重磁力勘探资料在火山岩目标优选阶段发挥了重要作用。随着研究的深入，需要精细刻画火山岩特征及储层分布，常规重磁力处理方法处理结果无法获得弱信号异常，弱异常信息受到噪声干扰严重，无法提供有意义的解释信息［图2.57（b）］。图2.57（a）是磁异常精细处理结果，是对图2.57（b）磁力二次导数剩余异常进行南北向补偿方向滤波后获得的二次导数剩余异常；图2.57（b）中存在明显的南北向高低相间的异常干扰，这主要是由于磁测资料南北向测线间误差造成的噪声干扰，经补偿方向滤波后获得的图2.57（a）则较好地消除了南北向噪声干扰影响，展现出有规律的北西西向磁异常条带特征，异常规律性较强，信噪比得到大幅度提高。

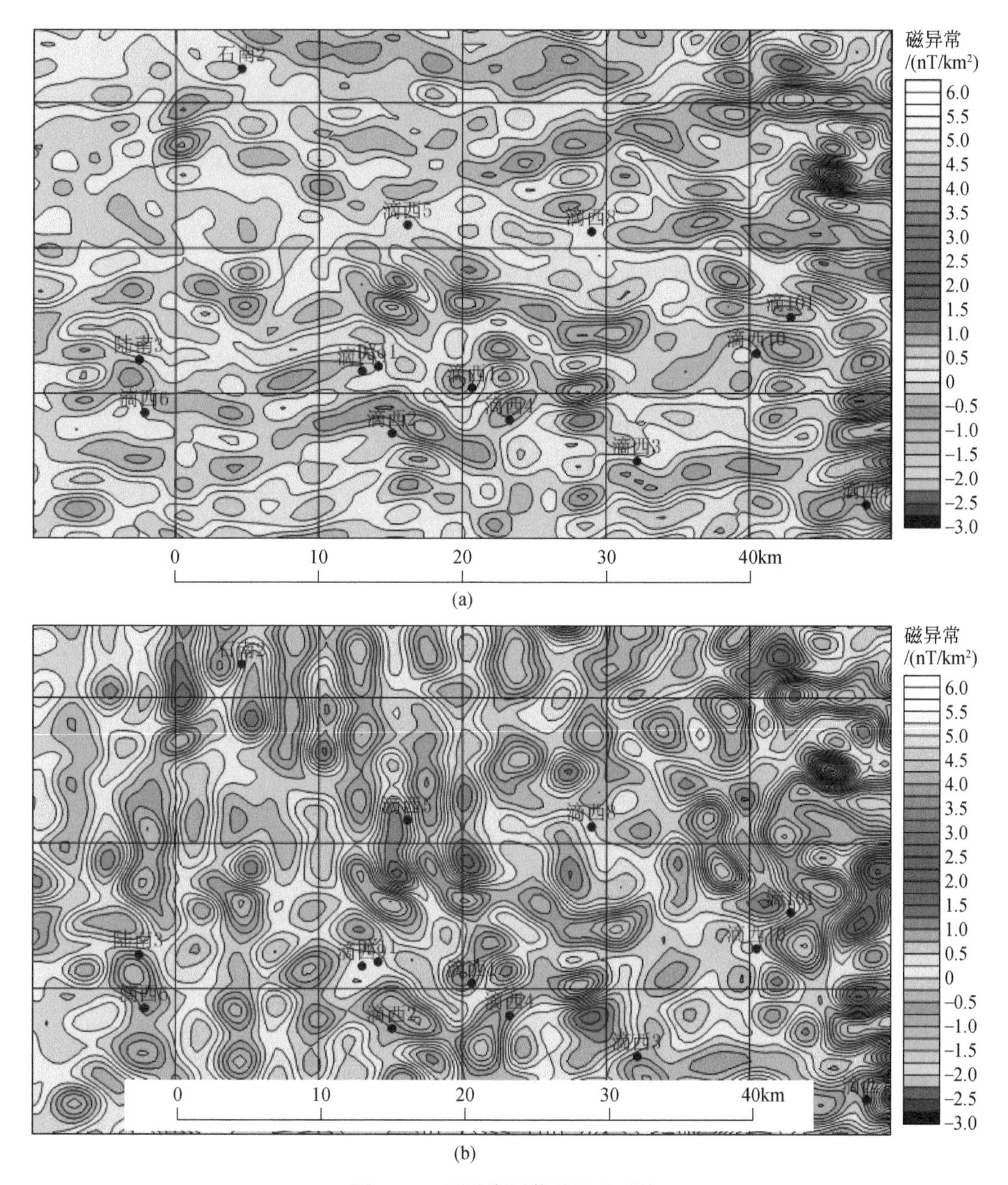

图2.57　磁异常弱信号处理对比

（a）滤波后；（b）滤波前

图2.58是图2.57（a）二次导数剩余异常与石炭系断裂及气藏分布范围的叠合图，可见，北西西向火山岩磁异常与石炭系断裂分布有较强的相关关系，北西西向断裂控制了火山活动及火山岩分布，北西西向断裂及次级断层对火山岩储层改造及油气成藏有主要意义。弱磁异常信息显示，区内可能存在北东向调节断层发育，调节断层的存在可能对储层东西分段具有重要影响。

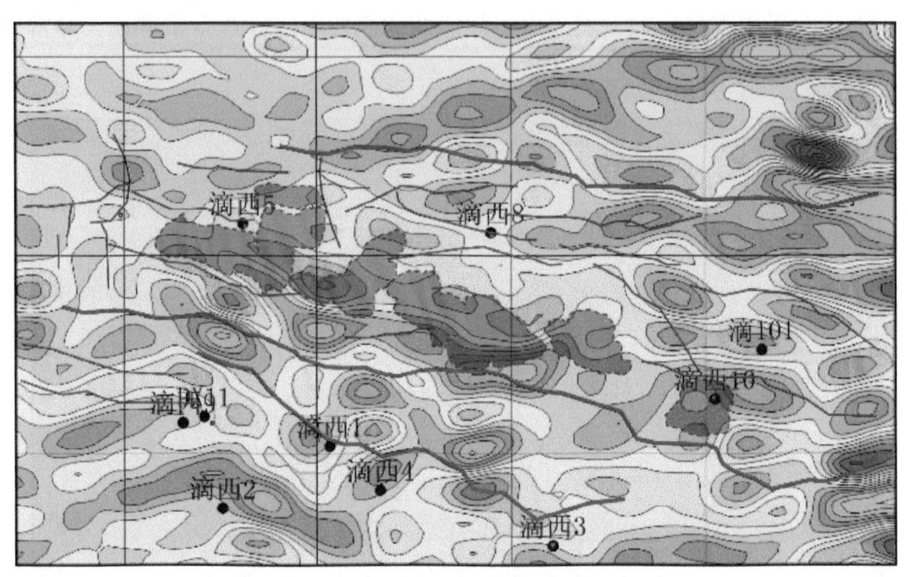

图2.58　火山岩气藏分布与磁力弱异常叠合图

重磁力精细处理需要系统配套的处理技术支撑，需要执行重磁力精细处理技术流程以保障处理效果。精细处理往往需要特殊处理方法，方差统计去噪、位变滤波、方向滤波、高精度重力剥层技术等在重磁力数据精细处理中具有重要作用。重磁力精细处理为地质解释提供了更加清晰的重磁力异常细节特征，更丰富的异常信息，对地质推断的可靠性和提高解释精度是十分有益的。

参 考 文 献

何展翔，胡祖志，王志刚，等.2020. 时频电磁（TFEM）技术：数据联合约束反演［J］. 石油地球物理勘探，55（4）：898-905.

刘云祥.2017. 迭代补偿方向滤波方法及应用［C］. 北京：2017年中国地球科学联合学术年会（CGU2017）.

刘云祥，徐晓芳.2008. 三维重磁技术研究与应用［C］. 杭州：2008年重磁数据处理解释应用研讨会.

刘云祥，何展翔，张碧涛，等.2006. 识别火成岩岩性的综合物探技术［J］. 勘探地球物理进展，29（2）：115-118.

刘云祥，司华陆，乔海燕，等.2023. 中国油气重磁勘探技术进步与展望［J］. 物探与化探，47（3）：563-574.

王志刚，何展翔，覃荆城，等.2016. 时频电磁技术的新进展及应用效果［J］. 石油地球物理勘探，51（增刊）：144-151.

徐礼贵，胡祖志.2021. 超深层重磁电震勘探技术研究［J］. 科技成果管理与研究，16（3）：68-69.

第三章　大吨位低频可控震源广角地震采集技术

第一节　广角地震采集技术

目前广角反射地震波分析主要基于射线与策普里兹（Zoeppritz）方程相结合的模拟方法，不能满足超深层条件下复杂地震波场特征分析与采集方案设计需求，因此需要建立广角反射波动理论，研发基于波动方程的广角反射波正演模拟技术，明确广角反射波传播特征与影响因素，为超深层广角地震采集方法研究与方案设计提供理论基础与试验数据。

一、广角反射波动理论

（一）概述

我国地质构造复杂，一些地区由于浅部存在高速屏蔽层，严重阻碍了地震波向深部传播，而且很多深部地层波阻抗小，造成深部地层反射波能量很弱，这些原因都会造成深层、超深层目标区成像困难。

为了解决高速层能量屏蔽问题，国内外很多专家学者在多个方面进行了研究。从20世纪90年代开始，我国在广角地震方面的工作有了较大的进展。针对我国南方复杂地区高速层屏蔽问题，孙建国（2000）在总结国内外方法技术的基础上，提出可以利用广角地震技术进行高波阻抗界面下的油气勘探。王志等（2003）根据高速屏蔽层的特点从反射系数的角度讨论了广角反射波场的基本特征。白志明和王椿镛（2004）通过广角地震所有震相走时数据同时反演地下速度和界面信息等。

专家学者对大量野外实际资料分析及理论研究发现，获取广角反射波应满足以下两个条件：①入射角应该大于临界角（图3.1），炮检距大于目的层埋深一半以上；②炮检距的大小应大于折射盲区。

广角反射波具有三个显著特点：第一是能量较非广角反射波强；第二是一般出现在直达波以外，炮检距很大，但仍为双曲线同相轴的一部分；第三是频率较非广角反射波低。

根据目前研究成果，广角地震在解决模糊成像区成像方面主要有三种做法：一是利用折射，以取得高速屏蔽层顶面和基底的构造形态及基底的速度；二是利用广角反射，以避开近偏移距上的各种难以避免的干扰，提高成像质量，使得常规方法成像模糊区变得更清晰；三是利用高速层中的转换波对高速屏蔽层之下的低速层成像。或是综合上述中的两或三方面，充分利用各种数据，以提高成像质量（胡中平等，2004）。

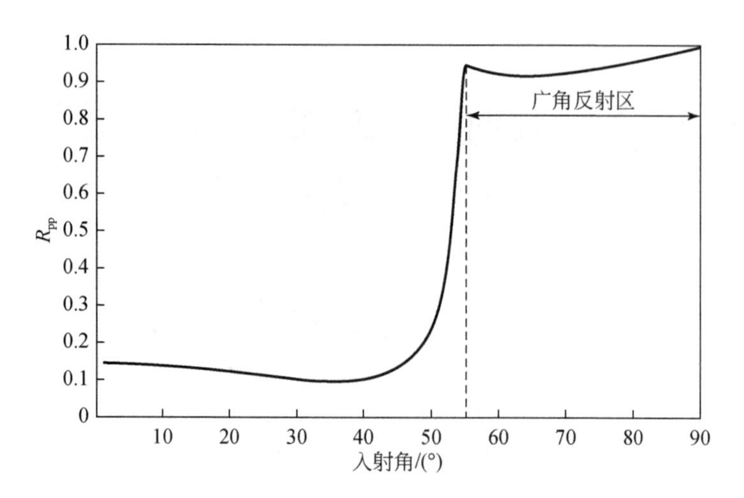

图 3.1　广角反射波范围示意图

R_{pp}为 P 波入射、P 波反射的反射系数

（二）地震波反射与透射

如图 3.2 所示，入射纵波到达某一岩性分界面，产生了反射纵波和透射纵波，同时发生波型转换，产生了反射横波和透射横波，根据斯涅尔（Snell）定律可知，入射角、反射角和透射角之间的关系如下：

$$\frac{\sin\alpha}{v_{p1}}=\frac{\sin\alpha_1}{v_{p1}}=\frac{\sin\alpha_2}{v_{p2}}=\frac{\sin\beta_1}{v_{s1}}=\frac{\sin\beta_2}{v_{s2}} \tag{3.1}$$

式中，α 为 P 波入射角；α_1为 P 波反射角；α_2为 P 波透射角；β_1为 S 波反射角；β_2为 S 波透射角；$\boldsymbol{v}_{p1}$为入射纵波速度、反射纵波速度；$\boldsymbol{v}_{p2}$为透射纵波速度；$\boldsymbol{v}_{s1}$为反射横波速度；$\boldsymbol{v}_{s2}$为透射横波速度。

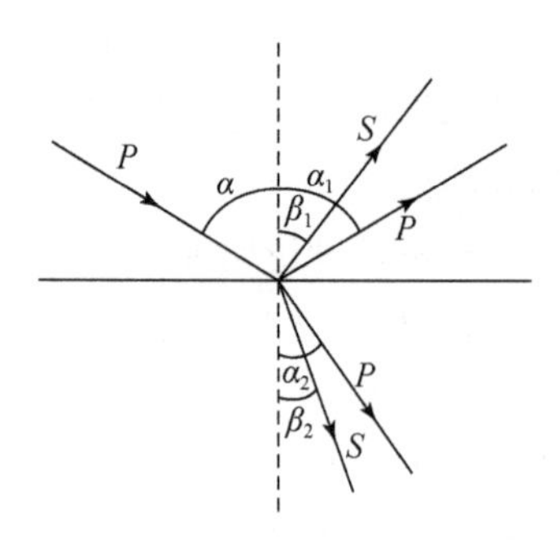

图 3.2　P 波入射时的反射和透射

当纵波入射到图 3.2 所示的半无限岩性介质分界面时，会产生四种不同类型的波，它们分别是反射纵波、透射纵波、反射横波和透射横波（孙成禹等，2007）。其中，纵波和横波的反射、透射位移系数可用 Zoeppritz 方程表示：

$$\begin{bmatrix} \sin\alpha_1 & \cos\beta_1 & -\sin\alpha_2 & \cos\beta_2 \\ \cos\alpha_1 & -\sin\beta_1 & \cos\alpha_2 & \sin\beta_2 \\ \sin2\alpha_1 & \dfrac{V_{p1}^2}{V_{s2}^2}\cos2\beta_1 & \dfrac{V_{p1}V_{s2}^2\rho_2}{V_{p2}V_{s1}^2\rho_1}\sin\alpha_2 & \dfrac{V_{p1}V_{s2}\rho_2}{V_{s1}^2\rho_1}\cos2\beta_2 \\ -\cos2\beta_1 & \sin2\beta_1 & \dfrac{\rho_2 V_{p2}}{\rho_1 V_{p1}}\cos2\beta_2 & \dfrac{\rho_2 V_{s2}}{\rho_1 V_{p1}}\cos2\beta_2 \end{bmatrix} \begin{bmatrix} R_{pp} \\ R_{ps} \\ T_{pp} \\ T_{ps} \end{bmatrix} = \begin{bmatrix} -\sin\alpha_1 \\ \cos\alpha_1 \\ \sin2\alpha_1 \\ \cos2\beta_1 \end{bmatrix} \quad (3.2)$$

式中，α_1、α_2、β_1、β_2 分别为纵波反射角、纵波透射角、横波反射角、横波透射角；ρ_1、ρ_2、V_{p1}、V_{p2}、V_{s1}、V_{s2}分别为上下层密度、纵波速度和横波速度；R_{pp}、R_{ps}、T_{pp}、T_{ps}分别为纵波反射位移系数、横波反射位移系数、纵波透射位移系数、横波透射位移系数。

为研究不同岩性分界面上地震波的反射、透射问题，构建了不同的界面模型（图 3.3），计算 P 波入射情况下不同分界面上的反射位移系数。从图 3.4 可以看出，L1 和 L3 界面的波阻抗小，P 波反射系数先是随着入射角增大而降低，在临界角附近，反射系数急剧增大，发生全反射现象；而 L2 界面，由于波阻抗差很大，反射系数变化规律变复杂，而且在第一个临界角以内，反射系数值比 L1 和 L3 界面的反射系数要大很多。由于高速层的存在，只有少部分地震波能量透射下去，造成能量屏蔽效应。从图 3.4 相位变化中可以看出，临界角以内，相位都为 0，没有发生变化，临界角以外，相位改变。从图 3.5 可以看到，在临界角处，L1 和 L3 界面的 S 波反射系数均为 0，而 L2 界面 S 波反射系数更为复杂。

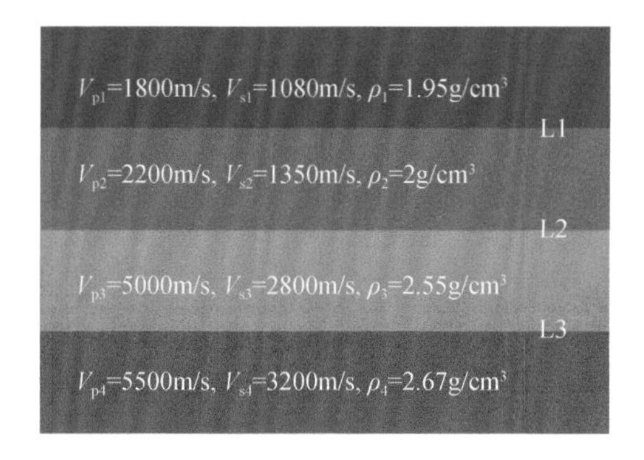

图 3.3　多层界面模型

（三）广角反射波正演及成像

为研究广角反射成像，我们建立了三套理论模型进行正演。

模型一：该模型（图 3.6）采用二维声波方程进行数值模拟计算，箭头标注的波理论上为弱反射界面的广角反射波，但根据地震波走时计算和波场快照发现（图 3.7），该标注的波其实是正演计算时模型底边界的边界反射，而不是弱反射界面的反射波。

模型二：对图 3.8 所示模型进行二维声波正演模拟，共模拟了 100 炮。对模拟记录做动校正处理和基尔霍夫（Kirchhoff）积分法叠前深度偏移处理以观察广角反射现象。图 3.9 为根据模型第一层界面计算 P 波入射时的反射系数和相位角变化曲线，图 3.10 为通过

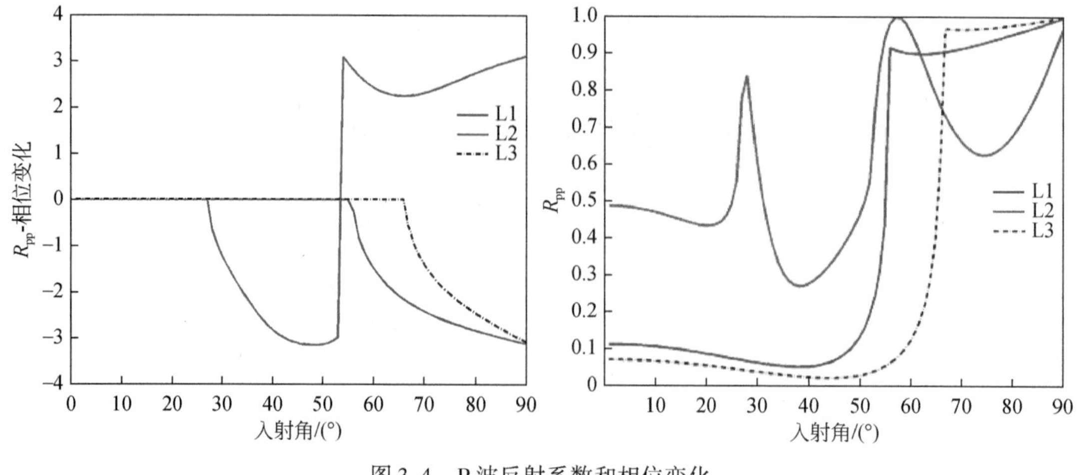

图 3.4　P 波反射系数和相位变化

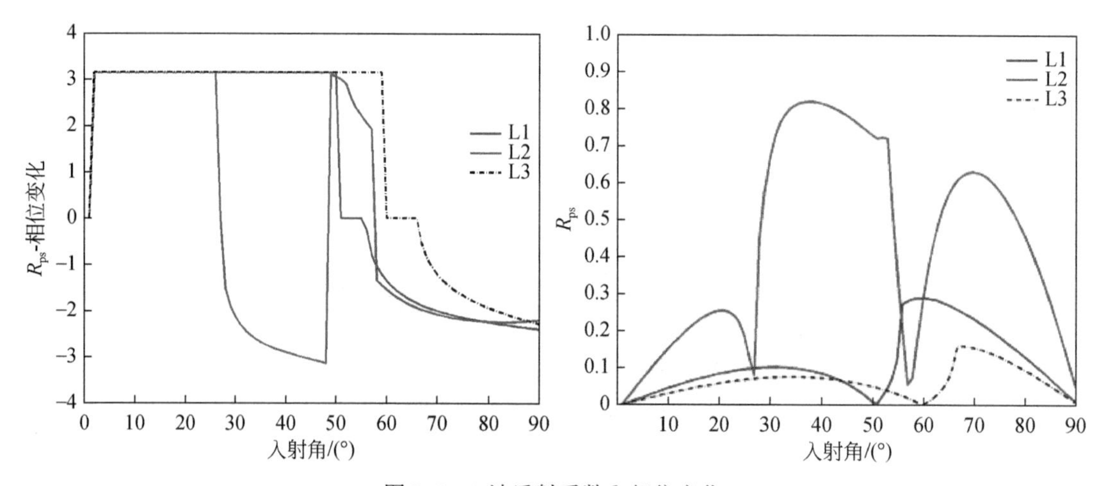

图 3.5　S 波反射系数和相位变化

Kichhoff 积分法叠前深度偏移对正演结果做的成像处理，共反射点（CRP）道集上同样可见明显的广角反射现象。

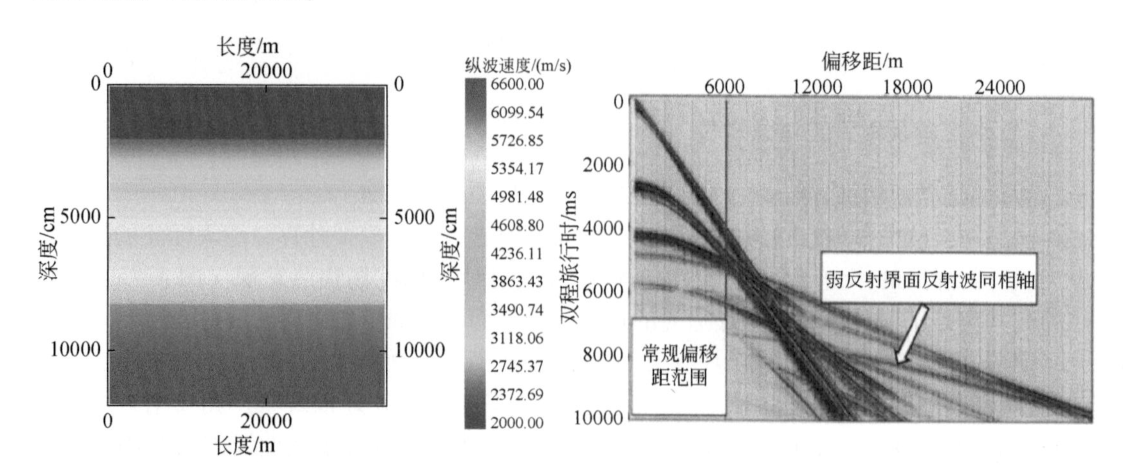

图 3.6　模型一及单炮记录

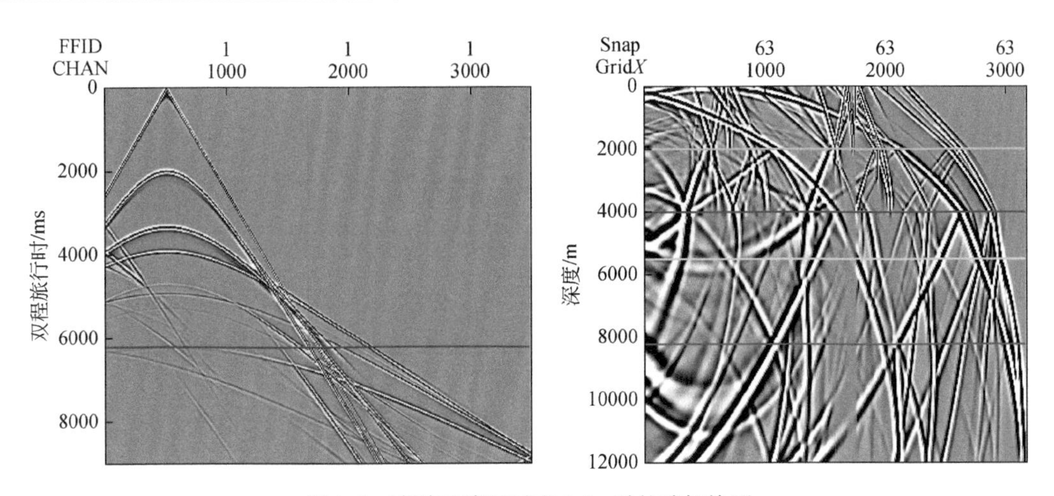

图 3.7　声波正演记录和 6.2s 时的波场快照

FFID 为野外文件号；CHAN 为通道号；Snap 为抓图号；Grid$X$ 为 x 方向的距离。余后含义相同，不再赘述

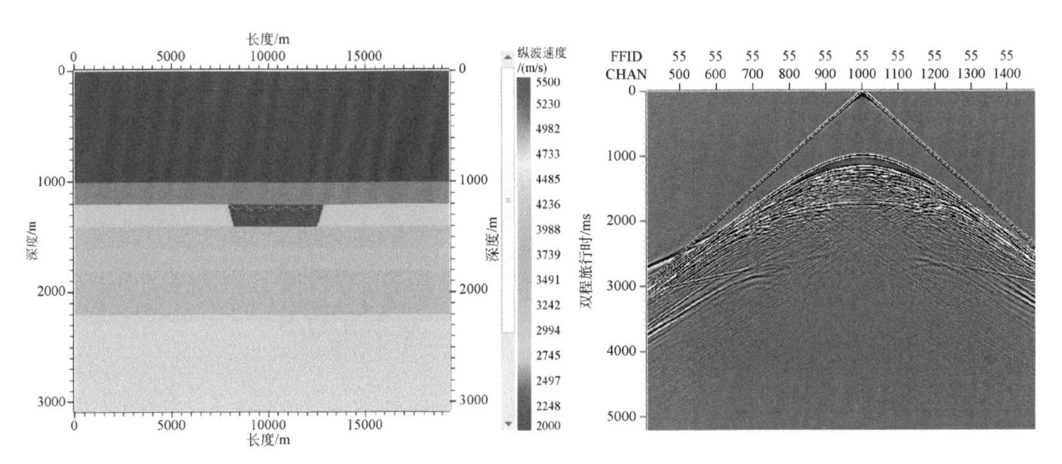

图 3.8　模型及正演单炮记录

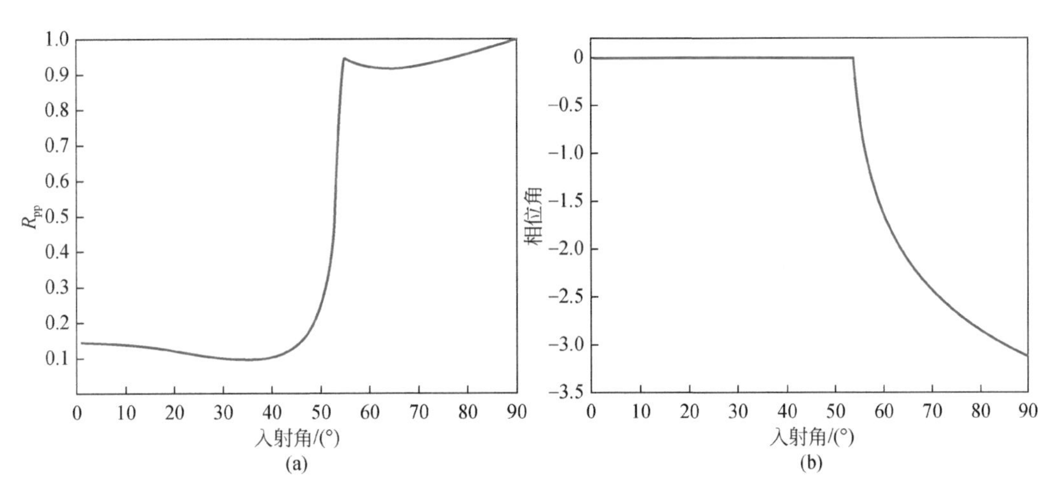

图 3.9　模型第一层 P 波反射系数和相位角变化

（a）P 波位移反射系数；（b）P 波相位角变化

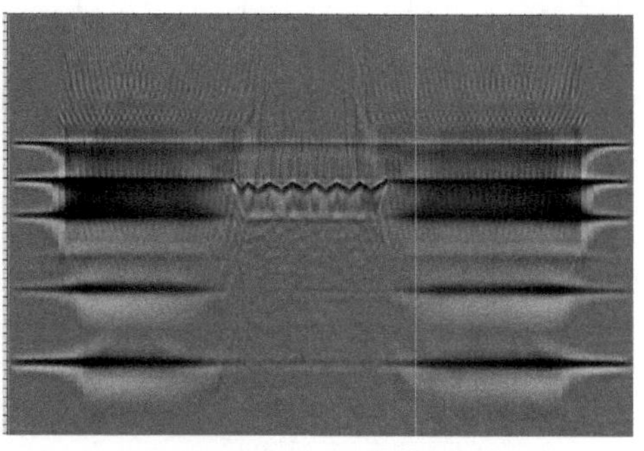

图 3.10　Kirchhoff 积分法叠前深度偏移 CRP 道集（左）及深度偏移剖面（右）

模型三：为一组三个简单的单一水平界面模型（图 3.11），参数如表 3.1 所示，对这三个模型分别进行二维声波正演和偏移成像。选取 Kirchhoff 积分叠前深度偏移处理后的模型正中间的 CRP 道集做分析，如图 3.12 所示。三个模型的 CRP 道集中的振幅和相位变化等广角反射现象很清晰，临界反射点与理论计算值一致（表 3.1）。图 3.13 是模型 b 的偏移后的分偏移距的叠加结果，可见振幅、相位、频率特征随偏移距变化规律。

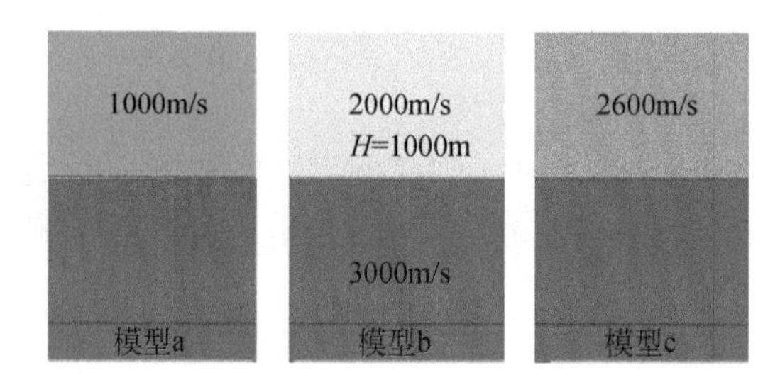

图 3.11　单一水平界面模型

表 3.1　模型相关参数表

参数	模型 a	模型 b	模型 c
临界角/（°）	19.5	41.80	60
临界角对应的炮检距/m	728	1680	3464

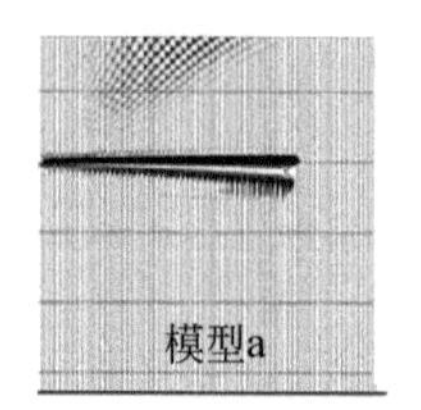

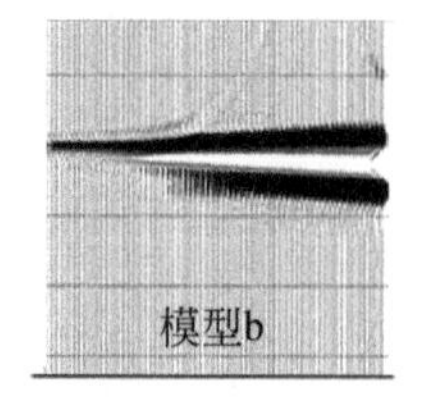

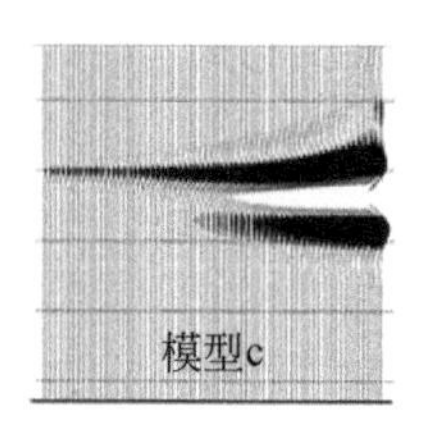

图 3.12　三个模型深度偏移后的 CRP 道集（单位：100m/道）

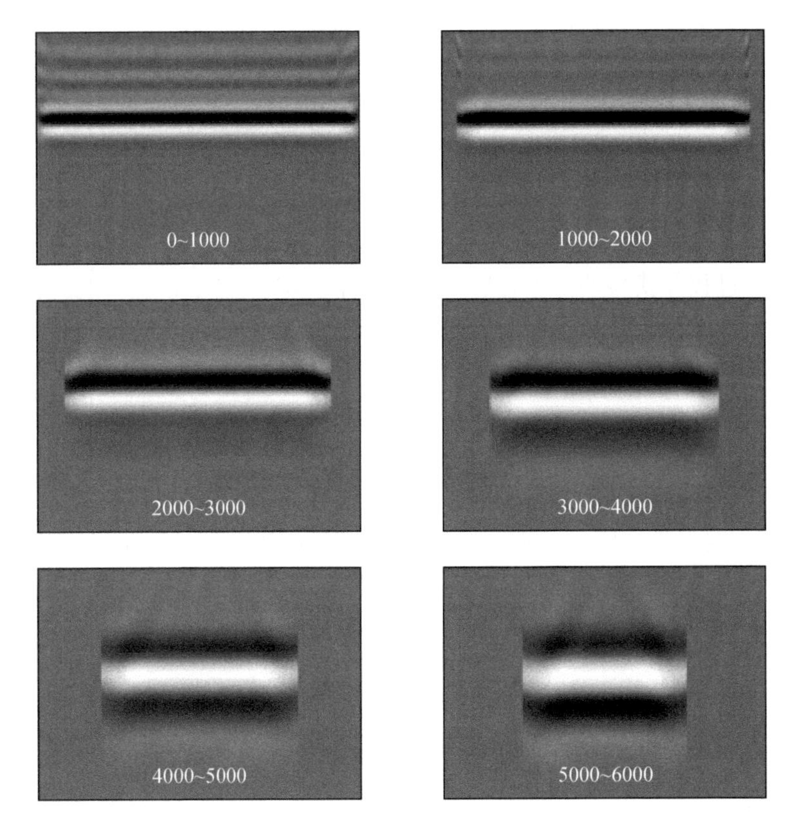

图 3.13　模型 b 分偏移距偏移剖面（单位：m）

二、反射率法弹性波正演模拟

（一）算法原理

传统的基于传播矩阵位移法处理临界角问题时，由于解复数方程组时不稳定，造成临界角以后的反射信息发生紊乱，Phinney 采用矢量化方式优化算法，对传播矩阵位移法进行改进，在进一步提高算法效率的同时，可以处理临界角以外的反射，解决了广角问题。

目前已经明确了基于反射率法求解弹性波动方程过临界角计算不稳定的原因，提出了采用矢量化方式优化算法对传播矩阵位移法进行改进方案。

假设地下介质为水平层状，且对各层界面自上而下编号为 0 到 n。因此可利用一个包含 6 个元素的向量 V 来递归计算介质在频率慢度域的总反射系数 $R(\omega,\ p)$，其中 V 可以表示为

$$V_n=[\Delta - R_{sp}\Delta - R_{ss}\Delta \quad R_{pp}\Delta \quad R_{ps}\Delta \,|R|\Delta]^{\mathrm{T}} \tag{3.3}$$

式中，V_n 为介质第 n 层界面以下的总体反射响应；R 为反射系数，R 的第一个下角标是入射波类型，第二个下角标是反射波类型；Δ 为缩放因子，通常取常数 1；$|R|$ 为反射系数的行列式且没有明确的物理意义。

由于介质底界面以下是弹性半空间，在底界面处只有透射而没有反射，所以第 n 层以下所有的响应 V_n 可以表示为

$$V_n=[1\quad 0\quad 0\quad 0\quad 0\quad 0]^{\mathrm{T}} \tag{3.4}$$

引入一个传递矩阵 Q_n 来逐层向上递归：

$$\begin{aligned} V_n &= Q_n V_{n+1} \\ Q_n &= T_n^{+} E_n T_n^{-} \end{aligned} \tag{3.5}$$

为简化求导过程并获得动校正之后的角度道集，本书重写了 Q_n 的表达式，用 E_n、T_n^{+} 和 T_n^{-} 来表示 Q_n。其中矩阵 E_n 表达了地震波经过第 n 层介质时其相位的变化，T_n^{+} 和 T_n^{-} 表述了第 n 层介质对地震波振幅的影响。传递算子 Q_n 可表示为

$$Q_n=E_nF_n \tag{3.6}$$

其中矩阵 E_n 描述了地震波经过第 n 层界面时地震波相位的改变，可表示为

$$E_n=\mathrm{diag}[\mathrm{e}^{-\mathrm{i}\omega\Delta h(q_p+q_s)}\quad 1\quad \mathrm{e}^{-\mathrm{i}\omega\Delta h(q_p-q_s)}\quad \mathrm{e}^{\mathrm{i}\omega\Delta h(q_p-q_s)}\quad 1\quad \mathrm{e}^{\mathrm{i}\omega\Delta h(q_p+q_s)}] \tag{3.7}$$

式中，Δh 为第 n 层介质厚度；$q_p=\sqrt{1/\alpha^2-p^2}$ 和 $q_s=\sqrt{1/\beta^2-p^2}$ 分别为第 n 层纵波和横波的垂直慢度；$p=\dfrac{\sin\theta}{\alpha}$为水平慢度；$\alpha$ 为纵波速度；β 为横波速度。

矩阵 F_n 描述了地震波经过第 n 层和第 $n+1$ 层之间的界面时振幅的变化，可表示为

$$F_n=T_n^{+}T_n^{-} \tag{3.8}$$

其中矩阵 F_n、T_{n+1}^{+} 和 T_n^{-} 都是 6×6 的矩阵，矩阵 T_{n+1}^{+} 包含了以下 16 个独立的向量：

$$t_{11}=-(p^2+q_pq_s)/\mu=t_{16},t_{12}=-2pq_p/\mu,t_{13}=-(p^2-q_pq_s)/\mu=-t_{14},t_{15}=-2pq_s/\mu$$

$$t_{21}=iq_s/\beta^2=-t_{23}=-t_{24}=-t_{26}$$

$$t_{31}=-ip(\Gamma+2q_pq_s)=t_{36}=t_{41}=t_{46},t_{32}=-4ip^2q_p$$

$$t_{33}=-ip(\Gamma-2q_pq_s)=t_{43}=-t_{34}=-t_{44},t_{35}=-2i\Gamma q_s$$

$$t_{42}=-2i\Gamma q_p,t_{45}=-4ip^2q_s$$

$$t_{51}=-iq_p/\beta^2=t_{53}=t_{54}=-t_{56}$$

$$t_{61}=-\mu(\Gamma^2+4p^2q_pq_s)=t_{66},t_{62}=-4\mu\Gamma pq_p,t_{63}=-\mu(\Gamma^2-4p^2q_pq_s)=-t_{64}$$

$$t_{65}=-4\mu\Gamma pq_s$$

$$t_{22}=t_{25}=t_{55}=t_{52}=0$$

其中，

$$\Gamma=2p^2-1/\beta^2,\mu=\rho\beta^2$$

$$q_p=\sqrt{1/\alpha^2-p^2},q_s=\sqrt{1/\beta^2-p^2},p=\sin\theta/\alpha。$$

矩阵 T_n^{-} 包含 16 个独立的向量，可以表示为

$$T_n^{-}=\begin{bmatrix} t_{61} & t_{51} & t_{31} & t_{31} & t_{21} & t_{11} \\ -t_{65} & 0 & -t_{45} & -t_{35} & 0 & -t_{15} \\ -t_{63} & -t_{51} & -t_{33} & -t_{33} & t_{12} & -t_{13} \\ t_{63} & -t_{51} & t_{33} & t_{33} & t_{21} & t_{13} \\ -t_{62} & 0 & -t_{42} & -t_{32} & 0 & -t_{12} \\ t_{61} & -t_{51} & t_{31} & t_{31} & -t_{21} & t_{11} \end{bmatrix} \tag{3.9}$$

然而，一般的 AVO 分析通常是基于动校以后的道集进行的，所以：

$$E_n = \mathrm{diag}[\, \mathrm{e}^{-\mathrm{i}\omega\Delta h(1/\alpha+1/\beta)} \quad 1 \quad \mathrm{e}^{-\mathrm{i}\omega\Delta h(1/\alpha-1/\beta)} \quad \mathrm{e}^{\mathrm{i}\omega\Delta h(1/\alpha-1/\beta)} \quad 1 \quad \mathrm{e}^{\mathrm{i}\omega\Delta h(1/\alpha+1/\beta)}\,] \tag{3.10}$$

本书还将 F_n 重写为 $F_n = T_n^+ T_n^-$，且 $Q_n = T_n^+ E_n T_n^-$。虽然 Q_n 的表达形式有所不同，但通过递归计算仍然能获得相同的 v_0（图 3.14）。

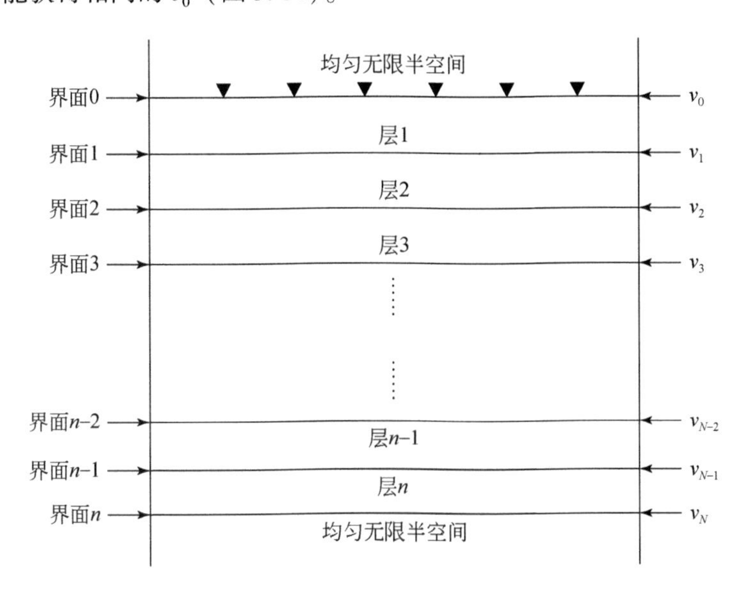

图 3.14　n 层水平层状介质模型

从介质底界面的响应 v_n 开始，利用式（3.10）逐步向上递推，就能获得顶界面以下的总体响应 v_0：

$$v_0 = Q_0 Q_1 \cdots Q_{n-1} v_n \tag{3.11}$$

根据式（3.3）中 V 的形式，可由 v_0 计算 PP 波和 PS 波在频率–波数域的总反射率：

$$R_{\mathrm{pp}}(\omega,p) = \frac{v_0(4)}{v_0(1)}, R_{\mathrm{ps}}(\omega,p) = \frac{v_0(5)}{v_0(1)} \tag{3.12}$$

在求得 $R(\omega, p)$ 后，分别对其进行慢度积分、频率积分，然后再褶积上地震子波就可计算时空域的地震记录，可表示为如下形式：

$$G(t,x) = \frac{1}{2\pi}\int_{-\infty}^{\infty} S(\omega)\mathrm{e}^{\mathrm{i}wt}\mathrm{d}\omega \int_{-\infty}^{\infty} \omega^2 p R(\omega,p) J_0(wpx)\,\mathrm{d}p \tag{3.13}$$

式中，$S(\omega)$ 为频率域的地震子波；$J_0(wpx)$ 为贝赛尔函数；$R(\omega,p)$ 为频率慢度域的总反射系数；p 为水平慢度；ω 为角频率。

实践证明，积分所需的时间会随着采样数的增加而呈指数增长。为了减少计算耗时，本书直接对 $R(\omega, p)$ 进行频率域积分，获得 τ–p 域的合成地震：

$$G(t,p) = \frac{1}{2\pi}\int_{-\infty}^{\infty} S(\omega) R(\omega,p)\mathrm{e}^{\mathrm{i}wt}\mathrm{d}\omega \tag{3.14}$$

（二）正演实例

图 3.15 为纵波速度模型，介质泊松比为 0.25，从模拟角道集上可以看到，新的反射

率法并没有实现临界角之外的正确模拟（图 3. 16），而临界角之内的模拟结果（图 3. 17）除了界面一次反射波之外，还存在很多的干扰波。

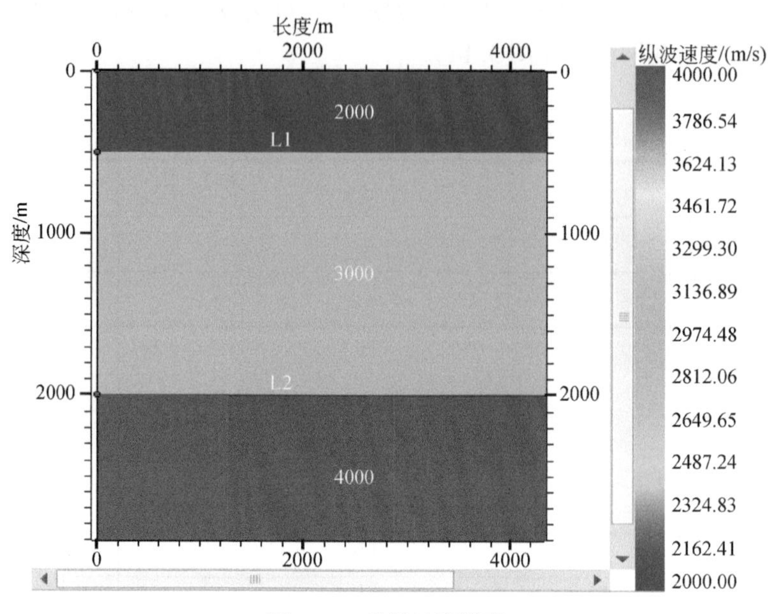

图 3. 15　纵波速度模型

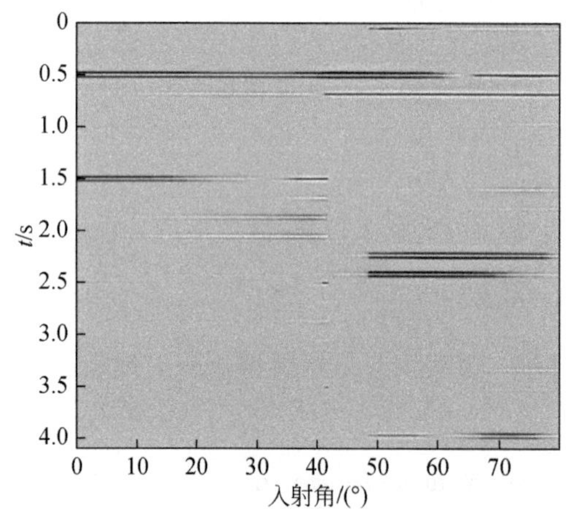

图 3. 16　角道集垂直分量-含临界角

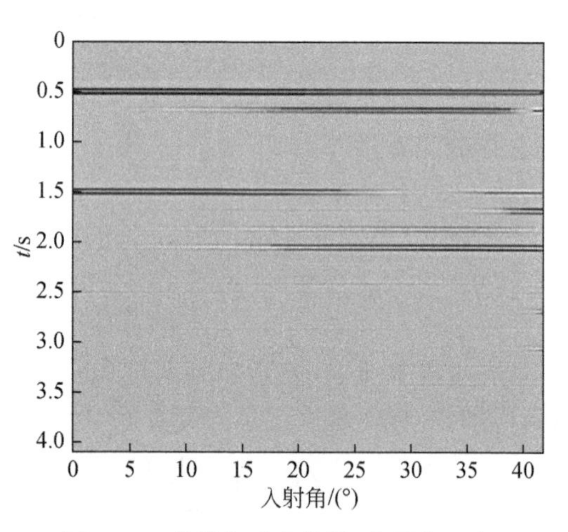

图 3. 17　角道集垂直分量-临界角以内

三、二维解耦弹性波方程正演模拟

（一）算法原理

马德堂和朱光明（2003）通过直接引入 P 波波场变量和 S 波波场变量，给出了可实现 P 波和 S 波分解的等价方程，可以同时得到混合波场和完全分离的 P 波和 S 波波场。对于二维各向同性介质：

$$
\begin{cases}
\rho \dfrac{\partial v_x}{\partial t}=\dfrac{\partial \sigma_{xx}}{\partial x}+\dfrac{\partial \sigma_{xz}}{\partial z} & (1)\\
\rho \dfrac{\partial v_z}{\partial t}=\dfrac{\partial \sigma_{zz}}{\partial z}+\dfrac{\partial \sigma_{xz}}{\partial x} & (2)\\
\dfrac{\partial \sigma_{xx}}{\partial t}=(\lambda+2\mu)\dfrac{\partial v_x}{\partial x}+\lambda \dfrac{\partial v_z}{\partial z} & (3)\\
\dfrac{\partial \sigma_{zz}}{\partial t}=(\lambda+2\mu)\dfrac{\partial v_z}{\partial z}+\lambda \dfrac{\partial v_x}{\partial x} & (4)\\
\dfrac{\partial \sigma_{xz}}{\partial t}=\mu\left(\dfrac{\partial v_x}{\partial z}+\dfrac{\partial v_z}{\partial x}\right) & (5)
\end{cases}
\tag{3.15}
$$

式中，v_x 和 v_z 分别为质点振动速度的水平分量和垂直分量；σ_{xx}、σ_{zz}、σ_{xz} 为应力分量；ρ 为介质密度；λ 和 μ 为拉梅常数。

由于 $\lambda+2\mu=\rho v_p^2$，$\mu=\rho v_s^2$，则式（3.15）中的（3）式可改写为

$$
\frac{\partial \sigma_{xx}}{\partial t}=\rho v_p^2\left(\frac{\partial v_x}{\partial x}+\frac{\partial v_z}{\partial z}\right)-2\rho v_s^2\frac{\partial v_z}{\partial z}
$$

设 $\sigma_{xx}=\sigma p_{xx}+\sigma s_{xx}$，则有

$$
\begin{cases}
\dfrac{\partial \sigma p_{xx}}{\partial t}=\rho v_p^2\left(\dfrac{\partial v_x}{\partial x}+\dfrac{\partial v_z}{\partial z}\right)\\
\dfrac{\partial \sigma s_{xx}}{\partial t}=-2\rho v_s^2\dfrac{\partial v_z}{\partial z}
\end{cases}
\tag{3.16}
$$

同理可对式（3.15）中的（4）、（5）式进行改写，得到只与 P 波和 S 波有关的应力分量方程。

同样，设 $v_x=vp_x+vs_x$，则式（3.16）可改写为

$$
\frac{\partial vs_x}{\partial t}=\frac{\partial \sigma s_{xx}}{\partial x}+\frac{\partial \tau s_{xz}}{\partial z}
\tag{3.17}
$$

同理可对式（3.15）中的（2）式进行改写，得到只与 P 波和 S 波有关的速度分量方程（李振春等，2007）。

根据以上分解过程，可以得到 P 波和 S 波解耦的二维弹性波速度-应力方程为

$$
\begin{cases}
\rho \dfrac{\partial vp_x}{\partial t}=\dfrac{\partial \sigma p_{xx}}{\partial x}\\
\rho \dfrac{\partial vp_z}{\partial t}=\dfrac{\partial \sigma p_{zz}}{\partial z}\\
\dfrac{\partial vs_x}{\partial t}=\dfrac{\partial \sigma s_{xx}}{\partial x}+\dfrac{\partial \sigma s_{xz}}{\partial z}\\
\dfrac{\partial vs_z}{\partial t}=\dfrac{\partial \sigma s_{zz}}{\partial z}+\dfrac{\partial \sigma s_{xz}}{\partial x}\\
v_x=vp_x+vs_x\\
v_z=vp_z+vs_z
\end{cases}
\tag{3.18a}
$$

$$\begin{cases}\dfrac{\partial\sigma p_{xx}}{\partial t}=\rho v_p^2\left(\dfrac{\partial v_x}{\partial x}+\dfrac{\partial v_z}{\partial z}\right)\\ \dfrac{\partial\sigma p_{zz}}{\partial t}=\rho v_p^2\left(\dfrac{\partial v_x}{\partial x}+\dfrac{\partial v_z}{\partial z}\right)\\ \dfrac{\partial\sigma s_{xx}}{\partial t}=-2\rho v_s^2\dfrac{\partial v_z}{\partial z}\\ \dfrac{\partial\sigma s_{zz}}{\partial t}=-2\rho v_s^2\dfrac{\partial v_x}{\partial x}\\ \dfrac{\partial\sigma s_{xz}}{\partial t}=\rho v_s^2\left(\dfrac{\partial v_z}{\partial x}+\dfrac{\partial v_x}{\partial z}\right)\end{cases}\tag{3.18b}$$

（二）模拟实例

1. 水平层状模型

采用纵波速度模型（图 3.15）进行二维解耦弹性波正演模拟，模拟记录的垂直分量如图 3.18 所示，水平分量如图 3.19 所示，从模拟记录上可以看到，全波场记录包含 P 波和转换 S 波，在分离波场中，可以看到，P 波和转换 S 波实现了完全分离。

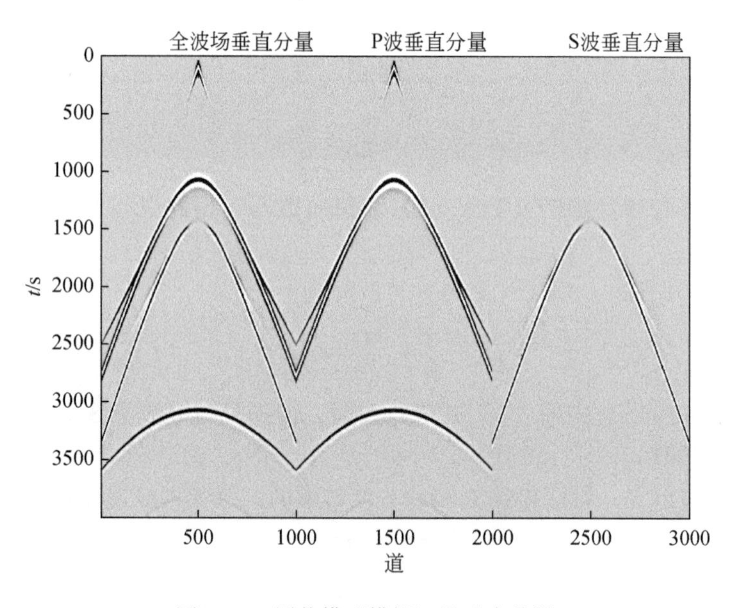

图 3.18　层状模型模拟记录垂直分量

2. Marmousi 模型

采用标准 Marmousi 模型进行二维解耦弹性波正演模拟垂直分量（图 3.20）与水平分量（图 3.21），炮点位置位于（5000，0）处，观测系统为 3000-0-10-0-3000，子波主频 25Hz，同时将模拟结果与国内知名商用软件进行对比。

如图 3.20、图 3.21 所示，二维解耦代码模拟效果需要进一步完善，波场垂直分量能量处理方法有待改进，特别是直达波传播能量处理；相对商业软件，其边界吸收处理具有

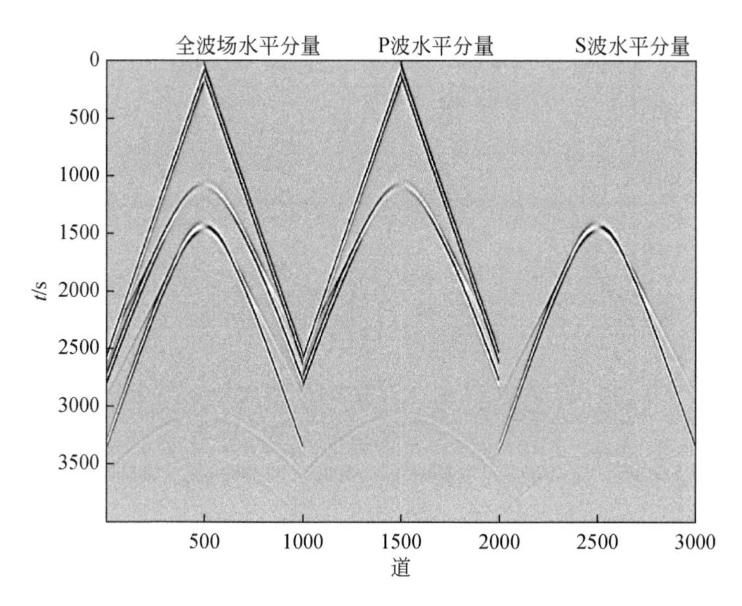

图 3.19　层状模型模拟记录水平分量

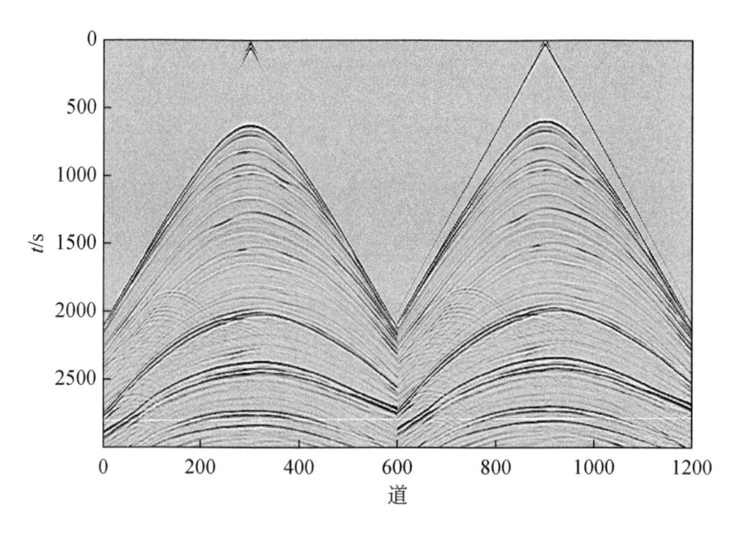

图 3.20　Marmousi 模型模拟记录全波长垂直分量

左侧为解耦波动；右侧为商业软件

一定的优势。

3. 塔里木深层攻关模型

根据塔里木深层攻关模型（图 3.22）进行了二维解耦弹性波方程正演（图 3.23），并与波动正演功能较好的商业软件 A、商业软件 B 进行模拟效果对比。商业软件 A、商业软件 B 均没有弹性波纵横波分离功能，因此只对比垂直分量记录（图 3.24）和水平分量记录（图 3.25）。

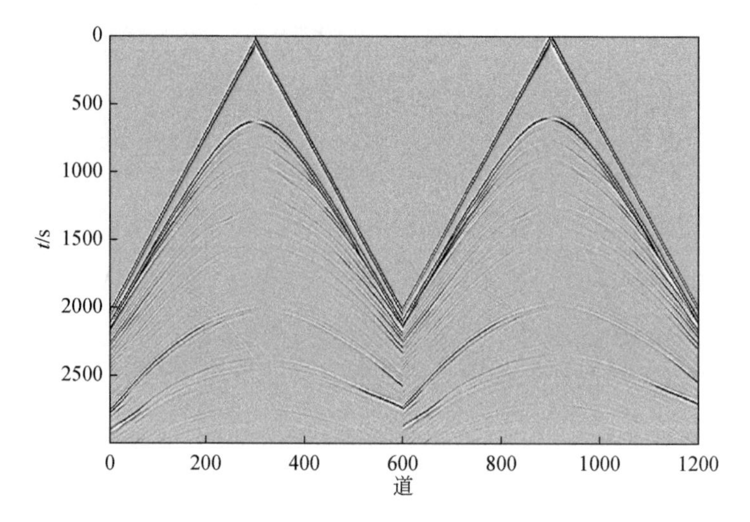

图 3. 21　Marmousi 模型模拟记录全波长水平分量

左侧为解耦波动；右侧为商业软件

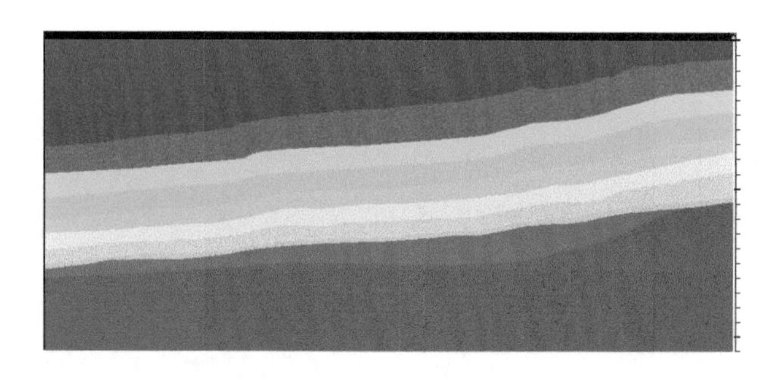

图 3. 22　塔里木深层攻关模型

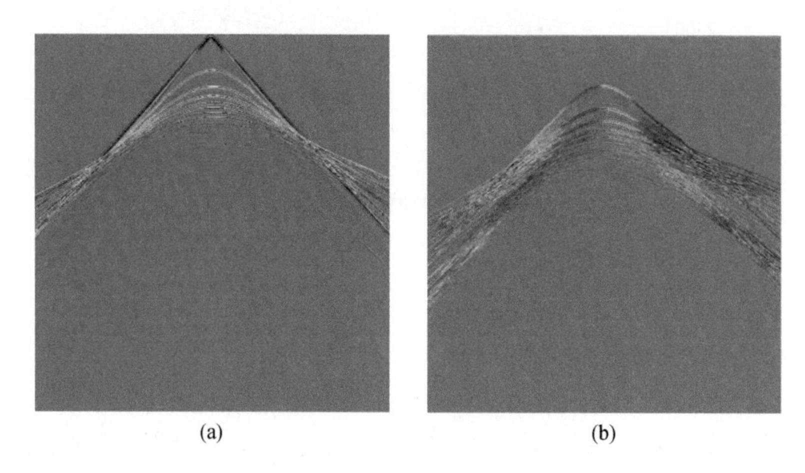

图 3. 23　塔里木模型解耦波动正演

（a）P 波波场；（b）S 波波场

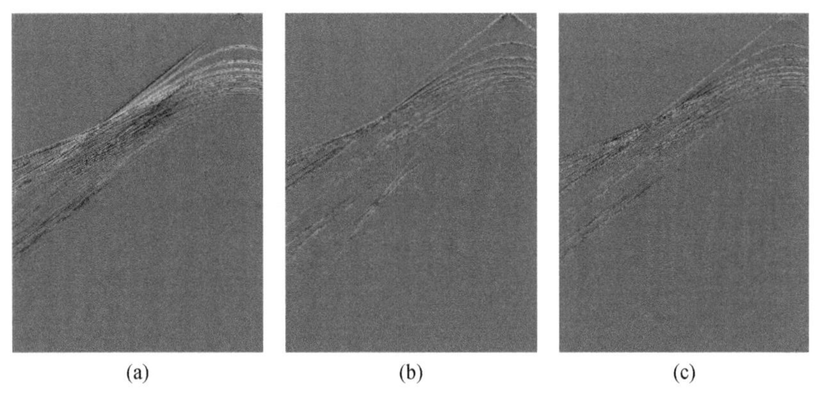

图 3. 24　塔里木模型弹性波正演垂直分量

（a）二维解耦代码；（b）商业软件 A；（c）商业软件 B

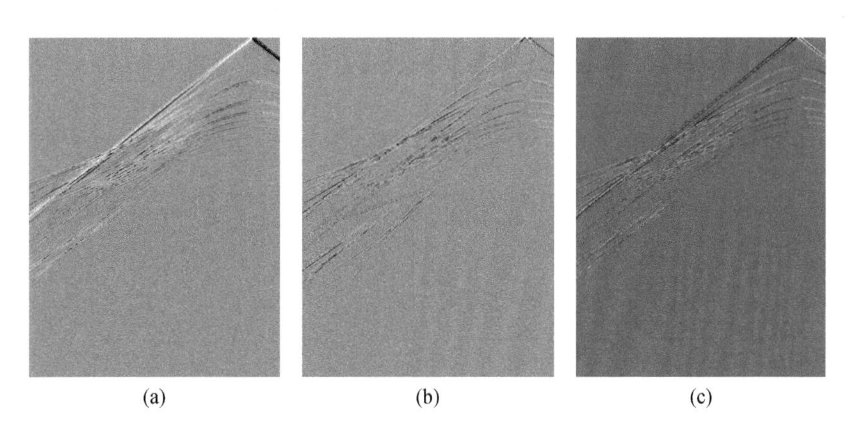

图 3. 25　塔里木模型弹性波正演水平分量

（a）二维解耦代码；（b）商业软件 A；（c）商业软件 B

图 3. 22 ~ 图 3. 25 显示，二维解耦代码模拟效果需要进一步完善；商业软件 A 纵波源激发不纯，产生了横波源，因此波场中横波信息明显比其他两个波场多；商业软件 B 模拟精度较好，边界吸收较好。

（三）三维解耦弹性波方程正演模拟

对于三维各向同性介质，同二维解耦过程，可得 P 波和 S 波解耦的方程系列：

$$\frac{\partial \sigma p_{xx}}{\partial t}=\rho v_p^2\left(\frac{\partial v_x}{\partial x}+\frac{\partial v_y}{\partial y}+\frac{\partial v_z}{\partial z}\right) \qquad \frac{\partial \sigma p_{yy}}{\partial t}=\rho v_p^2\left(\frac{\partial v_x}{\partial x}+\frac{\partial v_y}{\partial y}+\frac{\partial v_z}{\partial z}\right)$$

$$\frac{\partial \sigma p_{zz}}{\partial t}=\rho v_p^2\left(\frac{\partial v_x}{\partial x}+\frac{\partial v_y}{\partial y}+\frac{\partial v_z}{\partial z}\right) \qquad \frac{\partial \sigma s_{xx}}{\partial t}=-2\rho v_s^2\left(\frac{\partial v_y}{\partial y}+\frac{\partial v_z}{\partial z}\right)$$

$$\frac{\partial \sigma s_{yy}}{\partial t}=-2\rho v_s^2\left(\frac{\partial v_x}{\partial x}+\frac{\partial v_z}{\partial z}\right) \qquad \frac{\partial \sigma s_{zz}}{\partial t}=-2\rho v_s^2\left(\frac{\partial v_x}{\partial x}+\frac{\partial v_y}{\partial y}\right)$$

$$\frac{\partial \tau s_{yz}}{\partial t}=\rho v_s^2\left(\frac{\partial v_z}{\partial y}+\frac{\partial v_y}{\partial z}\right) \qquad \frac{\partial \tau s_{xz}}{\partial t}=\rho v_s^2\left(\frac{\partial v_z}{\partial x}+\frac{\partial v_x}{\partial z}\right)$$

$$\frac{\partial \tau s_{xy}}{\partial t}=\rho v_s^2\left(\frac{\partial v_y}{\partial x}+\frac{\partial v_x}{\partial y}\right) \qquad \rho\frac{\partial vp_x}{\partial t}=\frac{\partial \sigma p_{xx}}{\partial x}$$

$$\rho\frac{\partial vp_y}{\partial t}=\frac{\partial \sigma p_{yy}}{\partial y} \qquad \rho\frac{\partial vp_z}{\partial t}=\frac{\partial \sigma p_{zz}}{\partial z}$$

$$\rho\frac{\partial vs_x}{\partial t}=\frac{\partial \sigma s_{xx}}{\partial x}+\frac{\partial \tau s_{xy}}{\partial y}+\frac{\partial \tau s_{xz}}{\partial z} \qquad \rho\frac{\partial vs_y}{\partial t}=\frac{\partial \tau s_{xy}}{\partial x}+\frac{\partial \sigma s_{yy}}{\partial y}+\frac{\partial \tau s_{yz}}{\partial z}$$

$$\rho\frac{\partial vs_z}{\partial t}=\frac{\partial \tau s_{xz}}{\partial x}+\frac{\partial \tau s_{yz}}{\partial y}+\frac{\partial \sigma s_{zz}}{\partial z} \qquad v_x=vp_x+vs_x$$

$$v_y=vp_y+vs_y \qquad v_z=vp_z+vs_z$$

式中，v_x、v_y、v_z 分别为质点振动速度在 x、y、z 三个方向上的分量；vp_x、vp_y、vp_z 为解耦得到的纵波振动速度分量；vs_x、vs_y、vs_z 为解耦得到的横波振动速度分量；σp_{xx}、σp_{yy}、σp_{zz}为 P 波正应力；σs_{xx}、σs_{yy}、σs_{zz}为 S 波正应力；τs_{yz}、τs_{xz}、τs_{xy}为 S 波切应力；ρ 为介质密度；v_p、v_s 分别为介质的纵、横波速度。

同二维解耦过程，可得 P 波波场是无旋场、S 波波场是无散场。

采用一个三维水平层状模型进行模拟测试，模拟记录 $X/Y/Z$ 分量分别如图 3. 26 ~ 图 3. 28 所示，从模拟记录上可以看到，全波场记录包含 P 波和转换 S 波。

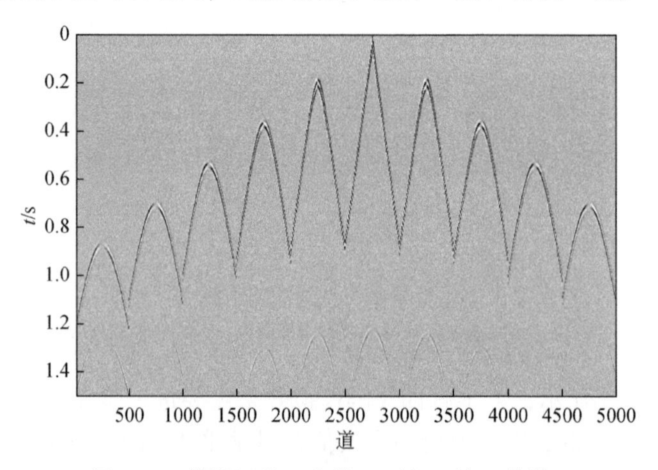

图 3. 26　模拟记录 X 分量（P 波+S 波 X 分量）

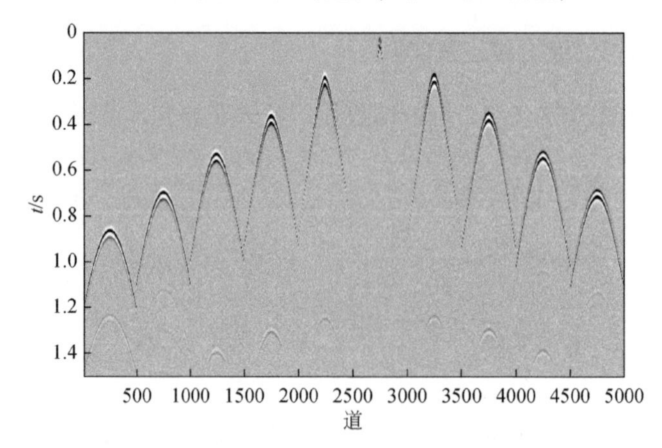

图 3. 27　模拟记录 Y 分量（P 波+S 波 Y 分量）

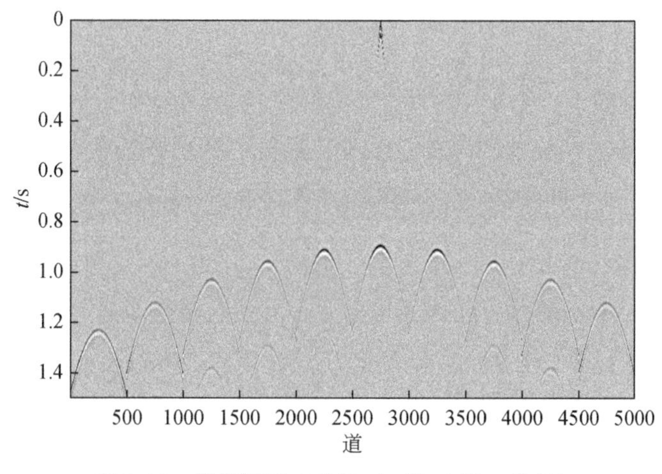

图 3.28　模拟记录 Z 分量（P 波+S 波 Z 分量）

第二节　压缩感知理论与观测系统设计

一、压缩感知理论简介

当前信号处理领域中有以下两个关键难点：①奈奎斯特（Nyquist）采样频率过高，导致采样数据量太大；②数据获取模式不够先进，先采样再压缩，既浪费传感元，又浪费时间和存储空间。这在某种程度上制约了信号与信息处理的发展，而压缩感知（compressed sensing，CS）理论的出现为上述问题的解决提供了理论基础（唐刚，2010）。

压缩感知又称压缩采样、压缩传感。它作为一个新的采样理论，是利用开发信号的稀疏特性，在远小于 Nyquist 采样定律条件下，用随机采样获取信号的离散样本，通过非线性重建算法完美的重建信号（Herrmann，2010）。压缩感知理论已在信息论、图像处理、地球科学、光学、模式识别、无线通信、大气、地质等领域受到高度关注。

传统的信号获取和处理过程主要包括采样、压缩、传输和解压缩四个部分，其采样过程必须遵循奈奎斯特采样定律，这种方式采样数据量大，先采样后压缩，浪费了大量的传感元、时间和存储空间。相较之下，压缩传感理论针对可稀疏表示的信号，能够将数据采集和数据压缩合二为一，这使其在信号处理领域有着突出的优点和广阔的应用前景（图 3.29）。

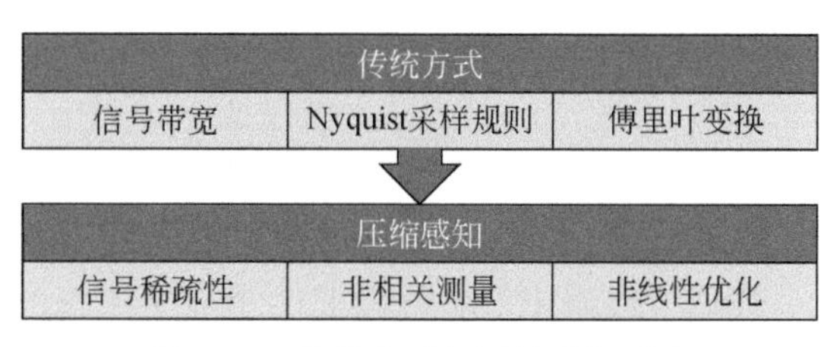

图 3.29　传统方式与压缩感知对比

（一）稀疏信号

若信号 x 只有有限个（比如 K 个）非零采样点，而其他采样点均为 0，则称信号 x 是 K-稀疏的。在实际中，严格的稀疏信号很少，尽管有些位置的值很小，但不一定等于零，于是引入可压缩信号（compressible signal）的概念。

（二）可压缩信号

如果某一信号在不丢失任何信息的条件下通过某种变换，可以得到稀疏信号，则我们称之为可压缩信号。压缩感知的核心思想是压缩和采样合并进行，并且测量值远小于传统采样方法的数据量，突破了奈奎斯特采样定理的瓶颈。

（三）压缩感知基本思想

（1）信号是可压缩的或在某个变换域是稀疏的（如果信号在某一个正交空间具有稀疏性，即可压缩性）。

（2）可以用一个与变换基不相关的观测矩阵将变换所得高维信号投影到一个低维空间上。

（3）然后通过求解一个优化问题就可以从这些少量的投影中以高概率重构出原信号。

压缩感知理论主要包括信号的稀疏表示、随机测量和重构算法等三个方面。稀疏表示是应用压缩感知的先验条件，随机测量是压缩感知的关键过程，重构算法是获取最终结果的必要手段。

二、基于压缩感知理论的观测系统设计及评价

（一）随机采样理论

一维离散信号的傅里叶谱可以用下面的公式计算得到：

$$
\begin{aligned}
\sqrt{M}F(k) &= \sum_{j=1}^{M} f(x_j)\mathrm{e}^{-\mathrm{i}kx_j} = \sum_{j=1}^{M} S_j(k) \\
S_j(k) &= \frac{1}{2}\left[f(x_j)\mathrm{e}^{-\mathrm{i}kx_j} + f(x_{j+1})\mathrm{e}^{-\mathrm{i}kx_{j+1}}\right] \\
&= \frac{1}{2}\mathrm{e}^{-\mathrm{i}kx_j}\left[f(x_j) + f(x_{j+1})\mathrm{e}^{-\mathrm{i}k(x_{j+1}-x_j)}\right], \quad j = 1,2,\cdots,M-1 \\
S_M(k) &= \frac{1}{2}\left[f(x_M)\mathrm{e}^{-\mathrm{i}kx_M} + f(x_1)\mathrm{e}^{-\mathrm{i}kx_1}\right]
\end{aligned}
\tag{3.19}
$$

式中，M 为信号的采样点数；$F(k)$ 为离散信号所对应的频谱；$f(x_j)$ 为信号的第 j 个采样点；$S_j(k)$ 为采样点 $f(x_j)$、$f(x_{j+1})$ 在 $F(k)$ 中所对应的能量。

根据上面的表达式，我们可以看出 $\|S_j(k)\|_2$ 是一个以 $T_j=2\pi/(x_{j+1}-x_j)$ 为周期的周期函数：

$$S_j(k+T_j)=\frac{1}{2}\mathrm{e}^{-\mathrm{i}(k+T_j)x_j}\left[f(x_j)+f(x_{j+1})\mathrm{e}^{-\mathrm{i}(k+T_j)(x_{j+1}-x_j)}\right]=\mathrm{e}^{-\mathrm{i}T_jx_j}S_j(k) \tag{3.20}$$

式（3.20）说明 $S_j(k+T_j)$ 与 $S_j(k)$ 除了在相位上有差异外，其振幅是完全一样的。因此，$F(k)$ 中的每一个子项 $S_j(k)$ 都有自己的能量周期 $T_j=2\pi/\Delta_j$，其中 $\Delta_j=x_{j+1}-x_j$ 表示相邻点的采样间隔。如果该离散信号所有相邻点的采样间隔均为 Δ，那么 $\|S_j(k)\|_2$ 均以 $2\pi/\Delta$ 为周期，并且 $F(k)$ 的周期也为 $2\pi/\Delta$。这个结论和采样定理是一致的。其中，图3.30是一个二维的规则数据对应的FK谱。由于所有的 $\|S_j(k)\|_2$ 在FK谱中的周期相同，因此 $\|F(k)\|_2$ 最后表现出来的周期与 $\|S_j(k)\|_2$ 相同。如果将二维规则数据的某些列去掉，则该二维数据在横向上的采样间隔不再相等。此时 $\|S_j(k)\|_2$ 的周期会随着采样间隔而变化，即采样间隔越大，周期越小。但在这种采样方式下，$\|S_j(k)\|_2$ 仍然有一个共同的周期 $T=2\pi/\Delta$，因此 $F(k)$ 的周期还是 $T=2\pi/\Delta$。图3.31在规则数据的基础上去除部分列后的二维信号说明了这种现象。在不规则数据中，横向的采样间隔在某些地方小于 Δ，因此这些点所对应的能量周期要小于 $F(k)$ 的能量周期 $T=2\pi/\Delta$，这些重复出现的能量表现为在区间（$-T/2$，$T/2$）中的空间假频，并且这些空间假频能量的强弱取决于采样间隔的大小：采样间隔越大，$\|S_j(k)\|_2$ 周期越小，空间假频越严重。这些空间假频信号其实就是Xu等（2010）在其文章中提到的"泄漏的能量"。从这些空间假频出现的原因上看，这些能量应该是"重复的能量"，而不是"泄漏的能量"。

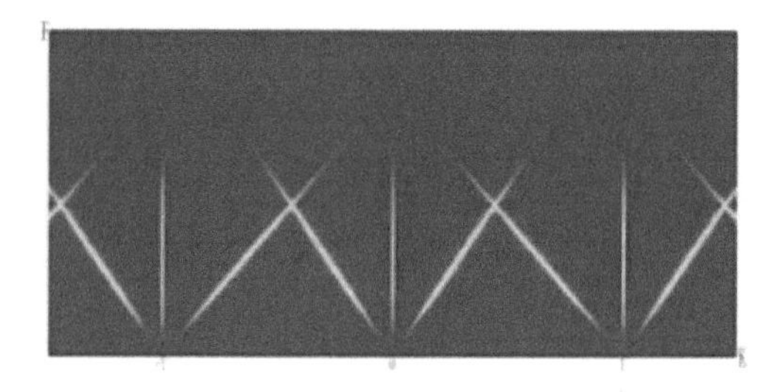

图3.30　规则数据FK谱

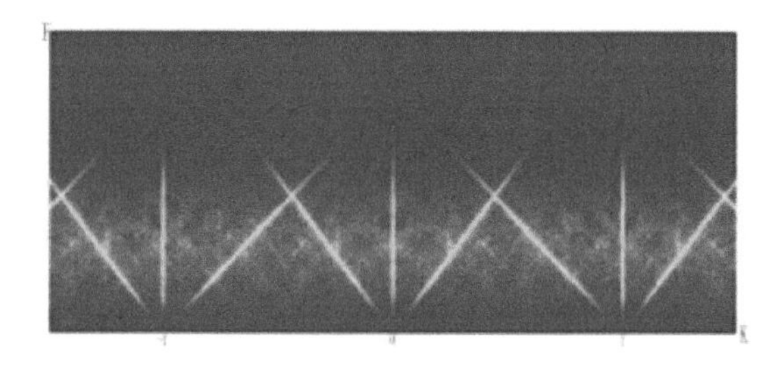

图3.31　不规则数据FK谱

如果该二维数据是以一种完全随机的方式进行采样，如图3.32所示，那么 $\|S_j(k)\|_2$ 的周期也是完全随机的。$\|S_j(k)\|_2$ 的周期是完全随机的，因此它们不会再有共同周期，$F(k)$ 也不再具有周期性。在这种采样方式下，由于 $\|S_j(k)\|_2$ 周期的随机性，"重复的能量"在FK谱中会相互干涉并以随机噪声的形式出现在FK谱中。因此，随机采样数据的

规则化等价于在 FK 域中的去噪工作。

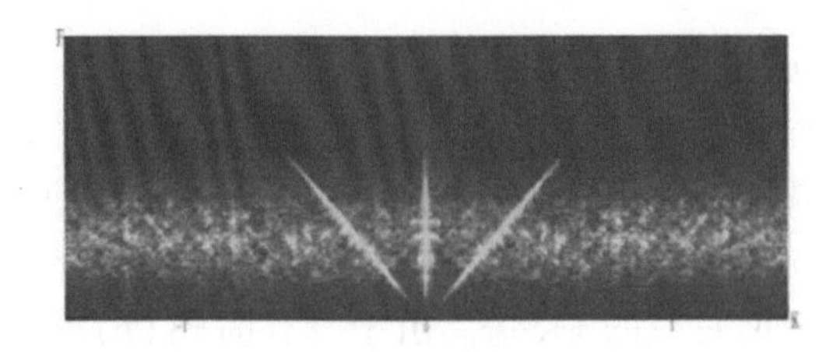

图 3.32　随机采样数据 FK 谱

综合上述分析，可以得到随机采样理论的以下几个性质：①$F(k)$ 每一个子项 $S_j(k)$ $(1\leqslant j\leqslant M)$ 的能量都是一个周期函数，周期取决于采样间隔 Δ_j，$T_j=2\pi/\Delta_j$；②如果存在一个最大的公约数 $\Delta>0$，使得所有采样间隔 Δ_j 满足：$\Delta_j/\Delta\in W$，W 表示所有自然数的集合，那么 $\|S_j(k)\|_2$ 有共同的周期 $T=2\pi/\Delta$，这个周期也是 $\|F(k)\|_2$ 的周期；③FK 谱中由“重复的能量”所形成的噪声的强弱取决于空间采样间隔 Δ_j 的大小：Δ_j 越大，噪声越强。

(二) 随机采样观测定量评价方法

假设一维空间采样样点数为 N，相对应的采样点位置和信号如下：

$$X=\{x_1,x_2,\cdots,x_n,\cdots,x_N\},F=\{f(x_1),f(x_2),\cdots,f(x_n),\cdots,f(x_N)\} \tag{3.21}$$

对于理想规则空间采样，定义规则采样间隔为：Δx，$x_n=x_1+(n-1)\Delta x$。同样地，定义随机采样间隔为$\mathrm{d}x_n$，$\mathrm{d}x_n=x_{n+1}-x_n$，$n=1,2,\cdots,N$。

空间离散信号傅里叶谱表示为 $F(k)$：

$$\begin{aligned}F(k)&=\sum_{n-1}^{N}f(x_n)\,\mathrm{e}^{-\mathrm{j}2\pi kx_n}=\sum_{n-1}^{N-1}F_n(k)+F_N(k)\,F_n(k)\\&=1/2\cdot\mathrm{e}^{-\mathrm{j}2\pi kx_n}\cdot\left[f(x_n)+f(x_{n+1})\,\mathrm{e}^{-\mathrm{j}2\pi k\mathrm{d}x_n}\right],n=1,2,\cdots,N-1\end{aligned} \tag{3.22}$$

$$F_N(k)=1/2\cdot\left[f(x_n)\mathrm{e}^{-\mathrm{j}2\pi kx_n}+f(x_1)\mathrm{e}^{-\mathrm{j}2\pi kx_1}\right]$$

根据式 (3.22) 定义的$F_n(k)$ 的表达，我们能够得到：

$$F_n(k+T_n)=\mathrm{e}^{-\mathrm{j}2\pi T_nx_n}\cdot F_n(k) \tag{3.23}$$

这里$T_n=\dfrac{1}{x_{n+1}-x_n}=\dfrac{1}{\mathrm{d}x_n}$，$n=1,2,\cdots,N-1$

空间采样观测系统的能谱在波数域中的表达可以定义为$\|F(k)\|_2^2$：

$$\|F(k)\|_2^2=\sum_{n-1}^{N}\left[F_n(k)\right]^2 \tag{3.24}$$

对于规则采样观测，$\mathrm{d}x_n=\Delta x$，$F_n(k+T)=F_n(k)$，$n=1,2,\cdots,N$，$T=1/\Delta x$ 是能谱$\|F(k)\|_2^2$的周期。同样地，我们能够得出，在随机采样观测中，$T\_n=1/\mathrm{d}x\_n$ 是能谱$\|F_n(k)\|_2^2$的周期。

考虑到我们的目标是讨论空间随机采样观测系统定量评价方法，我们忽略地震信号自身特征，定义有效信号的能量为$\|F_n(k)\|_{\text{Signal}}=S(T_n)=1$，噪声能量为$\|F_n(k)\|_{\text{Noise}}=$

$N(T_n)$，这样，我们极大地简化了公式的求导。我们的方法还要声明另一个重要的假设，采集到地震波的波前面的方向是随机的。这样，我们接收到的噪声也是随机分布，也就是说，在波数谱中，噪声的分布在各个方向都是均匀的。

根据以上假设，我们定义噪声的形式如下：

$$N(T_n)=\frac{1}{T}\cdot\left(\frac{T}{T_n}-1\right)=\frac{1}{T_n}-1/T \tag{3.25}$$

有效信号和噪声的比值定义为 S/N（S/N 的定义考虑噪声可能为0）：

$$\frac{S}{N}=\frac{\|S\|_2^2}{\|N\|_2^2}=\frac{\sum\limits_{n=1}^{S}[S(T_n)]^2}{\sum\limits_{n=1}^{N}[N(T_n)]^2}=N/\sum_{n=1}^{N}\left(\frac{1}{T_n}-\frac{1}{T}\right)^2,n=1,2,\cdots,N \tag{3.26}$$

在波数域，$T=1/\Delta x$ 是规则采样的周期。在随机采样观测系统中，$T_n=\min\left(\frac{1}{dx_n},\ 1/\Delta x\right)$是能谱$\|F_n(k)\|_2^2$的周期。

相对地，根据式（3.26），S/N 随着随机采样间隔dx_n的减小而增加。因此，我们可以用 S/N 来评价观测系统。在之前我们的讨论中，高维采样中 S/N 比较难以解决。我们已经发现了可以用其他方法来代替解决 S/N。这里，我们利用波数域的空间采样方差 k 来解决。

根据能谱的求解和对地震信号的定义［式（3.24）］，可以得到：

$$\|F(k)\|_2^2=\sum_{n=1}^{N-1}(S(T_n)+N(T_n))^2=\begin{cases}\sum\limits_{n=1}^{N}\left(1+\frac{1}{T_n}-\frac{1}{T}\right)^2, & k=0\\ \sum\limits_{n=1}^{N}\left(\frac{1}{T_n}-\frac{1}{T}\right)^2, & k\neq 0\end{cases} \tag{3.27}$$

波数 k 的期望可以表示为 $E(k)$：

$$E(k)=\sum_{k}(k\cdot\|F(k)\|_2^2)$$

因为波数谱分布在［$-T_n/2$，$T_n/2$］，因此上面公式结果为0。这就意味着理想分布的功率谱位于 $k=0$，这个结论与我们对于理想采样观测系统的期望是一致的。

波数 k 的方差可以定义为 $\mathrm{Var}(k)$，根据 $E(k)$ 和式（3.26）、式（3.27），可得

$$\mathrm{Var}(k)=E\{[k-E(k)]^2\}=\sum_{k}(k^2\cdot\|F(k)\|_2^2)=\sum_{k\neq0}(k^2\cdot\|F(k)\|_2^2)=$$

$$\sum_{k,k\neq0}\left[k^2\cdot\sum_{n-1}^{N}\left(\frac{1}{T_n}-1/T\right)^2\right]=\sum_{k\neq0}(k^2\cdot\|N(T_n)\|_2^2)n=1,2,\cdots,N \tag{3.28}$$

因为$\|N(T_n)\|_2^2$与波数分布是独立的，我们可以得到：

$$\|N(T_n)\|_2^2=\mathrm{Var}(k)/\sum_{k,k\neq0}k^2 \tag{3.29}$$

将信号与噪声的比值 S/N 写成与波数及其方差相关的形式：

$$S/N=N\sum_{k,k\neq0}k^2/\mathrm{Var}(k) \tag{3.30}$$

式（3.30）即最终的评价标准。

当完全随机采样时，不再存在共同的周期 T，噪声相互干涉并以随机的形式存在。我

们给定一个期望输出的采样间隔，从而得到期望的周期 T。即在定量评价的过程中，当随机采样间隔小于期望采样间隔时，认为是完全采样，不产生假频。

三、基于数据重构的观测系统设计

（一）样方法分析原理

空间点数据有三种基本分布方式（图 3.33）。

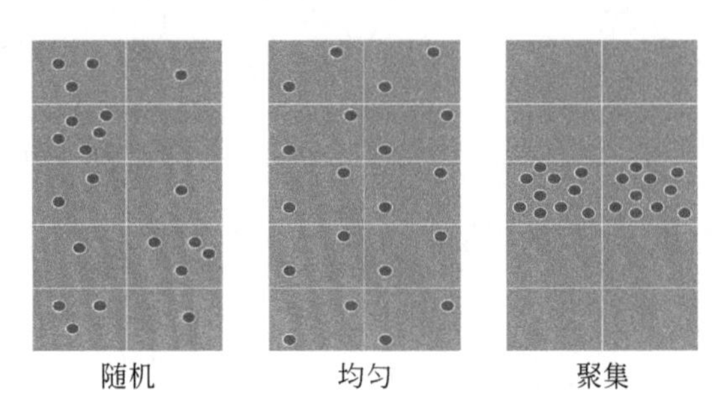

图 3.33　空间点数据的三种基本分布方式

（1）随机分布，任何一点在任何一个位置发生的概率相同，某点的存在不影响其他点的分布，又称泊松分布（Poisson distribution）。

（2）均匀分布：个体间保持一定的距离，每一个点尽量地远离其周围的邻近点。在单位（样方）中个体出现与不出现的概率完全或几乎相等。

（3）聚集分布：许多点集中在一个或少数几个区域，大面积的区域没有或仅有少量点。总体中一个或多个点的存在影响其他点在同一取样单位中的出现概率。

样方分析步骤：

（1）研究区域内划分网格，建议方格大小为

$$\text{Quadrat Size} = 2A/n$$

式中，A 为研究区域面积；n 为点的个数。

（2）确定每个网格中点的个数。

（3）计算均值（Mean）、方差（Var）和方差均值比：

均值 $\text{Mean} = \sum X \ / \ n$

方差 $\text{Var} = \sum \ (X_i - X)^2 \ / \ n$

方差均值 $\text{VMR} = \text{Var}/\text{Mean}$

对于均匀分布，方差=0，因此 VMR 的期望值=0；对于随机分布，方差=均值，因此 VMR 的期望值=1；对于聚集分布，方差大于均值，因此 VMR 的期望值>1。

（二）观测系统空间随机性评价

借鉴样方法分析原理，我们给出了观测系统空间随机性分析步骤：

（1）研究区域中划分网格，方格大小为期望空间采样间隔的两倍。

（2）确定每个网格中点的个数。

（3）计算均值（Mean）、方差（Var）和方差均值比：

均值 $\text{Mean}=\sum X/n$

方差 $\text{Var}=\sum(X_i-X)^2/n$

方差均值 VMR=Var/Mean

对于均匀分布，方差=0，因此 VMR 的期望值=0；对于随机分布，方差≈均值，因此 VMR 的期望值=1；对于聚集分布，方差大于均值，因此 VMR 的期望值>1。

（三）正演模拟及数据重构处理

首先我们采用二维模型进行正演模拟及数据重构处理，模型如图 3. 34 所示。中间放炮，600 道接收，道距 10m，记录长度 6s，1ms 采样，单炮记录如图 3. 35 所示。

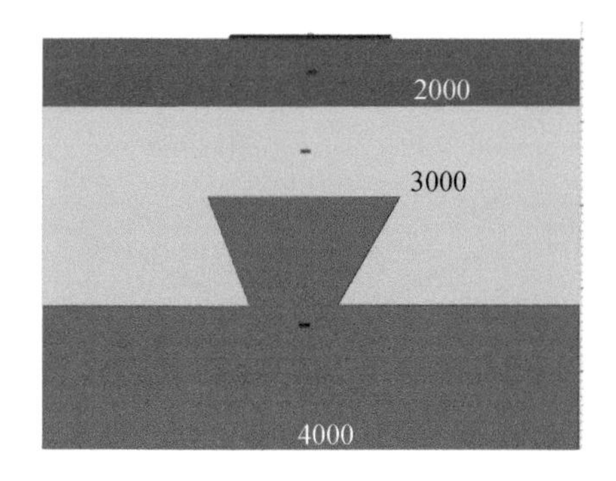

图 3. 34　二维模型（单位：m/s）

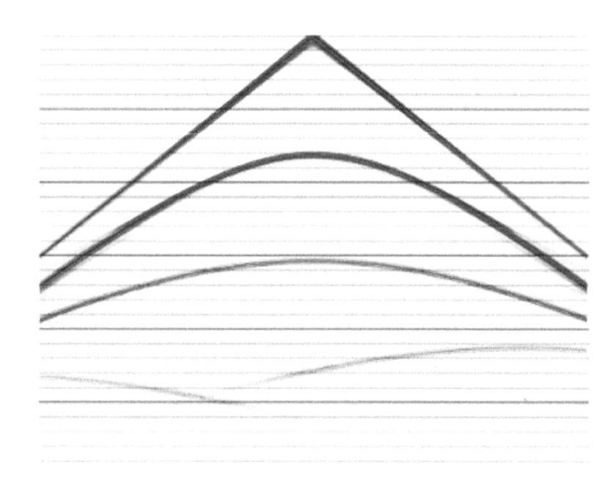
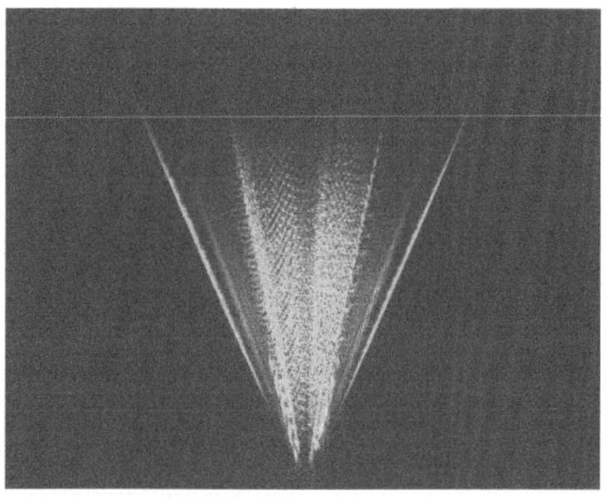

图 3. 35　二维单炮及对应的 FK 谱

图 3. 36 ~ 图 3. 38 分别为不同的随机欠采样方式下（相同道数）的单炮记录数据重构结果，对应的 VMR 值分别为 0. 22、0. 40、0. 49。

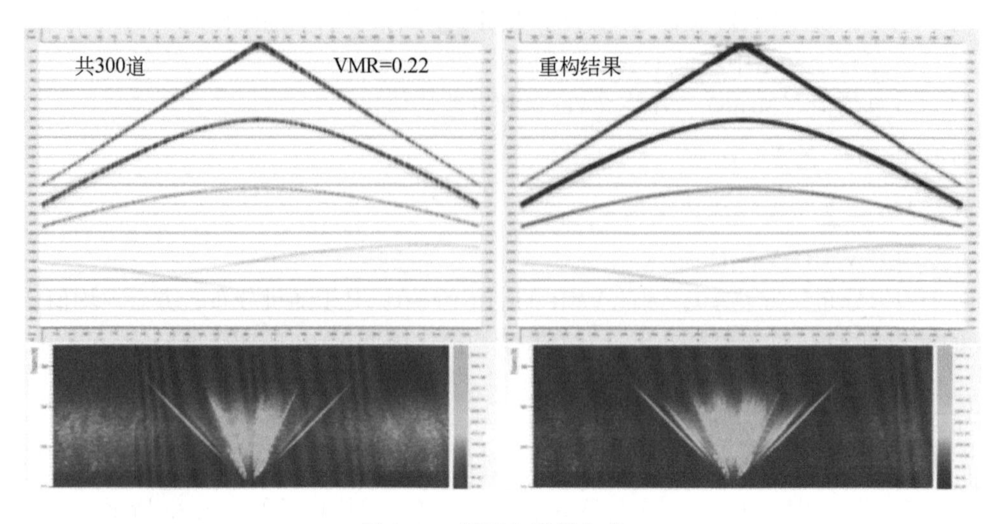

图 3. 36　随机欠采样方式 1

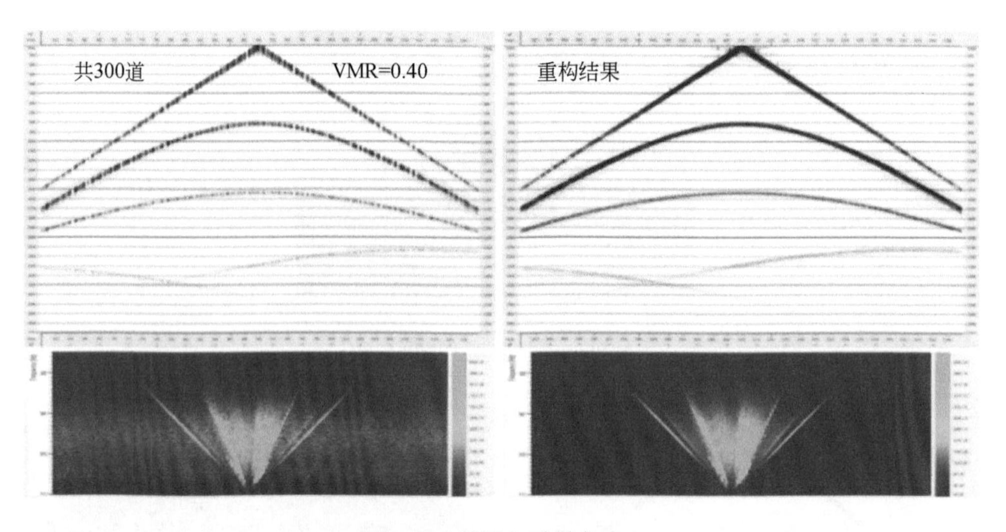

图 3. 37　随机欠采样方式 2

可以看到，不同空间随机性的观测系统得到的数据重构效果不同。观测系统空间随机性越好，对应的 VMR 值就越高，采样不足造成的假频在 FK 域中越容易滤除，数据重构效果就越好。

实际单炮资料试算：共 198 道，25m 道距，4ms 采样，6s 记录长度。图 3. 39 是对应的单炮记录及去噪后效果。图 3. 40、图 3. 41 分别为不同的随机欠采样方式下（相同道数）的单炮记录数据重构结果，对应的 VMR 值分别为 0. 26、0. 35。

实际单炮试算结果表明，VMR 值越高，数据重构后 FK 谱中假频能量越少，数据重构效果也越好。

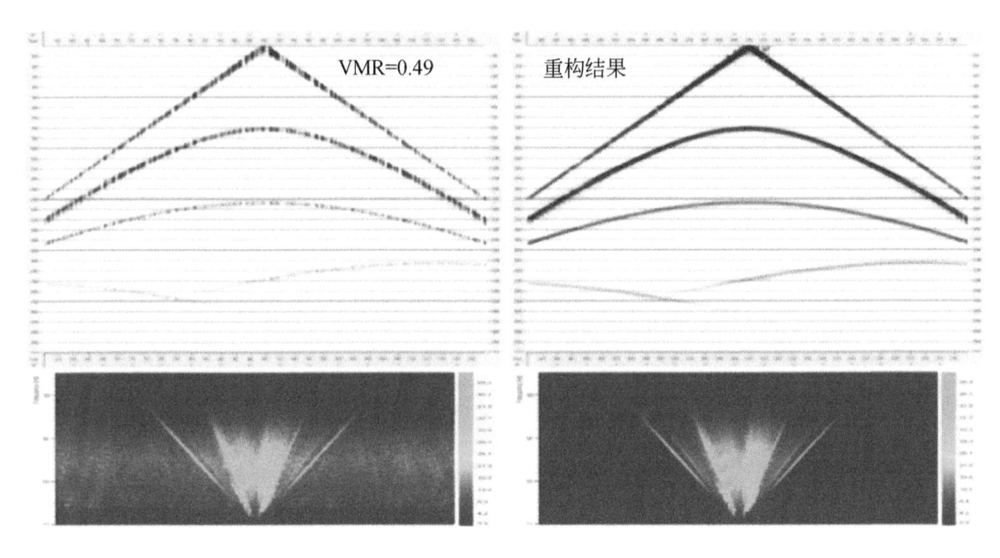

图 3. 38 随机欠采样方式 3（共 300 道）

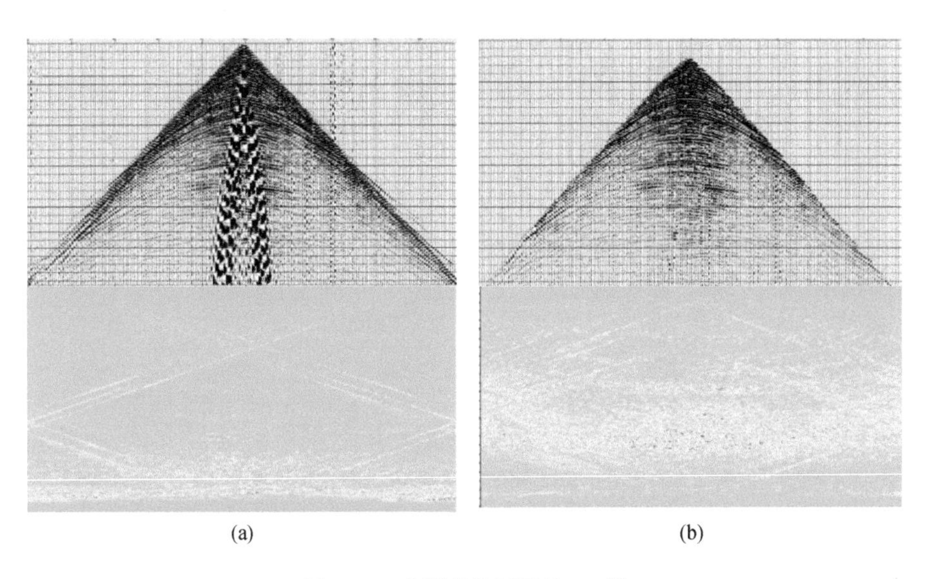

图 3. 39 实际单炮记录及 FK 谱
（a）原始记录；（b）去噪后

四、基于样方理念的随机观测系统设计

压缩感知理论关键要求之一就是采用随机欠采样方法，将相干假频转化为易于滤除的低幅度不相干噪声。随机采样，即对目标数据进行随机地抽样，采样点之间的间隔通常是不相等的。由于单纯的随机采样是完全随机的，常常会造成采样点过于聚集或者过于分散的情况。有可能采样过多造成信息冗余，或采样过少时难以达到理想的重建效果。图 3. 42

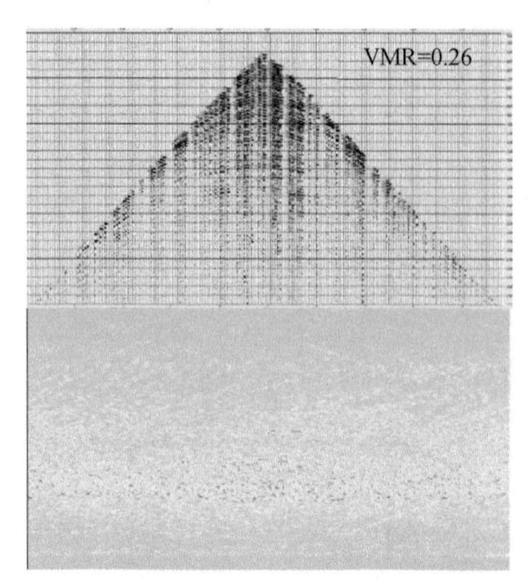

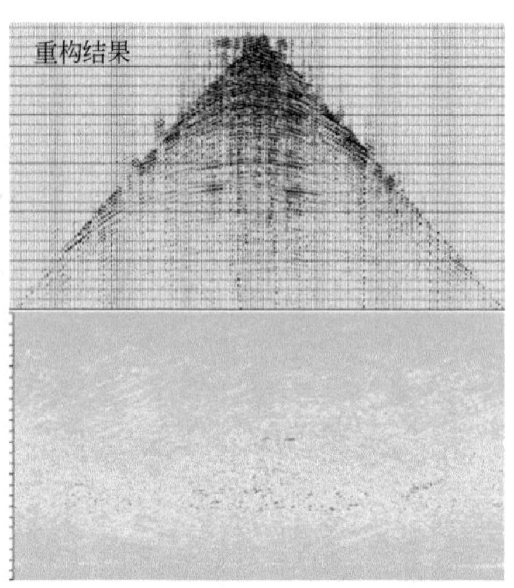

图 3.40　随机欠采样 1 记录及 FK 谱

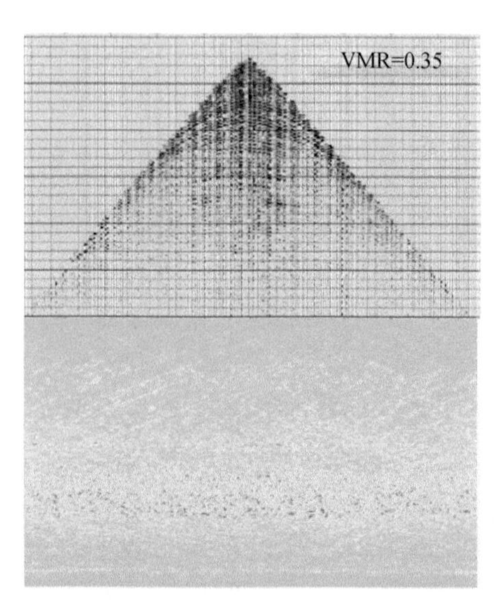

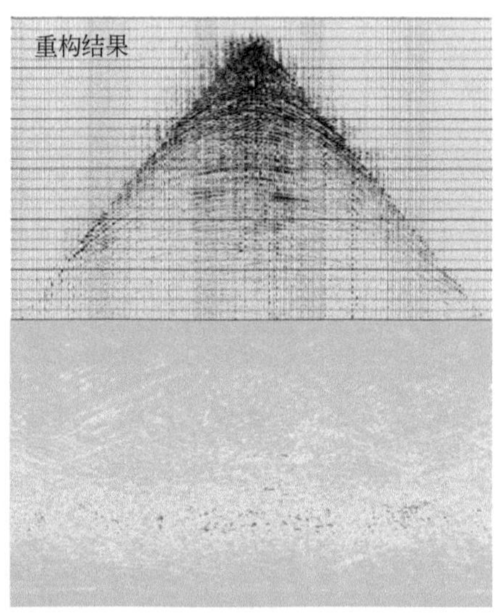

图 3.41　随机欠采样 2 记录及 FK 谱

为完全随机采样的结果。可以明显看到，缺失道数多的区域数据重构效果较差。

显然，随机采样观测系统设计时要控制缺失采样点之间的最大间隔。jitter 采样方法首先将待处理区域划分成若干个子区域，然后在每个子区域内都随机地强制采一个点。由于每个子区域都有采样点，相邻缺失地震道之间的间隔也就得到了控制，同时也保持采样点的随机性，可将假频转化成低幅度噪声，使真实频率更容易检测（张华和陈小宏，2013）。

图 3.43 是欠采样因子为 2 情况下 jitter 采样的结果及重构效果。其 VMR 值计算结果为 0.22，虽然缺失最大间隔得到了很好的控制，但是随机性不是很好。

为了得到更好的空间随机性采样，同时控制最大的采样间隔，我们提出了基于样方理

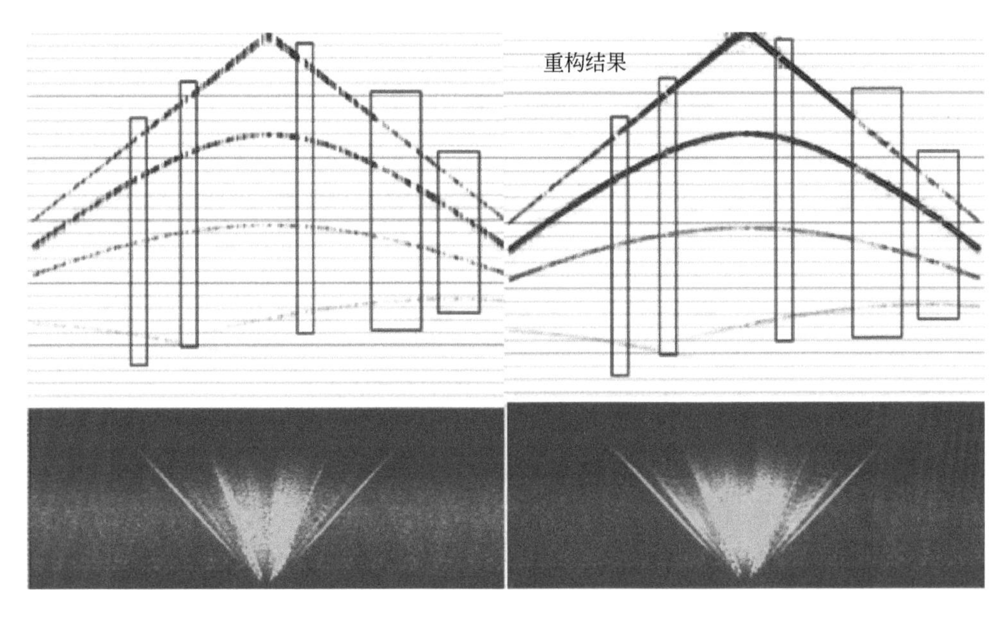

图 3.42　完全随机采样（共 300 道）

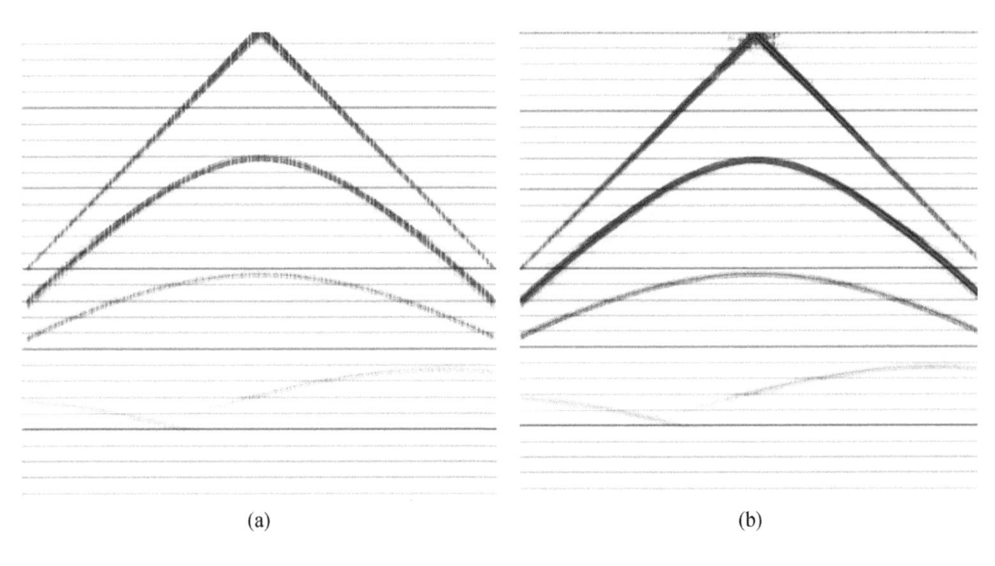

图 3.43　jitter 采样
（a）欠采样记录；（b）重构结果

念的随机欠采样方法：将研究区域划分相同大小的样方，每个样方中的点数随机选取一半。由于每个样方中都有点存在，所以点之间的最大间隔也就得到了控制，最大缺失点数即为样方内的点数。图 3.44 从上到下样方分别为 2 倍点距、4 倍点距及两种点距结合的随机采样方式。

图 3.45 是 jitter 采样与样方为 6 倍点距随机采样的对比结果，可以明显看出，基于样方理念的随机采样方式得到的数据重构效果更好。

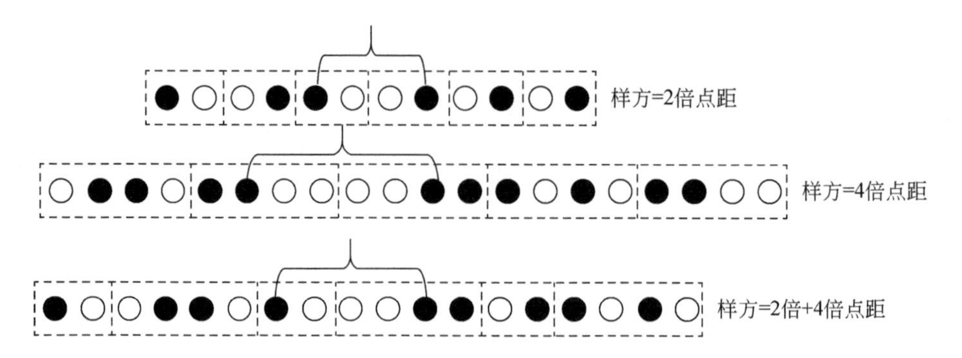

图 3.44　基于样方的随机采样方式

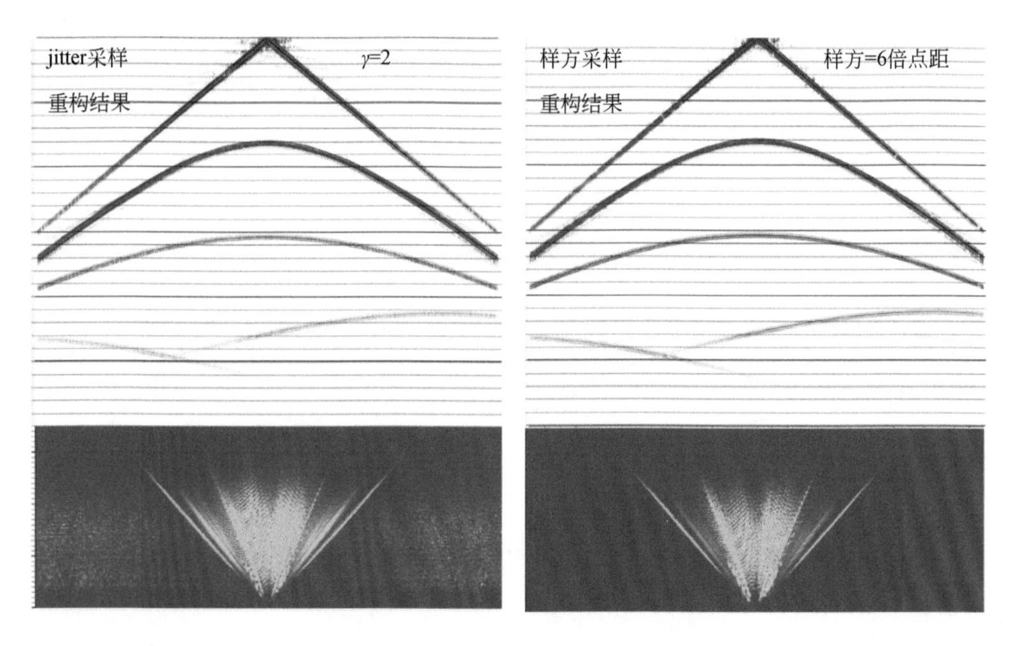

图 3.45　jitter 采样与样方 6 倍点距采样对比

三维观测系统设计：原始炮点采样 25m×25m，100 线×100 炮。图 3.46 为原始炮点分布及局部放大示意图。图 3.47 为样方 100m×100m 大小的随机采样结果。

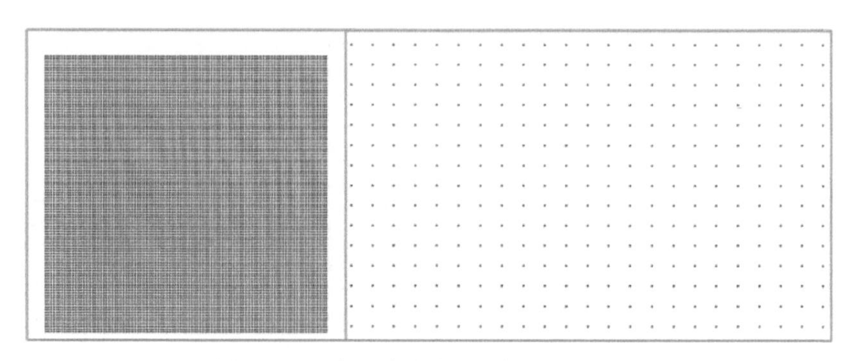

图 3.46　原始炮点分布及局部放大示意图

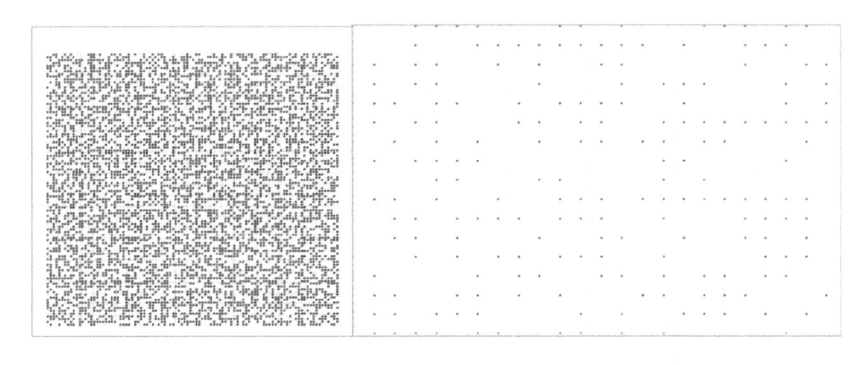

图 3.47　样方 100m×100m 大小的随机采样结果

五、结论与认识

压缩感知理论为数据采样、传输提供了新的理论支持，在该理论支持下，地震数据采集从均匀高密度采集到随机空间采样，能够大幅度降低采集成本，提高采集效率。随机欠采样方法可以把混淆真实频率的相干噪声转化成容易滤除的不相干噪声，因此如何设计和评价随机欠采样观测系统是数据能够完美重构的前提。

（1）样方的形状、采样的方式、样方的起点、方向和大小等因素都会影响到点的观测频次和分布，所以要合理选择样方，以适合于所要研究的问题。

（2）无论采用何种形式的样方，要求网格形状和大小必须一致，以避免在空间上的采样不均匀，并且不同观测系统间对比时要求网格要统一。

（3）样方分析结果 VMR 值可以定量地评价观测系统的空间随机性。

（4）单纯的随机采样是完全随机的，常常会造成采样点过于聚集或者过于分散的情况。有可能对某些部分采样过多造成信息冗余，或者对某些重要信息部分却采样过少，难以达到理想的重建效果。随机采样观测系统设计时要控制缺失采样点之间的最大间隔。基于压缩感知理论的数据重构要求兼顾采样点的随机性和最大缺口的控制两方面要求，基于样方理念的随机观测系统设计相比于 jitter 采样能够更加灵活地控制最大缺口，从而得到更好的数据重构效果。

第三节　可控震源宽频信号激发技术

深层、超深层勘探目前存在的主要问题是深层能量不足。受地层吸收衰减作用影响，地震子波的高频信号难以到达深部地层，相对而言，低频成分能传播到深层。

可控震源低频信号设计可以有效降低起始低频、提升终止高频，拓宽频带。从而提高深层的能量和整体的分辨率。

一、可控震源低频扫描信号设计

（一）常规可控震源扫描信号设计

常规的信号扫描分为线性扫描和非线性扫描，瞬时频率随时间呈线性变化时为线性扫描，反之则为非线性扫描。

1）线性扫描

线性扫描是扫描信号的瞬时频率随时间呈线性变化的扫描方式，线性扫描又包括线性升频扫描（图 3.48）和线性降频扫描两种方式。

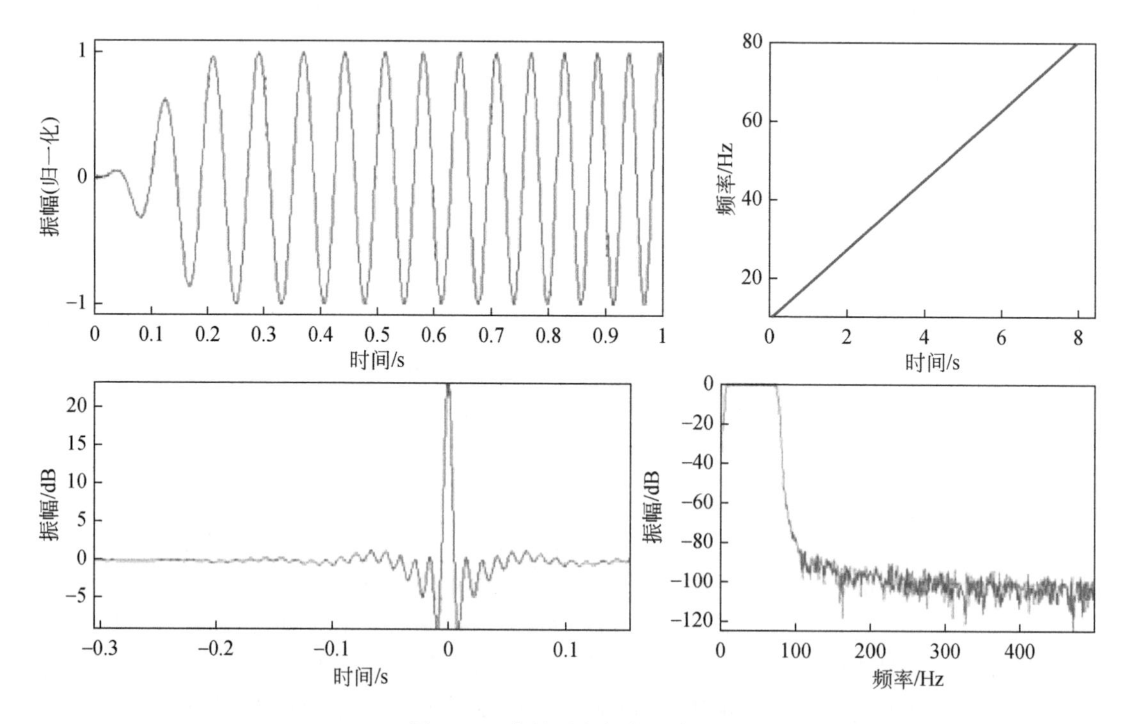

图 3.48　线性升频扫描示意图

常规的线性扫描的数学表达式可以通过式（3.31）来表示，其中，$A(t)$ 为振幅，f_0 与f_m分别为扫描的起始频率和终了频率，$f(t)$ 是瞬时频率变换函数。

$$S(t)=A(t)\sin 2\pi\left(f_0+\frac{f_m-f_0}{T}t\right)t \tag{3.31}$$

$$f(t)=f_0+\frac{f_m-f_0}{2T}t \tag{3.32}$$

2）非线性扫描

扫描信号的瞬时频率随时间呈现非线性变化的扫描方式。非线性扫描的种类相对较多，依据瞬时频率变化所呈现出不同的方式，分为指数类、对数类等。非线性扫描的数学表达式可以写成式（3.33）和式（3.34）的形式：

$$S(t)=A\sin\varphi(t) \tag{3.33}$$

$$\varphi(t)=2\pi\int_0^t f(t)\,\mathrm{d}t \tag{3.34}$$

依据不同类型瞬时频率函数 $f(t)$ 就能得到不同的扫描信号的相位函数 $\varphi(t)$ 从而计算得到非线性扫描信号序列。

（二）可控震源低频扫描信号设计

低频扫描信号在改善深部地质目标的成像质量、全波反演、高速/高阻地层下地质目标的成像研究及烃类指示（HDI）等方面扮演着重要的角色（佘德平等，2007）。

一般而言，在设计低频扫描信号时采取如下的技术思路。

一是等频扫描，获取常规可控震源低频输出特性，为解决精确获取常规可控震源低频输出特性，采用等频扫描频率，以1%逐渐增加震源出力进行激发，记录每次实测的低频段样点出力，确定震源低频段样点实际输出最大出力。可实现对震源的盲设计，而且兼顾多种限制条件综合考虑，低频段样点实际输出最大出力更精确。

二是精确拟合可控震源低频段输出曲线，对实测的震源低频样点实际输出最大出力按重锤最大位移曲线（二次）和系统流量曲线（一次）进行拟合。相对理论计算的曲线，多项式拟合的曲线更符合震源的实际输出。

三是精确推导低频扫描信号功率谱密度与扫描频率的关系，基于规定扫描信号的功率谱密度与信号的扫描频率变化率的关系，采用递推设计方法设计的低频信号频谱更加接近白噪频谱，使每种型号的常规震源低频勘探性能达到最佳效果。该方法的优点是既有效保证低频段的激发能量，又兼顾中高频段的激发能量。

四是采用泰勒多项式精确计算低频扫描信号样点相位和振幅，采用泰勒多项式通过递推计算每个采样点的相位，采用高次多项式计算每个样点的振幅。该方法的优点是既能保证低频段相位的准确性和连续性，又能减少可控震源输出畸变。

震源的重锤行程和系统流量的限制，使得常规震源在低频端的激发受到限制。为了实现常规震源在低频端的激发，需要设计特定的信号来驱动震源。低频扫描信号设计可满足常规震源的低频扫描信号设计，目前可设计的震源类型包括：IO 的 AHV-362、AHV-363，Sercel 的 Nomad60、Nomad90，东方地球物理公司的 KZ28AS、KZ28LF、KZ34 震源等（刘振武等，2013）。

低频信号的设计步骤如下。

1. 常规扫描参数的设定

常规参数的设定需要满足下列条件：

（1）起始斜坡长度+结束斜坡长度≤信号长度；

（2）斜坡类型分为 Cosine 和 Blackman，默认为 Blackman；

（3）扫描信号类型分为线性、非线性；

（4）当起始频率小于终止频率时为升频扫描信号，当起始频率大于终止频率时为降频扫描信号；

（5）初始相位值的范围为 0～360。

由于是低频扫描信号设计，因此震源的起始频率一般要低于 5Hz。

2. 重锤行程和系统流量曲线的设置

在完成常规的采集参数设置后，进行控制曲线的编辑。一般情况下通过两条曲线来控制震源在低频端的出力，也可根据需要添加或删除多余的曲线。选定曲线后，可通过交互编辑来修改相应点的值。由于编辑的点是离散的不连续的，在完成曲线的选择和编辑后，需要对选定的曲线做一个曲线拟合，一般情况下重锤行程曲线是二阶拟合的，流量控制曲线是一阶拟合的。在完成了上述的参数设计后，就可以进行低频信号的生成了。

图 3.49 为生成的低频扫描信号。根据各种现有型号可控震源理论低频输出特性或实际测试的低频输出特性设计低频信号，同时能够对输出低频信号的波形、频谱、自相关、自相关包络、F-T 谱进行预览分析。

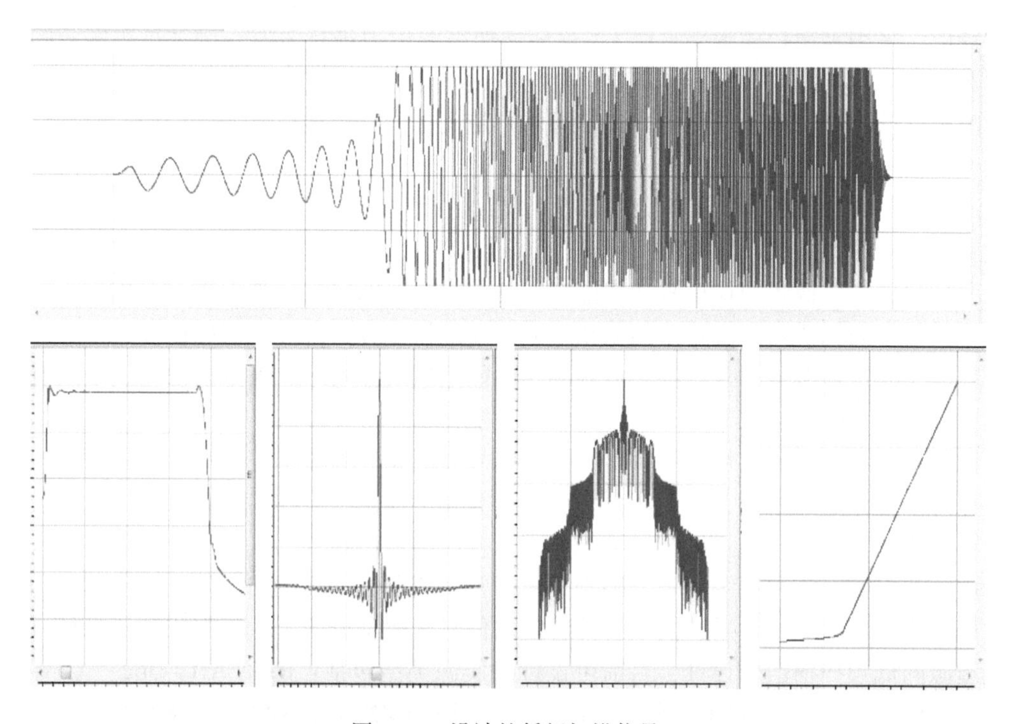

图 3.49　设计的低频扫描信号

在以往算法中，低频段的两条频率–振幅曲线一条为二阶曲线，代表重锤行程限制曲线；一条为一阶曲线，代表液压流量限制曲线。这两条曲线存在一个衔接点，在满振幅出力的位置还有一个衔接位置，在衔接位置一般会出现震源状态不稳定的点。通过实际的信号应用发现，在这两个衔接位置出现的不稳定中，通常都是第一个点会更严重一些。也就意味着两条低频特征曲线的衔接点位置通常会出现震源状态超标，甚至出现震源脱耦的情形。

为改善这种状况，我们把原来的两条曲线（液压流量限制曲线和重锤行程限制曲线），改进为高阶多项式拟合一条曲线。减少了线段间的衔接，信号的特性更平稳（图 3.50）。

如图 3.51 中为起始扫频 1.5 ~ 96Hz，8s 扫描长度低频设计的信号，红色曲线为新算法设计的扫描信号，蓝色曲线为商业软件 KLSeis 设计的扫描信号。

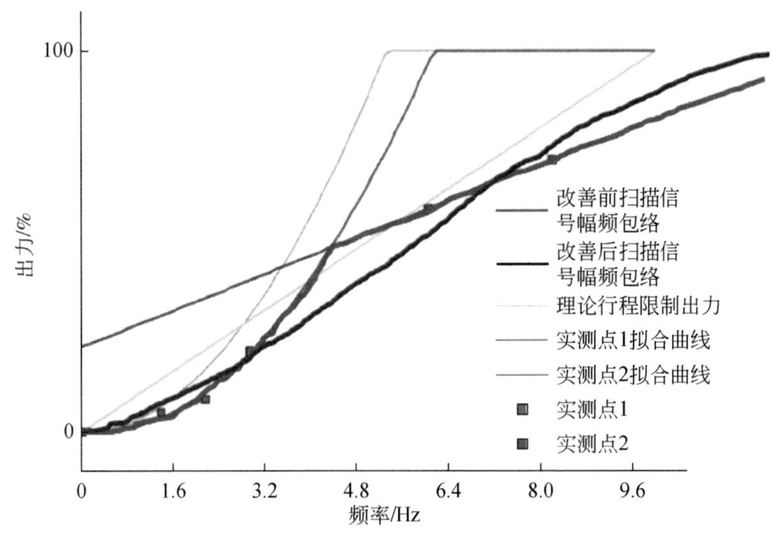

图 3.50　扫描信号低频端改善前后幅频包络

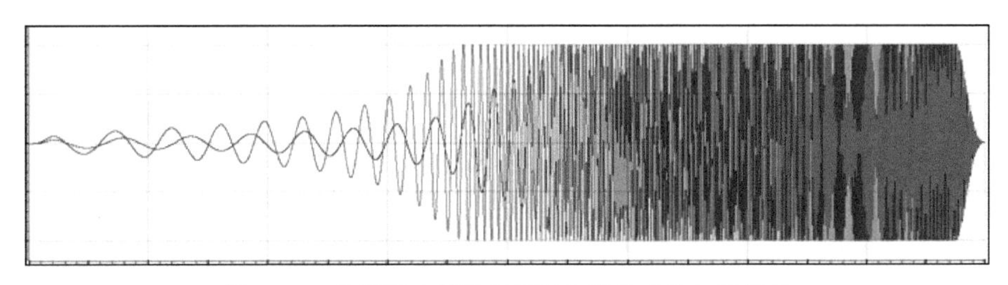

图 3.51　低频端改善前后幅频包络生成的扫描信号

使用某商业软件对信号进行验证（图 3.52），瞬时流量方面相比原信号多段衔接有了较大的改善。

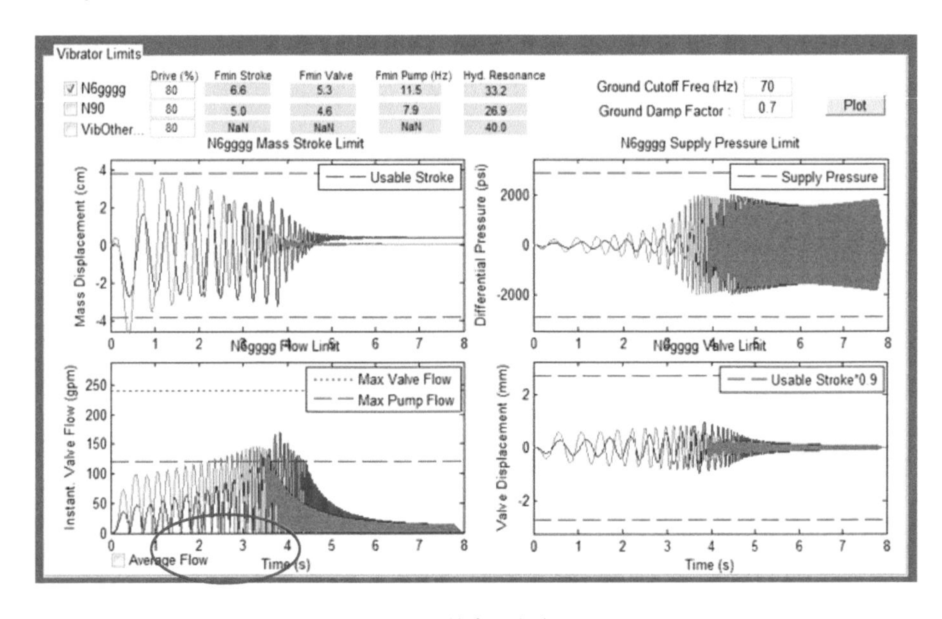

图 3.52　某商业软件验证

算法效率方面的改善：在高低频同时限制的算法中（图 3.53），需要迭代搜索确定 T1 和 T2 的精确位置，计算量大，耗时较长，且容易陷入局部极小值点，得不到正确结果。新算法针对这一问题，采用二分法查找，只需计算 T2 ~ T1 的差值，计算量大大缩小，只需几步迭代就能得到较为精确的值，耗时大大缩短，并且不易陷入局部极小值。目前“十二五”期间形成的宽频信号设计的算法（高低频同时限制）等待时间较长，超过 30s，“十三五”期间研究的新算法可将计算时间减少到 1s 以内。

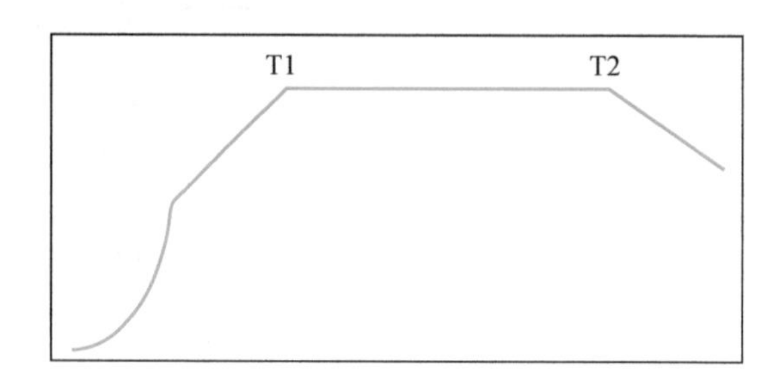

图 3.53　扫描信号频幅曲线示意图

3. 低频扫描信号设计的实现

“十三五”期间，研究形成了低频扫描设计软件系统。该系统可以根据具体型号震源的特征参数，输出包含低频的理论出力曲线，如图 3.54 所示。具体型号震源的特征参数可输入保存并根据所选型号直接显示，该系统还具备增加新型号可控震源特征参数功能。用户可直接在理论出力曲线图上输入频点，或者通过增加控制点方式完成实测频点的输入（图 3.55、图 3.56）。根据输入的低频特征点参数、拟合阶数，拟合可控震源低频输出特性曲线和高频端的限制曲线（图 3.57）。

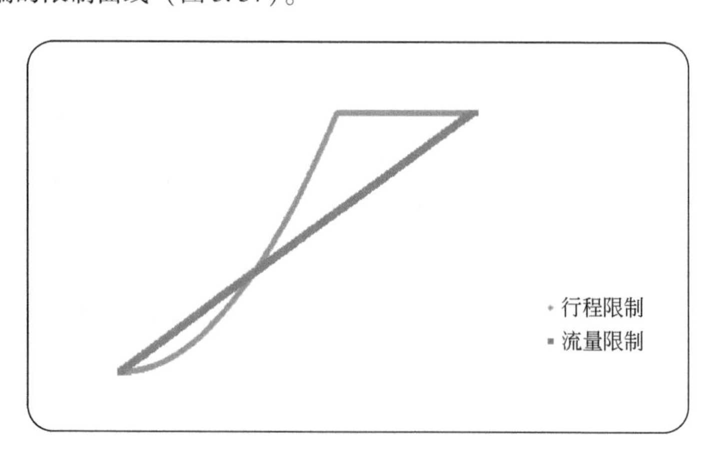

图 3.54　AHV-IV362 可控震源的低频理论出力曲线

常规震源峰值出力的最小频率可表示为

$$f_{\min}=\frac{1}{2\pi}\sqrt{\frac{2F_{pk}}{S_M M_r}} \tag{3.35}$$

式中，$f_{\min}$为峰值出力的最小频率；F_{pk}为峰值出力；S_M为重锤有效行程；M_r为重锤质量。

震源工作频率低于$f_{\min}$时，受重锤有效行程限制出力可表示为

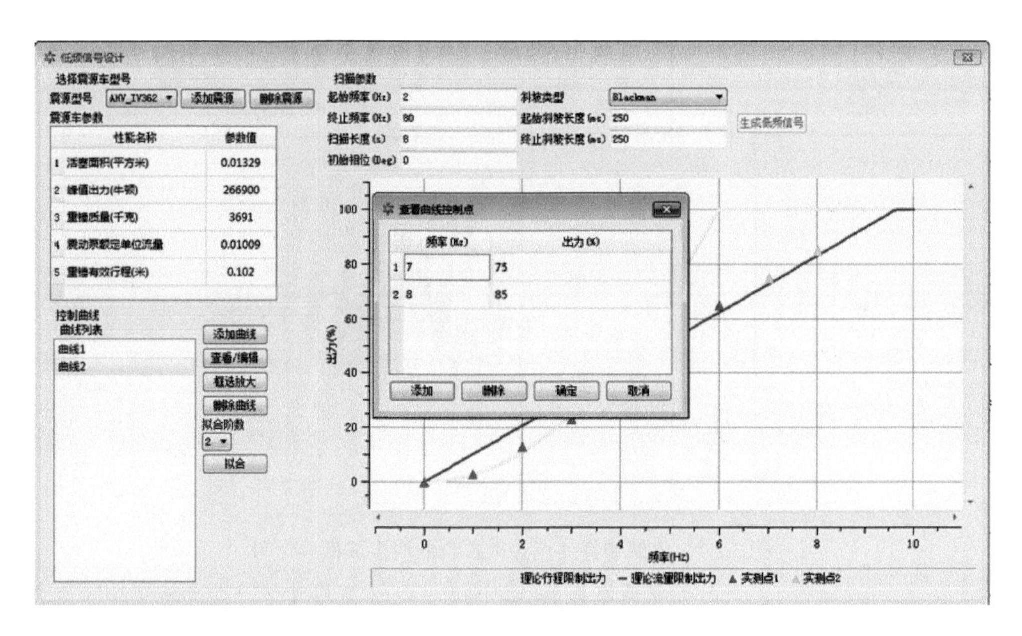

图 3.55　低频特征点的输入

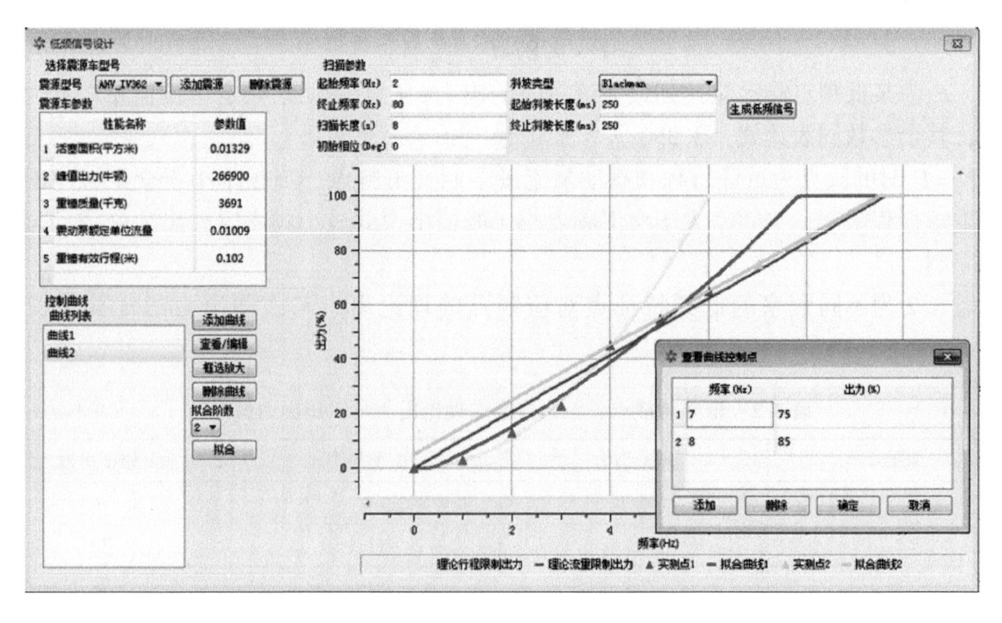

图 3.56　低频特征点参数拟合的可控震源低频输出特性曲线

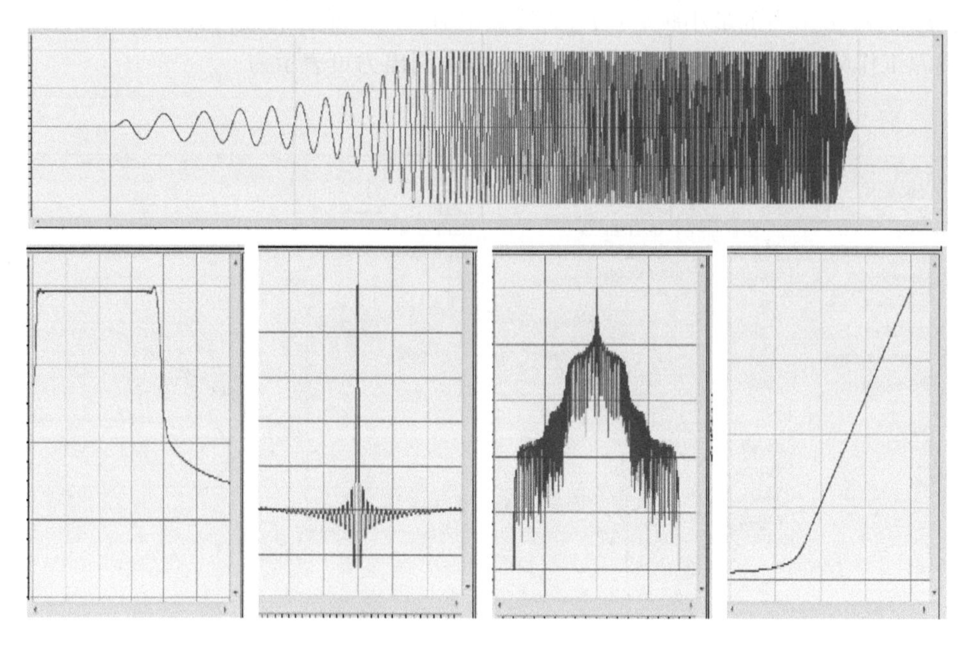

图 3.57　由低频特征点参数拟合曲线生成低频信号

$$F_s = 2\pi^2 f_L^2 S_M M_r \tag{3.36}$$

式中，F_s为某低频点重锤达到最大位移时的出力；f_L为某低频点频率，其余参数同式(3.34)。

震源工作频率低于$f_{\min}$时，受震动泵单位流量限制出力可表示为

$$F_p < 9.87 M_r f_L L_p / A_p \tag{3.37}$$

式中，F_p为某低频点震动泵达到最大流量时的出力；L_p为震动泵额定单位流量；A_p为活塞面积，其余参数同表达式（3.35）。

$F_s = F_p$时的频点为重锤行程和震动泵流量限制交汇频点，当频率小于交汇频率时，出力受重锤行程限制，当频率大于交汇频点小于峰值出力的最小频率时，出力受震动泵单位流量限制。

表 3.2 为不同频率的低频特征点对应频点的理论出力与实测出力的计算值及其修正值。

表 3.2　低频特征点导入对应频点理论出力与实测出力值对比　（单位：%）

频点	理论出力	实测出力	修正出力
1.5	6.3		7
2	13	11.1	13
3	23	25	28
3.7	38.5	38.5	38
4	45	41.5	41.5

扫描信号设计软件具备理论曲线的显示选择功能、局部放大手动微调功能、对调节后的曲线再次拟合和撤销上次调节拟合功能、拾取最终拟合曲线功能、选择控制系统的输出对应扫描信号文件类型功能。

图3.58是低频扫描信号设计参数设置对话框，用户输入合法的参数信息后，单击确定按钮可以设计出预期的低频扫描信号，或者在APP上通过设置频率控制点，然后再通过扫描信号的参数设计出预期的扫描信号，不拘泥于图3.58的方式。低频扫描设计参数包括：起始频率（start freq）、终止频率（end freq）、扫描长度（length）、初始相位（start phase）、起始斜坡长度（start taper）、终止斜坡长度（end taper）、斜坡类型（taper type）、震源类型参数设置、曲线参数设置、曲线拟合等。

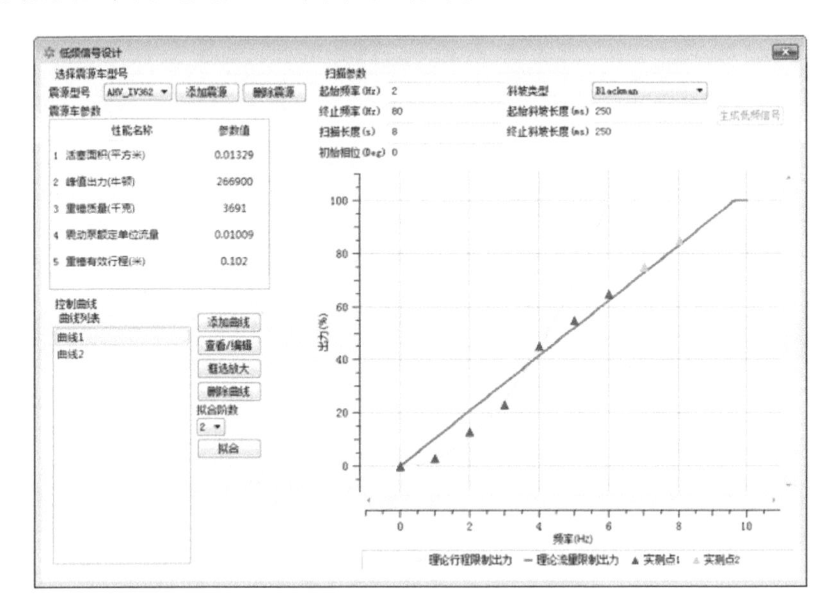

图3.58　低频扫描信号设计

参数要求：

（1）起始斜坡长度+终止斜坡长度≤扫描长度；

（2）斜坡类型分为：Cosine和Blackman，默认为Blackman；

（3）信号长度≤64s。

低频信号除了要设置一些基础参数数据外，还需要设置震源型号（添加震源型号、删除震源型号），设置曲线信息（添加、删除曲线上的点），曲线拟合阶数，以及曲线是否拟合信息，设置好这些信息后，生成低频信号按钮启用，生成信号数据。

图3.59是低频扫描信号设计显示结果，图3.60显示的形式为多窗口低频扫描信号分析图。

图3.61是频点振幅显示结果，X轴为频率（Hz），Y轴为振幅（%），显示的形式为多窗口。

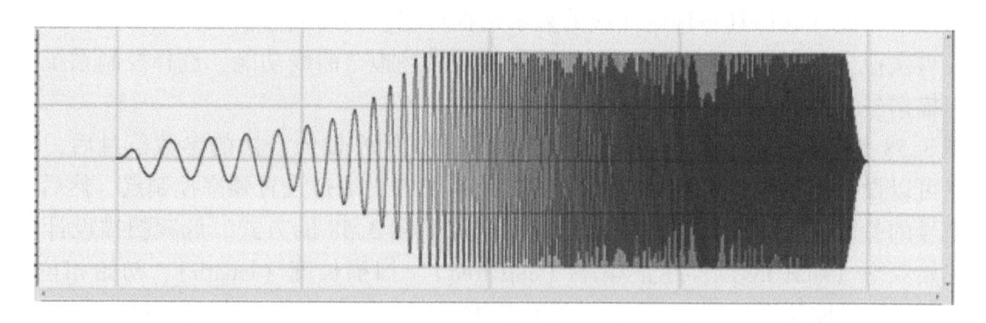

图 3. 59　低频扫描信号

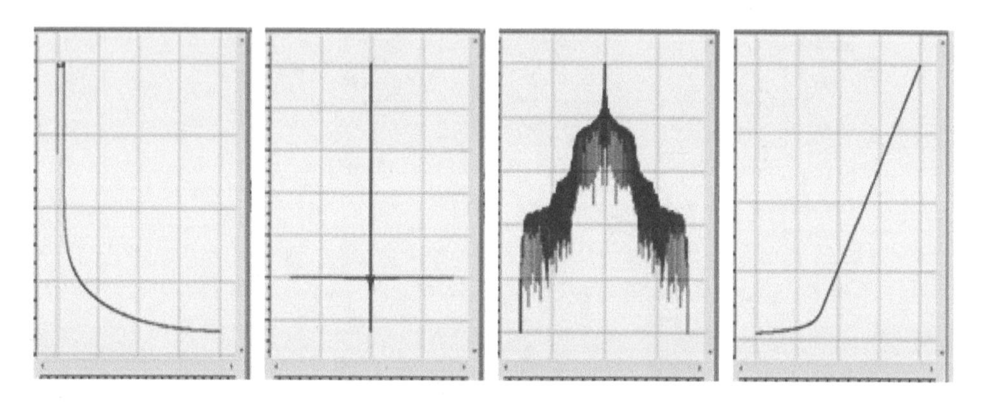

图 3. 60　低频扫描信号分析图

图 3. 61　频点振幅

二、功率谱反补偿宽频扫描信号设计

本模块的主要功能是根据已有地震资料或目标的功率谱曲线特点，进行有针对性的补偿。例如，高频部分功率谱上成分较少，设计出来的反补偿曲线适当地提高高频部分。因为这种方法是根据已知的信号功率谱设计信号，因此它可以归结为功率谱约束的信号设计(图 3. 62)。

功率谱反补偿宽频扫描信号设计的实现步骤如下：

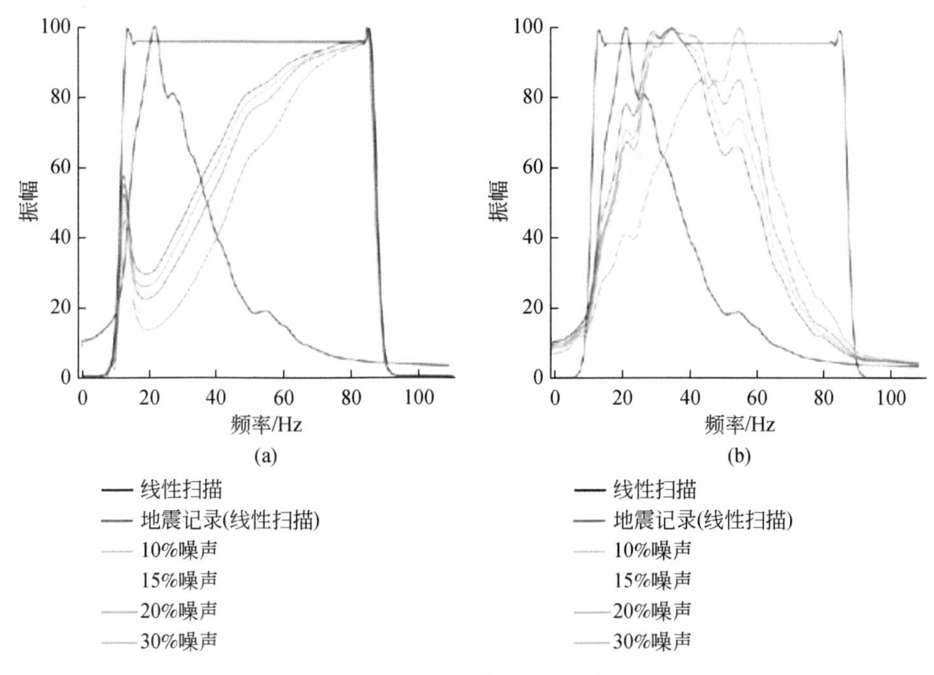

图 3.62　反补偿后曲线实例

（1）根据单炮资料，求取功率谱曲线；

（2）根据功率谱曲线，求取反补偿曲线，或者手工编辑反补偿曲线；

（3）反补偿曲线作为预设计扫描信号的功率谱，来设计扫描信号。

图 3.63 是功率谱反补偿宽频扫描信号设计参数设置对话框，用户输入合法的参数信息后，可以设计出预期的反补偿宽频扫描信号。扫描信号设计和分析参数输入包括：起始频率（start freq）、终止频率（end freq）、信号长度（length）、初始相位（start phase）、起始斜坡长度（start taper）、终止斜坡长度（end taper）、斜坡类型（taper type）。

图 3.63　扫描信号设计参数设置对话框

参数要求：

（1）起始斜坡长度+终止斜坡长度≤信号长度；

（2）斜坡类型分为：Cosine 和 Blackman，默认为 Blackman；

（3）信号长度≤64s。

图 3.64 是功率谱反补偿宽频扫描信号显示结果，形式以多窗口显示。在安卓扫描信号设计软件中，图 3.64 中的每个视图，在当前视图中单独显示，并且能够通过按钮或者

手指左右滑动切换扫描信号和其相关的分析视图。

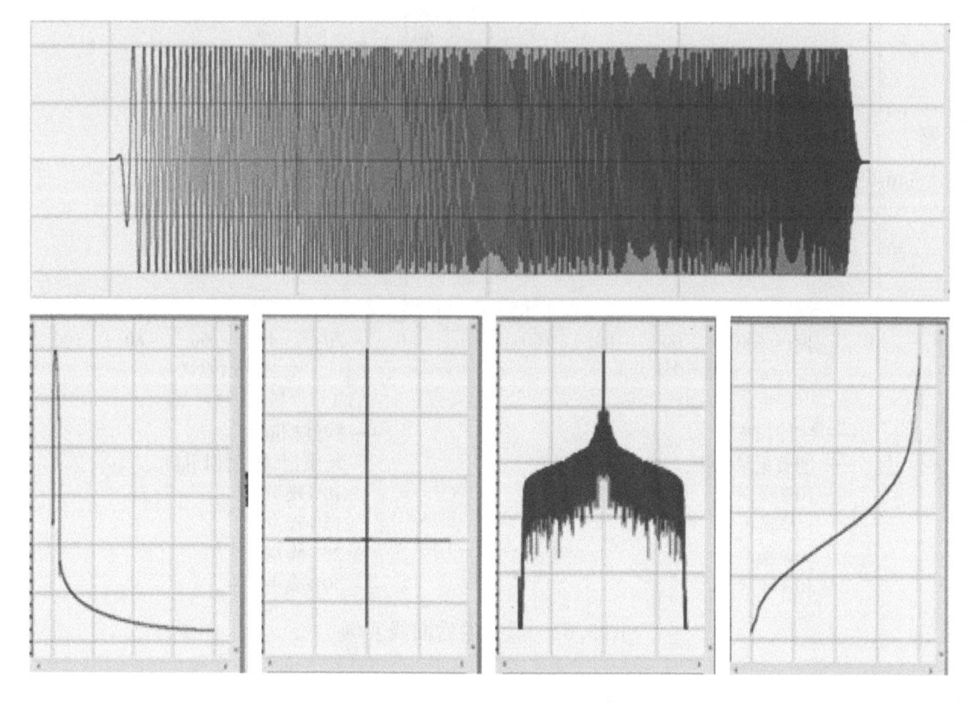

图 3.64　功率谱反补偿扫描信号

第四节　超深层油气勘探目标三维地震采集观测系统优化及勘探实例

目前，包括塔里木克拉通、鄂尔多斯克拉通、华北克拉通等国内主要克拉通盆地的油气勘探目标已经逐渐向深层、超深层发展。因此，对观测系统参数以及其他勘探采集技术提出了更高的要求。

超深层观测照明技术、基于炮检距向量（OVT）域观测系统属性分析等的三维观测系统优化技术进一步提高了深层、超深层勘探方法与参数的科学性与准确性。本章将通过分析这些技术及其在超深层油气地震勘探的实例，来展示“十三五”超深层勘探技术攻关效果。

一、超深层观测系统照明分析

照明分析是认识和研究采集地震资料时能量在地下地质结构中分布的有效手段，对先验的目标地质模型进行有效的地震照明度分析，可以清楚地识别地震波的能量分布特征，从而用来指导观测系统设计及提高成像质量（吕公河等，2006）。

本书利用基于傅里叶变换波场传播算子进行波场延拓（Huang et al.，1999），对地质目标进行快速高效的地震照明度分析。提出了全炮照明和单炮照明，全炮照明分析指所有炮点激发完毕后能量在地质目标区内的分布情况；单炮照明分析指在某个特定位置激发时能量在地质目标区内的分布情况。利用全炮照明分析可以从全局上观察到能量在地下介质中分布的强弱，且计算效率非常高；而单炮照明分析可以从局部观察地下构造对能量传播的影响。

该方法具有效率高、速度快和精度高的优点，能有效地优化观测系统的设计，进而提高成像质量。

（一）三维观测系统照明分析方法原理

1. 震源设置

三维地震照明分析的第一步是设置震源，假定震源在地表的位置坐标为（x_s，y_s，0），检波点的位置坐标为（x_g，y_g，0）。则震源波场可表示为

$$S(x,y,z=0,\omega)=\delta(x-x_s)\delta(y-y_s)\mathrm{Ricker}(x_s,y_s,z=0,\omega)$$
$$R(x,y,z=0,\omega)=\delta(x-x_g)\delta(y-y_g)\mathrm{Ricker}(x,y,z=0,\omega) \tag{3.38}$$

式中，δ（*）为狄拉克函数；Ricker 为震源函数，这里去雷克子波即可。

通过求解单程波动方程获得地下所有深度的震源和检波点波场 $S(x,\ \omega)$ 和 $R(x,\ \omega)$，初值为地表处合成波场。

由于照明度表示能量在介质中的分布，只关心能量或振幅，所以仅需计算主频附近的若干频率成分或者只取主频一个频率，且取各频率照明度的均方根作为整体照明度，定义在某一深度 z 处的地震波照明度为

$$E(x)=\left[\sum_{\omega_0-\Delta\omega}^{\omega_0+\Delta\omega}|S(x,\omega)R(x,\omega)|^2\right]^{1/2} \tag{3.39}$$

式中，$S(x,\ \omega)$ 和 $R(x,\ \omega)$ 分别为在某深度 z 处合成平面波源和及其接收点处的波场；$E(x)$ 为深度 z 处整体照明度。对于每一步的照明度，即 z 到 $z+\Delta z$ 处的整体照明度如式（3.40）所示：

$$E(x,y,z+\Delta z)=\left[\sum_{\omega_0-\Delta\omega}^{\omega_0+\Delta\omega}|S(x,y,z+\Delta z,\omega)R(x,y,z+\Delta z,\omega)|^2\right]^{1/2} \tag{3.40}$$

其中，

$$S(x,y,z+\Delta z,\omega)=P(x,y,\Delta z,\omega)S(x,y,z,\omega)$$
$$R(x,y,z+\Delta z,\omega)=P(x,y,\Delta z,\omega)R(x,y,z,\omega)$$

$P(x,\ y,\ \Delta z,\ \omega)$ 选用了耦合透射的单程波傅里叶传播算子。需要说明的是，本书不仅考虑了源照明的情况，也考虑了检波器照明的影响，因为若仅考虑检波器照明的影响，则该方法可直接评价偏移成像后的效果，因此，本书对二者的照明均有考虑。

2. 耦合透射效应的傅里叶波动方程传播算子

介质可以剖分成与波的主传播方向垂直的若干薄板。假定 Ω 表示厚度为 Δz 的非均质薄板，Γ_0 和 Γ_1 分别为薄板的上、下边界。薄板内的速度分布为 $v(r)$，v_0 为背景速度，式（3.41）中 r 为位置矢量。稳态谐波场 $u(r)$ 满足如下的标量 Helmholtz 方程：

$$\nabla^2u(r)+k^2u(r)=0 \tag{3.41}$$

式中，$k=\omega/v(r)$ 为波数。

k 在波数域的形式可写为

$$k_z u(k_x, z+\Delta z) - \mathrm{i}q(k_x, z+\Delta z) = [k_z u(k_x, z) + \mathrm{i}q(k_x, z) + k_0 F(k_x, z)]\exp(\mathrm{i}k_z \Delta z) \quad (3.42)$$

式（3.42）为双程波动方程，描述了非均质薄板内双程波传播，包括Γ_0和Γ_1之间的多次前向和后向散射波。但是，求解该方程，需要在波数域对权速度波场 F（k_x，$z+\Delta z$）进行算子反褶积，计算量庞大，为提高计算效率，需要对式（3.42）进行单程波逼近。假定忽略后向散射波，即Γ_0和Γ_1之间的多次反射忽略，式（3.42）可近似为 Rayleigh 型积分表达式：

$$k_z u(k_x, z+\Delta z) - \mathrm{i}q(k_x, z+\Delta z) = [2k_z u(k_x, z) + k_0 F(k_x, z)]\exp(\mathrm{i}k_z \Delta z) \quad (3.43)$$

考虑到边界Γ_1处透射和折射对单程波传播的影响，需要在薄板下的相邻介质中建立以下边界积分方程式：

$$u(r) + \int_{\Gamma_1}\left[G(r,r')q(r') + u(r')\frac{\partial G(r,r')}{\partial n}\right]\mathrm{d}r' - k_0^2\int_{\Omega}O(r')u(r')G(r,r')\mathrm{d}r' = 0 \quad (3.44)$$

利用 Hankel 函数的平面波表达式，式（3.44）变为

$$\mathrm{i}q(k_x, z+\Delta z) = -k'_z u(k_x, z+\Delta z) + k_0 F(k_x, z+\Delta z)$$

其中，k'_z为Γ_1以下相邻薄板的波数，将其代入式（3.43）得

$$(k_z + k'_z)u(k_x, z+\Delta z) - k_0 F(k_x, z+\Delta z) = [2k_z u(k_x, z) + k_0 F(k_x, z)]\exp(\mathrm{i}k_z \Delta z) \quad (3.45)$$

令 $F(k_x, z+\Delta z) \approx F(k_x, z)\exp(\mathrm{i}k_z \Delta z)$

有

$$u(k_x, z+\Delta z) = \frac{2k_z}{k_z + k'_z}\left[u(k_x, z) + \frac{k_0}{k_z}F(k_x, z)\right]\exp(\mathrm{i}k_z \Delta z) \quad (3.46)$$

式（3.50）为单程波下行波传播算子，考虑了薄板非均匀带来的前向散射的累积效应及不同薄板间透射和折射对振幅和相位的影响。对单程波上行波，同理有式（3.47）：

$$u(k_x, z) = \frac{k'_z - k_z}{k'_z + k_z}u(k_x, z+\Delta z)\exp(-\mathrm{i}k'_z \Delta z) \quad (3.47)$$

式（3.47）即为单程波上行波动方程的解。式（3.46）和式（3.47）第一项为反射/透射系数，用来校正振幅，确保波场在反射和透射后振幅信息的正确性；第二项为传播算子，保证相位信息的正确性。因此，式（3.46）和式（3.47）不仅考虑了薄板内非均匀介质前向和后向散射效应，而且考虑了边界上反/透射系数对波场振幅的影响。

由式（3.46）和式（3.47）知，考虑反射/透射效应的傅里叶单程波传播算子可以通过常规分裂步傅里叶法（SSF）来实现波场传播（Stoffa et al., 1990）。为了简化计算，式（3.46）和式（3.47）中的振幅校正项可以直接用垂直反射/透射公式计算得到。这样的近似并不影响计算精度，因为地震波传播以垂直方向为主传播方向。

（二）利用照明分析指导观测系统设计

1）单炮激发单向快速照明分析

在地表某处激发单炮，仅考虑震源的影响，局部考察该炮在地下介质的照明分布，考

察单炮照明在不同排列长度内的照明度，从而给出最佳排列长度。可以直观展示震源激发后的地震波能量在空间的传播特征和分布范围。

2）全炮激发单向快速照明分析

全炮激发单向快速照明，同样仅考虑震源处地震波能量在地下介质的传播特征以及分布特征；与单炮激发单向快速照明分析不同的是，前者从空间局部上考察地震波能量特征，后者可以从整体上考察地下地质构造对能量传播特征和分布特征，在目标区内存在阴影区的情况下，能及时了解并进行必要的补炮。

3）单炮激发双向快速照明分析

单炮激发双向快速照明分析，从空间局部角度同时考虑了某炮的源和检波器照明的效果，即震源处的能量和检波点处的能量均能传播到目标区，以更加精确地确定单炮激发单向照明确定的排列长度。

4）全炮激发双向快速照明分析

全炮激发双向快速照明分析，从空间全部（或整体）角度同时考虑了所勘探区域内的激发源和检波器照明的效果，更加全面地了解能量在地下的分布特征，以及了解地质构造对能量特征的影响和阴影区是否存在，以便及时对观测系统做出必要的调整。

5）基于目标的快速照明分析

在野外施工过程中，难免会遇到村庄、河流、湖泊等障碍物，需调整观测系统以继续施工。而变观测系统（简称“变观”）后会使地下能量分布有很强的“阴影区”。因此，要综合上述四项技术评价局部和全局观测系统，以便最大限度地削弱变观对地下能量“阴影区”分布特征的影响。

（三）三维照明分析技术的实际应用

1. 单炮照明分析效果

以某三维模型为例，在计算机上对其进行的单炮照明参数如图 3.65 所示，共用时 1min，计算机配置为内存 2.0G、CPU 主频 2.8GHz。图 3.66 是单炮照明三维切片显示。图 3.67 ~ 图 3.72 分别是单炮照明各个方向的二维切片显示。单炮照明分析能定量分析不同位置的震源激发对地下介质的照明分布，从而定性确定最优加密炮范围。

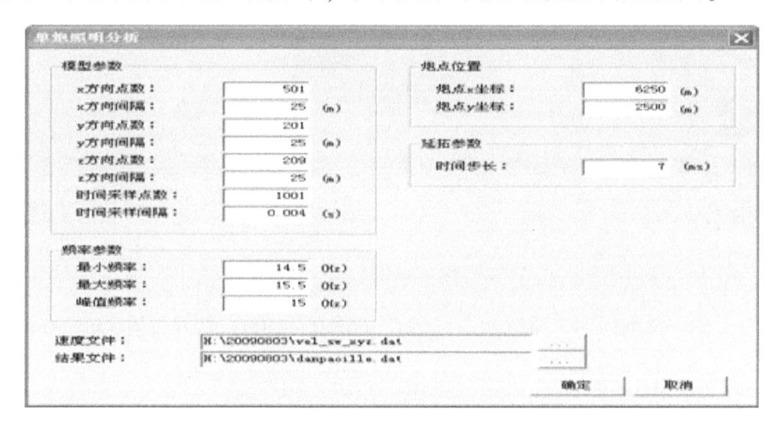

图 3.65 三维单炮照明参数框

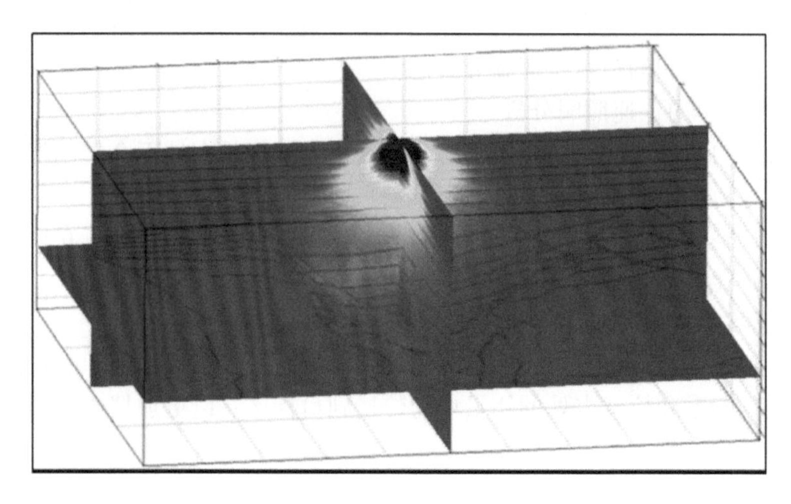

图 3. 66　三维单炮照明效果图三维切片显示［炮点坐标（6250，2500）］

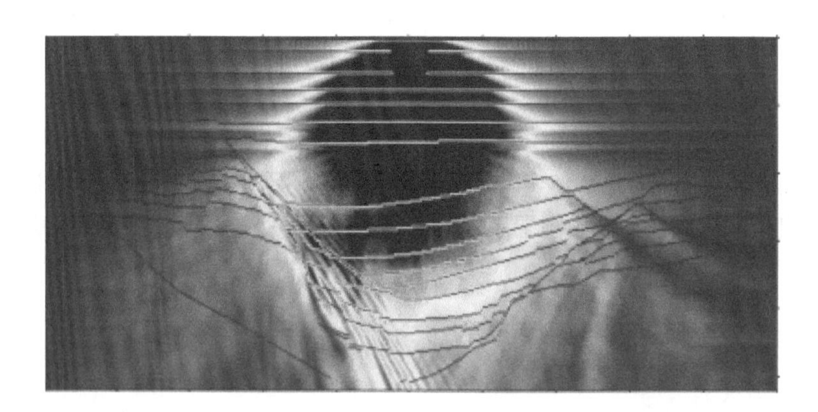

图 3. 67　单炮照明二维纵切图［炮点（6250，2500）切片位置 y=2500m］

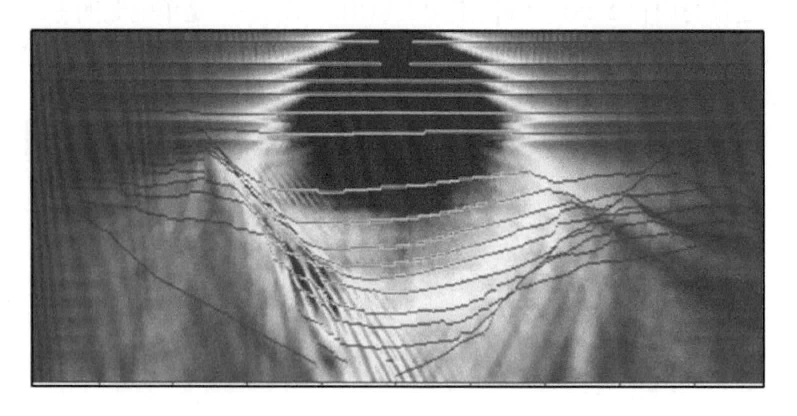

图 3. 68　单炮照明二维纵切图［炮点（6250，2500）切片位置 y=2700m］

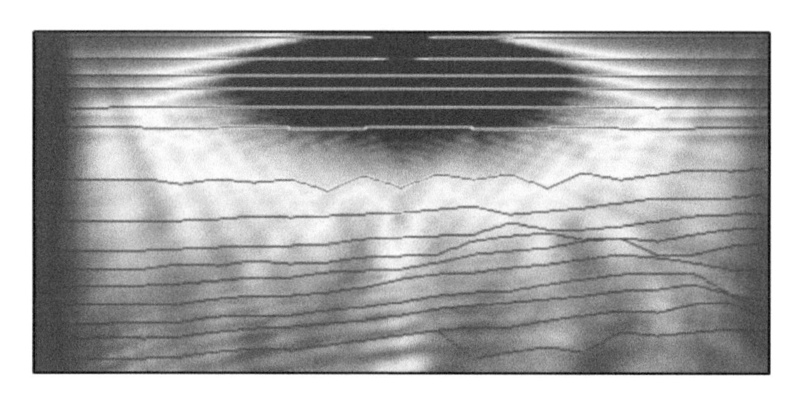

图3.69　单炮照明二维纵切图［炮点（6250，2500）切片位置 $y=6050\text{m}$］

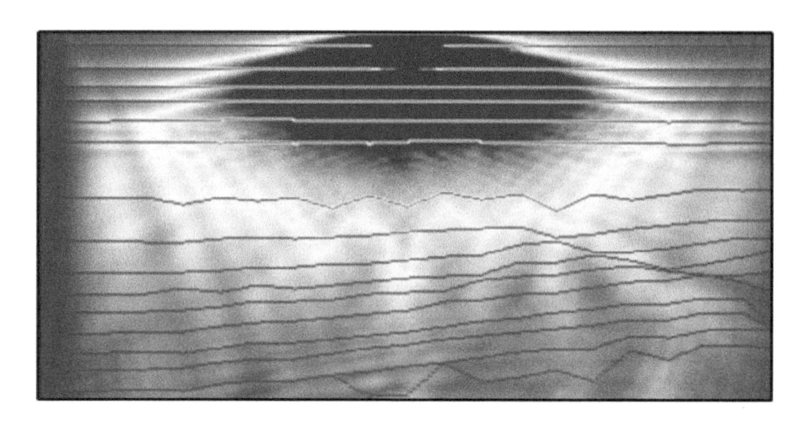

图3.70　单炮照明二维纵切图［炮点（6250，2500）切片位置 $x=6500\text{m}$］

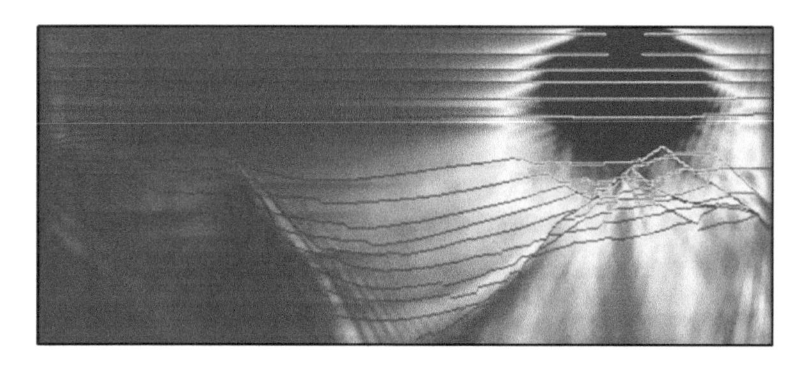

图3.71　单炮照明二维纵切图［炮点（10000，2000）切片位置 $y=2000\text{m}$］

2. 目标区照明能量分析

以某三维模型为例，对其进行目标区照明能量分布分析，参数和能量分布如图3.73～图3.77所示。目标区照明能量分析能定量分析地表炮点分布和检波点分布对目标区照明的影响，为进一步的目标导向观测系统设计或变观奠定基础。

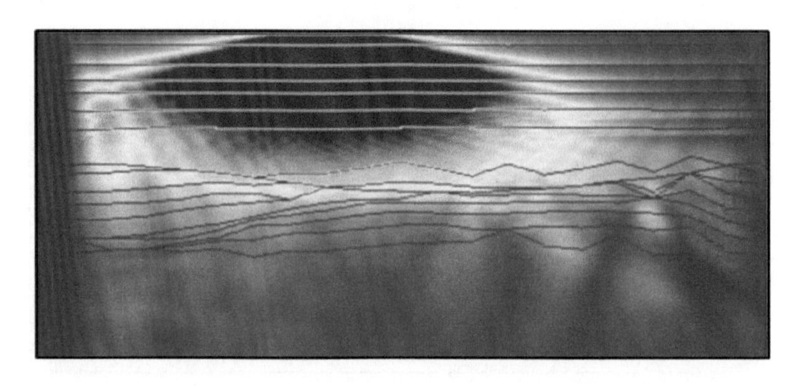

图 3.72　单炮照明二维纵切图［炮点（10000，2000）切片位置 $x=10000$m］

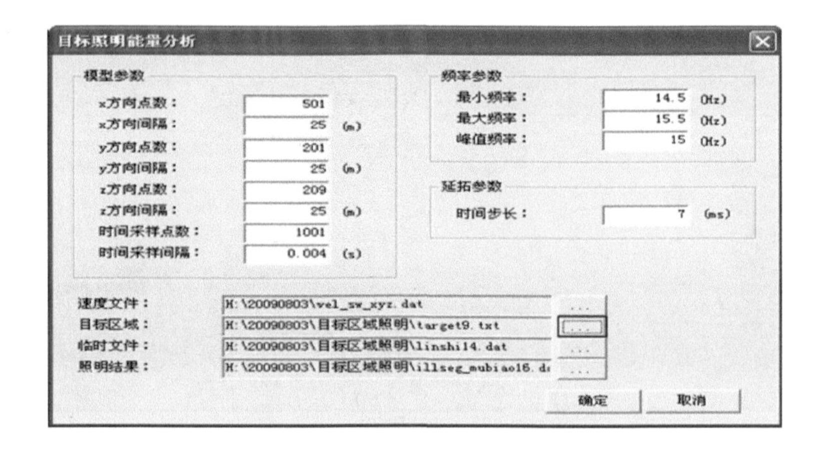

图 3.73　目标照明能量分布参数表

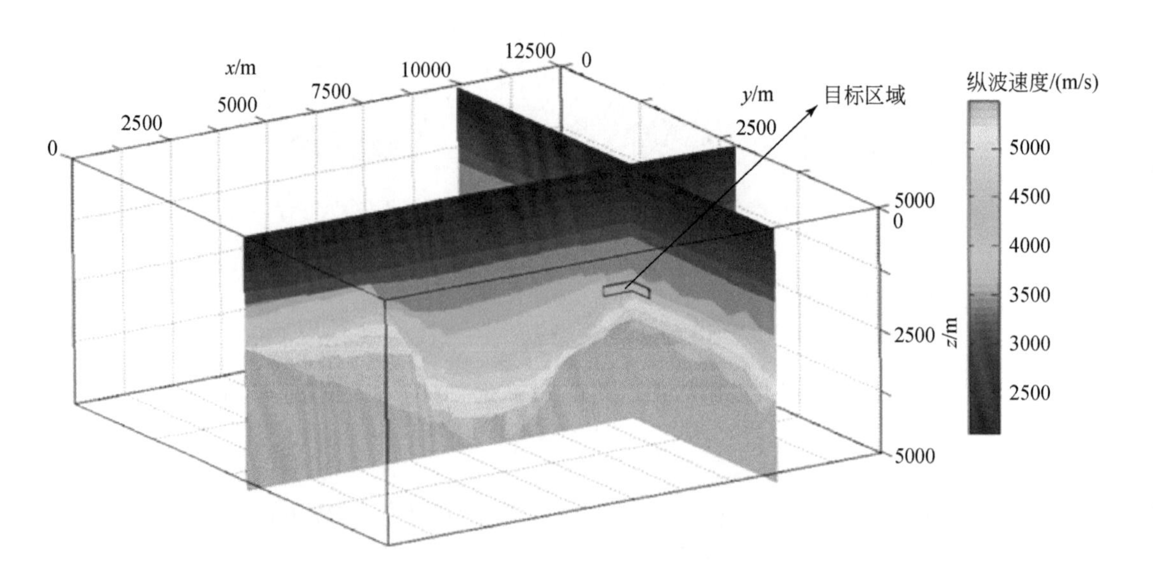

图 3.74　目标区在介质模型中的位置图

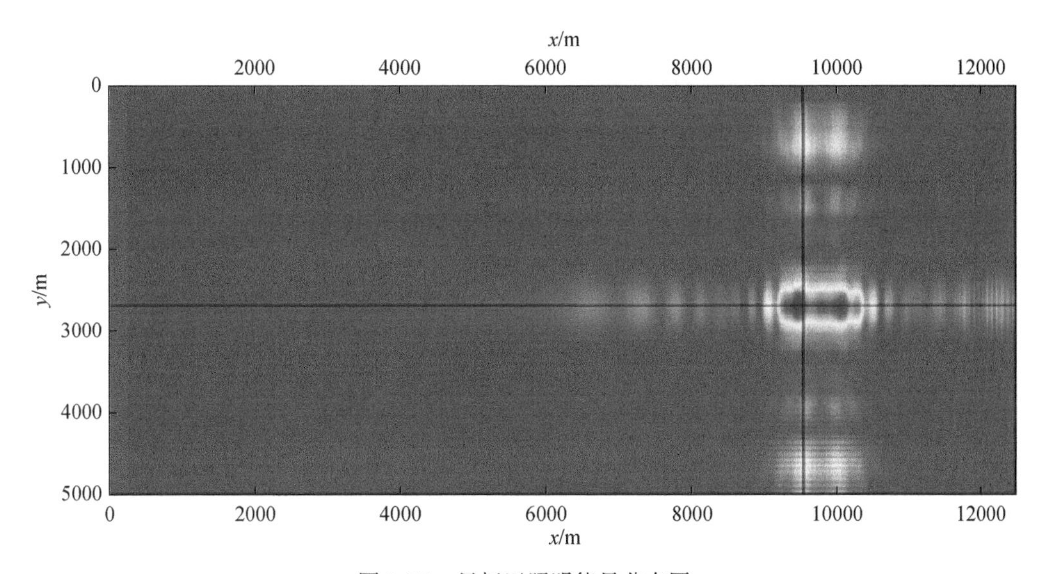

图 3.75　目标区照明能量分布图

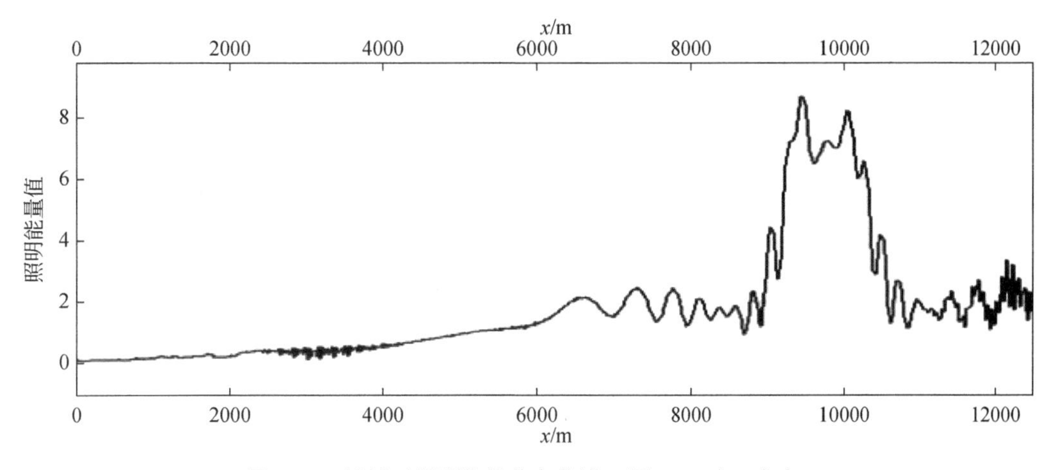

图 3.76　目标区照明能量分布曲线（图 3.75 中 x 方向）

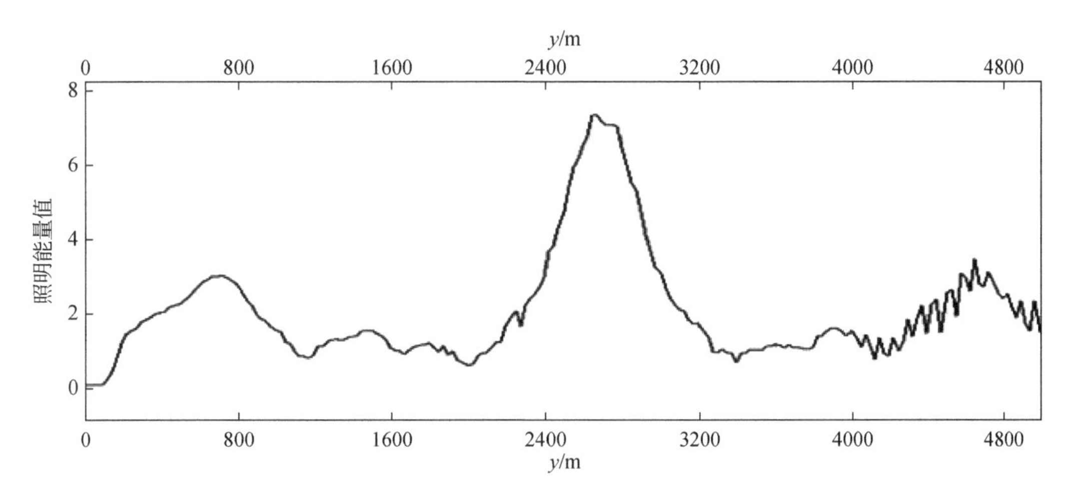

图 3.77　目标区照明能量分布曲线（图 3.75 中 y 方向）

3. 全炮照明分析及效果

以某三维模型为例，对其进行全炮照明，图 3.78 ~ 图 3.87 分别是照明结果的三维显示和各个方向不同深度的二维切片显示，受到变观的影响，阴影区较为明显。全炮照明分析能定量分析特定采集观测系统（包括炮点分布、检波点分布以及炮检关系）情况下不同位置照明能量的均匀性，进而优选出最佳的采集观测系统方案。

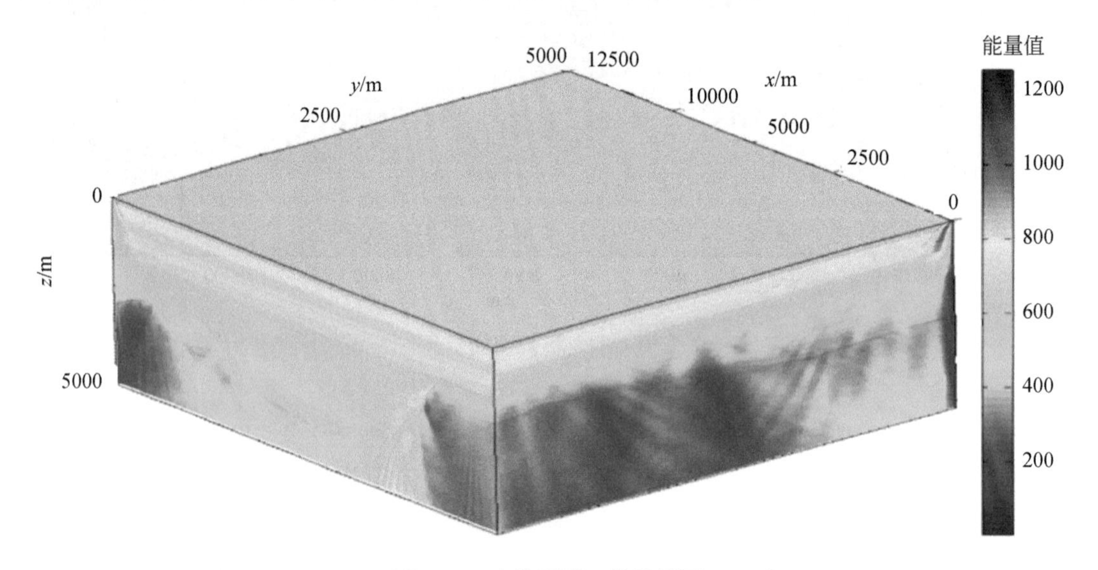

图 3.78　全炮照明三维效果图

图 3.79　在 Y=750m 做切片的全炮照明（上）和地质模型（下）

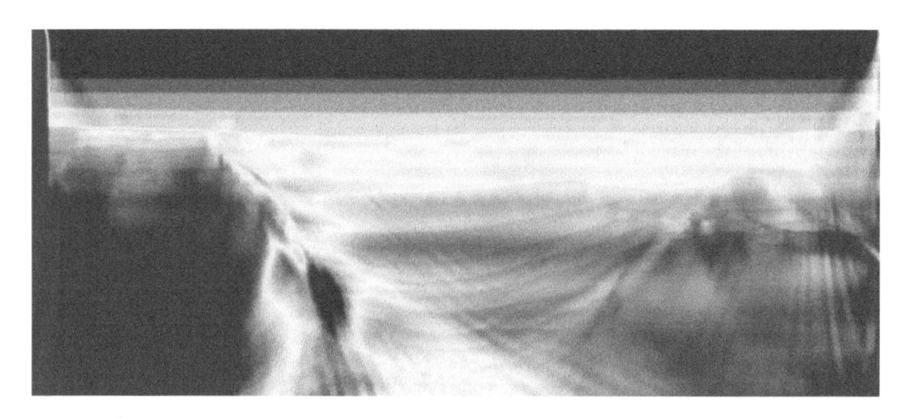

图 3.80　在 $Y=1775\text{m}$ 做切片的全炮照明二维图

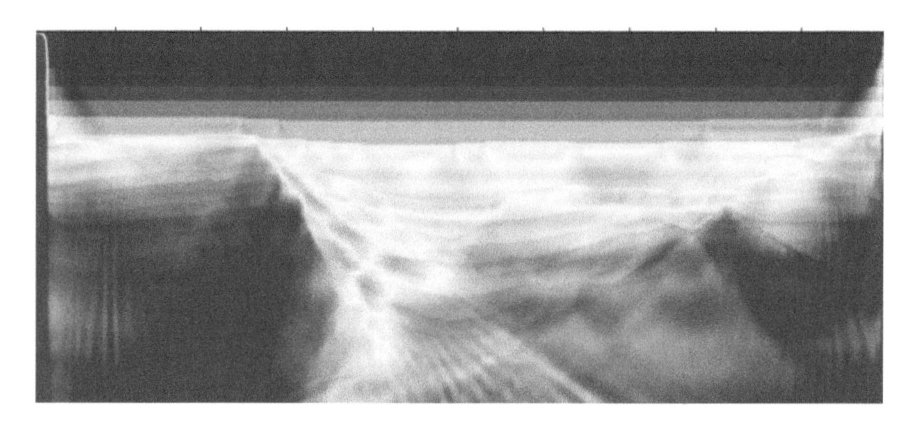

图 3.81　在 $Y=3400\text{m}$ 做切片的全炮照明二维图

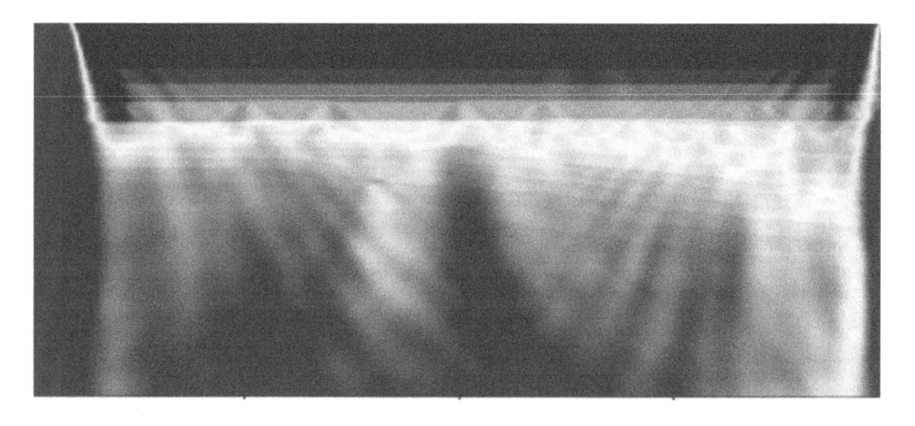

图 3.82　在 $X=2000\text{m}$ 做切片的全炮照明二维图

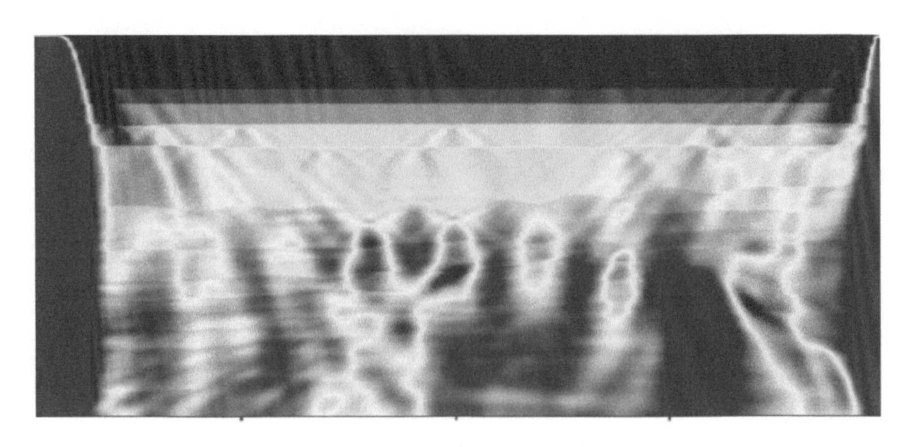

图 3. 83　在 $X=5200$m 做切片的全炮照明二维图

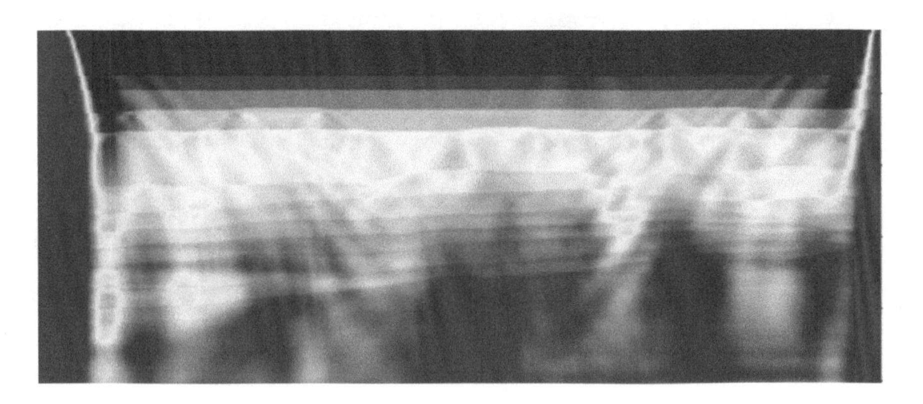

图 3. 84　在 $X=8500$m 做切片的全炮照明二维图

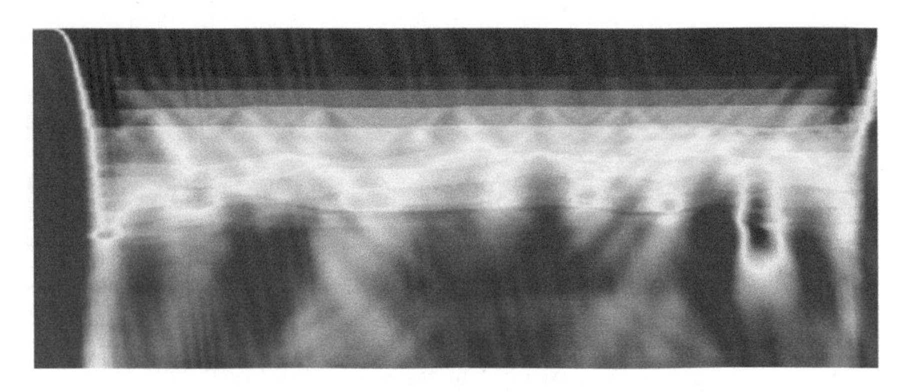

图 3. 85　在 $X=10800$m 做切片的全炮照明二维图

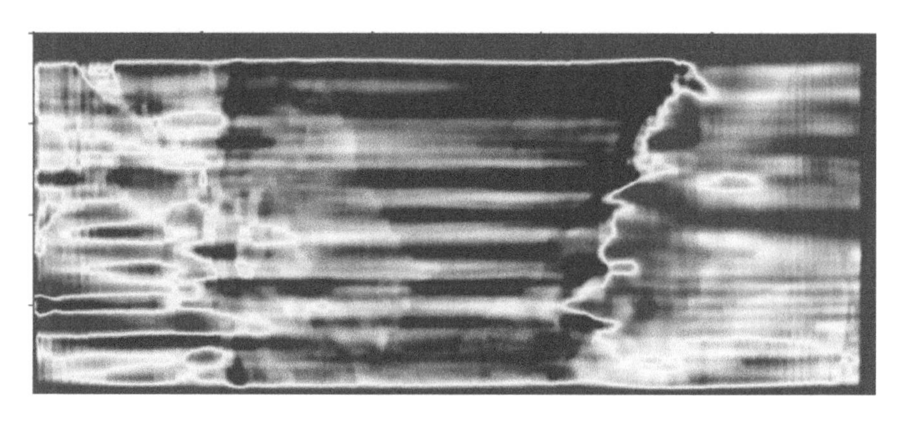

图 3.86　在 $Z=2650$m 做切片的全炮照明二维图

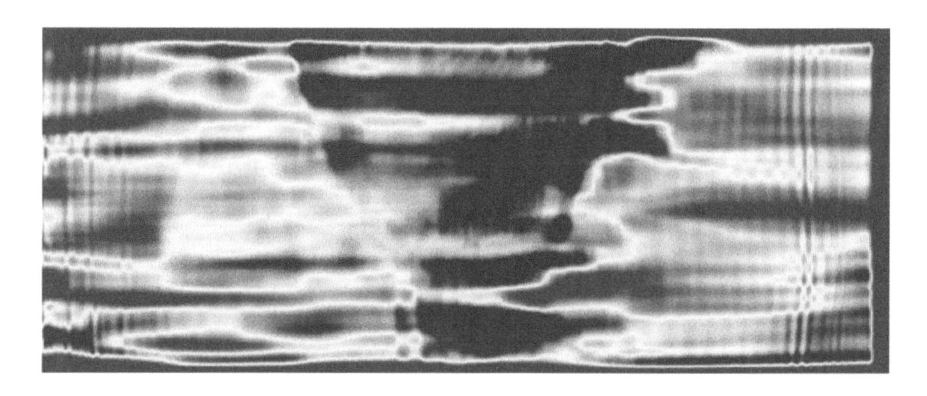

图 3.87　在 $Z=4000$m 做切片的全炮照明二维图

二、基于 OVT 体偏移三维地震观测系统优化方法

（一）OVT 域观测系统属性分析的研究

1. OVT 概念

偏移距矢量片（offset vector tile，OVT）最早由 Vermeer（1998a，1998b）在研究采集工区的最小数据集表征时提出。OVT 域是衍生于十字排列的一种数据处理域，具有延伸至全工区的单次覆盖、偏移后保留方位角信息、高精度插值等优良特性，每个 OVT 类似一个叠后三维数据体。基于 OVT 域的处理、解释技术已经成为目前勘探采集处理的主流技术。

OVT 是十字排列道集内的一个数据子集，OVT 数据子集就相当于一个限定炮检距、方位角范围的道集，见图 3.88。从我们熟悉的面元角度可以更好地理解 OVT 数据子集：首先按两倍线距的网格对每个面元中的炮检对进行网格划分，并对每个网格进行编号，然后将所有面元具有同样网格编号的炮检对提取出来，就构成一个 OVT 数据子集。如图

3.89 所示，从 OVT 数据分选过程很容易看出 OVT 体的数量等于该观测系统的覆盖次数（马涛等，2019）。

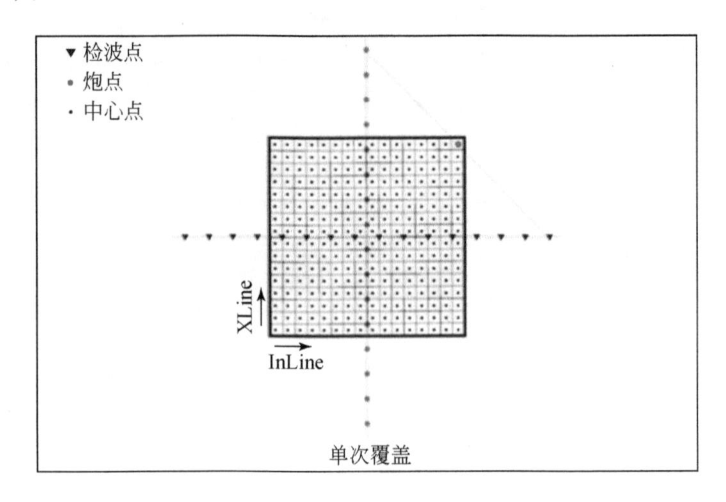

图 3.88　十字子集示意图

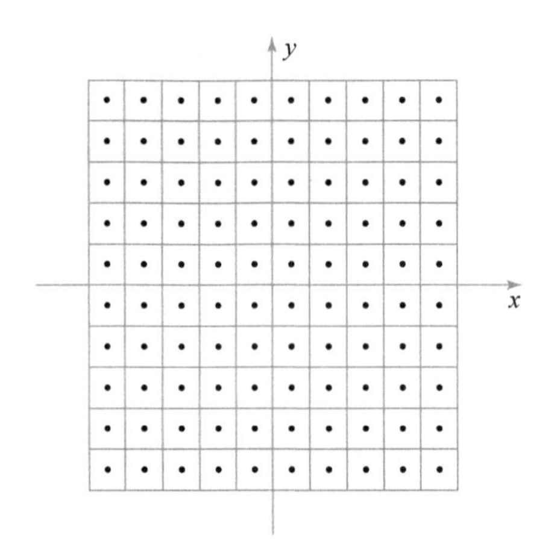

图 3.89　一个 CMP 道集的炮检对示意图

黑点表示一个炮检对在炮检距 x、y 两个方位投影的坐标；数字表示 OVT 编号

OVT 道集具有如下优点：

（1）OVT 道集能够拓展到整个探区，空间不连续性幅度小，并且 OVT 道集内偏移距和方位角是相对恒定的，非常适合规则化和偏移处理；

（2）OVT 处理相对于分扇区处理能得到更准确的方位速度，得到更好的成像效果；

（3）OVT 偏移后可以保留更精确的方位和偏移距信息，便于方位相关的属性提取，如方位各向异性分析及裂缝检测。

与共炮检距域比，OVT 域空间不连续性幅度小。如在共炮检距域偏移成像时，即使是没有变观的理论观测系统，其覆盖次数分布图也可以见到有规律的空白现象，也就是偏移成像空间出现不连续，如图 3.90 所示。而在 OVT 域偏移成像时，对于没有野外变观的理论观测系统，它的每个 OVT 体是一个单次覆盖的连续空间，每个面元都有一个炮检对数据。即使是野外有变观，它的 OVT 体空间连续性也明显好于共炮检距域，从图 3.91 的一个 OVT 片的炮检对数属性分析，可以看出除一些零星面元因变观造成数据空白外，其他区域空间连续。

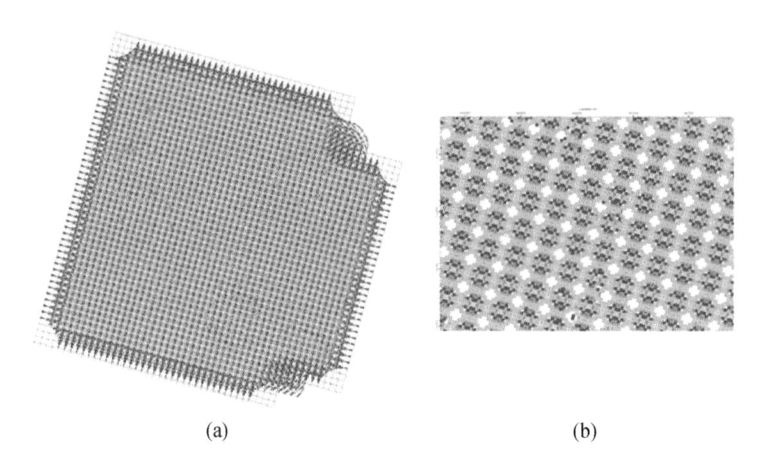

图 3.90　共炮检距域空间不连续示意图

（a）某个炮检距段的覆盖次数图；（b）局部放大图

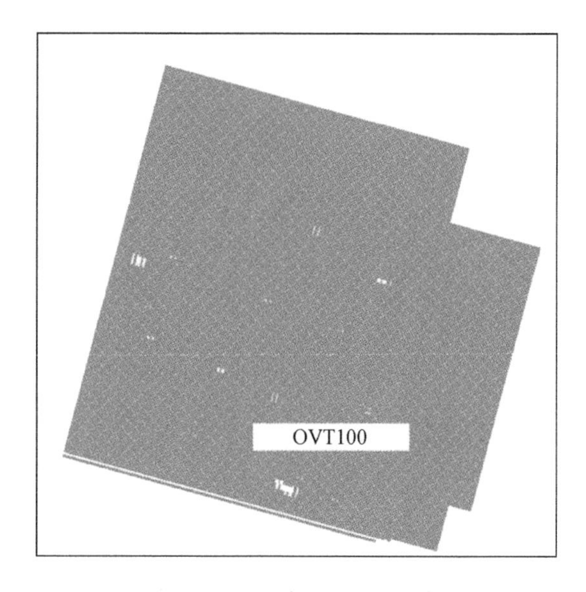

图 3.91　OVT 域面元分析示意图

2. OVT 属性分析的算法研究

OVT 属性分析算法研究工作分为理论观测系统和实际数据观测系统两部分。理论观测系统 OVT 属性分析主要用于采集设计参数论证阶段。在采集参数论证过程中，通过 OVT 属性分析，可以快速得到观测系统方案的 OVT 域面元属性特性，更好地指导观测系统相关参数的选取，并且十字子集的数据量小，能够实现快速计算。

理论观测系统 OVT 面元属性分析的具体实现步骤如下：

（1）根据具体观测系统参数构建十字子集数据；

（2）十字子集数据的分选，依据两倍线距将十字子集数据划分为 OVT 数据；

（3）对划分出的 OVT 数据进行覆盖次数、炮检距、方位角和容差统计分析，完成该观测系统所有 OVT 属性分析。

野外生产时，由于存在野外变观，生成的观测系统数据的炮检距属性变化多，每个面元子区的炮检对属性有差异，需要计算整个工区的炮检对数据，计算工作量较大。

实际数据观测系统 OVT 属性分析的实现步骤如下（图 3.92）。

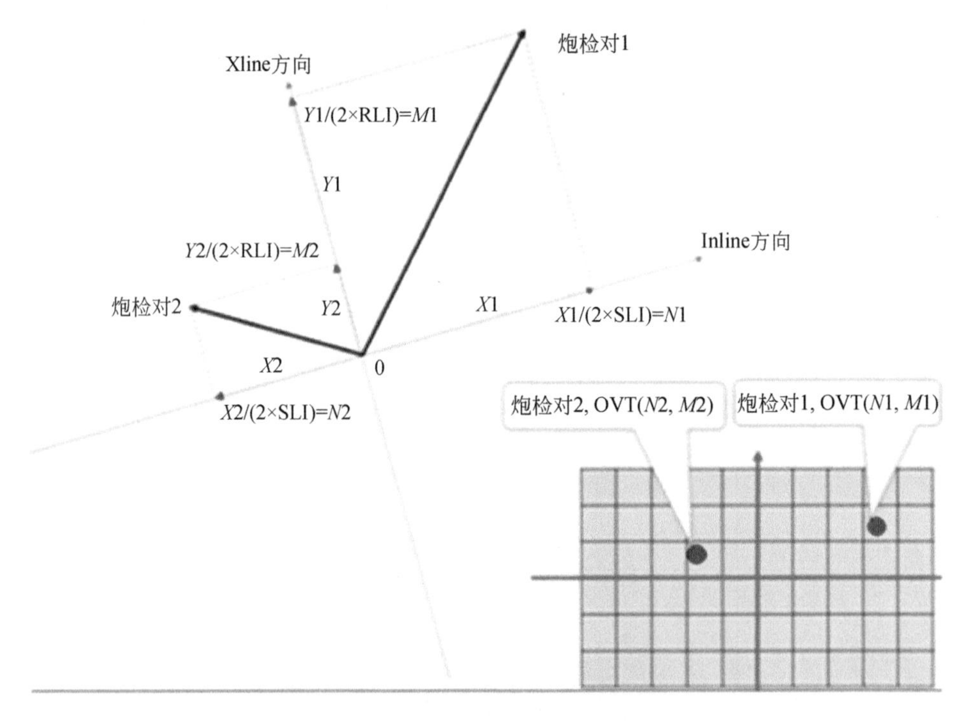

图 3.92　OVT 计算示意图

RLI 为检波线距；SLI 为炮线距

（1）首先从 sps 数据计算得到分析区域的炮检对信息，主要是每个炮检对的炮检点坐标信息；

（2）根据炮检点坐标对每个炮检对沿 Inline（x 轴）和 Crossline（y 轴）进行投影，得到每个炮检对 x 轴、y 轴的投影坐标；

（3）按两倍接收线距、炮线距划分网格，将划分的网格进行编号；

（4）每个炮检对按 x、y 轴投影坐标值归到相应的网格中，得到 OVT 属性数据；

（5）得到 OVT 域炮检对数据后，剩下的分析计算工作就同理论观测系统 OVT 属性分析算法一样。

（二）OVT 属性分析技术在观测系统参数优化中的应用

1. OVT 属性分析技术在采集参数设计论证中的应用

在地震采集参数论证阶段，一般要提出几套观测系统进行面元属性的分析，对比优选方案。由于目前的面元属性分析技术很少专门针对 OVT 处理技术进行 OVT 域面元属性分析，本研究探讨了 OVT 域属性与观测系统参数的关系。

（1）OVT 体数量与覆盖次数的关系：在给定最大纵横向炮检距时，OVT 数量和覆盖次数都是由线距大小决定的，因此两者之间必然存在一定关系。例如，在观测系统滚动一线时，一种观测系统的 OVT 数量就等于覆盖次数，而滚动多线的观测系统由于炮检对属性变化，就不能简单地将 OVT 数量和覆盖次数等同，这是需要根据具体的数据处理办法进行相应调整。

（2）OVT 属性和线距的关系：OVT 处理技术主要是为达到分偏移距和分方位角处理目的，希望每个 OVT 数据某一炮检距和方位角的数据越集中越好。OVT 是以最大炮检距为基础，按两倍线距进行划分，因此最大炮检距固定情况下，线距越小，划分出的 OVT 数量越大，OVT 的划分精度越高。OVT 的划分精度用容差这个指标来衡量。所谓 OVT 容差是指一个 OVT 片内炮检距（或方位角）最大值与炮检距（或方位角）最小值的差值，反映了一个 OVT 片里炮检距或方位角属性的离散程度。通过对比两种不同线距的观测系统，分析不同线距对 OVT 容差的影响。线距对 OVT 划分精度影响大，线距越小，OVT 划分精度更高。通过以上分析，OVT 的容差属性可以作为线距参数论证的一个重要评价指标。

2. OVT 属性分析技术在地震采集野外变观中的应用研究

实际野外生产中会产生变观，因此分析变观对 OVT 属性的影响就很必要。本次研究以一个实际采集数据为例进行说明。

该项目设计观测系统如下所示。

观测系统：16 线×5 炮×110 道；

覆盖次数：88 次；

接收点距：50m；

接收线距：250m；

最大最小炮检距：354m；

横向最大炮检距：1987. 5m；

束间滚动距离：250m；

基本面元：25m×25m；

接收道数：1760 道；

激发点距：50m；

激发线距：250m；

纵向最大炮检距：2725m；

最大炮检距：3365. 4m；

纵横比：0.72。

该三维项目地表较简单，野外炮点偏移较少，因此面元属性较理论观测系统的属性变化较少。图 3.93 是该三维项目的实际炮检点布设图和满覆盖平面分布图，可以看到整体工区变观的炮点较少，覆盖次数变化也不大。即使这样，也能突显变观对 OVT 域处理的影响。

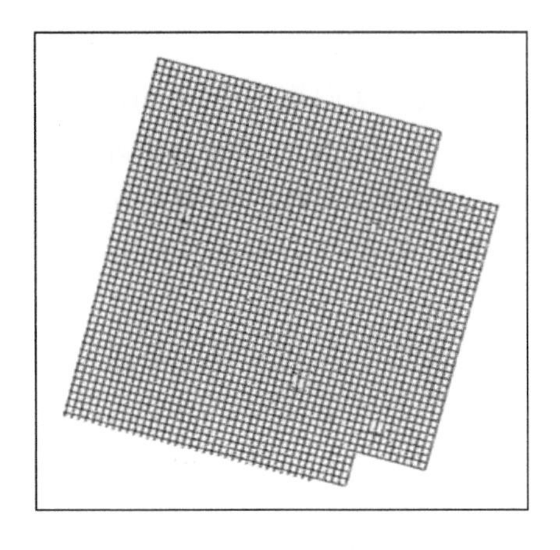

图 3.93　实际炮检点布设图和满覆盖次数图

首先对该数据进行了 OVT 属性分析，16 线 5 炮 11 道 88 次覆盖次数观测系统，理论 OVT 数量为 88 个，但实际数据经过数据分选计算得到的 OVT 域数据情况如图 3.94 所示，变观实际 OVT 数量达到了 116 个，比理论多出了 28 个。为了搞清这些多出的 OVT 原因及影响，对所有 OVT 数据进行了分析。我们对比每个 OVT 的文件大小，发现这多出来的 28 个 OVT 数据文件明显偏小，而且这些数据在 OVT 图的分布明显位于大炮检距位置，如图 3.94 中带星号的位置。接着分析对比了一个正常 OVT 体的面元属性和一个小数据 OVT 的面元属性，如图 3.95 所示。可以看出正常 OVT 数据覆盖次数分布图基本完整，缺失数据的面元较少，而小数据 OVT 的平面图上仅有少数面元有数据，大部分面元都是空白，没有数据。

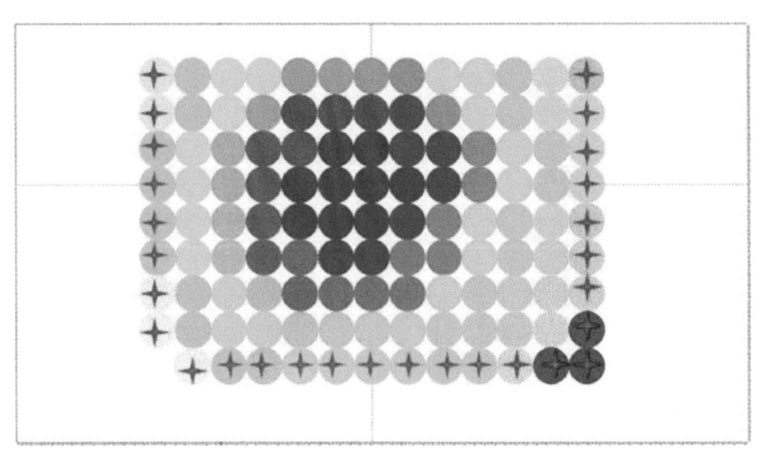

图 3.94　实际数据的 OVT 分布图

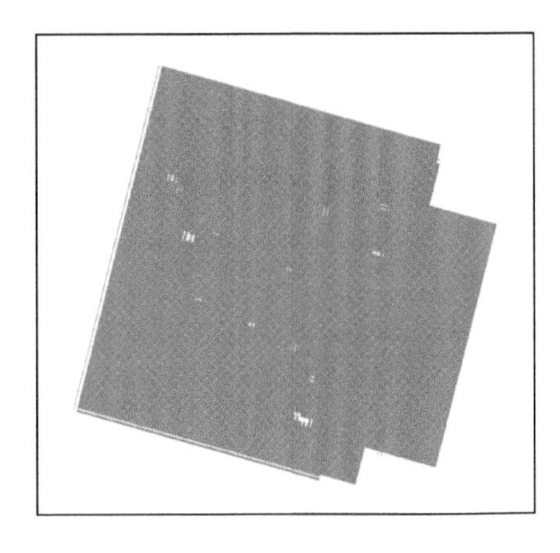
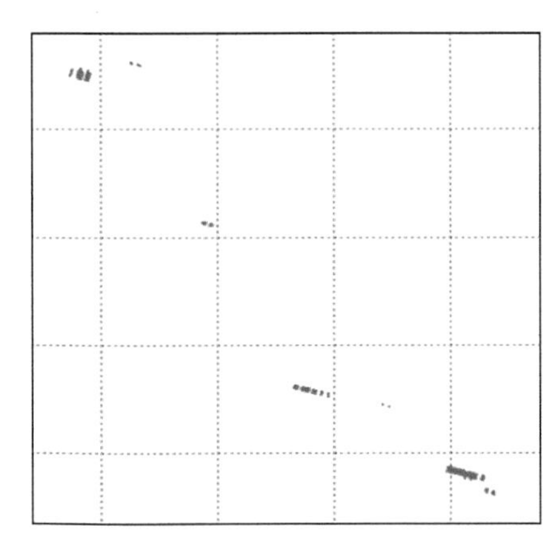

图 3.95　正常 OVT 属性与小数据 OVT 属性

这些多出来的小数据 OVT 对最终的处理结果会有怎样的影响呢？首先对单独的 OVT 进行了偏移处理。基本呈现出的都是偏移噪声，看不到多少有效信息。接着对多出来的所有小 OVT 数据进行偏移叠加，也是以噪声为主。通过对所有 OVT 数据和去掉小数据 OVT 的偏移叠加剖面对比，见图 3.96 和图 3.97 的剖面，可以看出去掉小数据 OVT 得到的剖面效果好于全部 OVT 偏移叠加的效果。以上对比都表明这些多出来的小 OVT 数据对整体处理效果起到了干扰作用。

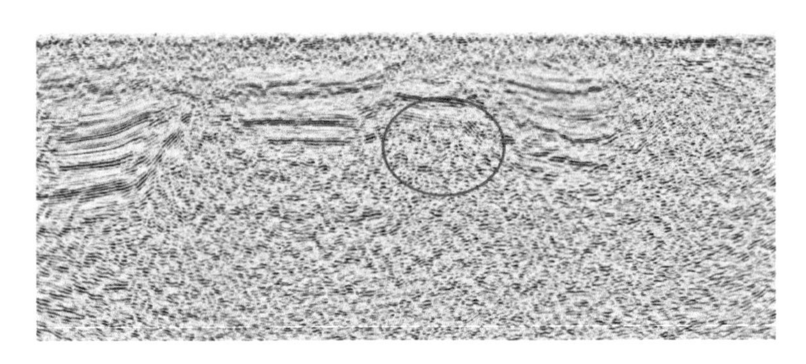

图 3.96　全部 OVT 偏移叠加剖面

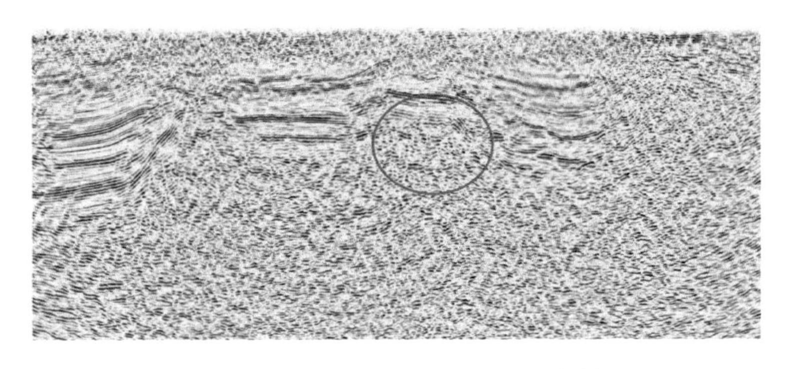

图 3.97　去除小数据 OVT 后的偏移叠加剖面

根据以上对小数据 OVT 特性分析，野外变观时应尽量避免这种小数据 OVT 的产生。通过对小数据面元炮检对的分析（图 3.98），这种小 OVT 体产生的原因是在野外变观使用了恢复性变观方法，导致产生了一些超出理论观测系统最大炮检距的炮检对，这样在进行 OVT 数据分选中就产生一些大炮检距的小 OVT 体，因此，建议野外变观时应慎重使用恢复性放炮的变观技术。

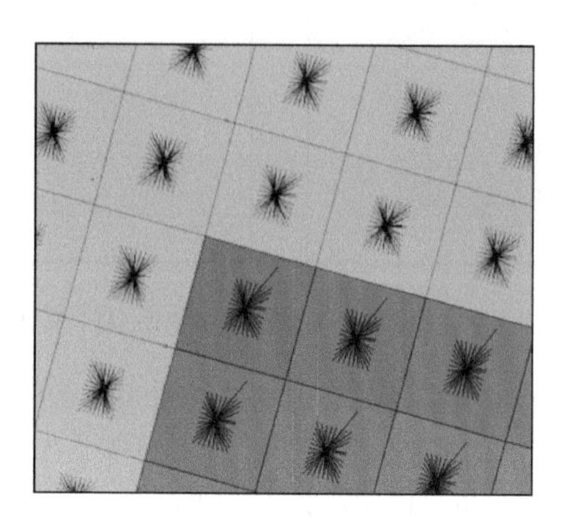

图 3.98　变观区的面元炮检距分布图

三、勘探实例

（一）塔里木克拉通盆地勘探实例

目前塔里木盆地台盆区油气勘探主要集中在埋藏深度较浅的奥陶系和上寒武统。深层地震勘探由于目的层埋藏深，大地对地震波吸收衰减更加严重，尤其是高频成分，导致地震资料能量弱、分辨率低。针对塔里木克拉通盆地中新元古界超深层低信噪比等特点，攻关形成低频可控震源激发、宽线广角地震采集方法，为中新元古界超深层构造格架及断裂系统研究提供高品质地震资料。

1. 测线位置及采集参数

研究区位于塔里木盆地塔玛扎塔格山南部，交通条件较差（图 3.99）。工区属典型的温带大陆性荒漠气候，气候干燥，降水量少且蒸发量大，冬季寒冷，夏季炎热，风沙多，对采集施工影响较大。

测线位置选择在罗南-乌山三维工区东部，玛扎塔格山体以南 50km。基于 DEM 数据对罗南-乌山三维工区东部进行了测线优选。选线原则为地表条件较好，全线可以采用可控震源施工，起伏较小，推路工作量小。

面向深层的低频可控震源激发参数对比试验主要内容及施工方法如表 3.3 所示。

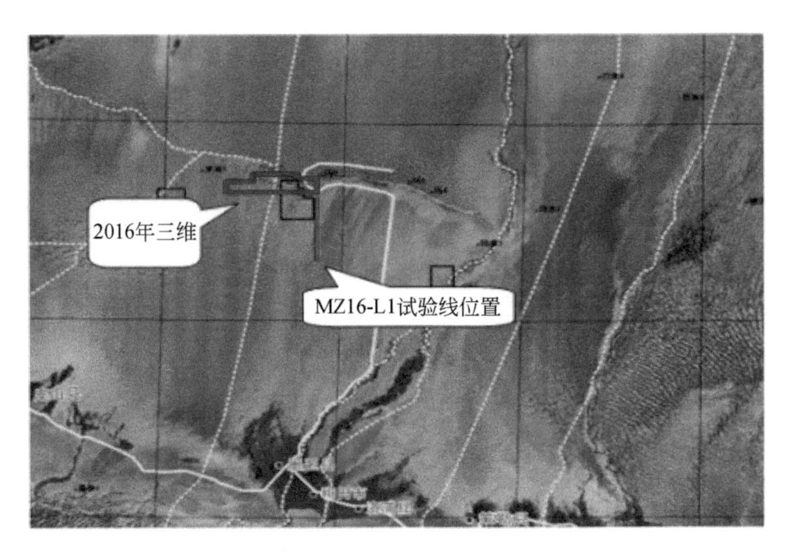

图 3.99　罗南二维宽线广角试验地理位置图

表 3.3　激发参数对比试验表

试验项目	试验内容			试验工作量/炮
	试验方式	对比因素	固定因素	
激发因素试验	点试验	炸药（高密硝铵）药量：8kg、20kg，可控震源 3 台 1 次	药型：高密硝铵；井数：1 口；井深：潜水面下 3m；观测系统；接收因素；仪器因素	3
		可控震源振动台数：2 台、3 台、4 台	振次：1 次；扫描频率：1.5～64Hz；扫描长度：24s；驱动幅度：65%；观测系统；接收因素；仪器因素	2（重复 1 炮）
		可控震源振动次数：1 次、2 次、3 次	振次：1 次；扫描频率：1.5～64Hz；扫描长度：24s；驱动幅度：65%；观测系统；接收因素；仪器因素	2（重复 1 炮）
		可控震源扫描方式：线性扫描、非线性扫描	台数：3 台；振次：1 次；扫描频率：6～64Hz；驱动幅度：65%；观测系统；接收因素；仪器因素	1（重复 1 炮）
	线试验	可控震源 3 台 16s、24s	振次：1 次；扫描频率：1.5～64Hz；扫描长度：24s；驱动幅度：65%；观测系统；接收因素；仪器因素	4002

1）仪器因素

仪器名称：Sercel 428XL；

采样间隔：2ms；

前放增益：12dB；

低截频率：out；

高截频率：200Hz；
记录长度：20s。
2）接收参数
检波器类型：30DX-10；
组合图形：矩形面积组合；
组合基距：$L_x=4\text{m}$，$L_y=6\text{m}$；
组合个数：1 串×10 个；
组内距：$d_x=2\text{m}$，$d_y=2\text{m}$；
组合高差：组合高差≤1m；
埋置方式：挖坑埋置，确保检波器耦合效果。
3）观测系统参数
观测系统：1 线 2 炮 2000 道，固定排列接收，12. 5-25-49987. 5；
道距：25m；
炮线距：50m；
炮点距：25m；
单线覆盖次数：1000 次；
值得注意的是：应采用 2000 道固定排列接收（图 3. 100）。

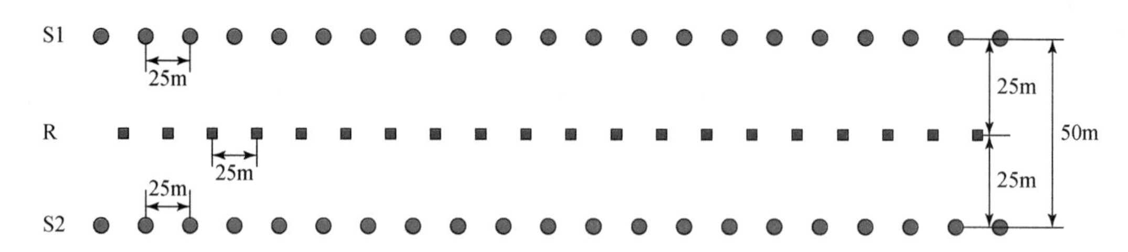

图 3. 100　试验线观测系统示意图
S1 为第一条炮线；R 为检波线；S2 为第二条炮线

2. 资料处理分析

罗南深层攻关宽线二维 MZ16 线通过野外采集和室内研究获得了较好的地震资料。从叠加剖面上看（图 3. 101），剖面信噪比较高，寒武系及以上地层反射连续性好，构造形态清晰。目的层中新元古界多次波发育严重，反射连续性较差，可见断续反射。但从可见的反射上来看，其构造形态与上覆地层相似，断裂特征不明显。从叠前时间偏移剖面上看（图 3. 102），浅中深整体信噪比较高，寒武系及以上地层连续性好，中新元古界连续性较差。

1）低频信息分析

从对剖面进行低通滤波中可看出（图 3. 103 ~ 图 3. 105），低通 2Hz 以下全为噪声，无有效信息，在低通 3Hz 以下剖面上开始出现少许反射，低通 4Hz 以下剖面反射信息较为清晰明显，因此，本次处理使用低频信息成像时，应使用 2Hz 以上的低频信息。

通过对剖面做 2Hz 以上的带通滤波（图 3. 106 ~ 图 3. 108），可发现目的层中新元古界

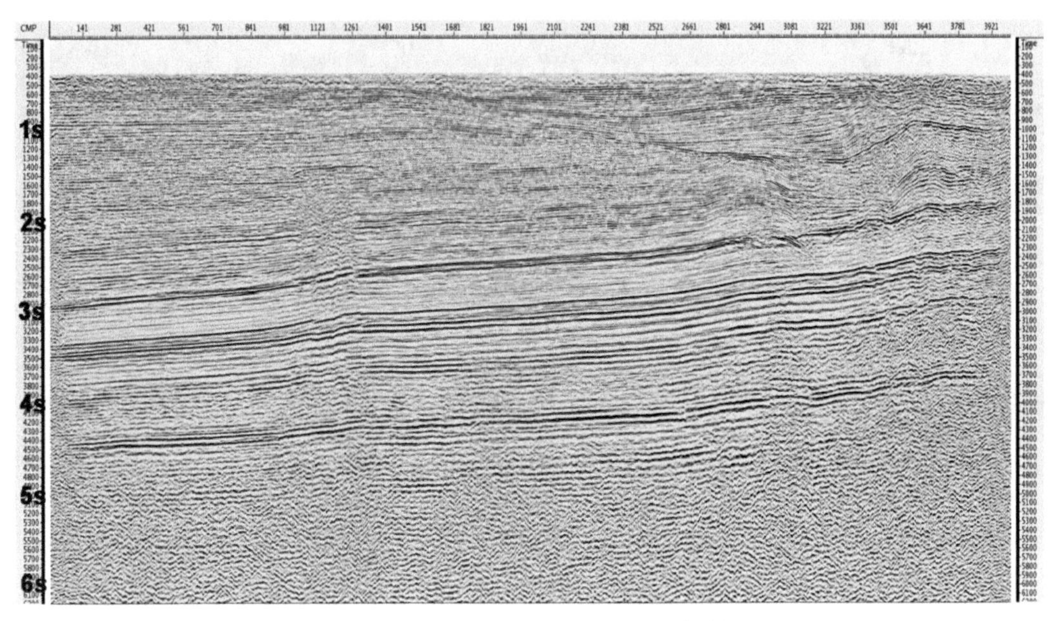

图 3.101　罗南深层攻关宽线二维叠加剖面

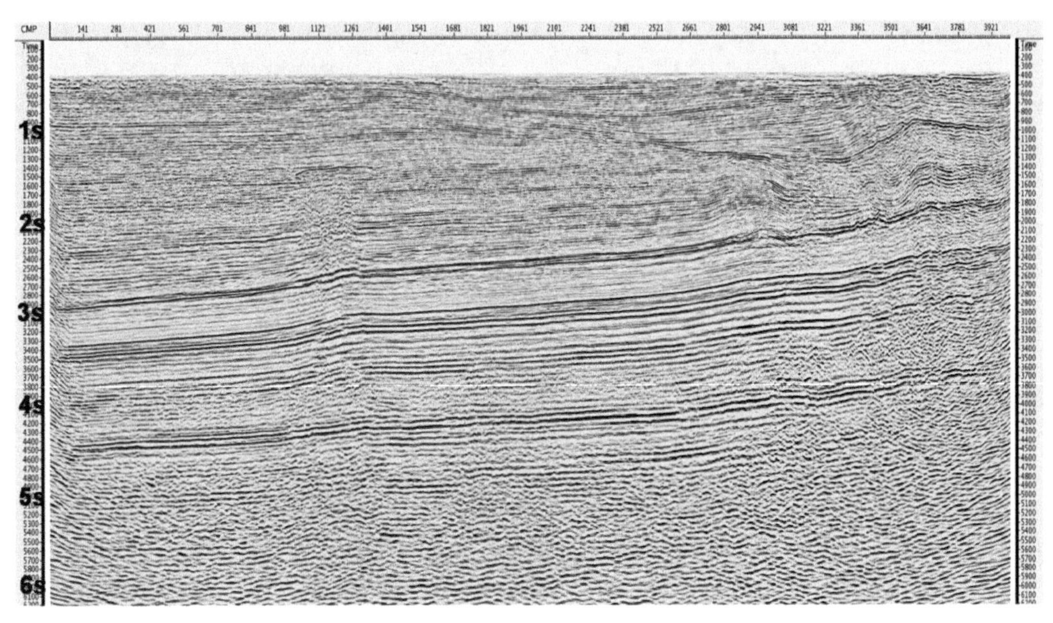

图 3.102　罗南深层攻关宽线二维叠前时间偏移剖面

在低频上也可进行追踪。带通滤波 2～4Hz、3～6Hz、4～8Hz 频带范围显示，在大号方向 6s 以下可能存在一个较大的凹陷，与上覆地层构造形态差异较大，推测为南华系界面。

2）相关资料与高保真资料对比分析

本次对相关前资料的处理，通过力信号与母记录反褶积得到高保真资料，再对高保真资料进行处理，与相关后资料进行对比分析。从叠加剖面的面貌和频谱的对比效果来看

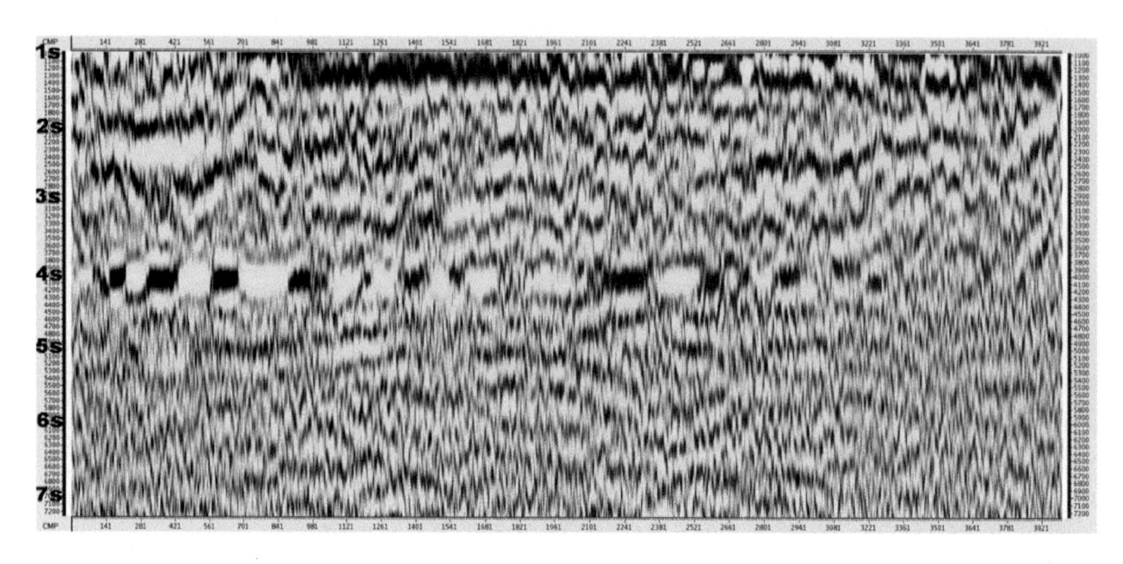

图 3. 103　罗南深层攻关宽线二维叠加剖面 LP（2，3）

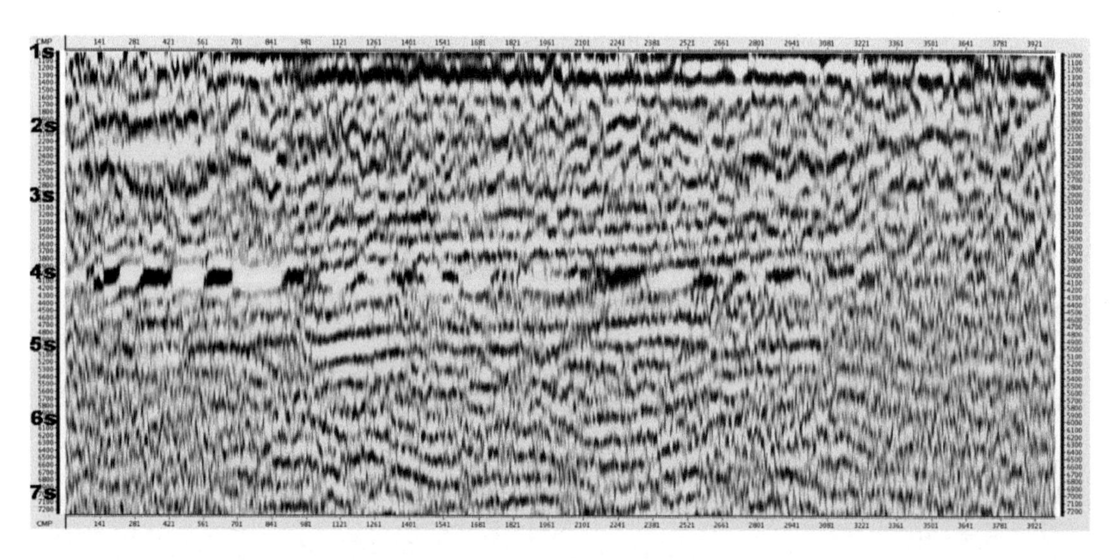

图 3. 104　罗南深层攻关宽线二维叠加剖面 LP（3，4）

（图 3. 109 ~ 图 3. 111），相关资料与高保真资料几乎无差别。

3）新老资料效果对比

从新老资料叠加剖面分频对比上看（图 3. 112 ~ 图 3. 123），新资料在低频段 2 ~ 6Hz 可看到深层寒武系以下有明显反射，老资料深层则没有有效信息，在 6 ~ 20Hz 频带范围内可看到新资料在目的层中新元古界也存在断续的反射，老资料则没有。

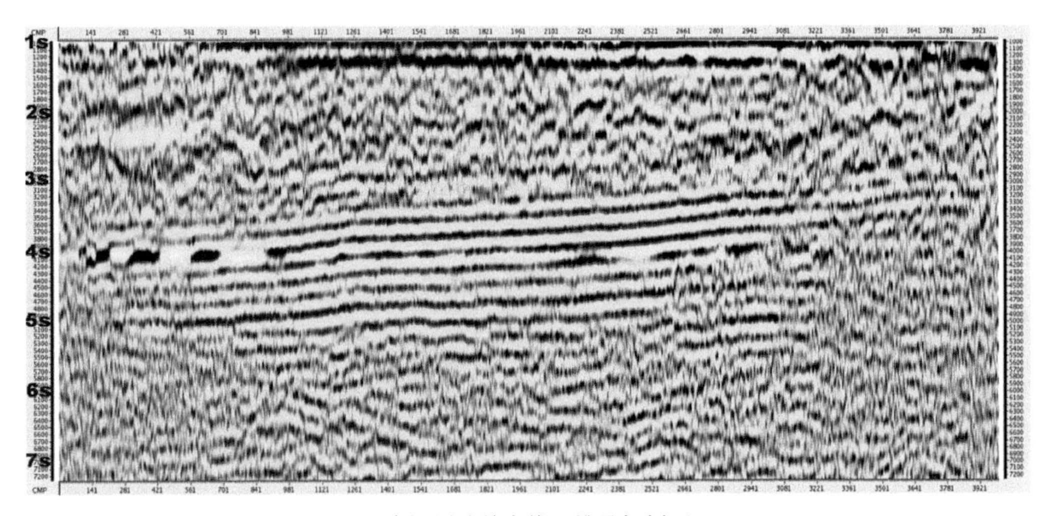

图 3. 105　罗南深层攻关宽线二维叠加剖面 LP（4，5）

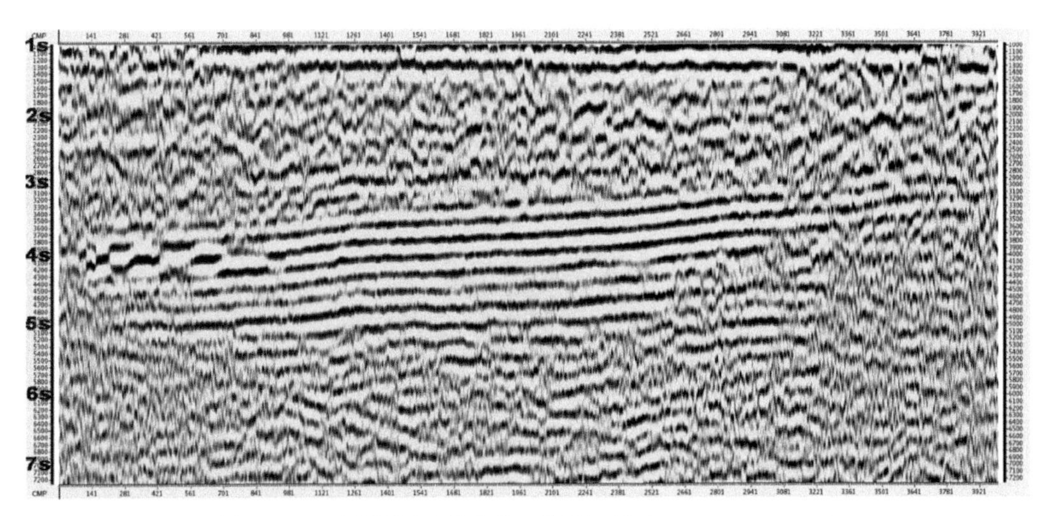

图 3. 106　罗南深层攻关宽线二维叠加剖面 BP（1，2，4，5）

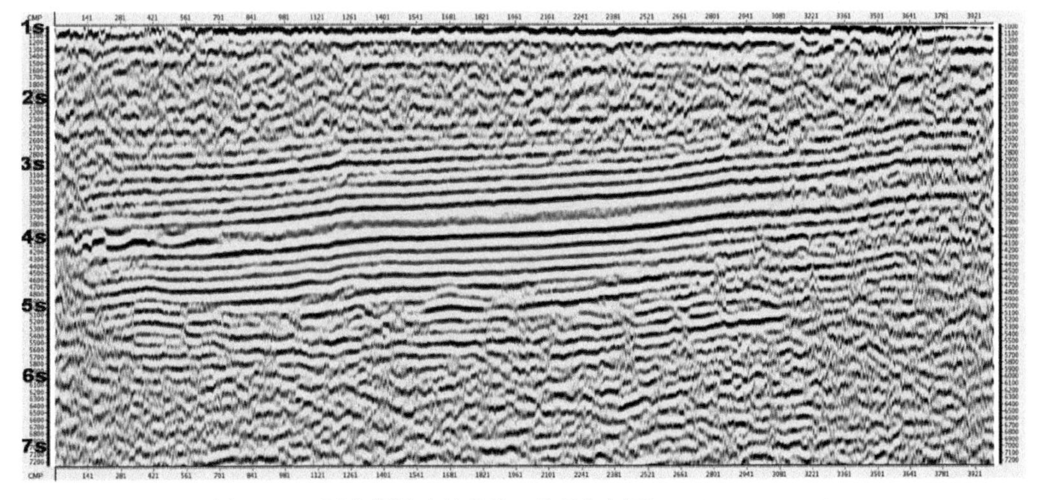

图 3. 107　罗南深层攻关宽线二维叠加剖面 BP（2，3，6，8）

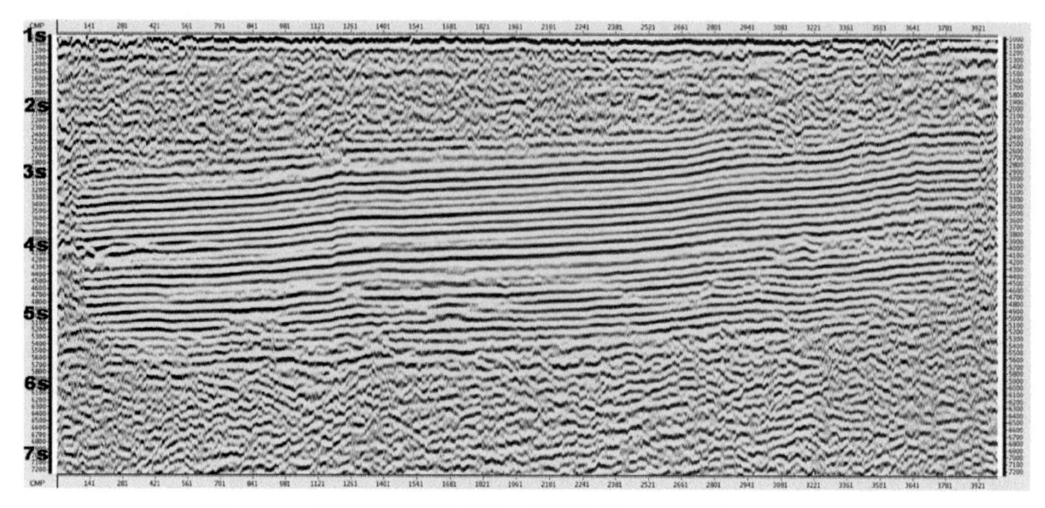

图 3.108　罗南深层攻关宽线二维叠加剖面 BP（3，4，8，10）

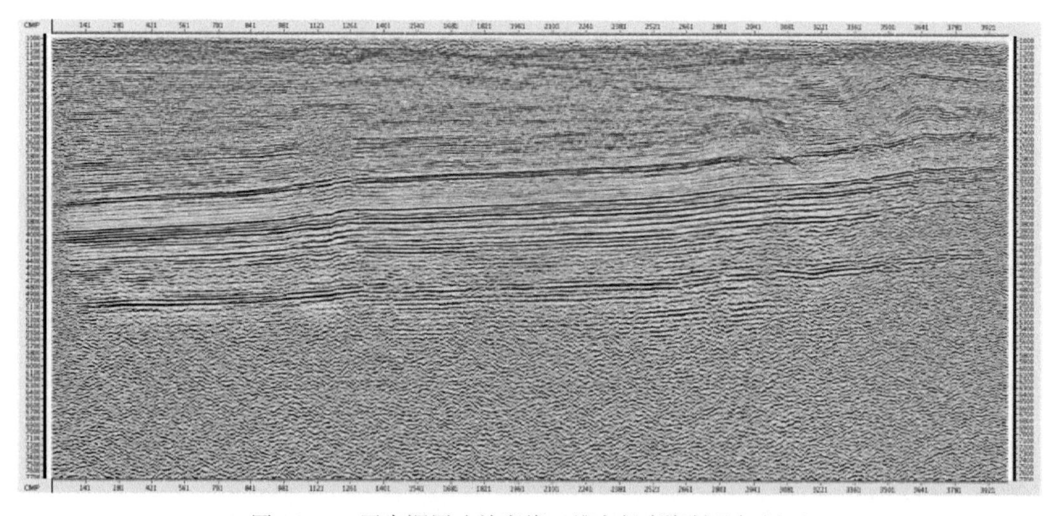

图 3.109　罗南深层攻关宽线二维高保真资料叠加剖面

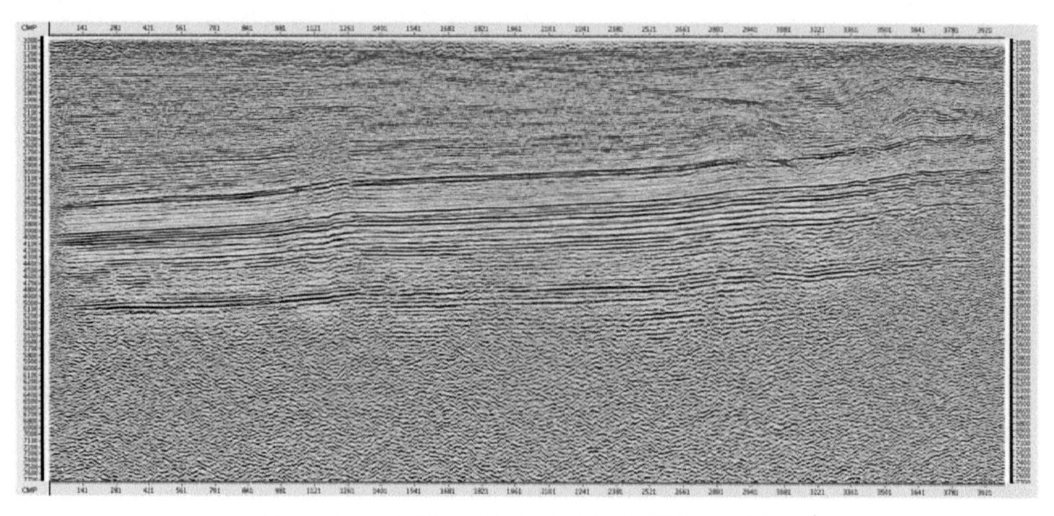

图 3.110　罗南深层攻关宽线二维相关资料叠加剖面

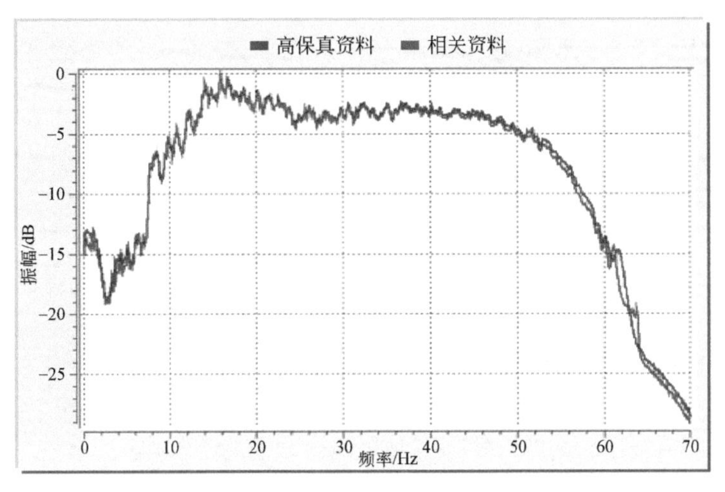

图 3.111　罗南深层攻关宽线二维高保真资料与相关资料叠加剖面频谱对比

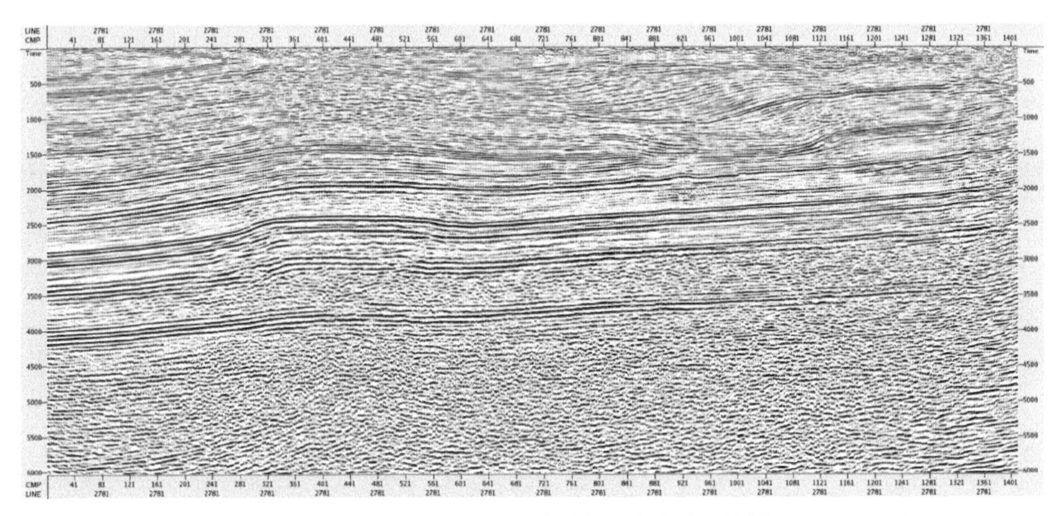

图 3.112　MZ93-140（老）叠前时间偏移剖面自动增益控制（AGC）显示

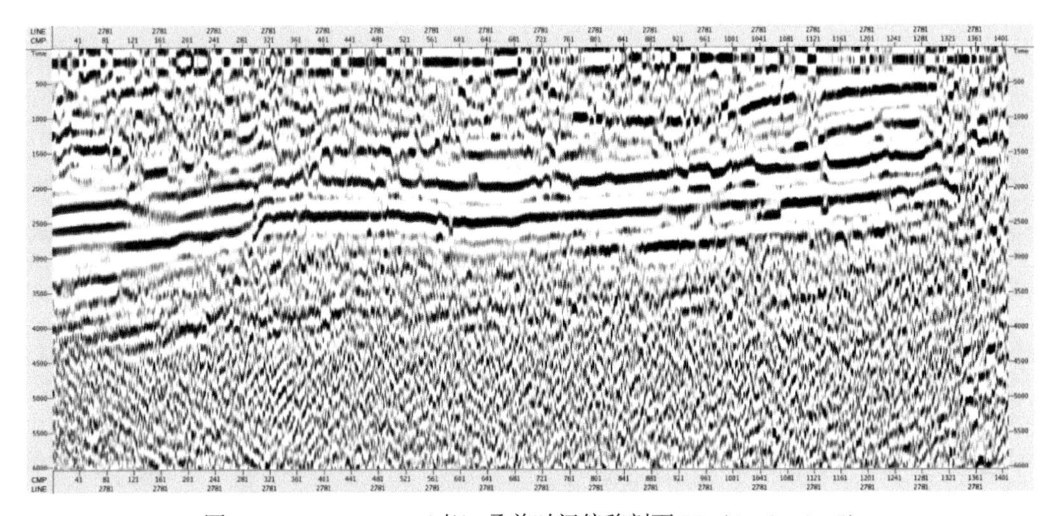

图 3.113　MZ93-140（老）叠前时间偏移剖面 BP（1，2，4，5）

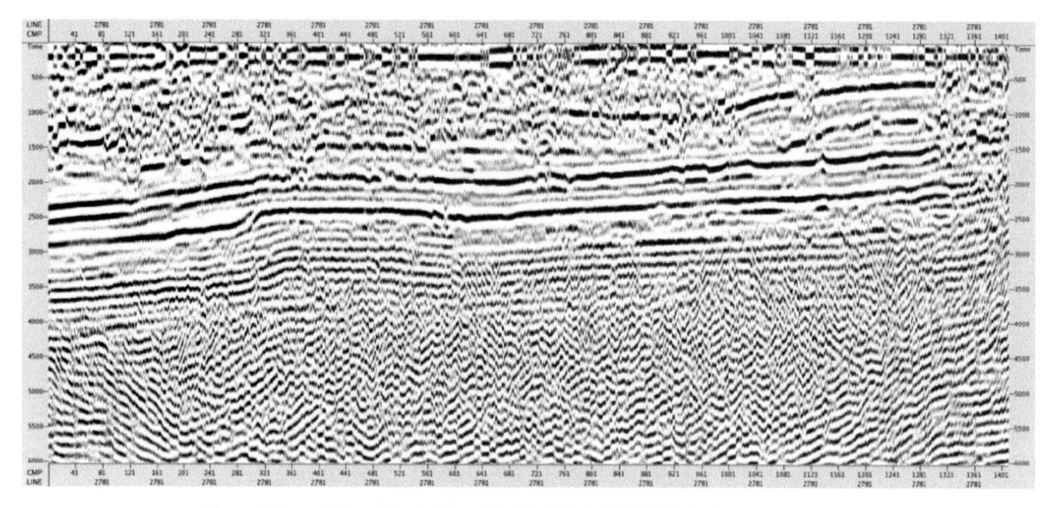

图 3.114　MZ93-140（老）叠前时间偏移剖面 BP（2，3，6，8）

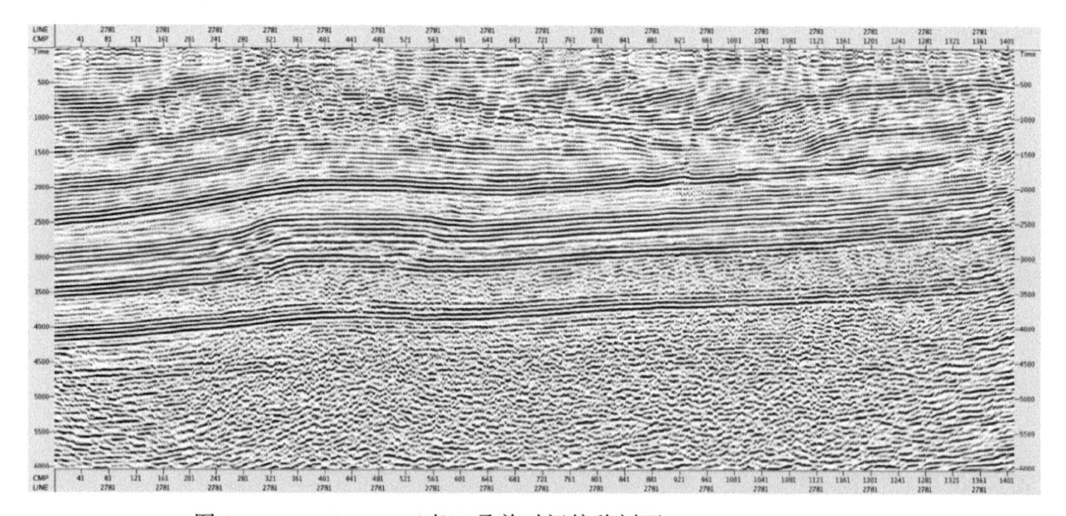

图 3.115　MZ93-140（老）叠前时间偏移剖面 BP（6，8，16，20）

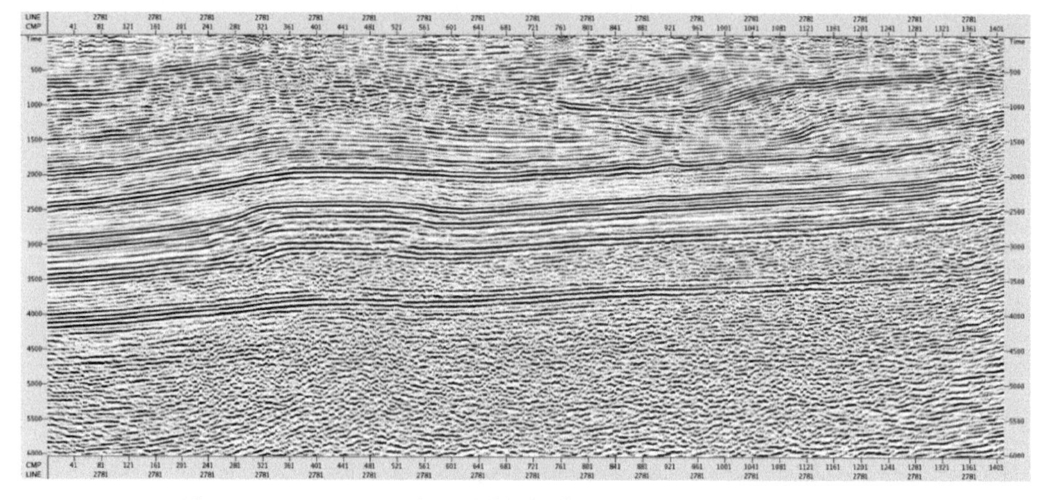

图 3.116　MZ93-140（老）叠前时间偏移剖面 BP（7，10，20，25）

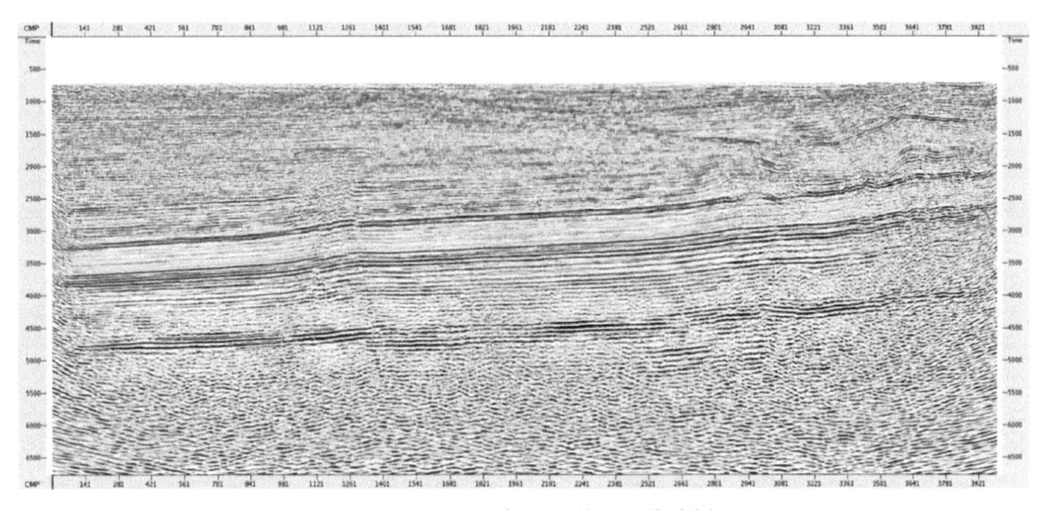

图 3.117　MZ16-SY1（新）叠前时间偏移剖面 AGC

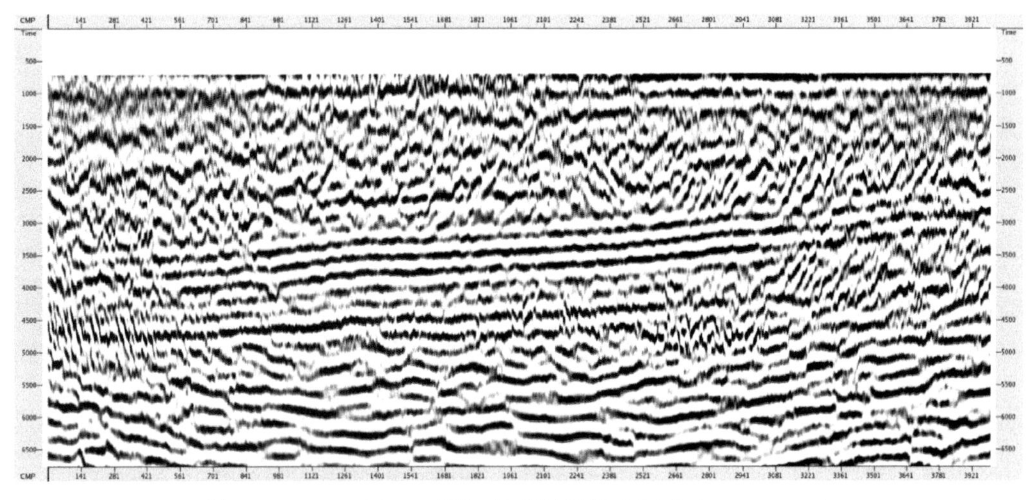

图 3.118　MZ16-SY1（新）叠前时间偏移剖面（1，2，4，5）

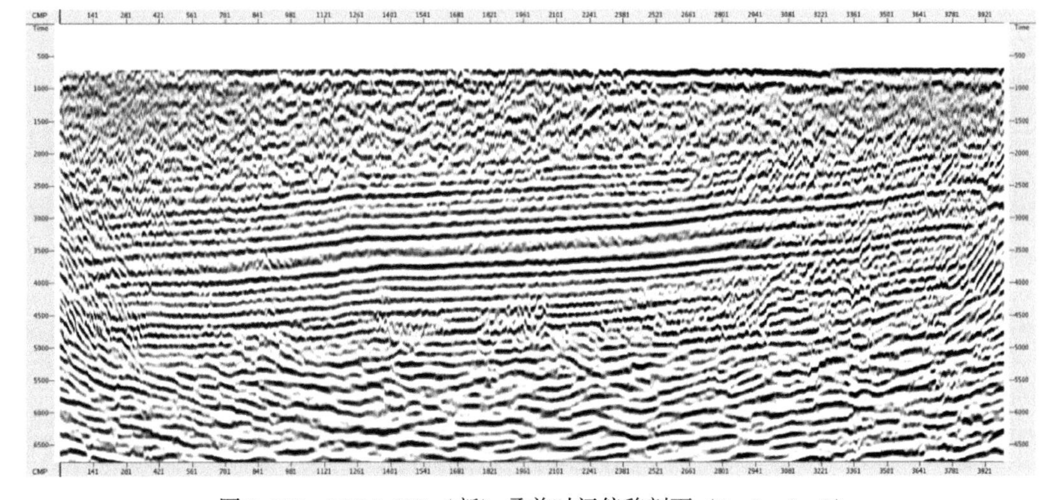

图 3.119　MZ16-SY1（新）叠前时间偏移剖面（2，3，6，8）

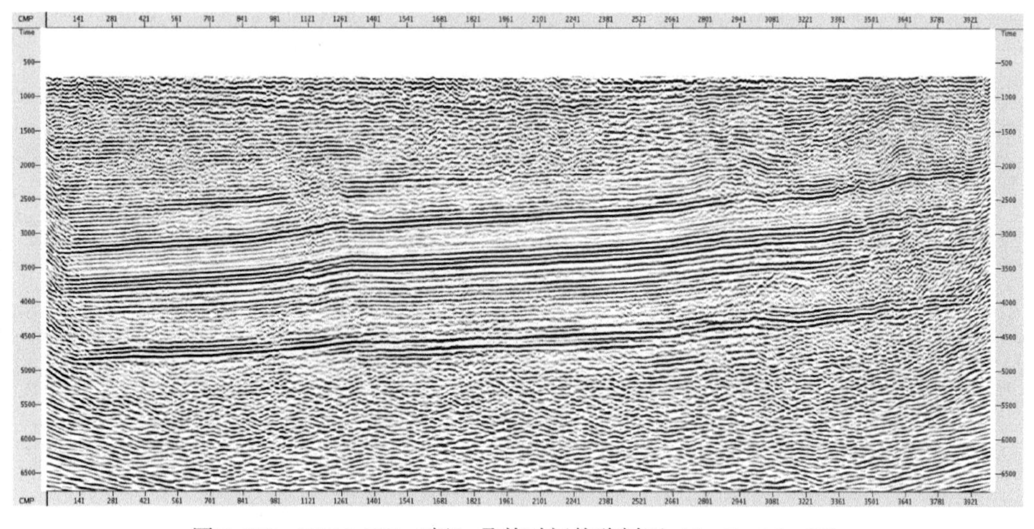

图 3.120　MZ16-SY1（新）叠前时间偏移剖面（6，8，16，20）

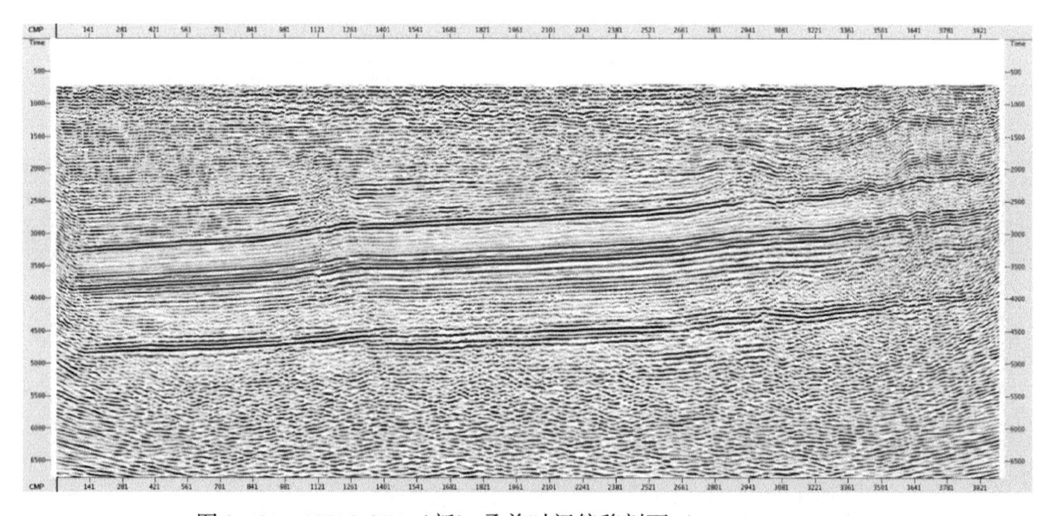

图 3.121　MZ16-SY1（新）叠前时间偏移剖面（7，10，20，25）

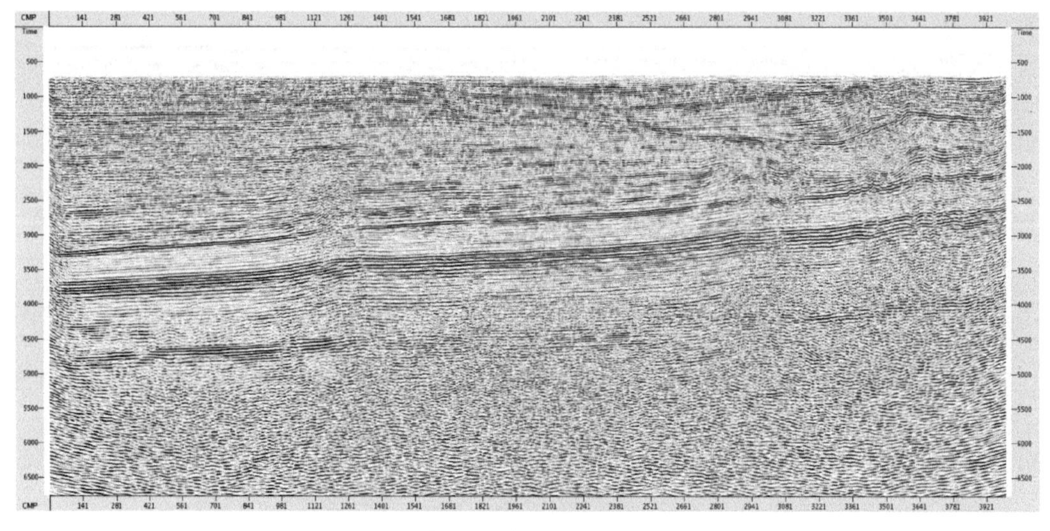

图 3.122　MZ16-SY1（新）叠前时间偏移剖面（15，20，40，45）

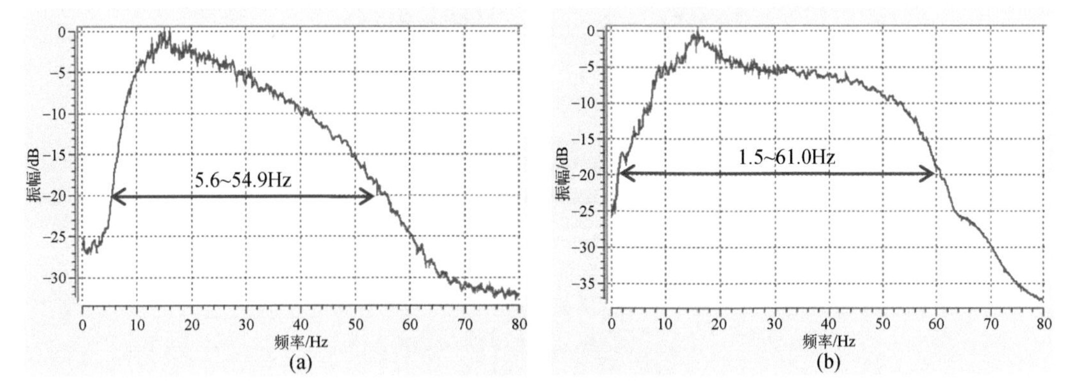

图 3. 123　罗南新老资料频谱对比

（a）MZ93-140（老）；（b）MZ16-SY1（新）

从新老剖面对比上看，新老资料的信噪比都较高，寒武系及以上地层层位信息相差不大，连续性都较好，但寒武系以下的目的层信息，根据新处理剖面中的断续反射，可大致推测其构造形态与上覆地层相似。

从新老剖面频谱对比上来看，老剖面频带较窄，20dB 频宽范围大概在 5. 6 ~ 54. 9Hz 之间；新处理剖面频带较宽，20dB 频宽范围大概在 1. 5 ~ 61. 0Hz。

与老资料相比，罗南新资料超深层有效信息实现了从无到有的突破，频带宽度明显拓宽，信噪比明显提高，并且在过构造轴部东西向叠前深度剖面上发现了三个前寒武构造。

3. 资料分析结论

通过项目研究，获得以下认识及结论。

（1）初步确定了针对该区深层目的层地震采集的激发参数：建议选用可控震源 3 台 1 次，线性升频 24s 扫描长度，道距 25m，10km 以上炮检距对目的层贡献已不明显，因此建议最大炮检距选用 10km 即可。

（2）目的层中新元古界反射连续性较差，但从可见的反射来看，推测震旦系界面构造形态与上覆地层相似，近似平行。

（3）该区资料基础较好，可控震源与炸药震源激发均可以获得较好的资料品质，但炸药震源激发，单炮信噪比更高。

（4）与老资料相比，通过攻关之后的罗南超深层资料从无到有，频带宽度明显拓宽，信噪比明显提高。

（二）鄂尔多斯克拉通盆地勘探实例

针对鄂尔多斯盆地中新元古界超深层对地震波吸收、衰减严重，地震资料能量弱、信噪比低、分辨率低的问题，攻关形成低频可控震源激发、宽线广角地震采集配套技术，为鄂尔多斯盆地天环拗陷中新元古界超深层构造格架及断裂系统研究提供高品质地震资料。

1. 测线位置及采集参数

如图 3. 124 所示，施工依托古峰庄三维工程，在中新元古界勘探有利区域部署 32km 低频可控震源激发、宽线广角地震采集攻关测线。

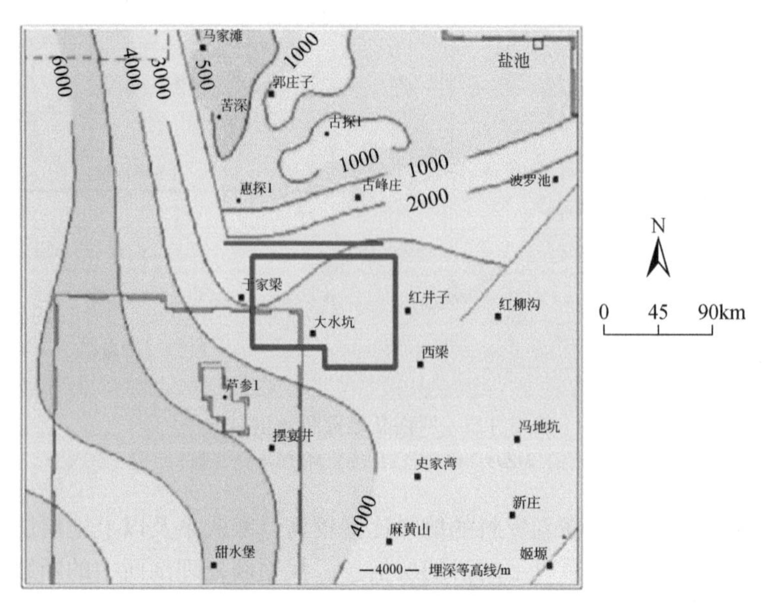

图 3.124　中新元古界超深层广角成像观测系统试验线位置图

采集过程中所用采集参数如下所示。

1）传统参数

观测系统：2L1S 全排列接收；

道距：20m；

炮线距：40m；

覆盖次数：1200 次以上；

最小炮检距：2m；

最大炮检距：31978m。

2）激发参数

激发方式：4 台 1 次震源激发；

扫描长度：20s；

扫描频率：1.5 ~ 84Hz；

震源出力：65%。

3）仪器参数

仪器类型：G3i；

采样间隔：2ms；

前放增益：12dB；

记录长度：10s；

高低截滤波：0 ~ 413Hz。

2. 资料处理分析

1）原始资料分析

地表起伏相对较大，从而导致噪声发育相对严重。从单炮上看，单炮信噪比相对较高，大部分单炮能见到有效反射。主要干扰有面波干扰、线性折射干扰和异常振幅干扰，局部有临炮干扰（图 3. 125）。从相关数据原始叠加剖面上看，线性噪声干扰也比较明显，降低了剖面的信噪比（图 3. 126）。

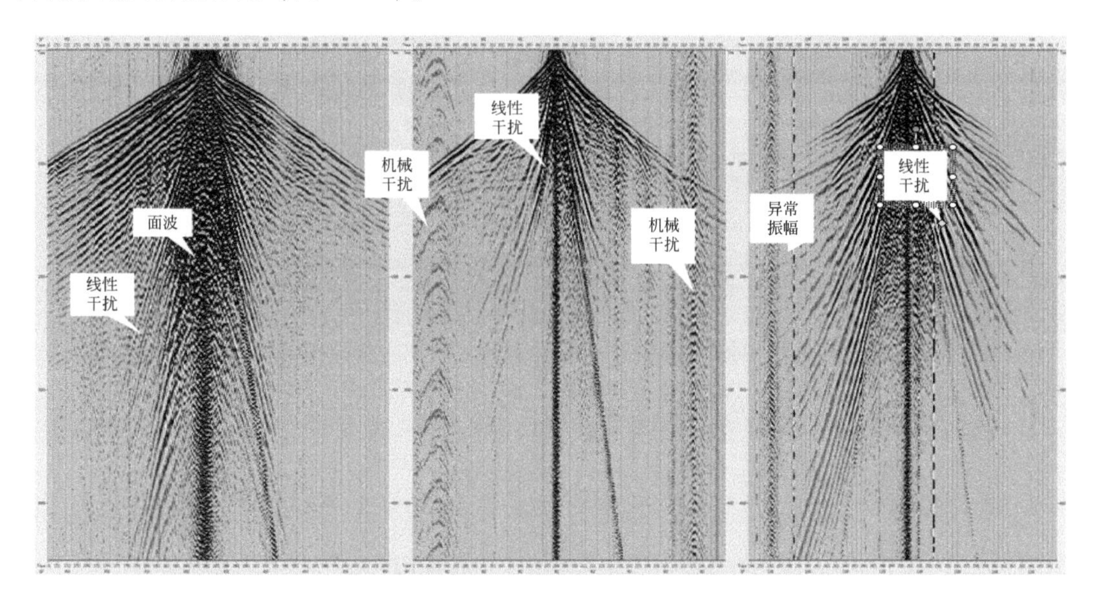

图 3. 125　原始单炮干扰波调查

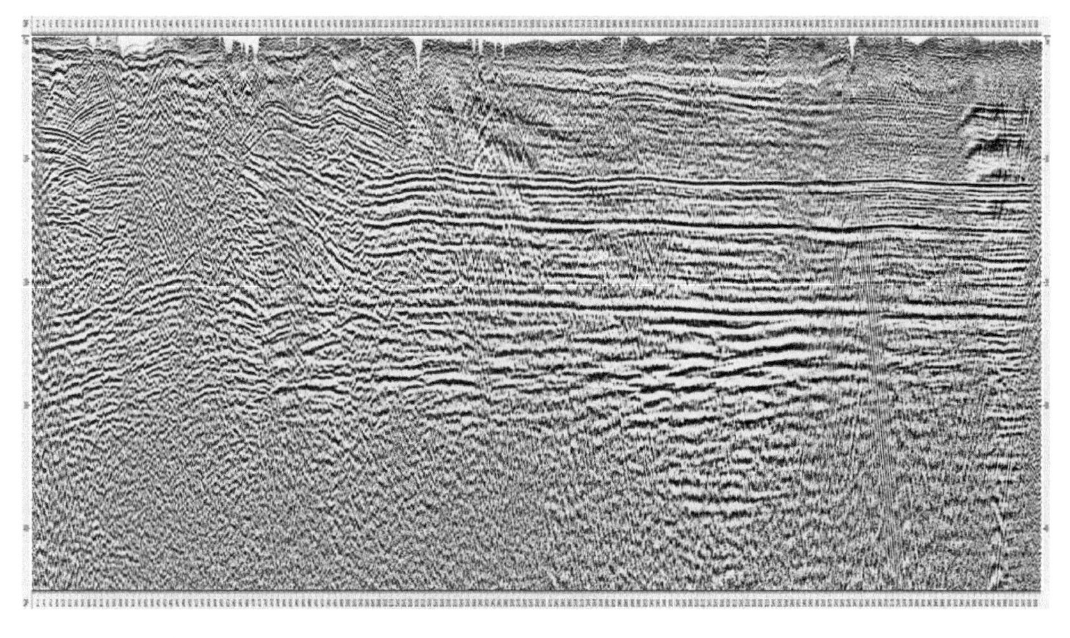

图 3. 126　相关数据原始叠加剖面

该工区从原始单炮、原始叠加剖面（图 3. 127）上可看出：由于地层吸收作用，能量在时间方向衰减严重；由于岩性变化，横向能量有一定差异。

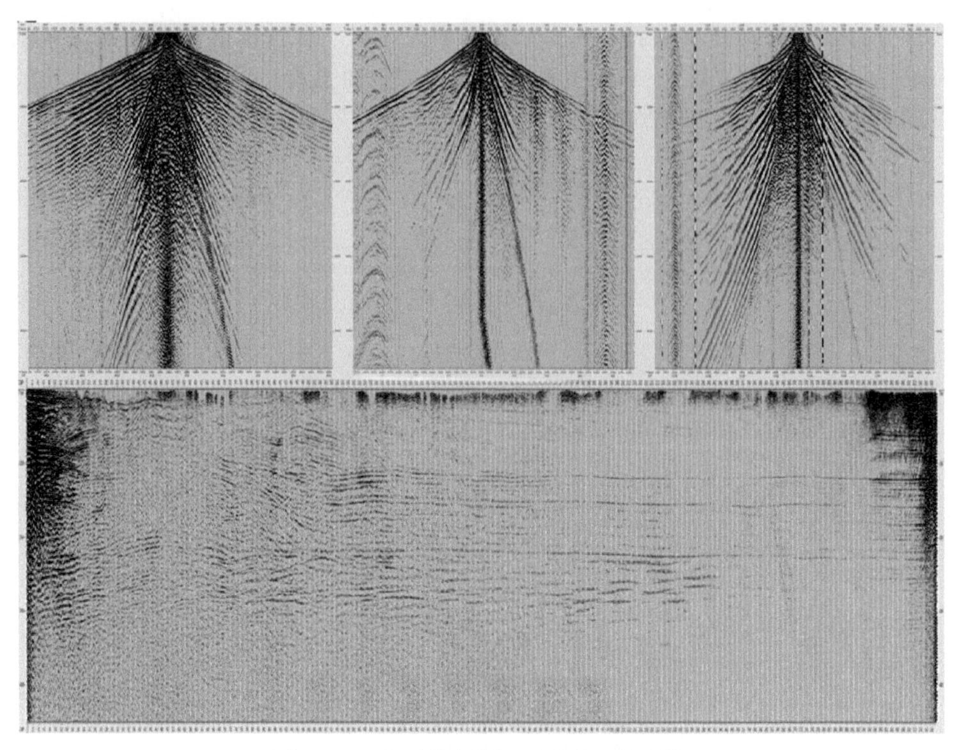

图 3. 127　相关数据剖面对应的原始单炮

2）广角反射资料分析

为了验证广角反射，首先根据深度模型（图 3. 128）理论计算发生广角反射的偏移距。在模型上进行正演，采用 20s 道距，接收道数为 1301 道，最大偏移距为 26km，通过正演单炮（图 3. 129）与实际单炮（图 3. 130）进行对比来验证是否为广角反射。

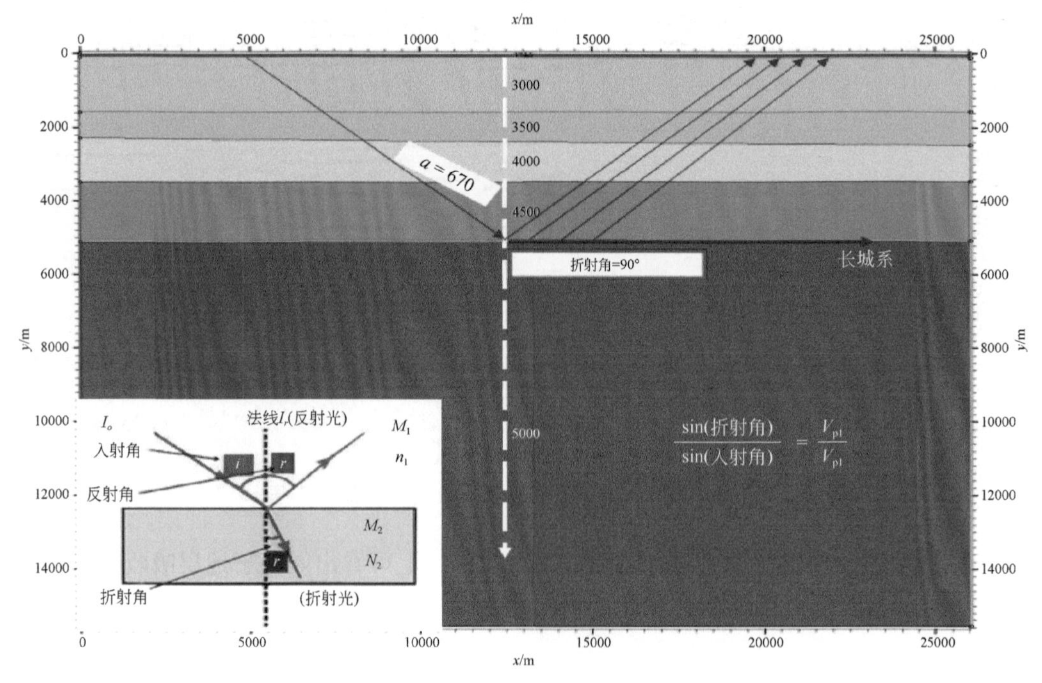

图 3. 128　深度模型

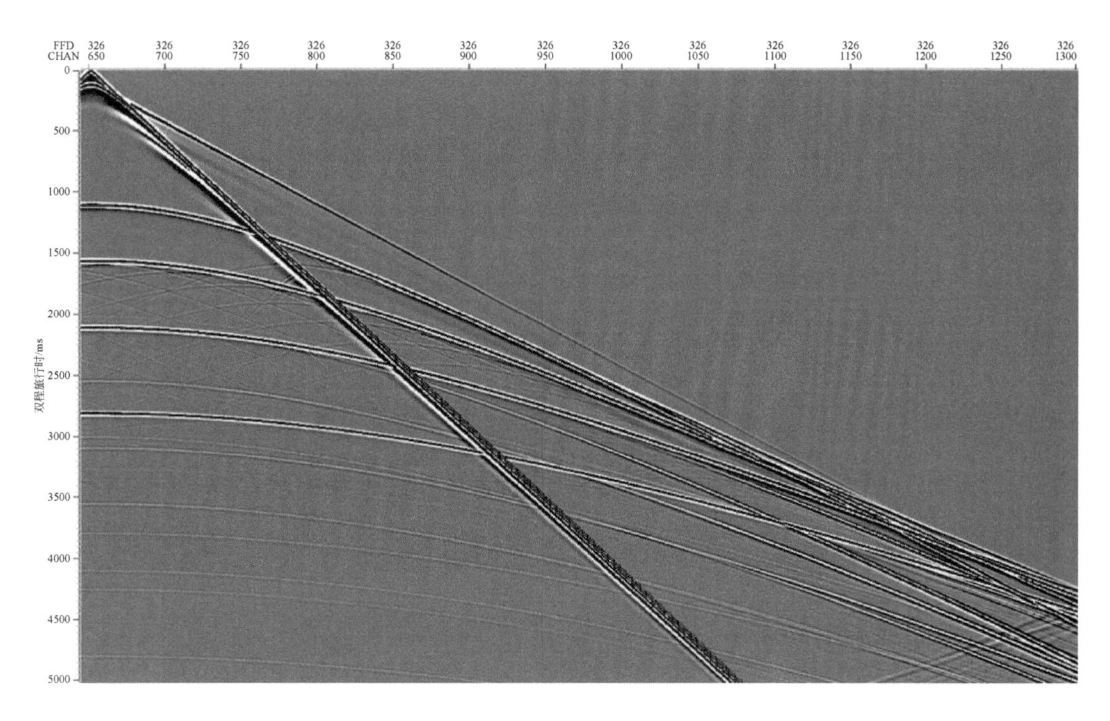

图 3.129　正演单炮

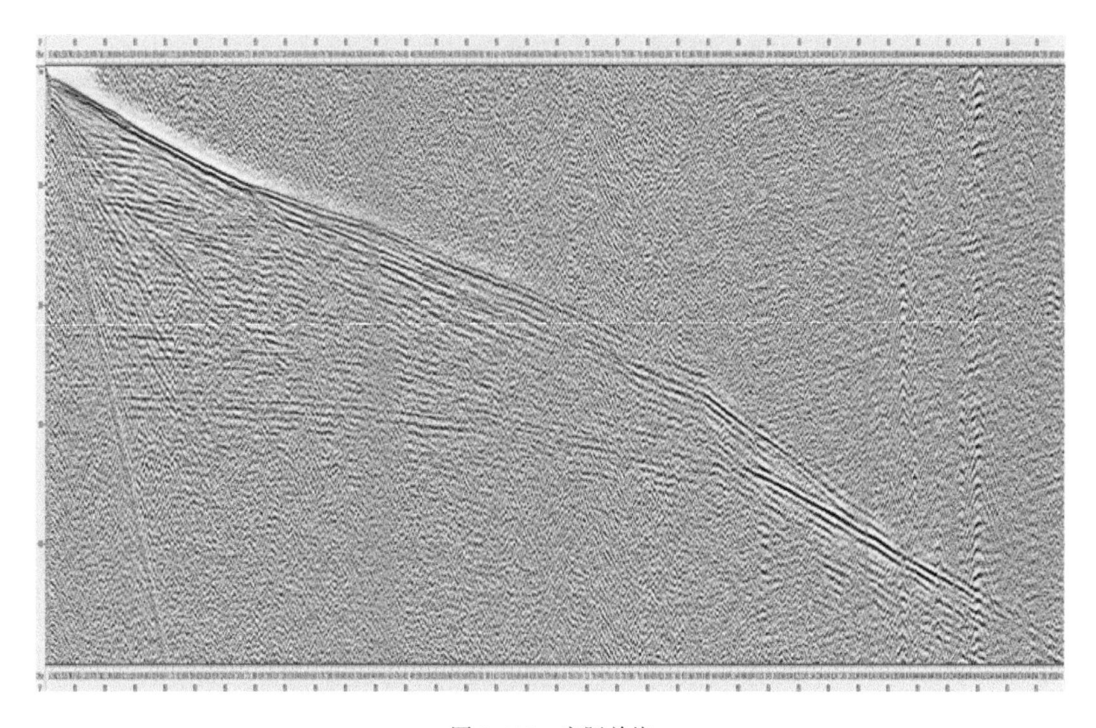

图 3.130　实际单炮

根据地球物理模型，计算出目的层 T4 的临界角为 67°及折射盲区宽度为 11000m，正演单炮得出 10130m 开始出现广角反射，实际单炮记录为 12780m，也许是因为地层倾角的影响导致正演单炮的偏移距要大于理论计算结果。

在试验线上选取分布在砾石区、砂岩区和石膏区的三炮，分别在这三炮的 8～16km 区域进行带通扫描。数据显示，砾石区的单炮在 5～10Hz 信噪比最高，有效反射轴最清晰，从 20～40Hz 扫描以后基本上见不到有效信号；砂岩区的单炮也是随着带通扫描频率的升高，信噪比逐渐降低；石膏区的单炮基本也满足上述规律。通过不同偏移距能量对比可看出在广角反射出现的位置能量突然增强，再通过广角反射不同频率段信噪比图也可以观察到在10～20Hz 信噪比最高（图 3.131～图 3.142）。

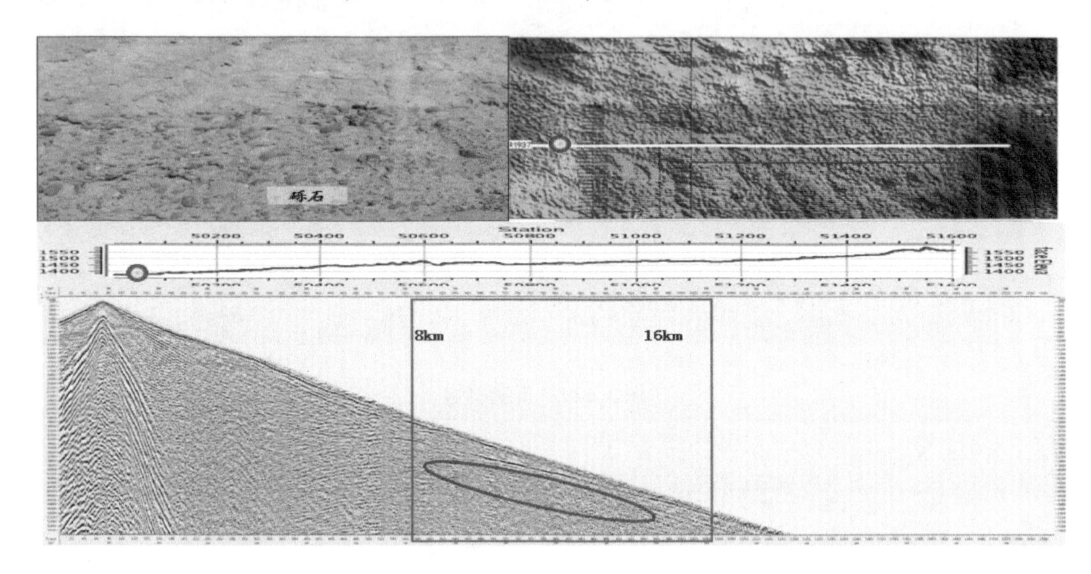

图 3.131　地表为砾石时得到广角反射单炮

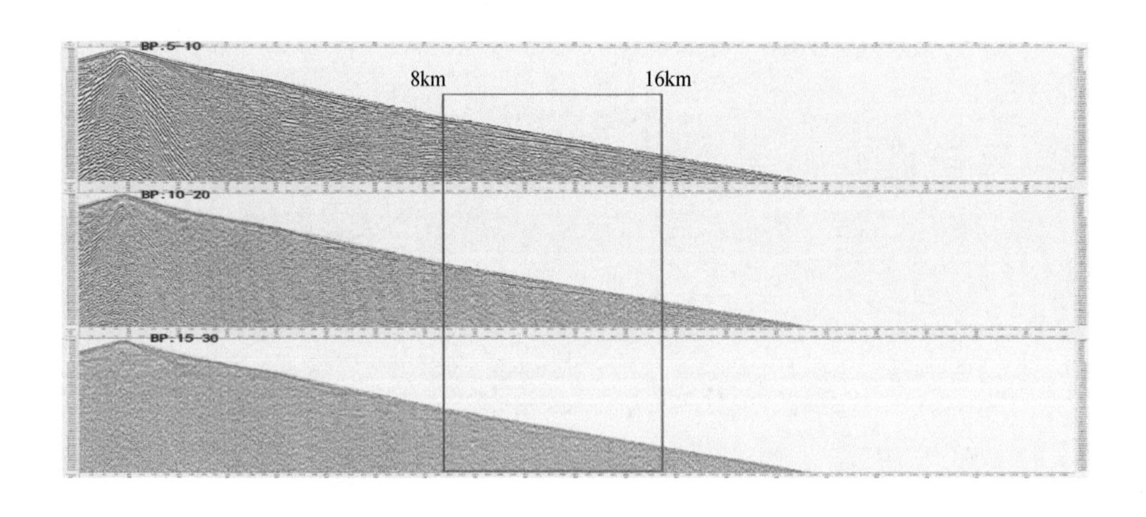

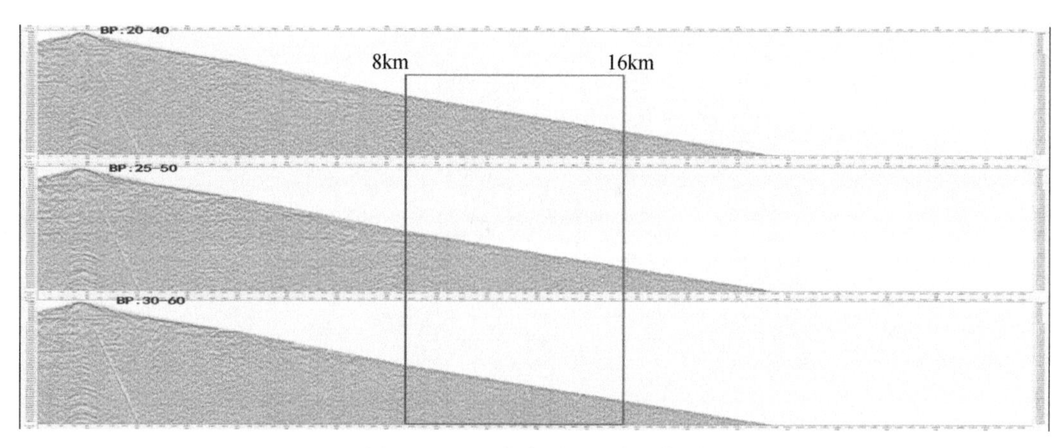

图 3. 132　地表为砾石时带通扫描

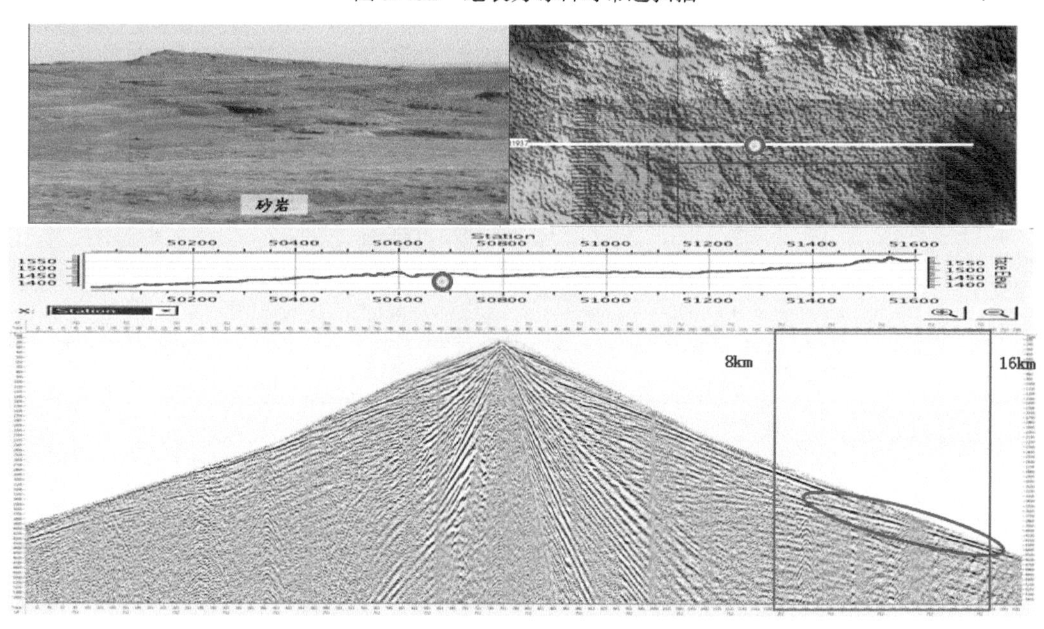

图 3. 133　地表为砂岩时得到广角反射单炮

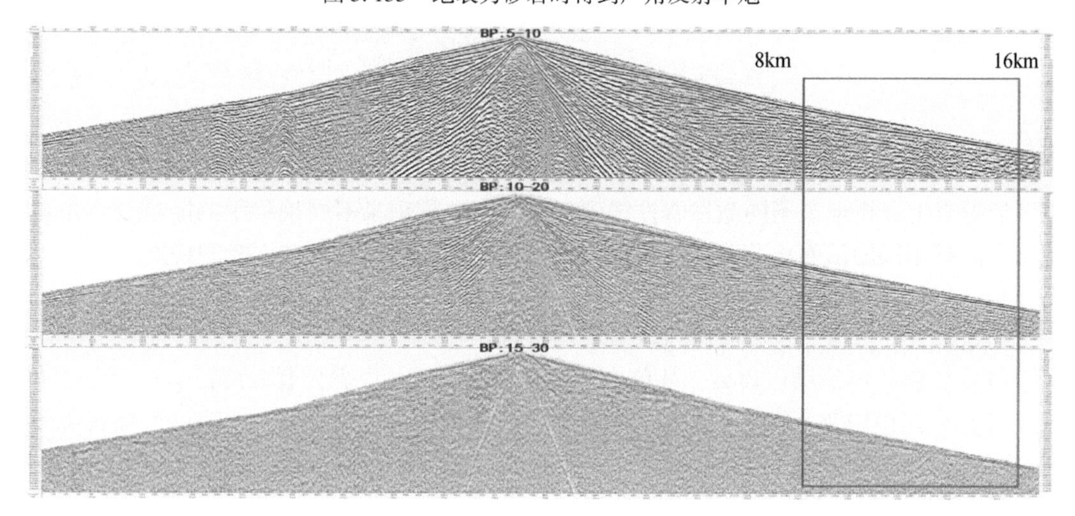

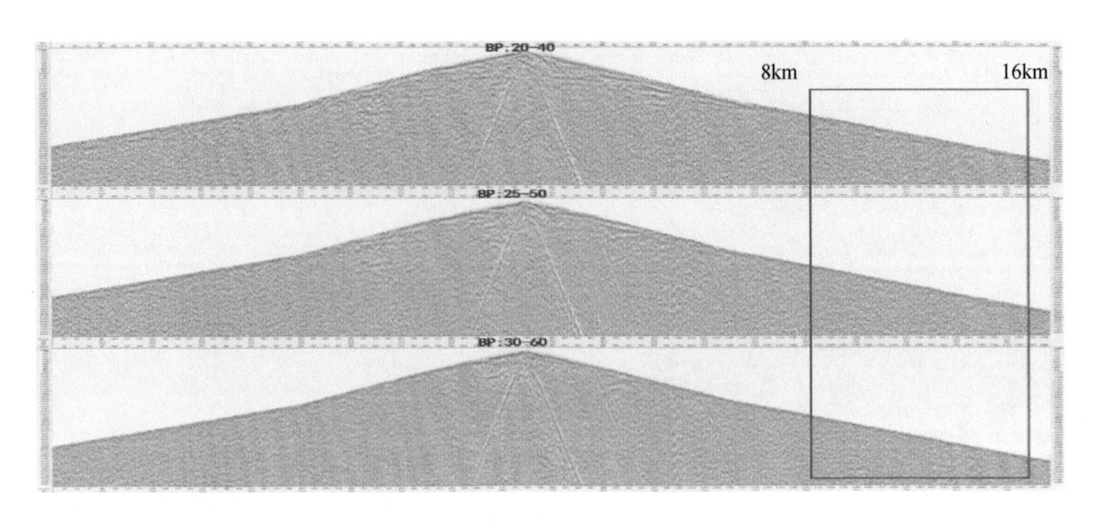

图 3.134　地表为砂岩时带通扫描

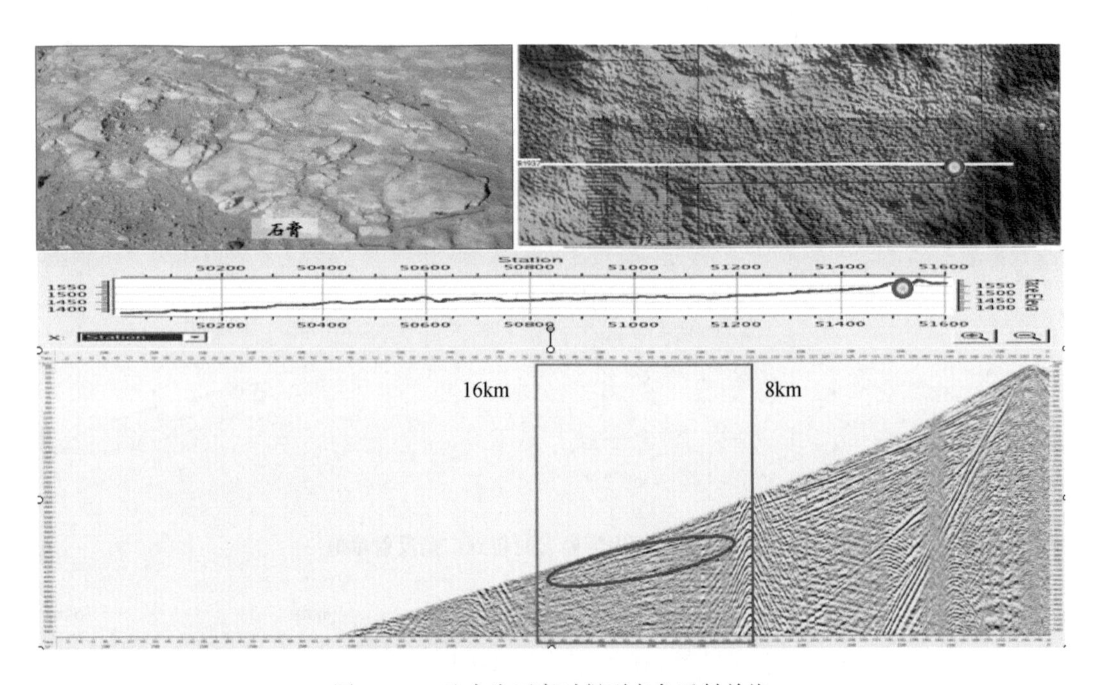

图 3.135　地表为石膏时得到广角反射单炮

通过以上分析地表不同激发岩性得到广角反射地震记录不同偏移距的能量及广角反射记录不同频率段的信噪比，验证广角反射记录振幅明显增强、频率下降的特点。

3）试验线资料分析结论

通过以上的分析，可以看出该区资料的特点：

（1）资料整体信噪比较高，从单炮上和叠加剖面上可以看到有效波；

（2）原始单炮频宽为 4～60Hz，原始叠加剖面频宽为 3～84Hz，大吨位可控震源激发频宽可达 3～4 倍频程；

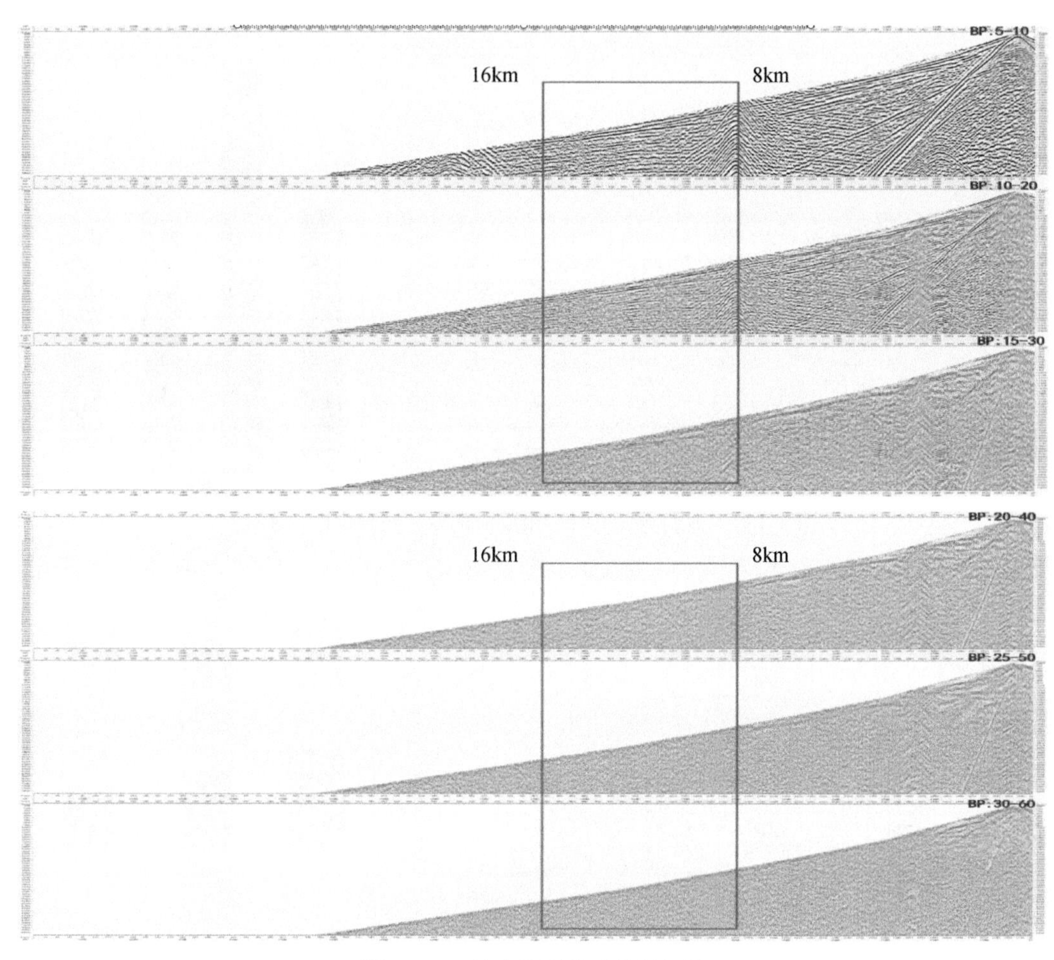

图 3.136　地表为石膏时带通扫描

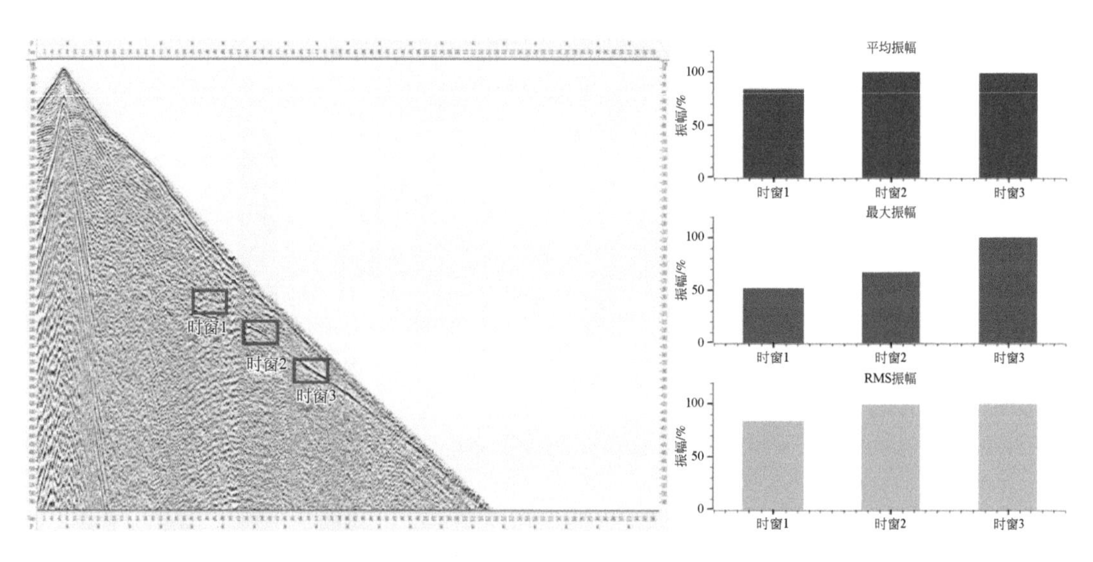

图 3.137　地表为砾石时广角反射记录不同偏移距的能量对比

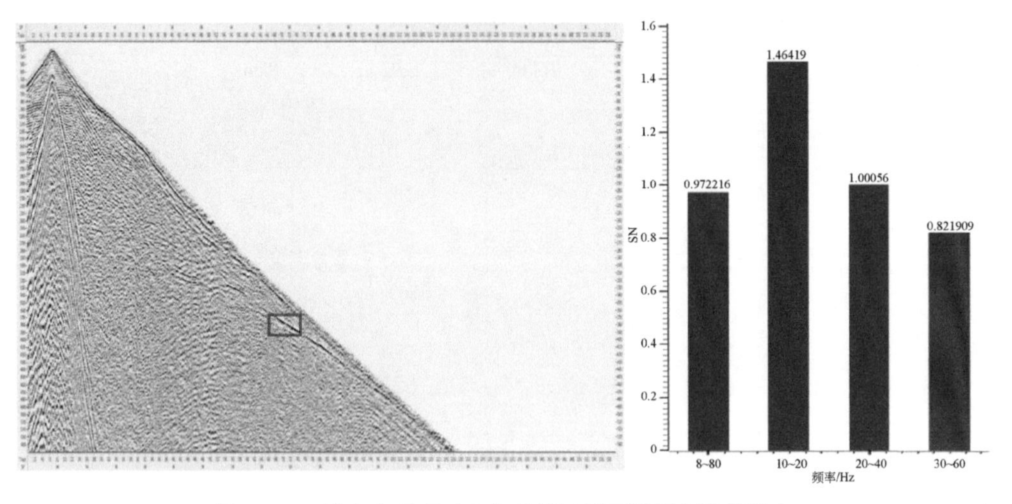

图 3.138　地表为砾石时广角反射记录不同频率段信噪比

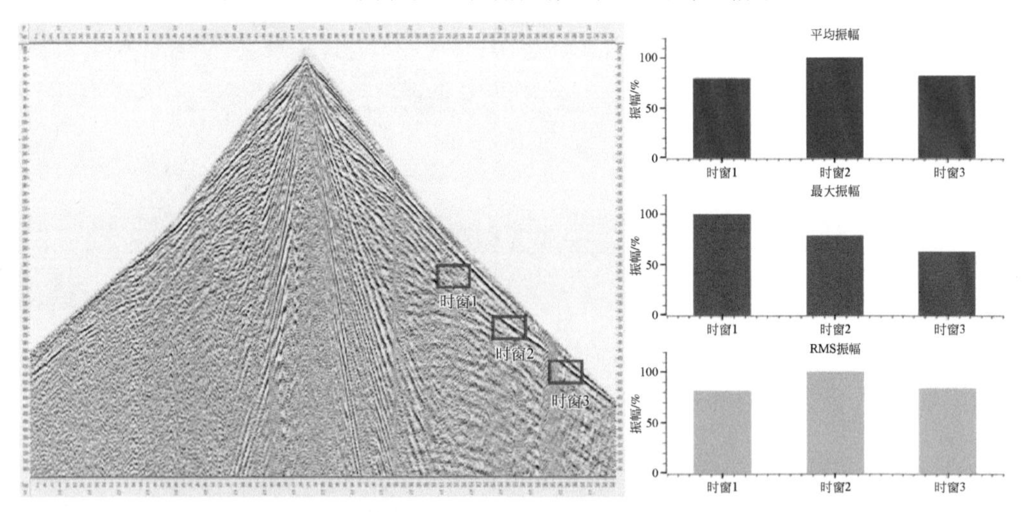

图 3.139　地表为砂岩时广角反射记录不同偏移距的能量对比

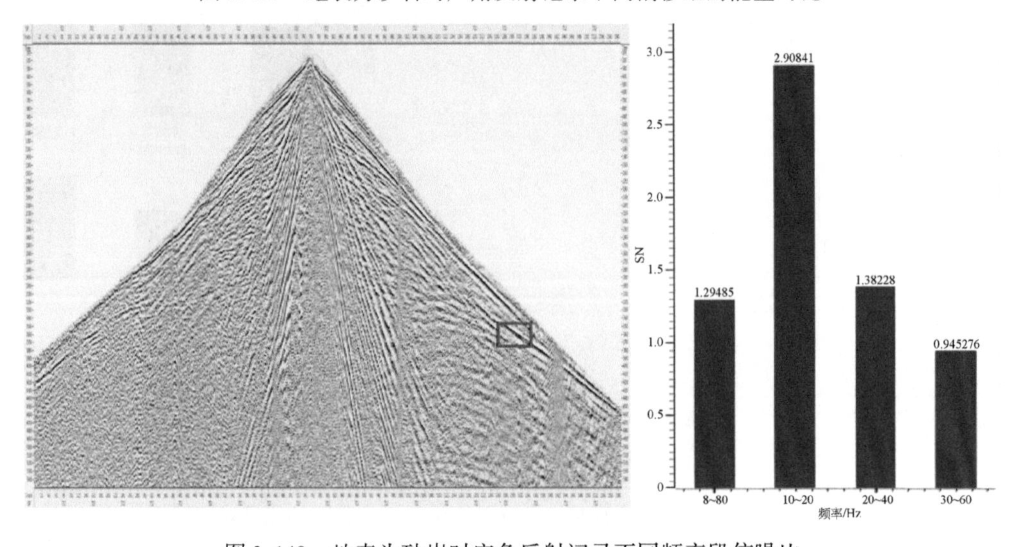

图 3.140　地表为砂岩时广角反射记录不同频率段信噪比

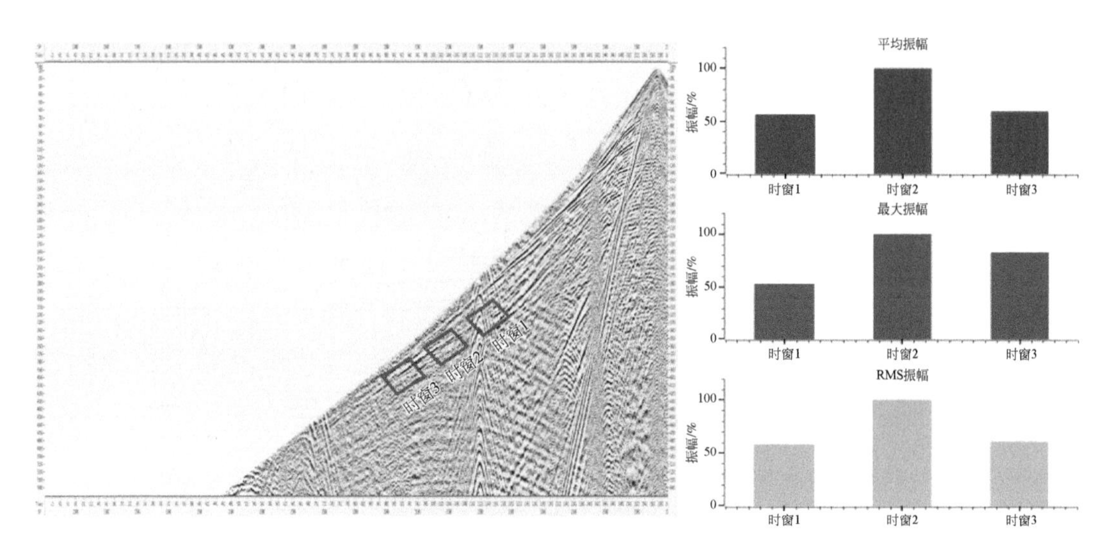

图 3.141　地表为石膏时广角反射记录不同偏移距的能量对比

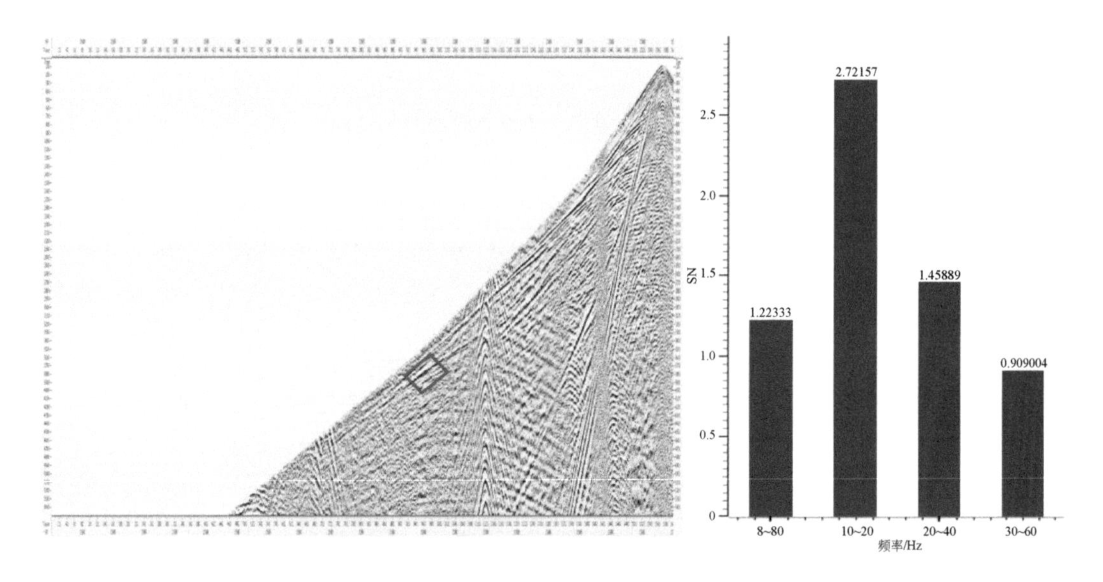

图 3.142　地表为石膏时广角反射记录不同频率段信噪比

（3）资料整体能量差异较大，横、纵向差异比较大；

（4）拓频处理后二次谐波的频谱较一次有所拓宽；

（5）排列长度大于 10km 会出现广角反射，并且广角反射频率较低，能量较强，在带通扫描 10～20Hz 时信噪比较高。

4）不同数据资料对比分析

A. 不同覆盖次数对比分析

由于本项目是采用 2L1S 的观测系统，因此可以根据检波线的接收线数来对比覆盖次数，单条检波线接收覆盖次数为 600 次，两条检波线接收覆盖次数为 1200 次（图 3.143

和图 3. 144)，从叠加剖面上看 1200 次覆盖次数明显比 600 次覆盖次数叠加效果好。

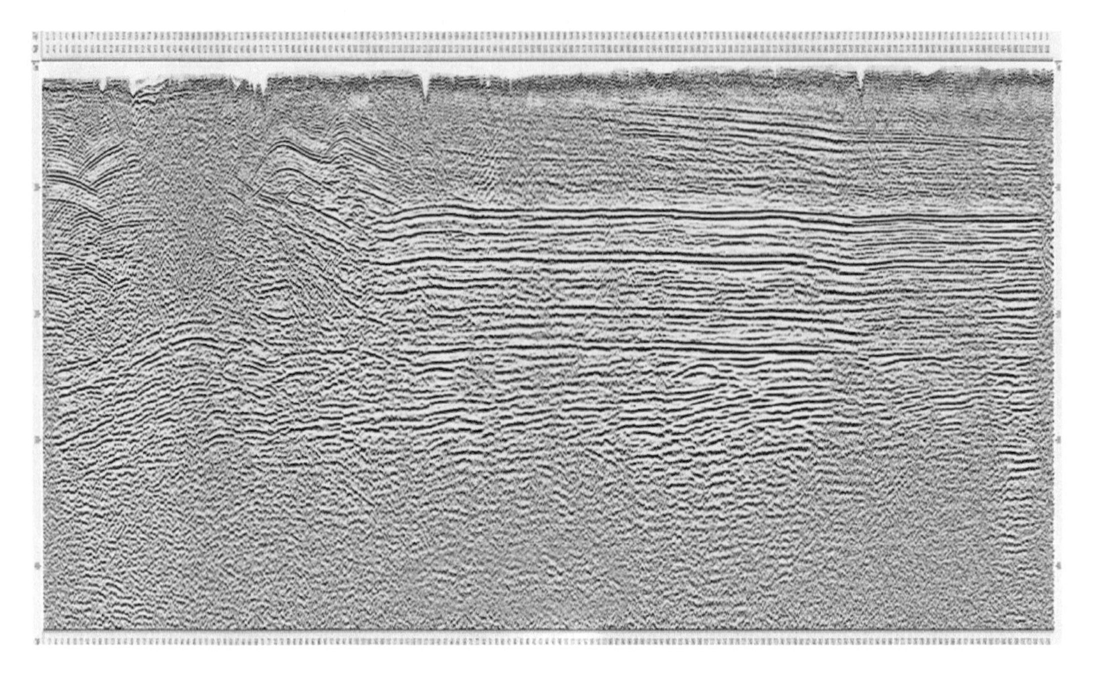

图 3. 143　覆盖次数为 600 次覆盖叠加剖面

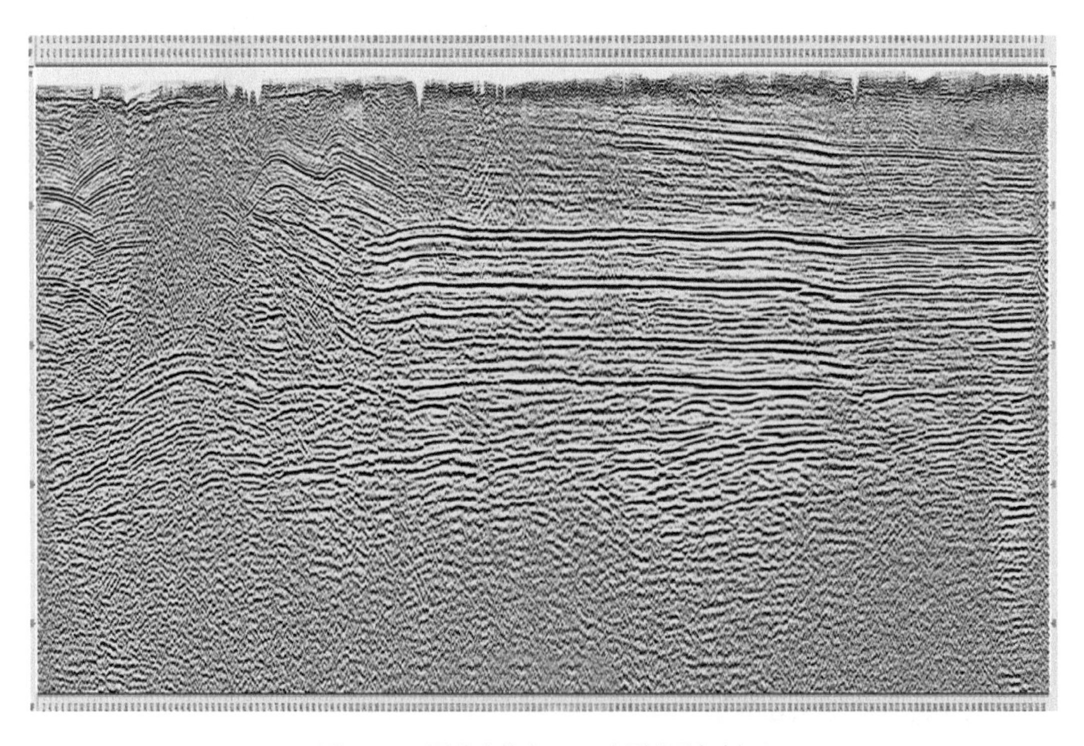

图 3. 144　覆盖次数为 1200 次覆盖叠加剖面

B. 不同偏移距对比分析

本研究排列长度布设较长，提高了深层中新元古界的信噪比。通过正演确定了中新元古界产生广角反射的偏移距在10000m左右，因此结合实际数据对不同偏移距叠加剖面进行对比。在实际数据中分别做了多种不同偏移距叠加剖面的对比（图3.145～图3.148）。

通过对比可以观察到6000m的偏移距深层成像效果明显优于5000m偏移距的成像效果，从偏移距6000m开始变化较小，到偏移距6500m成像效果没有变化。

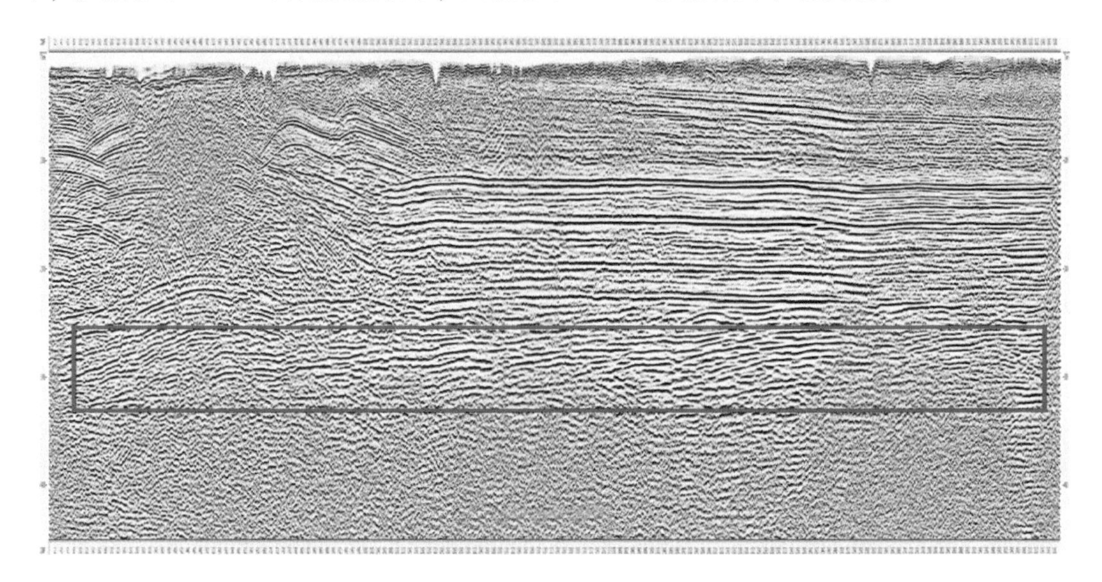

图3.145　最大偏移距5000m

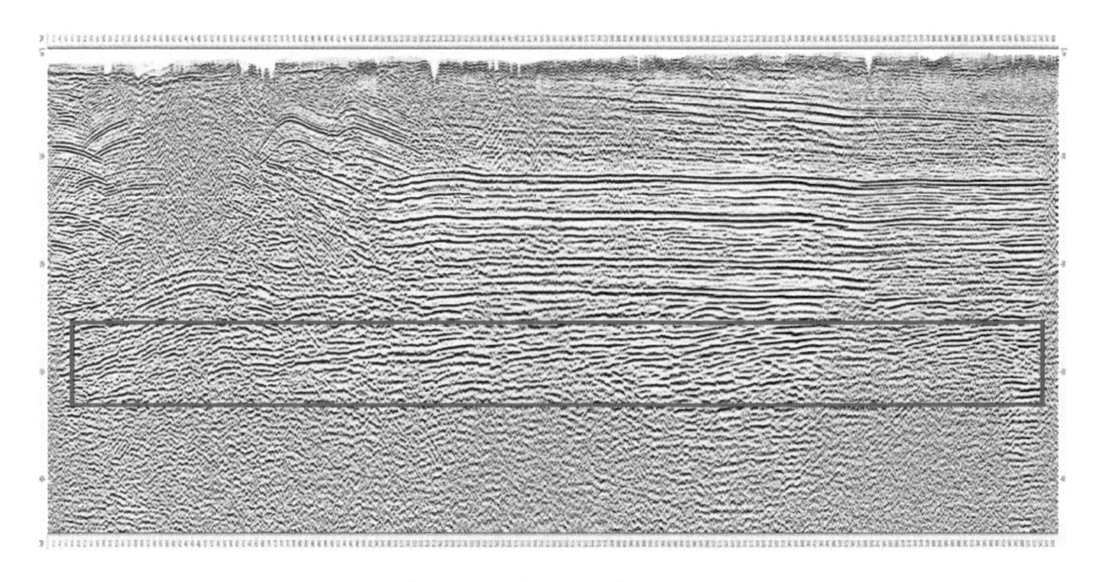

图3.146　最大偏移距6000m

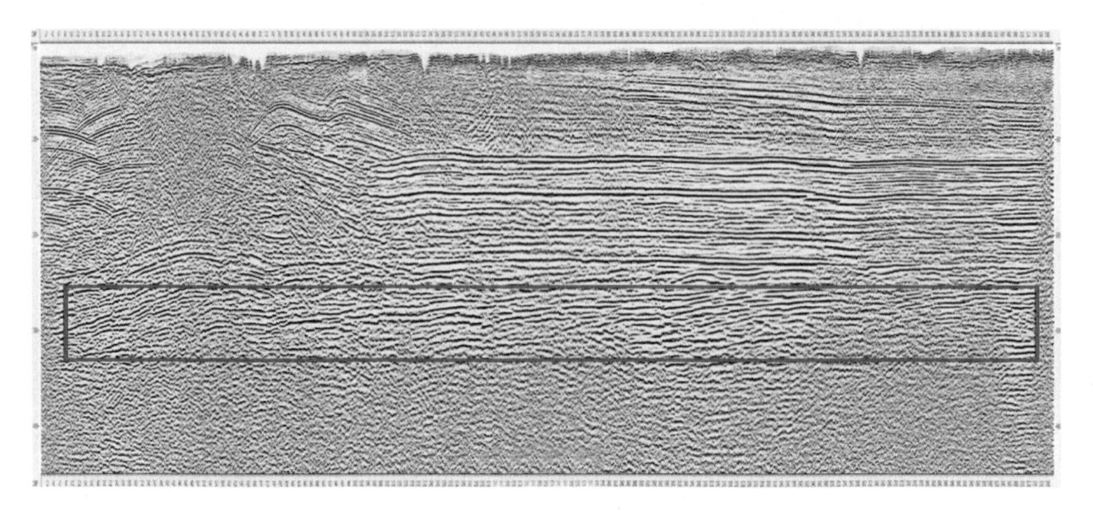

图 3. 147　最大偏移距 6500m

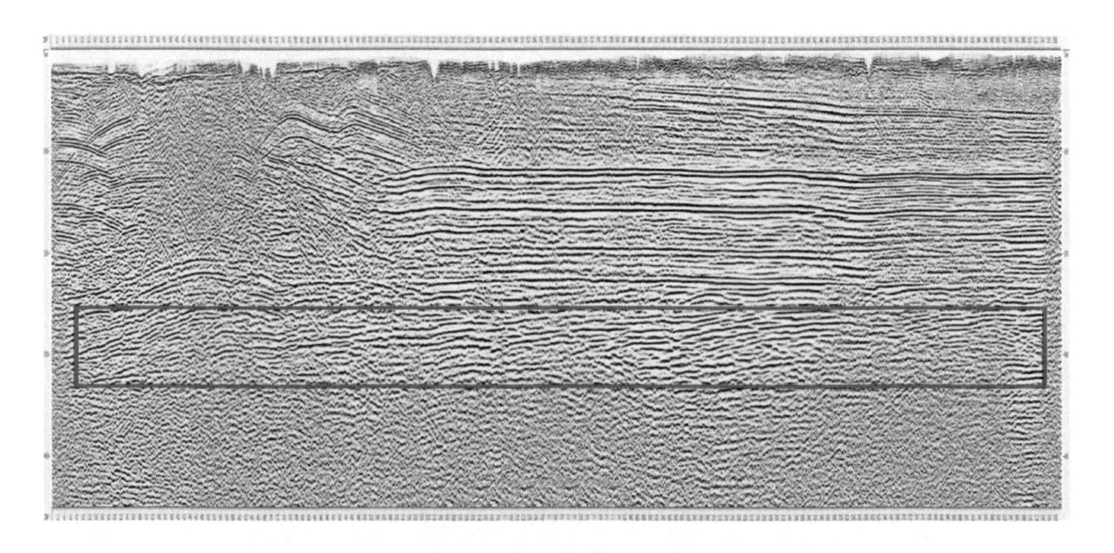

图 3. 148　最大偏移距 10000m

C. 新老资料对比分析

新老资料相比可知，新资料品质较老资料有明显提高。从单炮频率扫描看，有震源激发的新资料在 3Hz 时有效信息不明显，在 4Hz 以上时有效信息比较清晰，能看到，有井炮激发的老资料在 5Hz 以上才能看到有效信息（图 3. 149）。

从新老剖面频率扫描对比结果来看，尤其在低频时（1. 5 ~ 3Hz 和 2 ~ 6Hz）新资料能清晰地看到有效信号，老资料在低频时基本上看不到明显的有效信号，整体看新资料的频带宽度较宽（图 3. 150）。从新老资料的叠加剖面可以看出新资料的信噪比明显优于老资料（图 3. 151 和图 3. 152）。

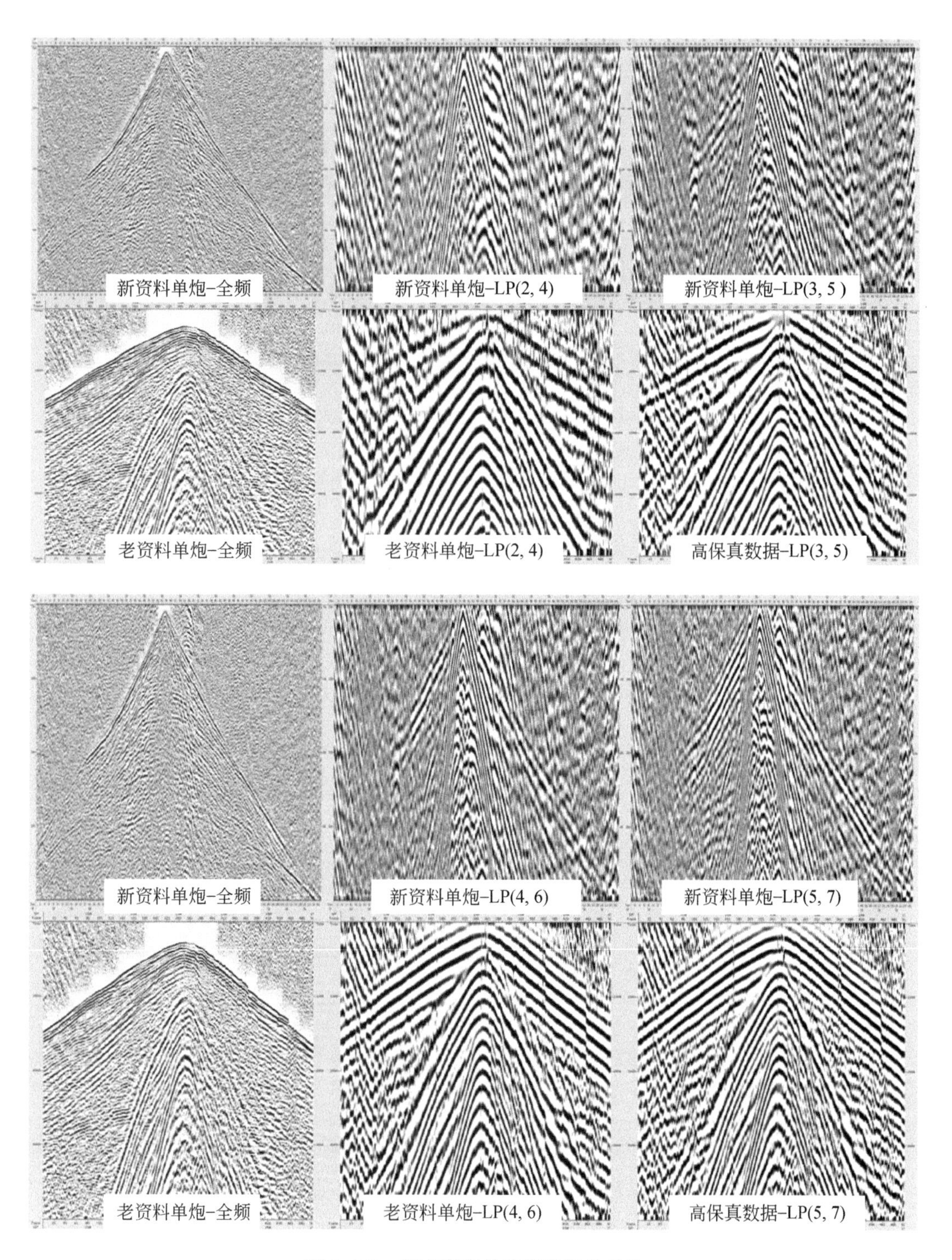

图 3. 149　新老资料单炮频率扫描对比

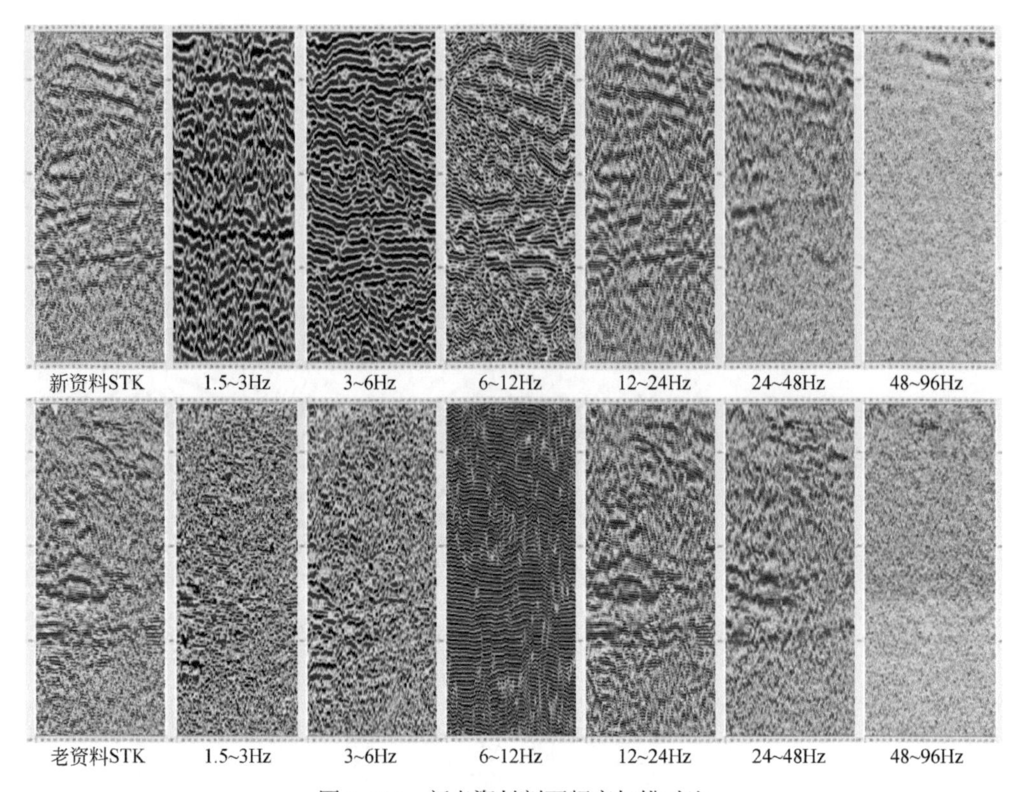

图 3.150　新老资料剖面频率扫描对比

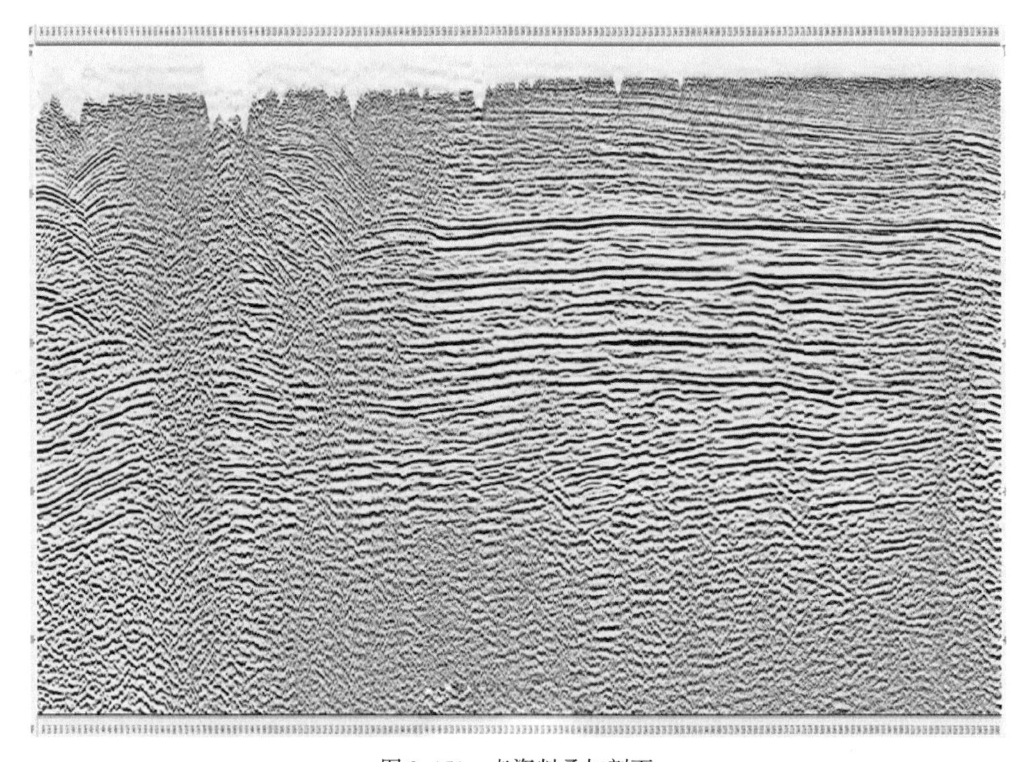

图 3.151　老资料叠加剖面

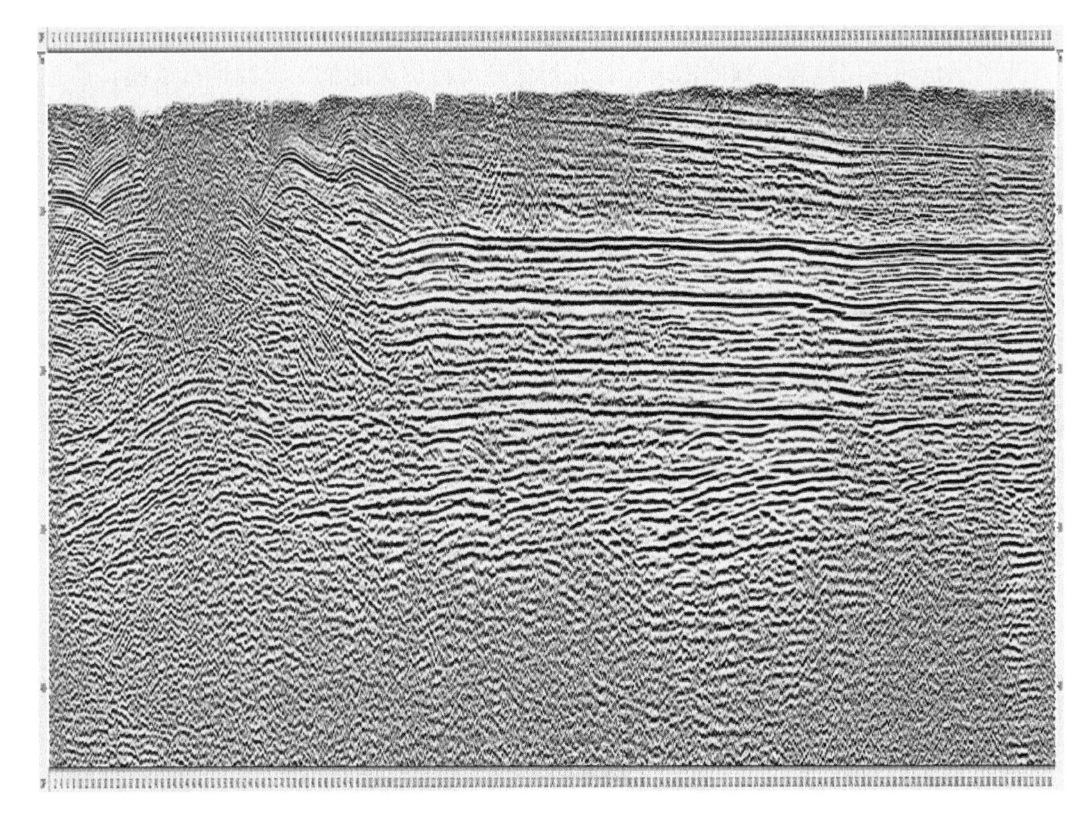

图 3. 152 新资料叠加剖面

3. 资料分析结论

（1）本研究从试验线分析可以看出中新元古界反射信息丰富，资料信噪比高，偏移成像效果好，相比老数据信噪比有明显的提高。

（2）本研究通过结合商业软件 KLSeis 进行正演分析，从单炮上有效地把理论数据与实际数据结合，找出疑似广角出现的位置，为后续远偏移距成像提供了依据。

（3）本研究进行了高保真数据与相关后数据的对比分析，从单炮、剖面上进行频率和信噪比的分析，两者差异不大。

（三）华北克拉通盆地廊固凹陷勘探实例

廊固凹陷位于华北克拉通盆地冀中拗陷的北部，中新元古界分布广泛，埋藏深，资源量大，但勘探程度低，具有良好的勘探前景。

廊固凹陷中新元古界发育两类圈闭。一类为构造圈闭，新生代以前老断层控制的构造圈闭保存条件好，利于成藏；另一类为礁滩体形成的岩性圈闭。

近年来，华北油田在杨税务潜山带钻探井相继取得重大突破，证实华北克拉通盆地潜山具有巨大的勘探潜力。以往采集时间早、方法简单、覆盖次数低，中浅层资料能量、信噪比相对较好，但深层、潜山及内幕资料能量弱、信噪比低，深层资料品质较差，很大程度上影响了杨税务潜山圈闭的整体落实。

1. 采集参数及工作量

为了满足超深层地震勘探的需求，首先对低频可控震源的施工参数进行试验，通过对点试验分析，得到最理想的震源激发参数后，进行线试验，共部署四条常规线和两条非常规线，总工作量为86.42km。

为了解决安保、超深层能量、城区的地震勘探等问题，该项目采用低频可控震源作为激发源、超长排列宽线采集的方法，采集参数见表3.4。

表3.4　采集参数列表

项目	参数类型	参数	参数类型	参数
观测系统参数	观测系统	2L2S 全排列接收	炮点距	20m
	道距	20m	覆盖次数	960 次
	接收线距	40m	最大偏移距	12000m
激发参数	激发类型	BV620LF	震动台次	R1 线和 R4 线 4 台 1 次；R2 和 R3 线 2-3 台 1 次
	扫描长度	12s		
	驱动幅度	65%	扫描频率	城区内 6 ~ 64Hz 或 8 ~ 64Hz，城区外 1.5 ~ 64Hz
接收参数	检波器类型	30DX-10Hz	组合个数	2 串 20 个
	组合图形	正方形面积组合	组合基距	$L_x = L_y = 1\text{m}$
仪器参数	仪器类型	428XL	前放增益	12dB
	采样间隔	2ms	记录长度	8s
	低截滤波	Out	高截频率	Out

2. 资料处理分析

1）道距分析

在实验线R2线上不同位置选择两炮进行分析，把接收道进行抽稀处理，采集时原始道距为20m，抽稀后成为40m、60m，然后采用某主流采集商业软件（KLSeis）进行FK分析，验证不同道距是否产生假频。

图3.153显示，20m道距资料在42Hz后出现假频，而有效目的层有效频率低于30Hz，对资料没有多大的影响。当道距达到40m时，FK谱中假频出现位置在20Hz左右，影响有效信息的成像。当道距达到60m时，假频出现在13Hz左右，同样对有效频率造成影响。

2）覆盖次数对比

覆盖次数分析主要目的为验证能有效压制次生干扰、提高资料的信噪比的覆盖次数。叠加剖面（图3.154 ~ 图3.157）显示，当覆盖次数达到2000次后，剖面深层目的层信噪比没有明显差异。因此，最大覆盖次数要大于等于2000次。

3）井炮与可控震源资料对比

（1）单炮对比：井炮资料外界干扰较少，信噪比高，仪器在接收时采用全频带接收，单炮（图3.158）上能看到明显的有效信息，深层信息很丰富。震源激发，能量上要弱于

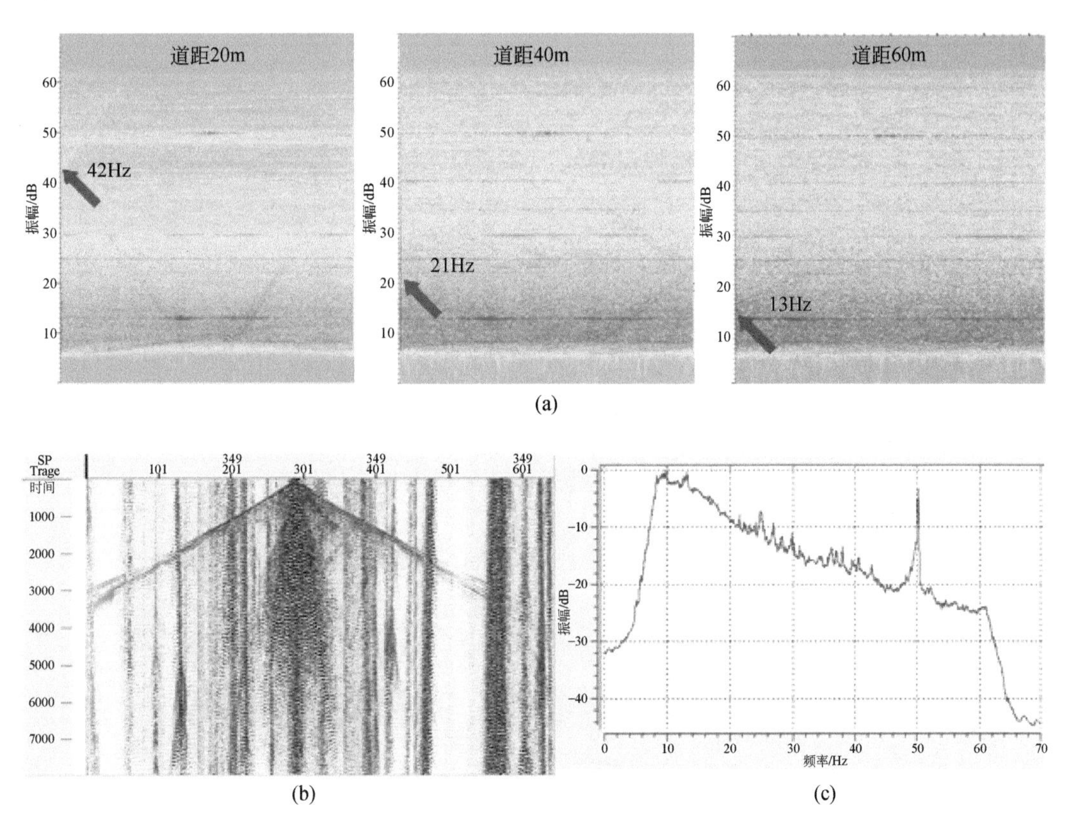

图 3.153 不同道距 FK 谱

（a）FK 谱；（b）单跑记录；（c）频谱

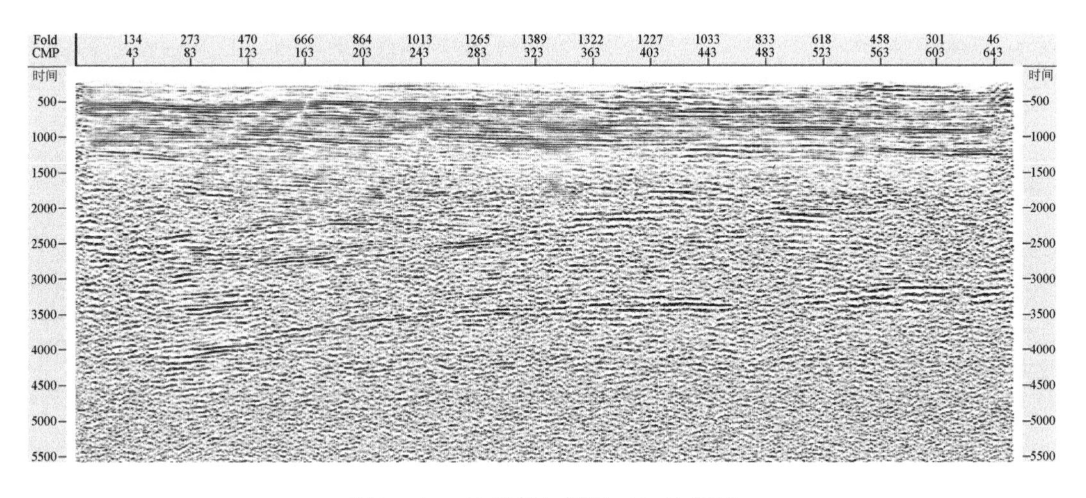

图 3.154 R2 线叠加剖面 1000 次覆盖

井炮资料，同时由于低频随机噪声干扰严重，导致信噪比较低。单炮（图 3.159）上能看到有效信息，深层不明显。

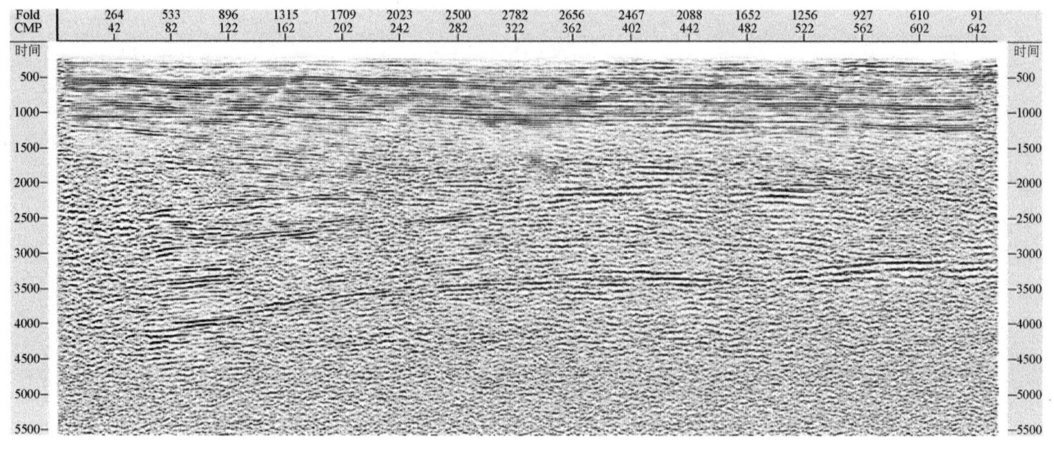

图 3.155　R2 线叠加剖面 2000 次覆盖

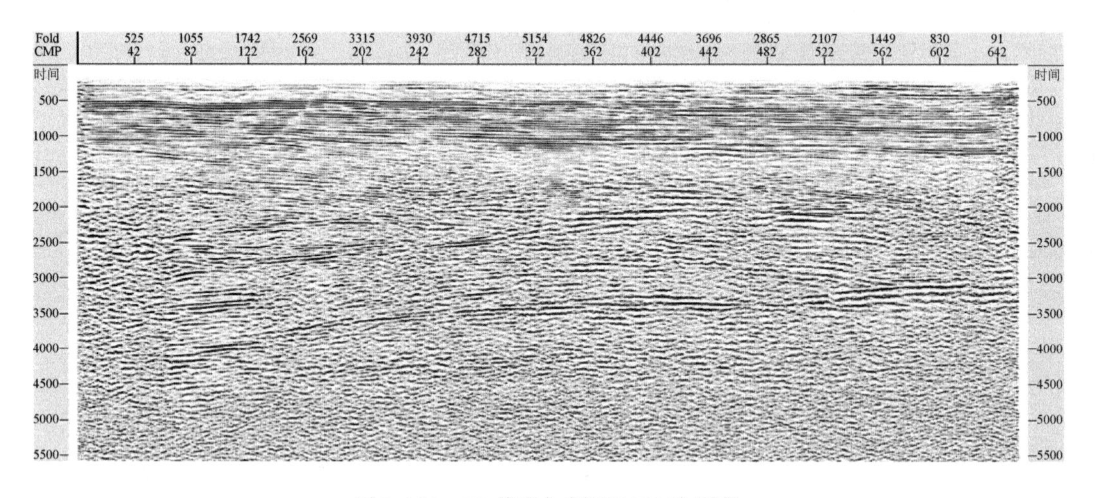

图 3.156　R2 线叠加剖面 3000 次覆盖

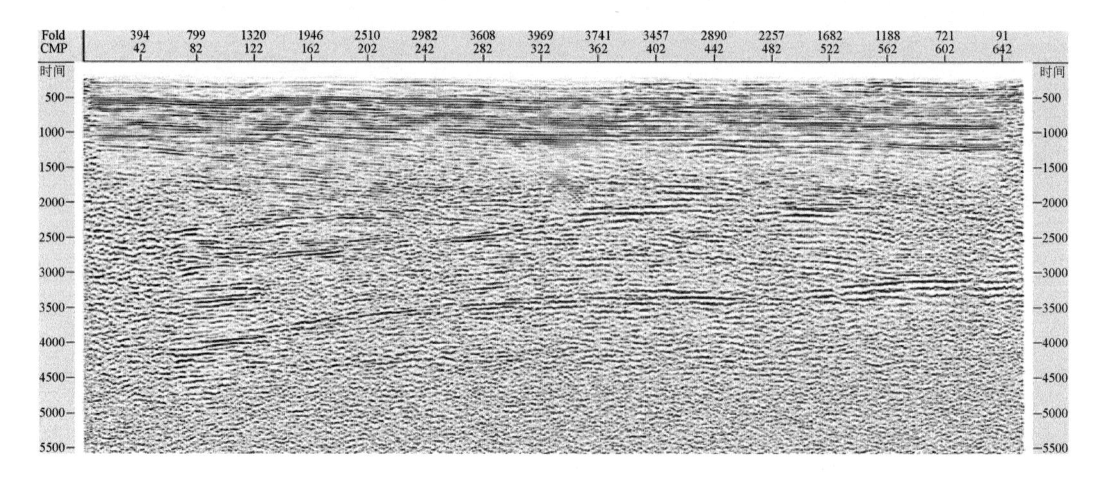

图 3.157　R2 线叠加剖面 4000 次覆盖

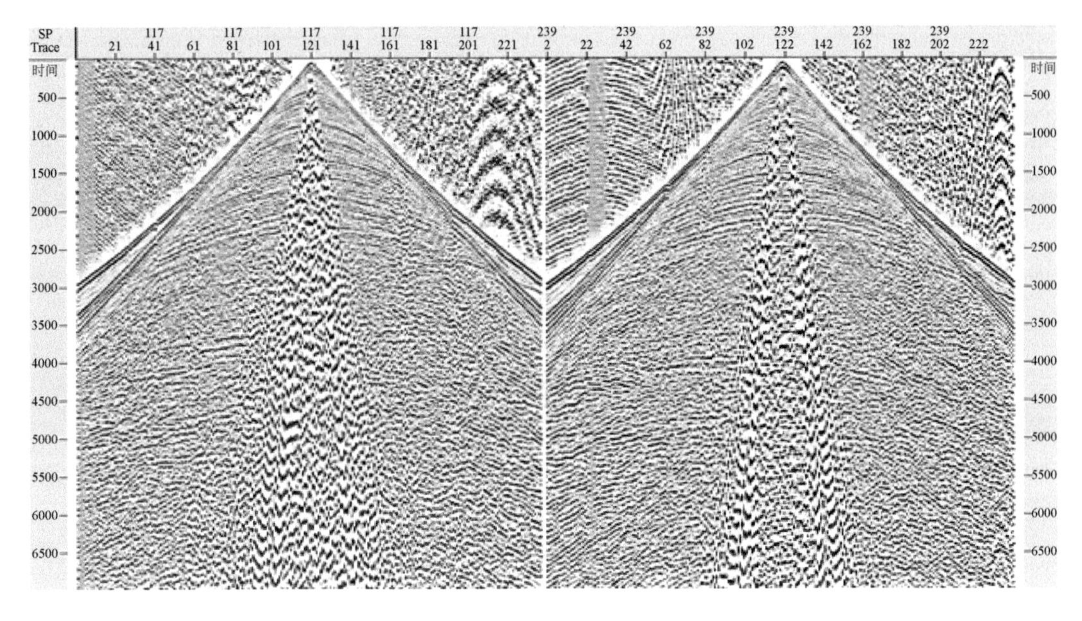

图3.158　井炮记录AGC

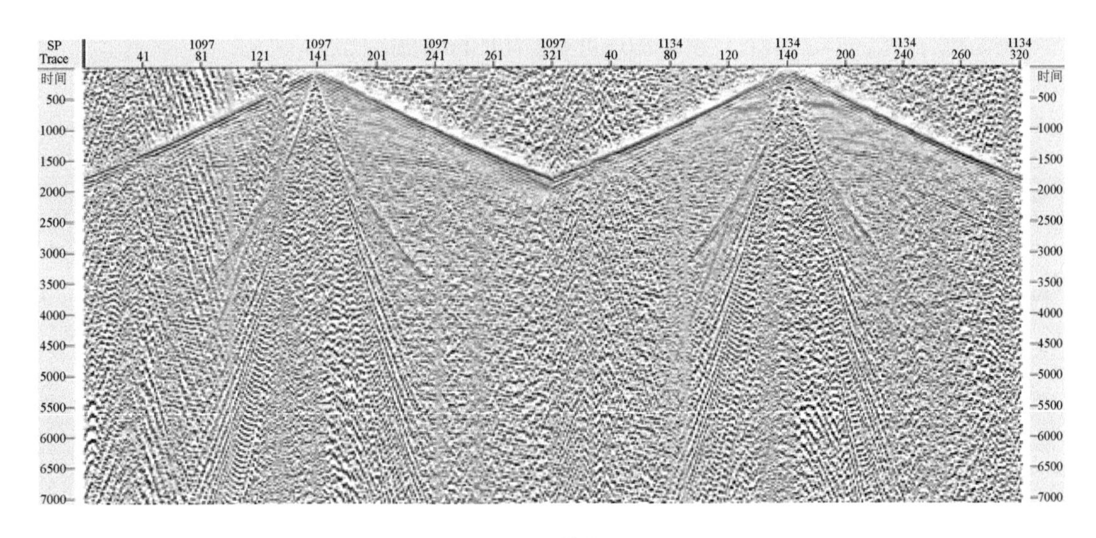

图3.159　震源单炮记录AGC

（2）剖面对比：将偏移剖面进行对比后显示，井炮资料信噪比很高，波阻特征很清晰，深层信息很丰富（图3.160）。分频扫描（图3.161和图3.162）显示，低通6Hz含有丰富的有效信息，当达到40Hz以上深层无法看到有效信息。可控震源PSTM剖面（图3.163）同样资料信噪比很高，波阻特征很清晰，深层信息很丰富。从分频扫描图（图3.164～图3.166）可以看出，在低频3Hz含有有效信息，达到40Hz深层还含有有效信息。

通过新老资料剖面频谱（图3.167）对比，新资料频宽在-20dB时达到1.5～60Hz，而老资料在-20dB 时频宽为 5～54Hz，新资料的频宽能够达到 5 个倍频程，老资料只有 3 个倍频程。

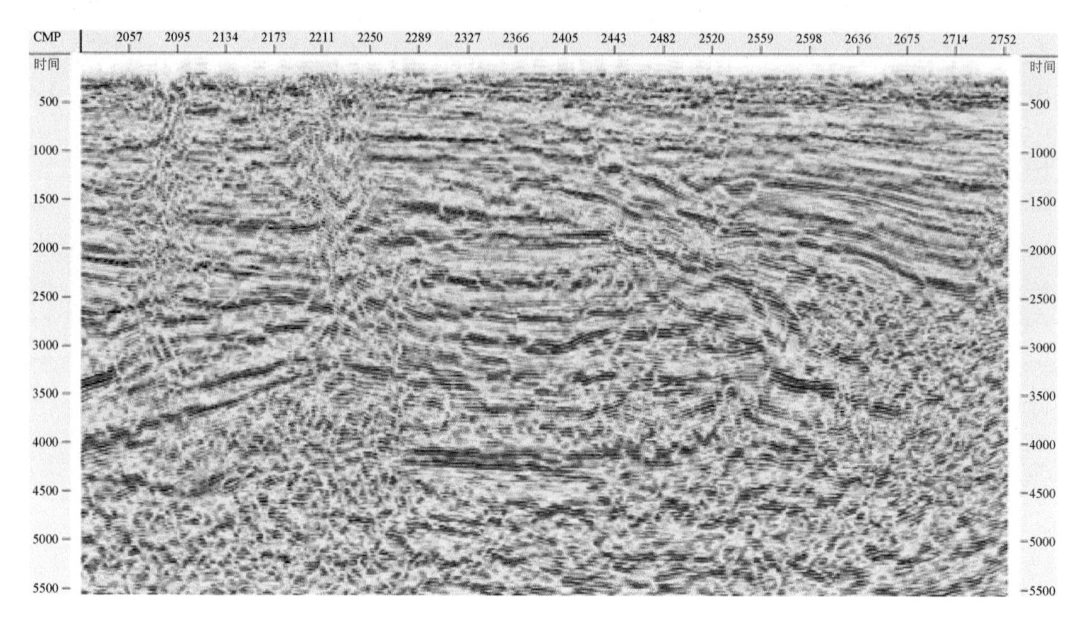

图 3.160　井炮资料 PSTM 剖面

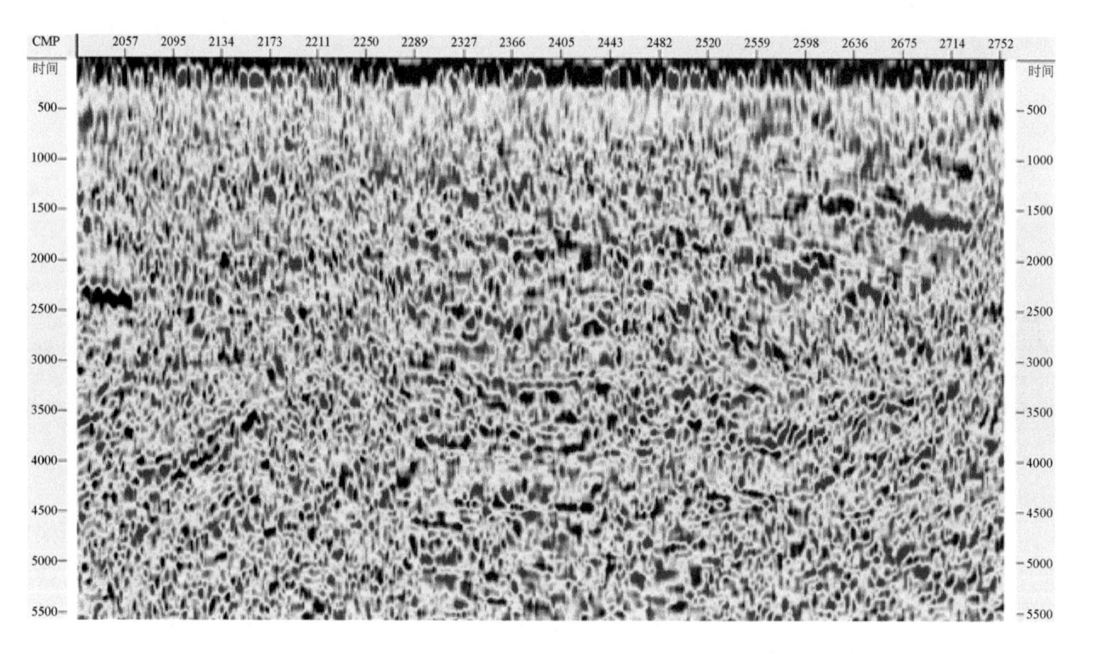

图 3.161　老资料分频扫描图（LP3-4Hz）

经过一系列的攻关处理，最终获得偏移成像效果较好的叠前深度剖面，与老资料相比，深层地震反射信息丰富，资料信噪比高（图 3.168）。

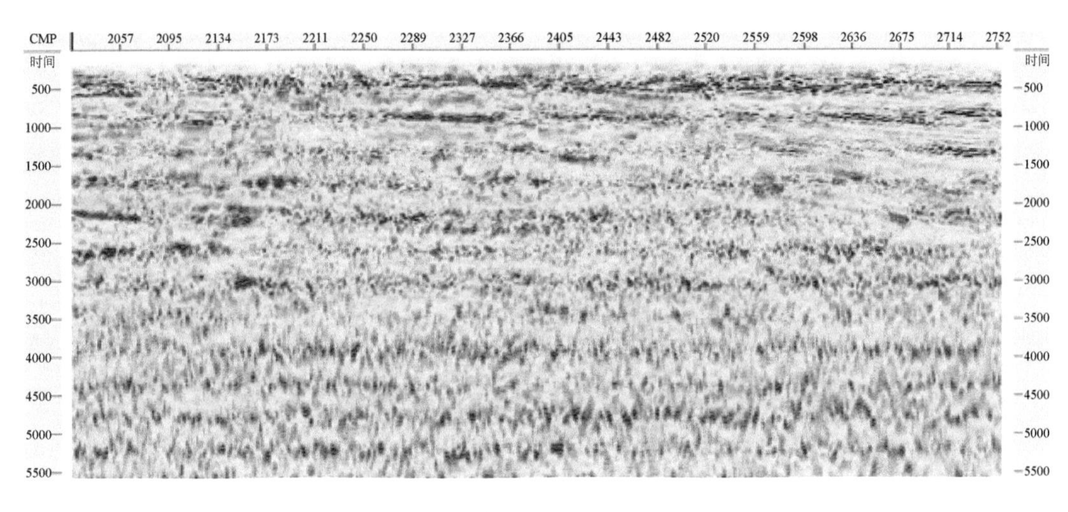

图 3.162　老资料分频扫描图（BP25-30-60-70Hz）

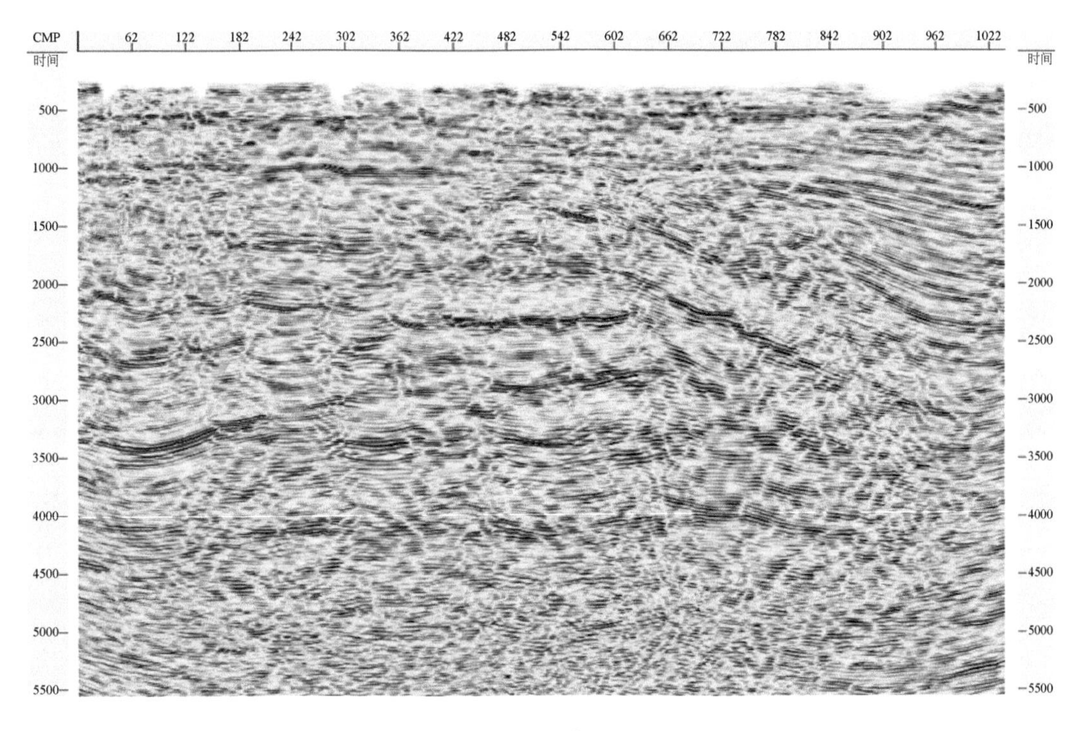

图 3.163　可控震源资料 PSTM 剖面

3. 资料分析结论

（1）新资料由于采用宽线高覆盖、大吨位可控震源宽频激发等技术，整体资料品质较以往有了大幅度提升，尤其是中新元古界（Tg3、Tg4）资料信噪比高，成像效果好，波组特征明显，反射特征清楚。

（2）新资料频带更宽，低频端和高频端信息更丰富。老资料只有 3 个倍频程，但是新

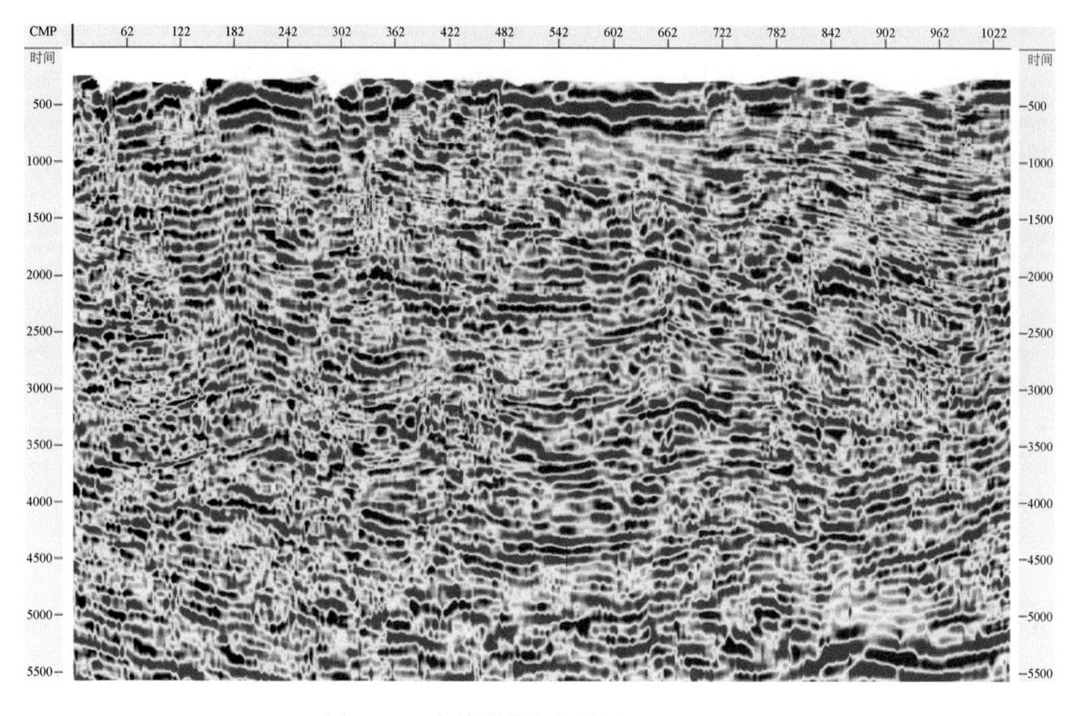

图 3.164 新资料分频扫描图（LP3-4Hz）

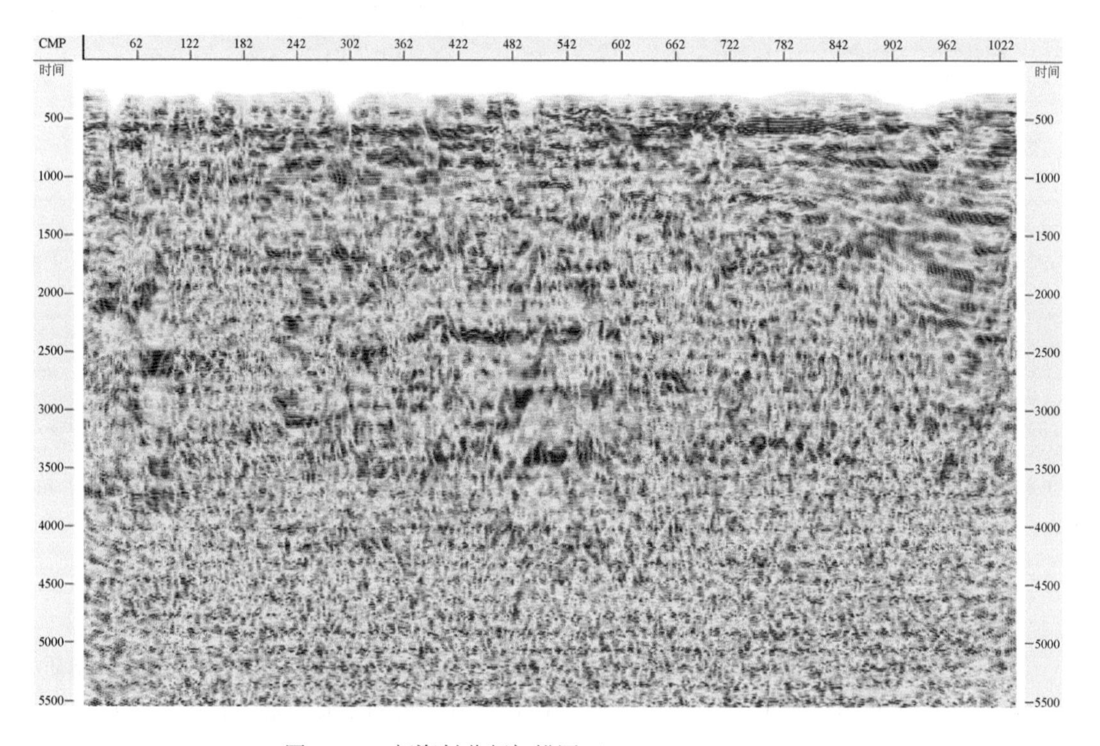

图 3.165 新资料分频扫描图（BP25-30-60-70Hz）

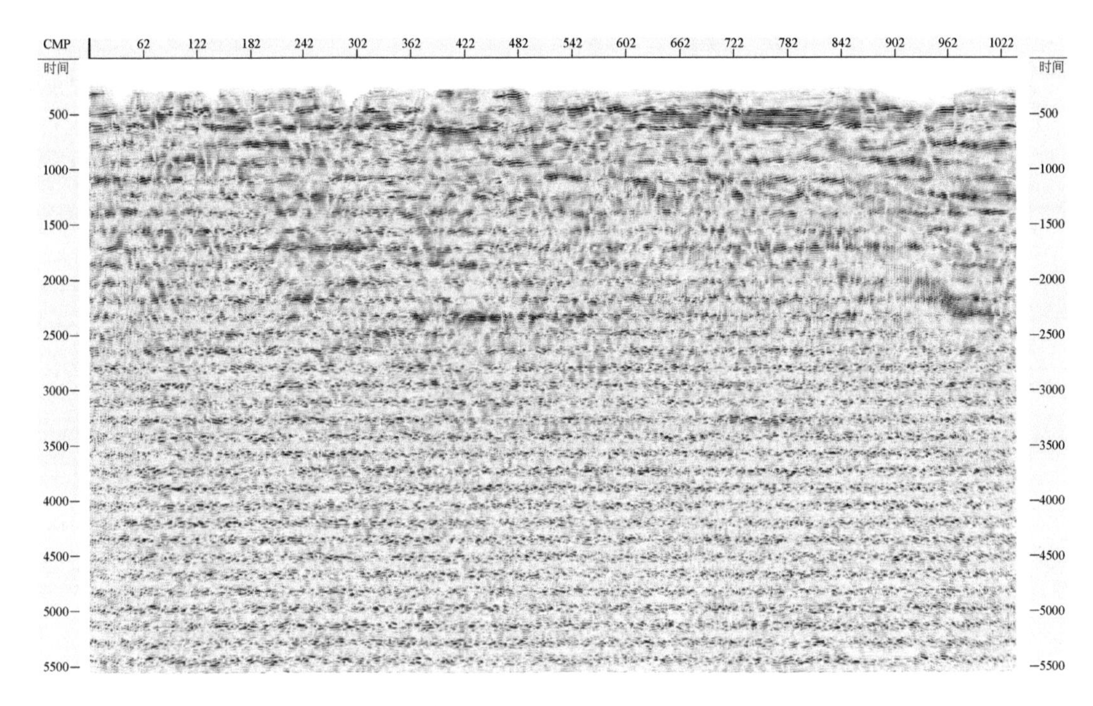

图 3.166　新资料分频扫描图（BP35-40-80-90Hz）

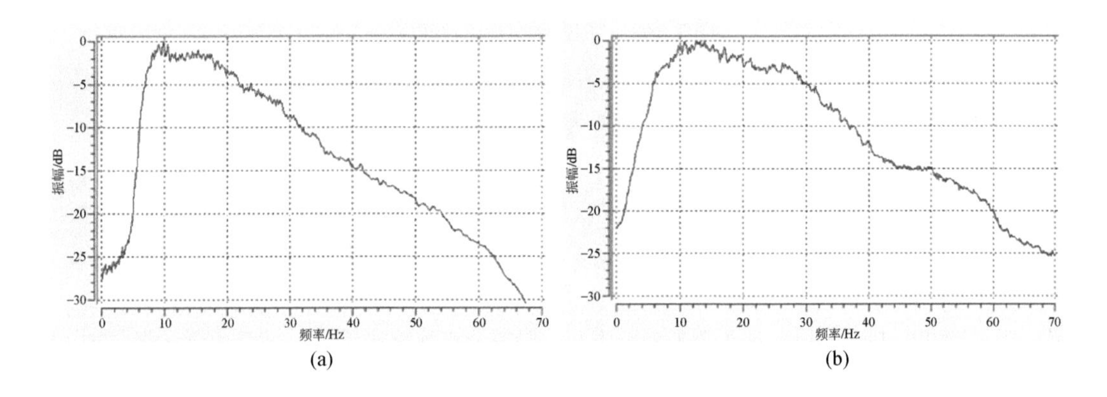

图 3.167　频谱图

（a）老资料频谱；（b）新资料频谱

资料的频宽能够达到 5 个倍频程。因此基于 1.5Hz 大吨位可控震源激发，资料频带宽度显著拓宽，资料品质跨越式提高。

（3）课题在华北克拉通盆地的攻关为廊固凹陷探明百亿立方米天然气和 300 万 t 凝析油探明储量提供了宽频、高密度地震资料。基于课题的攻关，潜山及内幕勘探再获新突破，安探 401 井日产气量创华北最高纪录。

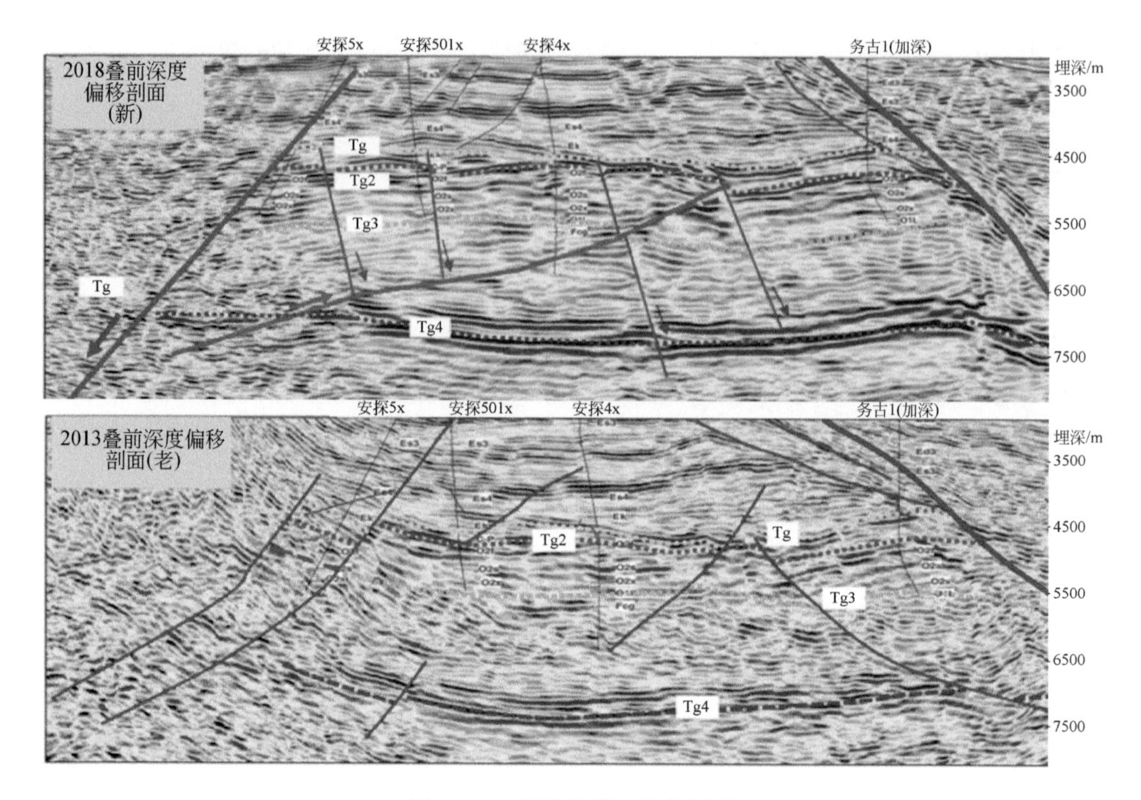

图 3.168　杨税务潜山新老剖面

参 考 文 献

白志明，王椿镛 . 2004. 云南遮放–宾川和孟连–马龙宽角地震剖面的层析和成像研究［J］. 地球物理学报，47（2）：257-267.

段文胜，李飞，李世吉，等 . 2013. OVT 域叠前偏移衰减多次波［J］. 石油地球物理勘探，48（增刊 1）：36-41.

胡英，张东 . 2012. 基于 Marmousi 模型的声波方程有限差分正演算法［J］. 武汉大学学报，58（1）：68-72.

胡中平，管路平，顾连兴，等 . 2004. 高速屏蔽层下广角地震波场分析及成像方法［J］. 地球物理学报，47（1）：88-94.

李振春，张华，刘庆敏，等 . 2007. 弹性波交错网格高阶有限差分法波场分离数值模拟［J］. 石油地球物理勘探，42（5）：510-515.

刘振武，撒利明，董世泰，等 . 2013. 地震数据采集核心装备现状及发展方向［J］. 石油地球物理勘探，48（4）：663-675.

吕公河，尹成，周星合，等 . 2006. 基于采集目标的地震照明度的精确模拟［J］. 石油地球物理勘探，41（3）：258-261.

马德堂，朱光明 . 2003. 弹性波波场 P 波和 S 波分解的数值模拟［J］. 石油地球物理勘探，38（5）：482-486.

马涛，王彦春，李扬胜，等 . 2019. OVT 属性分析方法在采集设计中的应用［J］. 石油地球物理勘探，

54 (1): 1-9.
佘德平，管路平，徐颖，等. 2007. 应用低频信号提高高速玄武岩屏蔽层下的成像质量 [J]. 石油地球物理勘探，42 (5): 564-567.
孙成禹，倪长宽，李胜军，等. 2007. 广角地震反射数据特征及校正方法研究 [J]. 石油地球物理勘探，424 (1): 24-29.
孙建国. 2000. 广角地震在碳酸盐岩地区勘探中的应用 [C] //同济大学海洋地质与地球物理系反射地震学论文集. 上海: 同济大学出版社.
唐刚. 2010. 基于压缩感知和稀疏表示的地震数据重建与去噪 [D]. 北京: 清华大学.
王学军，于宝利，赵小辉，等. 2015. 油气勘探中“两宽一高”技术问题的探讨与应用 [J]. 中国石油勘探，20 (5): 41-53.
王志，贺振华，黄德济，等. 2003. 广角反射波场特征研究及正演模拟分析 [J]. 地球物理学进展，18 (1): 116-121.
姚盛. 2011. 陆上地震采集技术新进展 [J]. 工程地球物理勘探，8 (3): 289-295.
詹仕凡，陈茂山，李磊，等. 2015. OVT 域宽方位叠前地震属性分析方法 [J]. 石油地球物理勘探，50 (5): 956-966.
张华，陈小宏. 2013. 基于 jitter 采样和曲波变换的三维地震数据重建 [J]. 地球物理学报，56 (5): 1637-1649.
Aki K, Richards P G. 1980. Quantitative Seismology, Theory and Methods [M]. U. S.: University Science Books.
Herrmann F J. 2010. Randomized sampling and sparsity: Getting more information from fewer samples [J]. Geophysics, 75 (6): WB173-187.
Huang L J, Fehler M C, Wu R S. 1999. Extended local born Fourier migration method [J]. Geophysics, 64 (5): 1524-1534.
Phinney R A, Chowdhury K R, Frazer L N. 1981. Transformation and analysis of recordsections [J]. Journal of Geophysical Research, 86 (3): 359-377.
Stoffa P L, Fokkema J T, Freire R M D, et al. 1990. Split- step Fourier migration [J]. Geophysics, 55: 410-421.
Vermeer G J O. 1998a. 3-D symmetric sampling [J]. Geophysics, 63 (5): 1629-1647.
Vermeer G J O. 1998b. Creating image gathers in the absence of proper common- offset gathers [J]. Exploration Geophysice, 29 (4): 636-642.
Xu S, Zhang Y, Lambaré G. 2010. Antileakage Fourier transform for seismic data regularization in higher dimensions [J]. Geophysics, 75 (6): 113-120.

第四章　重磁电震约束与联合反演技术

针对超深层目的层埋深大，重磁电震信号弱，分辨率低以及超深层上覆地层多且构造、岩性复杂，对地面观测的重磁电信号产生了严重的叠加干扰，单一地球物理资料多解性强等关键技术问题，通过重磁电震多信息约束与联合反演，大幅降低资料解释的多解性，提高对深层构造的刻画能力及分辨率。本书分别在以下几个方面开展攻关：以地震数据为核心的重磁电震联合反演，新型结构耦合及随机等效介质重磁电联合反演，广域电磁、时频电磁、极低频-大地电磁联合反演技术及两种不同物性地球物理资料约束联合反演。

通过攻关，形成一套适应不同条件的超深层重磁电震约束与联合反演技术系列，包括以地震数据为核心的多种地球物理资料联合反演、不同物性之间的重磁电约束与联合反演、人工源与天然源相结合的同类物性之间的联合反演，大幅降低资料解释的多解性，提高超深层中新元古界残留盆地分布预测精度和分辨率。

第一节　随机等效介质重磁电联合反演

一、二维、三维重磁数据正演模拟

（一）重力场理论

进行重力勘探的前提是地下地质体密度存在差异，基本理论为万有引力定律。如图4.1所示，O 为直角坐标系的原点，Z 轴沿重力方向垂直向下，X 轴、Y 轴在水平观测面内分别沿东向和北向伸展：

$$f=-G\frac{m_0 m}{r^3}r$$

式中，r 为自 m 指向 m_0 的矢径，即源点 $Q(\xi,\ \eta,\ \zeta)$ 到场点 $P(x,\ y,\ z)$ 的矢径；$r=[(x-\xi)^2+(y-\eta)^2+(z-\zeta)^2]^{\frac{1}{2}}$；$G$ 为万有引力常数，负号表示引力 f 与矢径 r 的方向相反。

定义引力场：

$$F=\frac{f}{m_0}=-G\frac{m}{r^3}r$$

引力场 F 为保守场，便可引入引力位 V，有

$$F=\mathrm{grad}V=\nabla V$$

$$\nabla V=0$$

地球重力 g 为地球引力 F 和惯性离心力 C 的矢量和。

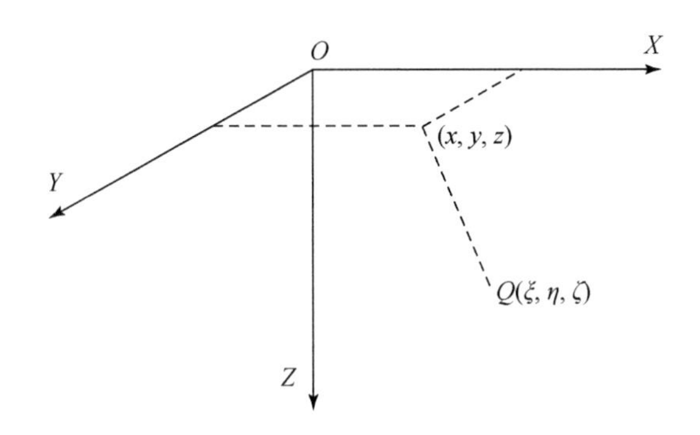

图 4.1　引力计算位置示意图

假设任意地质体，其密度为 ρ_1，其围岩或者背景密度为 ρ_2，则存在密度差 $\sigma=\rho_1-\rho_2$。假定图 4.1 所示的 $Q(\xi,\ \eta,\ \zeta)$ 为地质体内的任意一点坐标，则该点体积元可以表示为 $\mathrm{d}v=\mathrm{d}\xi\mathrm{d}\eta\mathrm{d}\zeta$，剩余质量为 $\mathrm{d}m=\sigma\cdot\mathrm{d}v=\sigma\mathrm{d}\xi\mathrm{d}\eta\mathrm{d}\zeta$，在观测点的引力位便可以表示为

$$V(x,y,z)=G\iiint_v \frac{\sigma\mathrm{d}\xi\mathrm{d}\eta\mathrm{d}\zeta}{r}$$

通过计算，可以求得重力异常的公式：

$$\Delta g=\frac{\partial V}{\partial z}=V_z=G\iiint_v \frac{\sigma(\zeta-z)\mathrm{d}\xi\mathrm{d}\eta\mathrm{d}\zeta}{[(\xi-x)^2+(\eta-y)^2+(\zeta-z)^2]^{3/2}} \tag{4.1}$$

考虑二度体的情况（即地质体的形状和埋深沿着水平某个方向上没有变化），假设地质体沿 y 方向无限延伸，式（4.1）可简化为

$$\Delta g=2G\sigma\iint_s \frac{(\zeta-z)\mathrm{d}\xi\mathrm{d}\zeta}{(\xi-x)^2+(\zeta-z)^2}$$

在三维重力异常正演理论中，可把地下空间分割成有限个数的长方体，且长方体内部物性参数统一。不同长方体的积分上下限可进行如下设定（图 4.2）：

$$\xi_1<\xi<\xi_2;\quad \eta_1<\eta<\eta_2;\quad \zeta_1<\zeta<\zeta_2$$

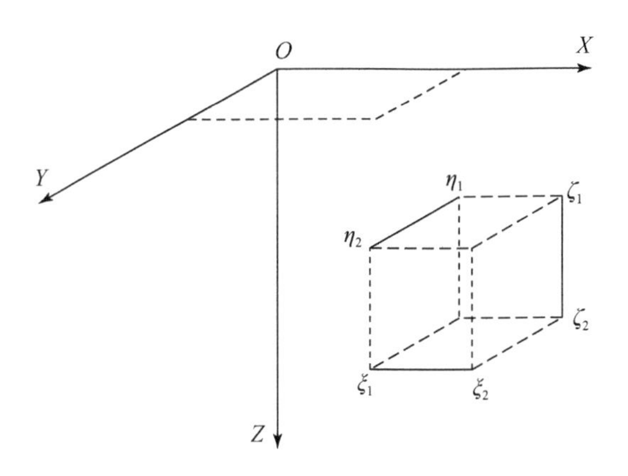

图 4.2　重力正演长方体积分上下限示意图

假设地面上有 N 个观测点，则第 j 个长方体在第 i 个观测点的重力异常值为

$$\delta g = G_{ij}^{g}\sigma_j$$

式中，G_{ij}^{g}为第j个长方体在第i个观测点的相对位置所确定的已知量；σ_j为第j个长方体的剩余密度。

$$G_{ij}^{g} = -G_c\left[\left[\left[\begin{matrix} x\ln(y+(x^2+y^2+z^2)^{1/2})+y\ln(x+(x^2+y^2+z^2)^{1/2}) \\ +z\arctan(z(x^2+y^2+z^2)^{1/2}x^{-1}y^{-1} \end{matrix}\right]_{\xi_1^j}^{\xi_2^j}\right]_{\eta_1^j}^{\eta_2^j}\right]_{\zeta_1^j}^{\zeta_2^j}$$

式中，G_c为万有引力常数，各积分的上下限代表每一个长方体的x、y、z方向的边界值。

测点的重力异常值通过累加可表示为

$$\Delta g_i = \sum \delta g = \sum_{j=1}^{M} G_{ij}^{g}\sigma_j$$

$$G^{g}m = d \tag{4.2}$$

式中，G^{g}为表示测点与划分网格之间关系的函数集合，称为重力核函数；m为网格剩余密度值组成的向量；d为计算得到的不同测点的重力异常值。

正演过程可由式（4.2）表示。

假设观测空间x方向范围为$-3000\sim2000$m，y方向范围为$-1900\sim2000$m，在（-2000，-1000，1000）及（800，-200，1000）均存在剩余密度0.3g/cm^{3}的异常体，其余区域剩余密度为0，计算出的重力异常值如图4.3所示，异常峰值与异常体位置对应较好。

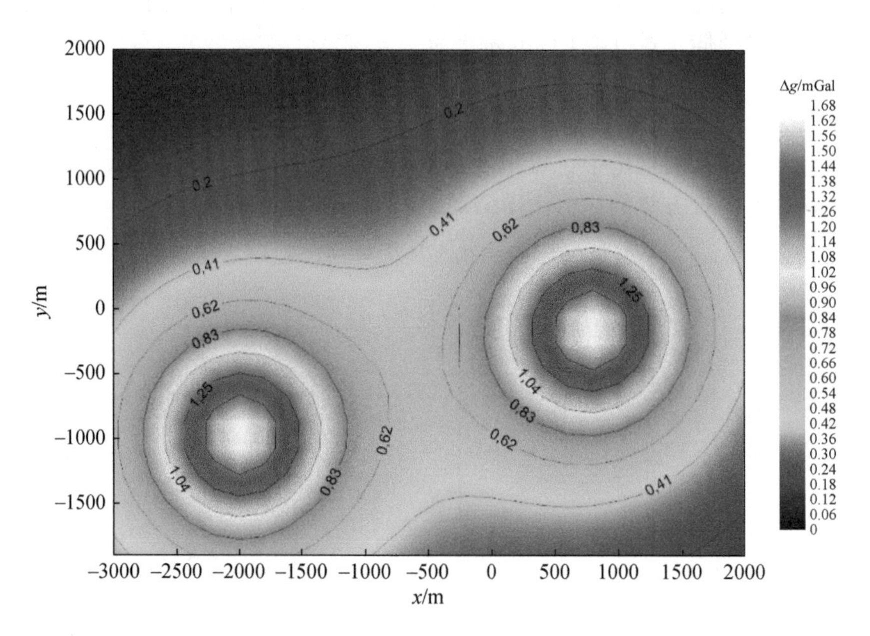

图4.3　三维设定剩余密度模型的重力异常平面等值线图

（二）磁异常正演理论

利用泊松公式可以将磁异常同重力异常的变化规律联系，即磁化强度、密度均匀物体的磁位与引力位满足以下关系式：

$$U_m = -\frac{1}{4\pi G\rho} M \cdot \nabla V$$

式中，U_m 为磁位；M 为总磁化强度；ρ 为密度差；G 为万有引力常数；V 为引力位。

假设存在某体积为 v 的地质体，满足均匀磁化和密度均匀的假设，利用式（4.3）可以得到地质体的磁位表达式：

$$U_m = -\frac{1}{4\pi} M \cdot \mathrm{grad}_p \iiint_v \frac{1}{r} \mathrm{d}v \tag{4.3}$$

从而有

$$H_x = \frac{\mu_0}{4\pi G\rho}[M_x V_{xx} + M_y V_{yx} + M_z V_{zx}]$$

$$H_y = \frac{\mu_0}{4\pi G\rho}[M_x V_{xy} + M_y V_{yy} + M_z V_{zy}]$$

$$H_z = \frac{\mu_0}{4\pi G\rho}[M_x V_{xz} + M_y V_{yz} + M_z V_{zz}]$$

磁异常矢量 T_a 与实测总磁场强度 T，以及与正常场的关系 T_0 有如下定义：

$$T_a = T - T_0$$

而总磁异常 ΔT 为

$$\Delta T = |T| - |T_0|$$

当 T_a 不大时可以近似把 ΔT 看作是 T_a 在 T_0 方向上的投影，即

$$\Delta T = T_a \cos\theta = T_a \cos(T_a, T_0)$$

令 t_0 表示 T_0 的单位矢量，H_{ax}、H_{ay} 和 Z_a 为 T_a 在三个坐标轴上的独立分量，可以得到：

$$\Delta T = H_{ax}\cos(x, t_0) + H_{ay}\cos(y, t_0) + Z_a \cos(z, t_0)$$

式中，ΔT 为 T_a 的三个独立分量分别投影到方向的和。

T_0 在 xoy 平面上的投影为 H_0，T_0 与 H_0 的夹角为 I，测线方向 x 轴与 H_0 的夹角为 D，可得

$$\Delta T = H_{ax}\cos I \cos D + H_{ay}\cos I \sin D + Z_a \sin I$$

$$G_{ij}^{\mathrm{mag}} = -\frac{\mu_0}{4\pi}\kappa \left\{ \left[\left(\begin{aligned} & k_1 \ln(x+r) + k_2 \ln(y+r) + k_3 \ln(z+r) + k_4 \arctan\frac{xy}{x^2+rz+z^2} \\ & + k_5 \arctan\frac{xy}{y^2+rz+z^2} + k_6 \arctan\frac{xy}{rz} \end{aligned} \right)_{\xi_1^j}^{\xi_2^j} \right]_{\eta_1^j}^{\eta_2^j} \right\}_{\zeta_1^j}^{\zeta_2^j}$$

$$G^{\mathrm{mag}} m = d \tag{4.4}$$

式中，G^{mag} 为表示测点与划分网格之间关系函数，简称为磁核函数；m 为网格剩余磁化率值组成的向量；d 为计算得到的不同测点的磁异常值。正演过程可由式（4.4）表示。

假设观测空间 x 方向范围为 $-3000 \sim 2000$m，y 方向范围为 $-1900 \sim 2000$m，在（-2000，-1000，1000）及（800，-200，1000）均存在剩余磁化率为 0.002SI 的异常体，其余区域剩余磁化率为 0，考虑垂直磁化的情况，计算出的磁异常值结果如图 4.4 所示，异常峰值与异常体位置对应较好。另外，当倾角为垂直方向、偏角为正北时，磁异常峰值处于异常体正上方，异常形态与地磁场的倾角和偏角相关，当倾角不为垂直方向，或偏角

不为正北时，磁异常呈现出非对称的形态，异常峰值出现在目标体的旁侧。

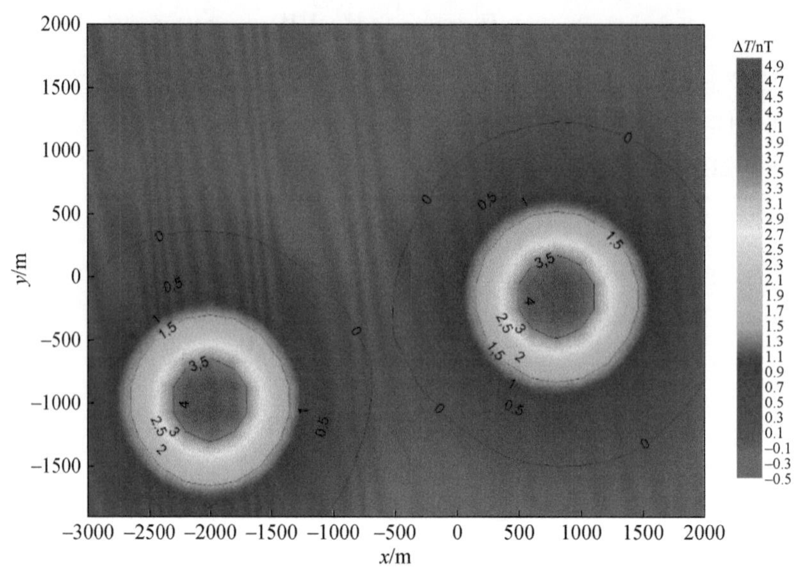

图 4.4　设定模型的磁异常平面等值线图

二、基于光滑 L0 范数约束的重磁紧支撑反演

光滑 L0 算法（SL0 算法）是用合适的光滑连续函数去逼近不连续的 L0 范数，通过对光滑函数使用最小化算法使其最小，从而得到最小 L0 范数，求得稀疏解。本书选择期望值为零的高斯函数来近似 L0 范数的光滑函数。设 σ 为描述连续函数与不连续 L0 范数的近似程度的参数。

令连续函数表示为

$$f_\sigma(m)=\frac{\sigma^2}{(m^2+\sigma^2)}$$

则有

$$\lim_{\sigma\to 0} f_\sigma(m)=\begin{cases}1, m=0\\0, m\neq 0\end{cases}$$

$$f_\sigma(m)=\begin{cases}1, |m|<<\sigma\\0, |m|>>\sigma\end{cases}$$

定义：

$$F_\sigma(m)=\sum_{i=1}^{M} f_\sigma(m_i)$$

$$\lim_{\sigma\to 0} F_\sigma(m)=M-\|m\|_0$$

以上表明，$\|m\|_0\approx M-F_\sigma$ 在 σ 较小时是成立的，且当 $\sigma\to 0$ 时，这个近似关系趋于相等。因此，为找到最小 L0 范数的解可取一个很小数值的 σ，令 $F_\sigma(m)$ 最大。

对于数值小的 σ，F_σ 高度不光滑且含有许多局部极大值，因此很难对其最大化；对于数值偏大的 σ，F_σ 光滑且含有较少的局部极大值，因此更容易对其最大化。综上所述，为了对任意值的 σ 有最大的 F_σ，将使用 σ 的递减序列，从而使 F_σ 最大化。对于前部数值较大的每个 σ，F_σ 的最大化算法的初始值是对应的 F_σ 的最大值。当 σ 逐渐减小时，每个 σ 对应的 F_σ 的初始值从接近实际 F_σ 的最大值开始。因此 SL0 算法不会陷入局部最大值的问题中，并且能对数值小的 σ 找到 F_σ 的实际极大值，给出最小 L0 范数的解。

光滑 L0 算法的步骤简单概括如下。

● 赋初值

（1）令 $\hat{s}_0$ 等于通过 A 的伪逆获得的 $As=x$ 的最小 L2 范数解。

（2）为 σ 选择一个合适的递减序列 $[\sigma_1, \cdots, \sigma_J]$。

● 对 $j=1, 2, \cdots, J$，做 For 循环

（1）令 $\sigma=\sigma_j$。

（2）在可行集合上，用最速上升算法的 L-迭代使函数 F_σ（近似地）最大（然后投影到可行集上）。

赋初值：$s=\hat{s}_{j-1}$

对 $l=1, \cdots, L$ 做 For 循环（循环 L 次）：

（a）令 $\varsigma[s_1\exp(-s_1^2/2\sigma^2), \cdots, s_n\exp(-s_n^2/2\sigma^2)]^{\mathrm{T}}$。

（b）令 $s\leftarrow s-\mu\varsigma$（其中 μ 是一个小的正常数）。

（c）将 s 投影回到可行集 S：

$s\leftarrow s-A^{\mathrm{T}}(AA^{\mathrm{T}})^{-1}(As-x)$。

● 令 $\hat{s}_j=s$

● 最终是 $\hat{s}=\hat{s}_j$

因此基于光滑 L0 范数紧支撑聚焦的反演方法的目标函数可表示为

$$
\begin{aligned}
P_{\mathrm{SL0}}^{\alpha}(m,d) &= \|W_d A(m)-W_d d\|^2+\alpha\|W_m m-W_m m_{\mathrm{apr}}^{\mathrm{SL0}}\|_{\omega_e}^2 \\
&= (W_d A(m)-W_d d)^{\mathrm{T}}(W_d A(m)-W_d d)+\alpha(W_m m-W_m m_{\mathrm{apr}}^{\mathrm{SL0}})^{\mathrm{T}}(W_m m-W_m m_{\mathrm{apr}}^{\mathrm{SL0}})
\end{aligned}
$$

式中，$P_{\mathrm{SL0}}^{\alpha}(m, d)$ 为目标函数；m 为模型矢量；$m_{\mathrm{apr}}^{\mathrm{SL0}}$ 为先验光滑 SL0 模型矢量；d 为数据矢量；W_d 为数据空间加权矩阵；W_m 为模型空间加权矩阵；A 为正演算子；α 为正则化参数。

利用光滑 L0 范数紧支撑方法，通过地下网格剖分，进行重磁三维模型单一物性反演。设计三维模型水平 x 方向长度为 2km，y 方向为 1km，垂向深度 z 方向为 8km，网格大小为 50m×50m×100m。异常体位置在（0.6～0.9km，0.4～0.6km，3.5～4.0km）及（1.3～1.6km，0.4～0.6km，3.5～4.0km），剩余密度设为 2.4g/cm^3，背景密度为 0，剩余磁化率为 0.6×10^{-4}SI，背景为 0。反演结果如图 4.5 和图 4.6 所示。反演结果均较好地反映出了异常体的位置，且误差较小，分别为 0.1294 和 0.3491。计算时间分别为 21.5s 和 30.9s。

三、交叉梯度重磁数据联合反演

结合地下地质体耦合关系，利用交叉梯度函数，可实现不同物性参数间的联合反演，

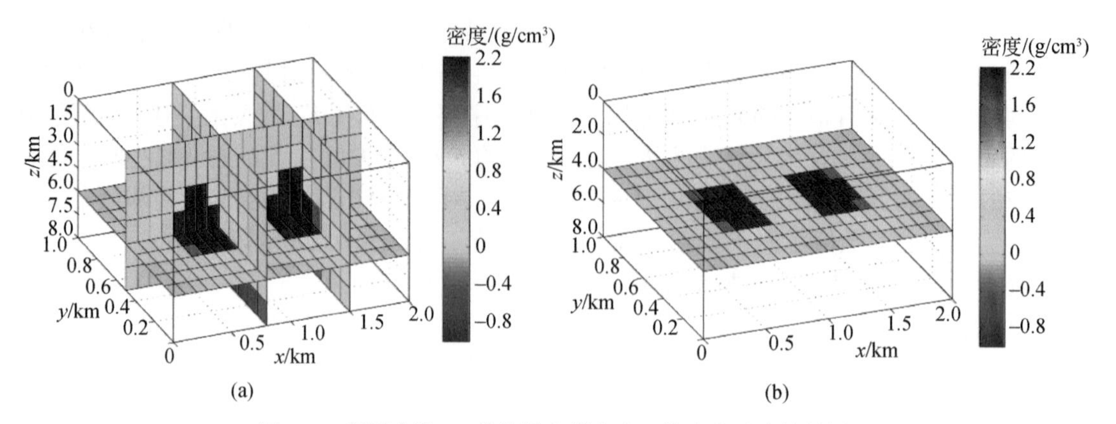

图 4.5　利用光滑 L0 范数紧支撑方法三维密度反演结果图

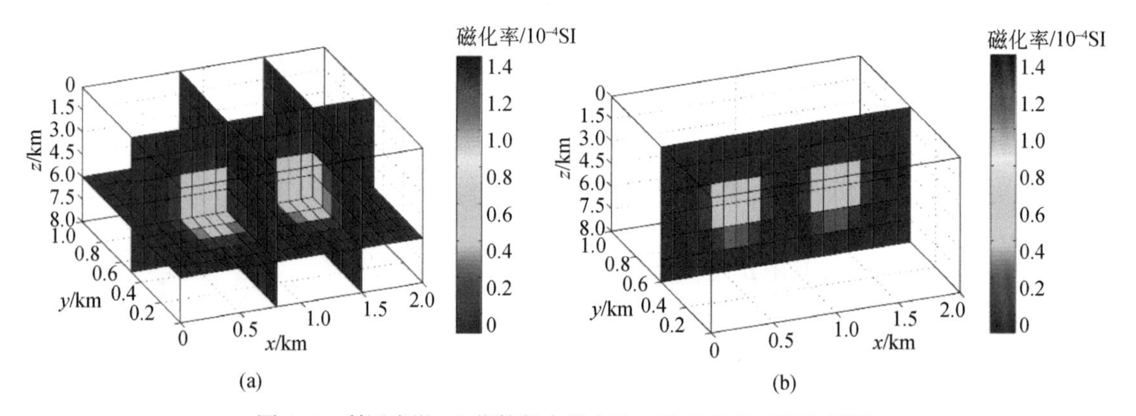

图 4.6　利用光滑 L0 范数紧支撑方法三维磁化率反演结果图

进而通过最小化包含交叉梯度函数的目标函数，达到满足结构一致性的反演解。针对重磁联合反演，包含交叉梯度项的反演目标函数可以建立为

$$
\begin{gathered}
\Phi(m_g,m_m)=\left\|\begin{matrix} d_g-G_g(m_g) \\ d_m-G_m(m_m)\end{matrix}\right\|^2_{C_{dd}^{-1}}+\left\|\begin{matrix}\alpha_g D\, m_g \\ \alpha_m D\, m_m\end{matrix}\right\|^2+\left\|\begin{matrix} m_g-m_{rg} \\ m_m-m_{rm}\end{matrix}\right\|^2_{C_{RR}^{-1}} \\
\Phi_{\text{gra}}=\Phi_{sg}+\mu_1 t^{\mathrm{T}}(\sigma,\kappa) \\
\Phi_{\text{mag}}=\Phi_{sm}+\mu_2 t^{\mathrm{T}}(\sigma,\kappa) \\
\Phi_{sg},\Phi_{sm} \\
\text{subject to}\quad t(m)=0
\end{gathered}
\tag{4.5}
$$

式中，d_g 为重力数据矢量；m_g 为密度模型矢量；G_g 为重力正演算子；d_m 为磁力数据矢量；m_m 为磁化率模型矢量；G_m 为磁力正演算子；D 为平滑差分算子；C_{dd}为数据协方差矩阵；C_{RR}为先验模型协方差矩阵；α_g 和 α_m 为加权因子。

将联合反演目标函数进行了矩阵形式的表示，化简可得

$$
\Phi_{\text{gra}}=\Phi_{sg}+\mu_1 t^{\mathrm{T}}(\sigma,\kappa)
$$

$$
\Phi_{\text{mag}}=\Phi_{sm}+\mu_2 t^{\mathrm{T}}(\sigma,\kappa)
$$

式（4.5）中Φ_{gra}、Φ_{mag}分别为重磁联合反演的目标函数；Φ_{sg}、Φ_{sm}为单一物性反演的目标函数；$t^{\mathrm{T}}(\sigma,\ \kappa)$为密度及磁化率的交叉梯度值；$\mu_1$，$\mu_2$分别为交叉梯度项系数。

利用一阶泰勒展开，交叉梯度项可以表示为

$$t(\sigma,\kappa)=t(\sigma^0,\kappa^0)+\begin{bmatrix}B^g & B^m\end{bmatrix}\begin{bmatrix}\sigma-\sigma^0\\ \kappa-\kappa^0\end{bmatrix}$$

其中：

$$B^g=\frac{\partial t(\sigma,\kappa)}{\partial\sigma}$$

$$B^m=\frac{\partial t(\sigma,\kappa)}{\partial\kappa}$$

根据交叉梯度的定义式（假设求取B^g，对于B^m同理）可得

$$\begin{aligned}B(ii,ii-1)&=\frac{\partial t_{ii}}{\partial m_{ii-1}}=\frac{\partial t_{ii}}{\partial t_{ii}^x}\frac{\partial t_{ii}^x}{\partial m_{ii-1}}+\frac{\partial t_{ii}}{\partial t_{ii}^y}\frac{\partial t_{ii}^y}{\partial m_{ii-1}}+\frac{\partial t_{ii}}{\partial t_{ii}^z}\frac{\partial t_{ii}^z}{\partial m_{ii-1}}\\&=\frac{t_{ii}^y}{t_{ii}}\frac{1}{4\Delta x_i\Delta z_k}[\kappa(i,j,k+1)-\kappa(i,j,k-1)]\\&\quad-\frac{t_{ii}^z}{t_{ii}}\frac{1}{4\Delta x_i\Delta y_j}[\kappa(i,j+1,k)-\kappa(i,j-1,k)]\end{aligned}$$

$$\begin{aligned}B(ii,ii+1)&=-\frac{t_{ii}^y}{t_{ii}}\frac{1}{4\Delta x_i\Delta z_k}[\kappa(i,j,k+1)-\kappa(i,j,k-1)]\\&\quad+\frac{t_{ii}^z}{t_{ii}}\frac{1}{4\Delta x_i\Delta y_j}[\kappa(i,j+1,k)-\kappa(i,j-1,k)]=-B(ii,ii-1)\end{aligned}$$

$$\begin{aligned}B(ii,ii-Nx)&=-\frac{t_{ii}^x}{t_{ii}}\frac{1}{4\Delta y_j\Delta z_k}[\kappa(i,j,k+1)-\kappa(i,j,k-1)]\\&\quad+\frac{t_{ii}^z}{t_{ii}}\frac{1}{4\Delta x_i\Delta y_j}[\kappa(i+1,j,k)-\kappa(i-1,j,k)]\end{aligned}$$

$$B(ii,ii+Nx)=-B(ii,ii-Nx)$$

$$\begin{aligned}B(ii,ii-NxNy)&=\frac{t_{ii}^x}{t_{ii}}\frac{1}{4\Delta y_j\Delta z_k}[\kappa(i,j+1,k)-\kappa(i,j-1,k)]\\&\quad-\frac{t_{ii}^y}{t_{ii}}\frac{1}{4\Delta x_i\Delta z_k}[\kappa(i+1,j,k)-\kappa(i-1,j,k)]\end{aligned}$$

$$B(ii,ii+NxNy)=-B(ii,ii-NxNy)$$

进而相应的变分公式可以表示为

$$\delta P_g^{\alpha}(m_g^{\omega_1},d_g^{\omega_1})=2(\delta m_g^{\omega_1})^{\mathrm{T}}(F_{\omega_1}^{\mathrm{T}}(A^{\omega_1}(m_g^{\omega_1})-d_g^{\omega_1})+\alpha_1(m_g^{\omega_1}-m_{\text{gapr}}^{\omega_1})+\mu_1B_g^{\mathrm{T}}t(m_g^{\omega_1},m_{\text{mag}}^{\omega_2}))$$

$$\delta P_m^{\alpha}(m_m^{\omega_2},d_m^{\omega_2})=2(\delta m_m^{\omega_2})^{\mathrm{T}}(F_{\omega_2}^{\mathrm{T}}(A^{\omega_2}(m_m^{\omega_2})-d_2^{\omega_2})+\alpha_2(m_m^{\omega_2}-m_{\text{mapr}}^{\omega_2})+\mu_2B_m^{\mathrm{T}}t(m_g^{\omega_1},m_{\text{mag}}^{\omega_2}))$$

在上述目标函数的基础上，可按照图4.7的流程进行联合反演计算。

四、重磁电数据联合约束反演

本书采用交叉梯度联合反演思路开展了重磁电联合反演方法研究。交叉梯度联合反演

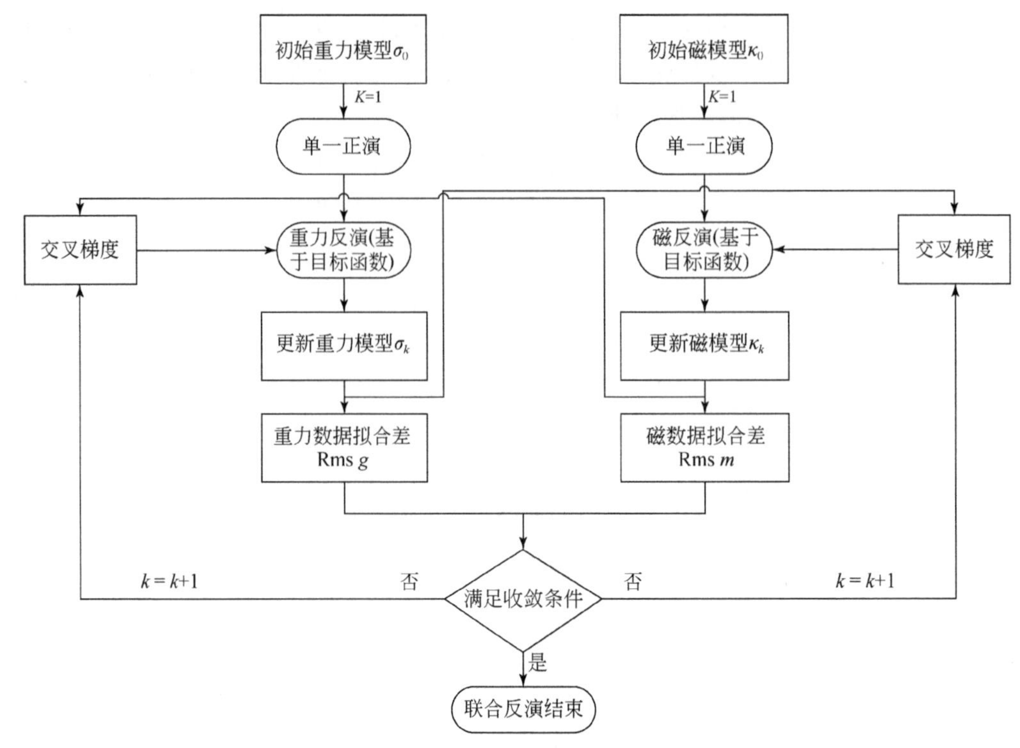

图 4.7　联合反演流程示意图

中针对两种物性参数进行约束，目标函数通常包含了数据拟合项和模型平滑约束项两部分。在上述研究中，交叉梯度函数只针对两种物性参数进行了约束，因此被限制在两种物理量之间的分析研究中；而在地球物理勘探中，同一地区需要进行多种物性参数的测量，综合分析研究，最终给出综合地质解释。所以基于交叉梯度的结构耦合不应该局限于两种物性参数，应该发展多种物性参数之间的相互约束，因此本书进行了多物性（电阻率、密度、磁化率、速度）多交叉梯度约束的联合反演算法公式推导，开发交叉梯度算法进行重磁电联合反演测试。

$$\Phi=(d-f(m))^{\mathrm{T}}C_d^{-1}(d-f(m))+\alpha\,(m-m_0)^{\mathrm{T}}C_m^{-1}(m-m_0)$$

式中，C_d 为数据协方差矩阵；C_m 为模型协方差矩阵；α 为正则化因子。

约束条件：$\tau(m)=0$；

其中：

$$m=[m_1^{\mathrm{T}},m_2^{\mathrm{T}},m_3^{\mathrm{T}},m_4^{\mathrm{T}}]^{\mathrm{T}}$$

$$m_0=[m_{01}^{\mathrm{T}},m_{02}^{\mathrm{T}},m_{03}^{\mathrm{T}},m_{04}^{\mathrm{T}}]^{\mathrm{T}}$$

$$d=[d_1^{\mathrm{T}},d_2^{\mathrm{T}},d_3^{\mathrm{T}},d_4^{\mathrm{T}}]^{\mathrm{T}}$$

$$f(m)=[f_1^{\mathrm{T}}(m),f_2^{\mathrm{T}}(m),f_3^{\mathrm{T}}(m),f_4^{\mathrm{T}}(m)]^{\mathrm{T}}$$

$$C_d=\mathrm{diag}[C_{d1},C_{d2},C_{d3},C_{d4}]$$

$$C_m=\mathrm{diag}[C_{m1},C_{m2},C_{m3},C_{m4}]$$

$$\alpha=[\alpha_1,\alpha_2,\alpha_3,\alpha_4]$$

$$
\tau_{ij}=\begin{Bmatrix}\nabla m_1\times\nabla m_2\\ \nabla m_1\times\nabla m_3\\ \nabla m_1\times\nabla m_4\\ \nabla m_2\times\nabla m_3\\ \nabla m_2\times\nabla m_4\\ \nabla m_2\times\nabla m_4\end{Bmatrix}=0, i,j=1,2,3,4
$$

式中，m_j 为第 j 个物理模型的参数向量；m_i 为第 i 个模型的参数向量。

在多物性联合反演中，不仅包含一种交叉梯度约束项，而且需要多种交叉梯度函数的同时约束，这种思想可以很大程度降低反演结果的非唯一性并得到一个结构更相似的反演结果。

图 4.8 和图 4.9 是两个典型深部高阻和低阻目标体的重力和电磁数据交叉梯度联合反演和单独反演结果对比，从图中可以看出，采用联合反演对深部目标体的位置分布和形状有更好的刻画，显示了更高精度的反演效果。

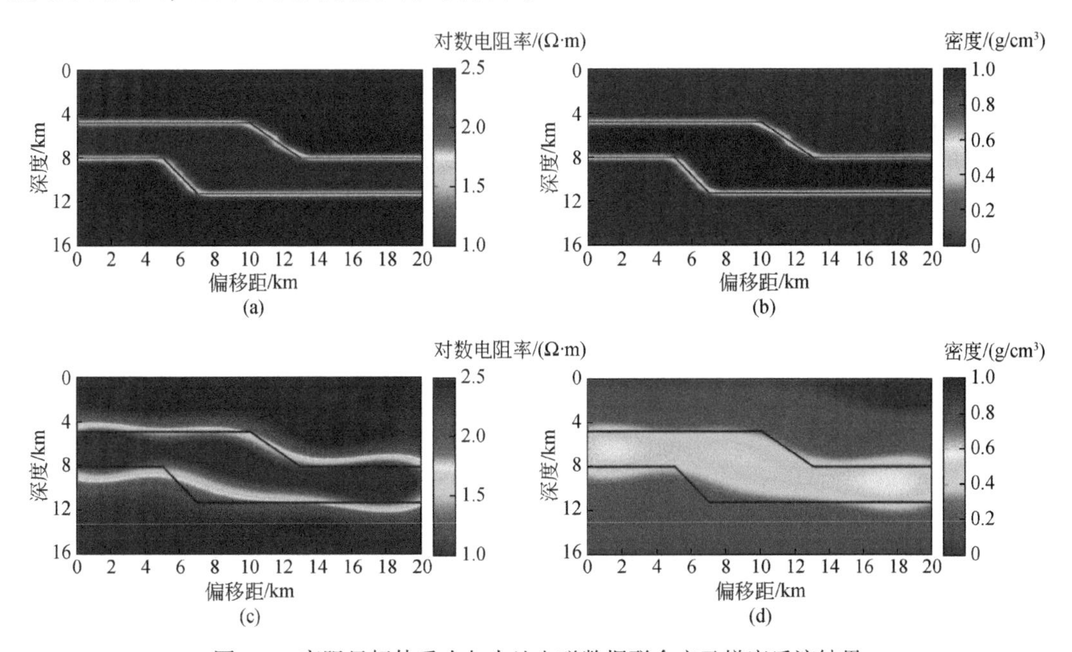

图 4.8　高阻目标体重力与大地电磁数据联合交叉梯度反演结果

（a）和（b）为电阻率和密度联合反演结果；（c）和（d）为单独反演结果；黑线为真实电阻率和密度异常

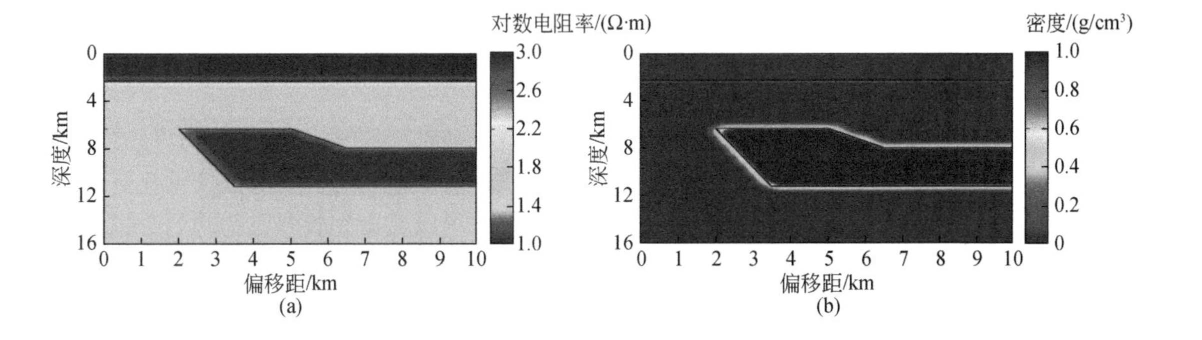

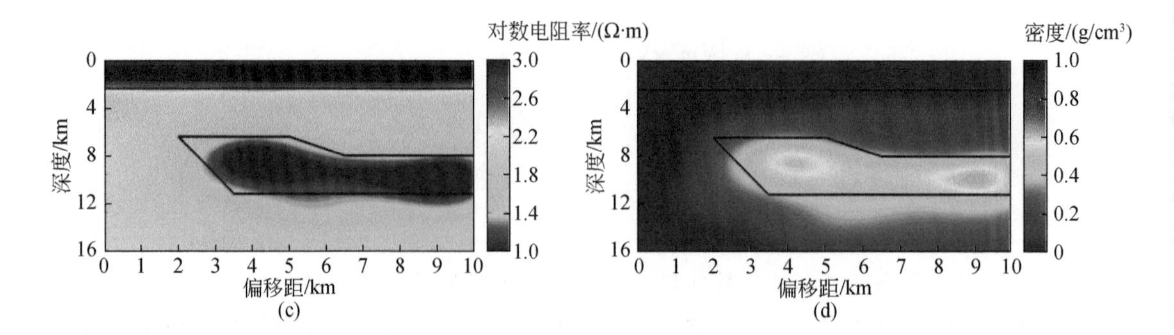

图 4.9　低阻目标体重力与大地电磁数据联合交叉梯度反演结果

（a）和（b）为电阻率和密度联合反演结果；（c）和（d）为单独反演结果；黑线为真实电阻率和密度异常

五、基于蒙特卡罗大地电磁数据随机参数反演

随机反演方法的不足在于模型参数空间搜索过程耗时太长，计算效率低下。我们将改进的并行回火算法引入到采样过程中，对大地电磁一维层状模型进行反演，通过同时运行多条不同温度的马尔可夫链，加速算法收敛，使得采样过程能够更好地对高维、多峰参数空间进行搜索，并且自动获得关于模型结构的层状划分结果，减少人为解释的主观因素影响。

（一）贝叶斯概率反演公式

贝叶斯概率公式区别于经典概率公式的关键在于对先验信息的利用，对于模型参数与观测数据的关系，贝叶斯后验概率可以通过先验信息和似然函数给出：

$$p(m|d)=\frac{p(d|m)p(m)}{p(d)} \tag{4.6}$$

式中，d 为 N 维的观测数据；m 为 M 维的模型参数，反演过程中都被当作随机变量。

$p(d)$ 为归一化常数，反演时看作常数，所以式（4.6）可以简化为

$$p(m|d)\propto p(d|m)p(m)$$

式中，$p(m)$ 为模型参数的先验概率密度分布；$p(m|d)$ 为 m 对观测数据 d 条件概率，也叫后验分布，也就是随机反演的解。

$p(m|d)$ 叫似然函数（likelihood function），通常写作 $L(m)$，表示模型参数和观测数据的拟合程度。

（二）先验信息

先验信息是在获得观测数据之前就能得到的信息，通常来源于以往经验、其他来源的信息或是主观判断，或者是反演资料的经验知识、该地区的地质构造情况以及钻孔资料等预先知道的信息。大多数时候在没有先验信息的情况下可以假设先验分布为均匀分布。其他较为常见的先验分布还有高斯分布、柯西分布等。

（三）似然函数

在贝叶斯反演理论中，为了获得后验分布首先要定义似然函数 $L(m)$，似然函数表示 d 对模型参数 m 的条件概率，可以理解为已知数据 d 的情况下随参数 m 变化的函数，它反映了模型与数据的匹配程度，似然函数是定量描述模型参数不确定性的重要指标，常见的似然函数表达式有如下几种。

1）多维高斯分布

$$L(m)=\frac{1}{\sqrt{(2\pi)^N|C_d|}}\exp\left\{-\frac{(d-d(m))^{\mathrm{T}}C_d^{-1}(d-d(m))}{2}\right\}$$

式中，N 为数据个数；$d(m)$ 为正演响应；C_d 为数据协方差矩阵。

2）拉普拉斯分布

当数据存在异常值时，似然函数可以采用拉普拉斯分布，相对于正态分布，拉普拉斯分布具有更长的“尾巴”，能保证反演的稳定性。

$$L(m)=\frac{1}{(2\sigma)^N}\exp\left[-\frac{|d-d(m)|}{\sigma}\right]$$

（四）后验分布

后验分布 $p(m|d)$ 包含了解的所有信息，根据后验分布就可以获得解的一切信息，包括期望模型、最大后验模型以及单个或多个参数的边缘分布，如取其最大值所对应的那组模型，即为最大后验解或最大似然解（MAP）。相关定义如下：

$$\mathrm{MAP}: m=\arg\{p(m|d)\}$$

$$\text{期望模型}: \bar{m}=\int m'p(m'|d)\mathrm{d}m'$$

$$\text{边缘分布}: p(m_i|d)=\int\delta(m_i'-m_i)p(m'|d)\mathrm{d}m'$$

贝叶斯反演的基本流程如图 4.10 所示，在已知先验信息和似然函数的情况下，用贝叶斯公式来获得后验分布。线性贝叶斯方法本质上也是一种确定性方法，因为它的目的是希望得到唯一的最大后验解，在求解的过程中直接利用求导的方式获得后验分布的极大值。非线性贝叶斯方法是指反演结果为后验概率分布，这需要对整个模型空间进行采样。本书主要讨论基于贝叶斯理论的非线性随机反演方法。

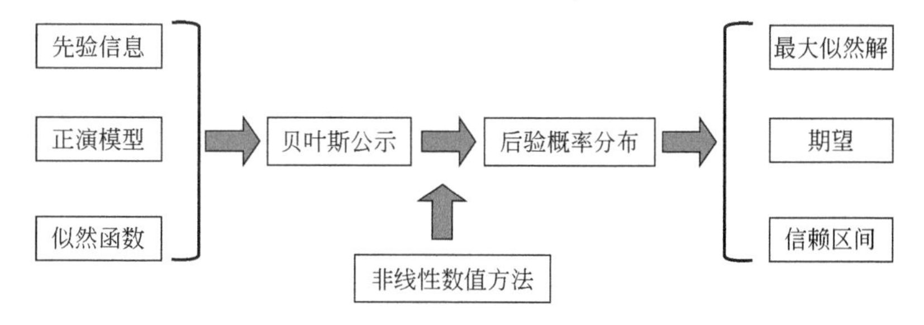

图 4.10　贝叶斯理论大地电磁反演流程图

图4.11为测试一维层状介质随机参数反演结果图，其中图4.11（a）为随机反演电阻率剖面，黑实线为真实电阻率值，底图为反演估计的电阻率分布，从图中我们可以看出反演结果与真实电阻率值有很好的一致性。另外，图4.11（b）为估计电阻率加噪声后层界面电阻率值分布，图中即使在加入噪声的情况下对界面的反演依然有不错的效果。图4.12为贝叶斯反演迭代目标函数变化，可以看出经过10000次迭代后目标函数基本下降到10%以下。

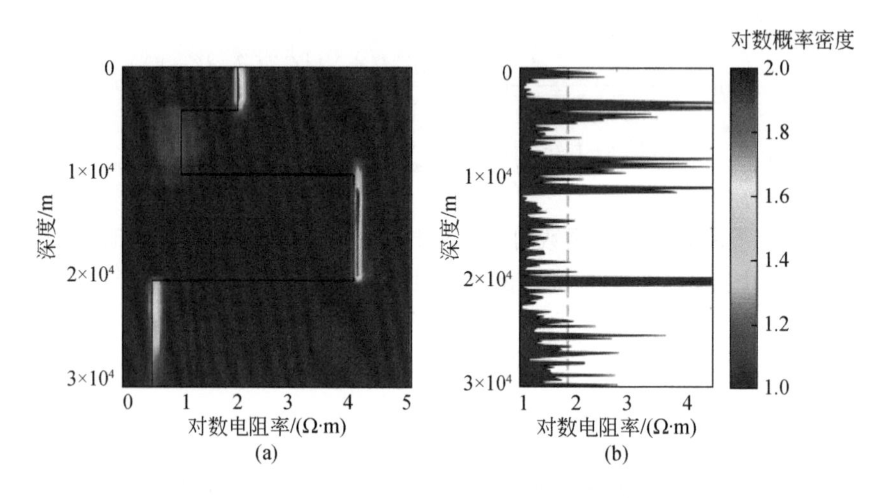

图4.11　基于贝叶斯反演方法的大地电磁反演结果图

（a）电阻率剖面；（b）电阻率反演界面

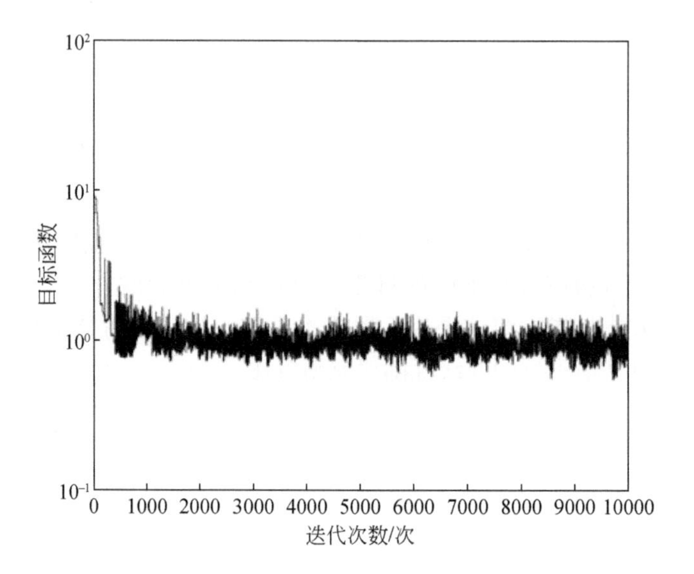

图4.12　贝叶斯反演迭代次数与目标函数

MT与重力贝叶斯反演的关键是获取电阻率和密度两个物性参数的后验概率密度函数，结合全局寻优方法：

（1）将各种地质信息和前期地球物理信息转化为先验概率分布；

（2）根据 Metropolis 接受准则不断接受新模型，并把接受的模型进行存储并计算电阻率和密度相应的后验概率分布；

（3）达到该算法所设定的迭代次数则停止接受新模型，并将所有存储模型对应的电阻率和密度后验概率密度进行归一化，获取具有概率统计意义的最大后验概率解和均值解。

根据东方地球物理公司提供的二维复杂结构深层电阻率模型开展了基于重力数据约束的大地电磁反演测试。图 4.13（a）为复杂电阻率结构模型，图 4.13（b）为采用重力数据约束条件下的反演结果。从图 4.13 中可见采用约束下的随机反演策略能够对复杂电阻率结构的局部信息有较好的分辨，但是由于迭代时间较长，或者在约束信息不准的影响下，也会产生一定的干扰噪声。所以，对于随机反演策略，较好的先验信息模型和数据约束是影响随机反演结果的重要因素。

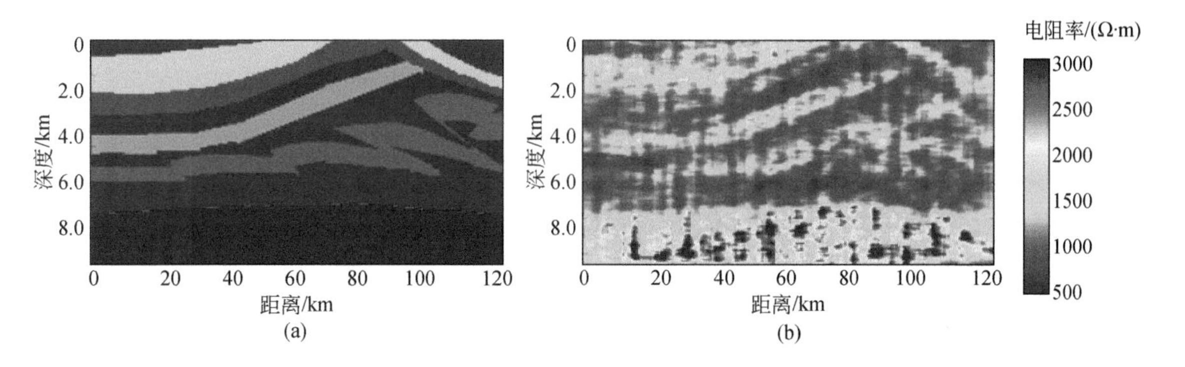

图 4.13　基于随机反演策略的大地电磁复杂结构反演结果

（a）复杂电阻率结构模型；（b）采用重力数据约束电阻率反演结果

六、基于地质统计学重力数据、大地电磁数据随机参数反演

协同克里金法应用在地球物理反演中，具有抗噪性好、反演速度快、容易融合先验地质信息等优点，能够较好地重建地下三维密度异常体。从协同克里金法的原理容易看出，参数协方差矩阵的质量直接影响反演结果的好坏，因此，协方差矩阵的获得在协同克里金反演中是非常关键的环节。在重力数据反演中，主变量为密度值 ρ，其估计值为 ρ^*，次级变量为重力数据 $g_{\alpha\beta}$（α，$\beta=x$，y，z）。

当密度和重力数据满足二阶平稳假设条件，且 $E[\rho]=E[g_{\alpha\beta}]=0$ 时，可以由以下公式得到主变量 ρ 的估计方差：

$$E[(\rho-\rho^*)-(\rho-\rho^*)^{\mathrm{T}}]=C_{\rho\rho}-C_{g_{\alpha\beta},\rho}^{\mathrm{T}}\Lambda-\Lambda^{\mathrm{T}}C_{g_{\alpha\beta},g_{\alpha\beta}}\Lambda$$

式中，Λ 为加权系数矩阵；$C_{\rho\rho}$ 为密度协方差矩阵；$C_{g_{\alpha\beta},\rho}$ 为重力数据和密度的交互协方差；$C_{g_{\alpha\beta},g_{\alpha\beta}}$ 为重力数据的协方差矩阵。

通过使主变量 ρ 估计方差最小，可以得到单分量反演的协同克里金方程：

$$C_{g_{\alpha\beta},g_{\alpha\beta}}\Lambda=C_{g_{\alpha\beta},\rho} \tag{4.7}$$

根据式（4.7），我们可以得到最优加权系数矩阵 Λ，然后利用最优加权系数矩阵，我们可以得到密度估计值：

$$\rho^{*}=\Lambda^{\mathrm{T}}g_{\alpha\beta}=C_{\rho\rho}G^{\mathrm{T}}\left(GC_{\rho\rho}G^{\mathrm{T}}\right)^{-1}g_{\alpha\beta}$$

协同克里金方差向量可由式（4.8）得到：

$$\sigma_{ck}=\mathrm{diag}(C_{\rho\rho}-\Lambda C_{g_{\alpha\beta},\rho}) \tag{4.8}$$

估计方差位于式（4.8）的主对角线上，非对角元素是估计误差的交互协方差。由 $g_{\alpha\beta}^{i}=\sum_{j=1}^{M}g_{\alpha\beta}^{ij}=\sum_{j=1}^{M}G_{ij}\rho_{j}$，密度和重力数据间是线性关系，因此密度和重力数据交互协方差矩阵也是线性相关的：

$$C_{g_{\alpha\beta},g_{\alpha\beta}}=G^{\alpha\beta}C_{\rho\rho}(G^{\alpha\beta})^{\mathrm{T}}+Q_{0}$$

式中，Q_0 为重力观测误差协方差矩阵。

观测数据经过一系列校正和处理后，可以认为数据中的噪声是不相关的，则：

$$Q_{0}=\sigma^{2}I$$

式中，σ 为观测数据的标准差；I 为单位矩阵。

不考虑重力数据中的观测误差，即 $Q_0=0$，我们可以证明式（4.9）成立：

$$\begin{aligned}g_{\alpha\beta}^{*}&=G^{\alpha\beta}\rho^{*}=G^{\alpha\beta}\Lambda^{\mathrm{T}}g_{\alpha\beta}=G^{\alpha\beta}(C_{g_{\alpha\beta}g_{\alpha\beta}}^{-1}C_{g_{\alpha\beta}\rho})^{\mathrm{T}}g_{\alpha\beta}\\&=G^{\alpha\beta}(G^{\alpha\beta}C_{\rho\rho})^{\mathrm{T}}\left(G^{\alpha\beta}C_{\rho\rho}(G^{\alpha\beta})^{\mathrm{T}}\right)^{-1}g_{\alpha\beta}=g_{\alpha\beta}\end{aligned} \tag{4.9}$$

式（4.9）证明了使用协同克里金方法反演得到的模型的正演数据与观测异常在不考虑噪声的情况下相等。

图4.14是设计的超深重力密度异常体模型，模型横向长度为40km，纵向深度为9km，异常体呈不规则高密度异常分布。图4.15为采用重力异常随机参数反演所得的密度估计结果。其中图4.15（a）为模型重力异常和反演结果重力异常拟合对比，可以看出二者有很好的吻合。图4.15（b）为密度反演结果，该结果与真实模型有很好的一致性，说明采用我们的随机反演方法可以很好地得到密度异常的反演结果。

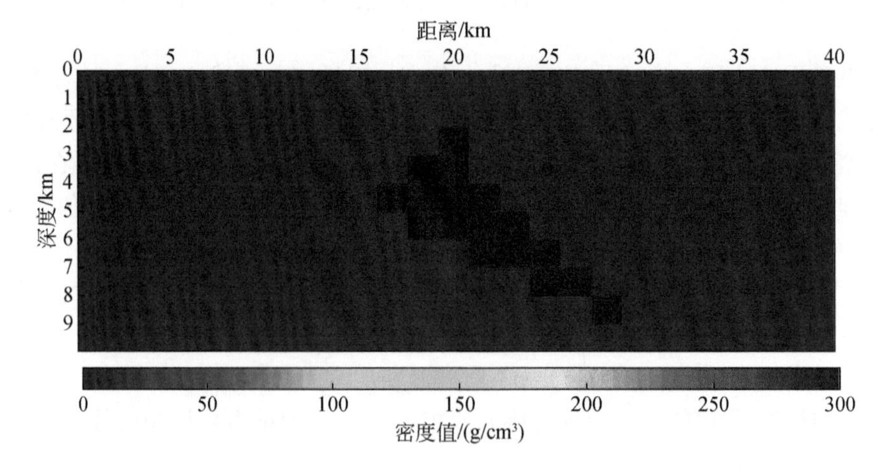

图4.14　超深重力密度异常体模型

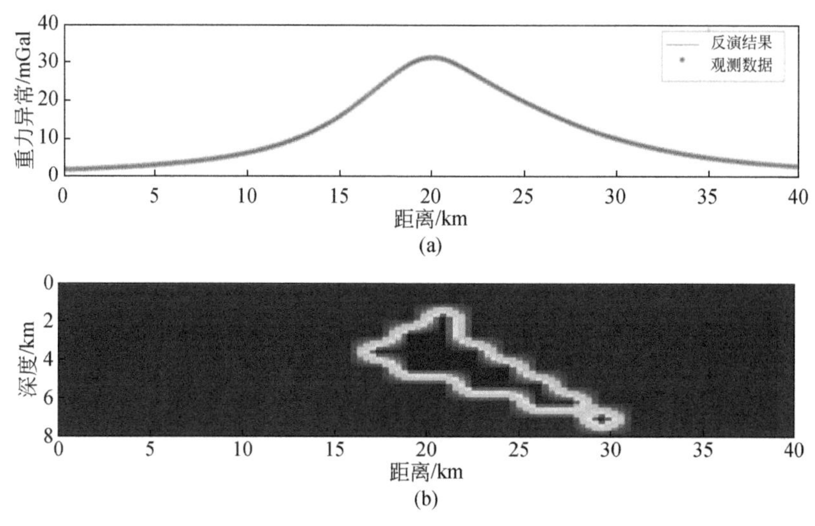

图 4.15 重力异常随机参数反演结果

(a) 重力异常对比曲线；(b) 密度异常反演结果

在测试上述理论模型的基础上，我们采用上述方法对实测重力异常数据开展密度反演测试。图 4.16 为区域实测重力异常分布图，从图中我们任意选取图中 *AB* 所示的重力异常曲线开展二维重力随机参数反演。图 4.17（a）为重力异常拟合对比，可以看出我们的反演结果能很好地跟实测数据吻合，图 4.17（b）为密度异常反演结果，图中能很好地反映重力异常中的正负异常分布，与密度反演剖面中的高密度和低密度异常区有很好的一致性。

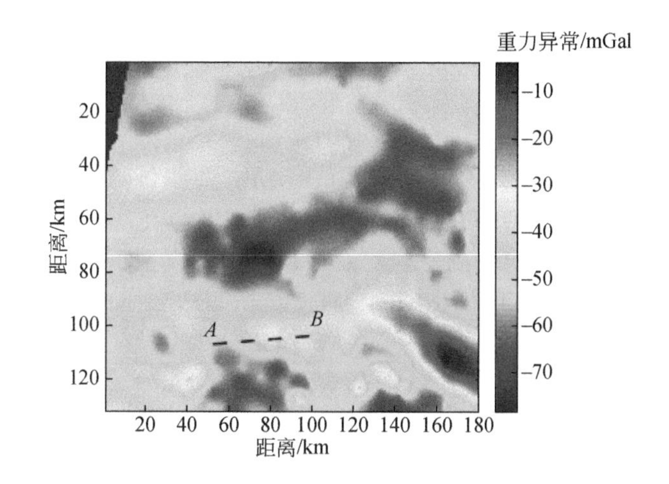

图 4.16 实测重力异常分布图（*AB* 为选取的重力异常曲线）

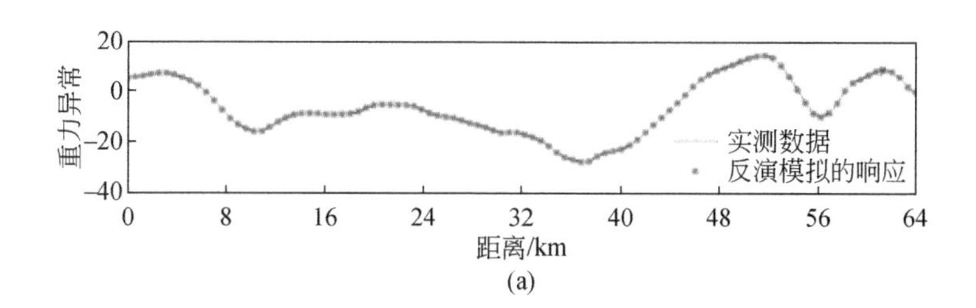

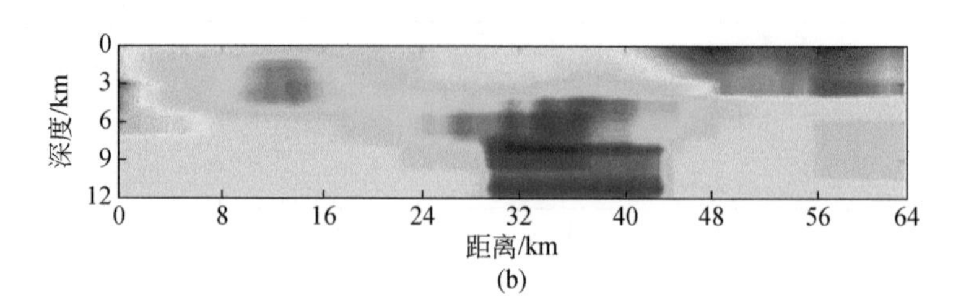

图 4.17 重力异常反演和实测拟合对比
(a) 重力异常拟合对比；(b) 密度异常反演结果

七、重电联合随机反演方法测试

Tarantola 提出了贝叶斯概率型随机反演方法，将反问题的解描述为后验概率密度。贝叶斯概率型随机反演解以概率密度分布函数的形式表示代替确定性反演中的目标函数。这种统计逆方法的解决方案完全由后验分布描述，后验分布量化了参数和反演不确定性的分布。模型参数的先验信息与观测数据无关，观测结果用后验概率密度分布函数可以写为

$$\sigma(m)=k\rho(m)L(m) \tag{4.10}$$

式中，$\rho(m)$ 为先验概率密度函数；$L(m)$ 为极大似然函数，表示模型空间内的一点与观测数据的耦合程度；$\sigma(m)$ 为后验概率密度函数；k 为常数。

一般可以认为模型空间的概率分布是高斯型，高斯分布在概率统计中占有特殊的地位，因为它是关于随机变量之和的极限分布。如果随机变量由相互独立的偶然因素总和组成，且每一个因素对总和的影响都是均匀微小的，那么该随机变量就近似认为满足高斯分布，因而可以将先验概率密度函数写为

$$\rho(m)=k\exp\left(-\frac{(m-m_{\text{prior}})^2}{2\sigma_p^2}\right) \tag{4.11}$$

式中，k 为常数；m 为高斯概率密度；m_{prior}为先验分布平均值。

协方差 σ_p 决定了先验信息的确定程度，而 $L(m)$ 是模型正演数据与观测数据通过二范数残差表达出的模型 m 和实际模型的耦合程度：

$$L(m)=k\exp\left[-\sum_i\left(\frac{|g^i(m)-d_{\text{obs}}^i|}{\sigma^i}\right)\right] \tag{4.12}$$

式中，k 为常数；$g^i(m)$ 为以模型 m 合成的第 i 个数据值；d_{obs}^i为观测到的第 i 个数据值；σ^i 为估计得到的第 i 个观测数据的不确定性。

不确定性反映了观测数据噪声的大小。结合式（4.10）～式（4.12）可得

$$\sigma(m)=k\exp\left[-\sum_i\left(\frac{|g^i(m)-d_{\text{obs}}^i|}{\sigma^i}+\frac{(m-m_{\text{prior}})^2}{2\sigma_p^2}\right)\right]$$

式（4.11）即为后验概率密度分布函数。对后验概率密度分布函数求取最小值，即改写为

$$p(m)=k\left(\sum_i\frac{|g^i(m)-d_{\text{obs}}^i|}{\sigma^i}+\frac{(m-m_{\text{prior}})^2}{2\sigma_p^2}\right)$$

对模型空间的一次后验概率密度分布函数的随机采样过程就是利用传统寻优法对目标函数求取极值的过程。采用蒙特卡罗（Monte Carlo）方法中经典的 Metropolis 法则。先验信息必须通过先验概率密度采样定量化获得。随机扰动的路径是由目标函数的取值大小来决定的，当扰动后的目标函数值小于当前的目标函数值时，扰动模型被无条件接受；当扰动后的目标函数值大于当前的目标函数值时，则依据一定概率接受。因此，Metropolis 法则保证了算法有相当的概率能够从局部极值中跳出，搜寻到全局最优值。

$$p_{\text{accept}}=\begin{cases}1, & \text{if} \quad L(m_{n+1})<L(m_n)\\ L(m_{n+1})/L(m_n), & \text{otherwise}\end{cases}$$

在迭代过程中，如果 m_{n+1} 被接受，m_{n+1} 变为当前模型；否则 m_n 保持为当前模型。通过贝叶斯理论进行不确定性分析可在耦合反演过程中修正约束反演中的奇异值解，在耦合反演过程中选择合适的加权因子，以此降低反演结果误差，提高参数估计精度。

针对我国西部地区油气勘探复杂地下结构，设置了如图 4.18 所示的二维电阻率模型。该模型在 5km 深度有较为明显的高阻异常体。模型最大深度为 10km，满足本次超深油气勘探相关研究目标的要求。从图 4.18 所示的反演结果可以看出，随机反演方法能很好地刻画深度目标层的局部构造分布，相比于常规圆滑迭代反演能更好地突出目标层介质中的局部结构，很好地提高了反演分辨率。

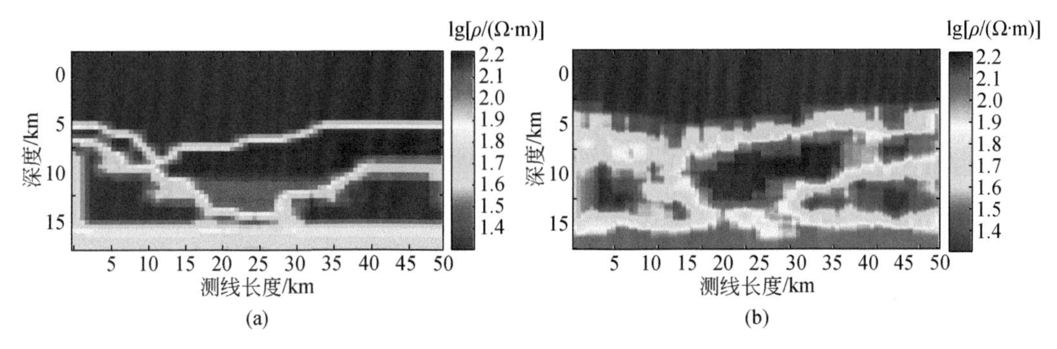

图 4.18　二维大地电磁随机反演方法测试

（a）真实电阻率结构模型；（b）随机反演电阻率结果

在获得随机大地电磁反演结果基础上，开展了二维大地电磁与重力数据联合反演测试，采用与上述二维大地电磁相同的密度结构首先开展了二维单独重力数据密度反演，如图 4.19 所示。由于重力反演的不确定性以及重力数据对深度的不敏感，反演结果与真实模型在整体结构分布上存在较大的差异。图 4.20 为反演重力异常观测数据与反演数据的拟合对比，虽然二者有很好的拟合程度，但是在密度反演结果上仍然差异较大。

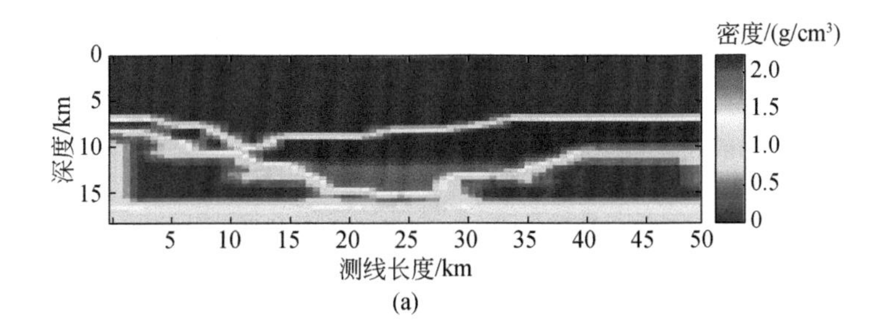

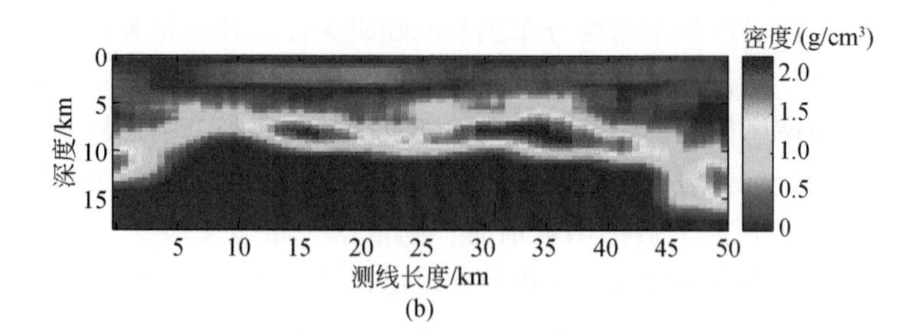

图 4.19　单独重力数据密度反演结果

（a）真实密度模型；（b）单独密度反演结果

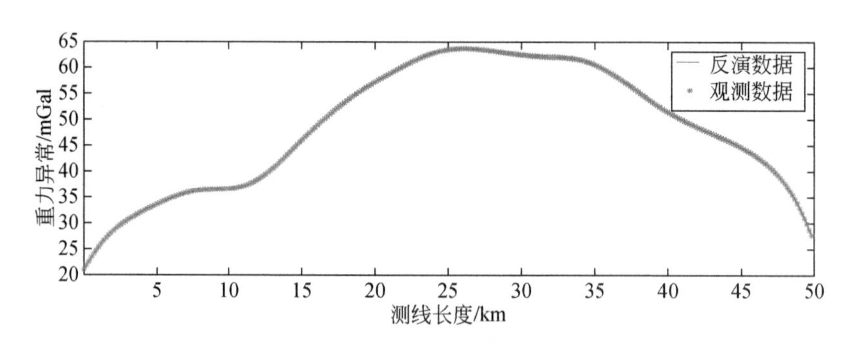

图 4.20　单独密度反演重力异常观测数据和反演数据拟合对比

在此基础上，开展了重电随机联合反演方法研究。根据上述反演策略获得如图 4.21

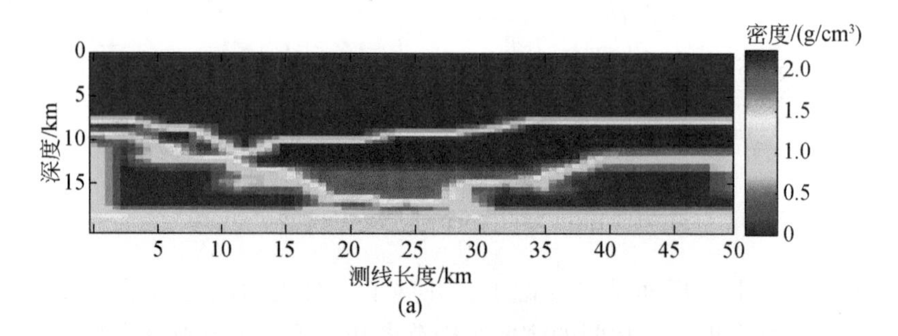

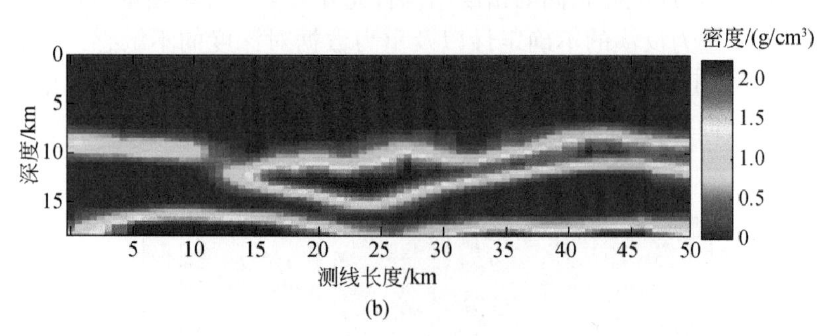

图 4.21　以大地电磁反演为约束的重电随机联合反演测试

（a）真实密度模型；（b）随机反演密度结果

所示的密度联合反演结果，对比真实模型和图 4.19 中所示的单独密度反演结果，采用随机联合反演策略可以获得精确的密度反演结果。特别是在深度结构上，在大地电磁数据约束下，密度结构在不同深度也有较好的反演精度，验证了本方法的可行性。

八、四川盆地实测数据重磁电反演

实测数据来源于东方地球物理公司的“川中高石梯-龙女寺地区大地电磁-重力勘探”项目。以往的钻井及地震勘探表明，四川盆地川中地区震旦系油气的分布与深部裂谷的发育有一定关系。为了进一步了解川中高石梯-龙女寺地区震旦系裂谷发育情况，理清高石梯-龙女寺构造的地层分布以及深层岩浆岩发育特征，在该区部署了 600km 重力和大地电磁测线，重力与大地电磁测点重合。选取其中 143.5km 的重磁电数据开展反演测试。其测线位置自重庆市永川区到遂宁市大英县，测线如图 4.22 所示。

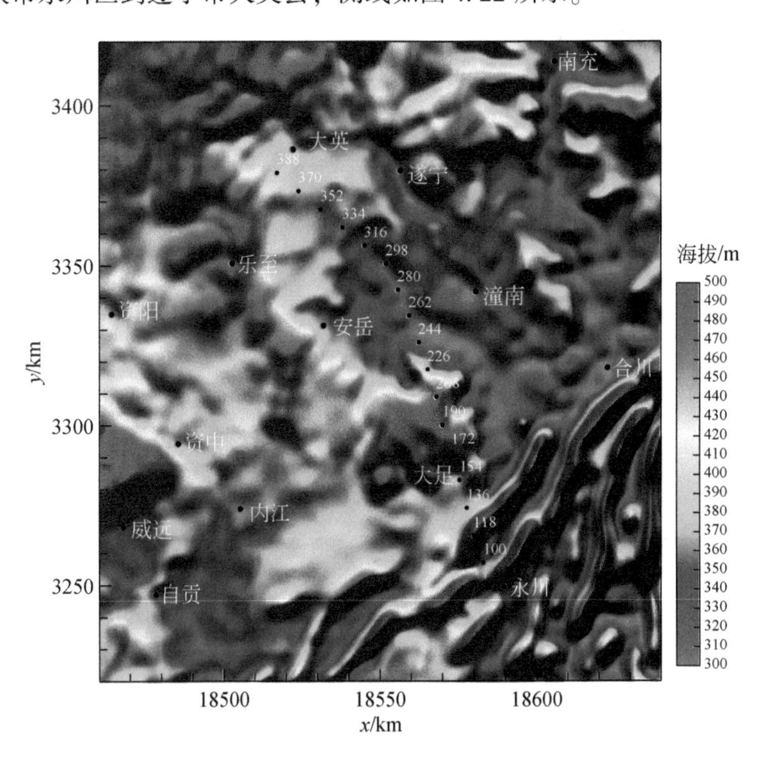

图 4.22　处理地区测线地理位置截图

该测线物理测点总数为 289，总长度为 143.5km，点号为 100 ~ 388，平均点距为 0.5km。MT 数据采集频率范围为 320 ~ 0.001Hz。主要进行了如下数据预处理工作（图 4.23）。

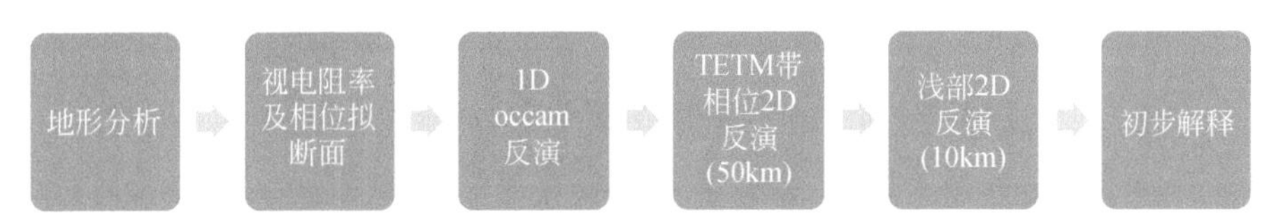

图 4.23　数据预处理流程图

由图4.24视电阻率拟断面与高程数据对比图可见，第一电性界面与地形趋势吻合，第二电性界面在0.01Hz处。阻抗相位在电性界面处发生改变，TE、TM模式相位基本一致，存在明显连续电性界面。假设剖面浅部平均电阻率为10Ω·m，0.01Hz趋肤深度为10km左右，第二电性界面可能为盆地基底，第一电性界面为盆地内部地层变化造成的。剖面整体平均电阻率为30Ω·m，0.001Hz的趋肤深度60km左右，首先我们设置最大反演深度为10km。采用TE、TM带相位的二维联合反演。图4.25为单独大地电磁和重力密度反演结果，图4.26为联合大地电磁和重力数据反演结果。对比二者可以看出，联合反演具有更好的分层连续性，与该区域的地质解释更为吻合。单独电阻率反演在浅部3km范围内存在局部异常，在重力反演结果约束下可以获得更为可靠的结果。

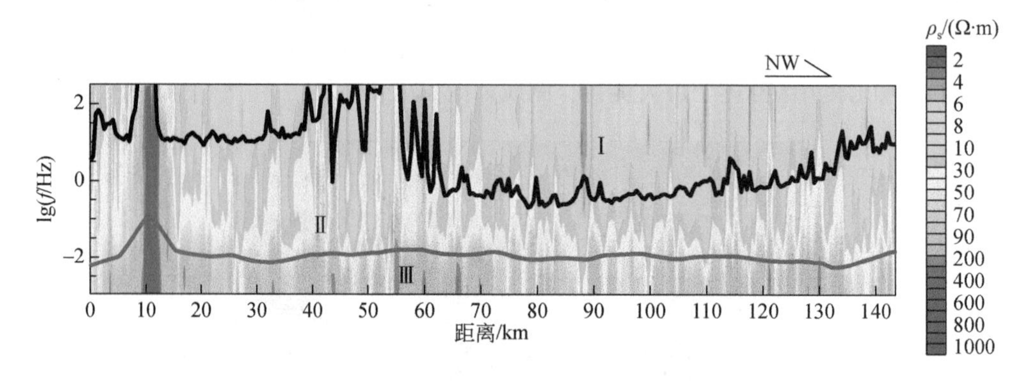

图4.24　重庆-遂宁MT测线主要电性界面分布图

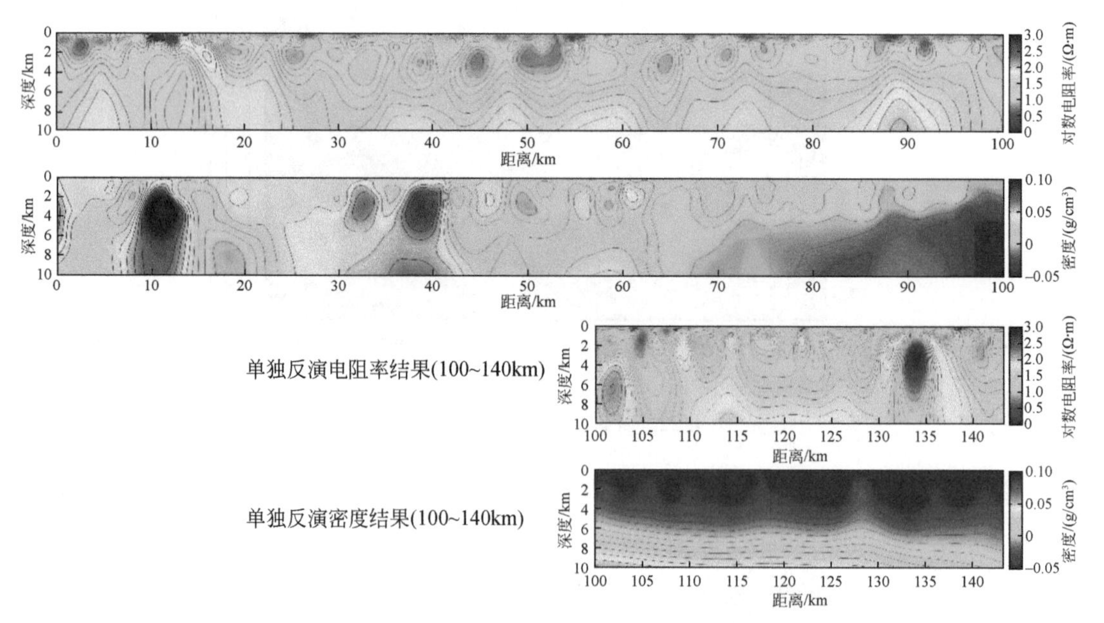

图4.25　重力和大地电磁数据单独反演结果（10km）

单独反演电阻率结果（上）和密度反演结果（下）

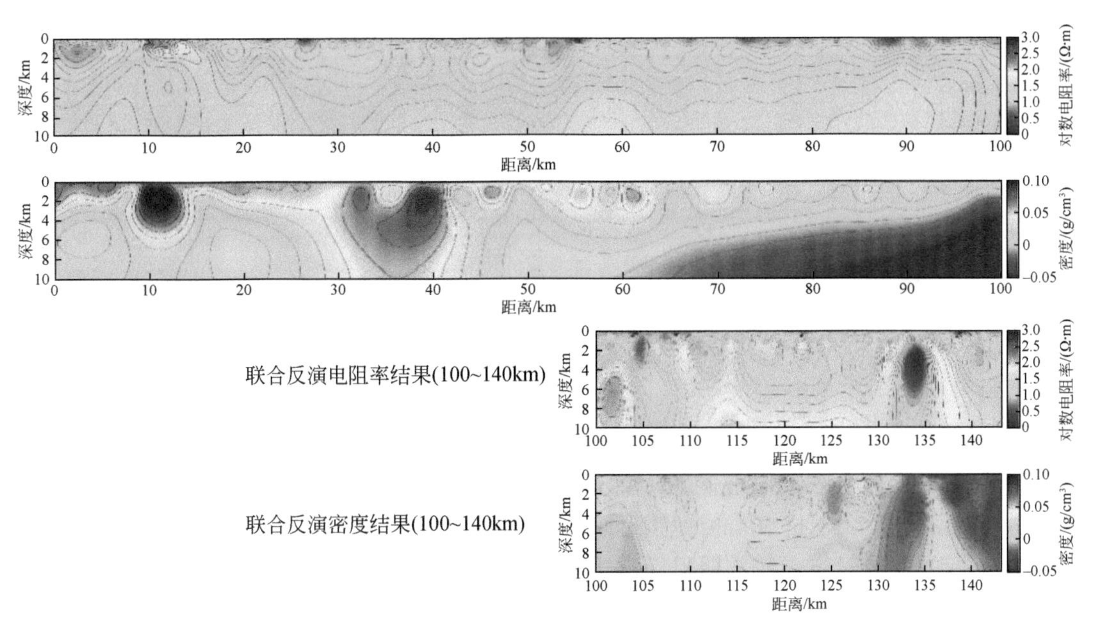

图 4.26　重力和大地电磁数据联合反演结果（km）
联合反演电阻率结果（上）和密度反演结果（下）

根据梁家驹对四川盆地构造单元的划分，左侧为川东高陡断褶带，右侧为川中平缓断褶带。依据深度 6km 内电性的横向差异，川中平缓断褶带可分为以下三个区域。

Ⅰ号区域电阻率较高，对应重力异常值较高，电阻率值最高的 MT_220 ~ MT_230 号点地下电阻率最高大于 50Ω · m，纵向分布与“低阻-次高阻-中低阻-次高阻-高阻”的电阻率分布规律一致。

Ⅱ号区域电阻率值较低，且随深度增加逐渐升高，对应位置存在低磁异常区，地势低且平缓，威远-内江断裂从此处穿过测线，该区域沿北西向水系测量，推测该区为断裂交会地带，地下介质电阻率低。

Ⅲ号区域电阻率分布规律与区域Ⅰ号类似，相同地震解释层位间电阻率值与Ⅰ号区域有很好的对应关系，成层性较好，4km 处电阻率较西侧较高，可能与低阻地层缺失有关。

在此基础上，利用基于光滑 L0 范数紧支撑交叉梯度联合反演方法，对剖面重磁剩余异常数据进行联合反演，结果如图 4.27 所示。磁异常反演结果深度达 9km。磁异常数据拟合程度较高。反演结果主要突出了剖面 90km、120km 附近区域的浅部高磁异常及 50km 附近延展较深的高磁异常。该反演结果成层性较差，仅突出了局部磁化率异常变化特征。

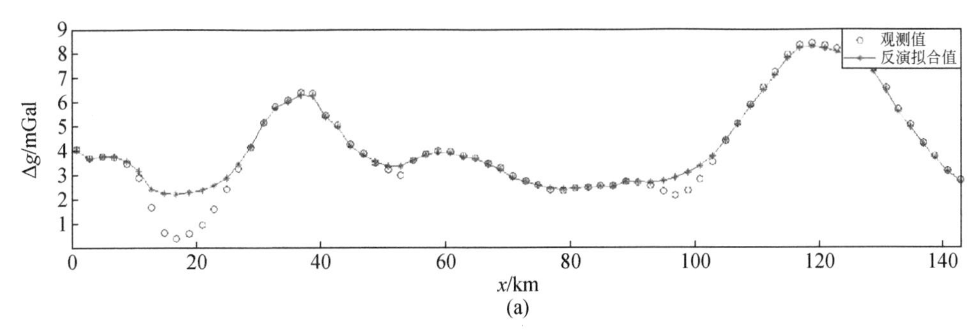

(a)

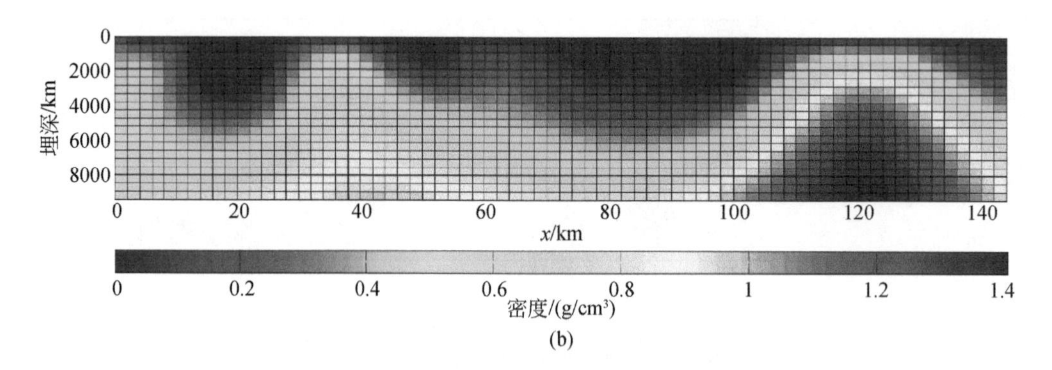

图 4.27　四川盆地剖面重磁联合反演剩余磁异常分布结果及数据拟合图

本次采集大地电磁数据最低频率为 0.0001Hz，按照电磁波趋肤深度经验公式最大深度可达 60km。图 4.28 是 50km 深度反演结果，图中重力异常曲线下标为点号，与 MT 电性结构上标的点号对应。浅部低阻异常边界在 MT_140 号附近，推测为华蓥山断裂，MT_140 号以东深度 7km 左右处的盆地基底非常清晰且整体起伏不大。深部异常有两个，第一个是 MT_170-MT_230 号之间-30km 处的区域性高阻异常区，相应的在重力异常曲线上对应高值异常，该高重力异常在向上延拓 40km（图 4.29）后仍然存在。推测重力高值异常是由该深部区域性的高阻异常体引起，四川盆地东南地壳存在高阻高密度的不均匀体。第二个深部异常在 MT_290-MT_300 处，存在自上而下的线性低阻异常条带，在重力异常曲线上表现为小范围的低重力异常，且密度较低，推断为威远-内江断裂。

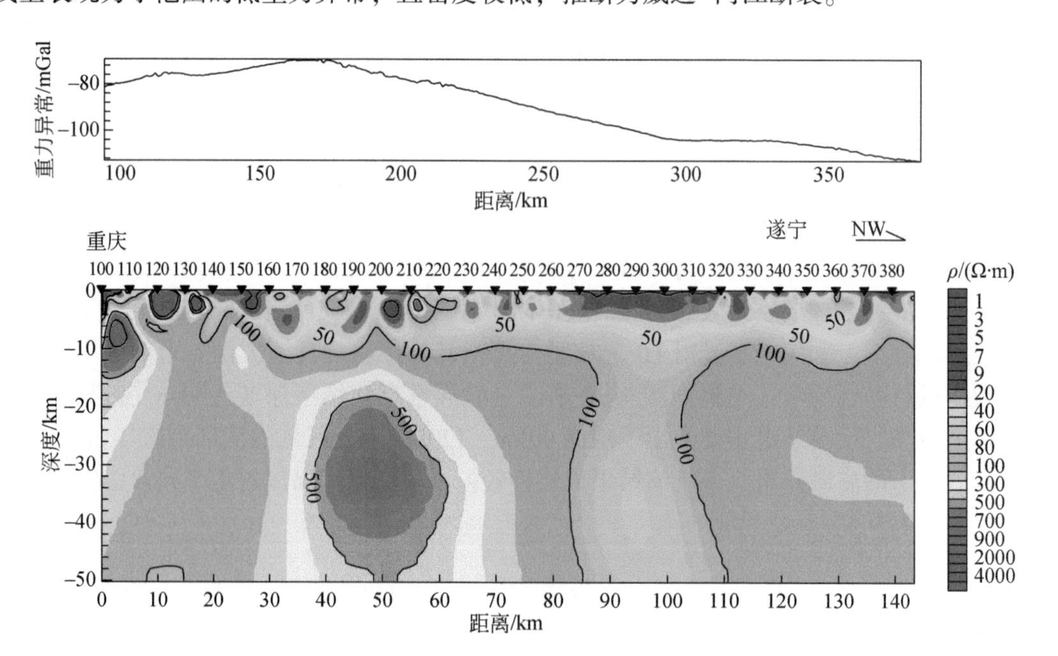

图 4.28　重庆-遂宁 MT 测线反演 50km 电性结构图及重力异常曲线

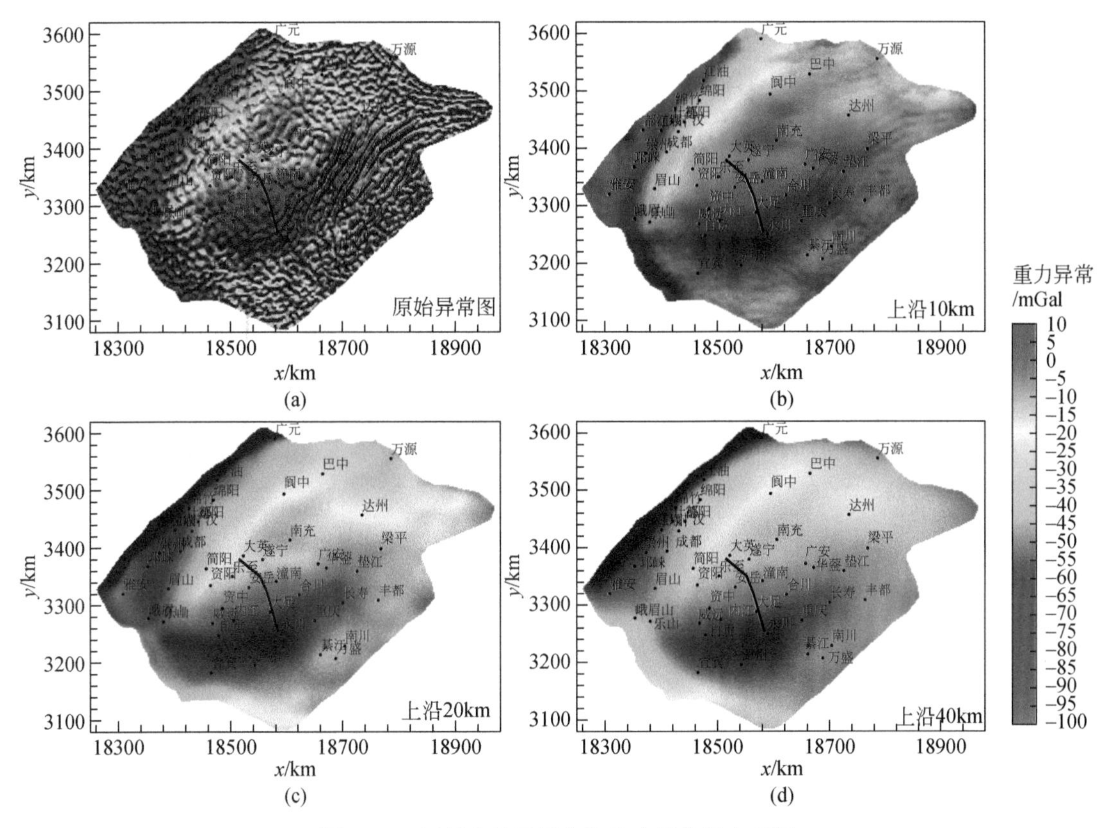

图 4.29　四川盆地卫星布格重力异常图上延图

(a) 原始异常图；(b) 上沿 10km；(c) 上沿 20km；(d) 上沿 40km

第二节　大地电磁与地震数据全波形联合反演研究

一、地震与电磁联合反演方法研究现状

周辉等分别用广义线性法和非线性反演法研究了一维大地电磁和地震数据的联合反演，得出了联合反演法优于单一的反演法、非线性联合反演法优于线性联合反演法的结论。过仲阳等应用遗传算法对一维大地电磁和地震数据的联合反演也进行了研究，对速度界面与电性界面一致的理论算例和两者界面不一致的理论算例都取得了精度较高的反演结果。杨辉等（2002）、陈东敬等利用改进的非常快速仿真退火算法进行了约束联合反演的研究，实现了一维和二维起伏地形条件下大地电磁测深和地震双程走时数据的联合反演，理论模型的试算及实例说明了约束联合反演的有效性。于鹏等（2008）基于杨辉等（2002）提出的非常快速仿真退火算法，采用电阻率与速度随机分布共网格模型的建模技术，实现了电阻率和速度随机分布条件下的大地电磁与地震资料的同步联合反演，该联合反演法更适应物性变化剧烈的情况。以上文献都只考虑数据拟合，没有考虑模型约束。陈

晓等在于鹏等（2008）的研究成果的基础上，首次将 Tikhonov 正则化思想引入到同步联合反演中，目标函数不仅包括数据拟合项，而且包括模型约束项，使得联合反演结果更稳定且更接近实际。

国外关于大地电磁与地震数据的联合反演既有应用岩石物理法，也有应用结构法来实现联合反演的。其中，Heincke 等、Jegen 等以及 Colombo 和 Diego（2018）应用岩石物理实现了大地电磁和重力以及地震数据间的联合反演，取得了比单一方法更优的效果。Gallardo 和 Meju（2007）基于结构法的思想，首次提出了交叉梯度的概念，并且首次将交叉梯度作为一种约束条件，实现了直流电测深和地震数据的二维联合反演、大地电磁和地震数据的二维联合反演。Moorkamp 等（2011）分别将岩石物理法和交叉梯度法用于实现联合反演，结果表明，当各物性参数间的关系假设比较确切时，岩石物理法的反演结果比交叉梯度法的反演结果更理想，当各物性参数间的关系假设不准确时，岩石物理法的结果出现了明显的假异常，而交叉梯度法的结果仍然与实际比较一致。

二、2D 大地电磁和地震全波形资料交叉梯度联合反演

（一）大地电磁资料二维单独反演

假设 $F(m)$ 为求取视电阻率 ρ_a 的正演函数，d 为观测视电阻率，m 为模型向量，则 m 与误差向量 e 的关系可写为如下表达式：

$$d=F(m)+e$$

对于大地电磁，数据向量 $d=[d_1 d_2 \cdots d_N]^{\mathrm{T}}$ 中每个元素 d_i 为在地表某一观测点上某一频率测得的取对数的视电阻率和相位，N 表示观测数据个数。$m=[m_1 m_2 \cdots m_M]^{\mathrm{T}}$ 为模型参数向量，M 为模型参数的个数，m_i 为某一单元网格的电阻率对数值 $\lg\rho$。

地球物理反演问题是不适定问题，因此将 Tikhonov 正则化思想引用于反演中，以提高解的稳定性。根据 Tikhonov 和 Arsenin（1977）的正则化反演方案，由数据拟合差项和模型光滑项组成的目标函数定义为

$$\Phi(m)=(d-F(m))^{\mathrm{T}} C_d^{-1}(d-F(m))+\tau(m-m_0)^{\mathrm{T}} L^{\mathrm{T}} L(m-m_0) \tag{4.13}$$

式中，τ 为正则化参数；C_d 为误差向量 e 的方差；m_0 为初始模型；L 为二阶差分算子（拉普拉斯算子）。

首先，做如下假设：目标函数的梯度为 g，是 M 维向量，目标函数的 Hessian 矩阵为 H，是 $M\times M$ 的对称矩阵，两者的表达式分别为

$$g_j(m)=\partial_j \Phi(m)$$
$$H_{jk}(m)=\partial_j \partial_k \Phi(m), j,k=1,2,\cdots,M \tag{4.14}$$

式中，∂_j 为 $\Phi(m)$ 对 m_j 求偏导。

令正演响应的雅可比矩阵为 J，定义如下：

$$J_{ij}(m)=\partial_j F_i(m), i=1,2,\cdots,N; j=1,2,\cdots,M$$

由式（4.13）可得

$$g(m)=-2J(m)^{\mathrm{T}} C_d^{-1}(d-F(m))+2\tau L^{\mathrm{T}} L(m-m_0)$$

$$H(m)=2J(m)^{\mathrm{T}}C_d^{-1}J(m)+2\tau L^{\mathrm{T}}L-2\sum_{i=1}^{N}q_i B_i(m) \tag{4.15}$$

式中，B_i 为 F_i 的 Hessian（黑塞）矩阵；$q=C_d^{-1}(d-F(m))$。

将 F 用一阶泰勒级数在m_{ref}处展开，并舍去高阶项，则 F 可近似表示为

$$\tilde{F}(m;m_{\mathrm{ref}})=F(m_{\mathrm{ref}})+J(m_{\mathrm{ref}})(m-m_{\mathrm{ref}})$$

将 $\tilde{F}$ 代入式（4.13）中，则目标函数的近似表达式为

$$\tilde{\Phi}(m;m_{\mathrm{ref}})=(d-\tilde{F}(m;m_{\mathrm{ref}}))^{\mathrm{T}}C_d^{-1}(d-\tilde{F}(m;m_{\mathrm{ref}}))+\tau(m-m_0)^{\mathrm{T}}L^{\mathrm{T}}L(m-m_0)$$

相应的目标函数的梯度及 Hessian 矩阵可写为

$$\tilde{g}(m;m_{\mathrm{ref}})=-2J(m_{\mathrm{ref}})^{\mathrm{T}}C_d^{-1}(d-\tilde{F}(m;m_{\mathrm{ref}}))+2\tau L^{\mathrm{T}}L(m-m_0)$$

$$\tilde{H}(m_{\mathrm{ref}})=2J(m_{\mathrm{ref}})^{\mathrm{T}}C_d^{-1}J(m_{\mathrm{ref}})+2\tau L^{\mathrm{T}}L$$

将目标函数 Φ 用二阶泰勒级数在m_{ref}处直接展开，可得

$$\tilde{\Phi}(m;m_{\mathrm{ref}})=\Phi(m_{\mathrm{ref}})+g(m_{\mathrm{ref}})^{\mathrm{T}}(m-m_{\mathrm{ref}})+\frac{1}{2}(m-m_{\mathrm{ref}})^{\mathrm{T}}\tilde{H}(m_{\mathrm{ref}})(m-m_{\mathrm{ref}})$$

$$\tilde{g}(m;m_{\mathrm{ref}})=g(m_{\mathrm{ref}})+\tilde{H}(m_{\mathrm{ref}})(m-m_{\mathrm{ref}}) \tag{4.16}$$

显而易见，$\tilde{F}(m_{\mathrm{ref}};\ m_{\mathrm{ref}})=F(m_{\mathrm{ref}})$，$\tilde{\Phi}(m_{\mathrm{ref}};\ m_{\mathrm{ref}})=\Phi(m_{\mathrm{ref}})$，$\tilde{g}(m_{\mathrm{ref}};\ m_{\mathrm{ref}})=g(m_{\mathrm{ref}})$ 而 $\tilde{H}(m_{\mathrm{ref}})$ 是式（4.15）省略最后一项的 $H(m_{\mathrm{ref}})$ 的近似值，称为目标函数的近似 Hessian 矩阵。

令$\dfrac{\partial\tilde{\Phi}(m;\ m_{\mathrm{ref}})}{\partial m}=0$，即令式（4.16）等于零，最终可以得到非线性共轭梯度法的迭代公式：

$$\tilde{H}_l(m_{l+1}-m_l)=-g_l,l=0,1,2,\cdots \tag{4.17}$$

其中：

$$g_l\equiv g(m_l)$$

$$\tilde{H}_l\equiv\tilde{H}(m_l)$$

为了防止$\tilde{H}_l$矩阵出现病态问题，引入马夸特衰减因子 ε_l（一个非常小的正数）来修正非线性共轭梯度法，从而，式（4.17）变为

$$(\tilde{H}_l+\varepsilon_l I)(m_{l+1}-m_l)=-g_l,l=0,1,2,\cdots$$

采用 Fortran 语言编写大地电磁资料二维单独正反演子程序代码。大地电磁二维正演采用有限差分法，大地电磁二维反演采用非线性共轭梯度法。

设计了一个二维模型进行调试，如图 4.30 所示。模型中均匀背景的电阻率为 100Ω · m；异常体为低阻体，电阻率为 10Ω · m，大小为 10km×4km，顶底埋深为 6km。采用了地表 56 个测点，点距为 500m。使用的是 96×48 的网格，单元网格大小为 500m×500m。选择了 16 个反演频率，分别为 100Hz、50Hz、25Hz、10Hz、5Hz、2.5Hz、1Hz、0.5Hz、0.25Hz、0.1Hz、0.05Hz、0.025Hz、0.01Hz、0.005Hz、0.0025Hz 和 0.001Hz。反演初始模型均为 100m/s 均匀半空间，反演迭代 38 次后的结果如图 4.31 所示。图 4.30 的反演结果很好地恢复了异常体，表明了程序的有效性。

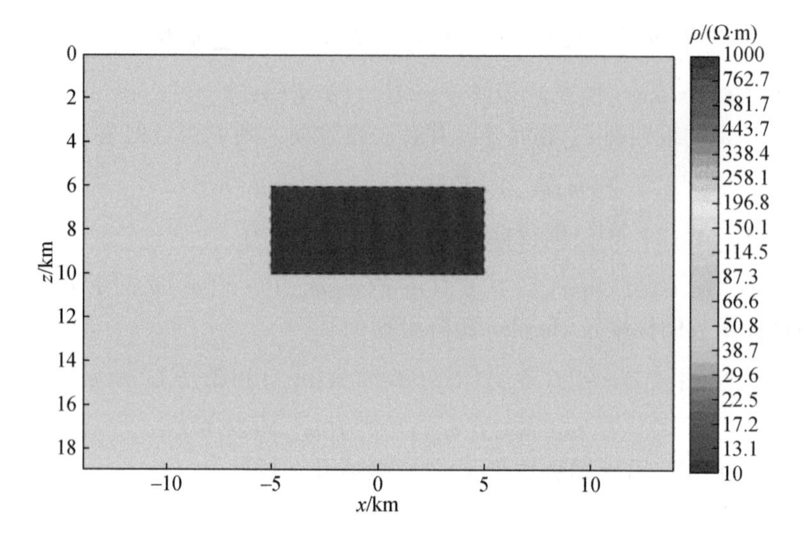

图 4.30　大地电磁电阻率理论模型图

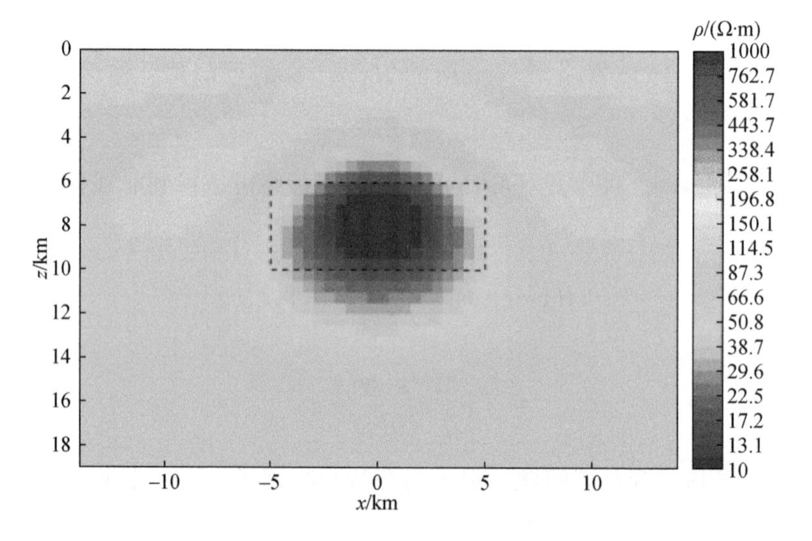

图 4.31　单一大地电磁反演结果图

（二）地震全波形资料二维单独反演

对于地震的全波形反演，采用梯度法（最速下降法），并采用近似 Hessian 矩阵的对角元素作为梯度法的预处理算子。

基于数据拟合差的范数最小的模型原则，建立如下目标函数：

$$E(v)=\frac{1}{2}\nabla d^{*}W_{d}\nabla d \tag{4.18}$$

式中，v 为速度参数，是一个 $m\times1$ 维向量，$*$ 代表共轭的转置。

$$\nabla d_{i}=p_{i}-d_{i},i=(1,2,\cdots,n)$$

为数据拟合差，p_i 为正演响应，d_i 为观测数据。W_d 是一个对角矩阵，与偏移距有关的地震数据的加权算子，该加权算子可以加强大偏移距对应数据的权重，其函数表达式为（Operto et al.，2006）：

$$W_d(o_{sr})=\exp(g\lg(|o_{sr}|))$$

式中，g 为控制相应 o_{sr} 偏移距的振幅大小的常数。

根据 Pratt 等（1998）讨论的梯度法，目标函数［式（4.18）］最小所得的模型扰动量表达式可写为

$$\nabla v_k=-\alpha_k\nabla_v E_k$$

式中，k 为迭代次数；α 为迭代步长；$\nabla_v E$ 为目标函数 $E(v)$ 关于参数 v 的偏导数。目标函数的梯度方向代表目标函数增加最快的方向，而梯度的负方向则是目标函数减小最快的方向。每次迭代可以根据公式 $v_{k+1}=v_k+\nabla v_k$ 更新模型参数。

对于迭代步长 α 的计算，本书使用了抛物线拟合法。需要计算三个不同步长所对应的目标函数值，第一个是初始模型（$\alpha=0$）对应的目标函数值 $E(0)$，其他两个分别为 $E(\alpha_1)$、$E(\alpha_2)$，它们必须满足如下关系：

$$E(0)>E(\alpha_1)\text{且}E(\alpha_1)<E(\alpha_2)$$

抛物线最小值对应的 $\alpha_{\min}$ 就是最终选用的迭代步长。

式（4.17）对模型参数 v 求偏导，可得

$$g=\frac{\partial E}{\partial v}=\mathrm{Re}\{J^{\mathrm{T}}W_d\nabla d^*\} \tag{4.19}$$

式中，∇d^* 为数据误差向量的共轭向量。

J^{T} 为一个 $n\times m$ 的雅克比矩阵（Frechét 偏导矩阵）的转置，其每个元素的表达式可写为

$$J_{ij}=\frac{\partial p_i}{\partial v_j}i=1,2,\cdots,n;\quad j=1,2,\cdots,m \tag{4.20}$$

假设需要对每个网格处的波场求偏导，而不是仅仅对接收器所在处的压力场求偏导，从而，$n\times m$ 的雅克比矩阵 J 可变为 $l\times m$ 的矩阵 $\hat{J}$。因此式（4.19）可等价为

$$g=\frac{\partial E}{\partial v}=\mathrm{Re}\{\hat{J}^{\mathrm{T}}W_d\nabla\hat{d}^*\} \tag{4.21}$$

其中，$\nabla\hat{d}$是 $l\times1$ 维数据残差向量，其 $l-n$ 个元素值为零。式（4.21）展开可写为

$$\begin{bmatrix}\frac{\partial E}{\partial v_1}\\ \frac{\partial E}{\partial v_2}\\ \vdots\\ \frac{\partial E}{\partial v_m}\end{bmatrix}=\mathrm{Re}\left\{\begin{bmatrix}\frac{\partial p_1}{\partial v_1} & \cdots & \frac{\partial p_n}{\partial v_1} & \frac{\partial p_{n+1}}{\partial v_1} & \cdots & \frac{\partial p_l}{\partial v_1}\\ \frac{\partial p_1}{\partial v_2} & \cdots & \frac{\partial p_n}{\partial v_2} & \frac{\partial p_{n+1}}{\partial v_2} & \cdots & \frac{\partial p_l}{\partial v_2}\\ \vdots & & \vdots & \vdots & & \vdots\\ \frac{\partial p_1}{\partial v_m} & \cdots & \frac{\partial p_n}{\partial v_m} & \frac{\partial p_{n+1}}{\partial v_m} & \cdots & \frac{\partial p_l}{\partial v_m}\end{bmatrix}\begin{bmatrix}W_{d1} & & & & \\ & \ddots & & & \\ & & W_{dn} & & \\ & & & 0 & \\ & & & & \ddots & \\ & & & & & 0\end{bmatrix}\begin{bmatrix}\nabla d_1^*\\ \vdots\\ \nabla d_n^*\\ 0\\ \vdots\\ 0\end{bmatrix}\right\}$$

$$
=\mathrm{Re}\left\{\begin{bmatrix}\dfrac{\partial p^{\mathrm{T}}}{\partial v_1}\\ \dfrac{\partial p^{\mathrm{T}}}{\partial v_2}\\ \vdots\\ \dfrac{\partial p^{\mathrm{T}}}{\partial v_m}\end{bmatrix}\begin{bmatrix}W_{d1} & & & & & \\ & \ddots & & & & \\ & & W_{dn} & & & \\ & & & 0 & & \\ & & & & \ddots & \\ & & & & & 0\end{bmatrix}\begin{bmatrix}\nabla d_1^*\\ \vdots\\ \nabla d_n^*\\ 0\\ \vdots\\ 0\end{bmatrix}\right\}
$$

为了求式（4.20）中任意的偏导场，将正演过程中所得的离散化方程组两边分别对v_j求偏导，由于震源项与速度无关，因此可得到如下方程：

$$
A\frac{\partial p}{\partial v_j}=-\frac{\partial A}{\partial v_j}p\ 或者\frac{\partial p}{\partial v_j}=A^{-1}f^{(j)} \tag{4.22}
$$

其中，

$$
f^{(j)}=-\frac{\partial A}{\partial v_j}p \tag{4.23}
$$

是$l\times 1$的向量，将式（4.22）与正演方程对比可以看出，求解式（4.22）相当于求解一次正演问题。换而言之，波场的偏导数可以通过求解一次正演方程而得到，其中$f^{(j)}$为虚拟源，根据有限差分法可知，$\frac{\partial A}{\partial v_j}$仅在$v_j$处的值非零，因此，虚拟源也就位于$v_j$参数所在的位置。根据方程（4.22），网格中所有压力场的偏导数可写为

$$
\hat{J}=\left[\frac{\partial p}{\partial v_1}\quad\frac{\partial p}{\partial v_2}\quad\cdots\quad\frac{\partial p}{\partial v_m}\right]=A^{-1}\left[f^{(1)}\quad f^{(2)}\quad\cdots\quad f^{(m)}\right]或\hat{J}=A^{-1}F \tag{4.24}
$$

其中，F是一个$l\times m$的矩阵，其每一列的元素由对应参数所构成的虚拟源向量组成。由式（4.24）可以看出，需要求解m次正演问题来求得雅可比矩阵J（$\hat{J}$矩阵的前$n\leqslant l$行），另外再加一次正演以求虚拟源向量，可利用式（4.23）。

将式（4.24）代入（4.21）可得

$$
g=\mathrm{Re}\{\hat{J}^{\mathrm{T}}W_d\nabla\hat{d}^*\}=\mathrm{Re}\{F^{\mathrm{T}}[A^{-1}]^{\mathrm{T}}W_d\nabla\hat{d}^*\}
$$

或者：

$$
g=\mathrm{Re}\{F^{\mathrm{T}}\tilde{s}\} \tag{4.25}
$$

其中，

$$
\tilde{s}=[A^{-1}]^{\mathrm{T}}W_d\nabla\hat{d}^*
$$

是反向传播的数据残差波场。如果阻抗矩阵的逆矩阵A^{-1}是对称的，应用震源–接收的互换原理可得

$$
[A^{-1}]^{\mathrm{T}}=A^{-1}
$$

且

$$
\tilde{s}=A^{-1}W_d\nabla d^* \tag{4.26}
$$

对比正演方程可知，式（4.26）也是一个正演求解的过程，其震源项由加权的数据残差项组成。

综合式（4.25）和式（4.26）可以看出，求解目标函数的偏导数只需要求解两次正

演问题，第一次是求解由爆炸震源激发的压力场 p 以求解虚拟源 $f^{(j)}$，第二次是求解反向传播波场 $\tilde{s}$，从而避免了求解雅可比矩阵。

对于求解雅可比矩阵，Shin 等（2001）利用互换原理，提出了一种更快捷方法。所谓互换原理就是假设在地下 i 点有一个单位源激发，在地表 r 接收点的观测值为 $p_{r,i}$，在地表 r 接收点有一个单位源激发，在地下 i 点处测得的波场值为 $p_{i,r}$，则有 $p_{r,i}=p_{i,r}$。

根据 Shin 等（2001）提出的方法，雅可比矩阵的任意元素可表述为

$$J_{k(s,r),i}=\frac{\partial p_{k(s,r)}^{\mathrm{T}}}{\partial v_i}=-p_s^{\mathrm{T}}\left[\frac{\partial A^{\mathrm{T}}}{\partial v_i}\right]A^{-1}\delta_r,\text{或者 } J_{k(s,r),i}=[f_s^{(i)}]^{\mathrm{T}}\tilde{p}_r \tag{4.27}$$

式中，$k(s,r)$ 为观测系统中震源与接收器之间的配对关系，其值等于观测数据的数量；s 和 r 分别为炮点和接收点的位置；i 为参数编号；δ_r 为位于接收点 r 处的单位源；$f_s^{(i)}$ 为由第 s 炮激发的正演响应构成的虚拟源，位于参数 i 处；$\tilde{p}_r$ 为接收点 r 处的单位源激发的脉冲响应。

从式（4.27）可以看出，只需求解 $ns+nr$ 次正演就能求解雅可比矩阵，而通常 $ns+nr\gg m$，大大减少了计算量（假设 ns 为炮点数，nr 为不同的检波点数）。

梯度法收敛极其缓慢，为了改善收敛效率并获得可靠的模型扰动量，采用 Shin 等（2001）提出的方法，即使用近似 Hessian 矩阵的对角矩阵对目标函数的梯度做预处理，并使用了 Gaussian 空间滤波器对梯度做平滑处理（Ravaut et al.，2004）。最终，反演的模型扰动量表达式可写为

$$\nabla v=-\alpha(\mathrm{diag}H_a+\varepsilon I)^{-1}R_m\mathrm{Re}\{F^{\mathrm{T}}[A^{-1}]^{\mathrm{T}}W_d\nabla\hat{d}^*\}$$

式中，$\mathrm{diag}H_a=\mathrm{diagRe}\{J^{\mathrm{T}}W_\mathrm{d}J^*\}$ 为近似 Hessian 矩阵（Pratt et al.，1998）的对角元素构成的对角矩阵；ε 为衰减因子；R_m 为空间平滑算子，实质上是一个空间滤波器，其相应的滤波长度与频率有关。

在全波形反演中，震源子波的求取也是一个很重要的问题。本书使用了 Pratt 和 Shipp（1999）提出的频率域子波迭代估计反演法（IES 反演法），该方法使用线性反演法求解震源子波。Pratt 和 Shipp（1999a）将震源子波表示为震源初始估计值与子波系数的乘积，则正演方程可表示为

$$Ap=os$$

式中，s 为震源初始估计值；o 为要求解的子波系数，是一个复数值。

系数 o 与波场是线性相关的，假设利用正演方程求得的震源 s 对应正演响应为 p_0，d 为观测数据，建立目标函数：

$$E=\frac{1}{2}(op_0-d)^{\mathrm{T}}(op_0-d)^* \tag{4.28}$$

对式（4.28）取极值可得

$$o=\frac{p_0^{\mathrm{T}}d^*}{p_0^{\mathrm{T}}p_0^*}$$

对于频率域的全波形反演，各个频率数据是相互独立的，如何利用不同频率的数据实现反演可分为两种方式。第一种是首先由 Song 等（1995）提出的串行反演，按从低频到高频的顺序将所有频率数据逐一反演，并将低频数据波形反演的结果作为相邻高频数据波

形反演的初始模型。第二种是并行反演，即多个频率数据同时反演。本书采用第二种反演方式，并应用了 Hu 等（2009）提出的频率加权的方法，以压制高频信息占主导地位，而且反演从一开始就包含了整个解空间的信息，有利于防止解陷入局部极小。

采用 Fortran 语言编写地震全波形资料二维单独正反演子程序代码。地震全波形二维正演采用有限差分法，地震全波形二维反演采用梯度法。

设计了一个二维模型进行调试，如图 4. 32 所示。模型中均匀背景的速度为 4000m/s；异常体为低速体，速度为 3000m/s，大小为 10km×4km，顶底埋深为 6km。采用了地表放炮地表接收的观测方式，共 60 个炮点，炮间距为 500m，每炮分别布置了 300 个检波器，位于地表，检波器间距为 100m。使用的是 300×200 的网格，单元网格大小为 100m×100m。选择了 9 个反演频率，分别为 0. 25Hz、1Hz、2Hz、4Hz、5Hz、7Hz、10Hz、13Hz 和 16Hz，并且使用的是 Dirac（狄拉克）子波。反演初始模型均为 4000m/s 均匀半空间，反演迭代 30 次后的结果如图 4. 33 所示。图 4. 33 的反演结果较好地恢复了异常体，表明了程序的有效性。

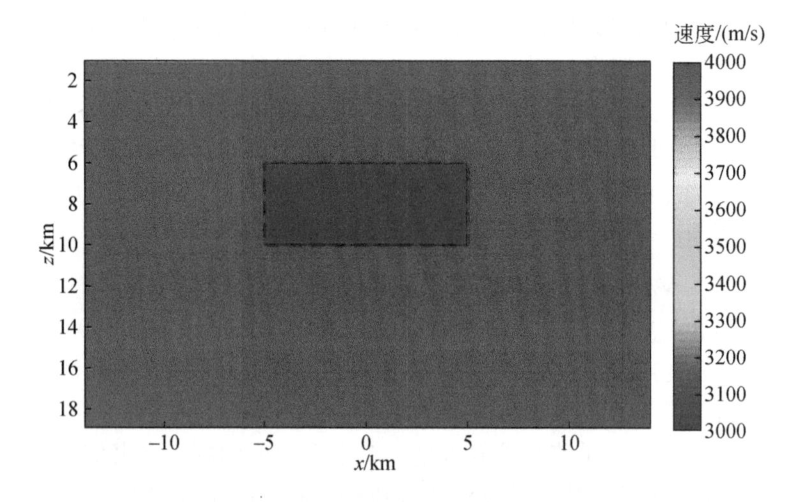

图 4. 32　地震速度理论模型图

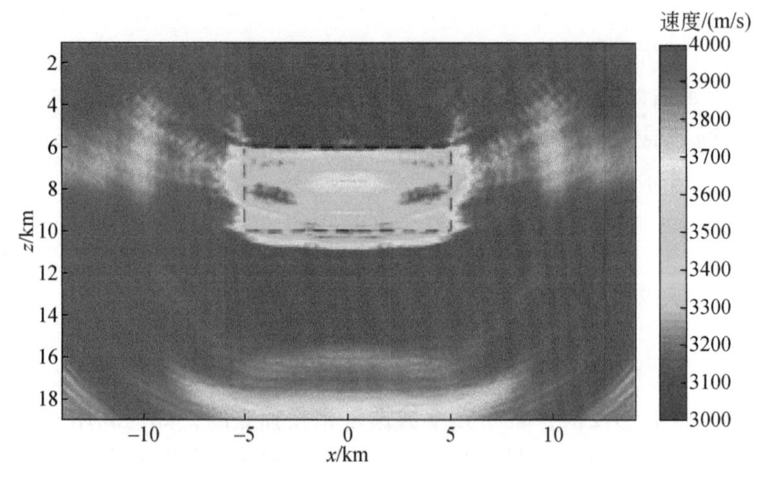

图 4. 33　单一地震反演结果图

（三）大地电磁和地震联合反演

1. 联合反演理论

基于大地电磁和地震数据的联合反演，建立如下包含了交叉梯度项的目标函数：

$$\Phi(m,v)=\beta^{\mathrm{MT}}\Phi_d^{\mathrm{MT}}+\tau\Phi_{\mathrm{Reg}}^{\mathrm{MT}}+\beta^{\mathrm{S}}\Phi_d^{\mathrm{S}}+\lambda\Phi_{\mathrm{cross}} \tag{4.29}$$

其中：

$$\Phi_d^{\mathrm{MT}}=(F(m)-d_{\mathrm{obs}}^{\mathrm{MT}})^{\mathrm{T}}C_d^{-1}(F(m)-d_{\mathrm{obs}}^{\mathrm{MT}})$$

$$\Phi_{\mathrm{Reg}}^{\mathrm{MT}}=(m-m_0)^{\mathrm{T}}L^{\mathrm{T}}L(m-m_0)$$

$$\Phi_d^{\mathrm{S}}=(P(v)-d_{\mathrm{obs}}^{\mathrm{S}})W_d(P(v)-d_{\mathrm{obs}})$$

$$\Phi_{\mathrm{cross}}=t(m,\tilde{v})^{\mathrm{T}}t(m,\tilde{v})$$

式中，Φ_d^{MT} 为大地电磁的数据拟合差项；$\Phi_{\mathrm{Reg}}^{\mathrm{MT}}$ 为大地电磁模型光滑项；Φ_d^{S} 为地震的数据拟合差项；Φ_{cross} 为交叉梯度项；β^{MT} 和 β^{S} 分别为大地电磁和地震的数据拟合差的加权因子；τ 为正则化参数；λ 为交叉梯度加权因子；m 为取对数的电阻率（$m=\lg\rho$）；v 为速度，$\tilde{v}=\lg v$；$F(m)$ 和 $d_{\mathrm{obs}}^{\mathrm{MT}}$ 分别为大地电磁的正演响应和观测数据向量；C_d^{-1} 为数据协方差矩阵的逆矩阵；m_0 为电阻率初始模型；L 为拉普拉斯算子；$P(v)$ 和 $d_{\mathrm{obs}}^{\mathrm{S}}$ 分别为地震的正演响应和观测数据向量；W_d 为地震数据的加权算子；$t(m,\tilde{v})$ 为交叉梯度函数，为了与取对数的电阻率 m 的大小相匹配，因此我们选择取对数的速度 $\tilde{v}$ 来计算交叉梯度。其中，T 代表向量的转置。

对 $t(m,\tilde{v})$ 使用一阶泰勒级数展开为

$$t(m,\tilde{v})\cong t_i(m_0,\tilde{v}_0)+\sum_{k=1}^{N}\left\{\frac{\partial t_i(m,\tilde{v})}{\partial m_k}\bigg|_{\substack{m=m_0\\ v=v_0}}\cdot(m_k-m_{0k})+\frac{\partial t_i(m,\tilde{v})}{\partial v_k}\bigg|_{\substack{m=m_0\\ v=v_0}}\cdot(v_k-v_{0k})\right\},i=1,2,\cdots,N$$

写为矩阵形式为

$$t(m,\tilde{v})\cong t(m_0,\tilde{v}_0)+[B^{\mathrm{MT}}\quad B^{\mathrm{S}}]\begin{bmatrix}m-m_0\\ v-v_0\end{bmatrix}$$

其中：

$$B_{ij}^{\mathrm{MT}}=\frac{\partial t_i(m,\tilde{v})}{\partial m_j}$$

$$B_{ij}^{\mathrm{S}}=\frac{\partial t_i(m,\tilde{v})}{\partial v_j}=\frac{\partial t_i(m,\tilde{v})}{\partial\tilde{v}_j}\cdot\frac{\partial\tilde{v}_j}{\partial v_j}=\frac{1}{v_j}\frac{\partial t_i(m,\tilde{v})}{\partial\tilde{v}_j} \tag{4.30}$$

$i=1, 2, \cdots, N$；$j=1, 2, \cdots, N$，N 为网格总数。根据中心差分格式的交叉梯度函数 $t_{i,j}=\dfrac{m_r(i+1,j)-m_r(i-1,j)}{\Delta z_i+(\Delta z_{i+1}+\Delta z_{i-1})/2}\cdot\dfrac{m_s(i,j+1)-m_s(i,j-1)}{\Delta x_j+(\Delta x_{j+1}+\Delta x_{j-1})/2}-\dfrac{m_r(i,j+1)-m_r(i,j-1)}{\Delta x_j+(\Delta x_{j+1}+\Delta x_{j-1})/2}\cdot\dfrac{m_s(i+1,j)-m_s(i-1,j)}{\Delta z_i+(\Delta z_{i+1}+\Delta z_{i-1})/2}$，可以求出 B^{MT} 为

$$\frac{\partial t_{ij}}{\partial m(i-1,j)}=\frac{-1}{\Delta z_i+(\Delta z_{i+1}+\Delta z_{i-1})/2}\cdot\frac{\tilde{v}(i,j+1)-\tilde{v}(i,j-1)}{\Delta x_j+(\Delta x_{j+1}+\Delta x_{j-1})/2} \tag{4.31}$$

$$\frac{\partial t_{ij}}{\partial m(i-1,j)}=\frac{1}{\Delta z_i+(\Delta z_{i+1}+\Delta z_{i-1})/2}\cdot\frac{\tilde{v}(i,j+1)-\tilde{v}(i,j-1)}{\Delta x_j+(\Delta x_{j+1}+\Delta x_{j-1})/2} \tag{4.32}$$

$$\frac{\partial t_{ij}}{\partial m(i,j-1)}=\frac{1}{\Delta x_j+(\Delta x_{j+1}+\Delta x_{j-1})/2}\cdot\frac{\tilde{v}(i+1,j)-\tilde{v}(i-1,j)}{\Delta z_i+(\Delta z_{i+1}+\Delta z_{i-1})/2} \tag{4.33}$$

$$\frac{\partial t_{ij}}{\partial m(i,j+1)}=\frac{-1}{\Delta x_j+(\Delta x_{j+1}+\Delta x_{j-1})/2}\cdot\frac{\tilde{v}(i+1,j)-\tilde{v}(i-1,j)}{\Delta z_i+(\Delta z_{i+1}+\Delta z_{i-1})/2} \tag{4.34}$$

根据式（4.29）和式（4.30）可以求得B^{S}：

$$\frac{\partial t_{ij}}{\partial v(i-1,j)}=\frac{1}{v(i-1,j)}\cdot\frac{m(i,j+1)-m(i,j-1)}{\Delta x_j+(\Delta x_{j+1}+\Delta x_{j-1})/2}\cdot\frac{1}{\Delta z_i+(\Delta z_{i+1}+\Delta z_{i-1})/2} \tag{4.35}$$

$$\frac{\partial t_{ij}}{\partial v(i+1,j)}=\frac{1}{v(i+1,j)}\cdot\frac{m(i,j+1)-m(i,j-1)}{\Delta x_j+(\Delta x_{j+1}+\Delta x_{j-1})/2}\cdot\frac{-1}{\Delta z_i+(\Delta z_{i+1}+\Delta z_{i-1})/2} \tag{4.36}$$

$$\frac{\partial t_{ij}}{\partial v(i,j-1)}=\frac{1}{v(i,j-1)}\cdot\frac{m(i+1,j)-m(i-1,j)}{\Delta z_i+(\Delta z_{i+1}+\Delta z_{i-1})/2}\cdot\frac{-1}{\Delta x_j+(\Delta x_{j+1}+\Delta x_{j-1})/2} \tag{4.37}$$

$$\frac{\partial t_{ij}}{\partial v(i,j+1)}=\frac{1}{v(i,j+1)}\cdot\frac{m(i+1,j)-m(i-1,j)}{\Delta z_i+(\Delta z_{i+1}+\Delta z_{i-1})/2}\cdot\frac{1}{\Delta x_j+(\Delta x_{j+1}+\Delta x_{j-1})/2} \tag{4.38}$$

其中$i=1$，…，nz；$j=1$，…，nx。nz和nx分别表示z方向和x方向的网格数，且$nz\times nx=N$。从式（4.31）~式（4.38）可以看出，B^{MT}只与v或$\tilde{v}$有关，而与m无关。B^{S}与m和v都有关。

式（4.28）对m求偏导可得

$$g^{\mathrm{MT}}=2\beta^{\mathrm{MT}}[J^{\mathrm{MT}}]^{\mathrm{T}}C_d^{-1}(F(m)-d_{\mathrm{obs}}^{\mathrm{MT}})+2\tau L^{\mathrm{T}}L(m-m_0)+2\lambda[B^{\mathrm{MT}}]^{\mathrm{T}}t(m,\tilde{v})$$

式（4.28）对v求偏导可得

$$g^{\mathrm{S}}=2\beta^{\mathrm{S}}\mathrm{Re}\{[J^{\mathrm{S}}]^{\mathrm{T}}W_d(P(v)-d_{\mathrm{obs}}^{\mathrm{S}})\}+2\lambda[B^{\mathrm{S}}]^{\mathrm{T}}t(m,\tilde{v})$$

式（4.28）关于m的近似Hessian矩阵可写为

$$H^{\mathrm{MT}}=2\beta^{\mathrm{MT}}[J^{\mathrm{MT}}]^{\mathrm{T}}C_d^{-1}J^{\mathrm{MT}}+2\tau L^{\mathrm{T}}L+2\lambda[B^{\mathrm{MT}}]^{\mathrm{T}}B^{\mathrm{MT}}$$

式（4.28）关于v的近似Hessian矩阵的对角矩阵可写为

$$\mathrm{diag}\,H_a=\mathrm{diag}\{\mathrm{Re}(2\beta^{\mathrm{S}}[J^{\mathrm{S}}]^{\mathrm{T}}W_{\mathrm{d}}[J^{\mathrm{S}}]^{*})+2\lambda[B^{\mathrm{S}}]^{\mathrm{T}}B^{\mathrm{S}}\}$$

则大地电磁使用高斯牛顿法最终的迭代方程可写为

$$(H_i^{\mathrm{MT}}+\varepsilon_i^{\mathrm{MT}}I)\Delta m_i=-g_i^{\mathrm{MT}},\text{且}\ \rho_{i+1}=\rho_i\cdot\exp(\Delta m_i),i=0,1,2,\cdots\cdots$$

地震使用最速下降法最终的迭代方程式可写为

$$(\mathrm{diag}\,H_{ai}+\varepsilon_i^{\mathrm{S}}I)\nabla v_i=-\alpha_i R_m g_i^{\mathrm{S}},\text{且}\ v_{i+1}=v_i+\Delta v_i$$

2. 联合反演流程

联合反演的大致流程如图4.34所示。

3. 联合反演模型测试

1）模型一地震：地表激发、地表接收

设计了一个电阻率和速度参数空间分布一致的单异常体模型（图4.35）。异常体顶面埋深为6km，横向长度为10km，纵向长度为4km。模型中的均匀背景电阻率为100Ω·m，

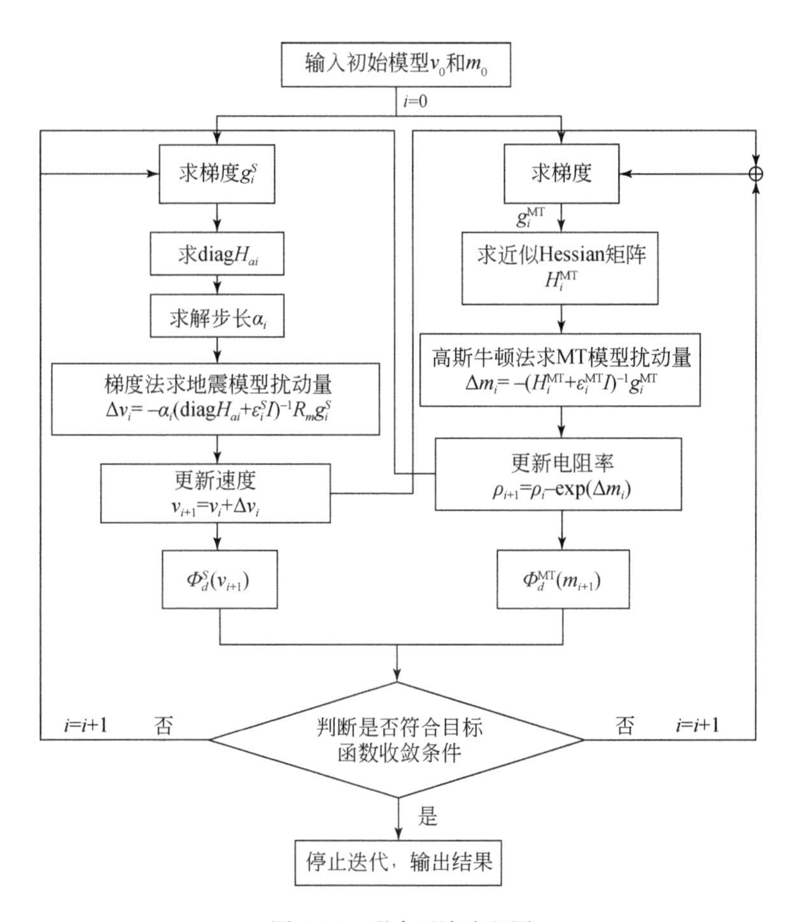

图 4.34　联合反演流程图

均匀背景速度为 4000m/s。异常体的电阻率为 10Ω · m，速度为 3200m/s。

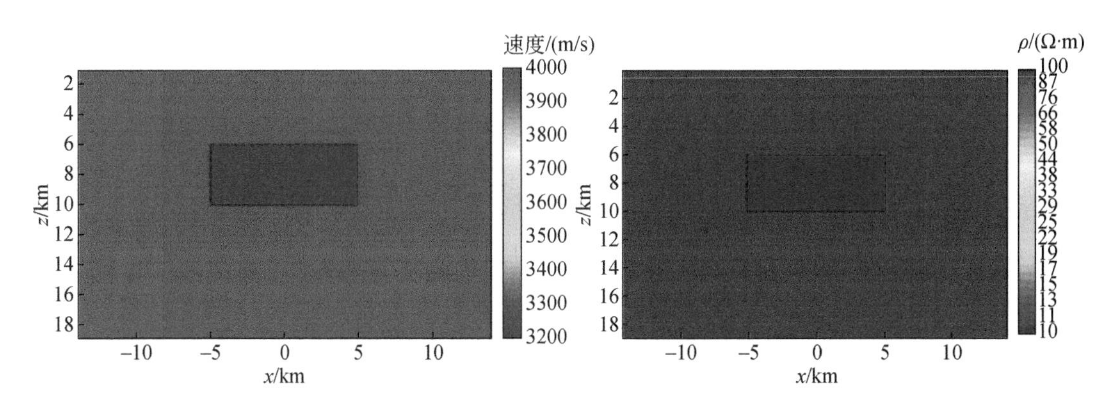

图 4.35　联合反演理论模型

大地电磁共有 56 个间距为 500m 的等间距测点分布于地表，设置了 0.001～100Hz 之间的 16 个频率。地震采用了地表放炮、地表接收的观测方式，共 20 炮，炮间距为 500m，检波器共 80 个，间距同样是 500m。

其中，地震使用的网格是 80×40 的，单元网格大小为 500m×500m，而大地电磁的网格为 96×48，在地震的网格基础上分别在两端及深度方向增加了 8 个不等间距的单元网格。地震选择了 6 个反演频率，分别为 0.1Hz、0.125Hz、0.25Hz、0.5Hz、1Hz 和 1.5Hz，并且使用的是狄拉克（Dirac）子波。

为了更好地进行对比，不论是单方法反演还是联合反演，大地电磁和地震的反演初始模型都分别为 100Ω · m 和 4000m/s 的均匀半空间，正则化因子均取为 50，大地电磁和地震的迭代次数都分别为 40 次和 60 次。另外，地震单独反演采用的是全频率数据一起进行反演。

大地电磁联合反演和单独反演的结果如图 4.36 所示，地震联合反演和单独反演的结果如图 4.37 所示。从图 4.36 可以看出，联合反演对于异常体边界的刻画要略优于单独反演，而且对异常体电阻率值的恢复也更好一些。从图 4.37 可以看出，联合反演对异常体速度值的恢复也优于单独反演，对异常体左右边界的聚敛也更好一些。

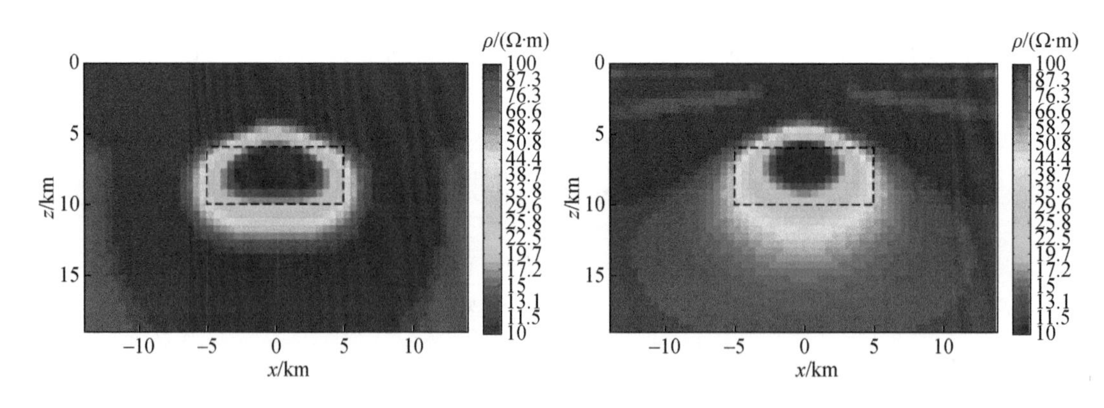

图 4.36 大地电磁联合反演（左）及单独反演（右）结果图

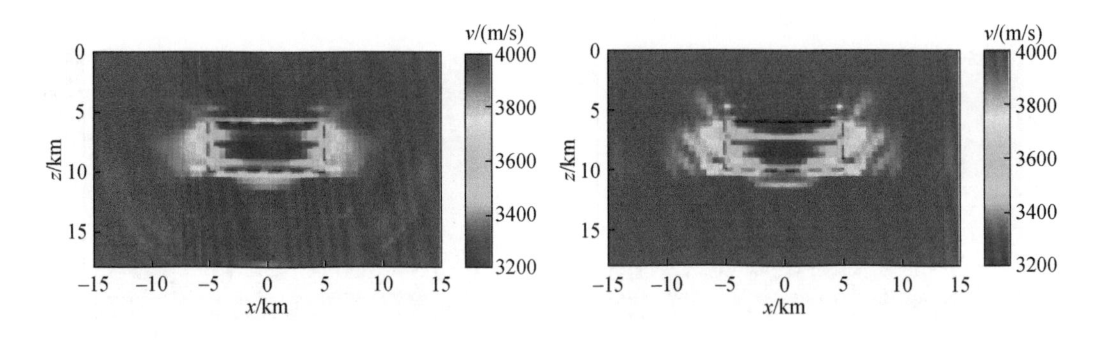

图 4.37 地震联合反演（左）及单独反演（右）结果图

图 4.38 展示了大地电磁和地震联合反演的数据拟合差收敛曲线，可以看出，大地电磁和地震在反演迭代初期，收敛很快，数据拟合差迅速下降，并且大地电磁比地震收敛更快一些，随着迭代次数的增加，收敛速度逐渐变小，最终达到 0.1 左右。

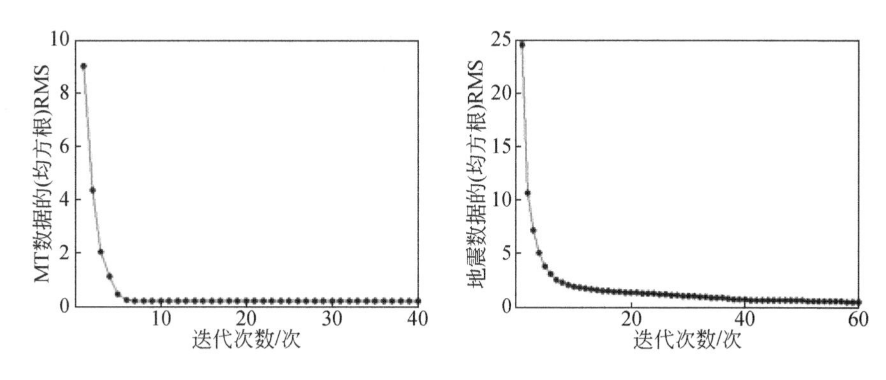

图 4.38　大地电磁（左）和地震（右）联合反演的数据拟合差收敛曲线图

2）模型一地震：地表激发、井中接收

同上述模型，其他参数都保持不变，只是把地震的采集方式由原来的地表激发、地表接收改成了地表放炮、井中接收的观测方式，共 20 炮，炮间距为 500m，检波器共 80 个，间距同样是 500m，分别布设于距异常体左右边界 6km 且对称分布的两口井中。

大地电磁联合反演和单独反演的结果如图 4.39 所示，地震联合反演和单独反演的结果如图 4.40 所示。从图 4.39 可以看出，联合反演对于异常体边界的刻画要略优于单独反演，而且对异常体电阻率值的恢复也更好一些。从图 4.40 可以看出联合反演的结果和单独反演基本一致，除了围岩略微更接近真实的半空间，异常体并无明显改善。

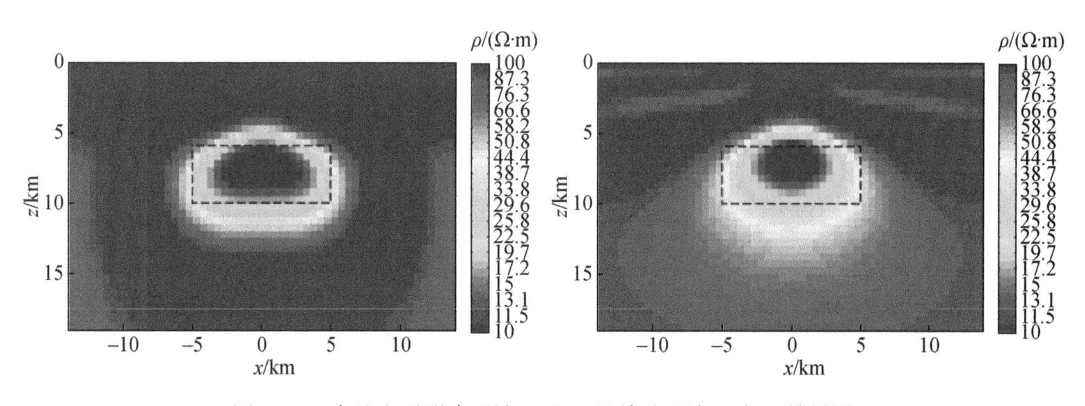

图 4.39　大地电磁联合反演（左）及单独反演（右）结果图

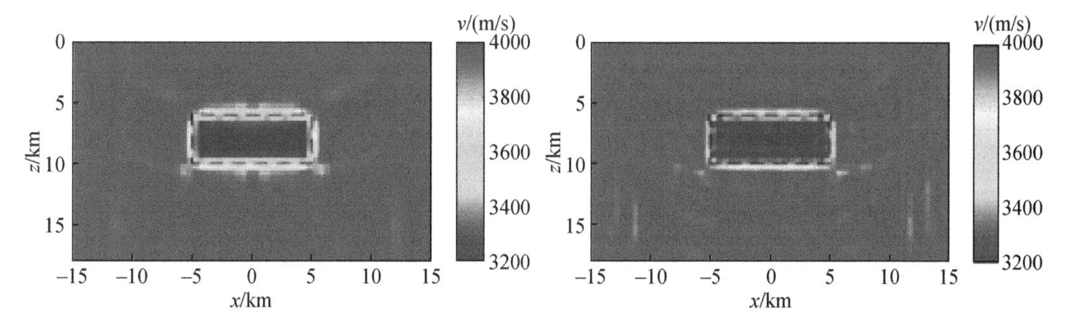

图 4.40　地震联合反演（左）及单独反演（右）结果图

图 4.41 展示了大地电磁和地震联合反演的数据拟合差收敛曲线，可以看出，大地电磁和地震在反演迭代初期，收敛很快，数据拟合差迅速下降，并且大地电磁比地震收敛更快一些，随着迭代次数的增加，收敛速度逐渐变小，最终可达到 0.1 左右。

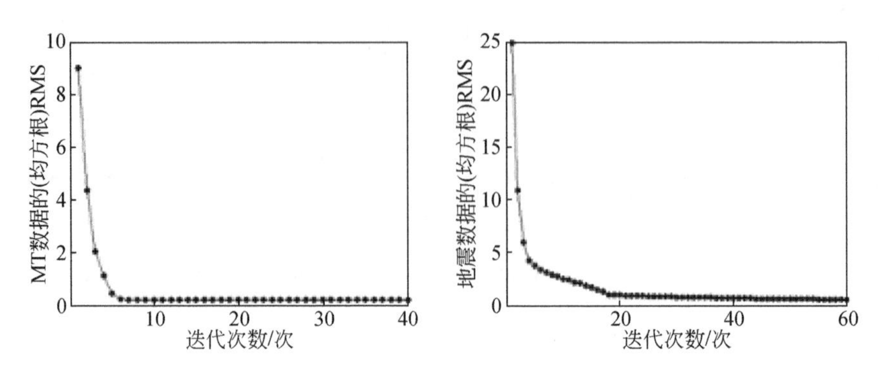

图 4.41　大地电磁（左）和地震（右）联合反演的数据拟合差收敛曲线图

3）模型二地震：地表激发、地表接收

设计了一个电阻率和速度参数空间分布一致的双异常体模型（图 4.42）。模型的几何参数如图 4.42 所示。模型中的均匀背景电阻率为 100Ω · m，均匀背景速度为 4000m/s。左上侧异常体的电阻率和速度值分别为 10Ω · m 和 5000m/s，右下侧异常体的电阻率和速度值分别为 1000Ω · m 和 3000m/s。

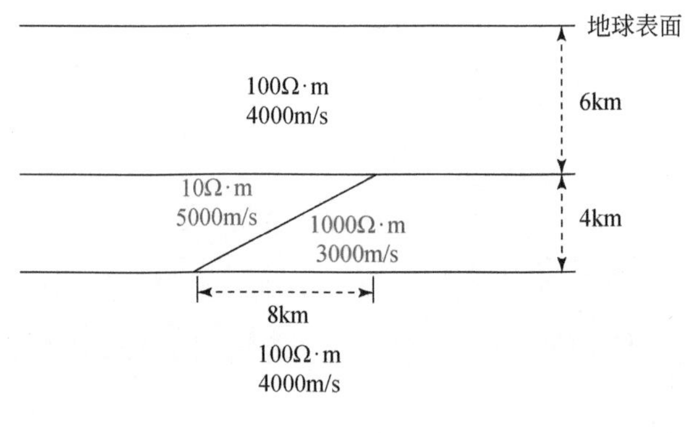

图 4.42　模型二

大地电磁共有 81 个间距为 500m 的等间距测点分布于地表，设置了 0.001 ~ 100Hz 之间的 25 个频率。地震采用了地表放炮、地表接收的观测方式，共 60 炮，炮间距为 500m，检波器共 80 个，间距同样是 500m。其中，地震使用的网格为 80×40，单元网格大小为 500m×500m，而大地电磁的网格为 96×48，在地震的网格基础上分别在两端及深度方向增加了 8 个不等间距的单元网格。地震选择了 6 个反演频率，分别为 0.1Hz、0.125Hz、0.25Hz、0.5Hz、1Hz、1.5Hz，并且使用的是 Dirac 子波。

为了更好地进行对比，不论是单方法反演还是联合反演，大地电磁和地震的反演初始模型都分别为 100Ω · m 和 4000m/s 的均匀半空间，正则化因子均取为 50，大地电磁和地震的迭代次数都分别为 40 次和 60 次。另外，地震单独反演采用的是全频率数据一起进行反演。

大地电磁联合反演和单独反演的结果如图 4.43 所示，地震联合反演和单独反演的结果如图 4.44 所示。从图 4.43 可以看出，联合反演对于低阻异常体边界的刻画要明显优于单独反演，并且对高阻异常体的位置和电阻率的恢复也比单独反演要好很多。从图 4.44 可以看出，联合反演对高速和低速体速度值以及边界的恢复也优于单独反演。

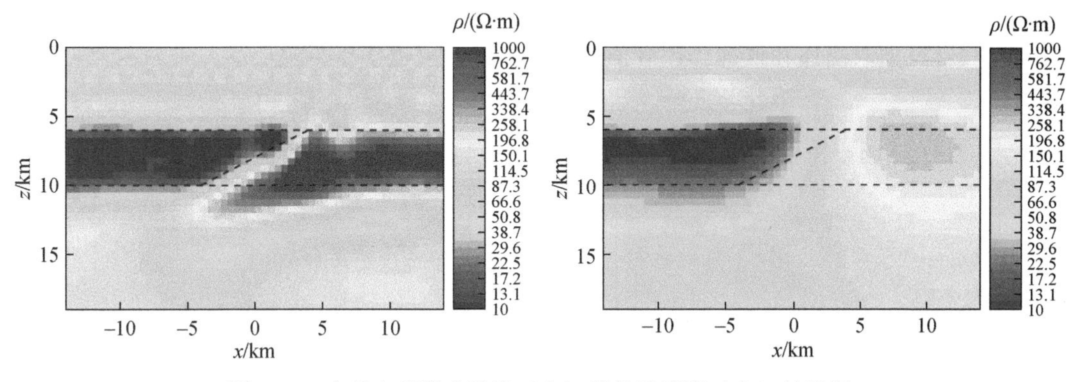

图 4.43　大地电磁联合反演（左）及单独反演（右）结果图

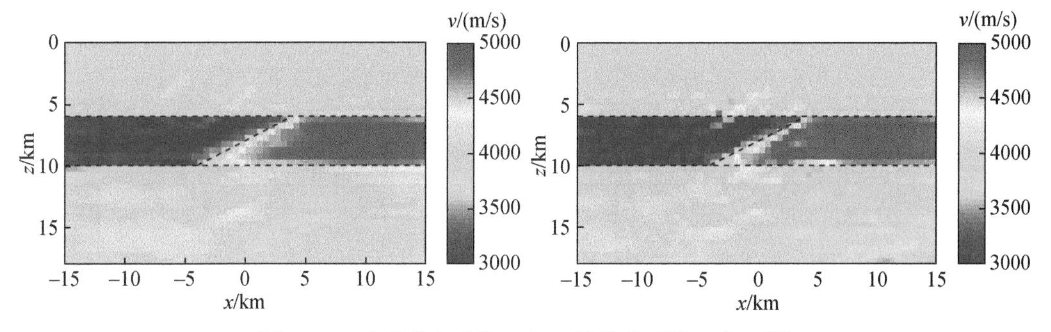

图 4.44　地震联合反演（左）及单独反演（右）图

图 4.45 展示了大地电磁和地震联合反演的数据拟合差收敛曲线，可以看出，大地电磁和地震在反演迭代初期，收敛很快，数据拟合差迅速下降，并且大地电磁比地震收敛更快一些，随着迭代次数的增加，收敛速度逐渐变小，大地电磁最终达到 0.1 左右，而地震的拟合差收敛到 1.0 左右。

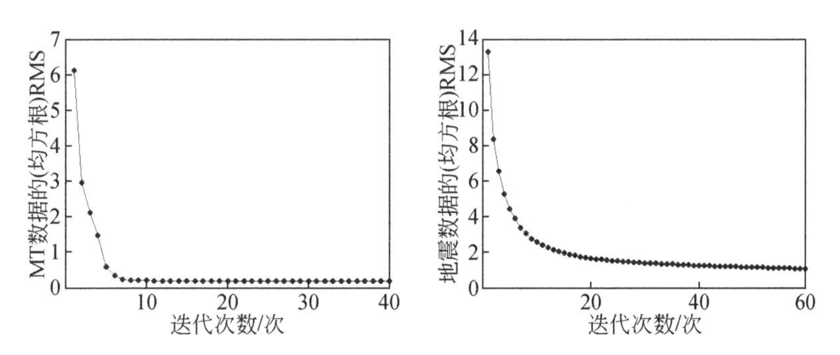

图 4.45　大地电磁（左）和地震（右）联合反演的数据拟合差收敛曲线图

4）模型二地震：地表激发、井中接收

同上述模型，其他参数都保持不变，只是把地震的采集方式由原来的地表激发、地表接收改成了地表放炮、井中接收的观测方式，共60炮，炮间距为500m，检波器共80个，间距同样是100m，分别布设于距异常体左右边界2km且对称分布的两口井中。

大地电磁联合反演和单独反演的结果如图4.46所示，地震联合反演和单独反演的结果如图4.47所示。从图4.46可以看出，联合反演对于低阻异常体边界的刻画要优于单独反演，并且对高阻异常体的位置和电阻率的恢复也比单独反演要好很多。从图4.47可以看出，联合反演对高速和低速体速度值以及边界的恢复也优于单独反演。

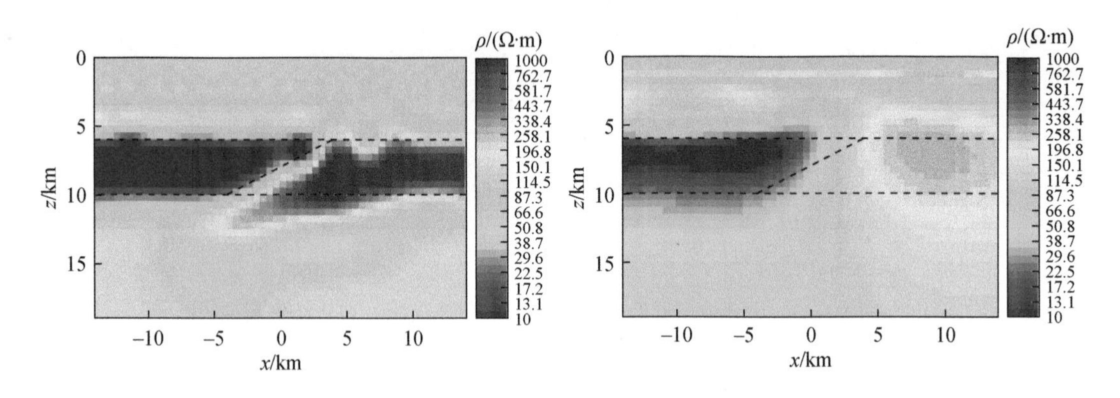

图4.46　大地电磁联合反演（左）及单独反演（右）结果图

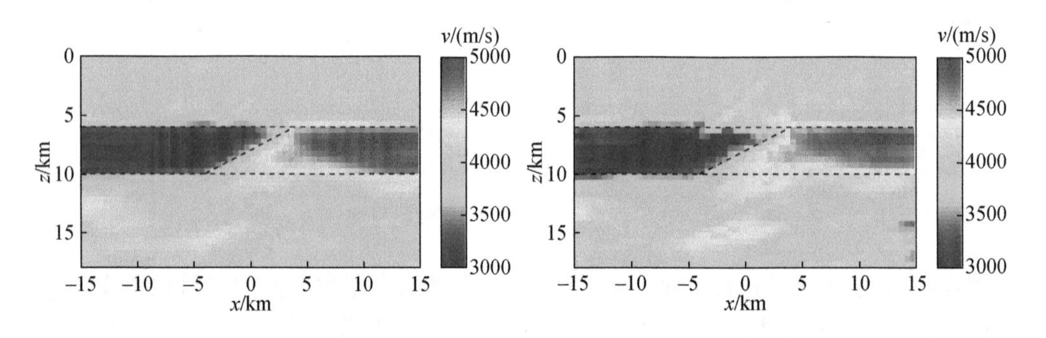

图4.47　地震联合反演（左）及单独反演（右）结果图

图4.48展示了大地电磁和地震联合反演的数据拟合差收敛曲线，可以看出，大地电磁和地震在反演迭代初期，收敛很快，数据拟合差迅速下降，并且大地电磁比地震收敛更快一些，随着迭代次数的增加，收敛速度逐渐变小，大地电磁最终达到0.1左右，而地震的拟合差达到1.0左右。

5）模型三地震：地表激发、地表接收

设计了一个电阻率和速度参数空间分布部分不一致模型（图4.49），电阻率为图4.49所示的双异常体模型，速度为带三角形顶面的层状异常体模型。模型的几何参数如图4.49所示。模型中的均匀背景电阻率为100Ω·m，均匀背景速度为4000m/s。上侧异常体的电阻率和速度值分别为1000Ω·m和2800m/s，下侧异常体的电阻率为10Ω·m。

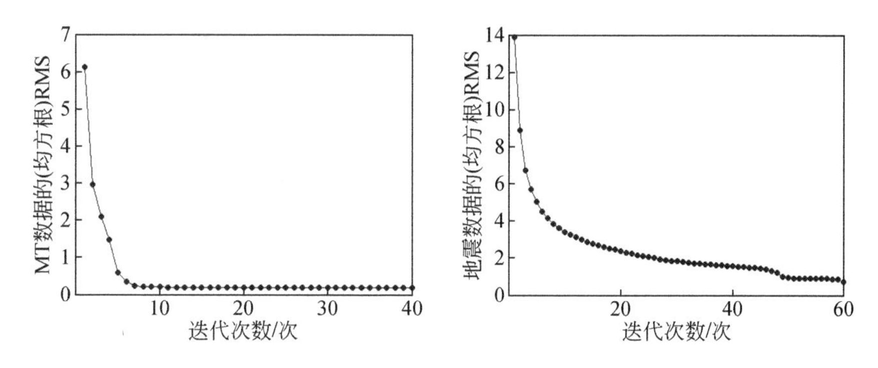

图4.48　大地电磁（左）和地震（右）联合反演的数据拟合差收敛曲线图

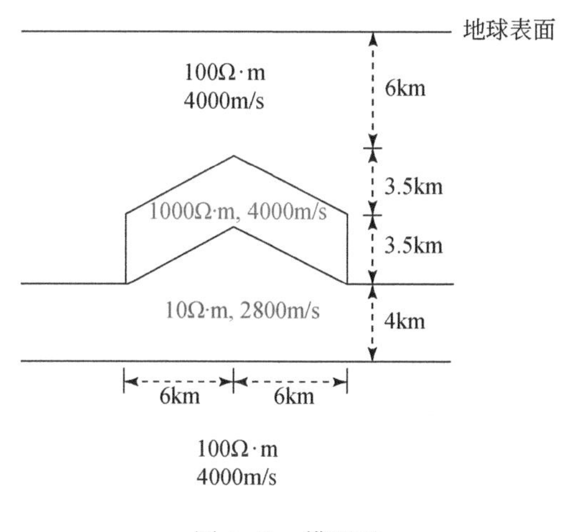

图4.49　模型三

大地电磁共有81个不等间距的测点分布于地表，设置了0.001～100Hz之间的25个频率。地震采用了地表放炮、地表接收的观测方式，共60炮，炮间距为500m，检波器共80个，间距是500m。

其中，地震使用的网格为130×80，单元网格大小为400m×400m，而大地电磁的网格为148×89，在地震的网格基础上分别在两端及深度方向增加了9个不等间距的单元网格。地震选择了6个反演频率，分别为0.1Hz、0.125Hz、0.25Hz、0.5Hz、1Hz和1.5Hz，并且使用的是Dirac子波。

为了更好地进行对比，不论是单方法反演还是联合反演，大地电磁和地震的反演初始模型都分别为100Ω·m和4000m/s的均匀半空间，正则化因子均取为50。另外，地震单独反演采用的是全频率数据一起进行反演。

大地电磁联合反演和单独反演的结果如图4.50所示，地震联合反演和单独反演的结果如图4.51所示。从图4.50可以看出，联合反演对于高、低阻异常体位置和阻值的恢复要明显优于单独反演，尤其是低阻体的位置以及电阻率值。从图4.51可以看出，联合反演对低速异常体的恢复，不论是异常体边界的刻画，还是速度值的恢复，都明显优于单独反演。

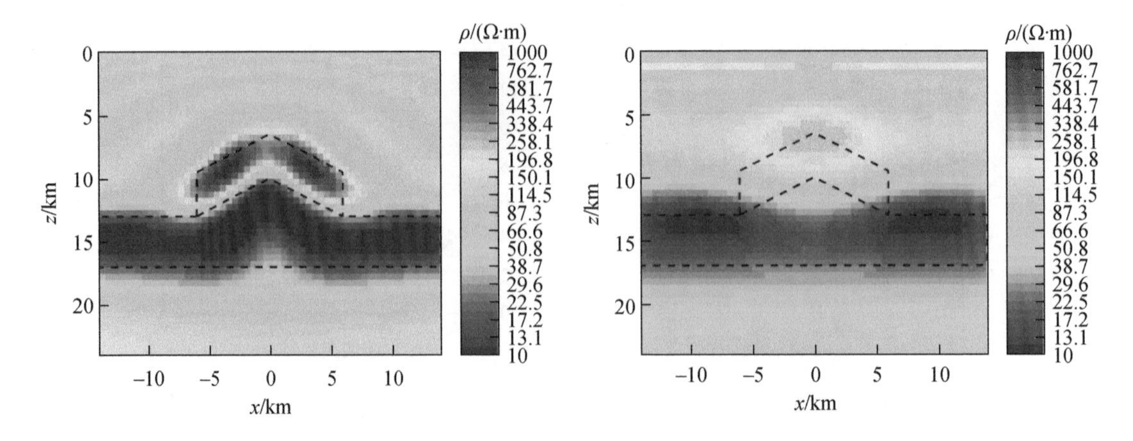

图 4.50　大地电磁联合反演（左）及单独反演（右）结果图

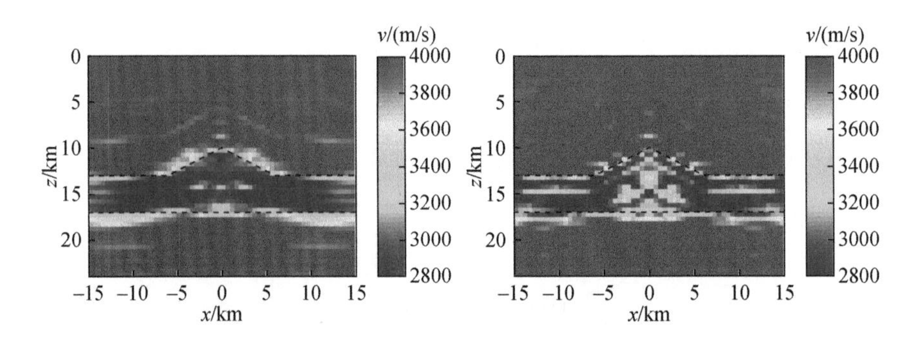

图 4.51　地震联合反演（左）及单独反演（右）结果图

6）模型三地震：地表激发、井中接收

同上述模型，其他参数都保持不变，只是把地震的采集方式由原来的地表激发、地表接收改成了地表放炮、井中接收的观测方式，共 60 炮，炮间距为 100m，检波器共 80 个，间距同样是 500m，分别布设于距异常体左右边界 2km 且对称分布的两口井中。

大地电磁联合反演和单独反演的结果如图 4.52 所示，地震联合反演和单独反演的结果如图 4.53 所示。从图 4.52 可以看出，联合反演对于高、低阻异常体位置和阻值的恢复要明显优于单独反演，尤其是低阻体的位置以及电阻率值。从图 4.53 可以看出，联合反演对低速异常体的恢复，不论是异常体边界的刻画，还是速度值的恢复，都明显优于单独反演。

4. *超深层模型联合反演测试*

设计了一个电阻率和速度参数空间分布部分一致模型，电阻率和速度模型如图 4.54 所示。

大地电磁共有 61 个等间距的测点分布于地表，设置了 0.001 ~ 100Hz 之间的 26 个频率。地震采用了地表放炮、井中接收的观测方式，共 20 炮，炮间距为 500m，检波器共 80 个，间距是 200m。地震选择了 6 个反演频率，分别为 0.6Hz、1.0Hz、1.5Hz、2.0Hz、2.5Hz 和 3.0Hz，并且使用的是 Dirac 子波。

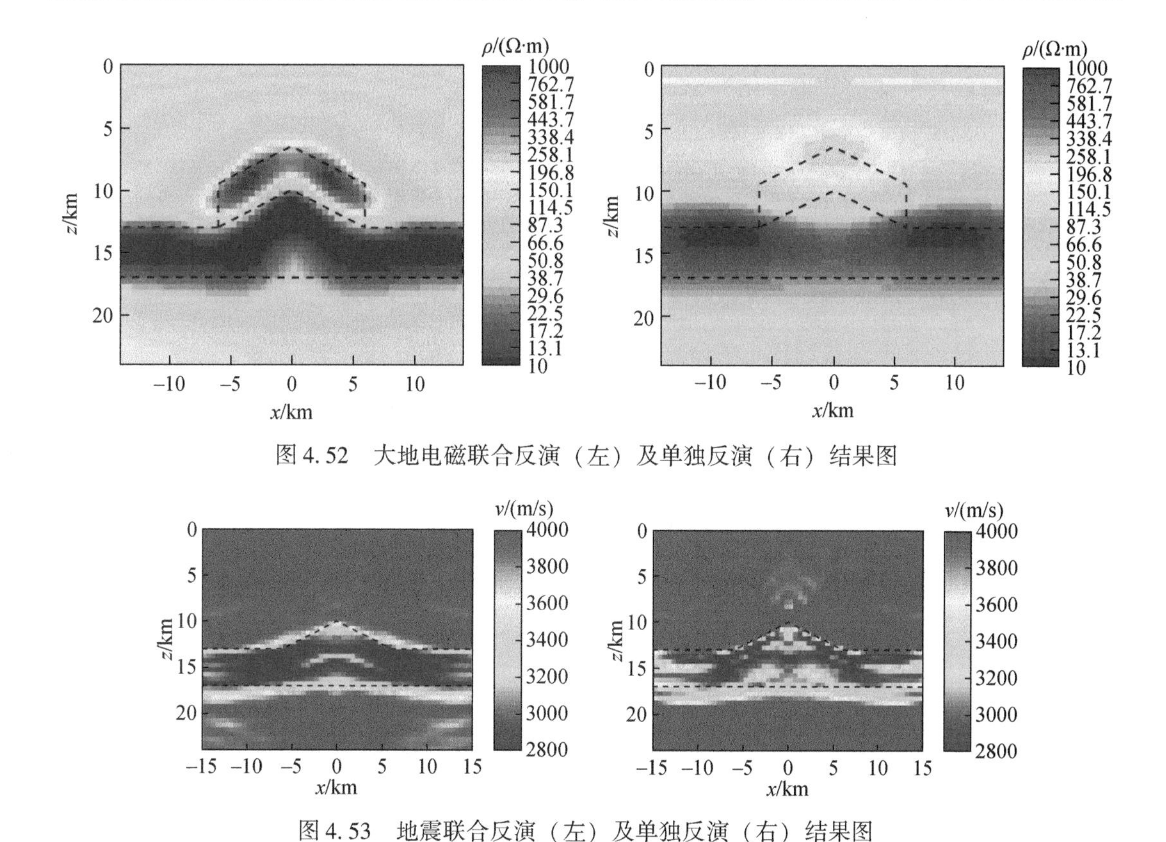

图 4. 52　大地电磁联合反演（左）及单独反演（右）结果图

图 4. 53　地震联合反演（左）及单独反演（右）结果图

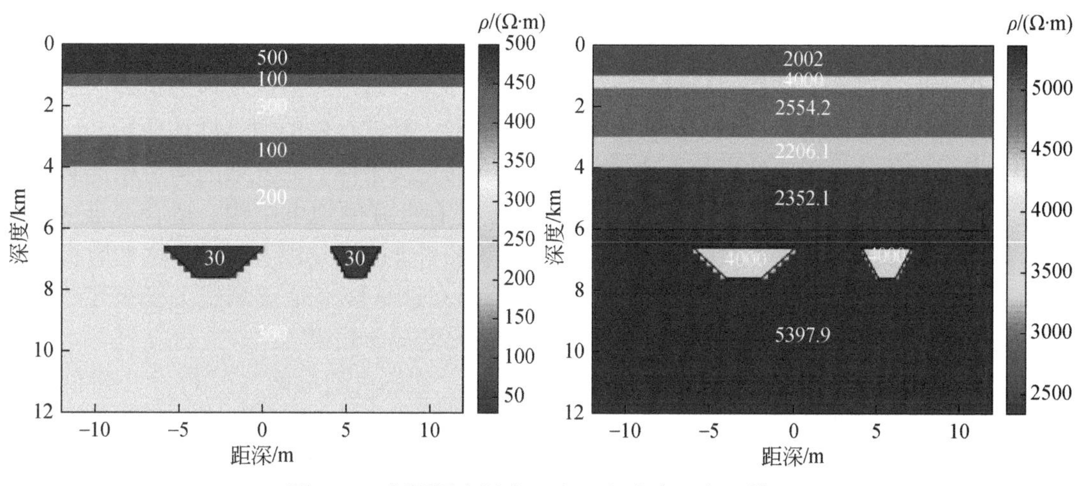

图 4. 54　超深层电阻率（左）和速度（右）模型

为了更好地进行对比，不论是单方法反演还是联合反演，大地电磁和地震的反演初始模型都分别为层状模型，正则化因子均取为 50，大地电磁和地震的迭代次数都分别为 40 和 60 次。另外，地震单独反演采用的是全频率数据一起进行反演。

大地电磁联合反演和单独反演的结果如图 4. 55 所示，地震联合反演和单独反演的结果如图 4. 56 所示。从图 4. 55 可以看出，联合反演对于低阻异常体的恢复要明显优于单独反演，尤其是低阻体的位置以及电阻率值。从图 4. 56 可以看出，联合反演对低速异常体的恢复，与单独反演的结果类似。

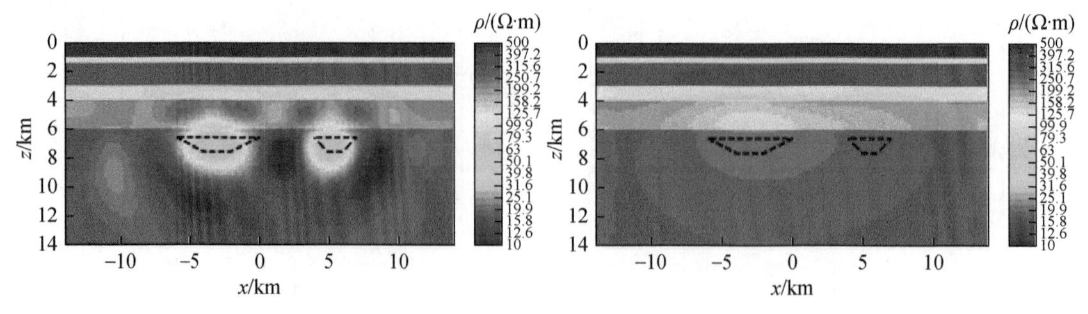

图 4. 55　大地电磁联合反演（左）及单独反演（右）结果图

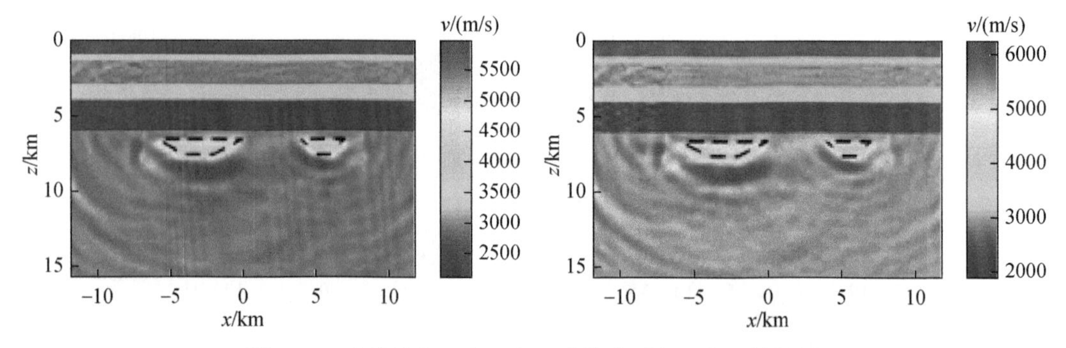

图 4. 56　地震联合反演（左）及单独反演（右）结果图

5. 地震实测资料反演试算

采用大地电磁和地震全波形数据二维联合反演程序，对东方地球物理公司提供的一套实测数据进行了反演试算。该实测数据采集于山前带，具有良好的油气勘探前景。广泛的海相烃源岩和优质的砂体储层成为油气藏的最有利的先决条件，而复杂的构造核部和高陡地层的发育制约了该区的地震成像。该盆地地层具有良好的地电结构，适合开展 MT 勘探。同时，由于电磁勘探在高陡复杂构造区受地表和岩性的影响因素小，采集的数据信噪比高，能够恢复高陡构造的电性特征，因此该公司在该地区老地震测线上部署了 MT 勘探，期望通过与地震联合反演建模，提高老地震资料的成像效果。

实测大地电磁和地震数据测点的分布见图 4. 57。实测大地电磁共有 17 个不等间距测点分布于地表，测线长度为 10km。大地电磁选择了 0. 1 ~ 800Hz 之间的 40 个频率。实测地震数据采用了地表放炮、地表接收的观测方式，17 个炮点大致与大地电磁测点相对应，每炮 480 个检波点，检波器间距是 25m。地震选择了 6 个反演频率，分别为 20Hz、25Hz、40Hz、65Hz、80Hz 和 100Hz。

大地电磁单独反演和联合反演的结果如图 4. 58 所示，地震单独反演和联合反演的结果如图 4. 59 所示。从图 4. 58 可以看出，联合反演结果与单独反演结果差别很大，受地震层状结果的影响，联合反演的高陡结构变少。从图 4. 59 可以看出，联合反演与单独反演结果有些差别，但差别不大。

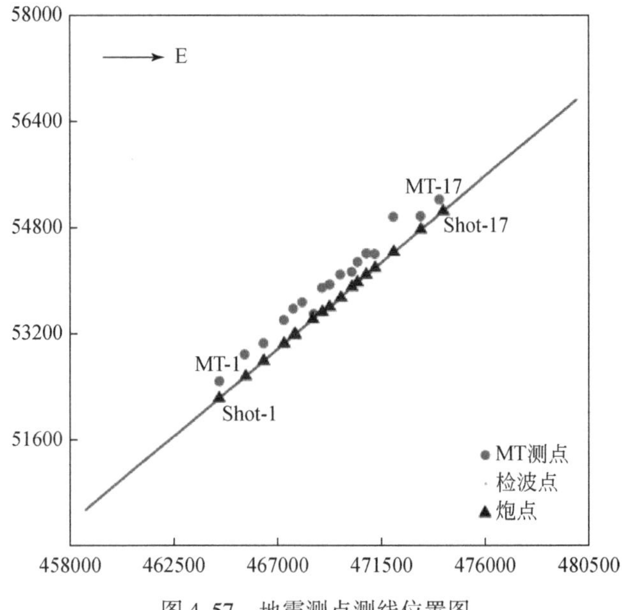

图 4.57　地震测点测线位置图

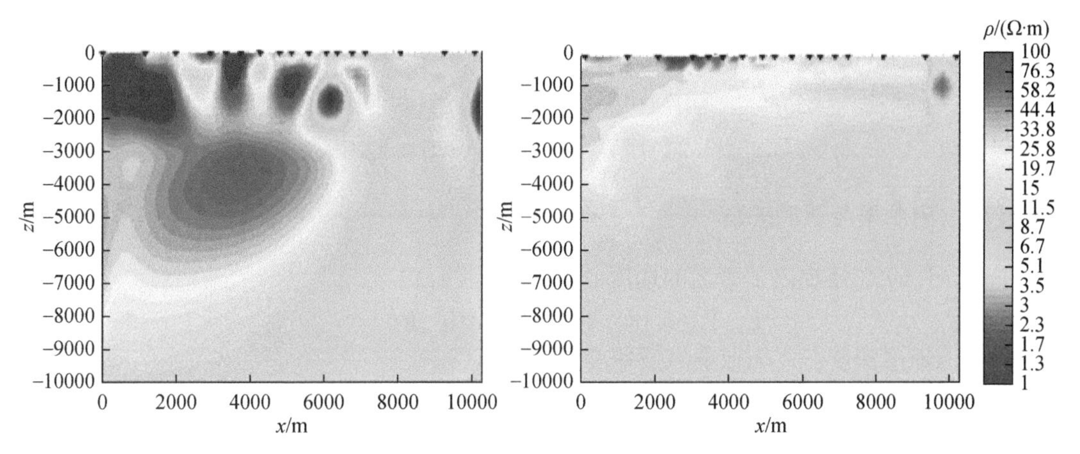

图 4.58　大地电磁单独反演（左）和联合反演（右）结果图

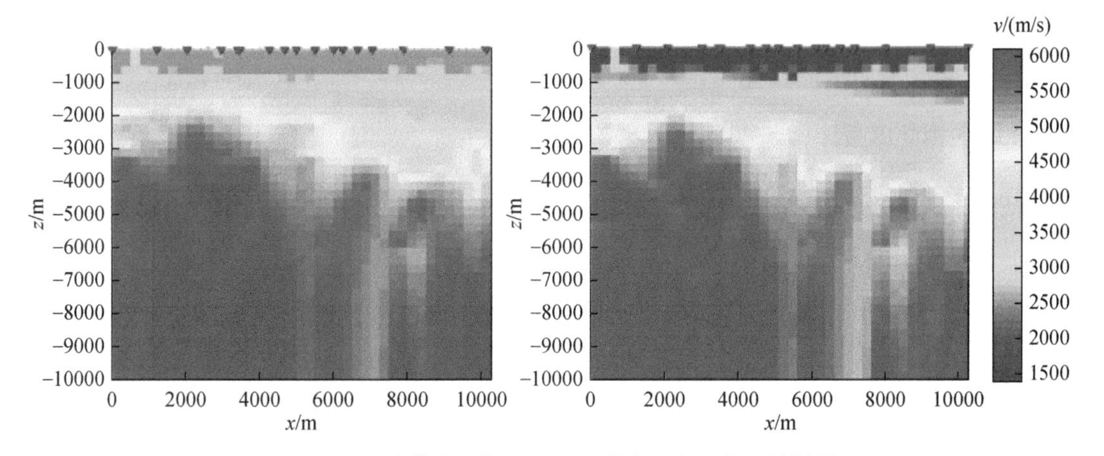

图 4.59　地震单独反演（左）和联合反演（右）结果图

第三节　基于地震数据为核心的重震联合反演

一、储层物性关系

（一）密度与速度关系

无测井资料初始密度建模方法中需要利用加德纳（Gardner）速度-密度关系公式，将速度资料转换为密度资料。1974年，Gardner统计出沉积岩中V_p与ρ的关系式，即有名的Gardner公式：

$$\rho=a\ (V_p)^b, a=0.31, b=1/4$$

式中，ρ为密度，g/cm^3；V_p为速度，m/s。

在实际应用中，需要根据收集的数据拟合出最优的系数a和b。

冯锐等提出华北地区的密度与速度转换关系：

$$\rho=\begin{cases}2.78+0.27(V_p-6.0), V_p<5.5\\ 2.78+0.56(V_p-6.0), 5.5\leqslant V_p\leqslant 6.0\\ 3.07+0.27(V_p-7.0), 6.0\leqslant V_p\leqslant 7.5\\ 3.22+0.20(V_p-7.5), 7.5\leqslant V_p\leqslant 8.5\end{cases}$$

（二）电阻率与速度关系

Faust于1953年提出了著名的速度-电阻率经验公式：

$$V_p=a\ (h\cdot R)^b, a=2\times10^3, b=1/6$$

式中，h为地层深度；V_p为地层纵波速度。

在实际应用中，需要根据收集的数据计算出最优的系数a和b。

Meju和Gallardo建立了沉积环境下的电阻率-速度经验公式：

$$\lg V_p=m\lg R+c$$

式中，R为电阻率；V_p为纵波速度；m和c为系数，通过已知数据进行拟合求取，不同地区求取的参数也不同。

（三）饱和度与速度关系

Archie于1942年发现地层的电导率σ、孔隙度ϕ和含水饱和度S_w存在以下的关系：

$$\sigma=\frac{1}{a}\sigma_w\phi^m S_w^n$$

式中，a为曲折因子；m为孔隙度/胶结指数；n为饱和度指数；σ_w为地层盐水电导率。

阿奇（Archie）公式适用于比较纯净的砂层。随着Archie公式的发展，其他的变化形式已被引入来解释岩石中黏土含量的电导，如Waxman-Smits方程（Waxman and Smits, 1968）。Archie公式以及它的各种变式已经成为电磁勘探中计算含烃饱和度的重要工具。

流体替换模型（Gassmann，1951）将地震波速度与储层参数连接起来，如孔隙度（ϕ），含水饱和度（S_w），含油饱和度（S_o）或者含气饱和度（S_g）。在流体饱和的岩石中，P波速度 V_p 和剪切波速度 V_s 表示如下：

$$V_p = \sqrt{\frac{K_{sat}+\frac{4}{3}m_{sat}}{\rho_{sat}}}, \quad V_s = \sqrt{\frac{\mu_{sat}}{\rho_{sat}}}$$

其中，

$$K_{sat} = (1-\beta)K_{ma}+\beta^2 M \tag{4.39}$$

$$\mu_{sat} = (1-\beta)\mu_{ma} \tag{4.40}$$

$$M = \left(\frac{\beta-\phi}{K_{ma}}+\frac{\phi}{K_f}\right)^{-1} \tag{4.41}$$

$$K_f = \left(c_w\frac{S_w}{K_w}+c_o\frac{S_o}{K_o}+c_g\frac{S_g}{K_g}\right)^{-1}$$

$$\rho_{sat} = (1-\phi)\rho_{ma}+\phi(S_w\rho_w+S_o\rho_o+S_g\rho_g)$$

式中，K_{sat}、μ_{sat} 和 ρ_{sat} 分别为体积弹性模量、剪切模量和饱和流体岩石的容积密度；K_f 为空隙流体的体积弹性模量；K_{ma}、μ_{ma} 和 ρ_{ma} 分别为体积弹性模量、剪切模量和矩阵密度（固体或颗粒）；K_w、K_o 和 K_g 分别为水、油和气的体积弹性模量；ρ_w、ρ_o 和 ρ_g 分别为水、油和气的密度；c_w、c_o 和 c_g 分别为水、油和气的校正项。

在式（4.38）~式（4.40）中，β 为Biot系数，一般来说是孔隙度的函数。β 可以采用1992年Nur的临界孔隙度模型：

$$\beta = \begin{cases} \phi/\phi_c, & 0 \leqslant \phi \leqslant \phi_c \\ 0, & \phi > \phi_c \end{cases}$$

式中，ϕ_c 为临界孔隙度，在这之上固体就会变成悬浮物。

二、叠前纵横波二维地震正反演模拟

（一）叠前纵横波二维地震正演

地震波场模拟中，Zoeppritz方程的纵波和转换波Aki和Richards（1980）反射系数近似表达为

$$R_{pp}(\theta) \approx \left(\frac{1+\tan^2\theta}{2}\right)\frac{\Delta I}{I}-4\frac{\beta^2}{\alpha^2}\sin^2\theta\frac{\Delta J}{J}-\left(\frac{1}{2}\tan^2\theta-2\frac{\beta^2}{\alpha^2}\sin^2\theta\right)\frac{\Delta\rho}{\rho} \tag{4.42}$$

$$R_{ps}(\theta,\varphi) \approx \frac{-\alpha\tan\varphi}{2\beta}\left[\left(1+\frac{2\beta^2}{\alpha^2}\sin^2\theta-\frac{2\beta}{\alpha}\cos\theta\cos\varphi\right)\frac{\Delta\rho}{\rho}-\left(\frac{4\beta^2}{\alpha^2}\sin^2\theta-\frac{4\beta}{\alpha}\cos\theta\cos\varphi\right)\frac{\Delta J}{J}\right] \tag{4.43}$$

式中，$\frac{\Delta I}{I}=\left(\frac{\Delta\alpha}{\alpha}+\frac{\Delta\rho}{\rho}\right)$，$\frac{\Delta J}{J}=\left(\frac{\Delta\beta}{\beta}+\frac{\Delta\rho}{\rho}\right)$；$\alpha$、$\beta$、$\rho$ 分别为通过界面的纵波和横波平均速度及平均密度；$\Delta\alpha$、$\Delta\beta$、$\Delta\rho$ 分别为通过界面的纵波和横波速度及密度的变化量；θ 和 φ 为通过界面的纵波的平均反射角和透射角；I 和 J 分别为纵波和横波阻抗。

式（4.42）、式（4.43）在较小入射角和较小的弹性参数变化情况下，是准确的。

从测井资料中可以得到纵波、横波速度及密度等资料，根据式（4.42）和式（4.43）可以计算反射系数。同时，从地震及测井资料中可以提取子波，由此根据式（4.43）可合成理论数据：

$$d_{\text{syn}}=g(r(m))=w\otimes r+n \tag{4.44}$$

式中，d_{syn}为合成地震数据；r 为反射系数；w 为子波；n 为噪声；m 为模型向量。

（二）叠前纵横波二维地震反演

在统计规律（Bayes 理论）的框架下，求取误差函数。

Bayes 理论公式：

$$\sigma(m|d_{\text{obs}})=\frac{p(m)\cdot \ell(d_{\text{obs}}|m)}{p(d_{\text{obs}})}$$

也可以表示为

$$\sigma(m|d_{\text{obs}})\propto p(m)\cdot \ell(d_{\text{obs}}|m)$$

$$\ell(d_{\text{obs}}|m)\propto \exp(-E(m))$$

$$E(m)=((d_{\text{obs}}-g(m))/2)^{\text{T}}C_D^{-1}(d_{\text{obs}}-g(m))$$

$$p(m)\propto \exp[-((m_{\text{prior}}-m)/2)^{\text{T}}C_m^{-1}(m_{\text{prior}}-m)]$$

$$\sigma(m|d_{\text{obs}})\propto \exp[-((d_{\text{obs}}-g(m))/2)^{\text{T}}C_D^{-1}(d_{\text{obs}}-g(m))-((m_{\text{prior}}-m)/2)^{\text{T}}C_m^{-1}(m_{\text{prior}}-m)]$$

由此误差函数为

$$E(m)=((d_{\text{obs}}-g(m))/2)^{\text{T}}C_D^{-1}(d_{\text{obs}}-g(m))+((m_{\text{prior}}-m)/2)^{\text{T}}C_m^{-1}(m_{\text{prior}}-m) \tag{4.45}$$

在反演中需要求解式（4.44）中的模型向量，使误差函数最小。求解式（4.45）的解其实是一个求优的问题。采用内点算法求解，对于约束问题：

$$\min t\phi_0(x)-\phi(x)$$

$$\text{subject to } Ax=b$$

其中：

$$\Phi(x)=-\sum_{i=1}^{m}\lg(-f_i(x)),\quad \text{dom}\phi=\{x\mid f_i(x)<0\}$$

即为对数障碍函数。

t 的作用是控制问题的逼近程度，每给定一个 t 求解一次等式约束问题会得到目标函数的当前最优值 $p^*(t)$ 和一个当前最优解 $x^*(t)$，不断增大 t，则当前最优值 $p^*(t)$ 和一个当前最优解 $x^*(t)$ 会不断逼近全局最优值 p^* 和全局最优解 x^*，这时增大 t 的过程在达到设定的收敛准则时停止。当前最优值 $p^*(t)$ 和全局最优值 p^* 之间的逼近程度常被泛称为次优性，数值上则称之为对偶间隙。可以得到对偶最优值 $d^*(t)$ 与最优值 $p^*(t)$ 之间的关系为

$$d^*(t)=p^*(t)-m/t$$

由于强对偶条件达到时有 $x^*=d^*$，因此对于每一个 t，可以看到对偶间隙正好为 m/t，t 越大，则对偶间隙越小。每升级一次 t 被称为一次外循环，每一外循环内求解当前最优解 $x^*(t)$ 的过程称为内循环。每一内循环都相当于在当前边界上寻找最优，而当前最优是在距离实际最优值 m/t 的位置上，实际上始终处于内部，因此被称为内点法。而每增大一次 t 便将当前边界向前推至更接近于实际边界，因而每一次外循环在内部留下一个当前

最优解 $x^*(t)$，这个点会逐渐达到实际最优 x^*，将所有 $x^*(t)$ 作为一个集合来看待，则成为一条曲线，称为中心路径。

对于地震反演中的目标函数：

$$\min \quad \| r \|_1+\frac{1}{2}\| Dr \|^2+\frac{\lambda}{2}\| Ar-b \|^2$$

利用上述内点算法，可以求解该目标函数。

引入 $X_p \geqslant 0$，$X_n \geqslant 0$，将反射系数分解为

$$r=X_p-X_n$$

引入变量 Z_p、Z_n 满足

$$X_p Z_p=\mu e, X_n Z_n=\mu e \tag{4.46}$$

则式（4.46）的目标函数可以转换为矩阵表示：

$$\begin{bmatrix} D^2+\lambda A^{\mathrm{T}}A+X_p^{-1}Z_p & -\lambda A^{\mathrm{T}}A \\ -\lambda A^{\mathrm{T}}A & D^2+\lambda A^{\mathrm{T}}A+X_n^{-1}Z_n \end{bmatrix}\begin{bmatrix} \Delta X_p \\ \Delta X_n \end{bmatrix}=\begin{bmatrix} r_1 \\ r_2 \end{bmatrix} \tag{4.47}$$

由此可以求解式（4.47）线性方程组，得到模型向量 X 的解。

三、地震与重力数据联合反演

（一）重震联合反演基本理论

利用地震和重力联合反演，获得速度和密度信息综合开展储层评价，提高解释的准确性。重震联合反演采用顺序反演方法，顺序反演首先对地震和重力数据分别进行反演，再通过两者之间的阻抗-密度转换关系调整各自模型，直至达到收敛准则。考虑到初始模型参数化的问题，一般先利用地震反演，以获取三维波阻抗结构，再利用阻抗-密度经验关系将三维阻抗模型转化为三维密度模型进行重力反演，根据反演得到的更新密度模型计算三维阻抗模型，如此循环迭代计算，直至满足各自模型的收敛条件，获得最终优化的三维速度和密度结构，工作流程如图 4.60 所示。

地震与重力联合反演可以采用同步反演和顺序反演两种方法。同步反演的目标函数如下：

$$E(m)=\omega_s \| d_s^{\mathrm{obs}}-d_s^{\mathrm{syth}} \|_p+\omega_g \| d_g^{\mathrm{obs}}-d_g^{\mathrm{syth}} \|_p+\mu \| m^{\mathrm{pri}}-m^{\mathrm{new}} \|_L$$

顺序反演的目标函数如下：

$$E_g(m)=\omega_g \| d_g^{\mathrm{obs}}-d_g^{\mathrm{syth}} \|_p+\mu \| m_g^{\mathrm{pri}}-m_g^{\mathrm{new}} \|_L$$

$$E_s(m)=\omega_s \| d_s^{\mathrm{obs}}-d_s^{\mathrm{syth}} \|_p+\lambda \| m_s^{\mathrm{pri}}-m_s^{\mathrm{new}} \|_L$$

（二）模型反演分析

如图 4.61 所示的层状模型，在地层的中间位置有一层为高密度、低速度的模型，图 4.62 为模型的地震和重力正演结果，波阻抗值和周围地层没有明显差异，该异常在地震响应中不能体现出来。

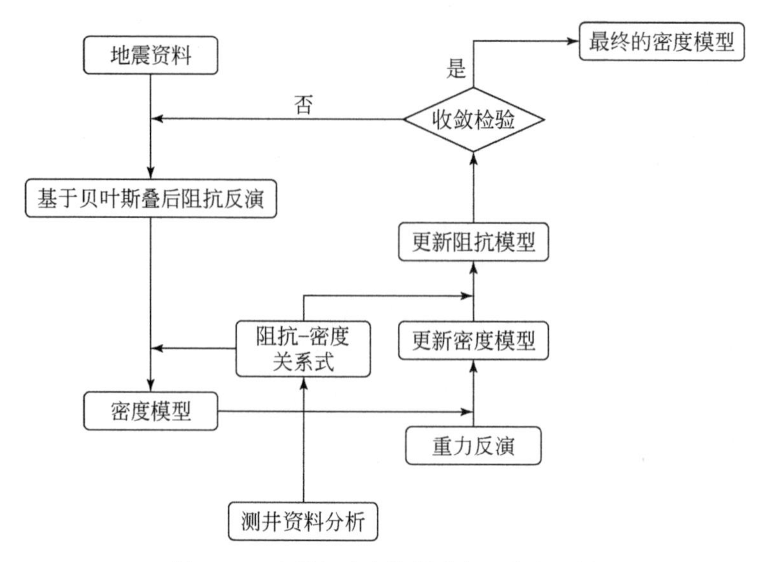

图 4.60　地震与重力数据联合反演流程图

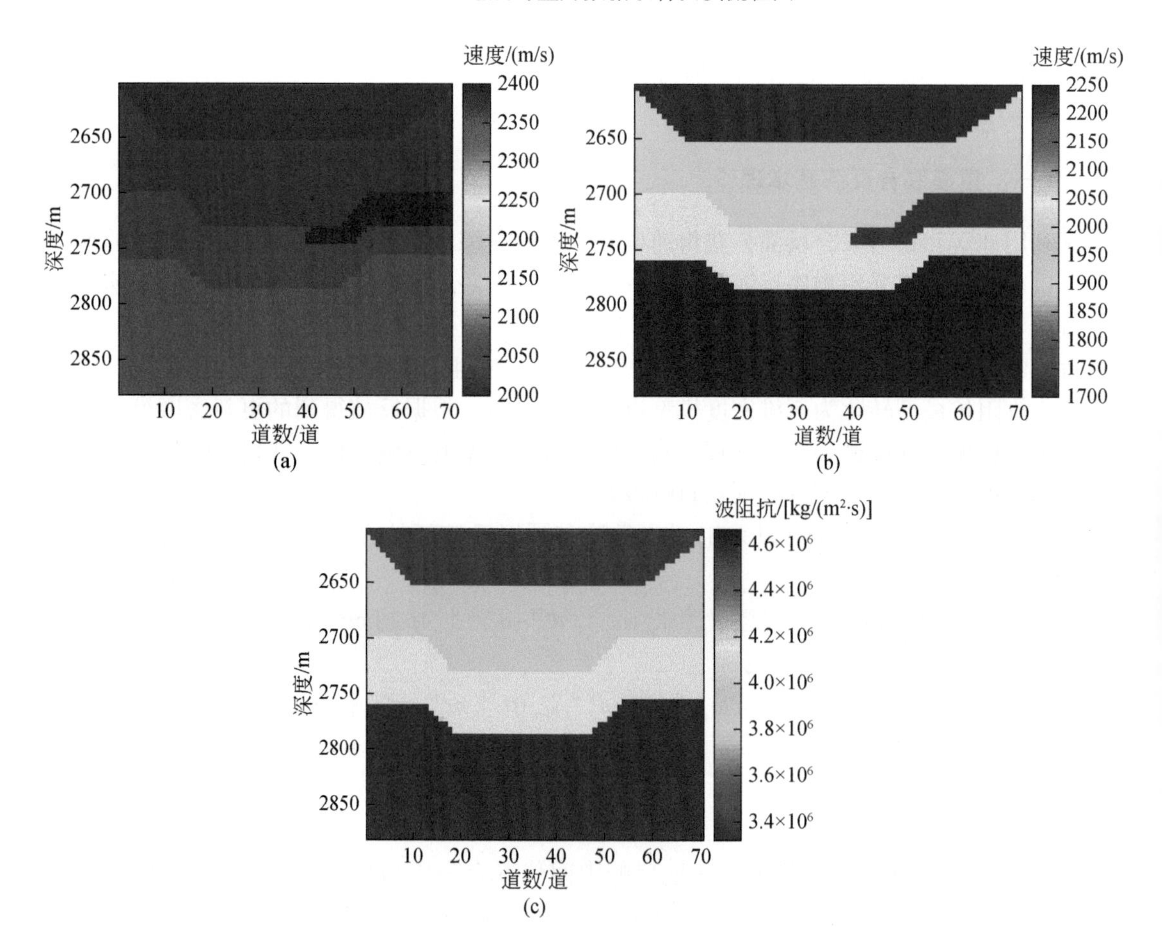

图 4.61　模型参数

（a）速度模型；（b）密度模型；（c）波阻抗模型

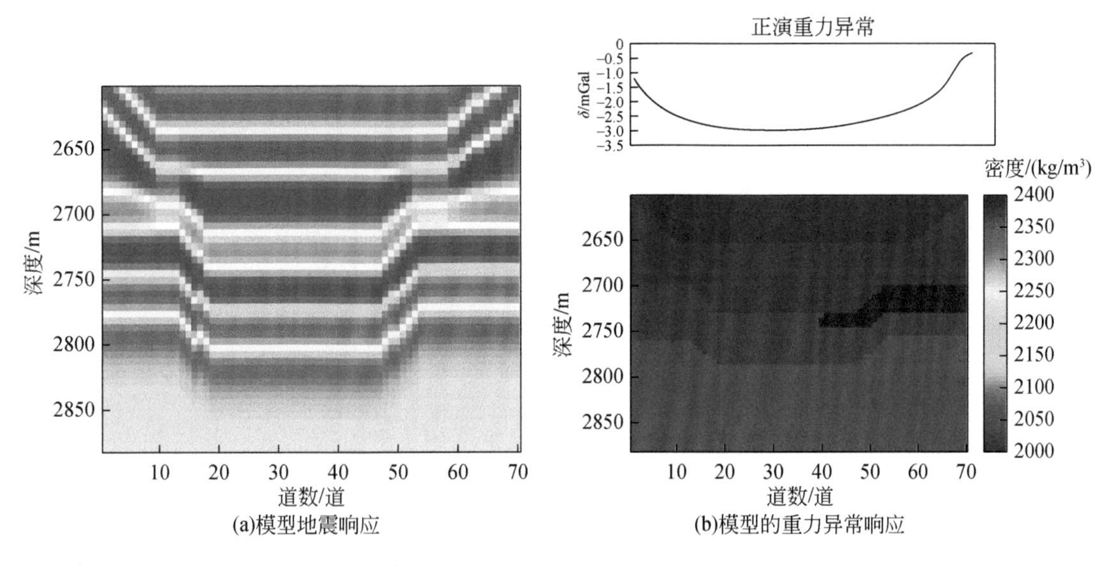

图 4. 62　模型的正演结果

首先分别进行独立的叠后地震反演和重力反演，如图 4. 63 和图 4. 64 所示。将地震反演的波阻抗结果，根据阻抗和密度的岩石物理关系式（$y=4.207\times10^{-5}x+1872$）转换成密度，发现整体地层结构反演结果较好，但是由于中间位置异常体波阻抗差异较小，反演结果无法体现局部异常层信息。从重力反演结果中可以明显看到异常体的大体位置，但是重力反演很难获得精细的地层结构信息。

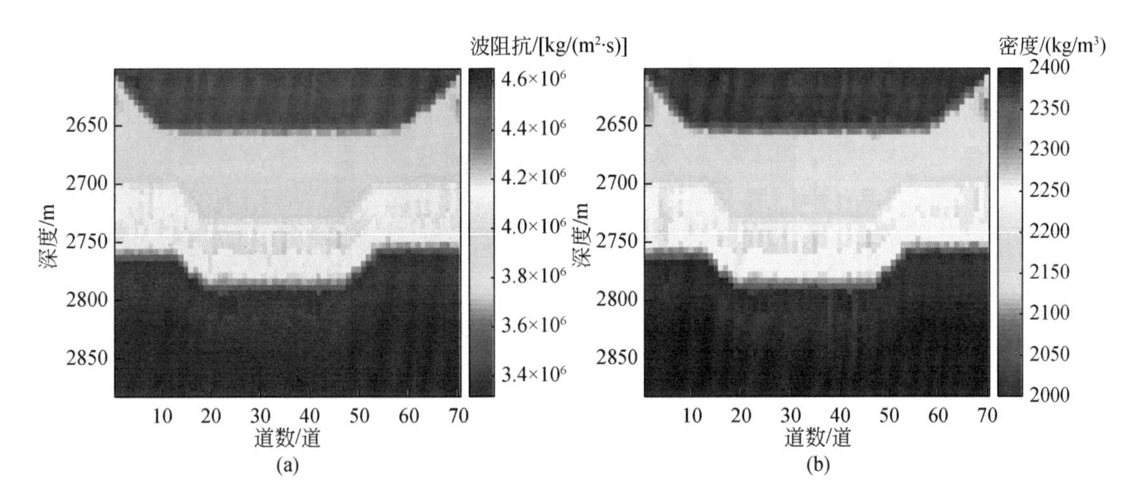

图 4. 63　独立的叠后地震反演和重力反演剖面

（a）地震反演波阻抗；（b）转换的模型密度

采用重震联合反演方法，先利用地震反演，获取波阻抗结构，再利用阻抗-密度经验关系将阻抗模型转化为密度模型后作为初始模型进行重力反演，再根据得到的更新后的密度模型计算阻抗，循环迭代，直至满足各收敛条件，获得优化的密度反演结果（图

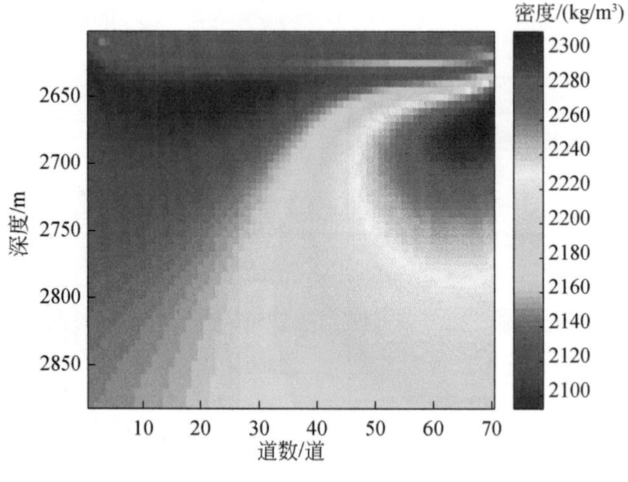

图 4.64　重力反演密度结果

4.65）。可以看出，重震联合反演可以结合不同方法的优势，获得更加准确的地下结构信息。

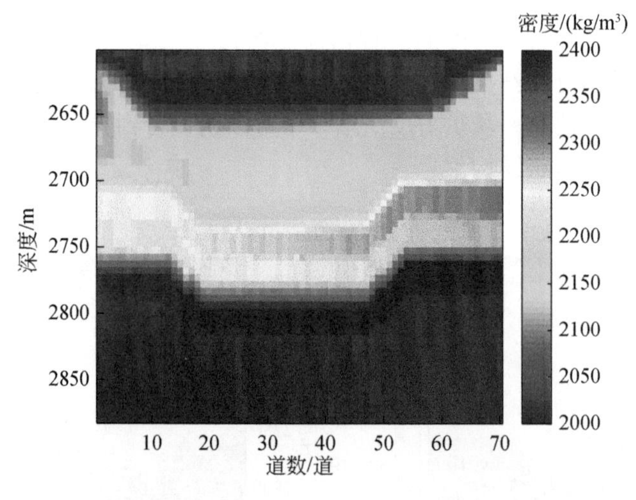

图 4.65　重震联合反演密度结果

（三）华北泗村店实测数据应用

将该方法在华北泗村店重力与地震三维研究区进行了应用，联合反演面积为 50km^2。图 4.66 为研究华北泗村店工区底图，其中绿色框为地震数据范围，紫色框为重力数据范围，从三维反演结果中抽一条过井线（图 4.66 中蓝色线）进行展示。图 4.67 为过井线地震数据。

根据该工区井数据进行岩石物理分析，拟合出适用于该工区的阻抗-密度的关系式（图 4.68）：

$$\rho=c_4\cdot p^4+c_3\cdot p^3+c_2\cdot p^2+c_1\cdot p+c_0$$

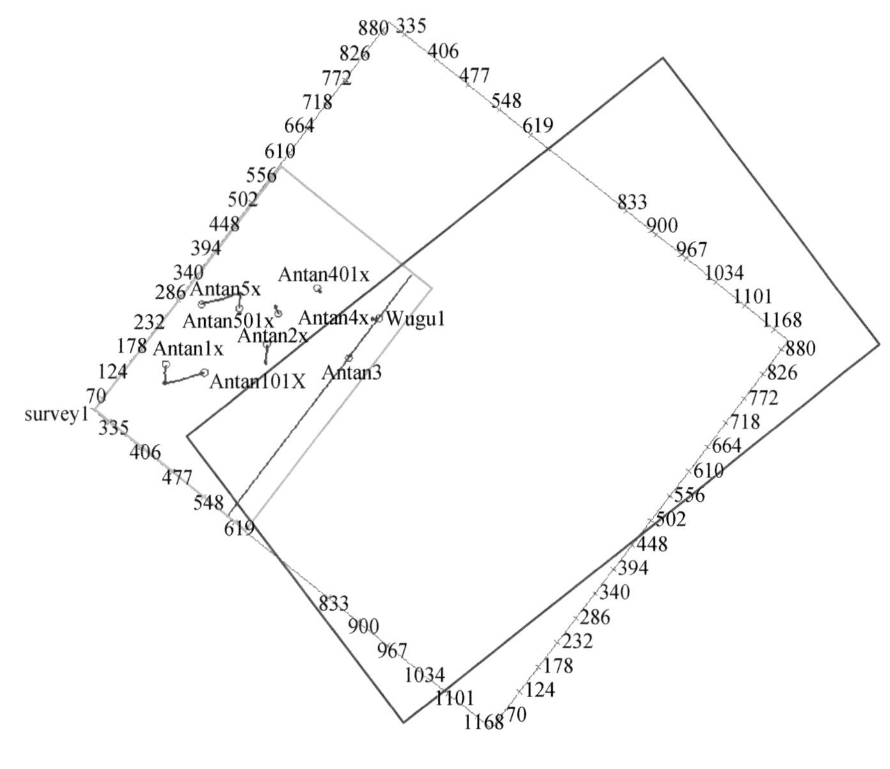

图 4.66　工区底图

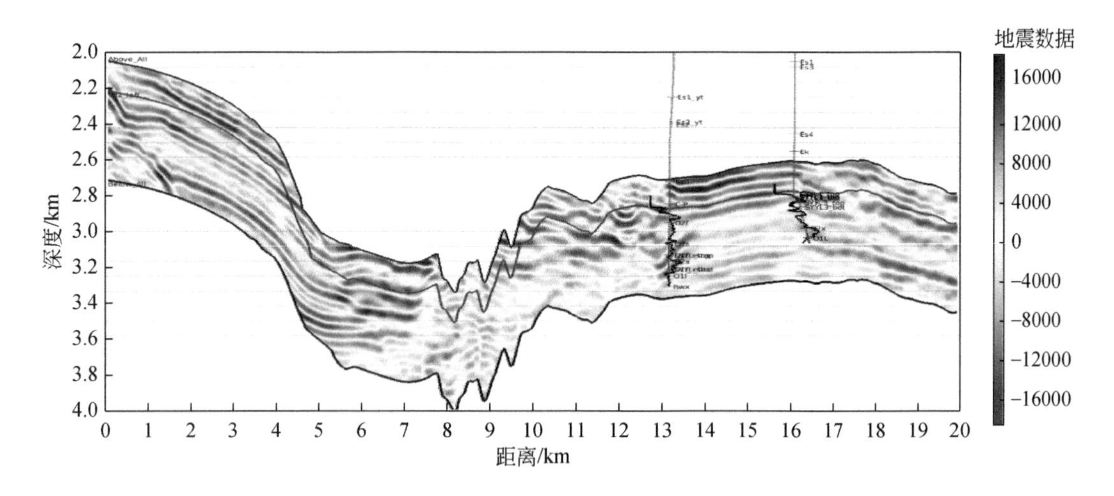

图 4.67　过井线地震数据

式中，ρ 为密度；p 为波阻抗；$c_0 = 1791.67$；$c_1 = -0.000225$；$c_2 = 4.3757\times10^{-11}$；$c_3 = -2.2685\times10^{-18}$；$c_4 = 3.88191\times10^{-26}$。

图 4.69 为单独地震反演结果，在有井控制的区域反演结果与井匹配较好，但在没井控制的区域，整体构造不明显。图 4.70 为单独重力反演结果。众所周知，观测重力

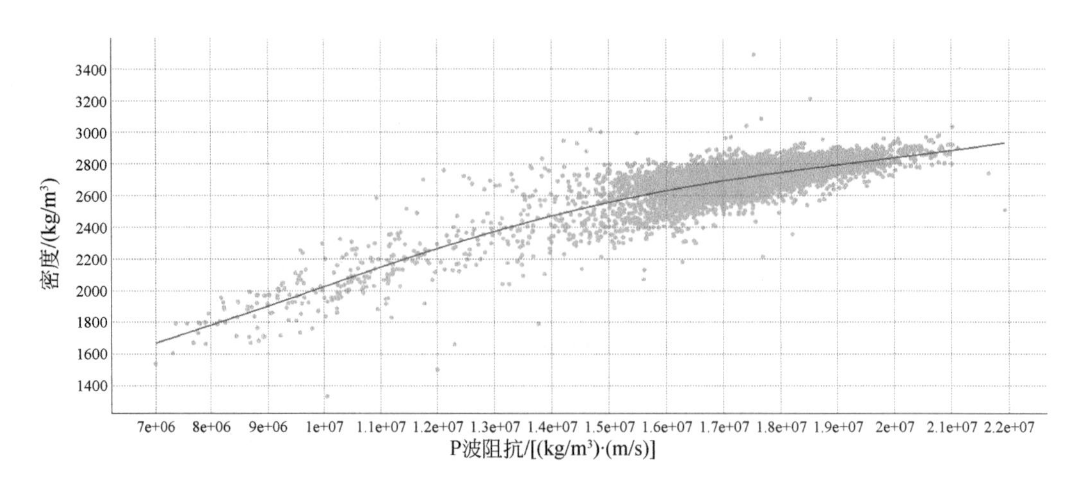

图 4. 68　基于岩石物理分析的阻抗-密度关系

异常是地下各种结构产生异常的叠加，在横向上能较好区分地质体，但纵向分辨率较差，从反演结果也可以看出，单独的重力反演结果纵向分辨率差，但能反映横向上密度变化趋势。

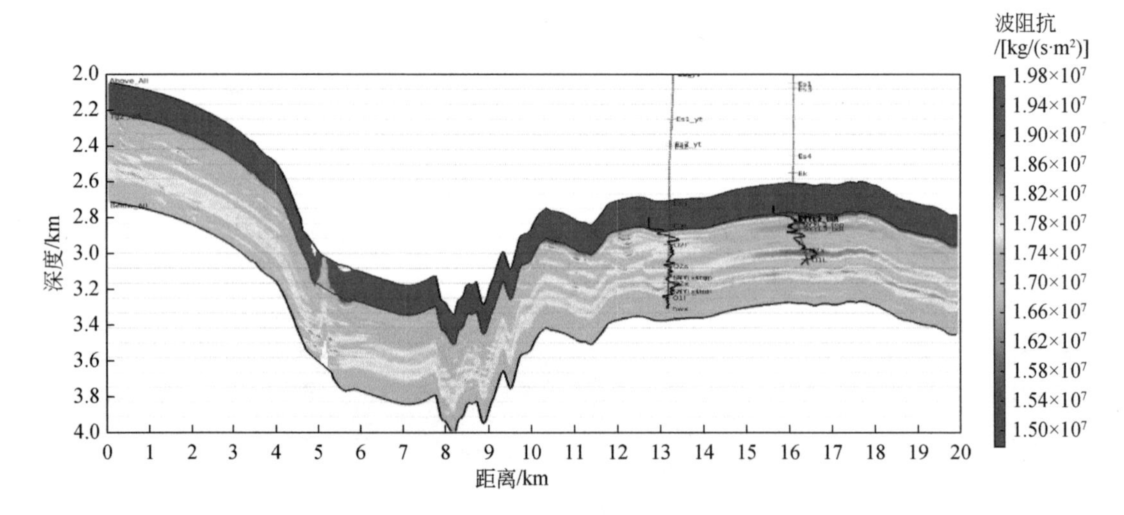

图 4. 69　单独地震反演结果

将单独地震反演结果根据阻抗-密度的关系式转换成密度模型，将其作为重力反演的初始模型，图 4. 71 为更新密度模型后的重力反演结果，相比于单独的重力反演，连续性较好，构造趋势较为清晰。

图 4. 72 为重震联合反演结果，可以看出反演结果与井匹配较好，构造相比于单独反演更为清晰，能够看到横向地质体的变化，能看到断块分布，在没井控制区域，反演结果的整体构造也较为清晰。

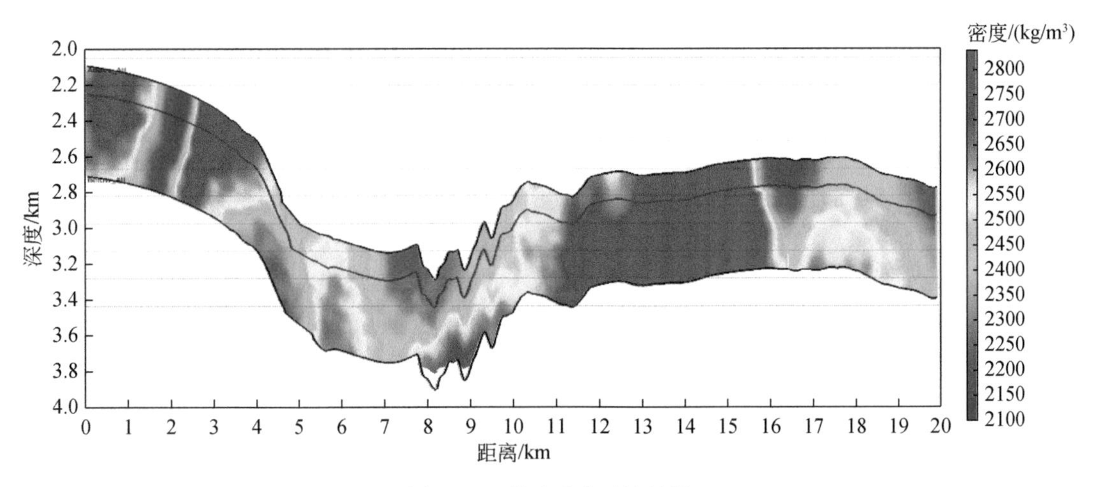

图 4.70　单独重力反演结果

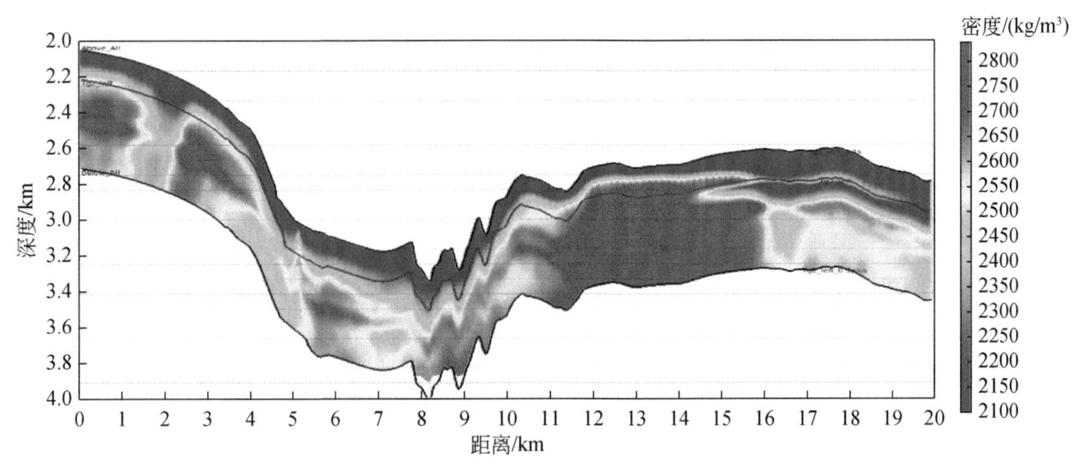

图 4.71　更新密度模型后的重力反演结果

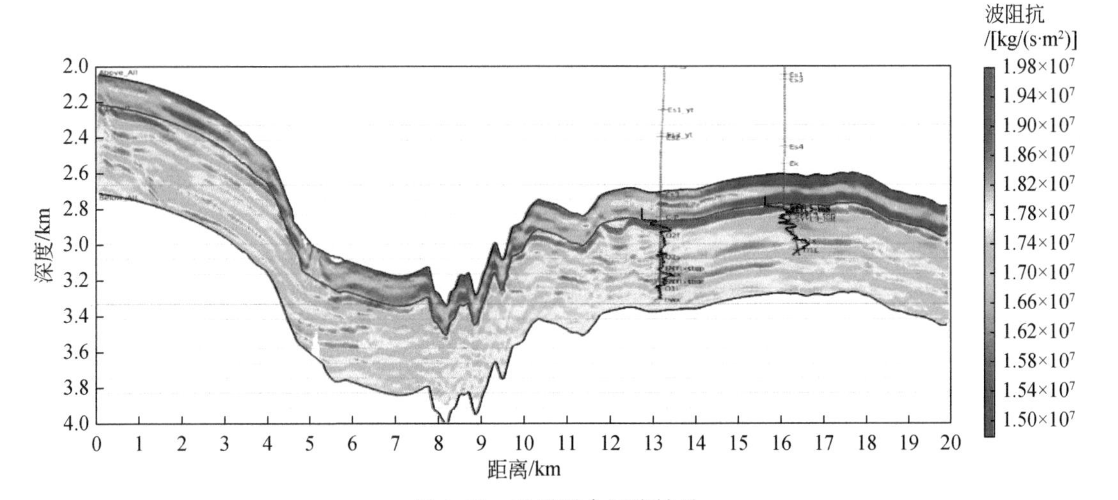

图 4.72　重震联合反演结果

第四节　结　　论

通过本研究，获得以下结论：

（1）基于贝叶斯理论的随机反演需要大量的计算资源和存储空间，计算成本是该方法在实际应用中面临的一个挑战。对于较为简单的基于马尔可夫链蒙特卡罗采样方式进行计算的公式，通常需要数十万至数百万次的正演才能有足够的采样对结果进行解释。目前国内外研究进展中对于随机反演主要集中在一维和二维反演，三维随机反演受限于计算效率，目前难以开展。另外，对于复杂的模型结构，通常需要较多的随机变量，为了获得有效的模型信息，需要相关先验信息作为参考约束才能保证满意的反演效果。因此，重磁电随机联合方法目前只是处于探索阶段，推广应用还有待高并行算法的进一步研发。

（2）基于交叉梯度约束实现了大地电磁和地震全波形资料的二维联合反演算法。多个理论模型合成数据的反演算例表明，联合反演获得的电阻率模型结果优于大地电磁单独反演的结果；联合反演获得的地震波速模型结果也优于地震单独反演的结果。但受限于陆上实测地震资料品质，该方法还未取得实际应用效果。

（3）完成了储层物性关系研究，开展了以地震数据为核心的重力与叠后地震波阻抗联合反演技术研究，为重力与地震联合反演奠定了基础，在华北实测数据应用中已取得较好效果。

不同的重磁电震联合反演方法各具特色，在不同的地区都具有一定的适用性。总体来说，四川、塔里木和华北三大克拉通盆地的重磁电震试验测线结果表明，基于地震数据约束的重磁电联合反演处理技术能有效降低资料解释的多解性，获得深层、超深层的地质信息，提高超深层中新元古界残留盆地分布预测精度和分辨率。

参考文献

高秀鹤，黄大年．2017．基于共轭梯度算法的重力梯度数据三维聚焦反演研究［J］．地球物理学报，60（4）：1571-1583.

韩波，胡祥云，何展翔，等．2012．大地电磁反演方法的数学分类［J］．石油地球物理勘探，47（1）：177-187.

何委徽，王家林，于鹏．2009．地球物理联合反演研究的现状与趋势分析［J］．地球物理学进展，24（2）：530-540.

胡祥云，李焱，杨文采，等．2012．大地电磁三维数据空间反演并行算法研究［J］．地球物理学报，55（12）：3969-3978.

胡祖志．2017．井震约束的大地电磁-重力联合反演研究［D］．武汉：中国地质大学（武汉）．

林昌洪，谭捍东，佟拓．2011．倾子资料三维共轭梯度反演研究［J］．地球物理学报，54（4）：1106-1113.

刘彦，吕庆田，严加永，等．2012．大地电磁与地震联合反演研究现状与展望［J］．地球物理学进展，27（6）：2444-2451.

刘展，于会臻，陈挺．2011．双重约束下的密度反演［J］．中国石油大学学报（自然科学版），35（6）：43-50.

彭淼，谭捍东，姜枚，等.2013. 基于交叉梯度耦合的大地电磁与地震走时资料三维联合反演 [J]. 地球物理学报，56 (8)：2728-2738.
石艳玲，黄文辉，魏强，等.2016. 电磁井震约束反演识别川中深层裂谷 [J]. 石油地球物理勘探，51 (6)：1233-1240.
杨辉，王家林，吴健生，等.2002. 大地电磁与地震资料仿真退火约束联合反演 [J]. 地球物理学报，45 (5)：723-734.
杨文采.2002. 评地球物理反演的发展趋向 [J]. 地学前缘，9 (4)：389-396.
于鹏，王家林，吴健生，等.2007. 重力与地震资料的模拟退火约束联合反演 [J]. 地球物理学报，50 (2)：529-538.
于鹏，戴明刚，王家林，等.2008. 密度和速度随机分布共网格模型的重力与地震联合反演 [J]. 地球物理学报，51 (3)：845-852.
张镕哲，李桐林，邓海，等.2019. 大地电磁、重力、磁法和地震初至波走时的交叉梯度二维联合反演研究 [J]. 地球物理学报，62 (6)：2139-2149.
赵雪宇.2017. 基于光滑 L0 范数紧支撑聚焦的重磁联合反演的研究与应用 [D]. 长春：吉林大学.
周丽芬.2012. 大地电磁与地震数据二维联合反演研究 [D]. 北京：中国地质大学（北京）.
Aki K, Richards P G. 1980. Quantitative Seismology, Theory and Methods [M]. San Francisco, California: Freeman.
Alexander A, Kaufman, George V, et al. 1987. The Magnetotelluric Sounding Method [D]. New York: Elsevier Scientific Publishing Company.
Carcione J M, Ursin B. 2007. Cross-property relations between electrical conductivity and the seismic velocity of rocks [J]. Geophysics, 72 (5): E193-E204.
Chen J, Hoversten G M, Key K, et al. 2012. Stochastic inversion of magnetotelluric data using a sharp boundary parameterization and application to a geothermal site [J]. Geophysics, 77 (4): E265-E279.
Christensen N I, Mooney W D. 1995. Seismic velocity structure and composition of the continental crust: a global view [J]. Journal of Geophysical Research, 100 (B6): 9761-9788.
Colombo D, De Stefano M. 2007. Geophysical modeling via simultaneous joint inversion of seismic, gravity, and electromagnetic data: application to prestack depth imaging [J]. The Leading Edge, 26 (3): 326-331.
Colombo D, Diego R. 2018. Coupling strategies inmultiparameter geophysical joint inversion [J]. Geophysical Journal International, 215: 1171-1184.
Demirci I, Candansayar M E, Soupios P, et al. 2016. Joint inversion of direct current resistivity, radio magnetotelluric and seismic refraction data: its implementation on hydrogeological problems [D]. Ankara: Ankara University.
Doetsch J, Linde N, Binley A. 2010. Structural joint inversion of time-lapse crosshole ERT and GPR traveltime data [J]. Geophysical Research Letters, 37 (24): L24404.
Faust L Y. 1953. A velocity function including lithology variation [J]. Geophysics, 18 (3): 271-288.
Fedi M, Rapolla A. 1999. 3-D inversion of gravity and magnetic data with depth resolution [J]. Geophysics, 64 (2): 452-460.
Fregoso E, Gallardo L A. 2009. Cross-gradients joint 3D inversion with applications to gravity and magnetic data [J]. Geophysics, 74 (4): L31-L42.
Gallardo L A. 2007. Multiple cross-gradient joint inversion for geospectral imaging [J]. Geophysical Research Letters, 34 (19): L19301.
Gallardo L A, Meju M A. 2003. Characterization of heterogeneous near-surface materials by joint 2D inversion of dc

resistivity and seismic data [J] . Geophysical Research Letters, 30 (13): 1658.

Gallardo L A, Meju M A. 2004. Joint two-dimensional DC resistivity and seismic travel time inversion with cross-gradients constraints [J] . Journal of Geophysical Research: Solid Earth, 109 (109): B03311.

Gallardo L A, Meju M A. 2007. Joint two-dimensional cross-gradient imaging of magnetotelluric and seismic traveltime data for structural and lithological classification [J] . Geophysical Journal International, 169 (3): 1261-1272.

Gardner G, Gardner L, Gregory A. 1974. Formation velocity and density: the diagnostic basis for stratigraphic traps [J] . Geophysics, 39 (6): 770-780.

Gassmann F. 1951. Uber die elastizitat poroser medien [J] . Vierteljahrsschrift Naturforschenden Gesellschaft Zurich, 96: 1-23.

Hu W, Abubakar A, Habashy T M. 2009. Joint electromagnetic and seismic inversion using structural constraints [J] . Geophysics, 74 (6): R99-R109.

Moorkamp M, Heincke B, Jegen M, et al. 2011. A framework for 3-D joint inversion of MT, gravity and seismic refraction data [J] . Geophysical Journal International, 184 (1): 477-493.

Operto S, Virieux J, Dessa J X, et al. 2006. Crustal seismic imaging from multifold ocean bottom seismometer data by frequency domain full waveform tomography: application to the eastern Nankai trough [J] . Journal of Geophysical Research, 111 (B9): 1-33.

Pratt R G, Shipp R M. 1999. Seismic waveform inversion in the frequency domain, Part 1: Theory and vertification in a physical scale model [J] . Geophysics, 64 (3): 888-901.

Pratt R G, Shin C, Hicks G J. 1998. Gauss-Newton and full Newton method in frequency domain seismic waveform inversion [J] . Geophysical Journal International, 133 (2): 341-362.

Ravaut C, Operto S, Improta L, et al. 2004. Multi-scale imaging of complex structures from multi-fold wide-aperture seismic data by frequency-domain full-waveform inversion: application to a thrust belt [J] . Geophysical Journal International, 159 (3): 1032-1056.

Shin C, Yoon K G, Marfurt K J, et al. 2001. Efficient calculation of a partial derivative wavefield using reciprocity for seismic imaging and inversion [J] . Geophysics, 66 (6): 1856-1863.

Song Z M, Willianson P R, Pratt R G. 1995. Frequency-domain acoustic-wave modeling and inversion of crosshole data: Part Ⅱ: Inversion method, synthetic experiments and real-data results [J] . Geophysics, 60 (3): 796-809.

Sun J, Li Y. 2015. Multidomain petrophysically constrained inversion and geology differentiation using guided fuzzy c-means clustering [J] . Geophysics, 80 (4): ID1-ID18.

Tang J T, Ren Z Y, Hua X R. 2007. Theoretical analysis of geo-electromagnetic modeling on Coulomb gauged potentials by adaptive finite element method [J] . Chinese Journal of Geophysics, 50 (5): 1349-1364.

Tikhonov A N, Arsenin V Y. 1977. Solutions of Ill-posed Problems [D] . New York: Halsted Press.

Vozoff K, Jupp D L B. 1975. Joint inversion of geophysical data [J] . Geophysical Journal of the Royal Astronomical Society, 42 (3): 977-991.

Waxman M H, Smits L J M. 1968. Electrical conductivities in oil-bearing shaly sands [J] . Society of Petroleum Engineers Journal, 8 (2) : 107-122.

Zhdanov M S. 2002. Geophysical inverse theory and regularization problems [M] . Amsterdam: Elsevier Science.

Zhdanov M S, Fang S, Gabor H. 2000. Electromagnetic inversion using quasi-linear approximation [J]. Geophysics, 65 (5): 1501-1513.

第五章　复杂超深层弱反射信号高精度地震成像技术

第一节　深层弱信号提高信噪比技术

一、变分模态分解地震信号去噪方法

（一）模态分解基本原理

在地震勘探中，受地下介质结构复杂以及人工、环境和地质条件等因素的影响，采集的地震信号不可避免地混入噪声。特别是超深层，由于传播距离长、衰减严重、深层界面反射系数小、有效反射信号能量弱，噪声的影响更为显著，直接影响到参数提取的精度以及提高地震成像分辨率的能力，因此有效压制噪声具有重要意义。

经验模态分解（empirical mode decomposition，EMD）因其不需要预设基函数，能够自适应处理信号，被广泛应用于各个领域，在地震信号处理方面可以自适应压制地震数据中的噪声，提升信噪比（signal to noise ratio，SNR）。但 EMD 方法存在模态混叠和端点效应等不足，导致其分解结果不稳定、不唯一。集合经验模态分解和完备集合经验模态分解能在一定程度上缓解模态混叠问题，但同时也极大增加了计算量，且端点效应问题仍然存在（Qin et al.，2017）。

集合经验模态分解（ensemble empirical mode decomposition，EEMD）通过加入白噪声进行辅助，在一定程度上解决了 EMD 的模态混叠问题，但是加入的辅助白噪声会引入噪声残余问题。针对 EEMD 存在的问题，完备集合经验模态分解（complete ensemble empirical mode decomposition，CEEMD）通过加入互补的白噪声解决了噪声的残余问题。EMD 是通过递归方法进行求解，运算效率低，EEMD 以及 CEEMD 虽然解决了 EMD 的模态混叠问题，但是运算量进一步加大，在工程中运用存在一定的限制（Lu，2016）。

2014 年，Dragomiretskiy 等提出了基于非递归式分解方法变分模态（variational mode decomposition，VMD）。其通过在频域非递归迭代的信号分解方法，构建变分问题将分解过程转移到变分框架内，并求解相应的变分问题自适应地完成信号分解，大大降低了模态混叠和端点效应的影响，而且运算效率能够明显提升（温志平，2018）。

变分模态分解是将信号 f 分解为有限个具有限定带宽的模态函数 $u_k(t)$，每个模态函数围绕在该模态的中心频率 ω_k 附近，变分问题的解对应的带宽之和最小。变分模态分解模型的构建步骤如下。

对每个模态分量进行希尔伯特（Hilbert）变换：

$$\left[\delta(t)+\frac{\mathrm{j}}{\pi t}\right]*u_k(t) \tag{5.1}$$

式中，$\delta(t)$ 为冲击函数；j 为虚数单位；$u_k(t)$ 为第 k 个模态分量。

对每个模态预设一个中心频率，将各模态得到的解析信号频谱通过移频的方式移到基带上：

$$\left[\left[\delta(t)+\frac{\mathrm{j}}{\pi t}\right]*u_k(t)\right]*\mathrm{e}^{-\mathrm{j}\omega_k t} \tag{5.2}$$

式中，ω_k 为第 k 个模态预设的中心频率。

计算解调信号梯度的范数，估计出各频带的带宽：

$$\begin{cases}\min\limits_{\{u_k\},\{\omega_k\}}\left\{\sum\limits_k \left\|\partial_t\left[\left[\delta(t)+\frac{\mathrm{j}}{\pi t}\right]*u_k(t)\right]*\mathrm{e}^{-\mathrm{j}\omega_k t}\right\|^2\right\}\\ \mathrm{s.t.}\ \sum\limits_k u_k=f\end{cases} \tag{5.3}$$

其中，$\{u_k\}$ 等同于 $\{u_1\cdots u_k\}$，$\{\omega_k\}$ 等同于 $\{\omega_1\cdots\omega_k\}$，$f$ 表示原信号。

式（5.3）即为构建的变分模型，求解变分模型的步骤如下。

引入二次惩罚因子 α 和拉格朗日乘法算子 $\lambda(t)$，将约束变分问题转化为无约束变分问题，其表达式如下：

$$L(\{u_k\},\{w_k\},\lambda)=\alpha\sum_k\left\|\partial_t\left[\left[\delta(t)+\frac{\mathrm{j}}{\pi t}\right]*u_k(t)\right]*\mathrm{e}^{-\mathrm{j}w_k t}\right\|^2+\left\|f(t)-\sum_k u_k(t)\right\|^2+\left\langle\lambda(t),f(t)-\sum_k u_k(t)\right\rangle \tag{5.4}$$

VMD 地震数据去噪效果严重依赖于模态分量个数 K 的设置。目前主要通过人为主观设置模态分量个数，具有偶然性和随机性。并且和经验模态分解类似，分解后的模态中有若干个模态分为包含有效信息的有效模态和包含噪声的噪声模态，有效模态选取是否恰当也会影响去噪效果。因此分解模态数目的选择与有效模态的选取是 VMD 地震数据降噪处理的关键。

（二）变分模态分解去噪的实现

目前 VMD 参数大都依赖经验选取，结果具有较大随机性和偶然性。使用估计信噪比作为评价参数，自适应地优化 VMD 的参数分解和有效模态选取过程，以改善地震数据去噪效果。基于信噪比进行变分模态分解敏感参数优化是实际数据中应用的重要方法，具体步骤如下。

（1）设置参数，首先设置初始分解模态数目 $K_0=0$，含噪信号估计的参考信噪比为 $\mathrm{F\text{-}SNR_0}$。

（2）确定 K 的范围，VMD 的分量个数至少应为 2，故 K 的下限取为 2；EMD 分解时产生模态混叠且存在残余分量，其上限值应为 EMD 分解模态分量个数 K_{EMD}。故 K 的取值范围为 $[2, K_{\mathrm{EMD}}]$。

（3）在取值范围内选取 K 值，使用 VMD 方法分解地震数据得到 K 个模态，使用频域奇异值分解方法求取模态估计信噪比 $\mathrm{F\text{-}SNR_{mode}}$。当 $\mathrm{F\text{-}SNR_{mode}}>0$ 时该模态中的有效信号能量强于噪声能量，故将该模态作为有效模态；当 $F\text{-}SNR_{mode}<0$ 时该模态中的噪声能量强于有效信号能量，故将该模态作为噪声模态。将有效模态叠加得到重构信号，使用频域奇异值分解方法求取重构信号估计信噪比 F-SNR，并与 $F\text{-}SNR_0$ 进行比较。若 $F\text{-}SNR>F\text{-}SNR_0$，则 $F\text{-}SNR_0=F\text{-}SNR$，$K_0=K$；否则 K_0 和 $F\text{-}SNR_0$ 均保持不变。

（4）遍历取值范围内的 K 值后迭代更新 K_0。

（5）使用 K_0 对地震数据进行 VMD 分解重构，重构结果即为基于估计信噪比的变分模态分解参数优化方法的去噪结果。

基于 VMD 参数优化的地震数据去噪流程如图 5.1 所示。

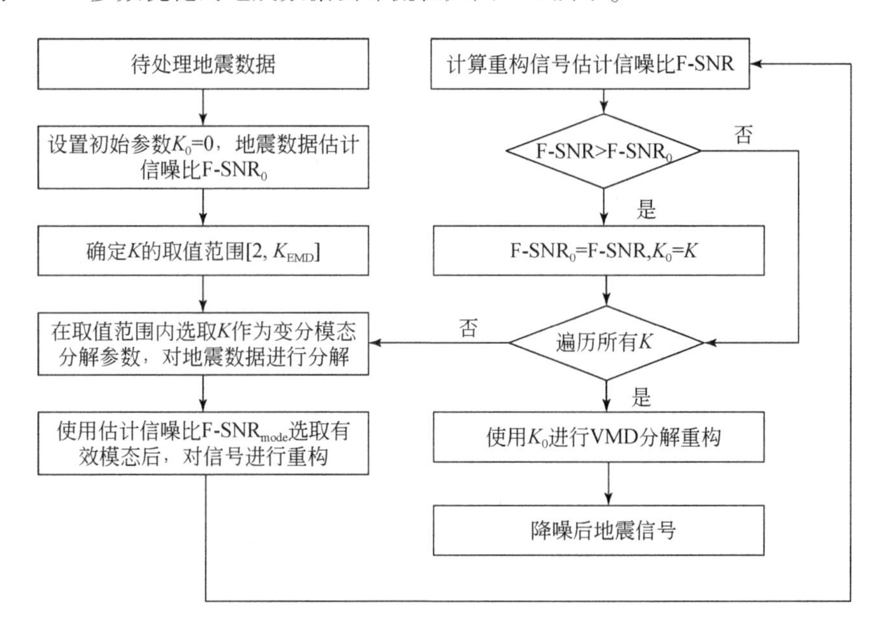

图 5.1　VMD 参数优化的流程图

合成数据试验验证了方法的有效性。该模型数据包含 1000 道，每道含 1000 个采样点，采样间隔 2ms。原始合成数据如图 5.2（a）所示，加入随机噪声后数据如图 5.2（b）所示。

EMD 分解模态数目为 12 个，故参数搜索范围为［2，12］。使用本方法进行搜索筛选，得到最优分解模态数 $K=4$，再使用 $K=4$ 对地震数据进行 VMD 分解重构，结果如图 5.2（c）所示，其差剖面如图 5.2（d）所示。比较图 5.2（b）、（c）可以看出，处理后噪声明显减小，有效信号得以凸显；由图 5.2（d）看出，差剖面中仅包含噪声，不含同相轴信息，说明本方法可以在有效压制地震信号噪声的同时完整保留有效地质信息。

为了验证本方法的优越性，同时使用小波阈值去噪方法及 EMD 去噪方法进行对比试验。结果如图 5.2（e）所示，其差剖面如图 5.2（f）所示。EMD 去噪通过对信号的 EMD 分解选取包含有效信息的模态进行重构，得到结果如图 5.2（g）所示，其差剖面如图 5.2（h）所示。可以看出，小波分析和 EMD 均有一定的去噪效果，但仍有部分噪声无法去除。

综上可得，参数优化的 VMD 相较小波变换及 EMD 方法能够在进一步压制噪声的同时完整保留有效信息，提高地震数据的信噪比。

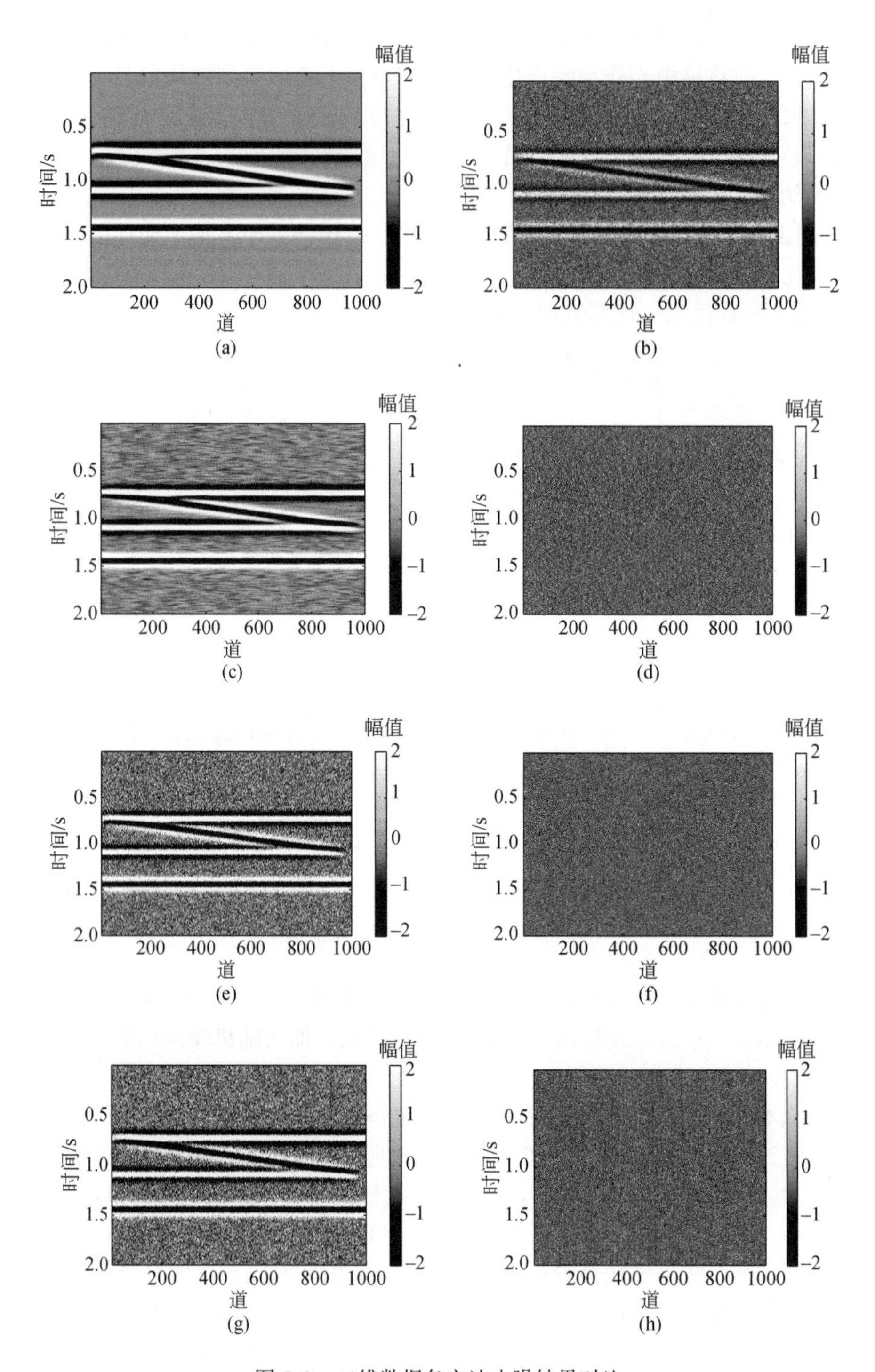

图 5.2 二维数据各方法去噪结果对比

（a）原始地震剖面；（b）含噪地震剖面；（c）VMD 去噪结果；（d）VMD 差剖面；（e）小波去噪结果；（f）小波差剖面；（g）EMD 去噪结果；（h）EMD 差剖面

为避免主观判断去噪效果可能出现的偏差，通过计算信噪比、互相关系数和均方根误差对去噪效果进行量化分析，结果如表 5.1 所示。由表 5.1 可以得出，与含噪地震剖面相比，EMD 方法信噪比提升了 7.8860dB，小波方法信噪比提升了 8.5187dB，而本方法信噪比提升了 16.6741dB；EMD 方法均方根误差降低了 1.8854，占总误差的 59.66%，小波方法均方根误差降低了 1.9749，占总误差的 62.50%，而本方法均方根误差降低了 2.6966，占总误差的 85.34%；EMD 方法互相关系数提升了 0.2933，占含噪数据互相关系数误差的 68.40%，小波方法相关系数提升了 0.3091，占含噪数据互相关系数误差的 72.08%，而本方法相关系数提升了 0.4071，占含噪数据互相关系数误差的 94.94%。评价指标定量分析结果表明，小波分析、EMD 和参数优化的 VMD 方法均能压制地震信号中的噪声，但参数优化的 VMD 方法压制噪声效果最好。

表 5.1　二维数据处理结果的评价指标

数据	实际信噪比/dB	均方根误差	互相关系数
含噪数据	−3.1498	3.1600	0.5712
小波方法结果	5.3689	1.1851	0.8803
EMD 方法结果	4.7362	1.2746	0.8645
VMD 方法结果	13.5243	0.4634	0.9783

实际地震数据不同方法的去噪效果对比如图 5.3 所示。

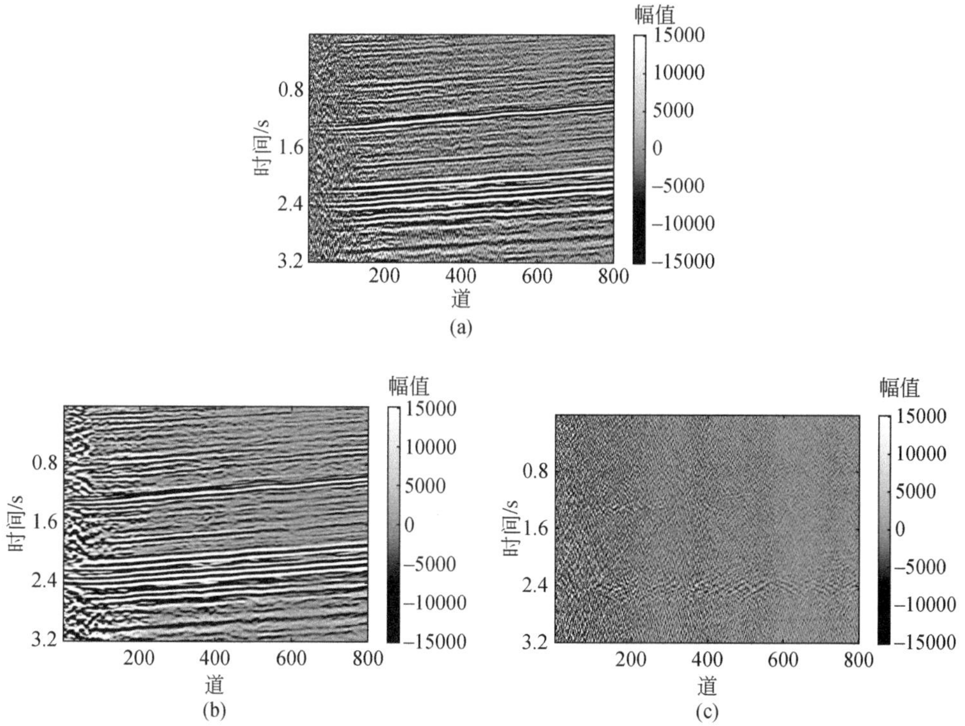

(a)

(b)

(c)

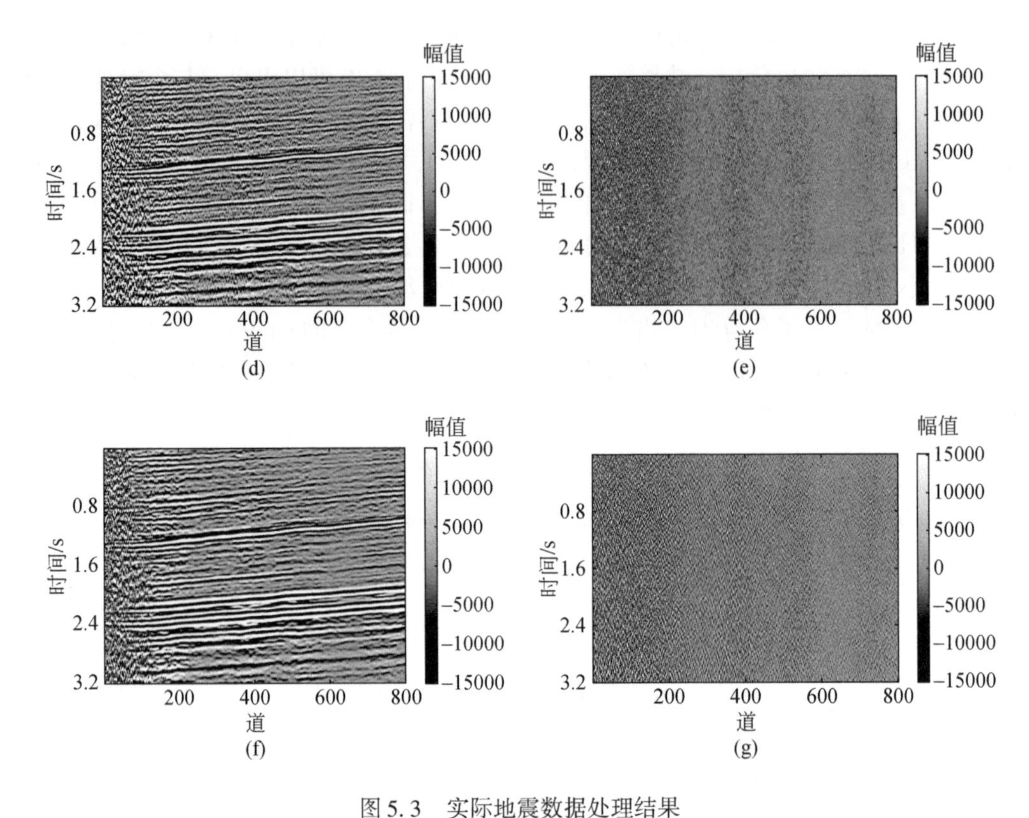

图 5.3　实际地震数据处理结果

（a）原始地震记录；（b）VMD 去噪结果；（c）VMD 差剖面；（d）小波去噪结果；（e）小波差剖面；（f）EMD 去噪结果；（g）EMD 差剖面

设 EMD 分解的 K 值为 10，利用本方法在［2，10］范围内对 K 进行筛选搜索，求得最优 K 值为 5，使用 $K=5$ 对地震数据进行 VMD 分解重构，如图 5.3（b）所示，差剖面如图 5.3（c）所示。对比图 5.3（a）、（b）可以看出，实际地震数据中的噪声被去除，有效信号得以保留，去噪效果明显，显著提高了信号的信噪比。

通过小波阈值去噪方法处理的结果如图 5.3（d）所示，差剖面如图 5.3（e）所示；通过 EMD 方法处理的结果如图 5.3（f）所示，差剖面如图 5.3（g）所示。参数优化的 VMD 方法的整体噪声压制效果明显优于上述两种方法，去除的噪声中不含有效信息。

二、基于多分辨奇异值分解的地震信号去噪方法

（一）多分辨奇异值分解算法

多分辨奇异值分解（MRSVD）是在奇异值分解的基础上，使用了矩阵二分递推结构的思想，将复杂信号分解到不同层次子空间。该方法目前在机械振动领域的噪声检测已有成功的应用。从原理上讲，该方法对于地震信号去除噪声也能很好地应用，它能够自适应、自动识别不同地震信号中的噪声（黄翔，2017；卢秋月，2016）。本章首先介绍矩阵

二分递归构造原理，然后给出多分辨奇异值分解的分解方式及去噪原理，最后提出基于MRSVD的噪声压制算法并给出例证。

1. 矩阵二分递推构造原理

首先对一维信号 $X=[x_1, \cdots, x_n]$ 构造二维Hankel矩阵如下：

$$H=\begin{pmatrix} x_1, x_2, \cdots, x_{N-1} \\ x_2, x_3, \cdots, x_N \end{pmatrix} \tag{5.5}$$

由奇异值分解的定义可得：对二维汉克尔（Hankel）矩阵进行奇异值分解有且仅有两个奇异值，并且第一个奇异值大，而第二个奇异值小。第一个奇异值大，其重构信号占据原信号的主要成分，称之为近似分量，记为 A_j，相应的奇异值称为近似奇异值，用 σ_{aj} 表示；第二个奇异值小，其重构信号对信号的贡献较小，称之为细节分量，记为 D_j，相应的奇异值称为细节奇异值，用 σ_{dj} 表示。

对重构所得的 A_j 重复上述步骤，逐层进行分解，就可将地震信号分解为一系列SVD细节信号和近似信号。

2. 多分辨奇异值分解的分解算法

设对一维信号 X 已进行了 $j-1$ 次分解，得到第 $j-1$ 个近似分量 A_{j-1}，记为 $A_{j-1}=(a_{j-1,1}, a_{j-1,2}, \cdots, a_{j-1,N})$，式中 N 为信号长度，利用 A_{j-1} 构造矩阵二维Hankel矩阵如下：

$$H_j=\begin{pmatrix} a_{j-1,1}, a_{j-1,2}, \cdots, a_{j-1,N-1} \\ a_{j-1,2}, a_{j-1,3}, \cdots, a_{j-1,N} \end{pmatrix} \tag{5.6}$$

对 H_j 进行SVD处理，得到：

$$H_j = U_j \Sigma_j V_j^{\mathrm{T}}$$

式中，$U_j=(U_{j1}, U_{j2})$，$U_j \in R_{2\times 2}$，$V_j=(V_{j1}, V_{j2}, \cdots, V_{j(N-1)})$，$U_j \in R_{(N-1)\times(N-1)}$，$U_j$ 和 V_j 分别为第 j 次分解的左右正交矩阵，而对角阵 $\Sigma_j=(\mathrm{diag}(\sigma_{aj}, \sigma_{dj}))$，$\Sigma_j \in R_{2\times(N-1)}$，其中 σ_{aj} 和 σ_{dj} 分别为第 j 次分解的近似奇异值和细节奇异值。

将式（5.6）改成用列向量 U_{ji} 和 V_{ji} 表示的形式：

$$H_j=\sigma_{aj} u_{j1} v_{j1}^{\mathrm{T}} + \sigma_{dj} u_{j2} v_{j2}^{\mathrm{T}} \tag{5.7}$$

式中，$U_{ji} \in R_{2\times 1}$，$V_{ji} \in R_{(N-1)\times 1}$，$i=1, 2$。

令 $H_{aj}=\sigma_{aj} u_{j1} v_{j1}^{\mathrm{T}}$，该矩阵是大奇异值对应的信号主体部分，称其为近似矩阵；$H_{dj}=\sigma_{aj} u_{j1} v_{j1}^{\mathrm{T}}$，该矩阵是小奇异值对应的信号细节部分，称其为细节矩阵；第 j 次的近似信号 A_j 和细节信号 D_j 就是分别从这两个矩阵获得。

再将近似信号 A_j 构造Hankel矩阵 H_{j+1}，如上处理，就可以将原始信号分解为一系列SVD近似分量和细节分量。

（二）多分辨奇异值分解地震数据去噪实现

假设地震数据信号 $x(i)$ 都可表示为

$$x(i)=s(i)+n(i), \quad i=1,2,\cdots,N \tag{5.8}$$

式中，$s(i)$ 为有效信号；$n(i)$ 为噪声信号；N 为信号长度。

则 $x(i)$ 构造的 Hankel 矩阵 H 可表示为

$$H=H_s+H_n$$

式中，H_s 和 H_n 分别为 $s(i)$ 和 $n(i)$ 所构造的 Hankel 矩阵。

Hankel 矩阵有以下特点：下一行向量比上一行向量仅滞后 1 个数据点。在 MRSVD 中，Hankel 矩阵的行数为 2，因此地质信号所构造的 Hankel 矩阵的两个行向量将高度相关，矩阵的秩为 1。根据奇异值分解理论，数值秩是由非零奇异值（大于 ε）的个数确定的。因此在多分辨 SVD 中，对于有效信号而言，它的两个奇异值可表示为

$$\sigma(H_s)=(\sigma_s,\varepsilon)$$

式中，ε 为很小的正数，而 $\sigma_s \gg \varepsilon$，可见有效信号的能量主要集中在第一个奇异值中。

噪声由于其随机分布的特点，尽管下一行向量比上一行向量仅滞后一位，但是两行矢量不相关，矩阵的秩为 2，两个奇异值是均匀的，可表示为 $\sigma(H_n)=(\sigma_n,\sigma_n)$。

对于 $A+B$ 的奇异值，有

$$\sigma_i(A+B)\leqslant\sigma_i(A)+\sigma_i(B)$$

式中，下标 i 为奇异值矢量中的第 i 个奇异值。

故对于含噪信号 $x(i)$ 构造的 Hankel 矩阵 H，其奇异值满足：

$$\sigma_i(H)\leqslant(\sigma_s+\sigma_n,\sigma_n+\varepsilon)$$

而当矩阵行数很小时，近似有

$$\sigma_i(H)\approx(\sigma_s+\sigma_n,\sigma_n+\varepsilon) \tag{5.9}$$

从式（5.9）中可以看出，在多分辨奇异值分解中，每分解一次减少一半噪声，而有效信号只有微量被去除，当分解到一定层次的时候，保留下来的近似分量基本就是有效信号，从而达到噪声压制的目的。

利用改进 MRSVD 进行地震噪声压制处理是按整个二维剖面进行处理，其具体流程如下：

（1）将二维地震剖面 $X=\begin{bmatrix} x_{1,1} & \cdots & x_{1,n} \\ \vdots & & \vdots \\ x_{m,1} & \cdots & x_{m,n} \end{bmatrix}$ 变换为一维信号

$$X_1=[x_{1,1}\quad x_{1,2}\quad \cdots \quad x_{1,m}\quad x_{2,1}\quad x_{2,2}\quad \cdots \quad x_{2,n}\quad \cdots \quad x_{m,n}]^{\mathrm{T}}$$

（2）对地震信号 X_1 构造二维 Hankel 矩阵 H，对矩阵 H 进行多分辨奇异值分解，得到近似分量 A_j 和细节分量 D_j；

（3）计算近似分量 A_j 与地震信号 X_1 的相关系数 MR_j，若 $MR_j>MR_{j-1}$（$j=1$，2，3，…），则进行下一层分解；若 $MR_j<MR_{j-1}$（$j=1$，2，3，…）则停止分解，记 A_{j-1} 为 A；

（4）将 A 按步骤（1）的数据顺序反变换重构为 MRSVD 结果。

图 5.4 为多分辨奇异值分解方法在合成数据上的试验结果。图 5.4（a）包含线性连续同相轴、弯曲连续同相轴、线性间断同相轴、断层共 4 种有效信号特征；加入噪声后如图 5.4（b）所示，使用 MRSVD 对含噪剖面进行处理，其处理结果如图 5.4（c）所示，去除的噪声如图 5.4（d）所示。

由图 5.4（b）和图 5.4（c）对比可以看出线性连续同相轴、弯曲连续同相轴、线性间断同相轴、断层等四种地质特征信息得到明显加强，由图 5.4（d）可以看出去除的噪

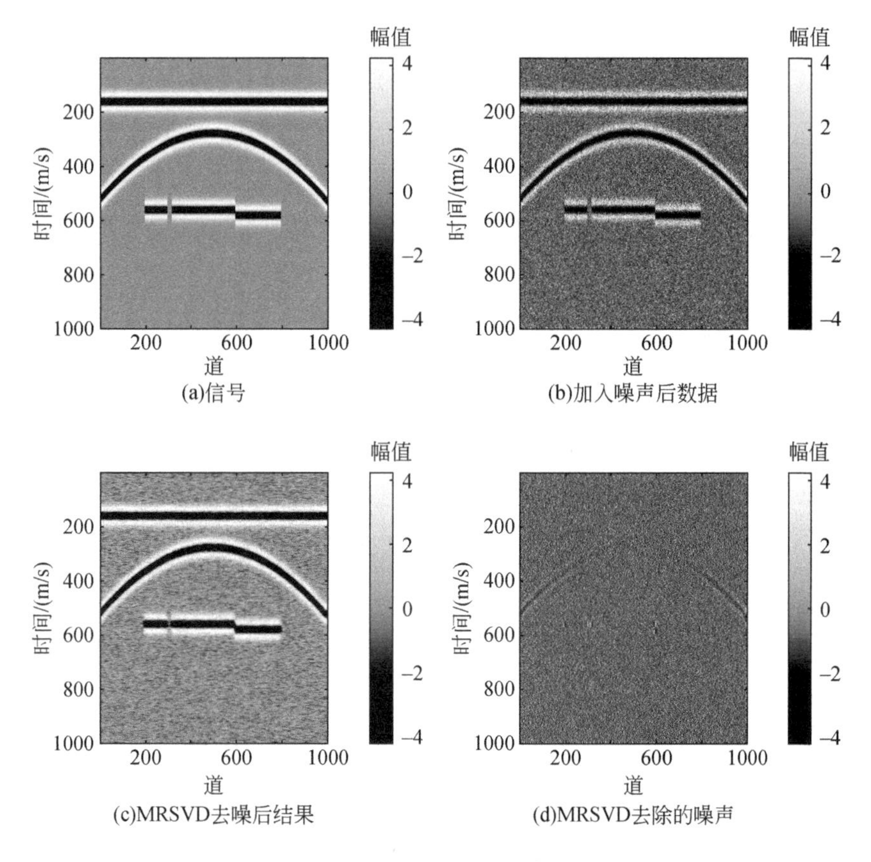

图 5.4　MRSVD 处理结果

声中不含有效地质信息，可以看出 MRSVD 方法能自动识别并分离含噪剖面中的有效地质特征信息和噪声，增强有效反射信息，压制噪声。

图 5.5 为实际数据处理结果图，(a) 中包含了不同类型的有效反射信息和信号特征，整体上随机干扰特征明显，深层反射信号能量弱，特征不突出。使用 MRSVD 进行处理的结果如图 5.5 (b) 所示，可以看到去噪后，随机噪声压制得较好，有效反射信号能量得到很大提升，波组关系清楚，反射信息真实可靠。

三、基于压缩感知的地震波场重构与噪声压制

(一) 压缩感知与信号稀疏表征

早在 1981 年，Larner 和 Rothman 就对不完整地震道恢复和野外地震数据采集设计进行了深入的讨论和研究。自此之后，众多学者对该类技术进行了更深入的研究和讨论。一般来说，地震数据重建方法可以归纳为三类，即基于滤波器的策略、采用波场算子的方法以及基于某种变换的重建技术。

根据传统的 Shannon/Nyquist 采样理论，只有当采样频率不低于最大频率的两倍时，

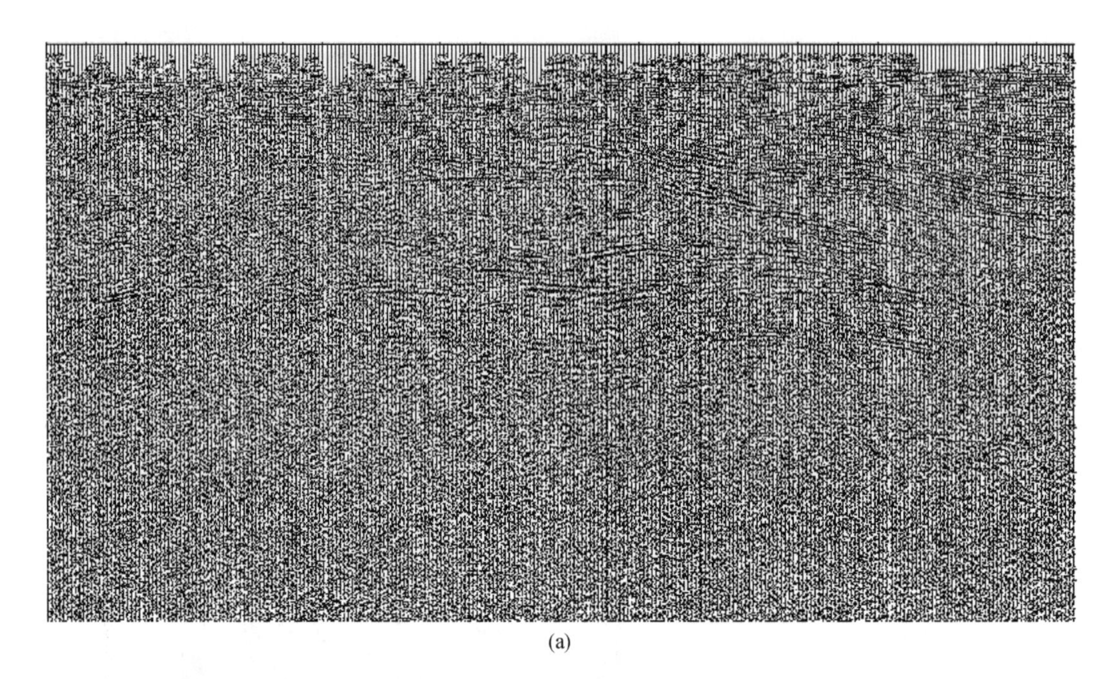

(a)

(b)

图 5.5　实际地震数据处理结果图

(a) 实际叠后数据；(b) MRSVD 处理结果

才能实现不完整数据的较理想重建，否则，将会出现假频现象。然而在实际中，一方面为了获得高质量的恢复效果，我们希望所拥有的数据越多越好；另一方面由于采集的原因，我们得到的数据很不完整，或者出于经济成本方面的考虑，希望能尽可能少地布置炮点和接收点。这两者之间似乎存在不可调和的矛盾。如果我们能利用很少的数据就可以重建出所有的数据，将会具有重要意义。这种利用极少数据来恢复全部数据的问题，从信息重建的地球物理反演角度来说，显然是欠定的，在数学上很难求解。

而压缩感知理论（compressive sensing，CS）（Candes and Wakin，2008）给了我们新的启发。该方法指出如果待处理的数据是稀疏的，再配以合适的采样方法，即使只有极少的不完整数据，或采样比率或者平均采样间隔低于 Nyquist 采样定理所要求的极限，也有可能恢复出满足一定精度要求的完整数据。其要求就是要满足三个前提条件：一是待处理的对象是稀疏或可压缩的，或者至少在某个变换域内满足此条件；二是采用随机采样方法，将可能存在的假频混淆现象转化为相对幅值较小的噪声而滤除；三是通过一定的稀疏促进求解策略来求解该问题。

压缩感知理论是对传统的编码解码思想的重要突破。如在图 5.6（a）所示的传统编解码方法中，信号的采样频率必须满足 Nyquist 定理的要求，而且经过变换后大量小系数被丢掉，造成存储和传输资源的浪费，信号的细节也容易丢失。而 CS 理论框架下的编码解码方法跟传统的不同，如图 5.6（b）所示。它利用目标数据的稀疏特性和可压缩性，每次测量值都代表着所有样本的部分信息的组合，因而可以用极低的采样频率或采样比率来测量和采集数据。在解码重构阶段也不再是简单的求逆，而是通过稀疏促进的策略，在概率意义下实现数据的较理想重构，因此实现理想重建所需要的采样比率也远低于传统的方法（唐刚，2010）。

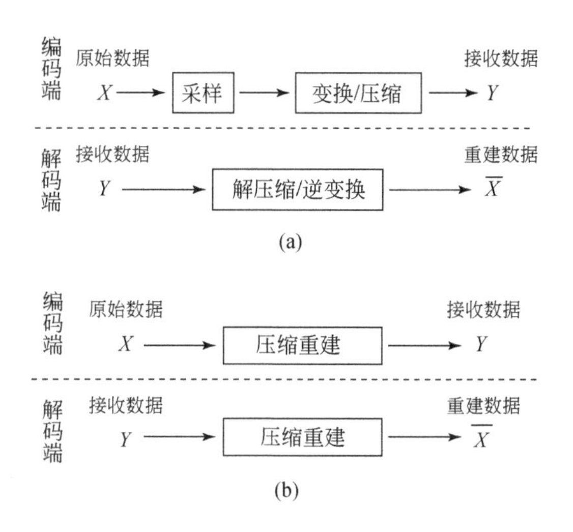

图 5.6　传统编码（a）与压缩感知理论（b）框架下的编码和解码示意图

设感知矩阵 R 为采样矩阵。通过采样矩阵得到某未知信号 f 在该矩阵下的线性测量值 y，有

$$y=Rf \tag{5.10}$$

由极不完整的测量数据 y 恢复出完整的数据 f，如图 5.7 所示的压缩感知测量示意图所述，这在数学上是一个欠定问题。

图 5.8 给出了一个简单的示例，来说明本章重建方法的过程。假设通过随机测量得到了一个极不完整（低于 Nyquist 采样率）的信号 f，如图 5.8 所示。首先对其做傅里叶正变

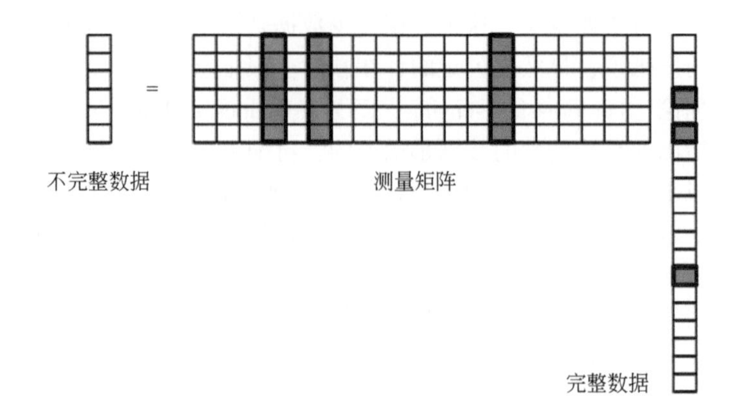

图 5.7　压缩感知测量示意图

换，假频现象并不严重，只是表现为一些相对幅值很小的噪声，这样就很容易通过阈值处理方法将其滤除，即检测到真实的原始频率，之后通过对检测到的真实频率做傅里叶反变换即可实现对原始完整信号的恢复。而图 5.9 和图 5.10 分别是基于稀疏表征与压缩感知的不完整地震数据重构以及含噪不完整数据的压缩感知处理结果图。

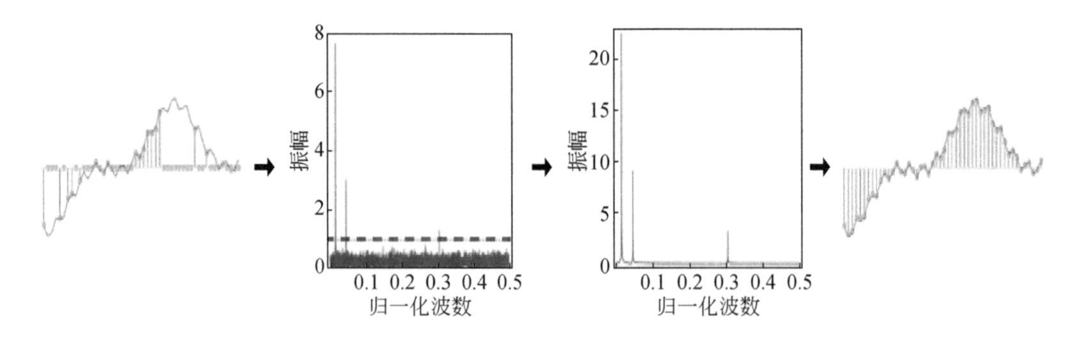

图 5.8　基于压缩感知的重建过程示意图

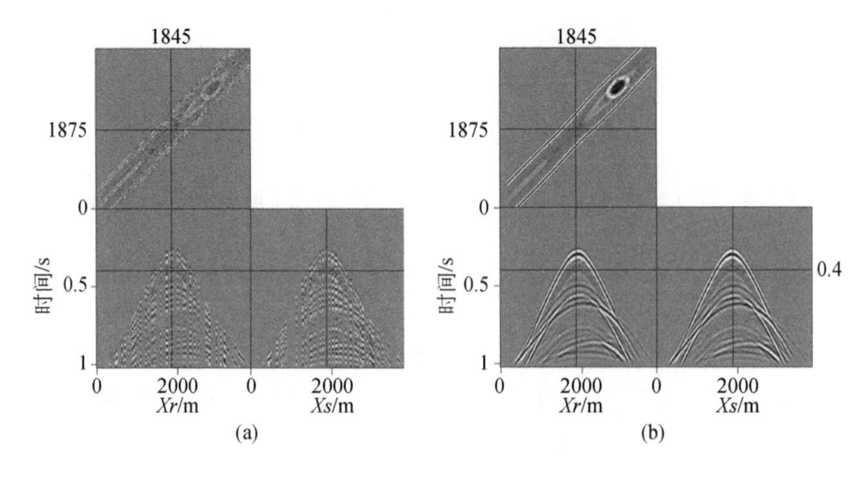

图 5.9　不完整数据的重构

(a) 25% 采样数据；(b) 压缩感知重构结果

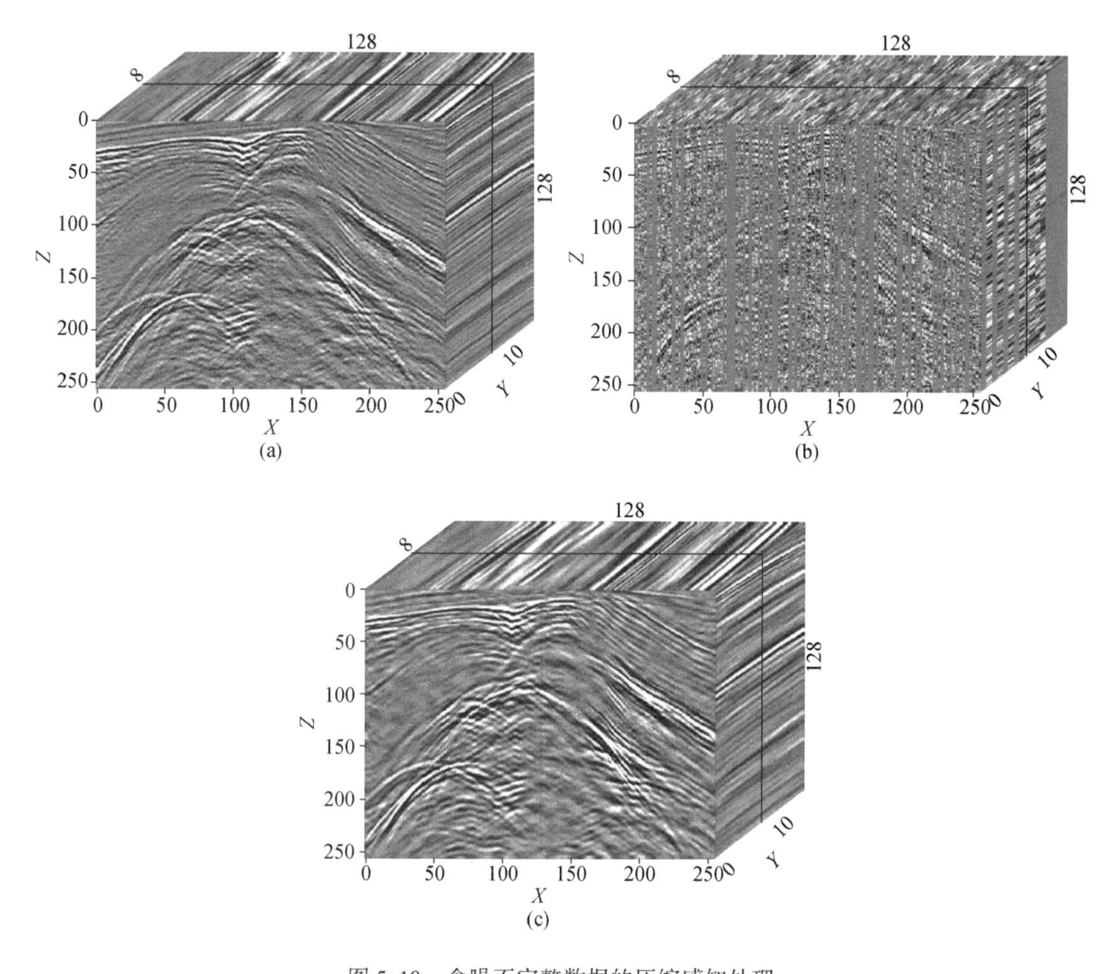

图 5.10　含噪不完整数据的压缩感知处理

(a) 原始数据；(b) 含有噪声的不完备数据；(c) 稀疏表示与压缩感知处理结果

稀疏表征的方法可以凸显信号的不同性质，可针对信号不同特征进行针对性处理，为地震信号处理提供了有力工具。而压缩感知则是以稀疏表征为基础，可在较低采样率状况下对信号进行有效处理。

（二）CS 曲波与 CEEMD 联合弱信号提取处理

压缩感知采样率只依赖于信号的稀疏性和等距约束性（RIP），不再受信号带宽的限制。基于压缩感知的去噪方法是采用符合 RIP 准则的测量矩阵对带噪信号进行低维投影，由于噪声不具有稀疏性，投影后将丢弃部分噪声信息，这部分噪声在信号重建时被舍弃。通过合适的稀疏分解算法，选取与有效信号最匹配的基函数，就能实现对有效信号的提取。因此，基于压缩感知的去噪方法可以有效解决常规小波阈值去噪基函数固定的不足。但是经典 CS 并没有利用图像的先验知识（如图像特征信息、纹理等），因此并不具备自适应性，很多时候并不能取得满意的去噪效果。

经验模态分解（EMD）方法可以较好地处理非平稳和非线性信号，因而被广泛地应用于地震数据信号处理中。EMD 方法可以自适应对信号进行分解，这一点是小波变换及短时傅里叶变换等方法无法实现的。EMD 可以将地震信号根据其特征分解为一系列固有模态函数（IMF），但是其分解过程不稳定，存在模态混叠效应，为了克服这一问题，相继发展了集合经验模态分解（EEMD）和互补集合经验模态分解（CEEMD）方法。CEEMD 是 N. E. Huang 于 2010 年在 EMD 及 EEMD 的基础上提出的一种新的加噪算法，与 EEMD 一样，通过加噪可以解决 EMD 的模态混叠问题，该方法通过采用正负成对的辅助白噪声可以有效去除 EEMD 引入的辅助噪声，且具有较高的计算效率（唐贵基和王晓龙，2016；欧阳敏等，2019）。其实现过程如下：

（1）向原始地震信号中加入 n 组正负对辅助白噪声，生成 $2n$ 个集合信号；

（2）对集合中的 $2n$ 个信号分别做 EMD 分解，得到 $2n$ 组 IMF 分量；

（3）通过对 $2n$ 组分量求和取平均即可获取地震信号分解的第 j 个 IMF 分量，表示如下：

$$c_j = 1/2n \sum_{i=1}^{2n} c_{ij} \tag{5.11}$$

式中，c_j 为 CEEMD 分解的第 j 个 IMF 分量；c_{ij} 为第 i 个信号的第 j 个 IMF 分量。

CEEMD 分解具有自适应性，具有相比 EMD 更强的模态频谱分离能力，且可以改善模态混叠效应。通过 CEEMD 分解可以分解出频率从高到低的一系列 IMF 分量，而随机噪声主要分布在前几个高频分量中，因此我们可以保留低频的有效信号，直接舍弃高频分量以达到去噪的目的。然而，随机噪声并不是完全分布在某一或者某几个模态分量中，需要舍弃前几个模态分量这一问题值得商榷，很难直观确定，很容易造成去噪不彻底或者有效信号损失；而且随着噪声的增大，CEEMD 分解逐渐失去了对同相轴的辨识能力，这对于存在弱有效信号的地震数据去噪是极为不利的，因此一般不会被单独用于去噪。

将压缩感知和 CEEMD 分解技术的优势相结合，深入开展弱信号识别处理，以提高去噪精度，更好地保护有效信号，这对于富含弱有效信号的中深层地震数据处理是极为有利的。

通过 CEEMD 分解的自适应性将原始信号分解得到多个 IMF 分量，前几个分量主要包含信号中的高频成分（含大量的随机噪声），后面的分量主要包含信号中的低频成分（以有效信号为主），再对含有噪声的分量进行基于压缩感知的弱信号识别，即可结合压缩感知和 CEEMD 联合去噪的优势，有效保存地震数据中的弱有效信号（唐贵基等，2016）。结合上文中相关理论，本方法的实现步骤可概括如下：

（1）对信号进行 CEEMD 分解，得到各 IMF 分量；

（2）基于相关分析选择含噪声较大的 IMF 分量；

（3）对含噪较大的 IMF 分量分别进行 CS 曲波去噪，提高弱信号的识别能力；

（4）将选定并去噪后的 IMF 分量以及其他 IMF 分量进行重构信号，该信号即为去噪后的信号。

（三）模型数据和实际数据处理效果分析

图 5.11 和图 5.12 是信噪比为 2.1 和 0.38 的模型数据。由图 5.11（b）和（c）可以

看出，如果弱信号没有完全淹没在低频噪声中，小波阈值方法和压缩感知方法都可以将其提取出来，小波阈值方法处理的剖面中残留的噪声较多。在图 5.12（a）中，信噪比低，噪声能量强，有效信号淹没，第二层同相轴几乎无法识别，图 5.12（b）的小波阈值方法无法将第二层同相轴的弱信号与噪声分离，图 5.12（c）的压缩感知方法则能够将完全淹没在低频噪声中的有效信号提取出来，但是仍然残留部分噪声。

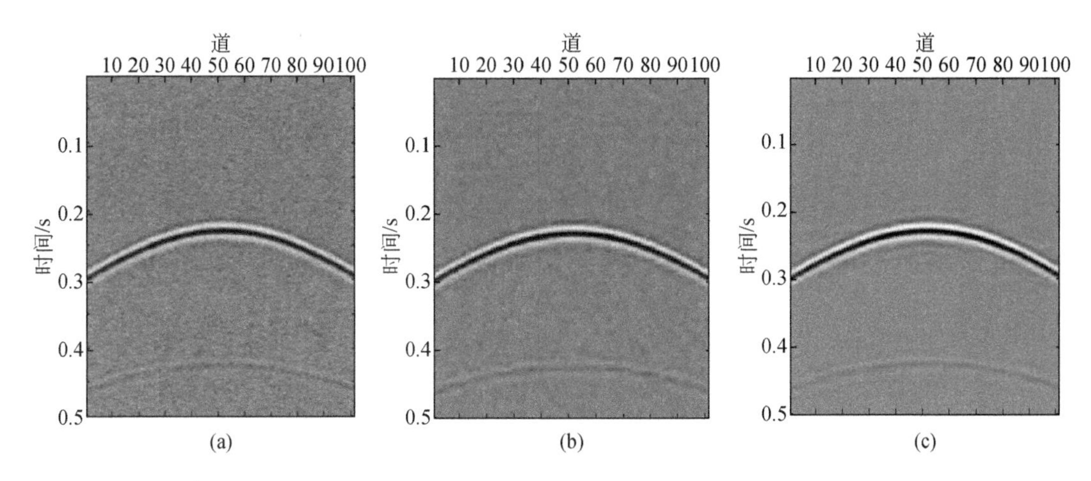

图 5.11　信噪比（SNR）为 2.1 的模型数据及弱信号提取效果

（a）含噪数据；（b）小波阈值处理结果；（c）压缩感知处理结果

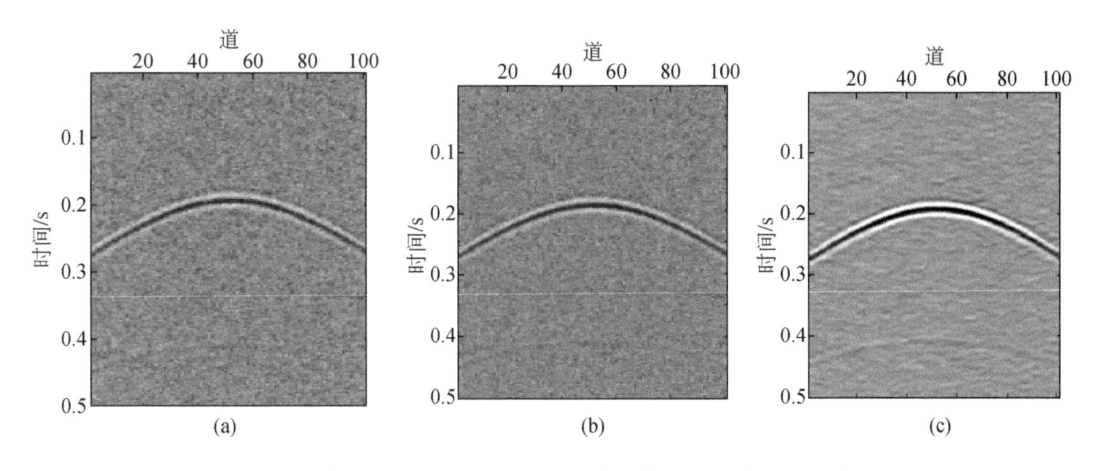

图 5.12　信噪比（SNR）为 0.38 的模型数据及弱信号提取效果

（a）含噪数据；（b）小波阈值结果；（c）压缩感知处理结果

图 5.13（a）为原始地震剖面，图 5.13（b）为基于 CS 的 CEEMD 弱信号方法得到的剖面。可以看到，同相轴的连续性更好。

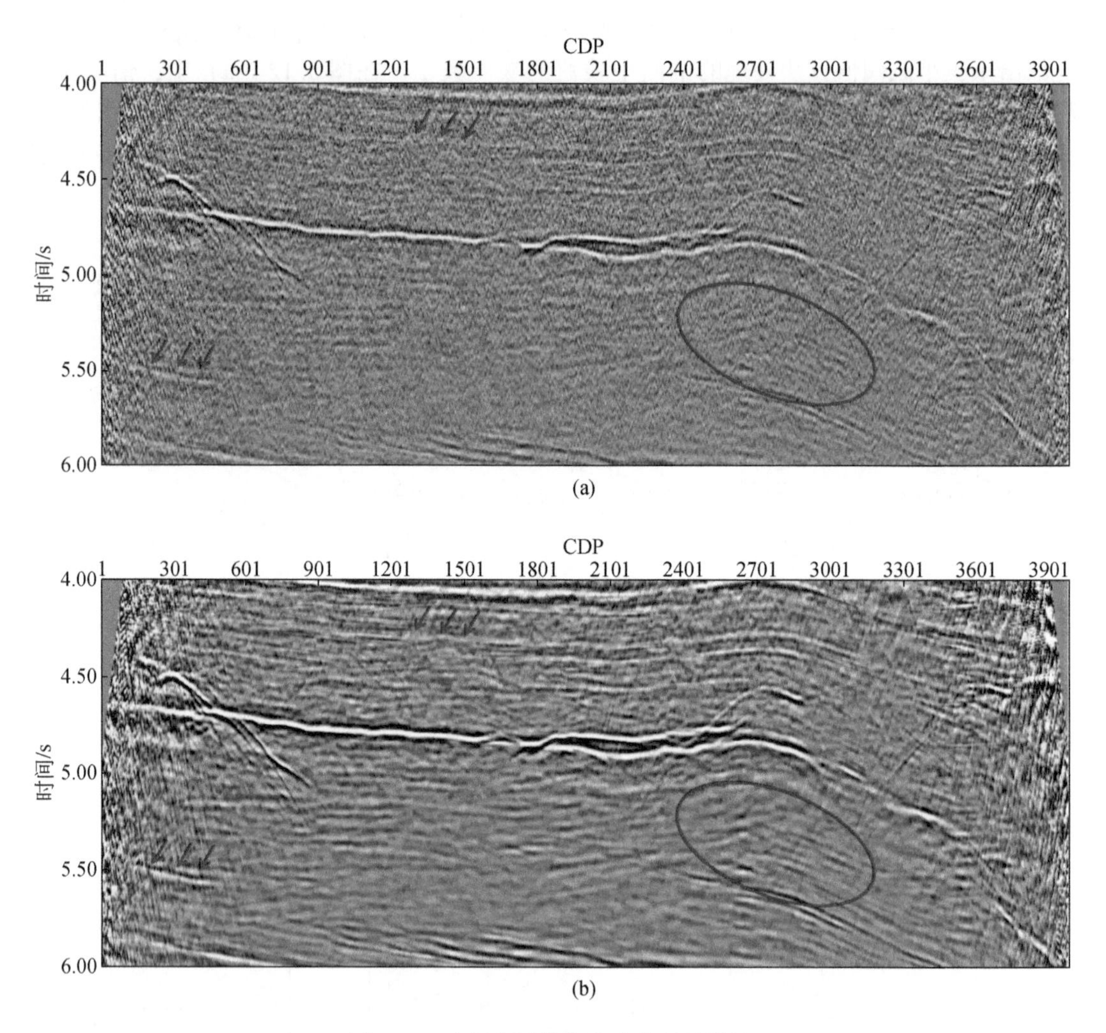

图 5.13　实际深层数据去噪前后的效果

（a）去噪前剖面；（b）去噪后剖面

四、高阶 Radon 变换保幅波场重构及噪声压制

在油气勘探地震数据处理领域，传统 Radon 变换仅是对地震数据振幅沿着给定路径的积分，而实际情况下，振幅沿着偏移距方向是在变化的，传统 Radon 变换的精度不高。在传统 Radon 变换的基础上，通过引入正交多项式变换拟合地震数据振幅，得到改进的 3D 抛物 Radon 变换。该方法将一个地震剖面变换到三个 Radon 域剖面，第一个剖面表示振幅的叠加信息，第二个剖面表示振幅的梯度信息，第三个剖面表示振幅的曲率信息，该方法定义为 3D 高阶抛物 Radon 变换。该变换既可以描述 AVO 信息，又可以分辨同相轴的曲率信息，利用该方法对 3D 地震数据重建和噪声压制，可以较好地实现保幅重建，最大程度地保留有效信号（唐欢欢和毛伟建，2014；唐欢欢等，2018）。

（一）基于正交多项式的高阶 Radon 变换理论

3D 抛物 Radon 正变换可表达为

$$m(q_x,q_y,t)=\sum_{x}\sum_{y}d(x,y,t=t+q_x x^2+q_y y^2) \tag{5.12}$$

其反变换为

$$d(x,y,t)=\sum_{q_x}\sum_{q_y}m(q_x,q_y,t=t-q_x x^2-q_y y^2) \tag{5.13}$$

式中，m 为 τ-q_x-q_y 域数据；d 为 3D 地震数据体；q_x、q_y 为变换参数。

3D 抛物 Radon 变换是沿着抛物面轨迹分别对不同曲率的地震数据求和，其实质是振幅的叠加运算，不考虑振幅随偏移距的变化情况。因此，当地震数据具有 AVO 效应时，3D 抛物 Radon 变换的误差较大。

3D 抛物 Radon 变换对具有 AVO 效应的地震数据变换误差较大的原因是在变换中缺少描述振幅变化的信息。Johansen 等（1995）提出了用正交多项式变换拟合地震数据振幅的方法，而正交多项式的系数代表了地震数据的 AVO 信息。正交多项式系数求取如下：

$$c(t,j)=\sum_{i=0}^{N}d(t,x_i)p_j(x_i) \tag{5.14}$$

式中，j 为正交多项式的阶数；N 为偏移距方向接收点个数；$c(t,\ j)$为对应的系数，$\{j=0,\ 1,\ \cdots,\ M\}$，同相轴的振幅变化信息，可以用较少的前几阶系数表示，通常情况下取其前三个系数，一般取 $M=2$，$c(t,\ 0)$为叠加信息，$c(t,\ 1)$为梯度信息，$c(t,\ 2)$为曲率信息；$d(t,\ x_i)$为地震数据；$p_j(x)$为第 j 阶正交多项式基函数，满足 $p_i(x)p_j(x)=\delta_{ij}$，δ_{ij}为脉冲函数。

正交多项式系数 $c(t,\ 0)$、$c(t,\ 1)$、$c(t,\ 2)$可以准确地描述地震数据振幅变化信息。

比较式（5.12）和式（5.14）可以看出，Radon 变换是使地震数据按照抛物轨迹进行叠加，Johansen 的正交多项式变换拟合地震数据振幅是使地震数据以基函数为准则进行叠加。二者形式上不同，但实质上是一致的，即对地震数据按某种规律求和运算。因此，将正交多项式变换拟合地震数据振幅的方法引入到 3D 抛物 Radon 中来，就可以对具有 AVO 效应的数据进行准确的 Radon 变换（唐欢欢等，2020）。

将 3D 抛物 Radon 正变换扩展为

$$m_j(q_x,q_y,\tau)=\sum_{x}\sum_{y}d(x,y,t=\tau+q_x x^2+q_y y^2)p_j(x)p_j(y) \tag{5.15}$$

即将沿着路径求和的 Radon 正变换变为沿着路径的加权求和。这样就将传统 Radon 正变换的一个 τ-p 域剖面分解到表示 AVO 信息的 j 个剖面。其中，$p_j(x)$、$p_j(y)$ 为第 j 阶正交多项式基函数，它们的求取方法相同，以 $p_j(x)$ 为例：

$$p_j(x)=\left\{x^j-\sum_{k=0}^{j-1}\alpha_{jk}p_k(x)\right\}/\alpha_{jj}$$

系数 α 求取如下：

$$\alpha_{jj}=\sqrt{\sum_{i=0}^{N}x_i^{2j}-\sum_{k=0}^{j-1}\alpha_{jk}^2}$$

$$\alpha_{jk} = \sum_{i=0}^{N} x_i^j p_k(x_i)$$

通过以上方程，我们可以构造任意偏移距的正交多项式，给定 $\alpha_{00}=\sqrt{N}$，则 $P_0=1/\alpha_{00}$，系数 α_{jk} 和多项式 P_j 按照以下的顺序计算：

$$\alpha_{10}, \alpha_{11}, P_1, \alpha_{20}, \alpha_{21}, \alpha_{22}, P_2, \cdots, \alpha_{M0}, \alpha_{M1}, \cdots, \alpha_{MM}, P_M$$

可以看出这个正交多项式的构造完全取决于偏移距的坐标，这就意味着当正交基函数或者基函数的阶数发生变化时，已有低阶正交多项式系数不用重新计算，除非偏移距的坐标发生变化。同时用正交多项式作为基函数计算的各个系数之间彼此是独立的，且正交多项式阶数 M 的选择并不影响低阶系数的准确度。$c(t, 0)$ 与平均值有关，$c(t, 1)$ 与平均梯度有关，$c(t, 2)$ 表示振幅随偏移距的变化是增大的还是减小的。

我们将式（5.15）定义为高阶抛物 Radon 变换，与抛物 Radon 变换类似，首先定义高阶抛物 Radon 变换的反变换，然后利用最小二乘法来求解高阶抛物 Radon 变换。高阶抛物 Radon 反变换离散形式为

$$d(t,x,y) = \sum_{q_x}\sum_{q_y}\sum_{j} m_j(q_x,q_y,\tau = t - q_x x^2 - q_y y^2)p_j(x)p_j(y) \tag{5.16}$$

式（5.15）与式（5.16）就构成了 3D 高阶抛物 Radon 正反变换，对式（5.16）作傅里叶变换，写成频率域形式：

$$D(x,y,\omega) = \sum_{q_x}\sum_{q_y}\sum_{j} m_j(q_x,q_y,\omega)\mathrm{e}^{-\mathrm{i}\omega q_x x^2}\mathrm{e}^{-\mathrm{i}\omega q_y y^2}p_j(x)p_j(y)$$

将其进一步变形为

$$D(x,y,\omega) = \sum_{q_x}\sum_{q_y}\sum_{j} \mathrm{e}^{-\mathrm{i}\omega q_x x^2}p_j(x)m_j(q_x,q_y,\omega)\mathrm{e}^{-\mathrm{i}\omega q_y y^2}p_j(y)$$

对于地震数据单个频率，可以将上述公式写成矩阵形式：

$$L_{q_x}\times M\times L_{q_y}=D$$

式中，$L_{q_x}=\mathrm{e}^{-\mathrm{i}\omega q_x x^2}\cdot p(x)$；$L_{q_y}=\mathrm{e}^{-\mathrm{i}\omega q_y y^2}\cdot p(y)$；$M$ 为 f-q_x-q_y 域数据；D 为频率域 3D 地震数据体。

用最小二乘方法来计算 3D 高阶抛物 Radon 正变换系数解：

$$M=(L_{q_x}^H L_{q_x})^{-1}L_{q_x}^H\times D\times L_{q_y}^H(L_{q_y}L_{q_y}^H)^{-1}$$

在 3D 高阶抛物 Radon 变换中，$m_j(\tau, q_x, q_y)$ 表示在 τ 时刻沿曲率参数为（q_x，q_y）的地震数据的分解系数。在本书中只取前三阶分解系数，m_0 表示同相轴沿着空间方向振幅的叠加信息，称之为叠加剖面；m_1 表示同相轴的平均梯度信息，称之为梯度剖面；m_2 表示同相轴的曲率信息，称之为曲率剖面。

（二）基于高阶 Radon 变换的模型数据测试

1. 模型数据高阶 Radon 变换保幅性测试

图 5.14（a）是振幅在偏移距方向不变的数据，图 5.14（b）是振幅在偏移距方向有 AVO 效应的数据。分别对这两种数据进行传统的正反 3D 抛物 Radon 变换，结果如图 5.14（c）和（d）所示，从图中可以看出，传统 Radon 变换对于常振幅数据 3D 抛物 Radon 变换的误差较小，而对具有 AVO 效应的数据误差较大。

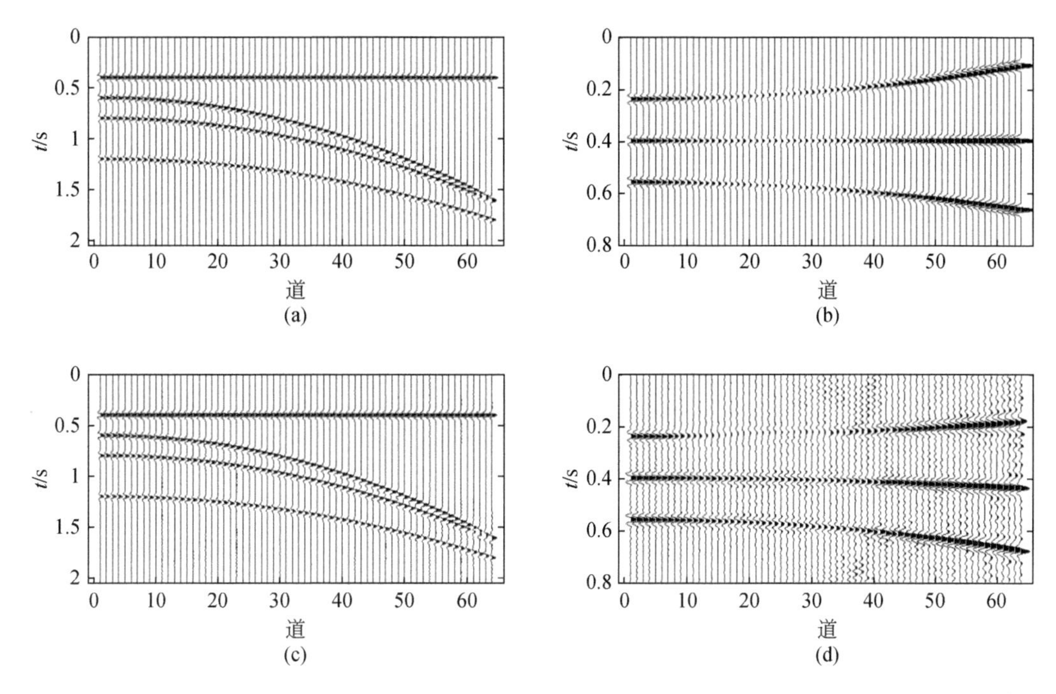

图 5.14　传统 3D 抛物 Radon 正反变换效果

（a）常振幅数据；（b）具有 AVO 效应数据；（c）常振幅数据变换效果；（d）AVO 数据变换效果

对图 5.14（b）的 AVO 数据分别用传统 3D 抛物 Radon 变换和 3D 高阶抛物 Radon 变换进行正变换运算，最小二乘解的结果分别如图 5.15（a）和（b）~（d）所示。从图 5.15（a）可以看出，同相轴的振幅沿着偏移距方向是变化的，传统抛物 Radon 变换缺少描述振幅变化的参数导致 m 的能量不能够集中；而高阶抛物 Radon 变换值 m_0、m_1、m_2 的能量很集中，如图 5.15（b）~（d）所示。

图 5.16 为两种变换反变换的剖面比较，图 5.16（a）是传统 3D 抛物 Radon 变换反变换的结果，图 5.16（b）是 3D 高阶抛物 Radon 变换反变换的结果，图 5.16（c）、（d）分别是二者与原始数据的误差剖面。从图 5.16 中可以明显看出，3D 高阶抛物 Radon 变换的结果要比传统 3D 抛物 Radon 变换的结果好，特别是在远偏移距的误差更小；不论是中偏移距还是远偏移距，高阶 Radon 变换方法的保幅性都比传统 3D 抛物 Radon 变换好，而且

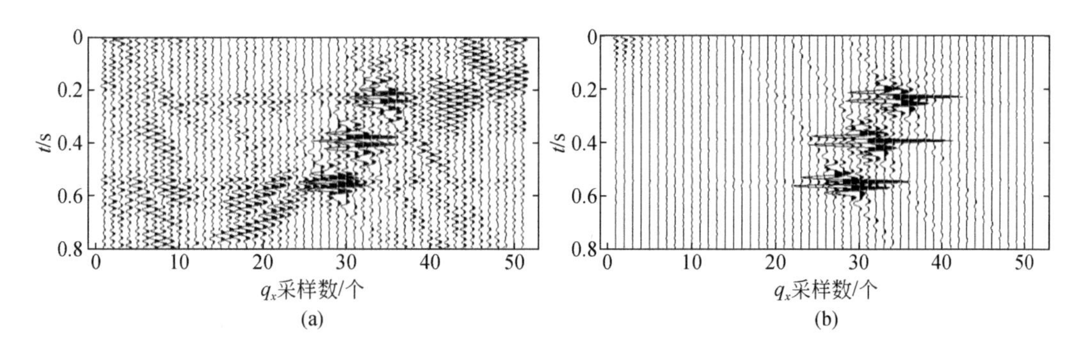

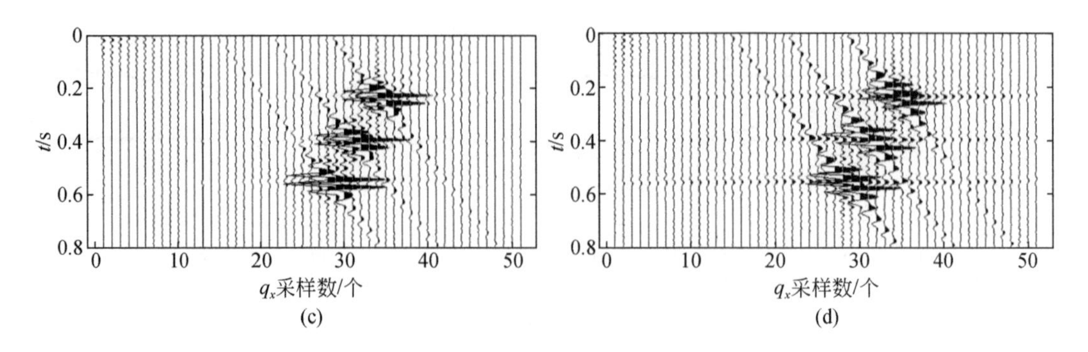

图 5.15　3D PRT 和 3D HOPRT 方法 Radon 域剖面比较

（a）3D PRT 法正变换剖面；（b）（c）（d）3D HOPRT 法正变换剖面

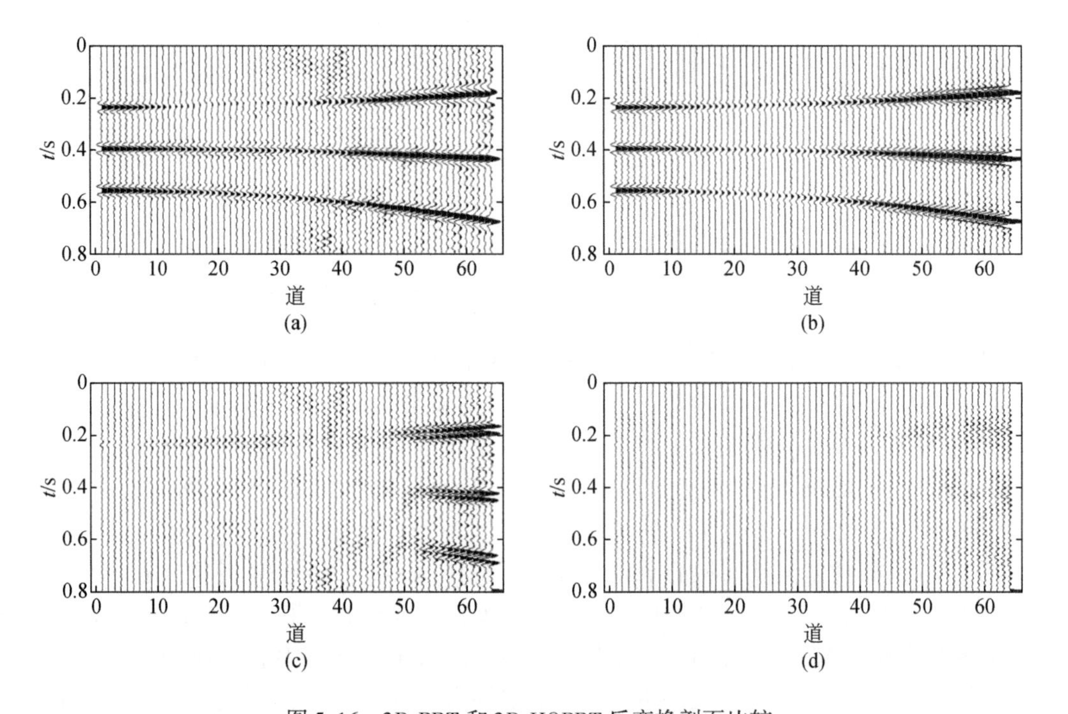

图 5.16　3D PRT 和 3D HOPRT 反变换剖面比较

（a）3D PRT 反变换剖面；（b）3D HOPRT 反变换剖面；（c）3D PRT 方法误差剖面；（d）3D HOPRT 方法误差剖面

产生的噪声小。利用误差量化计算公式 $\mathrm{err}=\| d_1-d_0 \|_2/\| d_0 \|_2\times 100\%$ 来表示变换误差，其中 d_1 表示正反变换后数据，d_0 表示原始数据，该简单模型数据的高阶 Radon 变换误差为 2.06%。

2. 模型数据高阶 Radon 变换重建

图 5.17 为一炮数据随机缺失 20% 及其重建效果，图中右下角白色点位置为缺失道，蓝色线标志位置为测试线的位置，缺失后的数据如图 5.17（a）所示，纵坐标为时间采样个数，横坐标为道数，高阶 Radon 变换重建结果如图 5.17（b）所示，缺失数据得到较好恢复，同相轴光滑连续；图 5.17（c）为第 19 道和第 76 道数据的重建结果和实际数据结

果对比，可以看出通过该方法迭代四次之后，缺失道的振幅和相位能够得到很好的恢复，红色为原始数据，其他颜色分别为迭代一～四次的重建结果，一般迭代三四次即可得到满意的重建效果。

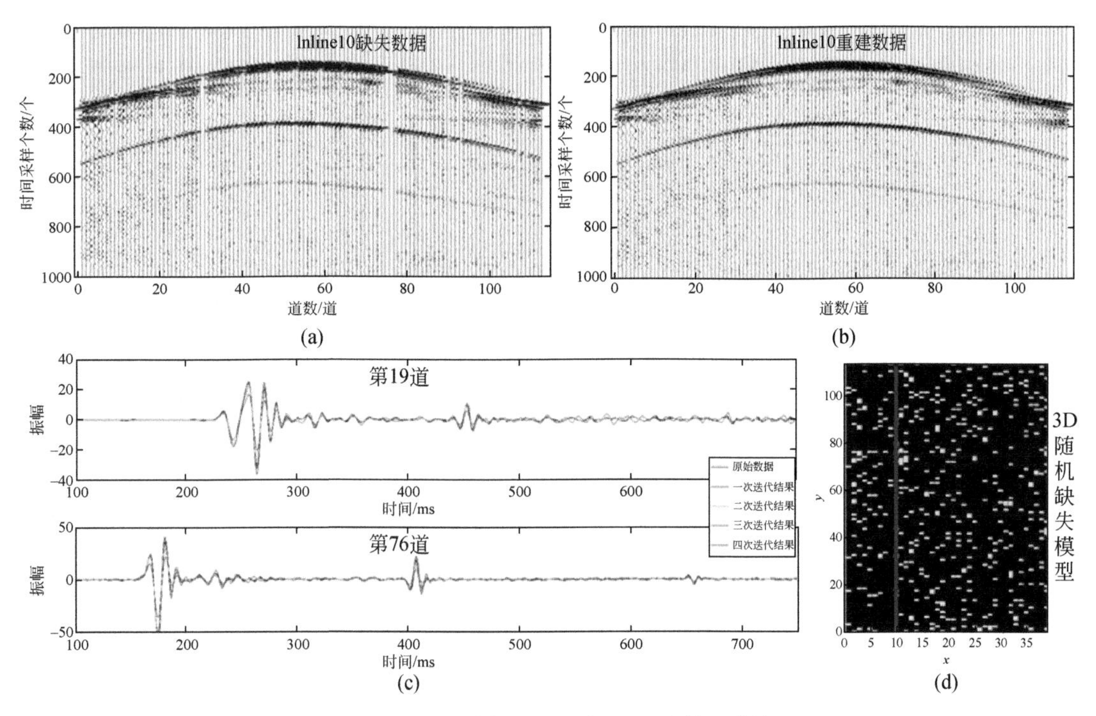

图 5.17　SEAM 数据随机缺失 20% 及其重建效果

（三）高阶 Radon 变换保幅重建与噪声压制

图 5.18 为中国西部某戈壁区的原始单炮数据记录。记录中存在明显的线性干扰和面波干扰。图 5.19 为 3D 高阶 Radon 变换程序对该数据进行正反变换结果，从面貌上看，变换结果保真度高，信号特征保持较好，证明了该方法的保幅性。图 5.20 是变换前后不同位置单道数据的波形对比，红色的曲线是原始数据，蓝色的曲线是经过高阶 Radon 正反变换后的数据，可以看出，变换后数据在振幅及相位上都与原始数据高度一致，变换误差为 3.97%。

高精度的正反变换，为在 Radon 域去噪，提供了较好的基础，可以保证去噪后信号与原始信号相比，相比常规的 Radon 变换，保真度更高。从图 5.21 中可以看出面波得到明显压制，且没有损害有效信号。

五、深层层间多次波压制技术

地震波激发后向地下的地层传播，碰到波阻抗界面时产生透射波和反射波，形成的反射波继续向上传播，当再次碰到波阻抗界面时会形成向上的透射波和向下的反射波，向下

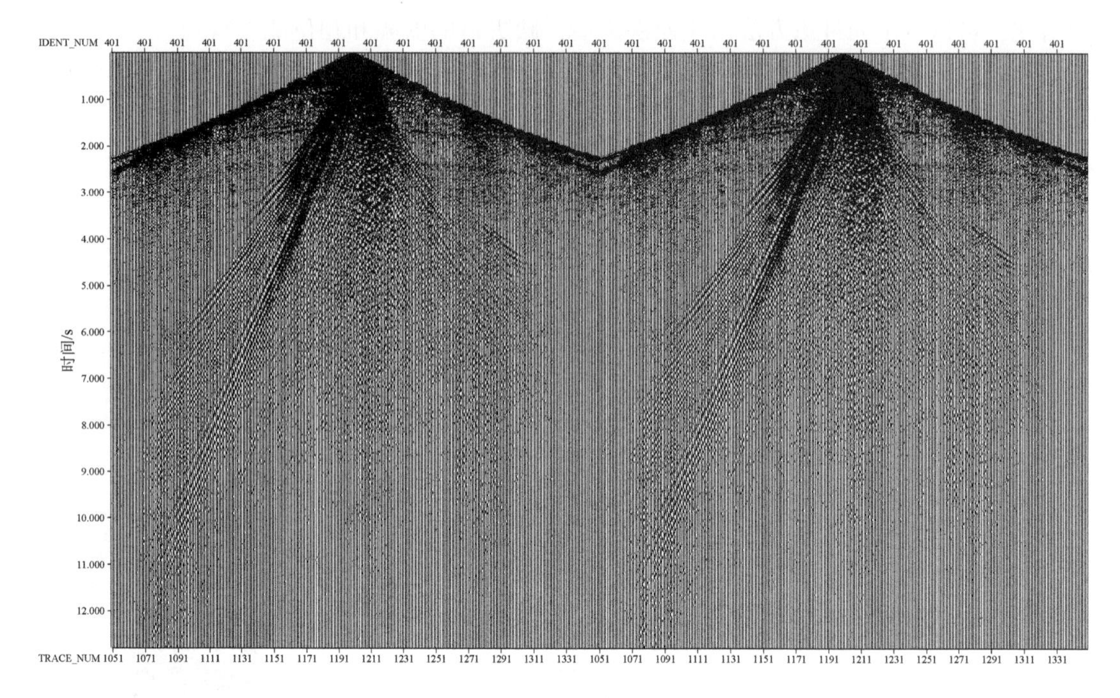

图 5.18　中国西部某戈壁区原始单炮数据

IDENT_ NUM 为炮号；TRACE_ NUM 为道

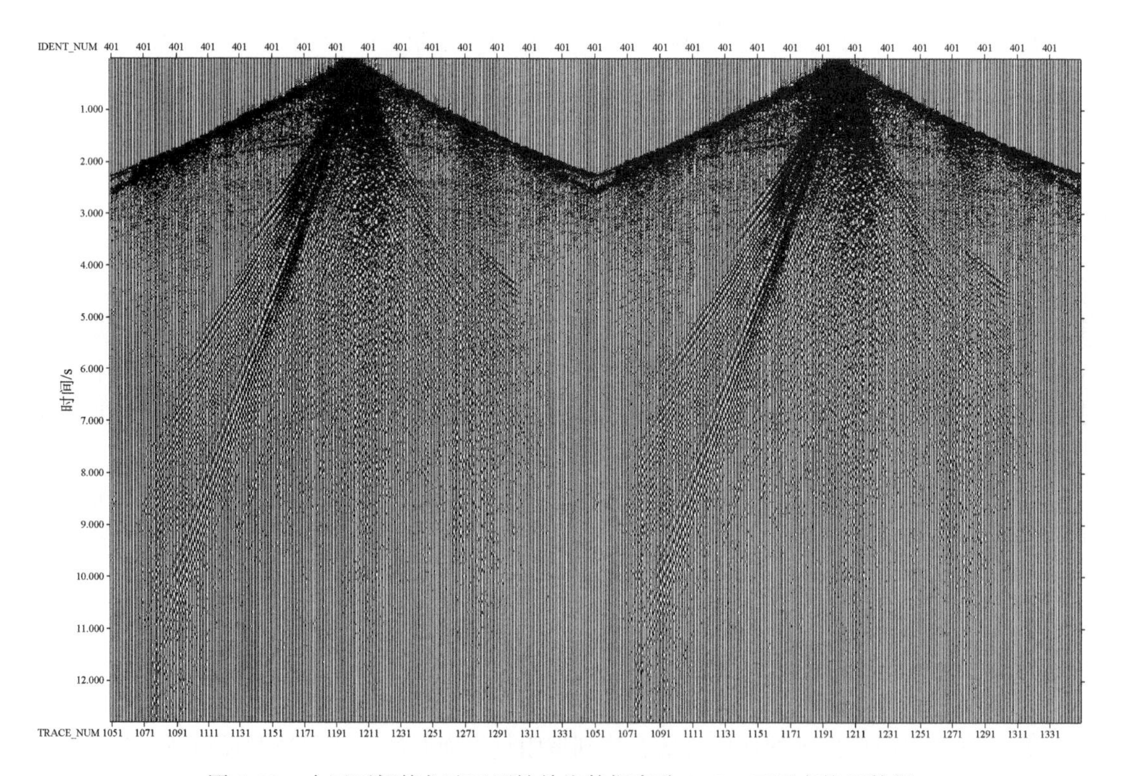

图 5.19　中国西部某戈壁区原始单炮数据高阶 Radon 正反变换后数据

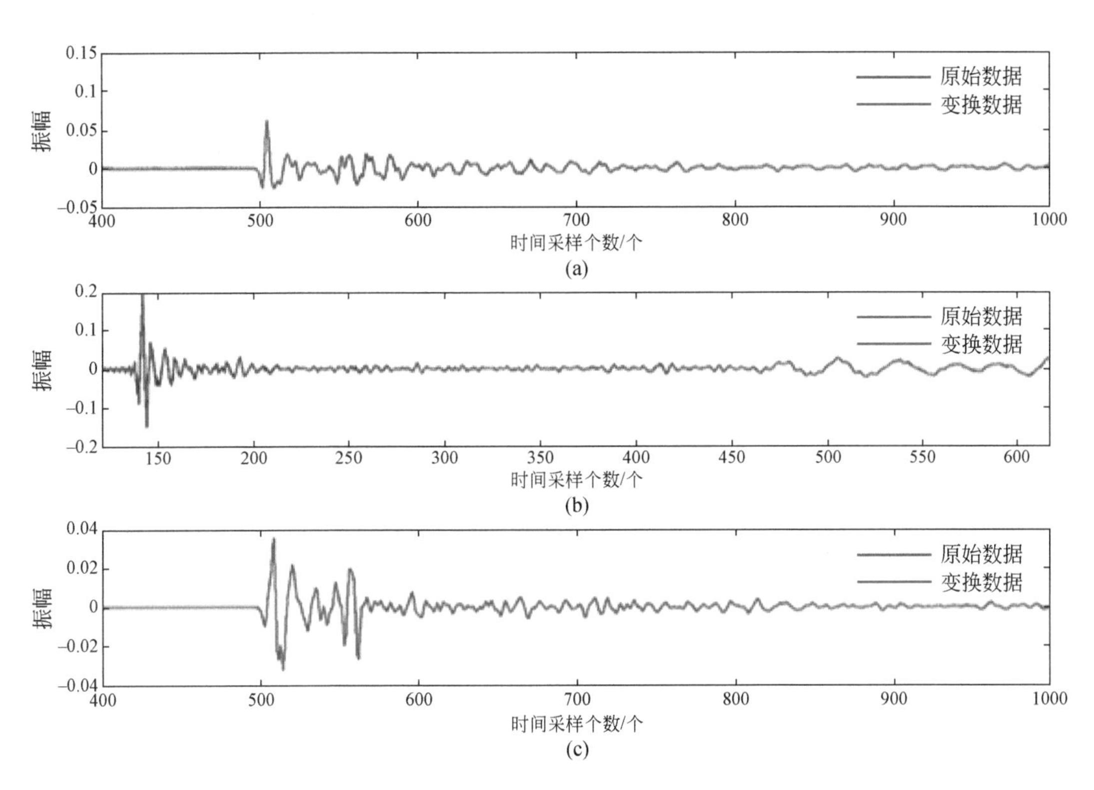

图 5.20　不同位置单道数据变换前后比较图

（a）第 22 道；（b）第 130 道；（c）第 280 道

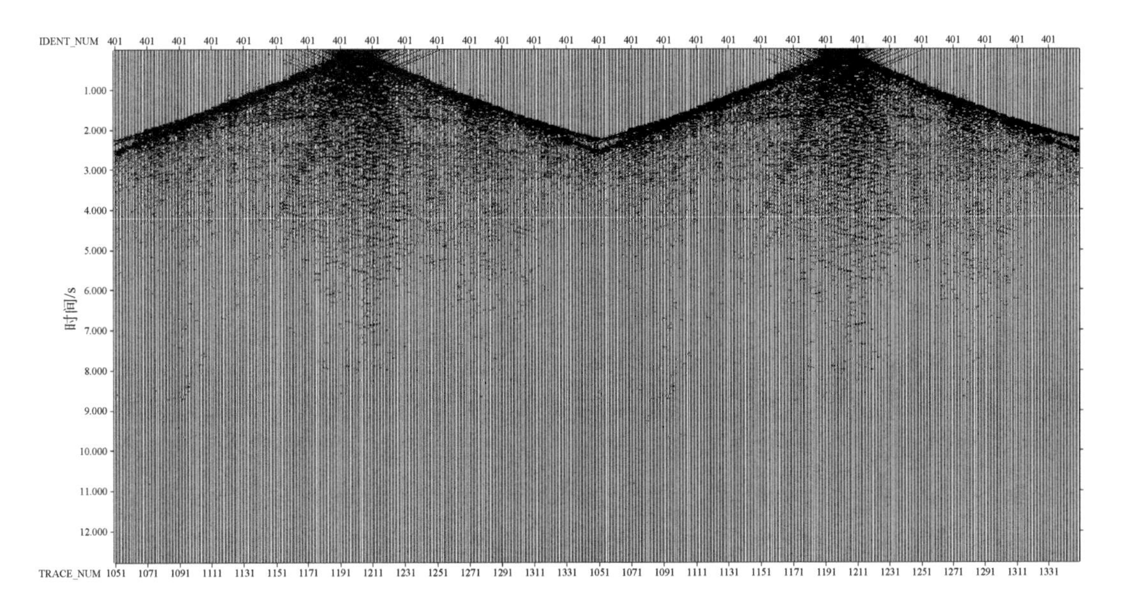

图 5.21　高阶 Radon 变换面波压制后数据

的反射波重复以上过程最后返回地表被检波器接收，即为多次反射波，简称多次波。一般情况下，多次波发育在地下强波阻抗的反射界面，反射波的振幅强弱取决于反射系数的大小。随着勘探深度的增加，层间多次波的问题逐渐突出。层间多次波与一次波的视速度差异较小，基于多次波和一次波间速度差异的方法无能为力。必须采用基于波动方程的多次波预测技术来预测出多次波。预测的层间多次波与真实多次波存在时间、空间和振幅等差异，因此还需要采用自适应相减技术将预测的层间多次波从原始数据中减去。

（一）基于空间褶积的层间多次波预测技术

共聚焦点法（Berkhout et al.，2005；Verschuur and Berkhout，2005）预测层间多次波模型需要检波器在地表而震源在地下，或者震源在地表检波器在地下目标界面的地震数据，否则无法进行层间多次波模型的预测。该方法需要将地表数据延拓到目标层，构建炮点在地下、检波点在地表的共聚焦点道集。但是该方法计算量大并且依赖速度模型信息，适用性较差。面对这种情形，Jakubowicz（1998）和 Verschuur（2013）提出了数据驱动不依赖地下速度的方法，该方法通过褶积和相关的方式预测层间多次波。

图 5.22 展示了一种典型的层间多次波射线路径。Keydar 从运动学的角度认识到层间多次波的总旅行时 $S-R$ 可以被分解为一次波 $S-R'$ 与 $S'-R$ 的旅行时之和减去一次波 $S'-R'$ 的旅行时。Jakubowicz（1998）从波场的观点将层间多次波 $S-R$ 的波场分为三个一次波波场分量，分别为第 n 层产生层间多次波界面一次波场，第 j 层的一次波场和第 i 层的一次波场。与自由表面多次波预测技术类似，通过褶积两个一次波（$S-R'$ 和 $S'-R$）再与一次波 $S'-R'$ 进行互相关消除 $S'-R'$ 的影响，即可得到目标层 n 的层间多次波，用公式表达为

$$M(n)=P_{0j}[s_0]^{-1}P_{0n}^{*}[s_0^{*}]^{-1}P_{0i} \tag{5.17}$$

式中，P_{0j} 和 P_{0i} 分别为第 j 层和第 i 层的一次反射波；P_{0n}^{*} 为第 n 层一次反射波的复共轭（为了实现互相关计算）；$[s_0]^{-1}$ 和 $[s_0^{*}]^{-1}$ 分别为反子波和反共轭子波，两者合为一项后相当于 SRME 中的地表算子。

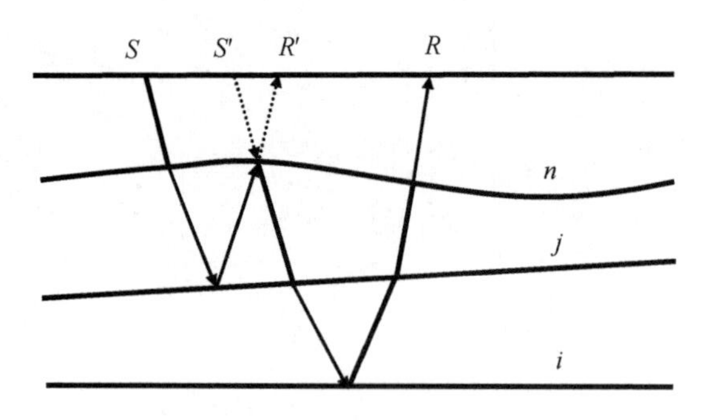

图 5.22　层间多次波射线路径图

式（5.17）给出了某一类型的层间多次波，为了更具一般性，扩充为所有与界面 n 相关的层间多次波表达式为

$$\{M(z_0,z_0)\}_n=\{\bar{P}(z_0,z_0)\}_n^n(S^+(z_0))^{-1}(\{\Delta P(z_0,z_0)\}_n^n)^{\mathrm{H}}(S^+(z_0)^*)^{-1}\{\bar{P}(z_0,z_0)\}_{n-1}^n \tag{5.18}$$

式中，$\{\bar{P}(z_0,\ z_0)\}_n^n$ 为去除了界面 $z\leqslant z_n$ 的反射并且与界面 $z\leqslant z_n$ 相关的层间多次波被消除；$\{\Delta P(z_0,\ z_0)\}_n^n$ 为界面 z_n 的一次反射波场；H 为复共轭转置；$\{\bar{P}(z_0,\ z_0)\}_{n-1}^n$ 为去除了界面 $z\leqslant z_n$ 的反射且与界面 $z\leqslant z_{n-1}$ 相关的层间多次波已去除。

从公式知与界面 n 相关的层间多次波不仅包含一阶多次波还包含高阶层间多次波。

令 $n=0$，

则

$$\{\Delta P(z_0,z_0)_0^0\}^*=R^-(z_0)S^+(z_0)$$

那么式（5.18）可以写为

$$\{M(z_0,z_0)\}_0=\{P(z_0,z_0)\}_0(S^+(z_0))^{-1}R^-(z_0)P(z_0,z_0) \tag{5.19}$$

式（5.19）可以看成是 SRME 的扩展，该方法名称即为扩展的 SRME 层间多次波压制技术，同样是完全数据驱动的方法。

从以上理论可知，预测层间多次波模型的核心是多次波产生界面的识别和提取，这需要 VSP 井、声波测井、地质认识等综合确定。地下产生层间多次波的界面可能不止一个，在实际做的过程中需要从上到下逐个界面进行压制，直到去除所有层间多次波产生界面相关的层间多次波；或者同时将所有层的多次波模型预测出来，然后再用多模型的同步自适应减算法将其进行压制。

（二）多次波自适应相减

多次波自适应相减方法，首先要对地震数据进行分窗处理，同时假设在同一 2D 数据窗中的预测多次波数据与真实多次波数据之间的尺度差异、子波差异和时延差异等是相同的（Guitton and Verschuur，2004）。在这一假设之下，仅利用一个滤波器就可以完成同一数据窗中的预测多次波数据和实际多次波数据之间的匹配。令 s 为原始地震记录，它包括真实一次波 p_0 和真实多次波 m 两部分，可以表示为

$$s=p_0+m$$

令预测多次波为 $\tilde{m}$，多次波的自适应相减问题可以表示为

$$p=s-\tilde{m}*h^{-1}=s-\tilde{M}f \tag{5.20}$$

式中，p 为由原始地震记录 s 和预测多次波 $\tilde{m}$ 估计得到的一次波；f 为卷积核 h 的逆滤波器，即消除预测多次波与真实多次波之间差异的匹配滤波器，若 f 为单道算子则对应于单道匹配滤波，若 f 为多道算子则对应于多道匹配滤波；$\tilde{M}$ 为预测多次波构成的数据矩阵。

滤波器 f 的设计准则就是使预测多次波经过滤波器 f 的滤波后能够最接近于真实多次波，并使相减后得到的估计一次波 p 的某个统计量最小。前面提到的基于最小二乘准则的多次波自适应匹配滤波法就是假设估计得到的一次波的能量最小，从而得到 f 的最小二乘解。然而地震数据是超高斯分布的信号，原始地震数据是一次波信号和多次波信号混合得到的信号，同时，在同一数据窗中一次波信号和多次波信号都接近统计独立并且满足超高斯分布。依据概率论中的中心极限定理（central limit theorem）可知，两个独立随机变量

之和的分布相比原先任何一个随机变量的分布更接近于高斯分布。所以，为了更加吻合地震数据的统计特性，可以将一个数据窗中的原始地震数据减去多次波后得到的一次波具有最高的非高斯性作为求取匹配滤波器 f 的优化目标（Liu et al., 2011）。

（三）超深层多次波压制效果

乐山-龙女寺古隆起是一个长期继承性发育的巨型隆起，桐湾及加里东运动使其二叠系以下地层遭受不同程度剥蚀，特别是对震旦系灯影组及寒武系—奥陶系的风化剥蚀，形成了多套强的不整合界面。这些强的不整合面在地震剖面上，除了本身形成强的反射波组特征以外，还有大量的地震反射能量在这些界面之间多次反射，形成了复杂的强能量的层间多次波。同时，深部南华系埋深大于6000m，一次反射能量衰减严重，信噪比低，这些强多次波的存在，严重影响了深部南华系一次反射成像，使得深部构造反射特征出现假象，认识出现误区。并且本区的地层速度相对较高，纵向速度变化相对较小，这种速度特征使得多次波在速度谱上的识别比较困难，也不可能用基于时差的方法去压制。通过采用基于空间褶积的方法进行多次波预测，并采用自适应相减进行去除，取得了良好的效果。图5.23（a）为输入的去多次波前的CMP道集，图5.23（b）为预测多次波模型，图5.23（c）为自适应相减后的CMP道集。从图5.24多次波压制前后的剖面对比，可以看到深层强的多次波被较好地压制。

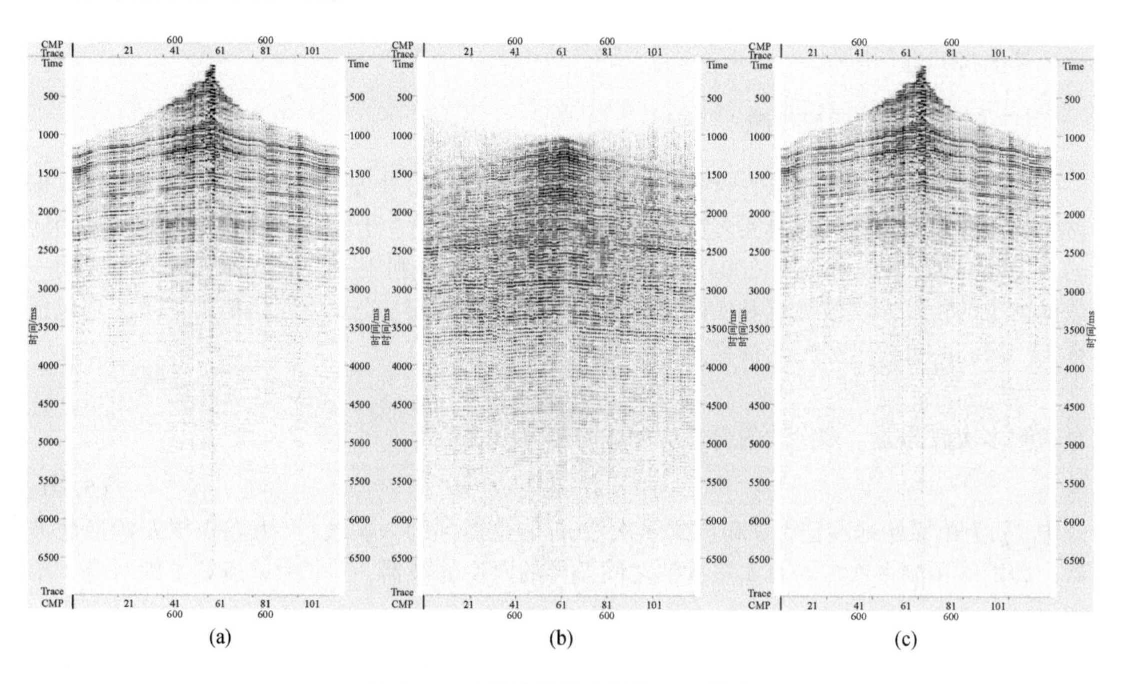

图5.23　多次波压制前后的CMP道集

（a）原始CMP道集；（b）预测多次波模型；（c）自适应相减结果

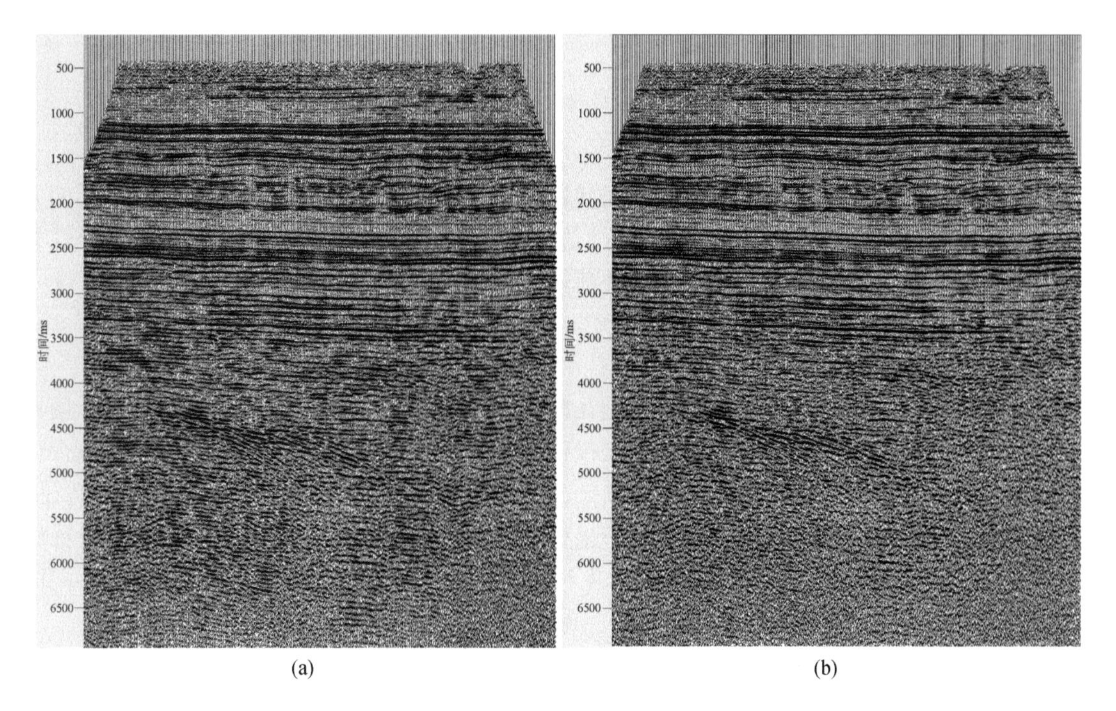

图 5.24　多次波压制前后的叠加剖面对比
（a）多次波压制前叠加剖面；（b）多次波压制后叠加剖面

第二节　超深层高精度速度建模技术

深部油气勘探目的层埋藏深，地震波传播路径长，地质结构复杂，断裂发育，地下介质的非均质问题突出。叠前深度偏移技术是解决复杂构造成像的必经之路，这已成为业界共识。做好复杂介质的地震速度建模是叠前深度偏移成像的核心工作，速度模型的质量直接决定了叠前深度偏移成像的精度。

利用已有的观测数据（地面地震数据、测井数据等）无法得到实际地下速度模型的唯一解；它只能（最多）给我们提供一个恰当描述观测数据的模型；且观测数据越稀疏或误差越大，其结果模型的误差越大。换句话说，任何速度模型都不是完美且唯一的。

当速度异常体（描述对象）尺寸是地震波波长的几倍时，用射线来近似描述波的传播规律是可以接受的。一旦速度异常体的尺度比地震波长小时，那么波遇到速度异常体时将发生散射，而不是折射。正是基于这个原因，射线方法有时又被描述为“高频近似”。“高频近似”导致它只能处理横向速度变化的尺度远远大于地震波长的速度模型。

相对于时间偏移成像，叠前深度偏移需要特别强调的是浅层速度。相对而言，浅层速度模型的重要性和影响要远远大于深层速度模型。速度异常体越浅，受干扰的射线或波场范围越大。如果浅层速度模型精度较低，按照旅行时一致原则，误差将累积到下伏地层，进而影响最终速度模型反演精度。而且，在速度走时反演与建模过程中，调整和优化浅层速度模型的代价也更高。地下介质本身又是各向异性的，如何做好地下介质的速度建模和各向异性参数反演，是超深层成像的关键之一。

一、各向异性介质描述

各向异性描述的是介质的特性，各向异性介质是指弹性波的传播速度随方向而异的介质。偏移方法是指应用波动方程的各种近似解法，对地震波场进行成像。地震各向异性叠前深度偏移是指对各向异性介质进行的叠前深度偏移处理。

（一）TI 介质中的平面波

绝大多数现有的地震各向异性研究是在横向各向同性（TI）介质上实现的，该介质有一个对称轴。在此模型上所有地震信号仅仅依赖于传播方向与对称轴的夹角。任何包含该对称轴的平面代表了一个镜像对称面，其余的一个对称面（各向同性面）垂直于对称轴。只要模型是均匀的，对称轴的方向相对于坐标系统可以是任意的，因此，通过垂向对称轴的横向各向同性（VTI）定义刚度系数的克利斯托费尔方程，可以得到体波在横向各向同性介质中传播的相速度和极化（Tsvankin，1997）。

$$\begin{bmatrix} c_{11}n_1^2+c_{55}n_3^2-\rho V^2 & 0 & (c_{13}+c_{55})n_1n_3 \\ 0 & c_{66}n_1^2+c_{55}n_3^2-\rho V^2 & 0 \\ (c_{13}+c_{55})n_1n_3 & 0 & c_{55}n_1^2+c_{33}n_3^2-\rho V^2 \end{bmatrix}\begin{bmatrix} U_1 \\ U_2 \\ U_3 \end{bmatrix}=0 \tag{5.21}$$

用相对于对称轴的相角（$n_1=\sin\theta$；$n_3=\cos\theta$）表示单位矢量 n，得到横向极化类型波（$U_2\neq0$，$U_1=U_3=0$）的相速度如下：

$$V_{\mathrm{SH}}(\theta)=\sqrt{\frac{c_{66}\sin^2 q+c_{55}\cos^2 q}{\rho}}$$

方程描述了极化矢量在水平面上的所谓的 SH 波。沿垂向传播（$\theta=0°$）方向，SH 波速度等于$\sqrt{c_{55}/\rho}$，而在水平方向上 V_{SH}（$\theta=90°$）$=\sqrt{c_{66}/\rho}$。所以，SH 波速度各向异性的大小取决于两个刚度系数——c_{66}和 c_{55}之间的分数差。

平面极化类型波（P–SV）用式（5.21）中的第一方程和第三方程来描述：

$$\begin{bmatrix} c_{11}\sin^2\theta+c_{55}\cos^2\theta-\rho V^2 & (c_{13}+c_{55})\sin\theta\cos\theta \\ (c_{13}+c_{55})\sin\theta\cos\theta & c_{55}\sin^2\theta+c_{33}\cos^2\theta-\rho V^2 \end{bmatrix}\begin{bmatrix} U_1 \\ U_3 \end{bmatrix}=0 \tag{5.22}$$

如果地震波沿着对称轴传播（$\theta=0°$），则得到：

$$V_{\mathrm{P}}(\theta=0°)=\sqrt{\frac{c_{33}}{\rho}};U_1=0,U_3=1$$

$$V_{\mathrm{SV}}(\theta=0°)=\sqrt{\frac{c_{55}}{\rho}};U_1=1,U_3=0$$

如果地震波在各向同性面上传播（$\theta=90°$），则得到：

$$V_{\mathrm{P}}(\theta=90°)=\sqrt{\frac{c_{11}}{\rho}},U_1=1,U_3=0$$

$$V_{SV}(\theta=90°)=V_{SV}(\theta=0°)=\sqrt{\frac{c_{55}}{\rho}},U_1=0,U_3=1$$

当地震波传播角度倾斜时，P 波和 SV 波的克利斯托费尔方程解不再具有相对简单的特点。令矩阵 $[G_{ik}-\rho V^2\delta_{ik}]$ 的行列式为零，就得到了关于相速度的下列方程：

$$2\rho V^2(\theta)=(c_{11}+c_{55})\sin^2\theta+(c_{33}+c_{55})\cos^2\theta \pm\sqrt{[(c_{11}-c_{55})\sin^2\theta-(c_{33}-c_{55})\cos^2\theta]^2+4(c_{13}+c_{55})^2\sin^2\theta\cos^2\theta} \tag{5.23}$$

其中，根号前的正号对应 P 波，而负号对应 SV 波。

（二）TI 介质中的汤姆森参数

简化 TI 介质中的相速度函数和其他地震信号的一个方便的方法是用 Thomsen（1986）参数替换标准的表示方法。Thomsen 表示法的思想是沿着对称轴将各向异性的影响从“各向同性”（选择 P 波和 S 波速度）参数中分离出来。VTI 介质的 5 个弹性系数可以用 P 波和 S 波（各自）的垂向速度 V_{P0} 和 V_{S0} 以及三个无量纲各向异性参数（ε、δ 和 γ）来替换（Tsvankin，1997）：

$$V_{P0}\equiv\sqrt{\frac{c_{33}}{\rho}}$$

$$V_{S0}\equiv\sqrt{\frac{c_{55}}{\rho}}$$

$$\varepsilon\equiv\frac{c_{11}-c_{33}}{2c_{33}}$$

$$\delta\equiv\frac{(c_{13}+c_{55})^2-(c_{33}-c_{55})^2}{2c_{33}(c_{33}-c_{55})}$$

$$\gamma\equiv\frac{c_{66}-c_{55}}{2c_{55}}$$

在 Thomsen 表示法中，P 波和 SV 波信号与参数 V_{P0}、V_{S0}、ε 和 δ 有关，而 SH 波则用横波垂向速度 V_{S0} 和参数 γ 来描述。

SH 波相速度函数依据参数 γ 可以重新写成如下形式：

$$V_{SH}(\theta)=V_{S0}\sqrt{1+2\gamma\sin^2\theta}$$

在弱各向异性假设的前提下（$|\varepsilon|<<1$，$|\delta|<<1$），得到关于 P 波相速度的表达式：

$$V_P(\theta)=V_{P0}(1+\delta\sin^2\theta\cos^2\theta+\varepsilon\sin^4\theta) \tag{5.24}$$

或等于：

$$V_P(\theta)=V_{P0}[1+\delta\sin^2\theta+(\varepsilon-\delta)\sin^4\theta]$$

在弱各向异性条件下的 SV 波相速度如下：

$$V_{SV}(\theta)=V_{S0}(1+\sigma\sin^2\theta\cos^2\theta) \tag{5.25}$$

其中，σ 是 Thomsen 参数的组合形式：

$$\sigma\equiv\left(\frac{V_{P0}}{V_{S0}}\right)^2(\varepsilon-\delta)$$

针对具有水平层状沉积的大套地层或相对于地震波长具有小尺度周期性的薄层（不同

特性的各向同性层交替成层）介质，我们用具有垂向对称轴的横向各向同性介质来描述，简称作 VTI 介质。VTI 介质具有 5 个独立刚度系数。

当横向各向同性地层倾斜时，对称轴相对于地表也发生倾斜，我们称作具有倾斜对称轴的横向各向同性介质，简称 TTI 介质。这种介质在复杂的逆掩推覆地区是非常典型的。构造运动形成的地层弯曲变形以及各向同性介质背景中具有倾斜裂缝系统的介质都需要用 TTI 介质去描述。

将对称轴旋转到水平方向即可得到水平对称轴的横向各向同性模型，简称 HTI 介质。HTI 介质是镶嵌在各向同性背景上的平行的垂向裂缝系统所引起的。HTI 介质模型有两个相互垂直的垂向对称面——对称轴面和各向同性面。

二、深层角度域各向异性层析反演技术

传统的层析速度建模方法由三部分组成，首先利用 Dix 公式或基于层位约束的 Dix 公式生成初始层速度模型，然后利用炮检距道集对初始速度进行迭代，最后利用网格层析方法局部修正速度模型。Tsvankin 等认为速度和各向异性参数对地震波旅行时的影响相互耦合，反演很可能存在多解性。层析速度反演时，需要采用稳定的分步反演策略对速度和各向异性参数进行更新和优化。2008 年，Zvi Koren 提出采用角度域共成像点道集开展反演的策略，利用小角度内的数据求取 δ 值，利用大角度数据获取 ε 值（刘瑞合等，2017）。

（一）角度域各向异性射线追踪

射线追踪主要研究的是传播中的波前面法线，这些法线被称为射线。在高频近似的情况下，射线可以指示弹性波的传播方向和沿相应射线路径波前的到达时间。在简化的射线模拟中，射线上只携带了时间信息，即波传播的旅行时，没有考虑振幅和相位信息。这对于正演模拟和初步的偏移来说已经足够了（秦宁等，2012）。

1. 各向同性介质射线追踪方法

地震波在地下的传播过程可以用声波来描述，二维声波方程如下：

$$\nabla^2 u(x,z,t)-\frac{1}{v^2(x,z)}\frac{\partial^2 u(x,z,t)}{\partial t^2}=0 \tag{5.26}$$

式中，$u(x,\ z,\ t)$ 为声波波场；$\nabla^2=\frac{\partial^2}{\partial x^2}+\frac{\partial^2}{\partial z^2}$为拉普拉斯算子；$v(x,\ z)$ 为介质中波速。

将方程做傅里叶变换从时间域转换到频率域，得到亥姆霍兹方程：

$$\nabla^2 u(x,z,\omega)+\frac{\omega^2}{v^2(x,z)}u(x,z,\omega)=0 \tag{5.27}$$

式中，ω 为角频率。

应用射线理论的高频近似假设条件，频率趋于正无穷，将简谐波近似解代入：

$$\left(\nabla t(x,z)\nabla t(x,z)-\frac{1}{v^2(x,z)}\right)-\frac{i}{\omega}\left(\frac{2}{A(x,z)}\nabla A(x,z)\nabla t(x,z)+\nabla^2 t(x,z)\right)$$

式中，τ 为旅行时。

所以为了满足齐次方程成立，则方程实部、虚部都为零：

$$\begin{cases}\nabla t(x,z)\nabla t(x,z)=\dfrac{1}{v^2(x,z)}\\2\ \nabla A(x,z)\nabla t(x,z)+A(x,z)\nabla^2 t(x,z)=0\end{cases}$$

以上两个公式即为程函方程和输运方程，这两个方程就是渐进射线类方法的理论基础。对程函方程略作变换，在沿着曲面仅存在微小变化时，可以得到：

$$\begin{cases}\dfrac{\mathrm{d}x_i}{\mathrm{d}t}=v_{\mathrm{g}}^2 S_i\\\dfrac{\mathrm{d}S_i}{\mathrm{d}t}=-\dfrac{1}{v_{\mathrm{p}}}\dfrac{\partial v_p}{\partial x_i}\end{cases}\tag{5.28}$$

式中，x_i为位移矢量；S_i为慢度矢量；v_{p}和v_{g}分别为相速度和群速度。

这就是最简单情况下的运动学射线追踪表达式，通过求解方程，可以得到波传播的路径和旅行时信息。

2. VTI 介质射线追踪方法

下面将各向同性条件下的射线追踪拓展到各向异性条件下。Cerveny 在 20 世纪 70 年代已经开始对各向异性介质的射线追踪进行研究。在各向异性介质中，波动方程具有如下形式：

$$\frac{\partial}{\partial x_i}\left(c_{ijkl}\frac{\partial u_k}{\partial x_l}\right)=r\,\frac{\partial^2 u}{\partial t^2}\tag{5.29}$$

式中，c_{ijkl}为弹性系数；u 为位移向量；x_i为位移矢量；u_k为位移向量的分量。

随后，Cerveny 又推导了运动学上各向异性介质中射线追踪的形式：

$$\begin{cases}\dfrac{\mathrm{d}x_i}{\mathrm{d}t}=a_{ijkl}p_1 g_j g_k\\\dfrac{\mathrm{d}p_i}{\mathrm{d}t}=-\dfrac{1}{2}\dfrac{\partial a_{njkl}}{\partial x_i}p_n p_1 g_j g_k\end{cases}\tag{5.30}$$

式中，a_{ijkl}为密度归一化后的弹性参数，即$a_{ijkl}=\dfrac{c_{ijkl}}{\rho}$；$p_i=\dfrac{\partial t}{\partial x_i}$射线参数 p 在 i 方向上的分量；g_k和g_j为极化向量，即归一化特征向量。

按照式（5.30）表征各向异性射线追踪过程是比较复杂的，计算效率很低，有学者就对上式进行改善，特别是 Zhu 等以相速度的表达形式构建了一个简化的运动学射线追踪方程：

$$\begin{cases}\dfrac{\mathrm{d}x_i}{\mathrm{d}t}=v_{\mathrm{g}}^2 s_i\\\dfrac{\mathrm{d}p_i}{\mathrm{d}t}=-\dfrac{\partial \ln v_{\mathrm{p}}}{\partial x_i}\end{cases}\tag{5.31}$$

式中，v_{p}为相速度；v_{g}为群速度；s_i为慢度。

相较于 Cerveny 提出的公式，式（5.31）提高了计算效率。

图 5.25 和图 5.26 为各向同性及 VTI 介质模型下的波场快照和射线追踪与波前对比图。

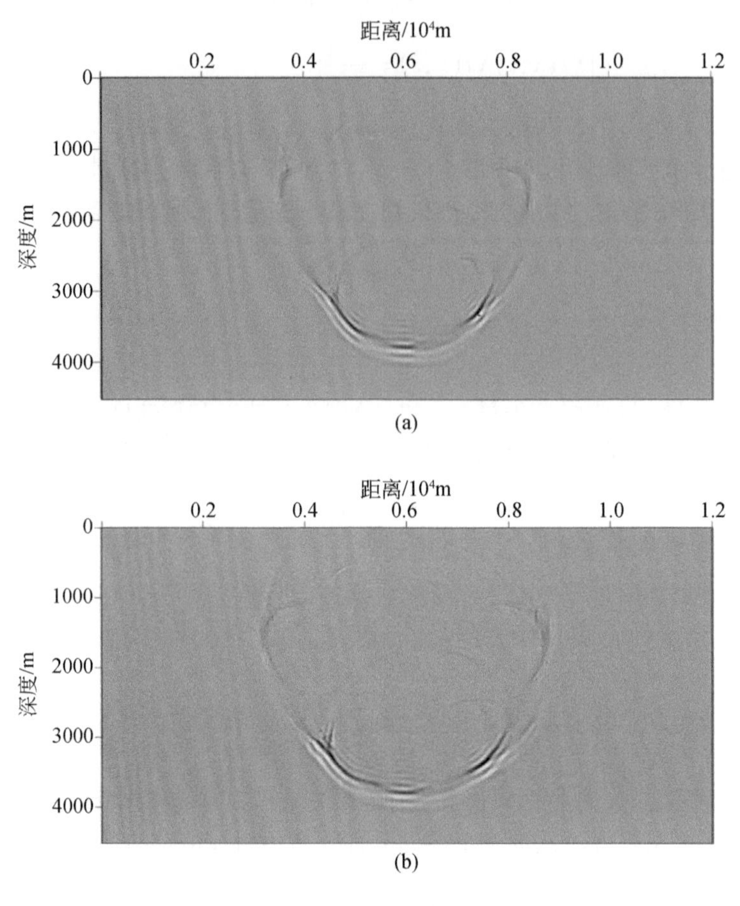

图 5.25　波场快照

（a）各向同性介质波场快照；（b）各向异性介质波场快照

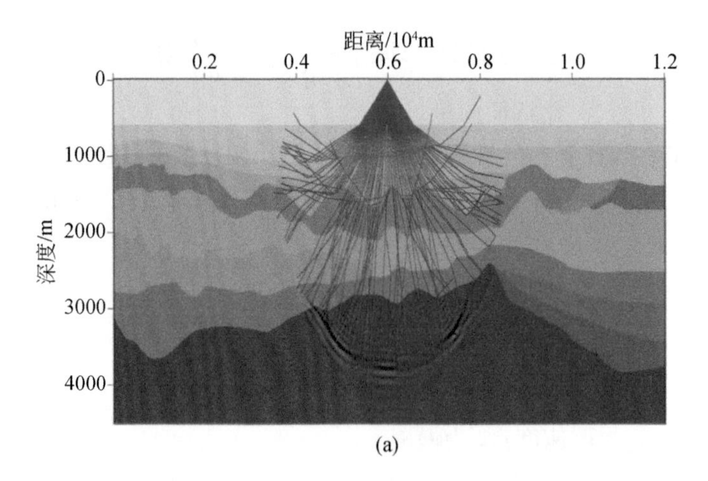

(a)

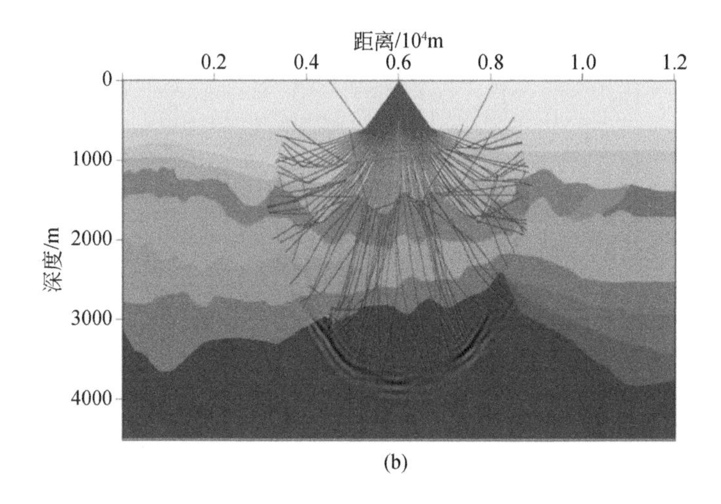

(b)

图 5.26　射线追踪与波前对比图

（a）各向同性介质射线追踪与波前对比；（b）各向异性介质射线追踪与波前对比

首先，从两种介质的射线追踪对比可以看出，因为受 Thomsen 参数（ε、δ）的影响，显著改变了射线路径；其次，因为 ε、δ 都为正值，所以无论是射线还是波场，横向上的速度都大于纵向上的速度，体现在图中即为相同时刻下，各向异性的射线路径或者波场快照明显比各向同性的在横向上更为发散；最后，在相同介质下射线追踪的末端与波场快照的波前都匹配重合，体现出了射线追踪的正确性。

（二）各向异性参数反演策略与流程

当速度等参数模型不准时，未拉平状态下成像道集的剩余深度与时间残差之间的关系如下：

$$\Delta t(x,\theta)=\frac{2}{V_{\mathrm{Pphase}}}\Delta z(x,\theta)\cos\theta\cos\beta \tag{5.32}$$

式中，β 为地层倾角。

在深度残差与时间残差的关系式中，V_{Pphase}是相速度。采用 Alkhalifah 等的相关研究基础，将相速度表达为

$$V_{\mathrm{p}}=V_{\mathrm{p0}}\sqrt{0.5+\varepsilon\sin^2\theta+0.5\sqrt{(1+2\varepsilon\sin^2\theta)^2-8(\varepsilon-\delta)\sin^2\theta\cos^2\theta}}$$

将式（5.32）变形为

$$\Delta z(x,\theta)=\frac{V_{\mathrm{Pphase}}\Delta t(x,\theta)}{2\cos\theta\cos\beta} \tag{5.33}$$

当地层倾斜时，入射角 θ' 与相角 θ 的关系为

$$\theta=\theta'+\beta$$

为具体细化探究反演策略，下面直接对相速度的表达式进行分析，可得相慢度对 Thomsen 参数的导数为

$$
\begin{cases}
\dfrac{\partial s_{\mathrm{p}}}{\partial S_0}=A \\
\dfrac{\partial s_{\mathrm{p}}}{\partial \varepsilon}=-0.5s_0A^3\times[1+B(1+2\varepsilon\sin^2\theta-2\cos^2\theta)]\sin^2\theta \\
\dfrac{\partial s_{\mathrm{p}}}{\partial \delta}=-s_0A^3B\sin^2\theta\cos^2\theta
\end{cases}
\tag{5.34}
$$

其中：

$$
A=\sqrt{0.5+\varepsilon\sin^2q+0.5\sqrt{(1+2\varepsilon\sin^2\theta)^2-8(\varepsilon-\delta)\sin^2\theta\cos^2\theta}}
$$

$$
B=\frac{1}{\sqrt{1+2\varepsilon\sin^2\theta-8(\varepsilon-\delta)\sin^2\theta\cos^2\theta}}
$$

可以得到走时 Δt 对三参数的导数：

$$
\begin{cases}
\dfrac{\partial \Delta t}{\partial V_{\mathrm{p0}}}=\dfrac{\partial s_{\mathrm{p}}}{\partial V_{\mathrm{p0}}}\times d\cos\varphi \\
\dfrac{\partial \Delta t}{\partial \varepsilon}=\dfrac{\partial s_{\mathrm{p}}}{\partial \varepsilon}\times d\cos\varphi \\
\dfrac{\partial \Delta t}{\partial \delta}=\dfrac{\partial s_{\mathrm{p}}}{\partial \delta}\times d\cos\varphi
\end{cases}
\tag{5.35}
$$

式中，s_{p}和S_0为慢度；φ 为群慢度向量和相慢度向量的夹角；d 为网格内射线长度。

当给定各向异性参数，可以得到不同角度下旅行时对各向异性参数的导数，如图 5.27 所示，$V_{\mathrm{p0}}=3000\mathrm{m/s}$，$\varepsilon=0.2$，$\delta=0.15$。

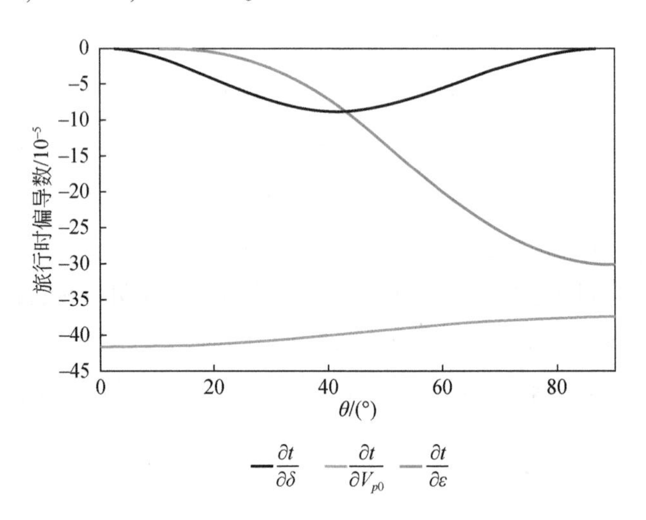

图 5.27　旅行时对 Thomsen 参数导数随入射角的变化

从图 5.27 可以看出，$\dfrac{\partial \Delta t}{\partial V_{\mathrm{p0}}}$幅值最大，意味着$V_{\mathrm{p0}}$是影响旅行时的最重要因素，其次是 $\partial\Delta t/\partial\varepsilon$，最小的是 $\partial\Delta t/\partial\delta$。对所有入射角$V_{\mathrm{p0}}$都很敏感，特别是对小角度，$\partial\Delta t/\partial V_{\mathrm{p0}}$绝对值最大，意味着小角度范围内旅行时受$V_{\mathrm{p0}}$影响最大；$\partial\Delta t/\partial\varepsilon$ 在大角度绝对值较大，所以 ε

对大角度信息比较敏感；同理，δ 对中角度信息比较敏感。因此用小角度信息反演 V_{p0}，中角度信息反演 δ，大角度信息反演 ε。

由此可制定如下反演策略：

（1）先根据初始 Thomsen 参数值计算出初始的反演道集划分范围，后面每次更新参数后，可根据当前的参数计算出对应范围。

（2）选取小范围的 ADCIGs，利用其剩余时间残差反演 V_{p0}，经多次迭代后判断该角度范围道集拉平程度，如果拉平则认为得到满足精度的 V_{p0}。

（3）用第（2）步得到的 V_{p0} 进行偏移得到偏移剖面和 ADCIGs，选取中等范围的 ADCIGs，利用其剩余时间残差反演 δ，同第一步相似，经多次迭代后得到满足精度的 δ。

（4）用第（3）步得到的 δ 进行偏移并提取 ADCIGs，选取大角度的 ADCIGs，反演最后一个参数 ε，经多次迭代得到满足精度的 ε，完成整个反演流程。

（三）VTI 介质复杂层状三参数反演

下面通过一个 VTI 复杂介质模型进行各向异性层析反演方法的验证和效果分析。设计的 VTI 各向异性介质模型，横向采样点 1201，纵向采样点 451，横纵采样间隔均为 10m，均匀激发 100 炮，排列为整个 1201 个接收点排列，记录时长 4s。真实参数模型及单炮记录如图 5.28 所示。

将真实 V_{p0} 场值乘以 0.9 并做 500m 的平滑作为初始 V_{p0} 场，初始 ε 场和初始 δ 场为真实值的 0.7 倍，同样进行 500m 的平滑，如图 5.29 为各初始场及初始偏移剖面以及均匀抽取 10 个位置处的角度域道集。按照本反演方法依次得到反演后的各参数场。从 $x=9000$m 处的参数场在不同深度处值的对比来看，分步反演策略得到的结果准确性比较高，如图 5.30 所示。图 5.31 为层析后的偏移剖面和 10 个位置处的角道集。可以看到剖面和道集的质量与初始参数的结果相比都得到了很大的提高，很好地说明了层析反演方法的有效性与适用性。

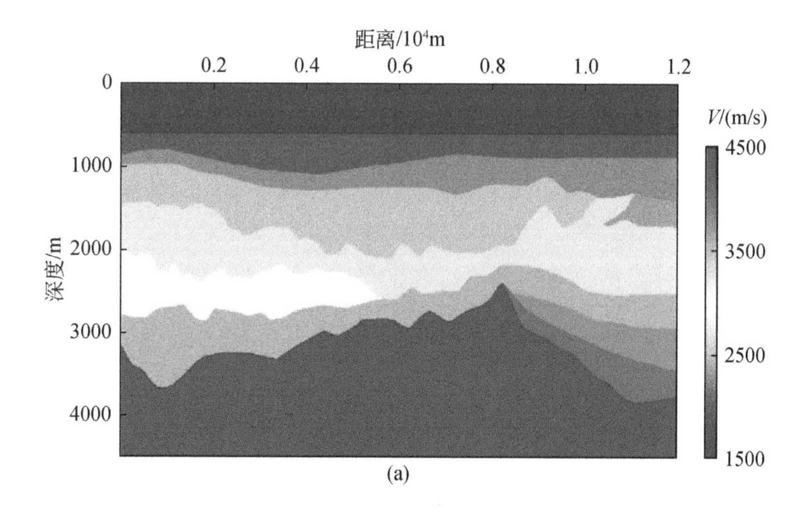

(a)

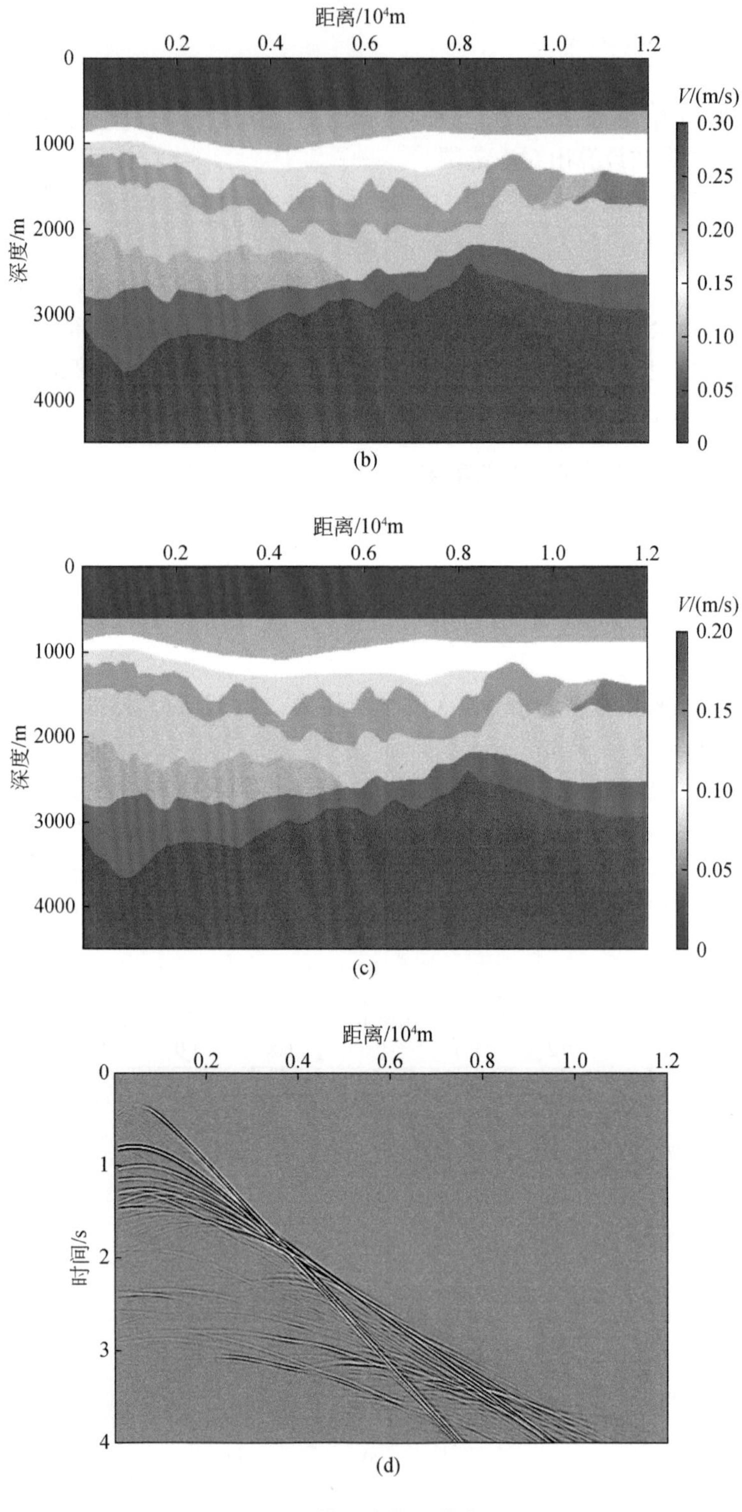

图 5.28　模型参数及单炮记录

(a) 真实 V_{p0} 场；(b) 真实 ε 场；(c) 真实 δ 场；(d) 单炮记录

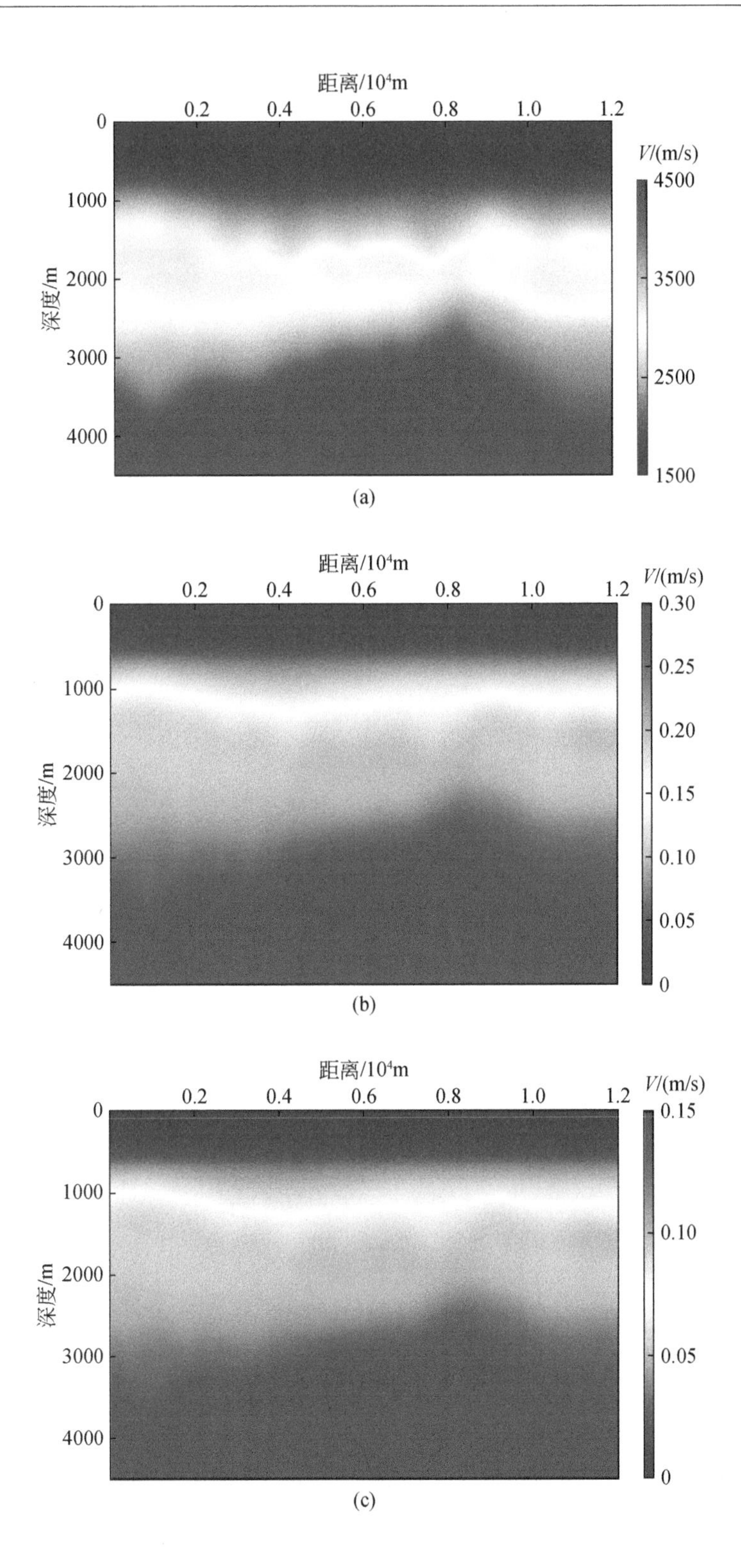
距离/10⁴m
0.2
0.4
0.6
0.8
1.0
1.2
0
1000
2000
3000
4000
深度/m
V/(m/s)
4500
3500
2500
1500
(a)
距离/10⁴m
V/(m/s)
0.30
0.25
0.20
0.15
0.10
0.05
0
(b)
距离/10⁴m
V/(m/s)
0.15
0.10
0.05
0
(c)

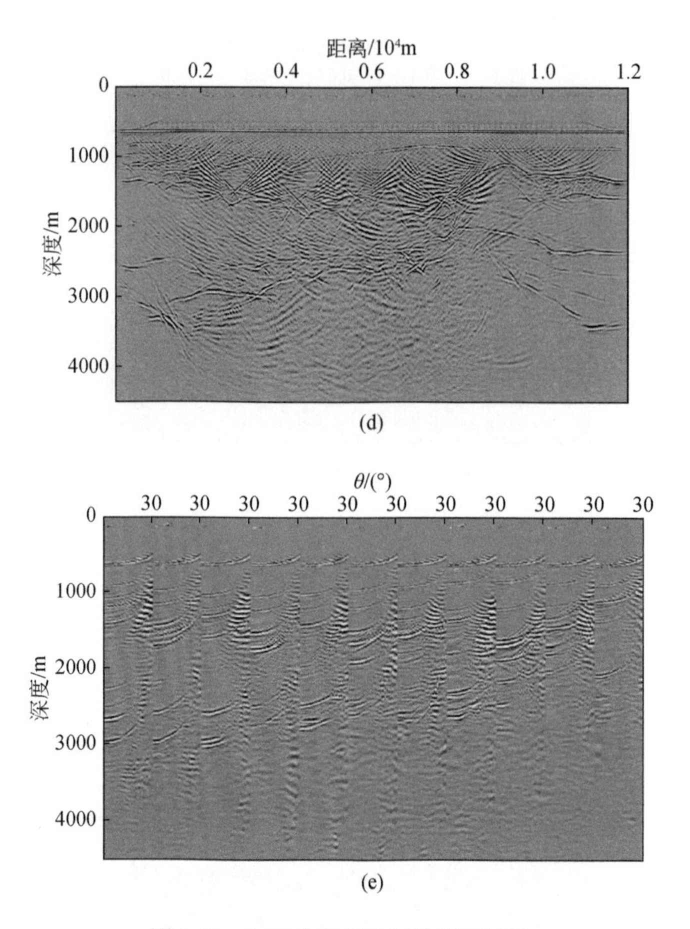

图 5.29　初始参数场及初始偏移结果

（a）初始 V_{p0} 场；（b）初始 ε 场；（c）初始 δ 场；（d）初始参数偏移剖面；（e）初始参数偏移的局部角度域道集

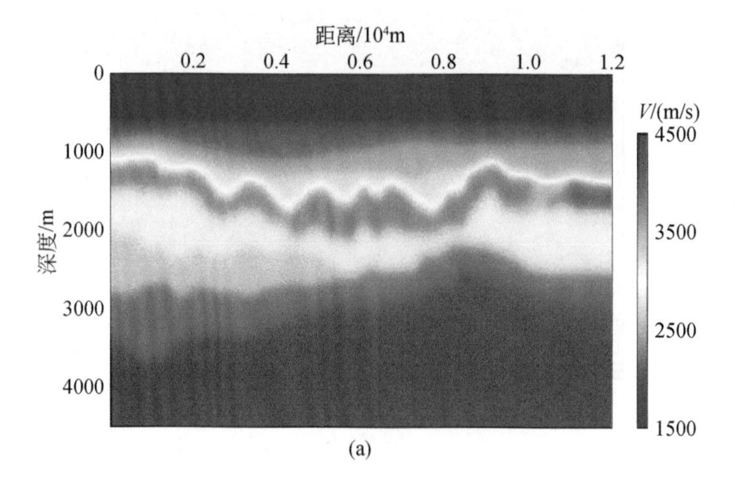

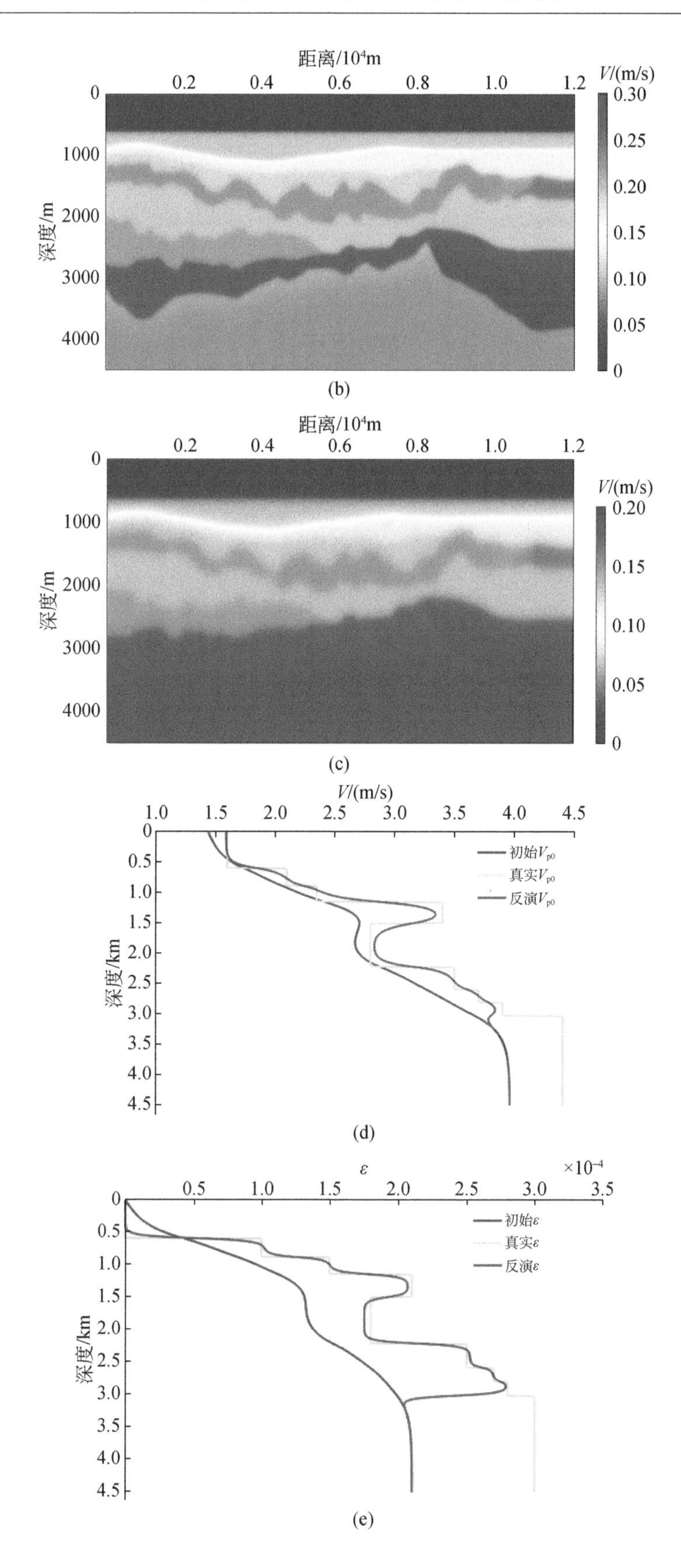

距离/10⁴m
深度/m
V/(m/s)
(b)
(c)
V/(m/s)
深度/km
初始V_{p0}
真实V_{p0}
反演V_{p0}
(d)
ε
×10⁻⁴
深度/km
初始ε
真实ε
反演ε
(e)

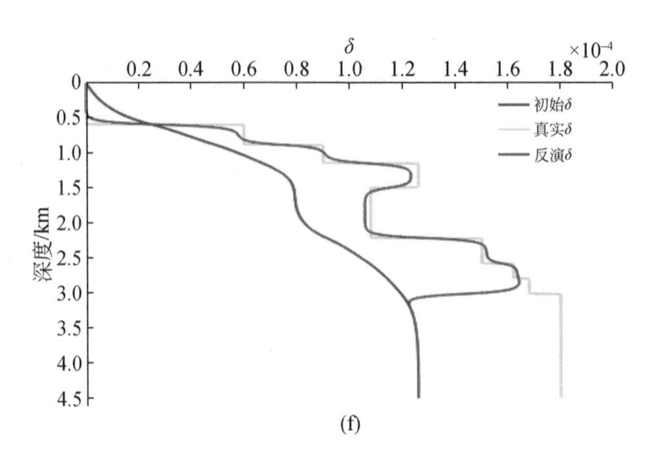

(f)

图 5.30　层析后参数场及 $x=9000\mathrm{m}$ 处初始值、真实值、反演值的对比

(a) 层析后 V_{p0} 场；(b) 层析后 ε 场；(c) 层析后 δ 场；(d) $x=9000\mathrm{m}$ 处不同深度 V_{p0} 值对比；(e) $x=9000\mathrm{m}$ 处不同深度 ε 值对比；(f) $x=9000\mathrm{m}$ 处不同深度 δ 值对比

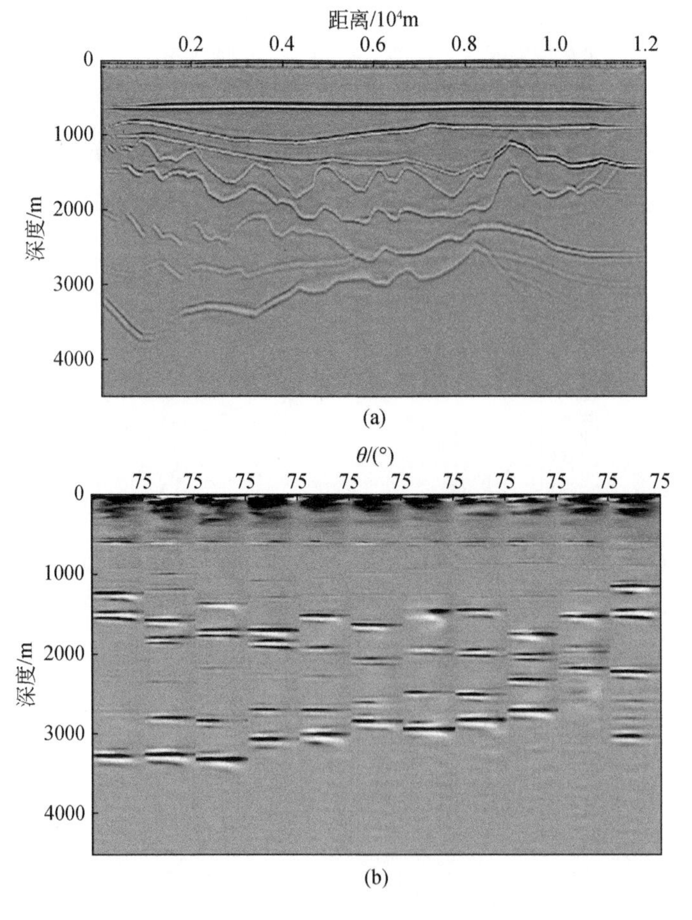

(b)

图 5.31　层析后偏移结果

(a) 层析后偏移剖面；(b) 层析后局部角度域道集

三、各向异性介质描述配套技术

超深层高精度地震成像的核心在于建立一个准确的各向异性速度模型。在复杂陆上地震资料介质描述中，需要考虑地表、近地表模型以及与之配套的数据预处理方案。首先要考虑的问题是复杂地表的处理问题，构建一个高精度的浅表层速度模型是陆上资料高精度成像首先要解决的重点问题。在过去的很长一个时期，陆地资料处理主要采用时间域处理中 CMP 面的概念，并在这个面上开展速度建模和偏移成像处理工作。但由于其通过静校正方式对地震波场进行了改造，不适合深度偏移处理对数据的要求。在实际生产应用中，必须系统考虑近地表处理、速度迭代等配套技术，才能取得好的效果。

（一）偏移起算面与速度分析面的选取

越来越多的叠前深度偏移处理实践表明，选取一个合适的偏移起始面关系到叠前深度偏移速度建模和成像的成败。图 5.32 展示了一个正演模型的实例，从结果看，从地表小平滑面开始的偏移结果［图 5.32（d）］在浅层、高陡部位及其下伏地层的成像明显优于从地表大平滑面开始的偏移结果。地表平滑面作为偏移起始面已经逐渐成为业界的共识，通常采用地表一定尺度的小平滑面作为偏移基准面。

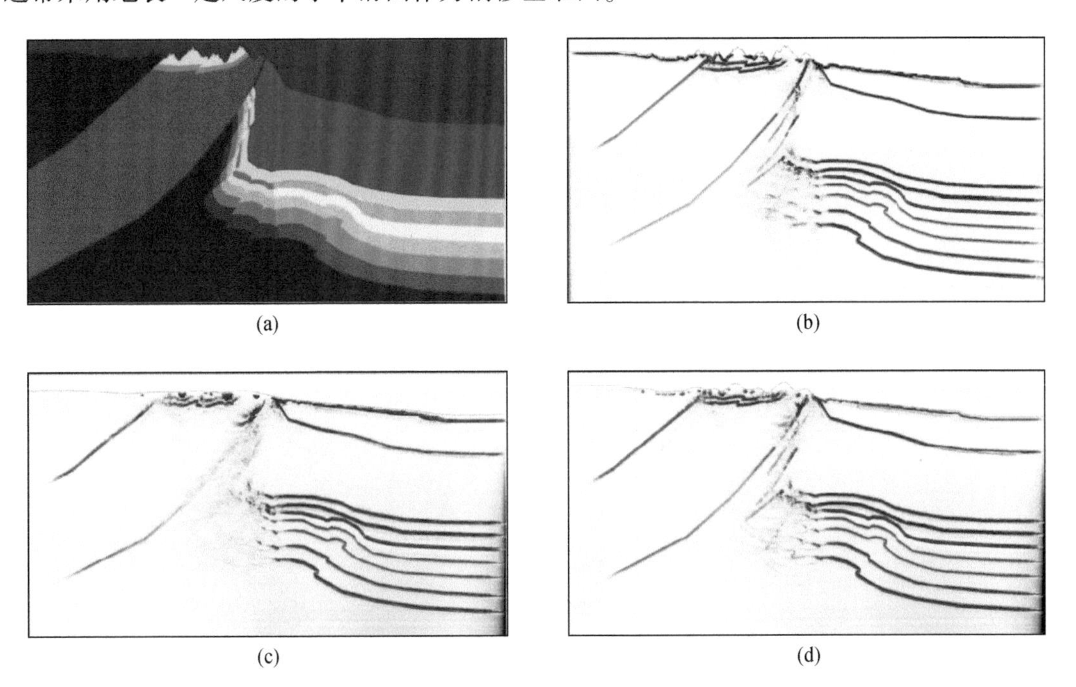

图 5.32　不同偏移起始面克希霍夫叠前深度偏移剖面

（a）正演速度模型；（b）从地表开始的克希霍夫叠前深度偏移结果；（c）从地表大平滑面开始的克希霍夫叠前深度偏移结果；（d）从地表小平滑面开始的克希霍夫叠前深度偏移结果；顶部红色线为偏移起始面高程

平滑尺度的选择，通常基于生产中常用的积分法偏移来考虑。在基于射线理论的偏移成像过程中，速度的横向变化尺度通常不宜过大。因此，在进行射线追踪计算时，要以大约 200m×200m 空间采样网格对速度模型进行离散，偏移成像过程中再进行旅行时表插值处理。在计算旅行时表时，所有小于该旅行时采样尺度的真实近地表地层速度横向变化都会被平滑掉。

（二）浅表层速度建模技术

建立小平滑半径的“真”地表偏移起始面以后，需要建立一个和该偏移起始面匹配的高精度的浅表层速度模型。大炮初至层析反演技术得到的是地表介质每个网格的速度模型，是基于深度偏移考虑的近地表速度-深度模型。

现在的关键是如何进一步提高等效模型的精度来和“真”地表偏移起始面相匹配。从正演模拟和近些年的生产实践看，微测井约束初至层析反演速度建模技术可以达到这个目的。

其基本做法是先利用微测井或小折射等野外近地表调查结果建立一个浅表层速度模型，在该约束建立初始的浅表层速度模型约束下，再进行初至层析反演建立一个近地表速度模型。该方法得到的反演模型精度高，更加接近近地表的实际情况，如图 5.33 所示，

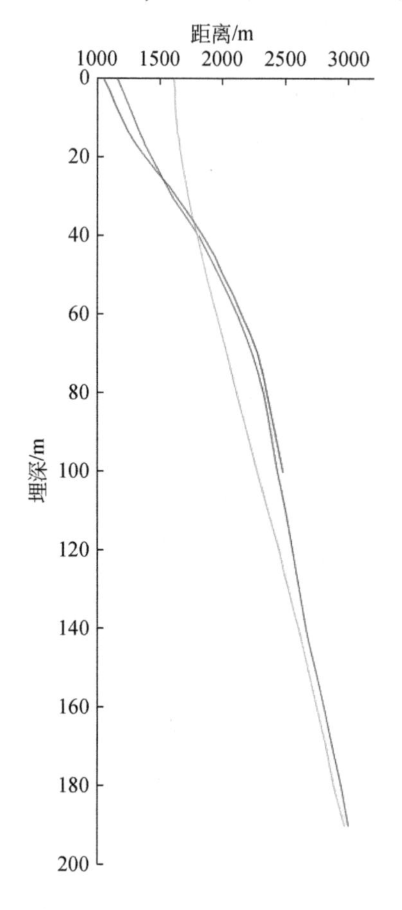

图 5.33　不同表层速度反演方法与微测井所得速度对比图

图中蓝色线为微测井解释所得的近地表速度曲线，红色线为微测井约束初至层析反演所得的近地表速度曲线，绿色线为无微测井约束条件下初至层析反演所得的近地表速度曲线。从结果看，在近地表 100m 范围内，约束后的结果与微测井所得比较吻合。

图 5.34 展示了一个生产实例。以往在 CMP 面上进行叠前深度偏移速度建模和偏移，浅表层速度建模精度较低，造成中深层同一套地层的速度变化达 1000m/s，与该区的地质认识不符，如图 5.34（a）所示。其对应的偏移结果，如图 5.34（c）中红色箭头所示，产生了类似于偏移划弧的异常成像。红色箭头处 CRP 道集中 4800m 深度处道集的远道下拉，而且和近、中道的特征不一致，如图 5.34（e）所示。在应用微测井约束初至层析反演所得表层速度模型后，同一套地层的速度变化较小，符合区域速度变化规律，如图 5.34（b）所示。对应地，图 5.34（f）中红色箭头处的 CRP 道集明显拉平，而且远中近道的特征趋于一致，同相轴偏移归位好。图 5.34（c）中的偏移划弧假象得到了较好的解决，如图 5.34（d）所示。

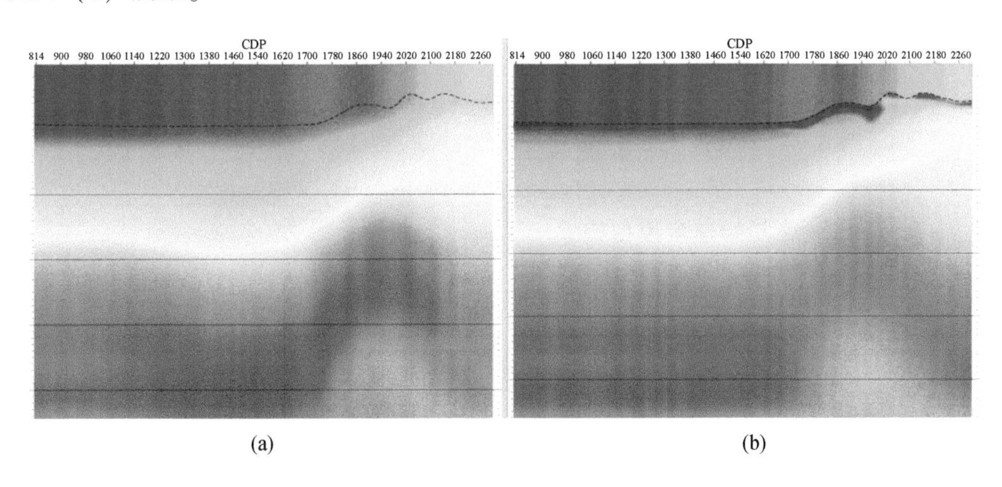

(a)　　(b)

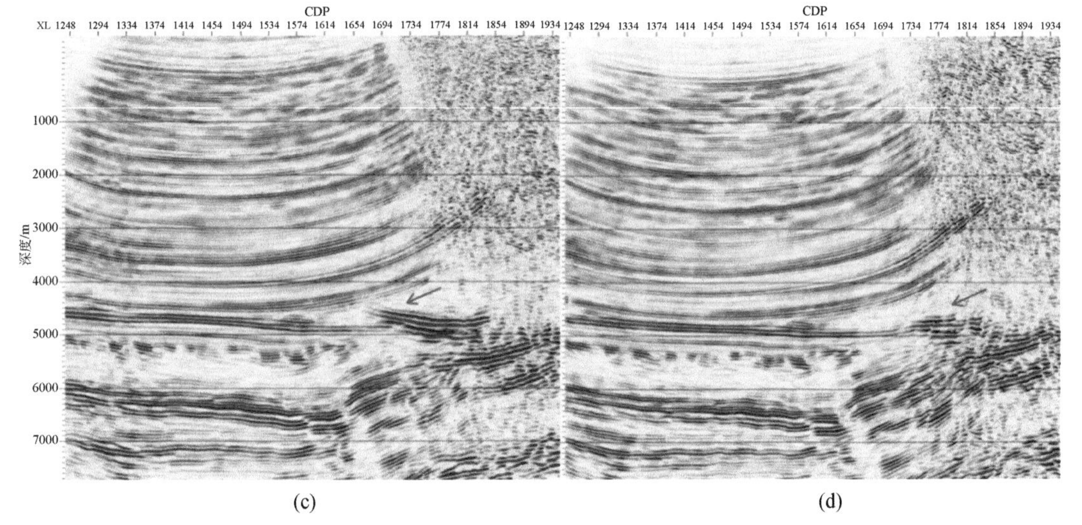

(c)　　(d)

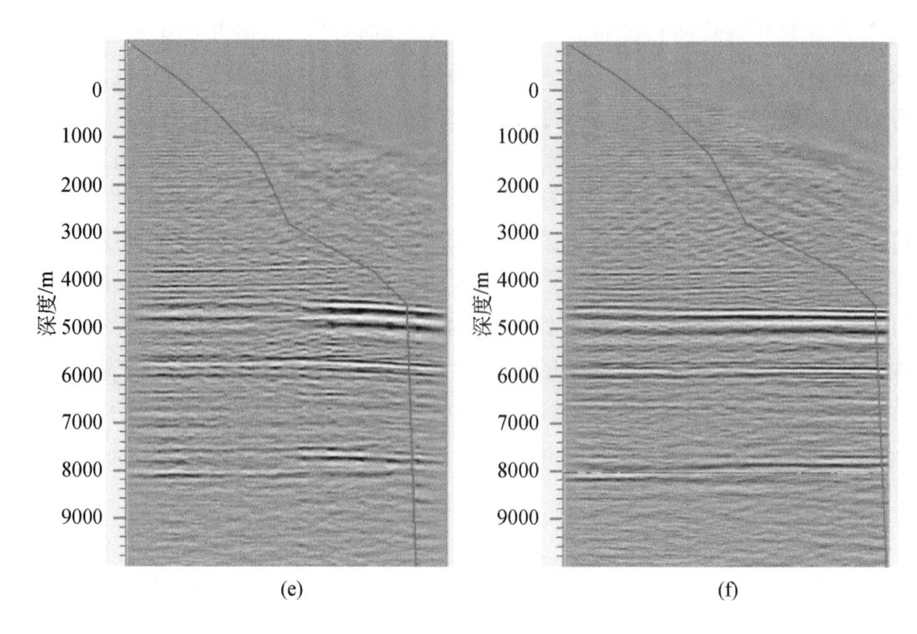

图 5.34　高精度浅表层速度建模方案前后速度及深度偏移结果对比图

（三）多信息约束初始速度模型建立

初始速度模型是深度偏移建模中非常重要的起始工作。目前业界初始速度模型建立的主流方法有两类：一类是层速度填充法，即先构建深度域层位再填充相应的层速度，适应于构造起伏变化大的地区，强调速度场的横向变化规律；另一类是测井速度插值法，即直接利用声波测井速度或 VSP 速度进行三维插值。测井速度插值法适用于构造相对平缓简单的工区，只需要较少的层位甚至不需要层位进行控制，突出强调速度场的纵向变化。

由于初始速度模型的很多速度信息来自叠前时间偏移得到的均方根速度，在大多数复杂区，叠前时间偏移的速度并非真正的均方根速度，而且存在很多假象，导致 Dix 公式转换得到的层速度与实际的速度趋势完全相反。从而导致整个速度建模工作的反复甚至失败。因此，需要综合多种信息以建立比较准确的初始速度模型。

应用多信息约束初始速度建模技术首先必须对“信息”有所认识：一是信息的多元性，包括地震、非地震、岩石学、地质等各种信息，所有这些信息都可以作为我们建模的参考依据；二是信息的局限性，每种信息只能反映地下实际情况的一个或几个方面，它带有局限性；三是信息的相关性，运用这种相关特性有利于推断出我们想要的信息。在此基础上，应用多信息综合建模技术，不仅少走弯路，提高了工作效率，而且更重要的是，可以很大程度上提高模型的精度，如图 5.35（a）和（c）分别为层状速度模型及其对应的叠前深度偏移剖面，图 5.35（b）和（d）分别为多信息约束网格层析反演后得到的速度模型和其对应的叠前深度偏移剖面。与图 5.35（a）相比，图 5.35（b）中高速砾岩区、膏盐岩区速度刻画精度更高，与地质认识更加吻合，相应的构造 1 ~ 构造 3 的成像精度更高。后续在三个构造位置上均取得了较好的勘探效果。

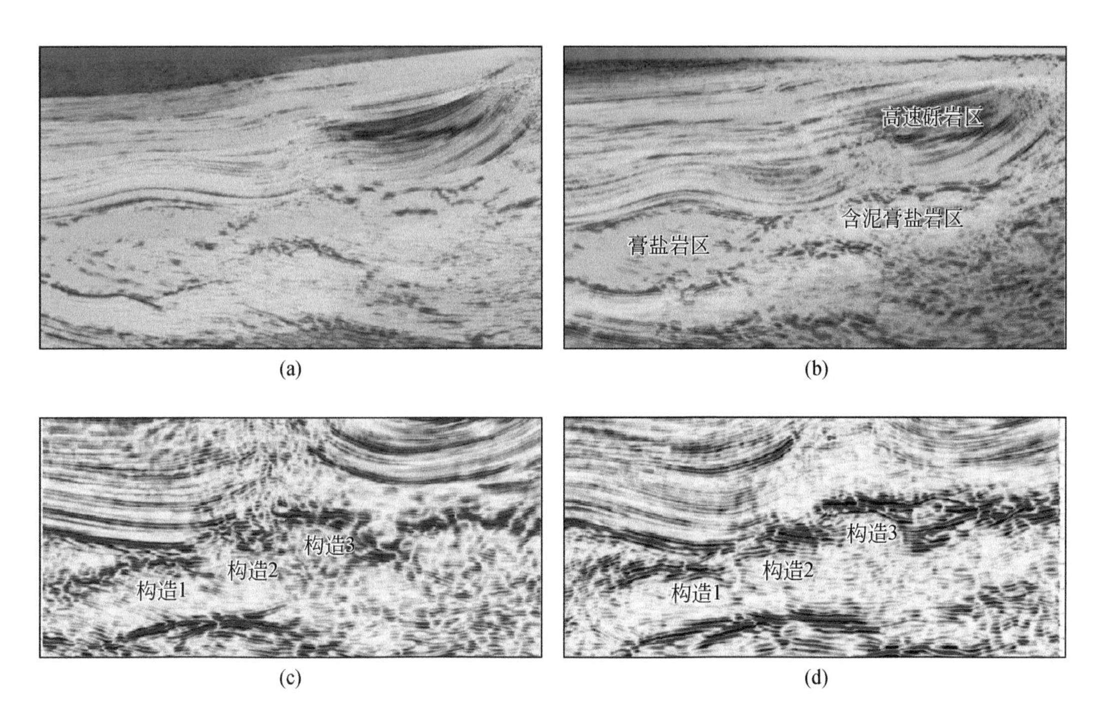

(a)　(b)　(c)　(d)

图 5. 35　多信息约束初始速度建模前后速度模型与偏移剖面

(四) 高精度网格层析反演速度模型优化

目前工业化应用比较广泛、成熟的速度反演建模方法主要有基于沿层的层析成像法和基于网格的层析成像法两种速度建模方法。其中，沿层的层析成像法速度建模是一种基于层位和实体模型的速度反演方法，也是深度偏移速度建模早期应用最广泛的一种工业化速度建模方法。沿层速度分析基于一个排列尺度内速度缓变的假设，在复杂区横向变化大的时候是不适应的，完全依赖延迟谱解释来计算速度更新量会出现较大误差，甚至得到完全相反的速度更新结果。而网格层析反演利用偏移后的 CRP 道集的剩余深度差，建立走时反演方程，得到每个网格的速度更新量，类似于 CT 成像的原理，理论上可以解决几百米级的变化尺度的速度异常。在网格层析中，有几个关键环节需要注意，它们关系到最终的速度模型精度和成像精度。

(1) 初始模型的精度。初始速度模型“合理地接近于”地下真实速度，只有这样，层析迭代的结果才能与地下情况“一致”。当然接近程度与相应的迭代技术也有一定的关系。一般来讲，初始速度误差应该控制在正确模型的 10% ~15% 范围内才能保证层析收敛。

(2) 射线未穿过的网格面元和射线稀疏覆盖。层析反演方法在这种网格面元上没有方程或者没有足够的方程数来求解，它无法求得这个网格面元上的速度估计值，需要用其他方法 (如插值等) 来解决。

(3) 地层倾角。为了使用射线追踪计算旅行路径，需要求出每一个网格面元的地层倾角 (包括主测线方向和联络线方向上的倾角分量)。但倾角作为初始速度模型的函数，它随速度的变化而变化。

（4）参数化反演。工业化生产中经常用拟合曲线来表征剩余深度误差。有利的方面在于能够对空间网格点位置上进行稳健和快速地拾取，但劣势在于某些较小速度特征的分辨能力可能损失。

（5）测量值与反演尺度大小。速度更新的最大尺度，通常是反演的网格面元大小。

为此，在进行地震数据网格层析成像速度建模过程中，往往会引入一些信息进行约束和指导。

（6）各向异性参数与速度之间的耦合关系如何解耦，前面角度域各向异性层析反演已给出了方案，此处不再赘述。

在提高网格层析反演精度方面，近些年也发展了很多技术，比如非线性层析反演法、高斯束层析法、多方位网格层析法，这些方法的主要作用就是增加反演方程中地下网格覆盖密度，提高解的稳定性和可靠性。图 5. 36 是全方位网格层析成像速度建模技术的例子，图（a）为常规网格层析后得到的最终速度模型，（b）为在（a）基础上进行全方位网格层析建模得到的速度模型，（c）和（d）为相应的叠前深度偏移剖面。

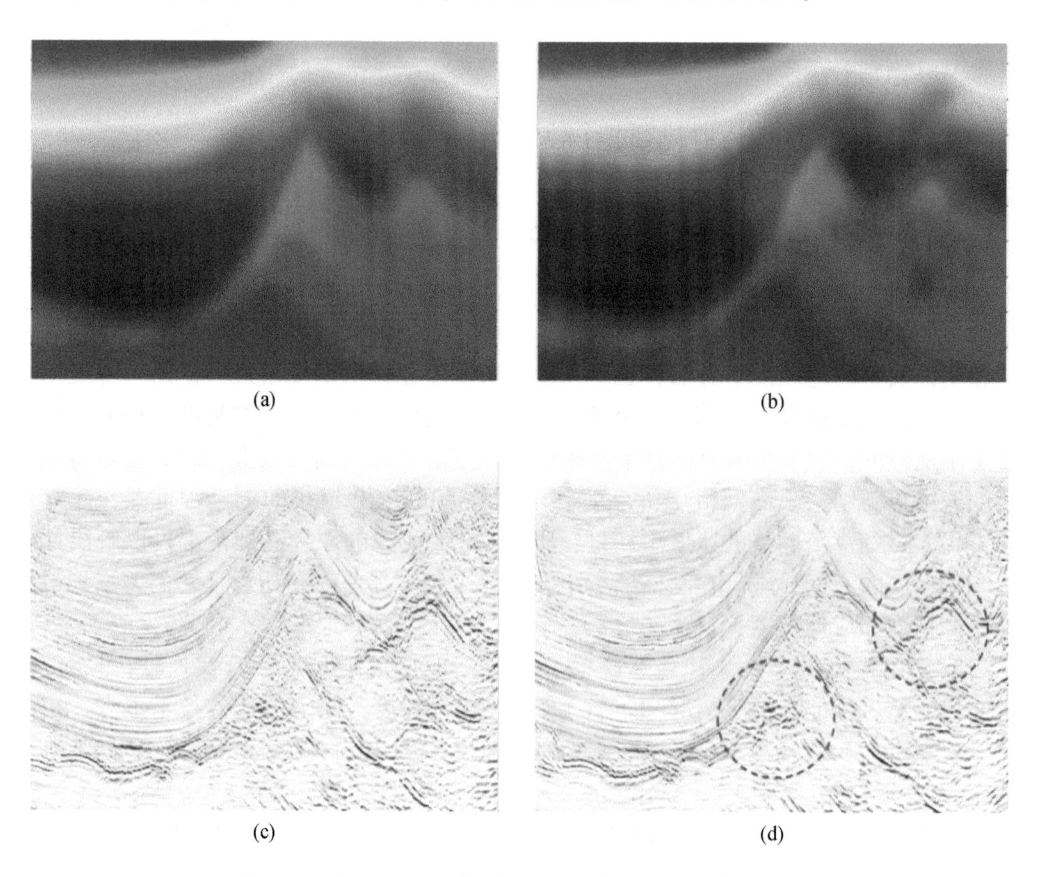

图 5. 36　全方位网格层析前后速度模型及对应偏移剖面

（五）关联迭代的各向异性参数与速度建模思路

一般而言，研究各向异性要从 VTI 开始。Thomsen 于 1986 年给出了表征纵波 VTI 介质弹性性质的 3 个参数：V_{p0}表示 P 波垂直方向传播速度；δ 表示变异系数，是控制近对称轴附近各向异性属性的参数，表现在与井分层的吻合度；ε 表示纵波各向异性，是地震波传播速度沿着地层方向的速度分量和垂直地层方向的分量的函数，表现在远炮检距是否校平。

而对于 TTI 各向异性介质，其表征参数在 VTI 介质三个参数的基础上又增加了 2 个，即地层的倾角和方位角参数 θ、φ，共 5 个参数。

由于 TTI 各向异性的假设较各向同性的假设更接近于实际地下介质，因而基于 TTI 各向异性假设的叠前深度偏移成像技术在工业生产应用中具有普遍性。

TTI 介质各向异性参数初始建模是在预处理后的道集数据上，结合测井数据，提取 TTI 介质各向异性参数，建立 TTI 介质各向异性参数初始深度域模型。形成的初始模型可为后续层析反演提供原始数据，其准确的空间信息和数值信息能够有效提高层析反演的收敛速度和反演精度。因此，利用测井数据和构造解释信息联合实际地震资料建立相对准确的 TTI 介质各向异性参数初始模型是非常必要的。

δ 参数是 TTI 介质中非常重要的参数，它会影响成像的深度位置。虽然影响程度不及 V_{p0}参数，但如果 δ 参数不准确，将会改变构造边界形态和深度位置，导致解释出现误差，最终造成钻井误差或失利。因此，建立准确的 δ 参数是非常必要的。

在 TTI 的 5 个参数中，δ 参数对于射线角度的敏感性最低，也就是对射线追踪走时的贡献最小，存在于地震数据中的信息非常少，采用射线层析反演很难将 δ 参数反演准确。因此，在实际处理中，很少将 δ 参数作为待反演参数，而是在初始建模时就把 δ 参数建立准确。所以，δ 参数的初始建模非常关键，后续层析反演很难进一步提高其精度。

TTI 参数 V_{p0}、ε、δ 反演策略如前文所述，采用单参数顺序反演是各向异性参数反演主流方案。

通过理论分析和实践应用，建立了直接进行 TTI 各向异性速度建模的思路（图 5. 37），摒弃了先各向同性建模，再各向异性建模的思路，不仅缩短了处理周期，获得精度更高的 TTI 各向异性场，高陡构造区的偏移成像精度更高，井震误差更小（图 5. 38）。

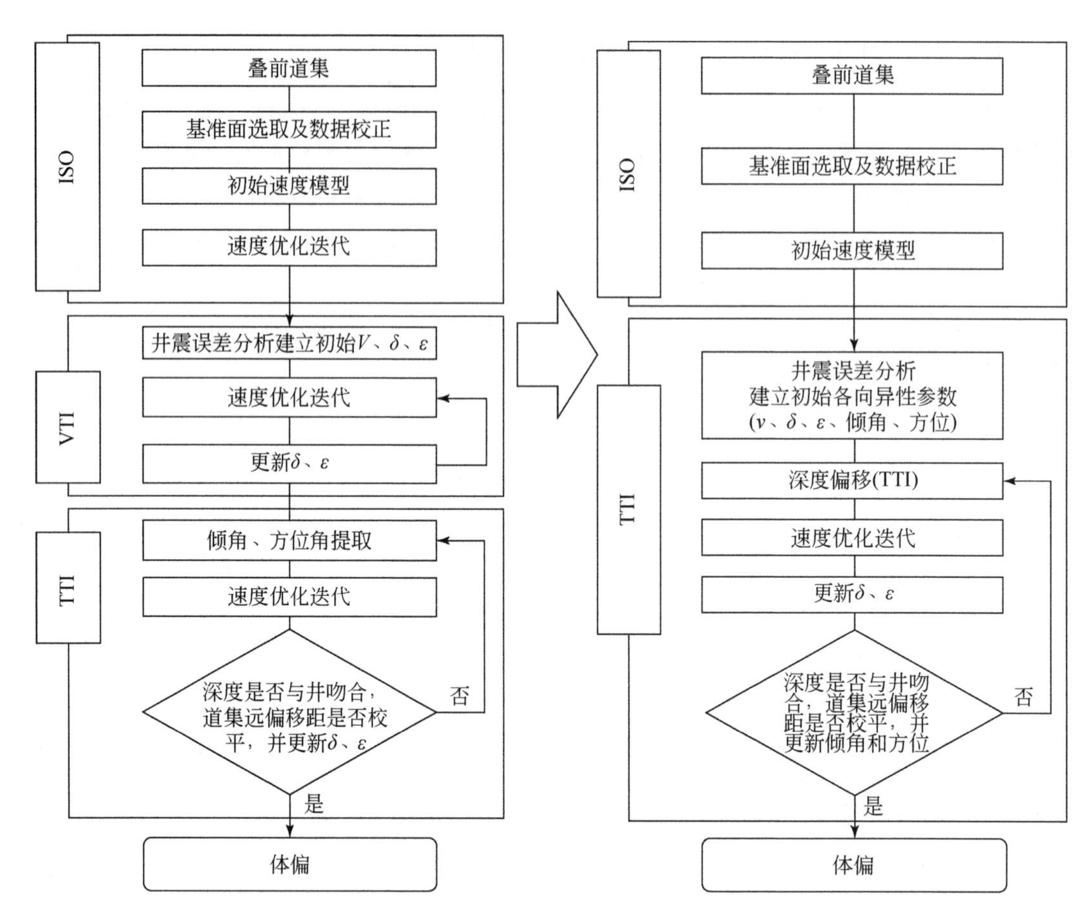

图 5.37　TTI 各向异性速度建模流程示意图

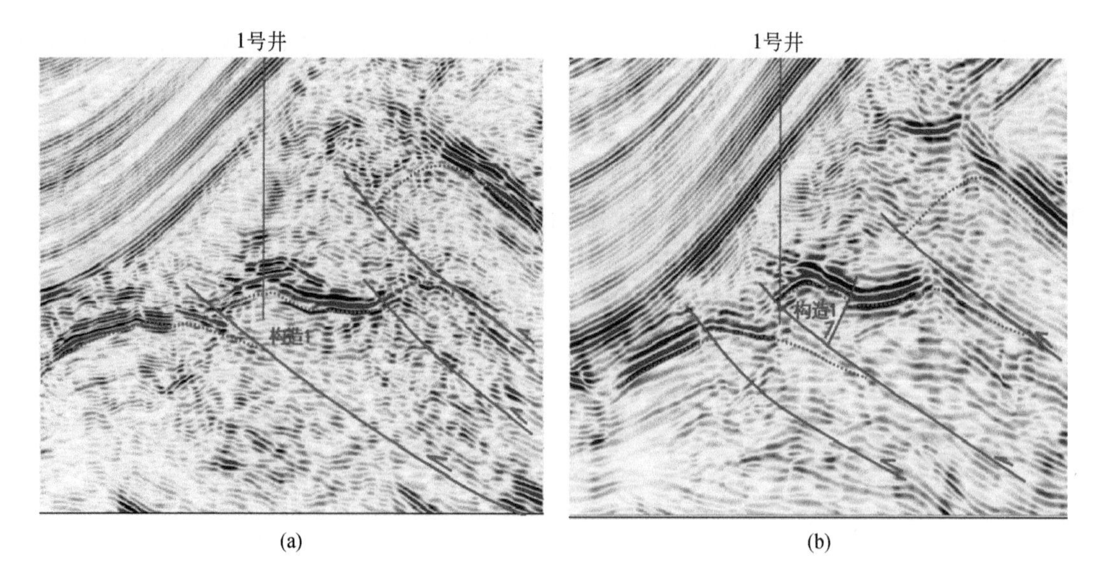

图 5.38　不同 TTI 各向异性速度建模流程叠前深度偏移剖面对比

(a) 常规处理流程；(b) 新的处理流程

第三节　超深层高精度偏移成像技术

一、超深层复杂介质高斯束叠前深度偏移技术

高斯束偏移方法计算精度高于传统射线方法，且计算效率远高于波动方程类方法，因而受到了国内外地球物理学者的广泛关注（岳玉波等，2010；李振春等，2011；代福材等，2017）。本段落对高斯束方法的基本原理进行了详细介绍。首先，从标量波动方程出发，通过高频近似得到程函方程和输运方程；其次，对程函方程和输运方程进行求解，结合射线追踪的初始条件得出频率域高斯束的具体表达式；再次，对高斯束表达式进行分离，通过理论分析与数值算例分析不同束参数，包括初始束宽度、参考频率和频率对高斯束传播形态的影响；然后，推导黏声介质对高斯束复值走时的影响，从而给出了黏声介质高斯束表达式，通过数值算例直观地显示了黏声介质对高斯束振幅的衰减作用；最后，对高斯束叠加积分表征的格林函数进行推导，并给出黏声介质格林函数表达式，对黏声介质和声波介质格林函数进行对比。

在三维标量各向同性介质中，假设$x_s=(x_s,\ y_s)$为震源，$x_r=(x_r,\ y_r)$为接收点，则地下 x 处反向延拓的地震波场 $u(x,\ x_s,\ \omega)$可以由 Rayleigh Ⅱ积分公式来表示：

$$u(x,x_s,\omega)=-\frac{1}{2\pi}\iint \mathrm{d}x_r\mathrm{d}y_r\frac{\partial G^*(x,x_r,\omega)}{\partial z_r}u(x_r,x_s,\omega) \tag{5.36}$$

式中，ω 为频率。

其中，

$$\frac{\partial G^*(x,x_r,\omega)}{\partial z_r}\approx -\mathrm{i}\omega p_{rz}G^*(x,x_r,\omega)$$

式中，$*$ 为复共轭，G^* 为格林函数的复共轭。

在三维标量介质中，x_r 点到 x 点三维格林函数 $G(x,\ x_r,\ \omega)$ 可以用高斯束 $U_{\mathrm{GB}}(x,\ x_r,\ p,\ \omega)$ 的叠加积分来表示：

$$G(x,x_r,\omega)=\frac{\mathrm{i}\omega}{2\pi}\iint\frac{\mathrm{d}p_x\mathrm{d}p_y}{p_z}U_{\mathrm{GB}}(x,x_r,p,\omega)$$

Hill(1990，2001) 通过引入一个相位校正因子将格林函数由 x 点附近 $L=(L_x,\ L_y,\ 0)$ 点（束中心位置）出射的三维高斯束 $U_{\mathrm{GB}}(x,\ x_r,\ p,\ \omega)$ 的叠加积分来近似表示：

$$G(x,x_r,\omega)\approx\frac{\mathrm{i}\omega}{2\pi}\iint\frac{\mathrm{d}p_{rx}\mathrm{d}p_{ry}}{p_{rz}}U_{\mathrm{GB}}(x,L,p_r,\omega)\exp\{-\mathrm{i}\omega\, p_r\cdot(x_r-L)\} \tag{5.37}$$

式中，p_r 为射线参数。

式（5.37）为 Hill 所提出高斯束偏移方法的核心，依据该式，只需要在相对于接收点 x_r 更为稀疏的束中心 L 处进行高斯束的计算以及此后的波场延拓成像，从而有效地减少计算量。

当x_r 离 L 距离较远时，式（5.37）会存在一定的误差。为了减少误差，可以通过对地

表观测排列加入一系列重叠的高斯窗（图 5.39），高斯窗的中心即为束中心的位置。高斯函数具有如下性质：

$$\frac{\sqrt{3}}{4\pi}\left|\frac{\omega}{\omega_r}\right|\left(\frac{\Delta L}{w_0}\right)^2\sum_L \exp\left[-\left|\frac{\omega}{\omega_r}\right|\frac{|x_r-L|^2}{2w_0^2}\right]\approx 1$$

式中，ΔL 为束中心间隔；ω_r 为参考频率；w_0 为初始来宽度。

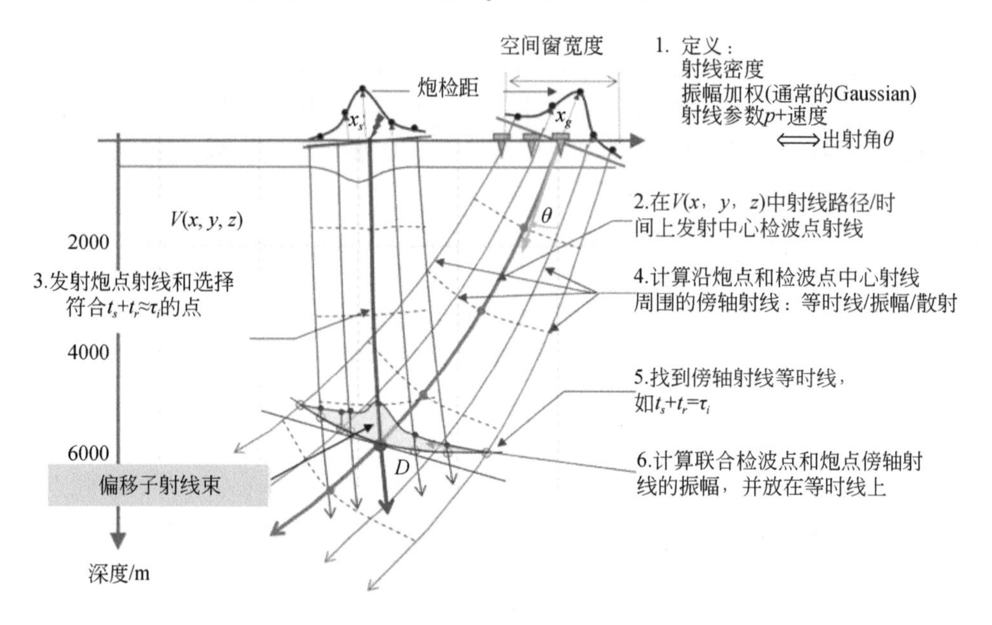

图 5.39　高斯束偏移基本过程的图示说明

此时，$G(x,\ x_r,\ \omega)$ 由若干个束中心出射的高斯束来计算求得，且当x_r 离 L 距离较远时，高斯窗函数的衰减性质可以有效降低上述误差。

高斯束表示的波场反向延拓公式：

$$u(x,x_s,\omega)\approx-\frac{\sqrt{3}}{4\pi}\left(\frac{\omega_r\Delta L}{w_0}\right)^2\sum_L\iint \mathrm{d}p_{rx}\mathrm{d}p_{ry}U_{\mathrm{GB}}^*(x,L,p_r,\omega)D_S(L,p_r,\omega)\tag{5.38}$$

式中，$D_S(L,\ p_r,\ \omega)$ 为地震记录的加窗局部倾斜叠加。

$$D_S(L,p_r,\omega)=\frac{1}{4\pi^2}\left|\frac{\omega}{\omega_r}\right|^3\iint \mathrm{d}x_r\mathrm{d}y_r u(x_r,x_s,\omega)\exp\left[\mathrm{i}\omega\, p_r\cdot(x_r-L)-\left|\frac{\omega}{\omega_r}\right|\frac{|x_r-L|^2}{2w_0^2}\right]$$

根据 Clayton 和 Stolt（1981）、Hildebrand 和 Carroll（1993）所提出的波场双向延拓积分，可以将叠前成像公式表示为

$$I_{\mathrm{pre}}(x)=-\frac{1}{2\pi}\int \mathrm{d}\omega\iint \mathrm{d}x_s\mathrm{d}y_s\,\frac{\partial G^*(x,x_s,\omega)}{\partial z_s}\iint \mathrm{d}x_r\mathrm{d}y_r\,\frac{\partial G^*(x,x_r,\omega)}{\partial z_r}u(x_r,x_s,\omega)\tag{5.39}$$

式中，$I_{\mathrm{pre}}(x)$ 为最终的叠前成像值。

若将式（5.39）中的格林函数用高斯束积分来表示，则可得

$$I_{\mathrm{pre}}(x)=-\frac{1}{8\pi^3}\int \mathrm{d}\omega\mathrm{i}\omega^3\iint \mathrm{d}x_s\mathrm{d}y_s\iint \mathrm{d}p_{sx}\mathrm{d}p_{sy}U_{\mathrm{GB}}^*(x,x_s,p_s,\omega)$$

$$\times \iint \mathrm{d}x_r \mathrm{d}y_r u(x_r, x_s, \omega) \iint \mathrm{d}p_{rx} \mathrm{d}p_{ry} U_{\mathrm{GB}}^{*}(x, x_r, p_r, \omega) \tag{5.40}$$

式（5.40）既可以在炮点、接收点域进行，也可以通过坐标变换转换到中心点、偏移距中进行。但是直接对式（5.40）进行计算需要耗费巨大的计算量，可以利用上节中的有关思路，利用束中心出射的高斯束来近似计算邻近接收点的格林函数从而减少计算量。

图5.39给出了高斯束偏移的基本过程。图5.40为某探区深部成像的对比，可以看出高斯束偏移明显改进了深层的信噪比。

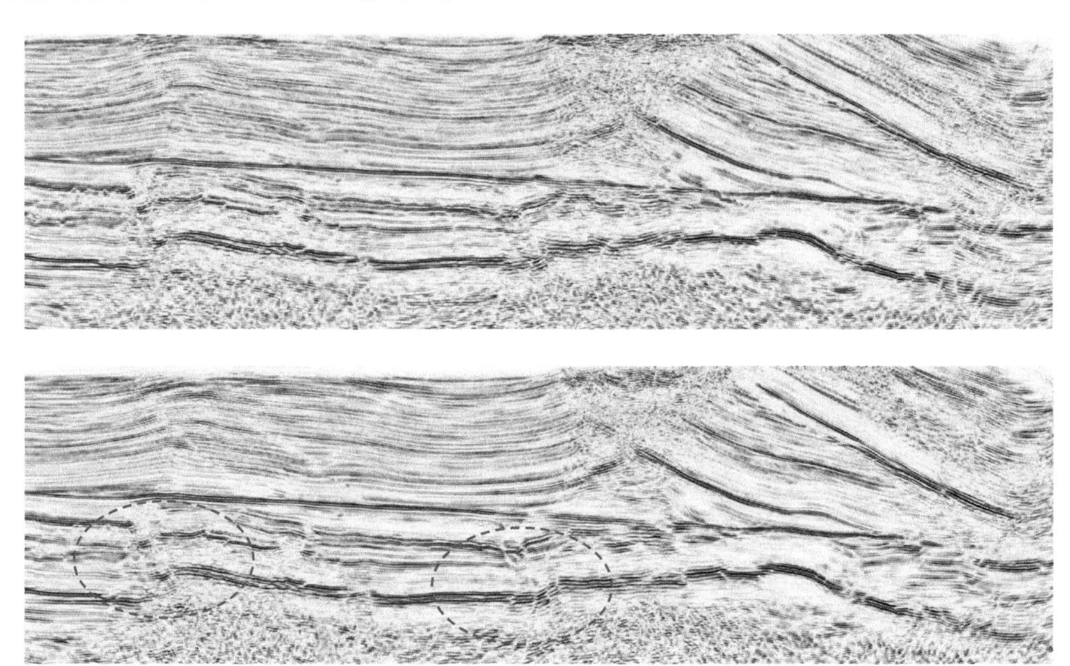

图5.40　高斯束偏移（下）与克西霍夫（上）对比

二、超深层逆散射叠前深度偏移成像技术

地震散射波属于更加广泛的地震波范畴。任意地下介质的不均匀引起的波场变化即地震散射。散射理论将地球介质分解为背景介质和扰动介质，散射波是背景介质中参考波场与扰动介质相互作用的产物。因此，散射波携带了丰富的地球介质物性信息，可以根据散射体外部的散射波场推测非均匀介质的分布情况和性质（地震逆散射问题）。研究基于散射理论的地震偏移方法不仅可以准确地解释地震勘探资料，而且可以克服复杂地质构造成像技术难题。

（一）地震散射波理论

研究表明，针对地下相对于地震波长较小的局部非均匀体，地震散射波理论更具普适性。地震散射波的产生机理满足惠更斯-菲涅耳原理，能够从微观层面解释地震波反射、折射、绕射等单次和多次散射现象。地震逆散射成像反演理论源于量子力学领域，通过研究散射体外部接收到的各种场来估计其内部结构信息。广义而言，地震数据的处理解释、医学超声成像、无损探测等问题都可以归结为逆散射问题。20 世纪 70 年代末期开始，随着波动方程逆散射研究的不断深入，该理论被引入到地球物理勘探领域并得到逐渐发展。

经典地震逆散射理论包含两个方面：基于扰动理论的线性化散射波场正演和求解线性逆散射反问题。Cohen 和 Bleistein（1977）对常背景和变背景速度下的波速扰动反演进行了系统的研究，建立起了以小扰动理论和 Born 近似为基础的速度反演理论，并将他们所提出的方法应用到二维声波速度模型中。Clayton 和 Stolt（1981）利用 Green 函数的 WKBJ 近似将 Cohen 和 Bleistein 以及 Raz 的结果推广到三维变背景声波介质情形，在频率波数域中推导出速度和密度线性解。从应用的观点出发，勘探物理学家希望知道物性参数发生突变或者间断的位置及其梯度变化的大小（真振幅成像和反演）。Miller 等（1987）提出了线性真振幅成像和反演的最初轮廓——求解广义 Radon 变换（generalized Radon transform, GRT）的反投影算子，进一步完善了绕射叠加几何方法，而且更适于处理复杂地质构造及震源和检波器任意排列的情况。Beylkin（1984，1985）利用小扰动技术和 Born 近似将反问题线性化，引入了一种傅里叶积分算子并忽略其所有光滑项（只保留奇性项），有效解决了具有震荡积分核的第一类 Fredholm 积分方程的求解问题，奠定了奇性反演（即间断面反演）的理论基础。在此基础上将 GRT 方法推广到各向同性弹性介质中，提出了与单散射夹角有关的多参数反演方法。de Hoop 和 Brandsbergdahl（2000）在各向异性介质中存在焦散的情况下推导了线性化的近似反演解（最小二乘的意义下），其中的关键是利用 Maslov 近似算子来描述背景波场，对高维稳相法进行了精细分析。从 Beylkin 和 Miller 线性逆散射 GRT 保幅偏移成像的观点出发，Protasov 和 Tcheverda（2006，2012）推导了基于高斯束的线性逆 GRT 保幅偏移成像公式，特别给出了如何结合所有炮点激发的地震波信息进行角度域高斯束真振幅偏移的方法。

Miller 最初提出的基于高频近似和 Born 近似的线性化逆散射 GRT 偏移反演理论，因其高效、灵活、保幅以及适用于任意观测系统等特性，成为非线性方程进行线性化处理的重要手段，在地震数据处理中起到了重要作用，并得到很好的发展与推广。目前大多数偏移成像和反演算法都基于这一单散射的假设条件，这是因为线性化的逆散射问题要比非线性逆散射问题更容易处理。但必须承认的是，线性化的假设需要满足较为苛刻的弱散射条件，即介质的扰动不能太大。当地下目标区域的几何结构较为复杂，速度变化较剧烈的时候，地质条件已经不满足单散射假设，此时利用线性化逆散射偏移反演方法估计的地下介质结构物理参数并不准确。

Born 近似的适用性依赖于背景格林函数算子模拟两点之间直达波的准确度，如果背景格林函数算子描述直达波不够准确，那么这种情况下的 Born 近似就值得怀疑。另外，Born 近似省略了序列中的高阶项，忽略了非线性多散射效应对成像的作用，这种近似处理使得线性化偏移在面对复杂介质反演振幅时难以保真。只有将散射序列中的高阶项用于反演框架中，才能从本质上克服线性小扰动假设的不足。Moses（1956）和 Prosser（1969）等最早提出了逆散射级数方法（inverse scattering series, ISS）。20 世纪 80 年代开始，有些研究学者为了使逆散射理论适用于大扰动的情形，开始关注逆散射序列中的高阶项。Clayton 和

Stolt（1981）发现通过利用散射序列中的高次项可以获得高阶近似。勘探地球物理学家开始从散射级数角度出发研究非线性逆散射偏移反演技术。Weglein 等（2003）在一维声波单参数介质中对主波场分别利用逆散射成像子级数和逆散射反演子级数进行成像和反演。一些勘探学者 20 世纪 90 年代中期开始研究逆散射序列，利用逆散射理论去除地震数据中的多次波。李武群等（2017）通过数值模拟分析了一阶 Born 近似和二阶 Born 近似模拟波场的准确度，并验证了二次散射局部圆域的假设。Ouyang 等对基于二阶 Born 近似的非线性逆散射反演问题进行了系统深入的研究，推导了声波单参数、双参数、弹性等介质中的非线性反演公式并通过模型试算得到验证。多散射问题是一个崭新的、具有挑战性的研究方向。

地震散射波理论遵循惠更斯原理，震源激发的地震波在背景介质中传播形成背景波场，遇到扰动介质，背景波场与扰动介质发生一次散射形成新的震源，新的震源形成新的波前子震源继续传播与其他扰动介质发生多次散射作用，形成更高阶散射波，这些不同阶次的散射波最终在地表观测点上相互叠加形成非线性地震波场，它包含了地下介质的所有信息。传统意义的反射波、透射波、折射波及绕射波都属于散射波的范畴。图 5.41 是反射波传播（产生机制）与成像示意图，其中（a）为地震波遇到光滑界面发生反射，（b）为反射波成像。图 5.42 是散射波传播（产生机制）与成像示意图，其中，（a）为地震波（入射波）遇到不均质体产生散射波，（b）为散射波成像（逆散射成像）。对于一段光滑的反射界面，可认为该界面由很多散射点构成，反射波可看成是各个散射点产生的散射波在地表干涉叠加的宏观效应。

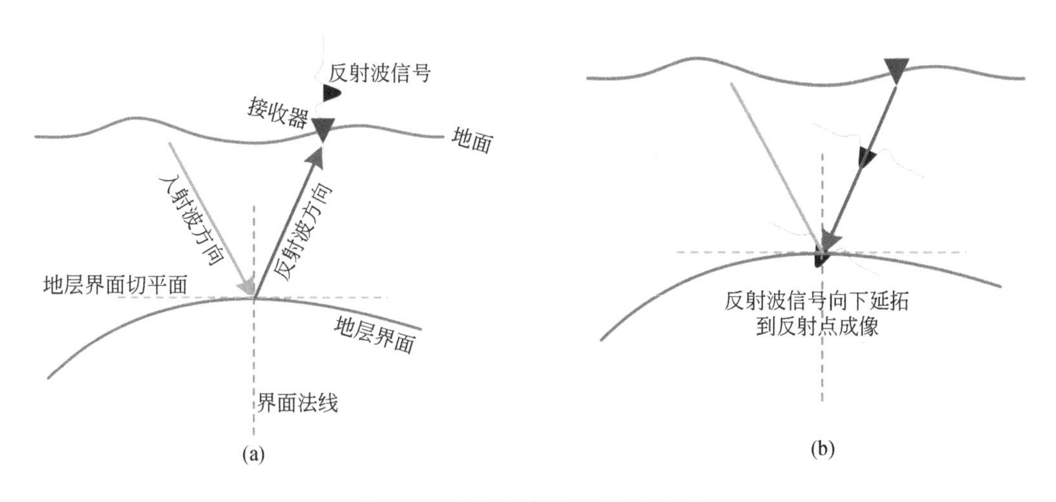

图 5.41　反射波传播与成像示意图

（a）反射波传播；（b）反射波成像

在散射理论中，Born 序列作为波动方程的积分解，可以完整表达上述过程。其建立了介质扰动与散射波场的非线性关系，如何通过散射波场求解介质的扰动是一个逆散射问题。从两个方面阐述散射与逆散射问题：①正散射是给定背景介质和扰动，输出散射波场；②逆散射是给定背景介质以及地表观测波场，来逆向求取地下介质的扰动。

地震波散射理论将地球介质视为背景介质和扰动介质的叠加，描述介质扰动与其引起

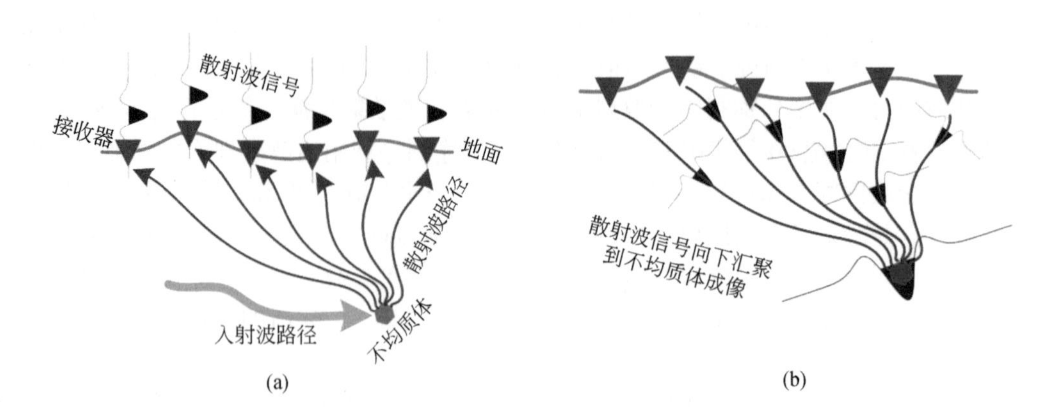

图 5.42　散射波传播与成像示意图

（a）散射波传播；（b）散射波成像

的地震波场之间的关系。地震波在背景介质中传播形成低频入射背景场，遇到扰动介质，相互作用形成散射波场，传播到检波器被记录下来。从点源常密度声波波动方程出发有

$$\nabla^2 U(x,s,\omega)+\frac{\omega^2}{c^2(x)}U(x,s,\omega)=\delta(x-s) \tag{5.41}$$

式中，∇^2 为 Laplace 微分算子；U 为声压场；s 为震源脉冲函数位置；x 为地下介质中的某点；c 为介质中的声波波速；ω 为角频率；δ 为震源脉冲函数。

定义 f 为散射位势，表征散射点的扰动强度：

$$f(x)=c^{-2}(x)-c_0^{-2}(x)$$

式中，c_0 为光滑背景速度。

地震波在该介质中传播产生背景散射波场，根据以上定义并类比量子力学 Lippman-Schwinger 方程，地震波场 U 可以表示为

$$U(r,s,\omega) = G_0(r,s,\omega) + \omega^2\int \mathrm{d}x G_0(r,x,\omega)f(x)U(x,s,\omega) \tag{5.42}$$

式中，r 和 s 分别为接收器和震源的位置；G_0 为背景格林函数（与 c_0 对应），满足如下方程：

$$\nabla^2 G_0(x,s,\omega)+\frac{\omega^2}{c^2(x)}G_0(x,s,\omega)=\delta(x-s) \tag{5.43}$$

根据 Weglein 等（2003），用 L 和 L_0 表示地震波在实际和背景介质中的传播算子：

$$L:=\nabla^2+\frac{\omega^2}{c^2(x)},\quad L_0:=\nabla^2+\frac{\omega^2}{c_0^2(x)}$$

并定义相应的扰动算子 V：$=L_0-L$，通过不断迭代式（5.42）右端积分项，可以得到无穷序列：

$$U=G_0+G_0VG_0+G_0VG_0VG_0+\cdots+G_0\ (VG_0)^n+\cdots \tag{5.44}$$

或者：

$$U_s:=U-G_0=(U_s)_1+(U_s)_2+(U_s)_3+\cdots+(U_s)_n+\cdots \tag{5.45}$$

式中，U_s 为散射场；$(U_s)_n$：$=G_0\ (VG_0)^n$ 为相应的 n 次散射积分项（$n\geqslant 1$）。

表达式（5.45）是散射场的完整表示形式，如果只保留其中的首阶项$(U_s)_1$，则得到散射场的一阶 Born 近似：

$$U_s(r,s,\omega) \approx (U_s)_1 = \omega^2 \int \mathrm{d}x G_0(r,x,\omega) f(x) G_0(x,s,\omega) \tag{5.46}$$

在高频渐近近似条件，三维格林函数可以表示如下：

$$G_0(y,x,\omega) \approx A(y,x)\exp(\mathrm{i}\omega\tau(y,x))$$

其中，旅行时（或相位）函数$\tau(y, x)$满足程函方程：

$$|\nabla_x \tau(y,x)|^2 = c_0^{-2}(x)$$

传播振幅$A(y, x)$满足输运方程：

$$A(y,x)\nabla_x^2\tau(y,x) + 2\nabla_x A(y,x) \cdot \nabla_x \tau(y,x) = 0$$

通过代入和反傅里叶变换得到时间域的散射场 Born 近似积分方程：

$$U_s(s,r,t) \approx -\frac{\partial^2}{\partial t}\int \mathrm{d}x A(s,x,r)\delta[t-\tau(s,x,r)]f(x) \tag{5.47}$$

其中，我们定义$A(s, x, r)$和$\tau(s, x, r)$分别为总体传播振幅和旅行时函数，且有以下关系：

$$A(s,x,r) = A(s,x)A(x,r), \tau(s,x,r) = \tau(s,x)\tau(x,r)$$

在介质扰动较弱、散射体尺寸较小的情况下，散射场一阶 Born 近似（或单散射近似）对于地震波场的模拟是可以接受的，并且线性化下的地震逆散射问题在数学上也可以获得比较准确的解。到目前为止，基于单散射的逆散射偏移反演方法在地震数据处理中仍起着重要作用，成为非线性方程进行线性化处理的重要手段。

为研究地震散射波场特征，本书设计了一个简单的散射体组合模型，其中包括孤立散射点 P1 ~ P4，散射点组合 P-L1 以及散射界面 P-L2，围岩背景速度为 2000m/s，见图 5.43。该模型水平长度为 4000m，深度为 2500m。水平方向和深度方向的网格数分别为 401 和 501，网格间距分别为 10m 和 5m。孤立散射点 P1 ~ P4 位置坐标依次为（2000，250）、（1000，625）、（2000，625）和（3000，625），分别在深度为 1250m 和 2000m 处设置两个水平散射界面 P-L1 和 P-L2，其中 P-L1 为稀疏散射点组合而成，每间隔 10 个网格点设置一个散射点。P-L2 则为连续散射界面，即每个网格点存在扰动。

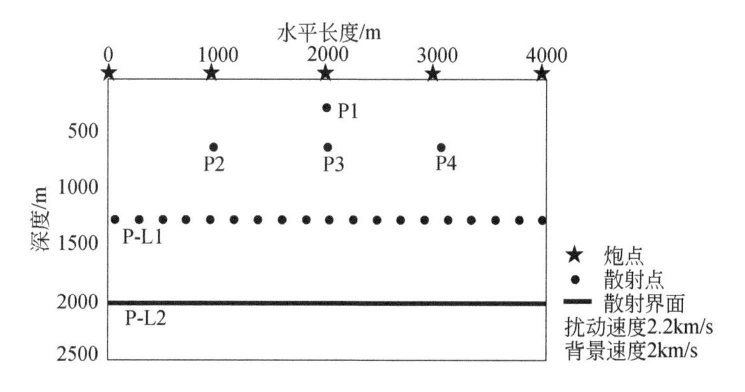

图 5.43　散射体组合模型

本次试验在地表激发震源，共计 5 炮，炮点位置坐标从左到右依次为（0，0）、（1000，0）、（2000，0）、（3000，0）和（4000，0）。采用雷克子波模拟，主频 20Hz。全排列接收，检波器布置在地表，道间距为 10m，记录长度为 4s，时间采样间隔为 4ms。

在常速度背景情况下，散射场式（5.47）有解析表达式，图 5.44 为按该解析积分公式计算的散射波场数据，从左到右为对应 5 个炮点处的单炮记录，各自记录了孤立散射点、组合散射点和散射界面的散射响应。

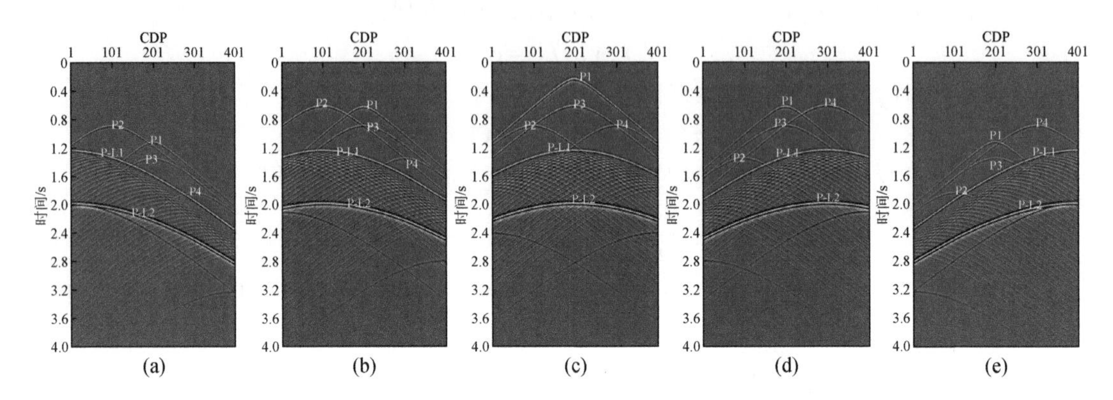

图 5.44 组合模型合成地震数据

为了说明方便，定义炮点与散射点的横向距离为炮散距，检波点与散射点的横向距离为检散距。对于单散射点，无论炮点位置何处，各道均能接收到散射点产生的散射波信号；点散射波信号在记录上都表现为与绕射波相似的双曲特征；散射波双曲顶点，也就是旅行时极小点，同时也是散射波能量值极大点，总是出现在检散距最小的接收道中。随检散距变大，信号能量逐渐减弱，旅行时逐渐增大；散射波能量最大值和旅行时最小值出现在炮散距和检散距最小的道集中。并且，旅行时极小值随炮散距增大而变大，散射波能量极大值随炮散距增大而变小。

从散射点组合（P2，P3，P4）可以看出，距炮点越近的散射点产生的散射波能量越强、旅行时越小；距炮点越远的散射点产生的散射波能量越弱、旅行时越大；组合散射点产生的散射波是各孤立散射点的散射波信号的空间组合以及干涉叠加的总体效应。线散射体 P-L1 的散射波信号是其中各散射点信号的干涉叠加。随着散射点更密集，线散射体 P-L2 的散射波信号表现出明显的反射波特征。也就是说，水平界面是许多散射点的组合，反射波是许多点散射波干涉叠加的波前面；与 P1 等孤立散射波信号相比，由 P-L1 或 P-L2 产生的反射波信号要明显强很多。

从以上散射波场特征分析可知，散射波从更广义、微观的角度描述地震波，地表接收到的地震波场是地下所有存在扰动的散射点（体）产生的散射波的叠加干涉效应。特别地，反射波是散射波的一种，是由较大尺度非均匀性（倾角较小的层状介质）所引起的走时和振幅变化，是无数点散射波在定向排列上干涉叠加而成的波前面。

（二）三维声波逆散射偏移成像技术

在弱扰动条件下，基于一阶 Born 近似的地震散射波理论能够很好地为一次波勘探提供理论支撑。勘探地球物理学家充分挖掘单散射近似与偏移成像之间的线性关系，建立了直接线性反演框架，在线性化的基础上逐步形成了由地表的记录波场推测地下介质不均匀分布的直接逆散射反演求解方法。声波散射场或弹性波散射场可以由矢量散射位势 $f(x)=(f_1(x),f_2(x),f_3(x))^{\mathrm{T}}$ 联合 GRT 算子获得，声学介质或弹性介质的多参数线性逆散射反问题归结于逆 GRT 算子的计算。基于矢量散射位势 $f(x)$ 的 GRT 可以统一表示为

$$(Rf)(s,r,t)=\sum_{l=1}^{3}\int_{D}\mathrm{d}x f_l(x)w_l(\cos\theta(s,x,r))A(s,x,r)\delta(t-\phi(s,x,r)) \tag{5.48}$$

式中，$w_l(\cos\theta(s,x,r))=\cos^{l-1}\theta(s,x,r)$，$l=1,2,3$；$\theta(s,x,r)$ 为散射夹角。

此时，散射波场具有以下表达式：

$$U(s,r,t)=-\partial_t^2(Rf)(s,r,t)$$

将逆 GRT 算子作用于散射波场可得以下逆散射真振幅成像条件：

$$R_l^* U(x)=-\frac{1}{\pi^2}\int_{\partial D}\mathrm{d}s\int_{\partial D}\mathrm{d}r\,\frac{B(s,x,r)w_l(\cos\theta(s,x,r))J(x,s)J(x,r)}{A(s,x,r)}U(s,r,\phi(s,x,r)) \tag{5.49}$$

式中，∂D 为地表；$J(x,s)$ 为炮点 s 的射线切向量与成像点 x 的射线切向量二者的微元变换雅可比行列式；$J(x,r)$ 则为类似的雅可比行列式。

设 e_1 与 e_2 分别为炮点发出的射线在成像点的单位切向量与检波点发出的射线在成像点处的单位切向量，有

$$J(x,s)\mathrm{d}s=\mathrm{d}e_1,\quad J(x,r)\mathrm{d}r=\mathrm{d}e_2$$

将其代入式（5.49）可得

$$R_l^* U(x)=-\frac{1}{\pi^2}\int_{S_1}\mathrm{d}e_1\int_{S_2}\mathrm{d}e_2\,\frac{B(x,e_1,e_2)w_l(e_1\cdot e_2)}{A(x,e_1,e_2)}U(e_1,e_2,\phi(s,x,r)) \tag{5.50}$$

式中，S_1 与 S_2 为成像点处射线的单位切向量终点所在球面的子集，S_1 为与炮点相关的球面子集，S_2 为与检波点相关的球面子集。

在式（5.50）中：

$$B(x,e_1,e_2)=B(x,\theta)=\frac{1}{16\mathrm{mes}E_\psi}\frac{1}{\cos(\theta/2)}\left(\frac{\Delta^2+4\cos^2(\theta/2)}{c_s(x)c_r(x)}\right)^{3/2}b(x,\theta)$$

$$\begin{cases}\Delta(x)=\dfrac{|c_s(x)-c_r(x)|}{\sqrt{c_s(x)c_r(x)}}\\[2ex]\mathrm{mes}E_\psi=\displaystyle\int_{E_\psi(\nu,\theta)}\mathrm{d}\psi\\[2ex]\nu=\dfrac{c_s^{-1}(x)e_1+c_r^{-1}(x)e_2}{|c_s^{-1}(x)e_1+c_r^{-1}(x)e_2|}\end{cases}$$

式中，$c_s(x)$ 为对炮点进行射线追踪的背景速度场在成像点的速度；$c_r(x)$ 为对检波点进行射线追踪的背景速度场在成像点的速度；E_ψ 为与散射夹角 θ 和偏移轴向的单位矢量 ν 有关的空间方位角积分，该方位角积分表示 θ 和 ν 固定时 e_1 与 e_2 所在的平面转过的角度，图 5.45 为计算该方位角积分的示意图。

式（5.50）是在一阶 Born 近似（单散射近似）条件下得到的保幅偏移公式，忽略了

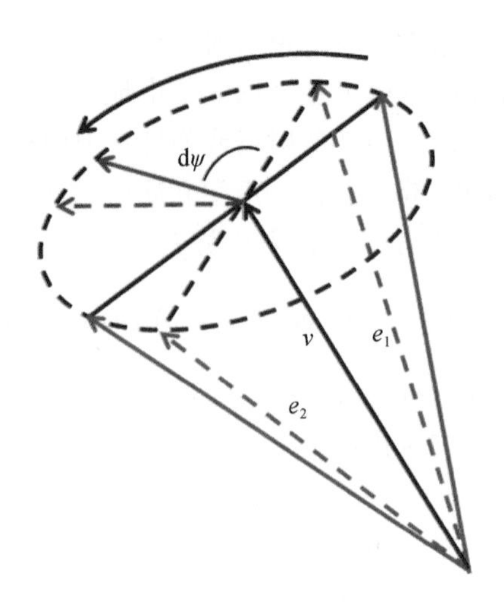

图 5.45　空间方位角积分

扰动引起的多次散射效应，该方法仅适用于小扰动情况。在复杂介质进行高精度成像和反演的过程中，多次散射效应对散射场能量的贡献往往不能忽略。我们尝试考虑用散射序列高阶项来弥补单散射的不足，主要探讨散射场序列的二阶 Born 近似。在常密度单参数情形：

$$
\begin{aligned}
U_{sc}(r,s,\omega) &\approx (U_s)_1+(U_s)_2 \\
&= \omega^2\int \mathrm{d}x G_0(r,x,\omega)f(x)\left[G_0(x,s,\omega)+\omega^2\int \mathrm{d}y G_0(x,y,\omega)f(y)G_0(y,s,\omega)\right]
\end{aligned}
\tag{5.51}
$$

其中，散射位势 f 只与慢度扰动有关。其中二次散射积分项为

$$
(U_s)_2=\omega^2\int \mathrm{d}x G_0(r,x,\omega)f(x)\omega^2\int \mathrm{d}y G_0(x,y,\omega)f(y)G_0(y,s,\omega) \tag{5.52}
$$

基于求解考虑，我们提出一种局部二次散射假设，认为二次散射效应主要集中在主散射点周围的局部圆域 B_x 内，将式（5.52）进一步近似为

$$
(U_s)_2=\omega^2\int \mathrm{d}x G_0(r,x,\omega)f(x)\omega^2\int_{B_x} \mathrm{d}y G_0(x,y,\omega)f(y)G_0(y,s,\omega) \tag{5.53}
$$

将式（5.53）代入式（5.51），并利用泰勒公式和积分变换，将其近似为

$$
\begin{aligned}
(U_{sc})(r,s,\omega) &= \omega^2\int \mathrm{d}x G_0(r,x,\omega)G_0(x,s,\omega) \\
&\times\left[f(x)+f^2(x)\omega^2\int_{B_x}\mathrm{d}y G_0(x,y,\omega)\left(1-\frac{2\,\nabla_x c_0(x)}{(x)}\cdot(y-x)\right)\frac{G_0(y,s,\omega)}{G_0(x,s,\omega)}\right]
\end{aligned}
\tag{5.54}
$$

单独处理方括号中关于二次散射点 y 的积分部分：

$$
(U_{sc})(r,s,\omega)\approx\omega^2\int \mathrm{d}x G_0(r,x,\omega)G_0(x,s,\omega)\left[f(x)+f^2(x)H(x,s,\omega)\right] \tag{5.55}
$$

式（5.55）是基于局部二次散射的二阶 Born 近似表达式，这个表达式类似于一阶 Born 近似（单散射）表达式。推导出这个表达式的目的是将二阶 Born 近似表达成类似声

波 GRT 的结构，通过逆 GRT 偏移反演出关于散射位势 f 的二次项，进一步实现非线性二次反演。其中 H 为二次散射系数，只与背景模型速度以及局部二次散射半径因子 l 有关，可以看成是二次扰动的加权项，是局部二次散射假设的核心所在。

$$H(x,s,\omega)\approx\frac{c_0^2(x)}{2}\int_0^{2\pi l(x)}r\mathrm{d}r\int_{-1}^{1}\mathrm{d}s\left[1-\frac{2\,|\nabla_x c_0(x)|}{\omega}rs\right]\exp[\mathrm{i}r(1+s)]$$

图 5.46～图 5.49 为三维 SEG/EAGE 盐丘模型数据测试对比效果。图 5.46 为垂直于 y 轴的速度体剖面及成像体剖面；图 5.47 为垂直于 x 轴的速度体剖面及成像体剖面；图 5.48 为成像体对比，(a) 为逆散射成像体显示，(b) 为高斯束成像体显示；图 5.49 为速度体及成像体不同深度的切片对比，从成像数据体各个方向上的成像剖面以及不同深度的切片对比可以看出，在盐丘高速体内部，逆散射成像的结果对强能量噪声进行了很好的压

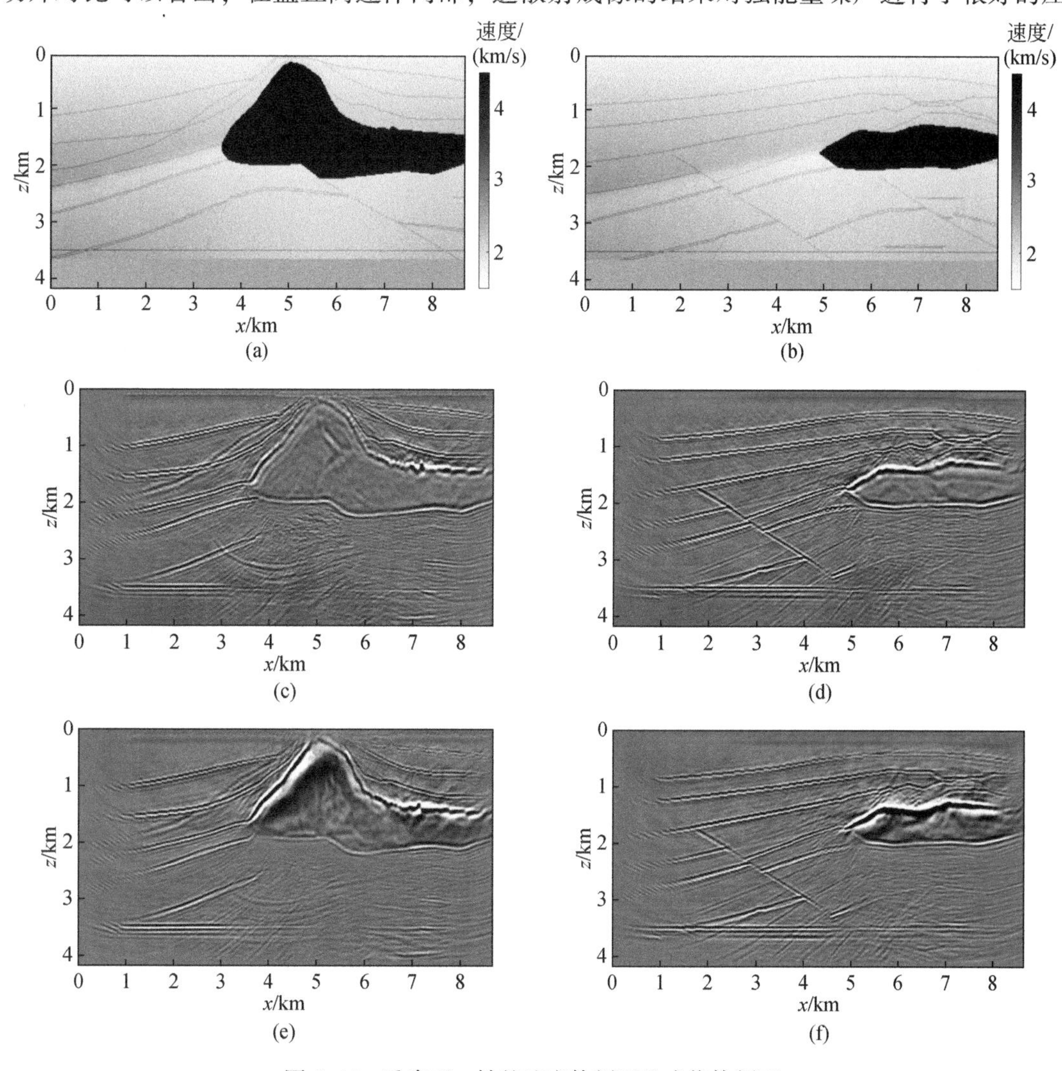

图 5.46　垂直于 y 轴的速度体剖面及成像体剖面

(a) y=6000m 速度剖面；(b) y=4000m 速度剖面；(c) 与 (d) 对应逆散射成像剖面；(e) 与 (f) 对应的高斯束成像剖面

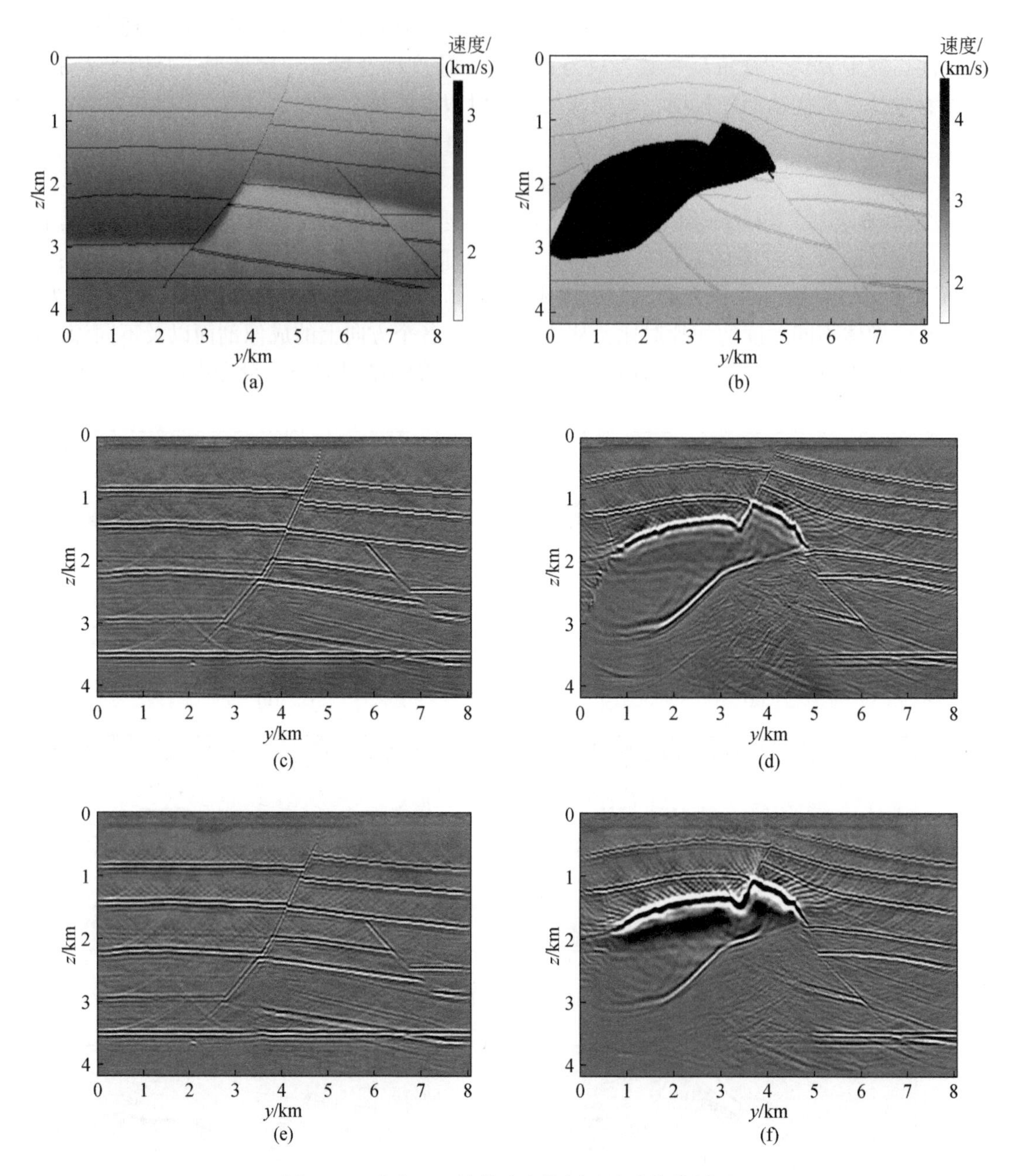

图 5.47　垂直于 x 轴的速度体剖面及成像体剖面

（a）$x=2000$m 速度剖面；（b）$x=4000$m 速度剖面；（c）与（d）对应的逆散射成像剖面；（e）与（f）对应的高斯束成像剖面

制。对于浅层的同相轴，逆散射成像的结果比高斯束成像的结果更连续。整体上看，逆散射成像结果的同相轴一致性更好，分辨率更高。

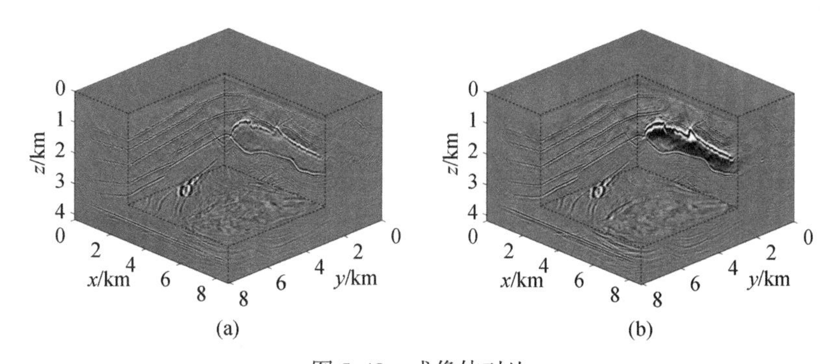

图 5.48　成像体对比

（a）逆散射成像体显示；（b）高斯束成像体显示

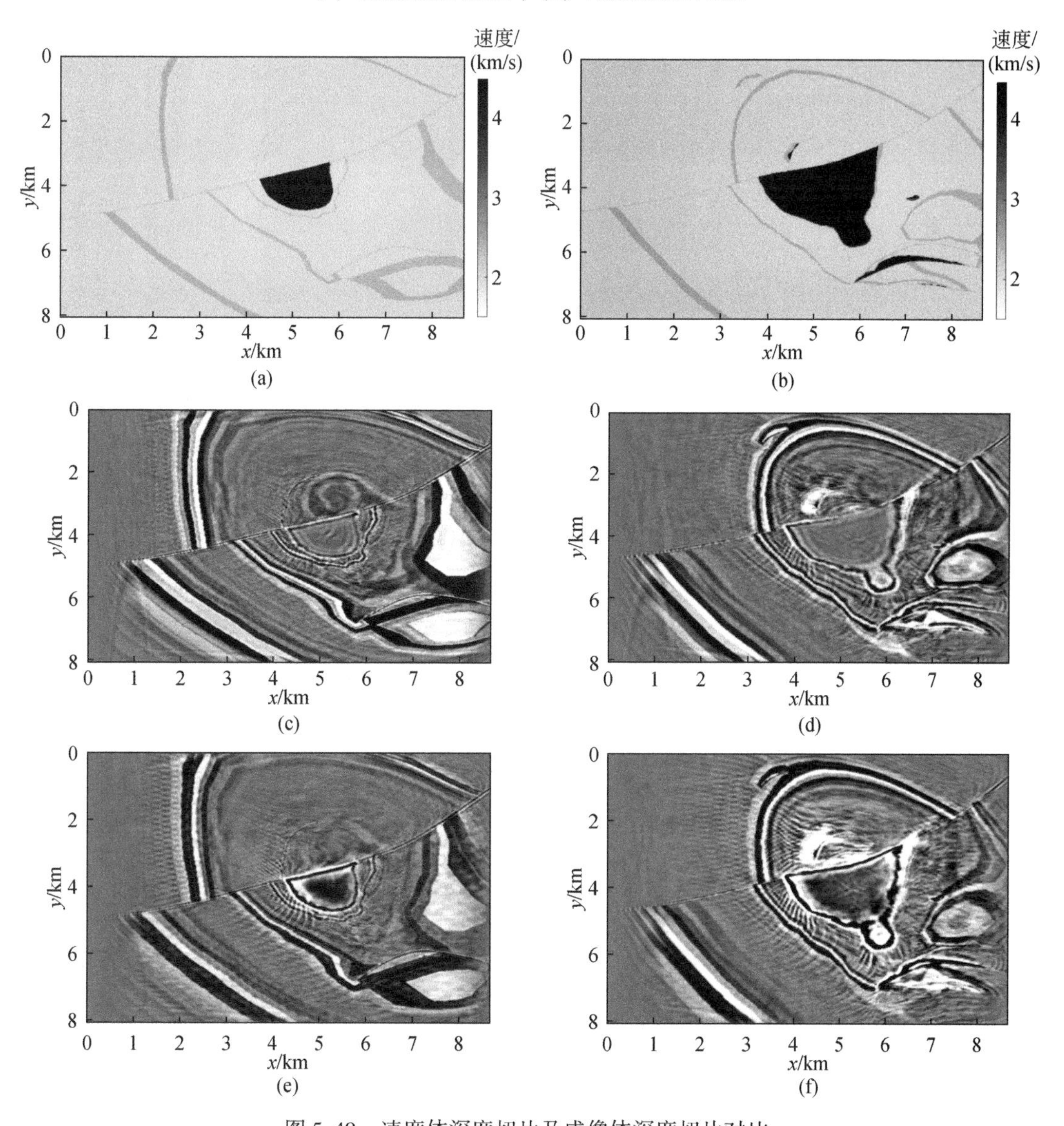

图 5.49　速度体深度切片及成像体深度切片对比

（a）$z=800$m 速度切片；（b）$z=1200$m 速度切片；（c）与（d）对应深度逆散射成像切片；（e）与（f）对应深度高斯束成像切片

(三) 实际资料处理成果

本研究成果对长庆某工区的实际采集数据进行了逆散射和高斯束成像处理。图 5.50 为该工区野外采集的某单炮地震记录，可以看到，记录中有效反射，同相轴不明显，噪声较大。图 5.51 为克希霍夫偏移成像剖面，图 5.52 为逆散射偏移成像剖面，图 5.53 为高斯波束偏移成像剖面。对比白色虚线框区域可以看到，相比克希霍夫成像结果，逆散射成像对断层细节刻画得更突出，而且对于深层左侧隆起构造的成像同相轴更加明显。与高斯束成像结果对比来看，二者成像结果整体相当，但高斯束成像在浅层存在明显的噪声。三种方法的结果对比验证了逆散射偏移成像方法的有效性。

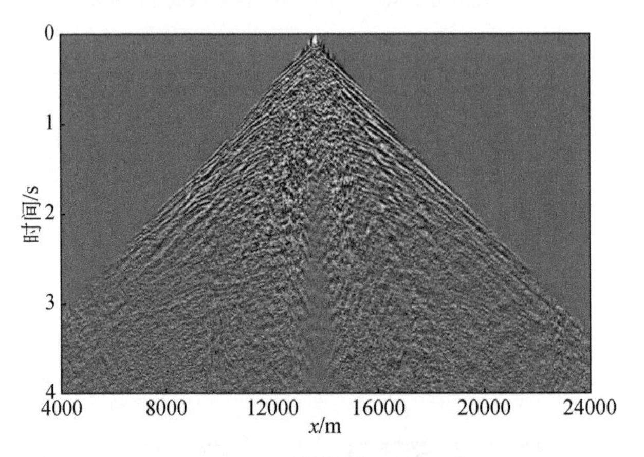

图 5.50　野外单炮地震记录

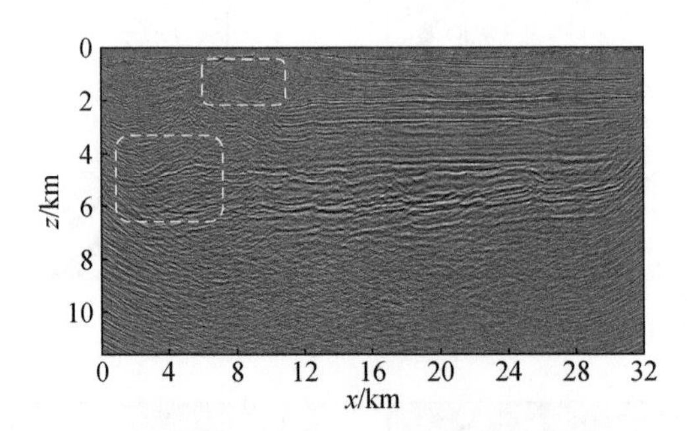

图 5.51　克希霍夫偏移成像剖面

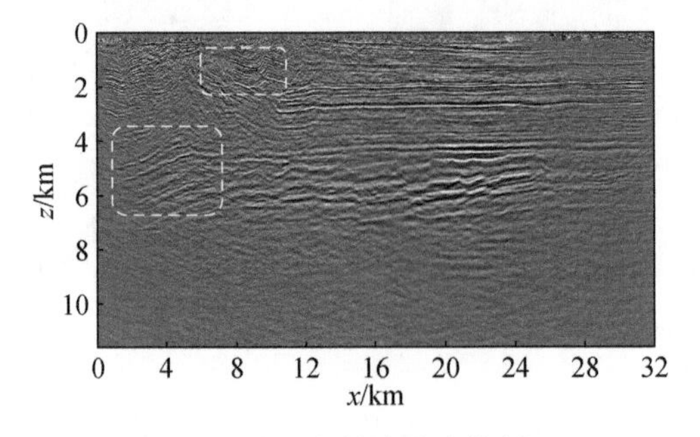

图 5.52　逆散射偏移成像剖面

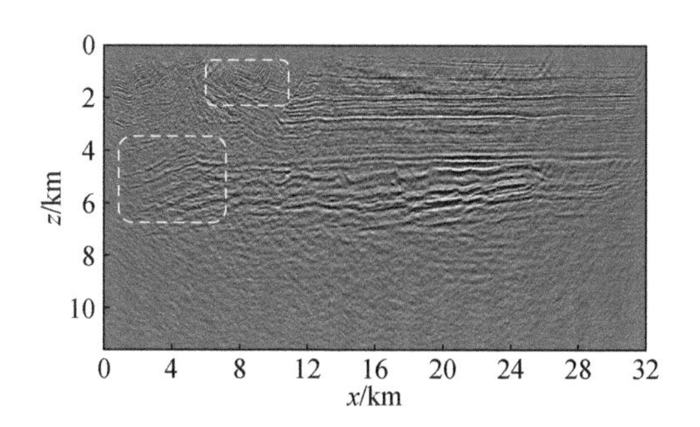

图 5.53　高斯波束偏移成像剖面

三、逆时偏移成像技术

基于射线理论的克希霍夫积分法叠前深度偏移由于其效率高、易于实现、便于偏移速度分析和满足大多数条件下构造成像要求，一直在生产应用中发挥巨大作用。但是，该类方法在进行射线追踪前需要面对速度场进行平滑、复杂速度区出现焦散或阴影、多路径等问题，因此，在非常复杂的区域，成像能力受到严重制约。图 5.54 为复杂模型以及正演的在地面记录的波场，叠加在波场上的轨迹表示数值求解程函方程计算的时间延迟函数。对于深度偏移成像来讲，波场延拓偏移方法可以得到比克希霍夫方法更好的成像结果。基本原因就是，在整个地震频率范围内，波场延拓方法给出的是波动方程的精确解，而克希霍夫方法给出的是基于波动方程的高频近似解。波场延拓方法能够处理由复杂速度函数引入的反射能量的多路径问题，而克希霍夫方法无法处理多路径的问题。

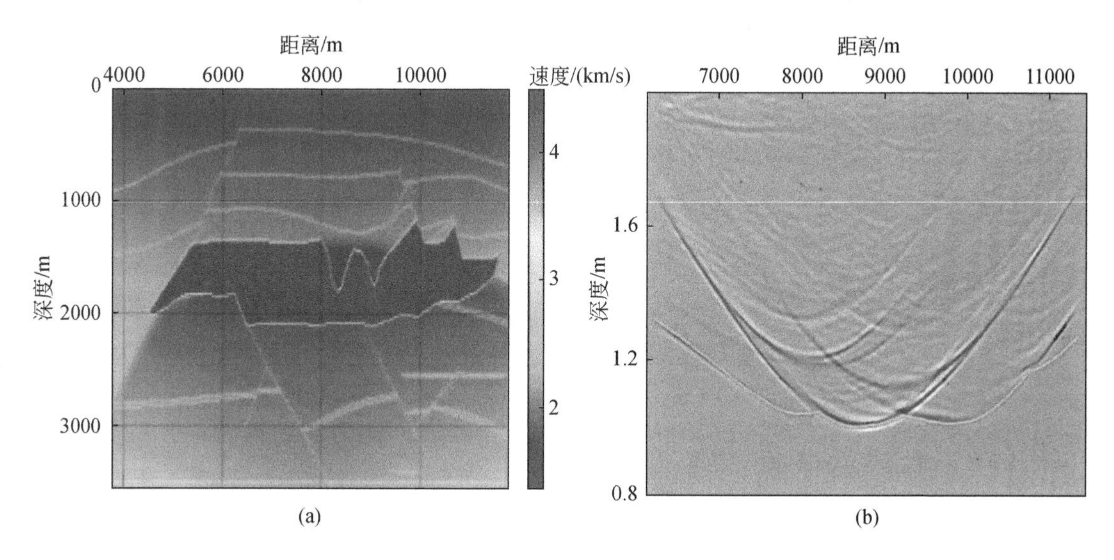

图 5.54　地震波模型正演的在地面记录的波场

克希霍夫偏移的优点是可以对部分成像体进行成像，即可以进行目标线偏移，面向目标的偏移是特别有利于迭代进行速度分析和对成像质量的初步评估。克希霍夫偏移在概念上是比较容易直观理解的，而对于波场延拓偏移来讲，成像和数据之间的关系是不直接的，主要原因是这些方法基于两个不同的步骤：第一步，波场的数值传播计算；第二步，对传播波场应用成像条件得到成像结果。

根据波场延拓的维数（也就是深度或时间）、计算域的空间维数（炮点-检波点或炮集）以及传播波场的数值方法，可以对波场延拓偏移方法进行分类。复杂区应用比较广泛的是逆时偏移成像技术。

（一）逆时偏移基本原理

逆时偏移基于双程波方程，既能适应速度场的任意变化，又不存在地层倾角的限制。具有单程波偏移不可比拟的优势，是目前成像精度最高的波动方程偏移方法。

逆时偏移（Baysal et al.，1983）是最直观的波场延拓偏移方法。逆时偏移是对单炮数据进行的偏移，因此，这种类型的偏移称之为炮集偏移。具体实现对每一个单炮进行一次偏移，然后将所有偏移后的单炮进行求和便得到成像数据体。

在单炮剖面偏移中，两个波场独立地传播：①检波点波场从记录到的数据开始传播；②炮点波场从一个假设振源子波开始传播。振源波场和记录到的波场两者都沿着时间轴延拓。振源波场在时间轴上正向传播，而记录到的波场在时间轴上反向传播，由于这种偏移方法的特点所以称为逆时偏移。将两个波场互相关并在零时间上求相关值就得到了偏移成像（Claerbout，1971）。

如果 $P^s(t, z, x, y; s_i)$ 和 $P^g(t, z, x, y; s_i)$ 分别是关于第 i 个炮点位置 s_i 并作为时间 t 和地下界面位置（z, x, y）函数的振源波场和记录到的波场，那么，通过应用下列的成像条件就得到了偏移成像：

$$I(z_\xi, x_\xi, y_\xi) = \sum_i \sum_t P^s(t, z = z_\xi, x = x_\xi, y = y_\xi; s_i) \times P^g(t, z = z_\xi, x = x_\xi, y = y_\xi; s_i) \tag{5.56}$$

式（5.56）的应用可以得到正确的运动学特征构造成像，但不一定有正确的振幅成像。式（5.56）中的成像条件可以推广到地下界面半炮检距 $x_{\xi h}$ 和 $y_{\xi h}$。通过水平方向相互移动相关炮点波场和检波点波场以获得成像，其结果如下：

$$I(z_\xi, x_\xi, y_\xi, z_{\xi h}, y_{\xi h}) = \sum_i \sum_t P^g(t, z_\xi, x_\xi + x_{\xi h}, y_\xi + y_{\xi h}; s_i) \times P^s(t, z_\xi, x_\xi - x_{\xi h}, y_\xi - y_{\xi h}; s_i) \tag{5.57}$$

很显然，式（5.56）中的成像条件是式（5.57）中成像条件的特殊情况，在那里 $x_{\xi h}$ 和 $y_{\xi h}$ 等于零。这种成像条件可以从成像数据体中抽取共成像点道集，用于数据体中抽取速度和 AVA 信息。

图 5.55 为设计的模型及一个单炮记录，用于说明逆时偏移的工作原理。图 5.56 ~ 图 5.58 形象地解释了逆时偏移成像的过程，图 5.56 ~ 图 5.58 各图中的（a）表示炮点波场，（b）表示检波点波场，（c）表示成像结果。从图 5.56 中可以看到在 $t = 1.20$ 时反射层没有得到成像。在图 5.57 中，$t = 0.75$s 时底部反射层几乎得到完全成像，而浅层反射层仅仅得到部分成像，在图 5.58 中，$t = 0.30$s 时，两个反射层得到完全成像。

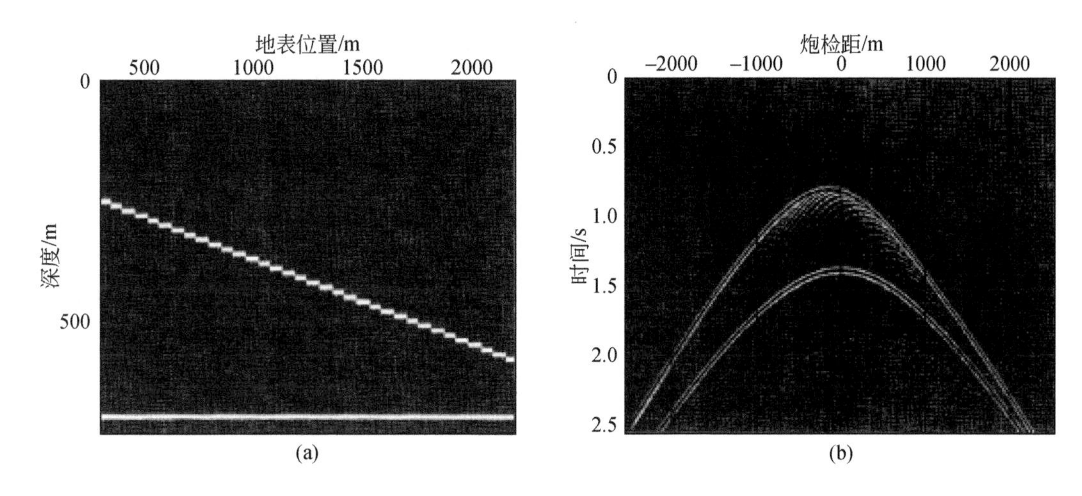

图 5.55 模型及单炮记录

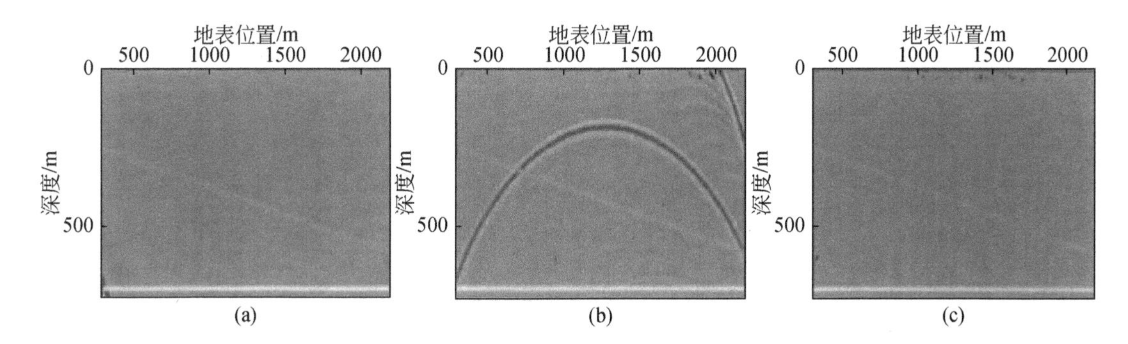

图 5.56 使用常数（背景）速度函数在 $t=1.20s$ 的波场快照及逆时偏移

（a）炮点波场；（b）检波点波场；（c）成像结果

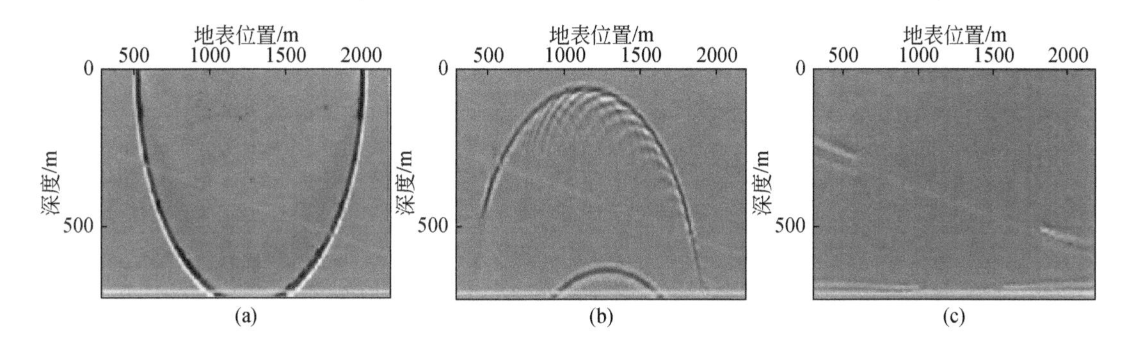

图 5.57 使用常数（背景）速度函数在 $t=0.75s$ 的波场快照及逆时偏移

（a）炮点波场；（b）检波点波场；（c）成像结果

逆时偏移方法是基于波动方程的数值解在时间上对地震资料进行反向外推来实现偏移的，在逆时偏移过程中使用全波动方程，避免了单程波偏移中的上下行波场的分离，因而结果最准确，理论上不受高陡倾角和横向变速大的影响，能够利用回转波、多次反射波对

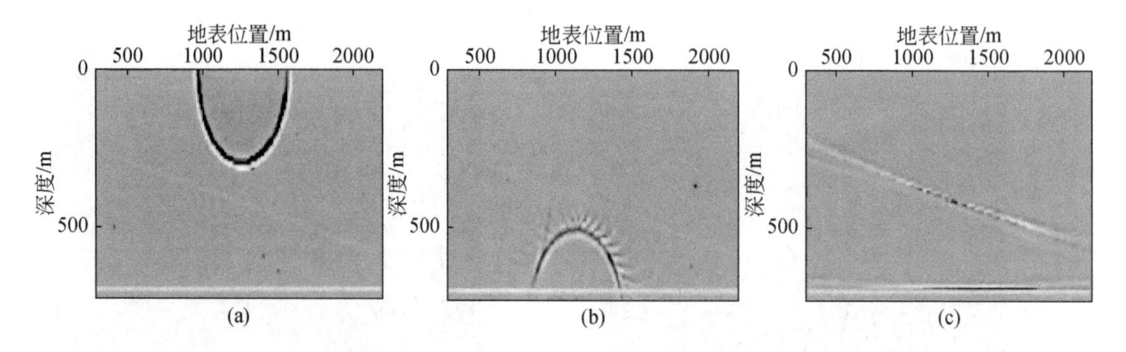

图 5.58　使用常数（背景）速度函数在 $t=0.30s$ 的波场快照及逆时偏移

（a）炮点波场；（b）检波点波场；（c）成像结果

复杂构造进行成像，克服了常规地震偏移成像方法（积分法偏移、有限差分法偏移、频率波数域偏移）在此方面的缺陷。因此，逆时偏移通常被用于复杂地质构造（如盐丘和古潜山侧翼等）成像。图 5.59 展示了模型数据不同偏移方法的对比，可以看到，逆时偏移得到了最好的成像，盐刺穿的边界、盐底得到了准确成像。

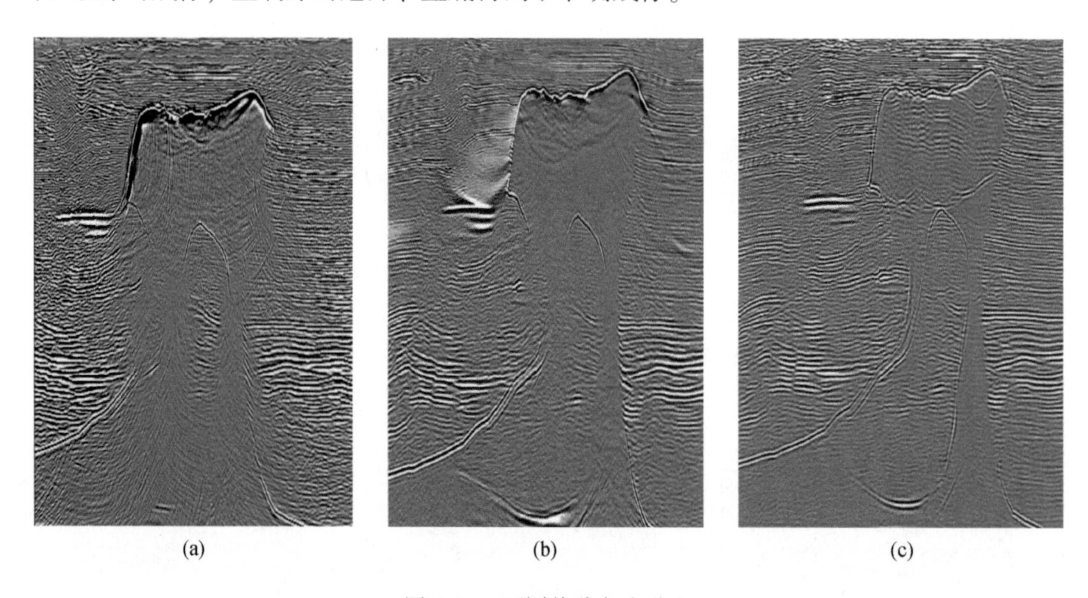

图 5.59　不同偏移方法对比

（a）积分法；（b）单程波；（c）逆时偏移

（二）TTI 各向异性逆时偏移

由声学近似下的频散关系可以得到相应的伪纵波方程。许多学者对频散关系进行了深入研究，推导出了多种不同的频散关系和伪纵波方程。Alkhalifah（2000）指出在强各向异性介质中，纵波速度是独立于横波的，因此认为纵波速度仅是关于 V_{p0}、δ、ε 的函数。利用各向异性介质精确频散关系，令横波速度为零，即可得到 VTI 介质的伪纵波频散关系［式（5.58）］。

$$k_z^2=\frac{V_{\rm nmo}^2}{V_{\rm p0}^2}\left[\frac{\omega^2}{V_{\rm nmo}^2}-\frac{\omega^2(k_x^2+k_y^2)}{\omega^2-2V_{\rm nmo}^2\eta(k_x^2+k_y^2)}\right] \tag{5.58}$$

其中，

$$V_{\rm nmo}=V_{\rm p0}\sqrt{1+2\delta}$$

$$\eta=\frac{\varepsilon-\delta}{1+2\delta}$$

将频散关系式两端分别乘以频率-波数域地震波场 $\varphi(k_x,\ k_y,\ k_z,\ \omega)$，并将其变换至时间-空间域可得 VTI 介质的伪纵波方程［式（5.59）］。

$$\frac{\partial^4\varphi}{\partial t^4}-(1+2\eta)V_{\rm nmo}^2\left[\frac{\partial^4\varphi}{\partial x^2\partial t^2}+\frac{\partial^4\varphi}{\partial y^2\partial t^2}\right]=V_{\rm p0}^2\frac{\partial^4\varphi}{\partial z^2\partial t^2}-2\eta V_{\rm nmo}^2V_{\rm p0}^2\left(\frac{\partial^4\varphi}{\partial x^2\partial t^2}+\frac{\partial^4\varphi}{\partial y^2\partial t^2}\right) \tag{5.59}$$

将波动方程平面波解代入式（5.59），得到高频近似下的 VTI 介质伪纵波程函方程。

$$V_{\rm nmo}^2(1+2\eta)\left(\left(\frac{\partial\tau}{\partial x}\right)^2+\left(\frac{\partial\tau}{\partial y}\right)^2\right)+V_{\rm p0}^2\left(\frac{\partial\tau}{\partial z}\right)^2\times\left(1-2\eta V_{\rm nmo}^2\left(\left(\frac{\partial\tau}{\partial x}\right)^2+\left(\frac{\partial\tau}{\partial y}\right)^2\right)\right)=1 \tag{5.60}$$

对于 TTI 介质逆时偏移，其伪纵波方程可以通过坐标旋转获取，其中坐标旋转矩阵如下：

$$\begin{pmatrix}\cos\theta\cos\phi & \cos\theta\sin\phi & -\sin\theta\\ -\sin\phi & \cos\phi & 0\\ \sin\theta\cos\phi & \sin\theta\sin\phi & \cos\theta\end{pmatrix}$$

式中，ϕ、θ 分别为 TTI 介质对称轴的方位角和倾角。

TTI 各向异性叠前深度偏移，已经是中国西部地表及地下双复杂地区的成像基本流程。近些年，也发展了基于“真”地表的各向异性速度建模与偏移策略和配套技术，正如前面章节介绍的，这些技术极大地推动了双复杂区的高精度成像技术进步和改进成像质量。在速度模型和各向异性参数尽可能准确的情况下，各向异性双程波偏移比积分法偏移具有明显的优势，这是完全符合成像理论的，也是被实践所证明的。图 5.60 为准噶尔盆地某资

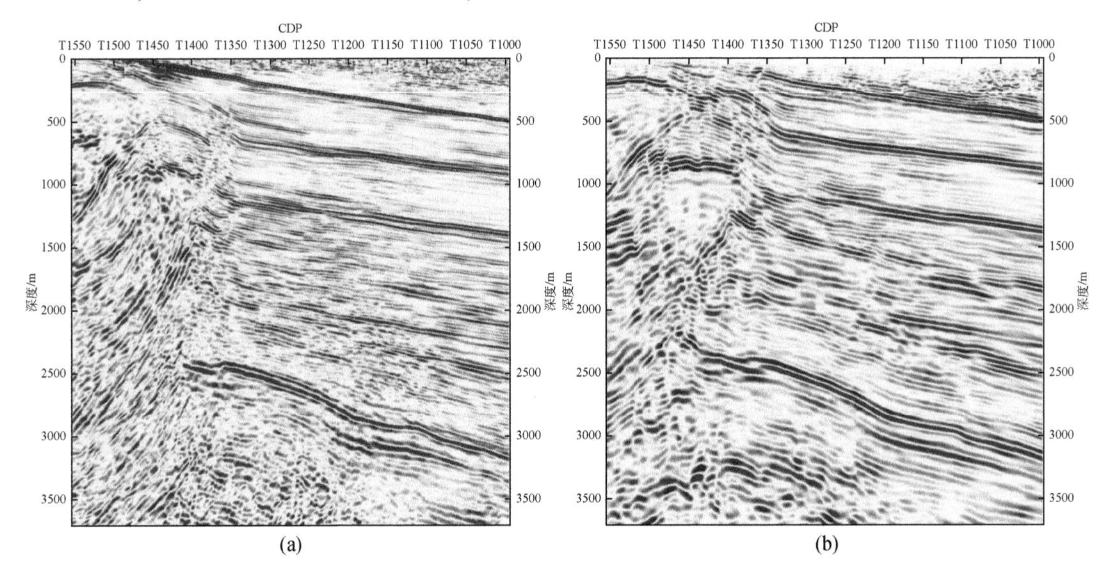

图 5.60　准噶尔盆地某区块克希霍夫偏移（a）与 TTI 逆时偏移（b）对比

料的 TTI 克希霍夫偏移和 TTI 逆时偏移对比，可以看到逆时偏移后，逆掩推覆体附近的偏移噪声明显降低，下伏地层成像得到显著改善。

第四节 超深层高精度成像技术应用效果

一、超深层地震成像综合技术方案

通过对新采集资料的攻关处理和方法研究，最终形成了以保护低频为核心的提高信噪比处理思路，突出多域去噪、突出保护低频、突出去噪与振幅补偿迭代。在具体技术方面，研究形成了曲波变换干扰压制技术、层间多次波压制、叠后提高信噪比、微测井约束近地表模型反演、角度域各向异性层析反演迭代、保幅逆散射及高斯束偏移等关键技术，形成了针对超深层成像的配套处理技术流程（图 5. 61）。

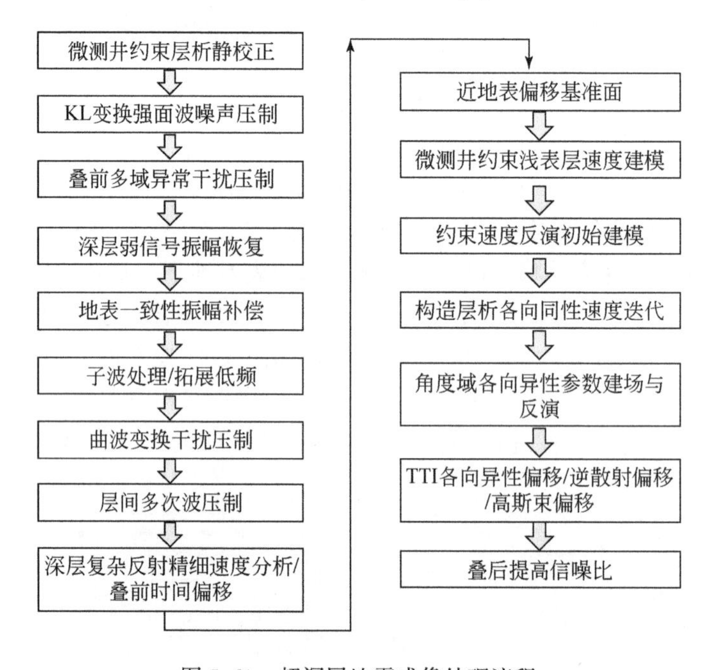

图 5. 61 超深层地震成像处理流程

在配套技术应用方面，形成了针对超深层的“真”地表叠前深度偏移技术，其基本思想有两方面。

一是偏移从“真”地表开始计算，表层填充相对真实的速度模型，在获得真实的表层速度基础上，可以将偏移基准面建立在“真地表”上，从而规避了以往由时间域 CMP 面转换的偏移基准面（近似地表大平滑）所带来的数据校正和波场畸变，避免以往常规静校正处理对地震波走时的改造，消除表层不准确对深层成像的影响。

二是优化各向异性参数建立流程，采用关联迭代法更新各向异性参数。以往的 TTI 各向异性叠前深度偏移速度建模流程，一般都是花费大量人工和机时先建立准确的各向同性深度偏移速度场，在此基础上，再进行井震误差分析和各向异性参数 δ、ε 的迭代更新，最后得到各向异性速度场、δ、ε、倾角和方位角用于叠前深度偏移。该流程将速度建场工作分为各向同性和各向异性两个阶段，人为地破坏了速度与各向异性参数间的联系。举例来说，库车山地区主要目的层高陡，偏移速度与地层倾角、方位角等各向异性参数的联系紧密，单一的各向同性速度，或先各向同性后各向异性的分阶段建模方法无法实现准确的速度建模工作，进而导致偏移归位不准确。

通过研究，改进完善了以往的建模流程并形成了新的 TTI 各向异性叠前深度偏移速度建模流程。新流程在起始阶段就引入了 TTI 各向异性参数，实现了 TTI 各向异性参数间的联立迭代，进而建立了相应的各向异性速度场、δ、ε、倾角和方位角用于叠前深度偏移。从效率看，较以往流程提高了 1.5 倍左右；从实际效果看，新流程所建立速度场更符合区域地质规律，其偏移归位效果更佳。

二、超深层成像技术应用效果

超深层地震成像技术应用于塔里木盆地、鄂尔多斯盆地、渤海湾盆地、四川盆地等超深层勘探目标，取得了良好的效果。塔里木盆地库车、台北、塔西南、塔中等多个区块，有效提升了奥陶系、寒武系等中新元古界的地震成像，为该区的深层油气勘探提供了支撑。图 5.62 为塔里木盆地库车克拉苏三维按照超深层攻关技术方案重新处理得到的新成

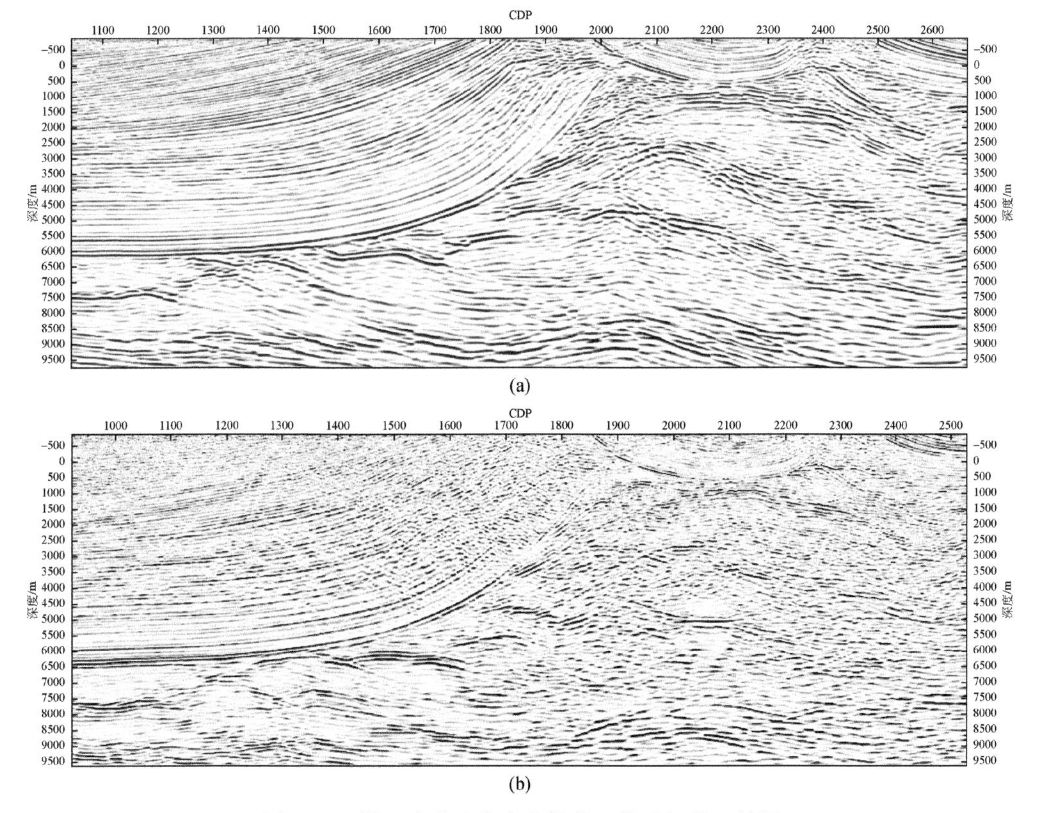

图 5.62 塔里木盆地库车克拉苏三维重新处理效果

（a）新处理；（b）老资料

果，可以看到深层盐下构造很好地成像，为该区的进一步勘探提供了基础资料。

鄂尔多斯盆地新采集二维地震资料中深层资料品质大幅度提升，三维资料中的深层波组特征明显，反射连续，内幕明显改善，有力推动了鄂尔多斯盆地三维地震勘探的进程。如图 5.63 所示，其中（a）为以往采集的二维资料成像结果，（b）为新采集的三维资料成像结果。

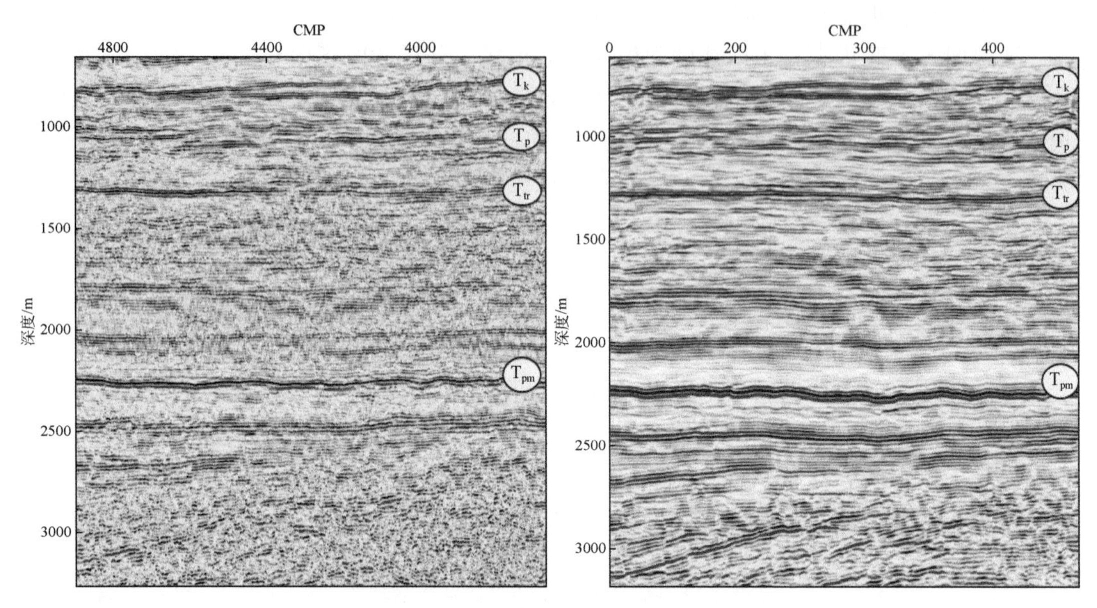

图 5.63　鄂尔多斯庆城地区三维攻关效果

（a）二维老资料；（b）三维新资料

渤海湾盆地的杨税务潜山三维地震深层信噪比大幅提升、地震反射清晰、构造特征刻画准确，如图 5.64 所示。

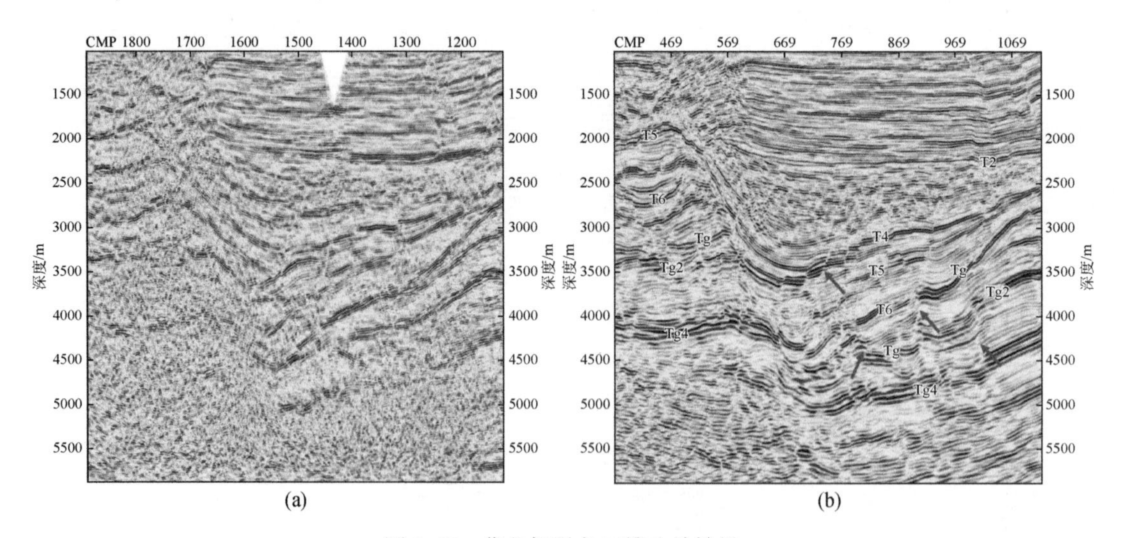

图 5.64　华北杨税务三维攻关效果

（a）老资料；（b）新资料

在四川盆地针对目标区开展叠前深度偏移处理，深层奥陶系、寒武系、震旦系得到了比较清晰的反射，地震资料品质得到改善，如图5.65为四川蜀南三维新老偏移剖面对比。

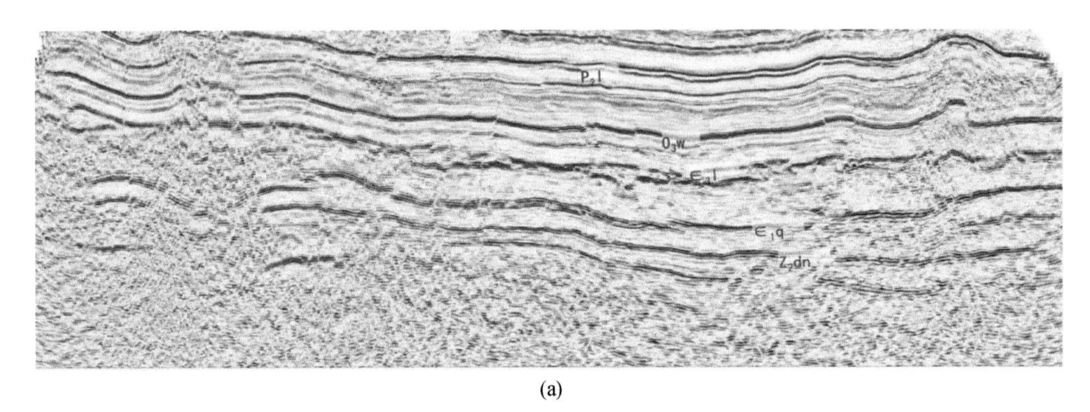

(a)

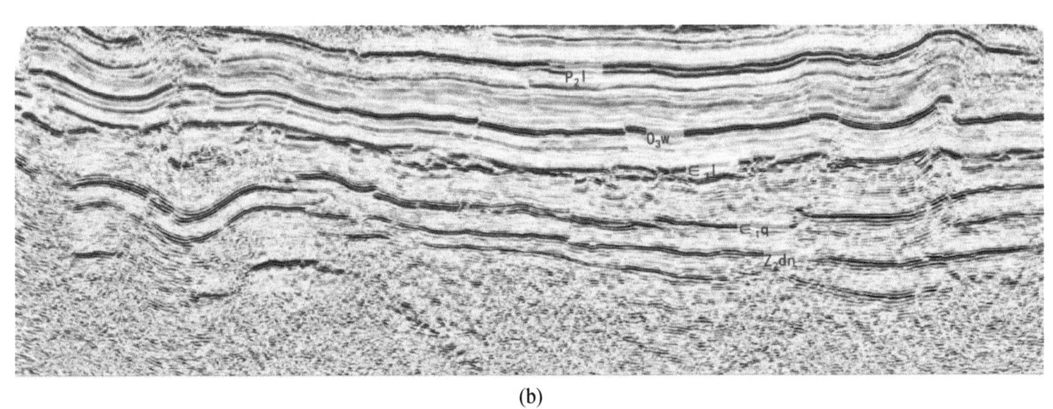

(b)

图5.65　四川蜀南三维新老偏移剖面对比
(a) 老资料；(b) 新资料

超深层成像是一项综合性的配套技术，需要系统考虑提高超深层地震信号的信噪比、复杂介质速度和各向异性参数描述、深度偏移成像方法，同时考虑整体处理流程的合理搭配。总之，形成的复杂区“真”地表深度偏移成像技术在塔里木、鄂尔多斯、渤海湾、四川等攻关区的处理取得了较好的效果。

参考文献

代福材，黄建平，李振春，等．2017．角度域黏声介质高斯束叠前深度偏移方法［J］．石油地球物理勘探，52（2）：283-293.

黄翔．2017．基于EMD重构地震信号的去噪方法［J］．油气地球物理，15（2）：18-23.

李武群，毛伟建，欧阳威，等．2017．二阶Born近似及其在逆散射GRT反演中的应用［J］．地球物理学进展，32（2）：0645-0656.

李振春，等．2011．地震叠前成像理论与方法［M］．东营：中国石油大学出版社．

刘瑞合，赵金玉，印兴耀，等．2017．VTI介质各向异性参数层析反演策略与应用［J］．石油地球物理勘探，(3)：484-490.

卢秋悦 . 2016. 改进 EMD 在地震勘探随机噪声压制中的应用［D］. 长春：吉林大学 .

欧阳敏，王大为，李志娜，等 . 2019. 基于压缩感知的小波阈值和 CEEMD 联合去噪方法［J］. 地球物理学进展，34（2）：615-621.

秦宁，李振春，杨晓东，等 . 2012. 自动拾取的成像空间域走时层析速度反演 . 石油地球物理勘探，47（3）：392-398.

唐刚 . 2010. 基于压缩感知和稀疏表示的地震数据重建与去噪［D］. 北京：清华大学 .

唐贵基，王晓龙 . 2016. 变分模态分解方法及其在滚动轴承早期故障诊断中的应用［J］. 振动工程学报，29（4）：638-648.

唐欢欢，毛伟建 . 2014. 3D 高阶抛物 Radon 变换地震数据保幅重建［J］. 地球物理学报，57（9）：2917-2918.

唐欢欢，毛伟建，詹毅，等 . 2018. 基于 3D 加权高阶抛物 Radon 变换远偏移距地震数据保幅重建［J］. 地球物理学进展，33（3）：1131-1141.

唐欢欢，毛伟建，詹毅 . 2020. 3D 高阶抛物 Radon 变换在不规则地震数据保幅重建中的应用［J］. 地球物理学报，63（9）：3452-3464.

温志平 . 2018. 基于模态分解技术的地震信号随机噪声压制［D］. 南昌：东华理工大学 .

岳玉波，李振春，张平，等 . 2010. 复杂地表条件下高斯波束叠前深度偏移［J］. Geophysics，7（2）：143-148.

Alkhalifah T. 2000. An acoustic wave equation for anisotropic media［J］. Geophysics，65（4）：1239-1250.

Baysal E，Kosloff D D，Sherwood J W C. 1983. Reverse time migration［J］. Geophysics，48：1514-1524.

Berkhout A J，Verschuur D J. 2005. Removal of internal multiples with the common-focus-point（CFP）approach：Part 1-explanation of the theory［J］. Geophysics，70（3）：V45-V60.

Beylkin G. 1984. The inversion problem and applications of the generalized Radon transform［J］. Communications on Pure and Applied Mathematics，37（5）：579-599.

Beylkin G. 1985. Imaging of Discontinuities in the inverse scattering problem by inversion of a causal generalized Radon-transform［J］. Journal of Mathematical Physics，26（1）：99-108.

Candes E J，Wakin M B. 2008. An introduction to compressive sampling［J］. IEEE Signal Processing Magazine，25（2）：21-30.

Claerbout J. 1971. Toward a unified theory of reflector mapping［J］. Geophysics，36：467-481.

Clayton R W，Stolt R H. 1981. A Born-WKBJ inversion method for acoustic reflection data［J］. Geophysics，46（11）：1559-1567.

Cohen J K，Bleistein N. 1977. An inverse method for determining small variations in propagation speed［J］. Siam Journal on Applied Mathematics，32（4）：784-799.

de Hoop M V，Brandsbergdahl S. 2000. Maslov asymptotic extension of generalized Radon transform inversion in anisotropic elastic media：a least-squares approach［J］. Inverse Problems，16（3）：519-562.

Guitton A，Verschuur D J. 2004. Adaptive subtraction of multiples using the L1-norm［J］. Geophysical Prospecting，52（1）：27-38.

Hildebrand S T，Carroll R J. 1993. Radon depth migration［J］. Geophysical Prospecting，41（2）：229-240.

Hill N R. 1990. Gaussian beam migration［J］. Geophysics，55（11）：1416-1428.

Hill N R. 2001. Prestack Gaussian-beam depth migration［J］. Geophysics，66（4）：1240-1250.

Jakubowicz H. 1998. Wave equation prediction and removal of interbed multiples［J］. 68th Meeting，SEG，Expanded Abstracts，1（28）：1527-1530.

Johansen T A，Bruland L，Lutro J. 1995. Tracking the amplitude versus offset（AVO）by using orthogonal polynomials [J]. Geophysical Prospecting, 43 (2): 245-261.

Larner K, Rothman D. 1981. Trace interpolation and the design of seismic surveys [J]. Geophysics, 46: 407-415.

Liu H, Chen X, Song J, et al. 2011. Multiple subtraction method based on a non- causal matching filter [J]. Applied Geophysics, 8 (1): 27-35.

Lu Q Y. 2016. The application of improved EMD in seismic random noise suppression [D]. Changchun: Jilin University.

Miller D, Oristaglio M, Beylkin G. 1987. A new slant on seismic imaging: migration and integral geometry [J]. Geophysics, 52 (7): 943-964.

Moses H E. 1956. Calculation of scattering potential from reflection coefficients [J]. Physical Review, 102 (2): 559-567.

Prosser R T. 1969. Formal solutions of inverse scattering problems [J]. Journal of Mathematical Physics, 10: 1819-1822.

Protasov M, Tcheverda V. 2006. True/preserving amplitude seismic imaging based on Gaussian beams application [J]. Seg Technical Program Expanded Abstracts, 25 (1): 2126-2130.

Protasov M I, Tcheverda V A. 2012. True amplitude elastic Gaussian beam imaging of multicomponent walkaway vertical seismic profiling data [J]. Geophysical Prospecting, 60 (6): 1030-1042.

Qin X, Cai J C, Liu S Y, et al. 2017. Microseismic data denoising method based on EMD mutual information entropy and synchrosqueezing transform [J]. Geophysical Prospecting for Petroleum, 56 (5): 658-666.

Tariq. 2000. An acoustic wave equation for anisotropic media [J]. Society of Exploration Geophysicists, 65 (4): 1239-1250.

Thomsen L. 1986. Weak elastic anisotropy [J]. Geophysics, 51 (10): 1954-1966.

Tsvankin I. 1997. Reflection moveout and parameter estimation for horizontal transverse isotropy [J]. Geophysics, 62 (2): 614-629.

Verschuur D J. 2013. Seismic Multiple Removal Techniques Past, Present and Future [M]. Houten: EAGE Publications 2006.

Verschuur D J, Berkhout A J. 2005. Removal of interval multiples with the common-focus-point (CFP) approach: Part 2-application strategies and data examples [J]. Geophysics, 70 (3): V61-V72.

Weglein A B, Araujo F V, Carvalho P M, et al. 2003. Inverse scattering series and seismic exploration [J]. Inverse Problems, 19 (6): R27-R83.

第六章 超深层勘探有利区带优选与评价

扬子、塔里木和华北三大克拉通盆地深层和超深层的中新元古界分布广泛、面积大、勘探程度低、潜力大。扬子板块的四川盆地磨溪-高石梯构造震旦系—寒武系发现储量规模超万亿立方米的巨型气田，塔里木盆地震旦系发现多套烃源岩，华北冀北地区中新元古界发现多处油苗、沥青显示，鄂尔多斯盆地北部伊盟隆起杭锦旗探区在中元古界钻探发现天然气。中新元古界深层和超深层油气勘探前景非常广阔。

由于三大克拉通盆地超深层勘探目的层埋深大，各种资料较浅层稀少，造成超深层研究和勘探都存在着很大的难题。主要表现在以下几个方面：①真正适用于深层和超深层的构造及储层研究方面的物探技术较少；②断裂系统复杂，盆地基底地质结构及对中新元古界沉积影响不清；③中新元古界残留地层分布、成藏条件及富集规律等缺乏系统认识；④中新元古界勘探潜力评价、有利勘探区带及钻探目标优选很困难。

针对超深层勘探存在的问题和难点，以地震资料为基础，充分利用各种资料，通过盆地级别大剖面格架建立、资料连片解释及工业制图、地震相刻画和地震属性解译，开展重磁电震深大断裂综合识别，构造、沉积解析，中新元古界岩相古地理分析，烃源岩评价与储层预测，中新元古界成藏模式及富集规律研究，深化盆地深部结构和中新元古界展布等地质认识，形成适应深层和超深层勘探的配套解释及评价技术（表 6.1）。发现、落实和评价了一批新的超深层有利区带和目标，配合油田公司取得丰硕的勘探成效。

表 6.1 中新元古界有利区带优选与评价技术对比表

技术成果	“十二五”	“十三五”	国际对标
超深层碳酸盐岩储层表征技术	应用常规三维地震资料，通过相干地震属性进行碳酸盐岩储层预测、储层量化描述、油气检测，实现钻探有利目标优选，但在储层定量分析方面存在不足	依托高密度三维地震资料完善五维解释，形成以叠前各向异性分方位储层预测、叠前五维道集储层预测、相控反演、纵横波同时反演、AVO 流体分析为主的碳酸盐岩非均质油藏精细描述技术系列	针对塔里木碳酸盐岩缝洞储层雕刻技术，属于首创性质；针对四川盆地礁滩岩溶储层的叠前五维道集预测技术国内领先，叠前分方位小尺度岩溶缝洞预测技术与国外相当
克拉通盆地超深层基础地质研究	基底结构和断裂不清，对中新元古界成藏机理缺乏系统认识，钻井资料解释不足，盆地基础图件精度不足	在高精度盆地级工业制图基础上，刻画了塔里木、鄂尔多斯盆地裂陷槽，对四川灯影组构造沉积演化、成藏机制有了较明确的认识	应用重磁电及二、三维地震资料刻画塔里木、鄂尔多斯盆地超深层裂陷槽，与国外同类成果水平相当
中新元古界区带评价与目标优选	基于构造、烃源岩认识，有利区带及目标主要集中在塔里木盆地塔中隆起和四川盆地古隆起的高点上	针对超深层，在塔里木、四川和华北多个探区优选有利勘探区带 36 个，提供钻探目标 61 个	评价目标区埋藏深、石油地质条件复杂程度远高于国外，采用的技术方法、研究深度与国外相当

通过建立塔里木、四川、鄂尔多斯和渤海湾盆地 GeoEast 数据库，主要目的层地震地质统层及井震重磁电联合解释，对重点地区岩相古地理、原型盆地、深层和超深层圈闭成藏分析以及中新元古界有利区带优选及评价，获得了大量的盆地深层地质认识，如四川盆地灯影组发育水进式台缘带，台缘及台内滩是有利勘探领域，灯二段发育两期台缘，早缓晚陡、北陡南缓、北厚南薄，局部地区阶状展布；塔里木盆地震旦系—寒武系台缘叠置，礁滩发育，深层受北东向断裂控制，对圈闭成藏具有通源和破坏两种作用，塔北台缘及台内滩是有利的勘探领域；华北盆地 YSW 潜山深层奥陶系发育岩溶缝洞，储层物性好，潜山及内幕勘探前景有利；鄂尔多斯盆地裂拗体系展布，长城系泥岩明显受控于古拗拉槽，厚度约 100m，面积为 $10.67\times10^4km^2$，易于形成古生古储的油气藏。以上这些有关超深地层分布、构造运动尤其是不整合面及断裂的双重作用、深层圈闭油气成藏的主控因素等观点都拓展了我国中新元古界油气资源新领域认识，极大丰富了超深层新层系油气资源形成理论。

综合应用重磁电震等资料，基本形成了适合四川、渤海湾、鄂尔多斯和塔里木等盆地中新元古界的地震解释性目标处理和解释等技术系列。主要关键技术有超深层重磁震联合反演技术、前寒武系裂拗体系地震相解释技术、盆地深层烃源岩预测技术、高精度电磁频谱探测试验和震电技术、岩溶缝洞性储集体地震描述技术、敏感参数叠前弹性参数反演定量预测技术、地震波形相控反演技术、基于构造地应力场分析的裂缝预测技术、级联运算断裂精细解释技术、储层含气性检测及配套技术等。以上这些技术，在课题研究及配合油田公司勘探生产过程中都发挥了重要作用，如中新元古界震旦系有效储层综合预测精度在四川盆地 G 工区提高了 30%，大幅提高了深层目标地震研究技术水平，为三大克拉通盆地的超深层勘探提供了重要成果，也可以为其他类似探区提供相关技术支撑和经验指导。

通过深层和超深层技术应用和地质综合研究，在四川等盆地优选有利勘探区带 36 个，发现和落实深层和超深层目标 55 个/$2956.5km^2$，优选 61 个勘探目标，被油田公司采纳 46 个，完钻井位 39 口，发现油气井 19 口，探井成功率 48.7%，特别是在四川盆地川中及川北地区发现和落实灯二段丘滩带，有利区带面积为 $1720km^2$，其中 JT ~ PL 台缘带落实台缘岩性圈闭 10 个/$3930km^2$，建议并上钻的 PT1 在灯二段日产气 $121.89\times10^4m^3$，首次在川中北斜坡发现大型中新元古界岩性气藏；在塔里木盆地提出并上钻的 LT1 和 MS1 在超深层 7000m 以下获得重大突破，发现了深层油气勘探的接替领域；在渤海湾盆地 YSW 潜山多口钻井中发现深度大于 5000m 的、储量巨大的超深油气藏，彻底打开东部地区深层潜山勘探的新局面，为油田公司增储上产夯实了基础。

第一节　超深层解释关键技术攻关

一、超深层重磁震联合反演技术

（一）技术内涵

重磁震资料是不同侧面对同一地质体不同物性参数进行相应的表征。重力反映地壳物质体在横向上和纵向上的不同密度界面特征，磁力主要揭示不同磁性界面的特征，而地震主要研究不同岩性体对地震反射波的弹性响应特征。重磁震联合反演技术实现了地震与非地震资料的互为补充，能够较准确地解决盆地深层和超深层断裂展布、隆拗分布、区域地层和基底结构等问题。

地质体物性横向上和纵向上的变化必然会在区域地球物理强度及其他方面引起变化，产生特殊的综合地球物理局部异常，在重力场、磁场、地震场及其他各种地质资料的特征方面有所反映，并存在以下特点：不同地球物理场反映同一地质体的不同特征；不同地球物理场反映地质体的同一特征时，其表现形式有所不同。

每个地质体具有不同的表现特征，必须用不同的地球物理方法才能将其完整描述。地质体每个特征在不同的地球物理场上有不同的表现形式，所以应用多种信息进行识别，将极大地提高识别的准确性和单一性，减少解释多解性。

重磁电震联合反演原理如下所述。

剖面正演采用2.5D多边形正演公式，反演采用最优化选择法，采用二度半模型进行反演，选择的剖面长度远大于基底埋深。

以多边形截面的2.5D棱柱体为例，设其密度为σ，磁化强度为M，则在任一点$P(r)$点引起的重力异常和磁异常如下所示。

重力异常：

$$\Delta g(r) = G\sigma \sum_{i=1}^{N} \cos \varphi_i [I_i(Y_2) - I_i(Y_1)] \tag{6.1}$$

其中，

$$I_i(y) = y\ln \frac{u_{i+1}+R_{i+1}}{u_i+R_i} + u_{i+1}\ln(R_{i+1}+y) - u_i\ln(R_i+y) - \omega_i\left(\tan^{-1}\frac{u_{i+1}y}{\omega_i R_{i+1}} - \tan^{-1}\frac{u_i y}{\omega_i R_i}\right)$$

磁场三分量：

$$H_{ax}(r) = -\sum_{i=1}^{N} \sin \varphi_i (M_x I_{1i} + M_y I_{2i} + M_z I_{3i}) \tag{6.2}$$

$$H_{ay}(r) = -\sum_{i=1}^{N} [(M_x \sin \varphi_i - M_z \cos \varphi_i) I_{2i} - M_y(\sin \varphi_i I_{1i} - \cos \varphi_i I_{3i})] \tag{6.3}$$

$$Z_a(r) = \sum_{i=1}^{N} \cos \varphi_i (M_x I_{1i} + M_y I_{2i} + M_z I_{3i}) \tag{6.4}$$

其中，

$$I_{1i} = P_{1i}(Y_2) - P_{1i}(Y_1), I_{2i} = P_{2i}(Y_2) - P_{2i}(Y_1), I_{3i} = P_{3i}(Y_2) - P_{3i}(Y_1)$$

$$P_{1i}(y) = \cos \varphi_i \ln \frac{R_i+y}{R_{i+1}+y} - \sin \varphi_i \left(\tan^{-1}\frac{u_{i+1}y}{\omega_i R_{i+1}} - \tan^{-1}\frac{u_i y}{\omega_i R_i}\right)$$

$$P_{2i}(y) = \ln \frac{u_i+R_i}{u_{i+1}+R_{i+1}}$$

$$P_{3i}(y) = \sin \varphi_i \ln \frac{R_i+y}{R_{i+1}+y} + \cos \varphi_i \left(\tan^{-1}\frac{u_{i+1}y}{\omega_i R_{i+1}} - \tan^{-1}\frac{u_i y}{\omega_i R_i}\right)$$

总场异常：

$$\Delta T(r) = H_{ax}(r)\cos I_0 \cos D_0 + H_{ay}(r)\cos I_0 \cos D_0 + Z_a(r)\cos I_0 \tag{6.5}$$

式中，G 为引力常数；i 为棱柱体角点序号；N 为棱柱体的边数；I_0、D_0 为地磁场的倾偏角；I、D 为磁化强度方向的倾角、偏角。

$$u_i=x_i\cos\varphi_i,u_{i+1}=x_{i+1}\cos\varphi_i+z_{i+1}\sin\varphi_i,R_i=(x_i^2+y^2+z_i^2)^{1/2}$$

$$R_{i+1}=(x_{i+1}^2+y^2+z_{i+1}^2)^{1/2},\varphi_i=\tan^{-1}\frac{z_{i+1}-z_i}{xz_{i+1}-x_i},\omega_i=-x_i\sin\varphi_i+z_i\cos\varphi_i$$

$$M_x=M\cos I\cos D\quad M_y=M\cos I\sin D\quad M_z=M\sin I$$

（二）技术流程

依据上述理论方法，开展地震、测井、重磁信息联合反演（研究工作流程见图6.1），具体工作步骤分为以下几步。

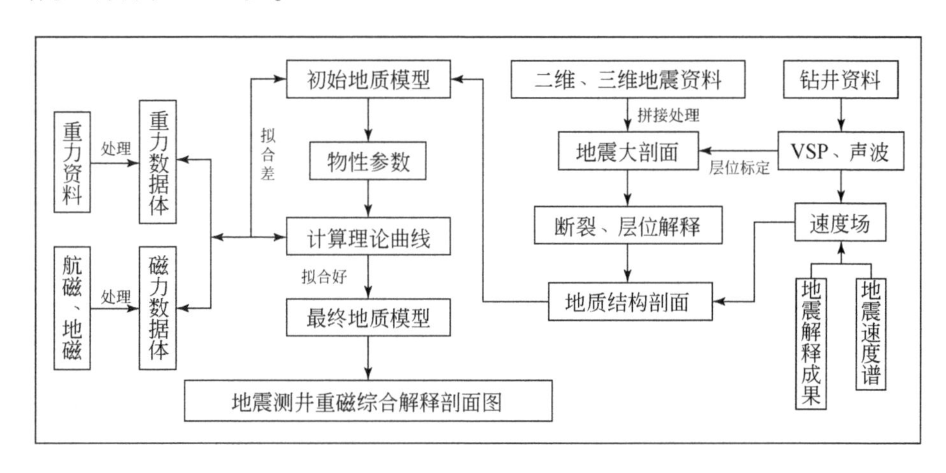

图6.1　地震、测井、重磁信息联合反演研究工作流程图

（1）利用地震、钻井资料建立地质结构，依据地质条件完成初始模型建立，输入解释平台。

（2）输入物性参数，完善初始模型，加载观测重力、磁力异常，软件自动计算模型的重力异常。

（3）根据实测重力异常与模型重力异常的差值，修改地质模型，软件实时计算理论重力异常并显示。

（4）通过交互方式反复修正模型，使理论曲线与实测曲线达到最佳拟合，得到最终地质模型。

（三）应用效果

“十三五”期间，在渤海湾盆地武清凹陷部署高精度重力和时频电磁勘探工作，部署高精度重力勘探面积460km^2，点线距为250m×250m。其中，加密区72km^2，点线距为125m×250m，坐标点共计8535个；时频电磁测线4条，点距为200m，长度为67.7km，坐标点共计343个。

新的重力资料解释成果反映SCD潜山东侧发育一个洼槽。重力–地震联合反演结果表明该洼槽存在，联合反演计算的重力异常与实测的重力异常线条形态接近，说明地震资料解释的潜山方案合理。从重力垂直二次导数异常图上可以看出，SCD潜山存在多个局部重力高（图6.2）。另外，对潜山主体部位的地震测线，如WQ12-206.6、YC86-917等9条二维线进行解释性目标处理，从振幅、相位频率等参数分析，均证实潜山形态、高点位置和埋深及地层层位可靠。

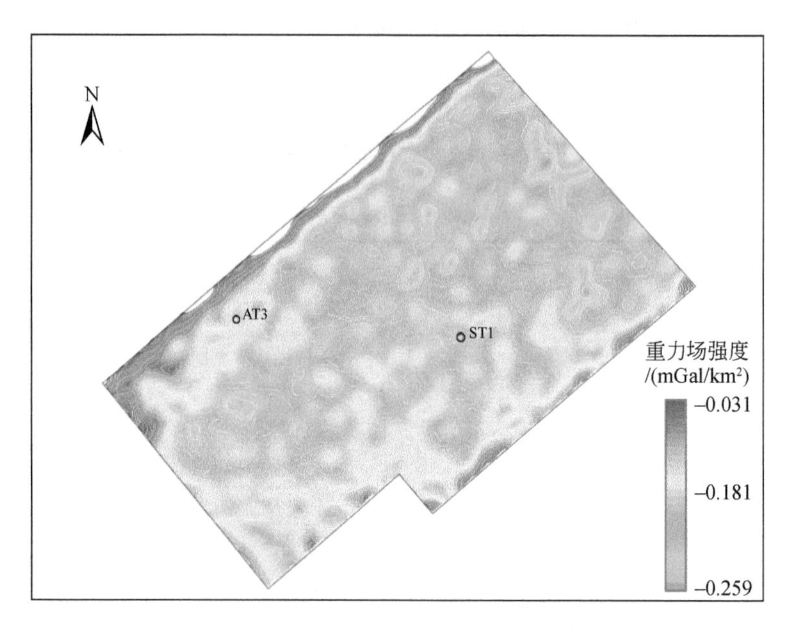

图6.2　华北某地区重力垂直二次导数异常图

磁力资料显示潜山附近古近系可能发育火成岩。SCD奥陶系潜山及东侧洼槽在剩余磁力上表现为弱磁异常，南部存在磁性体。时频电磁在SCD潜山发现多个异常显示，存在三个相对较好的目标。相位异常、振幅异常与SCD潜山构造叠合较好。

利用重磁电震综合构造解释技术，落实了SCD潜山构造，优选了1口钻探目标，被油田公司采纳。

二、前寒武系裂拗体系地震相解释技术

（一）技术内涵

塔里木盆地前寒武系在地震剖面上有两种反射特征，一种呈楔状反射结构，一种表现为中频、连续、平行的弱反射结构特征。通过钻井数据及古构造格局分析，认为楔状反射结构对应裂陷期沉积，主要发育半地堑及地堑，以碎屑岩及火成岩为主，可能对应于早期拉张背景下的大陆裂谷沉积；另一种反射特征与第一种有继承性特点，主要对应于裂陷期之后持续伸展背景下的拗陷期沉积。而震旦系正是继承性沉积于南华系之上，沉积范围明显大于裂陷期沉积，平面上连片大面积分布，剖面上整体呈顶平底凸的透镜状，发育三角洲相碎屑岩沉积及滨浅湖相碳酸盐岩沉积。这就是典型的“裂陷-拗陷”二元结构特征。

同时，震旦纪末存在一期规模较大的“柯坪运动”，受多种因素影响，盆地内部差异隆升，“裂陷-拗陷”二元结构主要分布在塔东北、塔西北和塔西南地区。

由于塔西南地区隆升幅度较大，地层剥蚀比较严重，导致塔西南地区出现大的角度不整合面以及基底的部分出露，早期的“裂陷-拗陷”二元结构不同程度被改造破坏，仅现今塔西南山前带附近可能未遭受剥蚀。塔西南裂拗体系由于前期采集排列短、未针对性处理造成资料品质差，一直存疑。

通过开展长排列可控震源的采集攻关试验，强化采集参数，优化采集方案，新的地震资料显示塔西南超深层发育裂拗体系。

（二）技术流程

（1）在岩性组合及地震地质综合标定的基础上，通过地震相分析，认为前寒武系主要发育三种典型地震相。第一种地震相是中频、连续、平行弱反射，对应震旦系水泉组及育肯沟组泥岩、砂岩及碳酸盐岩，代表拗陷期沉积。第二种地震相是楔状反射，代表南华纪裂陷期快速堆积及湖相复合沉积。这种超覆现象在果勒、轮南、塔北西部及塔中三维区更为明显。第三种地震相是杂乱反射，代表前南华系基底。

（2）通过地层接触关系研究，识别大型不整合面。震旦系与前震旦系不整合面包含三种地层接触关系：①震旦系与南华系平行不整合或微角度不整合接触，这种地层接触关系在地震剖面上表现为震旦系底界面上下无明显地层削蚀接触关系，或以小角度相交（近于平行），平面上主要分布在库鲁克塔格地区至塔中西部及满西低梁一带，塔西南山前一带也有分布；②震旦系与南华系角度不整合接触，这种地层接触关系在地震剖面上主要表现为南华系顶面明显被震旦系削蚀，地层产状以大角度相交，平面上主要分布在塔西南拗陷麦盖提斜坡附近以及塔东 ML1 井附近；③震旦系与基底不整合接触，在地震剖面上表现为震旦系超覆在呈杂乱反射特征的基底之上，平面上主要分布在北部拗陷。

（3）在冰碛岩研究基础上建立南华系—震旦系等时地层格架，认为前寒武系具有明显的“裂陷-拗陷”二元结构特征。

（三）应用效果

综合地震相、不整合面、断裂系统及厚度研究，塔里木盆地中新元古代主要经历了南华纪裂陷期及震旦纪拗陷期两期沉积演化，南华纪主要发育“两隆三谷”的古地貌格局，“两隆”指中央古隆起及塔北古隆起，“三谷”指塔东北裂谷、塔西北裂谷、塔西南裂谷。震旦纪继承了南华纪的古地貌，主要表现为“一古隆、一低隆、三拗陷”的特征，中央古隆起相比南华纪因海侵及盆地伸展作用影响范围缩小，同时塔北古陆沉入水下成为水下低隆，而三大裂谷转化为三个大型大陆边缘拗陷，北部两大拗陷基本呈东西向贯通，整体控制了南华系—震旦系沉积分布。

非地震、地震联合解释，证实塔里木盆地前寒武纪构造具有扩张背景，纵向上呈“牛头式”裂拗结构。从非地震连续介质电阻率反演剖面上可以清楚地看到（图 6.3），前寒武系系受残余洋壳及火山岛弧控制形成一系列地堑群，与地震剖面的结构特征一致，北部满加尔残余洋壳控制了南华系裂陷槽的分布，裂陷槽周缘塔中、塔北等地区已经获得重大油气发现。

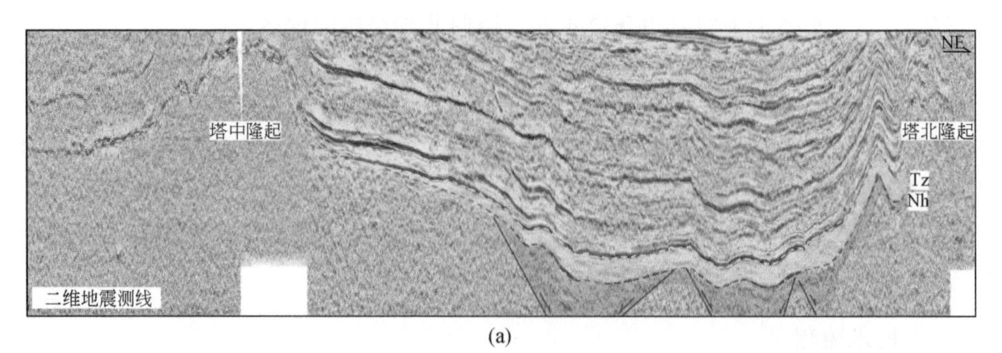

(a)

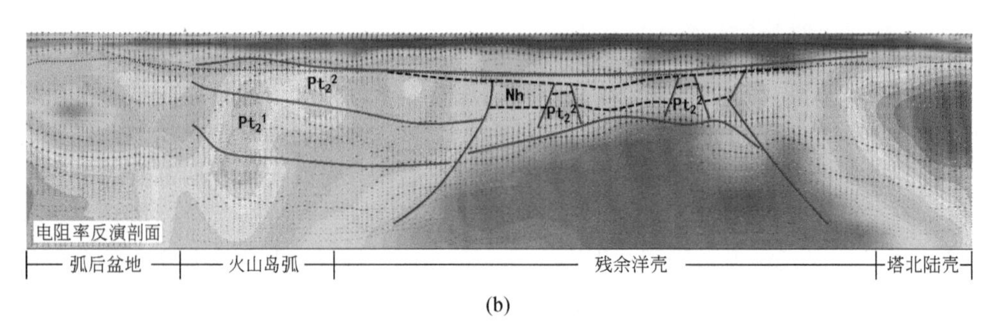

(b)

图 6.3 塔里木盆地南北向地震剖面（a）与电阻率反演剖面（b）

塔中西部深层，地质结构不清楚。通过重、磁、震联合反演，消除了中深层寒武系及以上地层对深层结构的影响，结果表明深层“牛头式”裂拗结构依然存在，堑垒结构明晰。

针对塔里木超深层从裂陷到拗陷地震反射结构不清的难点，采用宽频电法获得超深层信息，电法低阻和航磁低磁异常平剖结合，指示出震旦系和南华系裂陷槽的分布，深化了对盆地地质结构的认识。

重磁电震综合解释，尤其是应用重磁电震联合反演技术进一步确定了盆地深层和超深层裂陷槽的分布，结合已有的油气发现，指出塔北地区深部发育巨厚的震旦系和南华系，是下一步中新元古界勘探的有利区。

三、盆地深层烃源岩预测技术

（一）技术内涵

利用露头、钻井进行烃源岩和储层物性分析，研究烃源岩及围岩的电性特征，通过地球物理参数交会分析，寻找预测烃源岩的敏感参数。在地层及地球物理参数分析的基础上，建立地质模型，通过正演研究烃源岩的地震响应特征。在模型正演研究烃源岩的地震响应特征的基础上，利用地震相分析技术建立烃源岩地震预测模式，预测烃源岩展布特征。寻找对烃源岩的敏感地震属性预测烃源岩，利用地震波阻抗反演技术预测烃源岩。

（二）技术流程

1. 岩石物性及地球物理特征分析

通过前期研究，已经在鄂尔多斯盆地周缘发现有生烃潜力的烃源岩，T59 井在长城系钻遇两段 3m 厚的灰黑色碳质泥岩，现场热解分析 TOC 含量为 3% ~5%，进一步证实盆地长城系具备一定的烃源岩条件。根据目前的勘探程度及资料情况，选用地震相综合识别技术来作为目前对烃源岩进行初步研究的手段。通过对地震剖面进行综合解释可以发现，在拗拉槽内部发育着具有中强振幅反射特征的波组，初步认为其内部可能发育烃源岩。

2. 模型正演技术

模型正演就是在区域地质和沉积概念模型研究分析的基础之上，结合钻井和地震剖面上地层或地质异常体垂向发育程度与横向延伸规模、与围岩的叠置关系及变迁规律设计地质模型，该模型设计包含地层和地质异常体的形态、厚度、速度、密度等信息，然后把建立的地质模型依据射线追踪理论转换成人工合成地震剖面。

盆地中深层利用地质构造建模方法，建立正演模型，准确识别地层超覆、削截等异常反射终端现象，预测地层的横向变化，研究地层沉积构造演化过程。

3. 地震相分析技术

在明确长城系沉积相带分异的基础上，结合地震资料，进一步建立盆地烃源岩地震相模式。

4. 属性分析及地震反演预测技术

地震属性指的是那些由叠前或叠后地震数据经过数学变换而导出的有关地震波几何形态、运动学特征和统计特征的信息，这些信息极大地帮助了解释人员对地质现象的正确认识，从而增加了地震数据的应用价值。通过地震反演解释，解析鄂尔多斯盆地烃源岩的地震反射轴属性及反演特征（图 6.4），进而预测出烃源岩的平面分布。

（三）应用效果

通过中新元古界烃源岩预测技术，预测了鄂尔多斯盆地长城系烃源岩主要分布在盆地西缘，厚度约为 100m，面积为 $10.67\times10^4km^2$。

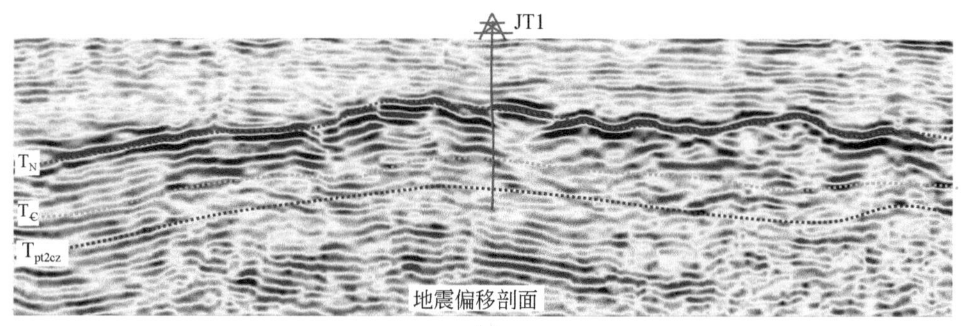

(a)

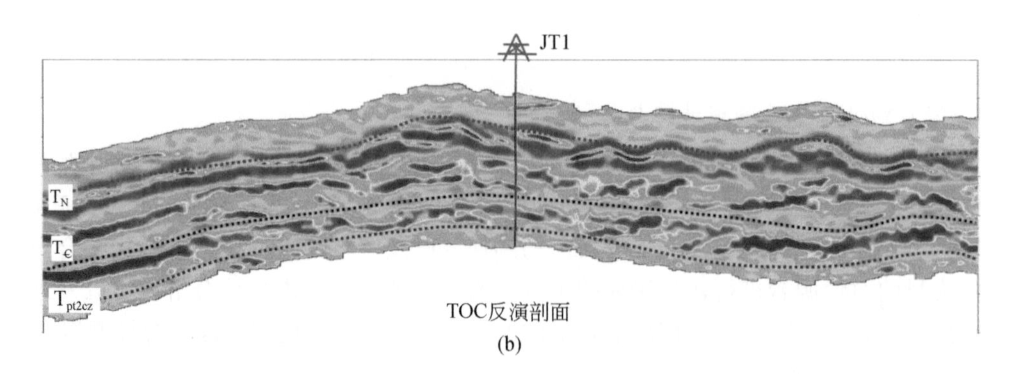

(b)

图 6.4　鄂尔多斯盆地某三维工区地震偏移剖面（a）及 TOC 反演剖面（b）

四、重磁电震深大断裂综合解释技术

（一）技术内涵

深大断裂解释技术是利用重磁电震资料和综合信息，解释厘定断穿中新元古界及盆地基底对超深层油气地质条件起重要控制作用的深大断裂体系；重点工作对断裂系统的识别、组合和演化史进行分析。即依托区域格架物探（地震、电磁、重磁）大剖面，联合认识深大断裂剖面特点和解释深大断裂及其属性；基于盆地连片或局部连片重磁电资料的处理解释，将深部结构与深大断裂认识相结合，解释和厘定深大断裂体系的空间宏观展布特征；根据大面积连片三维地震资料处理数据，参考和修正重磁电深大断裂解释成果，精准解释三维地震连片区深大断裂及其伴生派生次级断裂，通过解释工业制图描述深大断裂体系；在超深层油气地质分析和区带目标优选中，综合评价和明确深大断裂对叠合盆地超深层系油气形成和聚集的控制作用。

在实际工作过程中，断裂系统的识别以地震剖面解释为主，同时综合考虑野外露头、重力、航磁和 CEMP 资料。通过编绘断裂展开图、生长指数等定量化参数来对断层进行分析，从而揭示盆地构造演化的动力和成因机制。

（二）创新点

针对常规三维地震数据，首先进行构造导向滤波处理，通过解释性处理提高资料对断裂的识别能力，再通过相干、曲率、三维立体显示等多种技术手段对断裂进行精细刻画，形成一套多方式验证的（多线、椅状、3D 立体显示）平剖结合的解释方法。

（1）利用不同分方位角叠加数据对不同走向断裂的敏感性，选择分方位角叠加的数据作为断裂识别的基础数据。

（2）对选取的分方位角叠加的数据进行解释性滤波处理，主要为蓝色滤波和构造导向滤波处理，蓝色滤波提高了资料的分辨率，构造导向滤波保障了提频后资料的信噪比，从而整体提高资料对断裂的识别能力。

（3）利用地震资料优势频段曲率属性对小断裂进行识别。

（4）利用曲率对微小断裂的敏感性和不同方位角叠加数据对与之近垂直走向的断裂的敏感性，对优选的分方位数据提取的曲率体进行融合，沿层提取目的层的曲率平面图。

（5）通过垂向过断裂的地震剖面对识别的微小断裂进行检查，完成断层平面组合。

（三）应用效果

利用断裂系统识别技术，首次刻画了鄂尔多斯盆地某三维区长城系顶界断裂系统。由图6.5可知，长城系顶部断裂发育，因长时间暴露地表，沿断裂发育风化淋滤作用形成大量沟槽，预测沟槽附近储层物性较好，属风化壳储层，是深层油气运聚的有利场所。

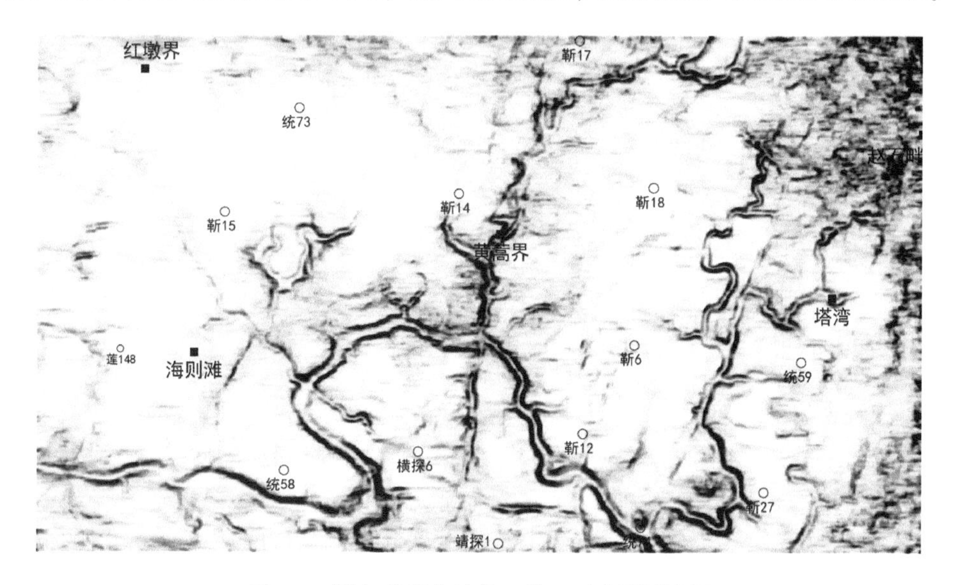

图6.5　鄂尔多斯盆地某三维工区地震属性图

五、超深层碳酸盐岩储层相带识别技术

（一）技术内涵

超深层古老碳酸盐岩基质的孔隙度低、渗透性能差，有效储集空间类型主要是成岩后的次生溶蚀孔洞和裂缝。缝洞体与致密碳酸盐岩基质在空间上随机出现，储集能力和渗流能力空间分布不均匀，非均质性极强，储层分布异常复杂。而传统波阻抗反演基于井间线性插值的地质建模方法，对储层边界描述不清楚，即使单独依靠地质统计学算法进行井间模拟，也只能从一定程度上刻画储层的非均质性。同时由于地震同相轴代表的是波阻抗界面，当沉积相带变化大时，地震波组特征会发生较大变化，这就需要通过地震、井、露头等资料对比应用，把储层识别并预测出来。

（二）技术流程

（1）通过地震地质层位综合标定技术，把不同反射特征的储层与沉积相对应起来，并做成相应的表单，分析地区不同带来的差异，初步明确储层沉积相带展布规律。

（2）优选物性好的储层对应的地震相及沉积相，在平面和剖面上刻画储层的空间分布特征。

（3）结合烃源岩及盖层条件优选现实的勘探有利区，用于指导生产。

（三）应用效果

在地震相分析基础上，通过综合研究认为下寒武统主要发育六个相带，分别为潮坪相、台内滩相、台内洼地相、台缘相、斜坡相及盆地相。其中，台缘礁滩和台内滩是主要的优质储层发育相带，有利储层面积约 $3\times10^4 km^2$。结合烃源岩及盖层分布分析，认为塔中、塔北及巴楚-麦盖提斜坡是下一步勘探的有利区带。

六、超深层碳酸盐岩储层表征技术

（一）技术内涵

碳酸盐岩是超深层油气的重要储层类型。受沉积相带与后期风化岩溶改造等因素共同控制，古老的碳酸盐岩储层往往表现出溶蚀缝洞尺度小、空间非均质性强、礁滩相白云岩储层薄等特点，超深层碳酸盐岩储层的精细刻画异常困难。在宽方位地震数据的基础上，按照分级预测的思路，在优选预测方法的基础上进行缝洞分布预测。针对超深层碳酸盐岩储层预测难点，基于岩石物理分析，利用叠后地质统计学反演方法提高储层预测精度，发展和完善了超深层碳酸盐岩储层表征的多项关键技术。

（二）关键技术

1. 小尺度岩溶缝洞精细表征

根据工区基础资料和地震数据情况，按照分级预测的思路，在优选预测方法的基础上进行缝洞分布预测。首先利用叠后地震资料开展宏观断层体系分布的特征研究，以此为约束开展基于叠前地震资料的微观裂缝系统研究；此外，通过波动方程正演模拟可以确定溶蚀孔洞的地震响应特征，在此基础上优选纹理熵属性进行溶蚀孔洞的预测，最后完成裂缝属性和溶蚀孔洞属性的融合，并对缝洞系统单元进行雕刻。

2. 深层碳酸盐岩薄储层地震预测

在区域沉积地质背景分析的基础上，结合滩相模式，在储层地震响应特征分析的基础上，优选地震属性对深层碳酸盐岩储层进行定性预测。针对碳酸盐岩储层薄、非均质性强的特征，基于岩石物理分析结果，开展地震反演方法试验，利用针对薄储层的叠后地质统计学反演方法开展储层定量预测。地质统计学反演融合了地震、地质及岩石物理等信息，应用测井信息的纵向高分辨率特征，兼容地震信息的横向预测性，可以得到高分辨率的波阻抗体和岩性概率体，避免了单地震属性叠置的岩性多解性问题。纵波阻抗能够区分储层与非储层是进行地质统计学反演的前提条件，其区分度决定了地质统计学反演薄储层预测的精度。

3. 基于 OVT 域道集裂缝预测

利用 OVT（炮检距矢量片）处理得到的螺旋道集开展各向异性强度的裂缝预测。该项技术直接利用螺旋道集为数据基础，在多维道集柱状显示的基础上，抽取并分析方位角道集和偏移距道集的各向异性特征，进而对道集振幅切片和时差切片进行解读，进一步预测储层的各向异性强度并绘制裂缝玫瑰图，最终对裂缝方位进行定量预测。

4. 烃类检测技术

碳酸盐岩缝洞型储层含气后的地震响应往往表现出振幅异常、弱相干和速度、波阻抗、能量及频率等的变化。针对采集过多波资料的地区，依据横波对流体不敏感、纵波对流体敏感的特性，结合两者地震响应特征的差异，采用多波技术直接检测油气；对于没有采集多波资料的地区，选用频谱分析技术进行烃类检测。频谱分析技术就是利用傅里叶方法对振动信号进行分解并对它进行研究和处理的一种过程。地震波在穿过不同物理特性的地层时，其频率成分的衰减也不同。分别对已钻井的正演模型及叠后地震资料进行频谱分析，统计其气层、水层不同频谱特征。根据不同井的频谱分析，结合烃类检测结果及与储层预测结果的对比关系，优选基于峰值频率属性的烃类检测结果作为叠后含气性预测最终成果。

（三）应用效果

1. 四川盆地技术应用成效

在四川盆地 GM 工区，在高密度三维地震采集处理的基础上，解决了中新元古界储层描述的难题。对创新缝洞型储层定量预测，通过岩石物理分析，以叠前弹性参数反演为核心，有效去除低速硅质，定量预测储层，储层预测符合率由原来的 36.8% 提高到 68.4%，提高了 31.6 个百分点；对创新小尺度碳酸盐岩岩溶缝洞精细描述，通过敏感参数的多属性融合，突出小尺度岩溶缝洞体特征，实现了缝洞体的定量刻画，部署的 G7 等五口井共获 $30\times10^4 \sim 210\times10^4 m^3/d$ 的高产气流；以现代礁滩沉积模式为指导，构建“沟槽控相控储”地质认识，应用丘滩体识别技术，模型正演与实际地震结合，精细落实蓬莱气区岩性圈闭展布，为井位部署与规模储量落实提供支撑（图 6.6）。

2. 渤海湾盆地技术应用成效

在渤海湾盆地某三维区，利用叠前道集资料，分析反射波振幅随偏移距（即入射角 α）的变化规律，估算界面两侧的弹性参数泊松比，进一步推断地层的岩性和含油气性。通过对奥陶系主要目的层的 A（截距）$\times B$（梯度）地震属性进行分析，认为 AT4x、AT3 及 AT101x 井区含气性比较好，为油田公司井位部署提供了钻探依据（图 6.7）。

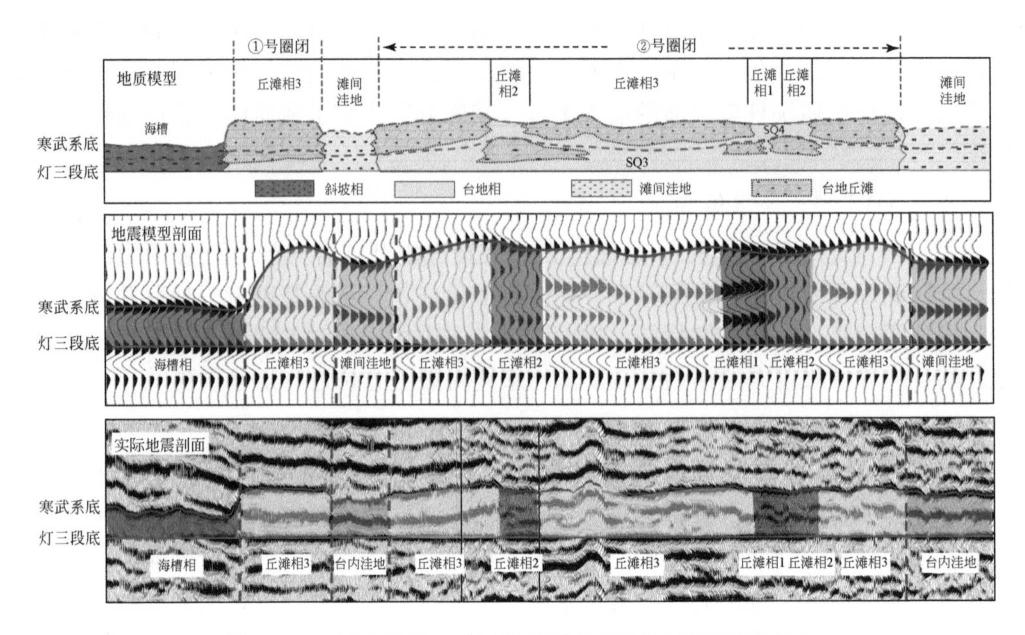

图 6.6　四川盆地某三维区块灯影组丘滩体地震解释剖面

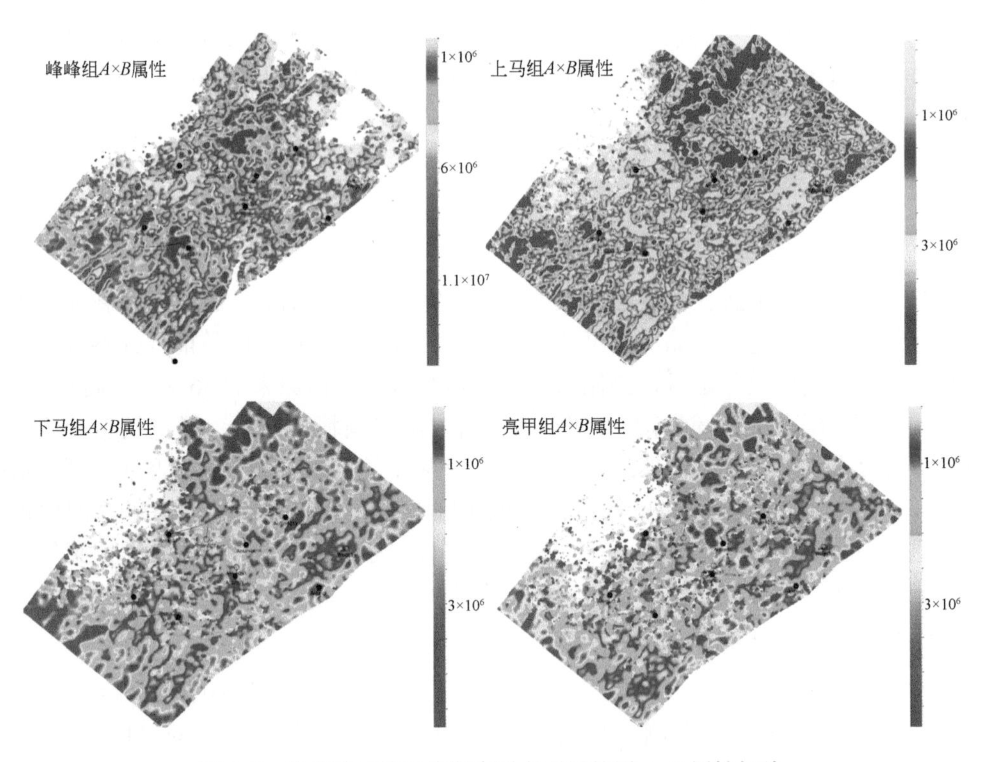

图 6.7　华北某三维区块奥陶系主要目的层 $A\times B$ 属性切片

第二节　有利区带优选与评价

针对塔里木、四川、渤海湾和鄂尔多斯盆地深层及超深层，通过开展区域工业制图，深化超深层地质研究，强化物探解释技术攻关，优选与评价川中古隆起北斜坡灯四台缘带、杨税务潜山带、塔中隆起鹰山组①缝洞体等深层有利勘探区带及钻探目标，助推油田公司取得了很好的勘探成效。

一、塔里木盆地区带优选与评价

（一）盆地结构与构造演化

1. 地层特征

塔里木盆地沉积地层自下而上有南华系、震旦系、寒武系、奥陶系、志留系、泥盆系、石炭系、二叠系、三叠系、侏罗系、白垩系、古近系、新近系以及第四系，其中深层及超深层勘探的主要目的层是南华系、震旦系和寒武系—奥陶系。

南华系：沉积于盆地裂陷背景下的滨浅海相碎屑岩、夹火山岩与碳酸盐岩，地层厚度大、沉积稳定、分布广泛。主要分布在塔东北、塔西北以及塔西南地区，厚度为0～3000m。库鲁克塔格地区照壁山剖面出露地层最全，南华系自下而上为贝义西组、照壁山组、阿勒通沟组、黄羊沟组和特瑞爱肯组。贝义西组在南区厚度可达1000m，下部发育一套以块状玄武岩为主的中基性火山岩，上部为一套以流纹岩为主的中酸性火山岩，反映大陆裂谷环境；北区主要表现为碎屑砂岩（砂板岩、细砂岩等）及火山岩，其中夹多层冰碛岩及少量大理岩，不整合于下伏帕尔岗塔格群之上。照壁山组上部以灰黑色粉砂质泥岩、泥岩、砂板岩及灰色长石石英砂岩为主；下部主要为灰、灰白色层状石英砂岩，与下覆贝义西组呈整合接触，主要在北区分布。阿勒通沟组平行不整合于照壁山组之上，岩性特征以细碎屑岩为主，夹泥灰岩、火山岩，下部为一套冰川沉积形成的厚层灰绿色冰碛岩，顶部发育薄层盖帽碳酸盐岩。黄羊沟组平行不整合于阿勒通沟组之上，岩性以粉砂质泥岩为主。特瑞艾肯组整合或平行不整合于黄羊沟组之上，在北区下部以深灰色-灰色冰碛砾岩为主，夹砂岩及少量碳酸盐岩；上部以大套砂岩为主；顶部发育薄层盖帽碳酸盐岩。塔西北地区尤尔美那克剖面自下而上发育南华系巧恩布拉克群、尤尔美那克组：巧恩布拉克群岩性主要为灰绿色长石砂岩、长石岩屑砂岩、粉砂岩及砾岩、砂砾岩，厚达1300～2200m，为一套海底扇浊流或浅海相沉积；尤尔美那克组岩性以冰碛砾岩为主，为一套较典型的大陆冰川堆积（10～95m）。塔西南地区新藏公路南华系出露较全且比较连续，自下而上分为牙拉古孜组、波龙组、克里西组及雨塘组。牙拉古孜组厚124m，岩性主要为巨厚角斑岩质砾岩和中厚层长石砂岩，具大型斜层理，为典型的磨拉石建造；波龙组厚

① 鹰山组一段、鹰山组二段等，简写为鹰一段、鹰二段等，其余类同。

1216m，岩性自下而上分为四段，一段为灰绿色、褐灰色硅质泥岩和硅质岩，二段为紫红色-灰绿色混碛岩，夹少量砂岩、泥岩，三段为陆棚相的砂岩、泥岩，四段与二段岩性相似，但砂岩、泥岩夹层相对较多；克里西组厚440m，下部为纹层状泥岩、粉砂岩，中部为石英砂岩段，上部为长石砂岩-砾岩段；雨塘组厚365m，下部发育10m冰碛岩，中、上部发育粉砂岩、砂岩。

震旦系：发育于盆地的拗陷期，沉积于南华系之上，具有继承性发育的特点。岩性为深灰色细晶白云岩及深灰色微晶白云岩，属碳酸盐台地相沉积。震旦系分布范围与南华系大致相同，厚度为200～1000m。库鲁克塔格地区震旦系自下而上为扎摩克提组、育肯沟组、水泉组和汉格尔乔克组。扎摩克提组平行不整合或不整合在特瑞爱肯组之上，岩性以杂色粉砂岩和细砂岩为主，下部常呈不均匀互层，夹灰绿色砂岩、粉砂岩，顶部发育火山岩。育肯沟组整合或局部不整合覆于扎摩克提组之上，岩性特征以泥岩、粉砂岩、粉砂质板岩等细碎屑沉积为主。水泉组整合或局部不整合覆于育肯沟组之上，以泥岩、粉砂岩为主，中间夹泥晶云岩。汉格尔乔克组下部为黄绿色冰碛岩，与下伏水泉组不整合或平行不整合接触；上部为盖帽白云岩，与上覆西山布拉克组平行不整合接触。尤尔美那克剖面震旦系苏盖特布拉克组下段为红紫色砂岩（323m），中段为一套灰绿色纹层状泥岩与薄层-纹层状泥质粉砂岩不等厚互层（330m），上段为灰绿色粉砂岩与泥质粉砂岩互层，夹碳酸盐岩透镜体（97m）。奇格布拉克组为一套白云岩，底部发育砂泥岩。新藏公路剖面震旦系自下而上分为库尔卡克组及克孜苏胡木组。库尔卡克组厚534m，发育深灰色或灰色粉砂岩、粉砂质页岩及页岩互层，并有砂岩和砂砾岩及滑塌沉积等夹层，底部为厚7m左右的白云岩，可细分为三段，其中第二段为较深水沉积（烃源岩集中段）。克孜苏胡木组厚200～371m，上部为白云岩，下部由深灰色、紫色、玫瑰色砂岩、粉砂岩不等厚互层夹白云岩组成，与下覆库尔卡克组整合接触，与上覆奇自拉夫组呈不整合接触。

寒武系：与下伏震旦系呈角度不整合，沉积于台地背景下，岩性具有明显的三段式特点，即下白云岩段、膏盐云岩段和上白云岩段。寒武系在整个盆地都有分布，厚度为200～3000m。

奥陶系：与寒武系呈整合-平行不整合接触，包括下统、中统和上统，主要沉积台地背景下的碳酸盐岩，全盆地都有分布，厚度为100～2000m。

2. 盆地结构与构造单元

塔里木盆地是一个经历了长期的构造演化过程、含有多套烃源岩的大型油气叠合盆地，在地貌上被天山、西昆仑山、阿尔金山所围陷，大致以新生界的残余分布为边界，面积约$56\times10^4km^2$。盆地可划分为七个一级构造单元，具体为三个隆起（塔北隆起、中央隆起、塔南隆起）和四个拗陷（库车拗陷、北部拗陷、西南拗陷、东南拗陷）。

3. 盆地构造与断裂发育特征

1）超深层重点层系构造特征

通过对塔里木盆地新采集格架线进行地震地质综合解释，对南华系顶面、震旦系顶面、中寒武统底面、奥陶系灰岩顶面构造特征进行工业制图和分析，取得了多项成果认识。

A. 塔里木盆地南华系顶面构造特征

南华系顶面构造形态呈北东向条带状分布，主要分布在塔东北、柯坪、塔西南地区，分为三隆、三凹、两斜坡。

塔东北地区裂谷规模最大，东西长约1121km，南北宽约262km，发育多个地堑-半地堑型裂谷。北侧经TS1井向西南延伸，与柯坪裂谷相连，南侧经H4井延伸至BT5井一带，与塔西南裂谷相连。东部主体地堑内部由多个小型地堑-半地堑组成，可见多个孤立沉积中心，对应着地堑-半地堑的最深部位，由裂谷肩部相连。其中，两个规模最大的裂谷位于DT1井西北部和TS1井东南部附近及阿瓦提凹陷内，沉积最厚，海拔超过-13000m。西部裂谷整体规模较小，最高点位于巴楚隆起区，海拔约为-500m，巴楚隆起区断裂较发育，呈南东-北西走向，受断裂控制存在多个局部高点，分别分布在北部和东部。向西柯坪地区裂谷与巴楚西裂谷连成一线，延伸至西昆仑山前，呈北东走向，地层整体向东西方向削蚀尖灭。

塔西南地区发育多个北东走向的地堑半地堑型裂谷，整体由昆仑山前向盆地呈指状分布，主要发育两个次级小型半地堑，为英吉沙南半地堑及分布于皮山与和田之间的半地堑，沉积中心位于和田拗陷，后期受构造运动隆升遭受剥蚀。塔西南地区南华系北侧在YL6井南附近超覆尖灭。

B. 塔里木盆地震旦系顶面构造特征

依据构造形态，塔里木盆地震旦系顶面分为三隆、三凹、两斜坡，分别为巴楚隆起区、塔东隆起区、塔中隆起区，西南凹陷区、阿瓦提凹陷区、满加尔凹陷区，塔北-塔中斜坡区、孔雀河斜坡区。

巴楚隆起区主要分布于巴楚隆起的高部位，是南天山洋和昆仑洋闭合的产物。沿着断层呈北西-南东向展布，形状不规则。最高点在巴楚北，海拔约-2000m。巴楚分布区高部位断裂较发育，呈南东-北西走向，受断裂控制存在多个局部高点，分别分布在北部和东部。

塔东隆起区南部受车尔臣断裂北段控制，呈现北东-南西走向的条带状，中部较窄、两端相对宽缓。塔东隆起区高部位断裂不发育，局部高点受构造形态控制，呈南西-北东方向依次分布。塔东隆起区向北部逐渐过渡到满加尔凹陷区，东部构造较陡，地层倾角较大；西部构造较缓，地层倾角较小。塔东隆起区向西逐渐过渡到塔中斜坡区，二者之间靠塔中北坡断裂分割。

塔中隆起区是发育在塔中地区的狭长形北西走向条带状隆起，具有北西高、南东低的特点。海拔范围在-7000～-3000m。

塔北斜坡区呈现由北向南逐渐加深的斜坡特征，斜坡南部逐渐过渡到塔中斜坡区东部。中部被断裂分割，断裂之间下寒武统被剥蚀。YT1井西部受火成岩发育影响而缺失。

塔中斜坡区整体呈向南、北逐渐加深的斜坡特征，向北逐渐过渡到塔北斜坡区，受塔中北坡断裂控制分为东西两部分。东部斜坡特征明显，向北逐渐过渡到塔北斜坡区；西部斜坡区呈南东-北西倾向，向南西方向分别过渡到巴楚隆起、阿瓦提凹陷和塔西南凹陷三个分布区；斜坡上局部存在高点。

孔雀河斜坡区形似两个鼻状背斜，由于北西向断层的逆冲作用，额外形成次级背斜构造，海拔-9000 ~ -8000m。斜坡区北接天山山脉，海拔范围-9000 ~ -3000m，由南向北逐渐变高，并且整体具有朝北西方向变高的趋势。

2）不同期次断裂活动及分布

塔里木盆地是发育在太古宙—古中元古代的结晶基底与变质褶皱基底之上一个典型的大型叠合盆地。经历了震旦纪到中泥盆世、晚泥盆世到三叠纪和侏罗纪—第四纪三个伸展-聚敛旋回。多演化旋回导致塔里木盆地断裂分期差异活动，主要有塔里木运动、加里东早中期运动、加里东晚期—海西早期运动、海西晚期运动、印支期运动、燕山运动和喜马拉雅运动。

A. 塔里木运动断裂活动及分布特征

塔里木运动时期，在罗迪尼亚（Rodinia）超大陆裂解的大地质背景下，塔里木陆块处于伸展环境，主要发育北东向的裂谷盆地，表现为半地堑或地堑特征，该时期的断裂大都控制盆地边界，表现为正断层，且以一级断裂为主。在后期构造变动和构造转换过程中，有的会继承性发育，长期活动；有的会被后期形成的断裂改造，发生多期叠加和变化。从平面上看，该期断层整体以北东-南西正断裂系统为主，分布在盆地的中部区域，控制了南华系—震旦系沉积体系。

B. 加里东早期断裂活动及分布特征

加里东运动早期，受 Rodinia 超大陆裂解的影响，塔里木地块周缘古天山洋、北昆仑洋和北阿尔金洋开始发育，塔里木周边形成被动大陆边缘，塔里木地块整体处于伸展环境，以小型正断层活动为主，自中晚寒武世，北昆仑洋向南俯冲消减，塔里木南缘逐渐转为挤压环境，巴楚隆起及其周缘区域发育一系列北西向小型逆冲断层，断裂断穿中寒武统沙依里克组灰岩。

C. 加里东中期断裂活动及分布特征

加里东运动中期，主要与北昆仑洋及北阿尔金洋的俯冲消减作用相关。中奥陶世，中昆仑地体与塔里木地体进入碰撞造山过程，导致巴楚地区北西西向断裂继承性活动，由于远程效应，塔中地区形成北西向逆冲断裂，与此同时，北阿尔金洋在早奥陶世进入俯冲高峰，到中晚奥陶世闭合并进入碰撞造山演化阶段。在来自东南方向的斜向构造挤压作用下，塘古孜巴斯拗陷发育一系列北东向逆冲断裂体系，东南部形成一系列向北西方向冲断的断裂系统，玛东地区则发育向西南方向冲断的反冲断裂系统。同时，塔中东部地区进一步受到挤压，古城鼻隆形成。

D. 加里东晚期—海西早期断裂活动及分布特征

加里东晚期—海西早期塔里木整体仍处于强烈挤压环境中，断裂活动以冲断推覆为主，主要分布在塔北隆起、塔中北坡，塘古孜巴斯拗陷及塔东南断裂构造呈继承性发育。

E. 海西晚期断裂活动及分布特征

海西晚期塔里木地块南北缘均处于挤压环境，断裂活动总体由盆地南部向北部迁移，断裂强烈活动区位于塔北隆起、孔雀河斜坡、麦盖提斜坡及塔东南等地区，塔中隆起、塘古孜巴斯拗陷等地区断裂活动微弱。

F. 印支期断裂活动及分布特征

印支期，在古特提斯洋向北的俯冲、南天山洋的闭合以及晚三叠世南侧碰撞事件作用下，塔里木盆地强烈隆升，整体处于挤压环境，主要断裂发育在塔北隆起北部的前隆区及塔里木东部、南部和西南部广大地区。

G. 燕山期断裂活动及分布特征

燕山期盆地周缘天山、昆仑山和阿尔金山逐渐隆升并向盆地内部挤压和逆冲推覆，塔里木陆内盆地继续发育。断裂活动主要分布在南天山山前带、西昆仑山前带和阿尔金山前带，塔东地区以及巴楚地区。

H. 喜马拉雅期断裂活动及分布特征

喜马拉雅运动是塔里木盆地一次强烈的构造变革，也是塔里木构造演化的最终定型期，主要与印度和欧亚板块沿雅鲁藏布江的碰撞及其持续挤压作用有关，最终导致塔里木盆地周缘造山带和隆起带强烈的断裂活动和逆冲推覆作用、山前陆内前陆盆地或走滑-前陆盆地强烈的断裂活动以及盆内稳定区的断裂活动。新生代沉积厚度差异巨大，也主要与断裂构造差异活动以及活动强度的差异有关。

喜马拉雅期断裂可以分为南天山山前、塔西南山前逆冲断裂系统，以及塔东南冲断-走滑断裂系统、巴楚走滑-挤压断裂系统。

4. 盆地构造演化分析

塔里木盆地构造演化具有长期性、多旋回性，加之盆地面积广大，决定了盆地不同地区甚至同一地区在不同地质时期具有不同的演化历史、不同的原型盆地性质及不同的构造分区（贾承造等，2007）。塔里木盆地经历了基底的形成、三期弱伸展-强挤压的构造演化旋回，大致可以分为以下五个构造演化阶段。

1）新元古代：盆地基底形成阶段

塔里木盆地具有复杂的前震旦纪基底形成与变迁史，目前研究程度很低，通过盆地碎屑锆石测年分析及周边构造研究，塔里木板块与 Rodinia 超大陆具有相似的聚合与裂解演化史，南北塔里木在新元古代早期才发生碰撞拼合形成统一的基底与演化进程，盆地内部碰撞拼合的时间大约始于 900Ma。

2）南华纪—泥盆纪：被动大陆边缘-活动大陆边缘的演化

（1）南华纪—早奥陶世被动大陆边缘阶段：周缘裂陷伸展，大规模裂解期发生约在 760Ma，南天山洋、古昆仑洋形成并持续扩张，新元古代中晚期盆缘区产生强烈的裂陷，发育滨浅海陆源碎屑岩和冰碛岩，并夹火山岩，盆地内部也有断陷发育，震旦纪地层自北东向南西超覆尖灭，南部塔中-麦盖提一带缺失。寒武纪—早奥陶世形成典型的被动大陆边缘，稳定沉降、沉积广泛，形成台地-台缘斜坡-盆地相明显东西分带的特征。

（2）中晚奥陶世活动大陆边缘阶段：早奥陶世末，塔里木盆地南部、东部从被动大陆边缘转为活动大陆边缘，阿尔金岛弧与塔里木板块拼合，发生强烈的火山活动，塔南-塔中隆起形成，塔北隆起出现雏形，巴楚-塔中、塔北一间房组-良里塔格组，出现东西展布的碳酸盐台地沉积，塔里木盆地从东西分带转为南北分块。奥陶纪末塔东边缘海闭合，中央隆起及其以南、塔北地区大面积遭受剥蚀。

3）志留纪—泥盆纪：周缘前陆盆地阶段

古昆仑洋闭合，盆地东南部形成克拉通边缘前陆坳陷，东部出现大幅度隆升，盆地为浅海相-陆相红色基调的砂泥岩沉积，克拉通内坳陷以中央隆起、塔北隆起继承性发育为特征。东南部构造变形强烈，发育塔里木南部逆冲带，并遭受强烈剥蚀。

4）石炭纪—三叠纪：克拉通边缘拗陷-前陆盆地

（1）石炭纪—早二叠世克拉通边缘拗陷和裂谷盆地阶段：盆地南部古特提斯洋扩张，形成弱伸展构造背景，石炭纪盆地发生自西南向东北方向的广泛海侵，盆地内石炭系包括塔西南克拉通边缘拗陷和塔里木克拉通内拗陷，广泛沉积滨浅海碎屑岩夹台地相碳酸盐岩，自西南向东北沉积厚度加大，碳酸盐岩沉积增多。早二叠世基本继承石炭纪古构造格局，为开阔台地-潮坪沉积，在喀什-阿瓦提一带产生陆内裂陷，盆地西部广泛地分布着基性和中性火山喷发岩与侵入岩。

（2）晚二叠世—三叠纪前陆盆地阶段：南部古特提斯洋闭合，北部南天山洋闭合，形成强烈的南北挤压背景，盆地内为库车前陆拗陷、新和前缘隆起和中部类前陆拗陷。早二叠世末构造变形强烈，塔北断裂发育、产生大型逆冲-走滑断裂系统，塔东北大面积隆起剥蚀和发育北部冲断-走滑带。三叠纪末塔西南前陆盆地发育，以大面积隆起剥蚀为特征，包括塔东隆起、塔西南隆起、新和隆起，其中以塔西南、塔东隆起剥蚀量最大。

5）侏罗纪—第四纪：断陷盆地-陆内前陆盆地

（1）侏罗纪—古近纪陆内断陷-拗陷盆地：以陆相沉积地层为主的第三次弱伸展发生在侏罗纪—古近纪，形成了陆内断陷-拗陷煤系盆地。侏罗系为一套潮湿温带-亚热带环境下的湖相煤系地层，在盆地内分布除草湖-阿拉干陆内拗陷盆地范围较大外，其余零星分布于盆地边缘。盆地内侏罗纪—白垩纪为分隔性断陷-拗陷盆地，主要包括塔西南断陷、塔东北断陷和塔西隆起。古近纪为统一的断陷-拗陷盆地，可划分为柯坪-库车断陷、西南断陷、塔东南断陷、民丰断陷、中部隆起和塔南西部断隆等。白垩纪末构造变形以塔西南隆起遭受剥蚀为特征。

（2）新近纪—第四纪复合前陆盆地阶段：由于印度板块与欧亚板块相撞，昆仑山、天山相继隆升，形成了库车、塔西南南北两个陆内前陆盆地。盆地内主要包括前陆拗陷、前缘隆起、拉分盆地、走滑隆起等多个构造单元，形成现今的构造面貌。

综上所述，塔里木盆地经历基底的拼合与多期不同特征的构造旋回，形成现今纵向分层、平面分块的复杂叠合盆地。

（二）石油地质条件分析

1. 烃源岩

1）前寒武纪裂拗体系

通过对钻遇前寒武系的多口钻井进行地震地质综合标定，完成南华系、震旦系及寒武系区域统层工作。

通过地震地质综合标定、岩性组合分析、地震相和不整合面研究，同时结合甲方在冰碛岩研究基础上建立的南华系—震旦系等时地层格架，发现前寒武纪具有明显的“裂陷-拗陷”二元结构特征。裂陷期主要发育半地堑及地堑，以碎屑岩及火成岩为主，可能对应于早期拉张背景下的大陆裂谷沉积，在地震剖面上呈楔状反射结构。震旦系继承性沉积于南华系之上，沉积范围明显大于裂陷期沉积，平面上连片大面积分布，剖面上整体呈顶平底凸的透镜状，发育三角洲相碎屑岩沉积及滨浅湖相碳酸盐岩沉积，地震剖面上主要呈现中频、连续、平行弱反射结构特征，对应于裂陷期之后持续伸展背景下的拗陷期沉积。同时，前人研究表明，震旦纪末存在一期规模较大的“柯坪运动”，受多种因素影响，盆地内部差异隆升，塔西南地区隆升幅度较大，地层剥蚀比较严重，导致塔西南地区出现大的角度不整合面以及基底的部分出露，早期的“裂陷-拗陷”二元结构不同程度被改造破坏；而北部拗陷地区隆升幅度相对较小，地层剥蚀较弱，南华系—震旦系得以保存，“裂陷-拗陷”二元结构继承性相对较强。

南华系主要发育断陷盆地，地层整体呈北东向条带状分布（图 6.8），主要分布在塔东北、柯坪、塔西南地区，总面积约 $29\times10^4km^2$；而震旦系继承性发育于南华系断陷盆地之上，分布面积较广。

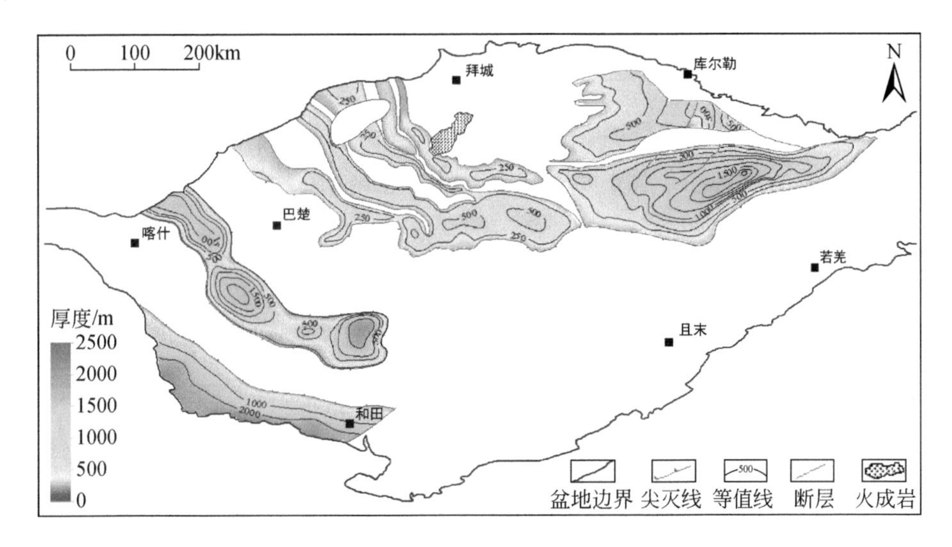

图 6.8　塔里木盆地南华系厚度图

震旦系继承性发育于南华系之上，地层分布走向与南华系残余地层走向基本一致，主要分布在北部拗陷及周缘地区，包括塔西南山前、麦盖提附近及塔东地区，在若羌地区有一个南西向的指状延伸，面积约 $26\times10^4km^2$（图 6.9）。北部拗陷及周缘地区震旦系呈北东向连片分布，厚度中心有两个：一个位于满东地区，沉积厚度可达 1800m，地层整体表现为由厚度中心向塔北-阿瓦提缓慢减薄；另一个位于柯坪地区，沉积厚度可达 975m，向南沿 ST1-F1-H4-CT1 井一线缓慢削蚀尖灭减薄，并在满西地区发育一个次级厚度中心。塔西南地区分布范围相对局限，厚度中心位于塔西南山前，在英吉沙、泽普、皮山、和田地区呈指状向北东方向削蚀尖灭。

2）玉尔吐斯组烃源岩

下寒武统沉积时期，塔里木盆地中西部地区整体为大型缓坡碳酸盐台地。玉尔吐斯组为持续海侵、多期超覆沉积模式，由于玉尔吐斯组沉积厚度较薄，反射特征不清，地震剖面上可识别出三期超覆沉积，其中第一期超覆沉积为初始海泛期，分布范围较窄，超覆点位于裂陷槽边缘，第二期超覆点位于震旦系高能滩附近，第三期超覆沉积为最大海泛沉积，分布范围较广。

井震标定表明，XH1、TD1 等井的玉尔吐斯组烃源岩段在地震上表现为强振幅、连续

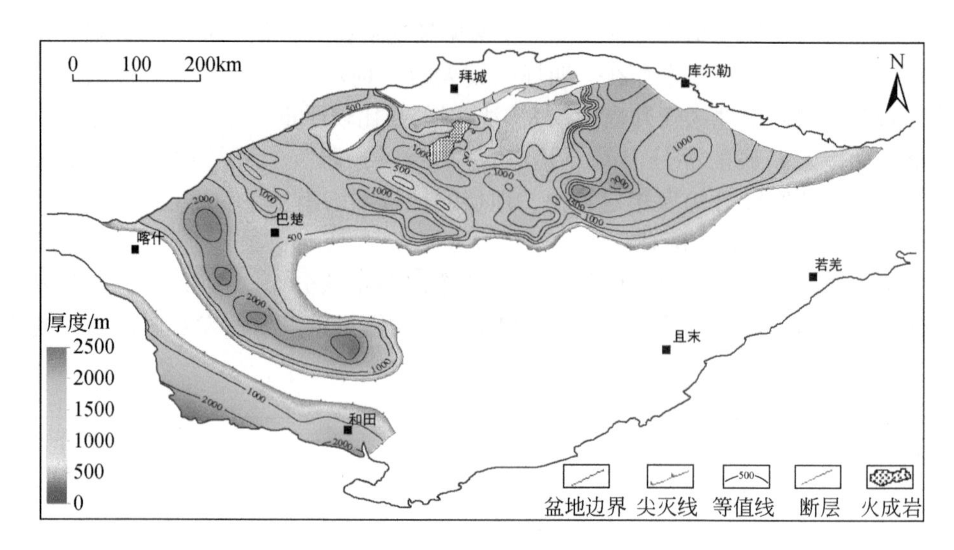

图 6.9　塔里木盆地震旦系厚度图

反射，没有钻遇烃源岩的探井在地震剖面上表现为弱振幅、弱连续反射。根据地震反射特征进行综合解释，预测玉尔吐斯组烃源岩主要分布在满加尔拗陷，面积约 $11\times10^4\text{km}^2$，阿满地区沉积最厚，最大厚度 160m，巴楚及塔西南地区有零星地层分布（图 6.10）。

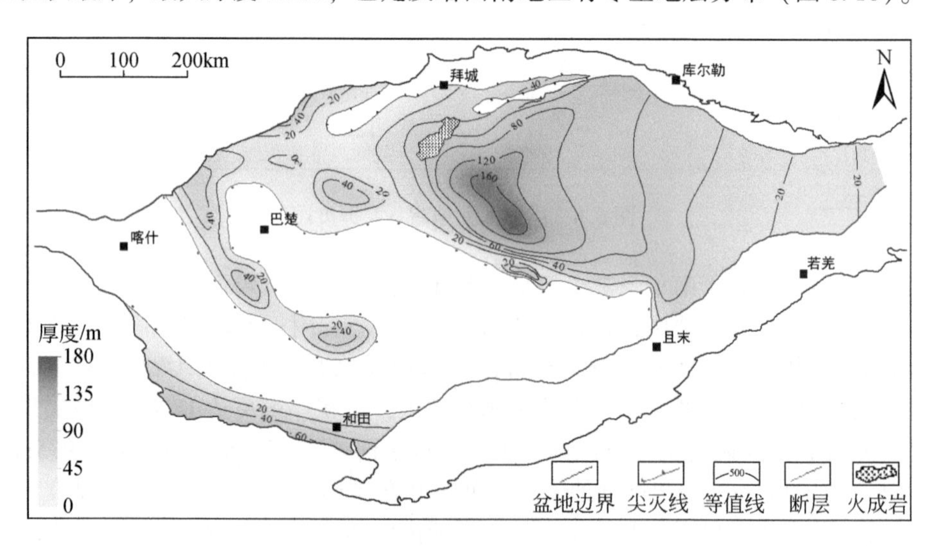

图 6.10　塔里木盆地玉尔吐斯组烃源岩分布图

2. 储层

1）下寒武统储层

下寒武统台地相白云岩是寒武系盐下最重要的储层，明确其厚度及地震相分布特征对于预测寒武系盐下白云岩有利储层发育区具有重要意义。

通过地震相分析，识别出七种典型地震相：①代表古陆的杂乱反射，古陆之上基本无下寒武统沉积，周围下寒武统向隆起部位超覆沉积；②代表潮坪相的中频、强振幅、中连续反射，基本表现为单轴或双轴特征，厚度相对较薄，以 MB1 井为代表；③代表台内滩相的低频、中振幅、中连续反射，局部受旁瓣影响同相轴变宽，以 K2 井为代表；④代表台内洼地的高频、中振幅、中连续反射特征，厚度相对较厚，局部常出现小型丘状反射，以 XH1 井为代表；⑤代表台缘相的前积反射特征明显，外形常为半透镜状或丘状；⑥代表斜坡相的中频、中振、连续反射，具有底超反射特征，外形常呈不规则楔状，楔形减薄区常指示向盆一侧；⑦代表盆地相的中频、中振幅、连续席状反射，厚度相对较薄，该地震相以 TD1 井为代表。

在地震相分析基础上，通过综合研究，发现下寒武统主要发育六个相带，分别为潮坪相、台内滩相、台内洼地相、台缘相、斜坡相及盆地相。下寒武统沉积时期，受和田-塔中古陆及塔北隆起控制，在古城-轮西一线发育台缘相带，东部发育斜坡相及盆地相；此外，在塔西南山前及塘古孜巴斯拗陷东南部也发育斜坡相；西部发育碳酸盐台地，弱镶边台缘滩相呈半环带状分布，主要分布在塔中隆起及塔北地区，混积潮坪主要围绕古陆呈条带状分布（图 6.11）。

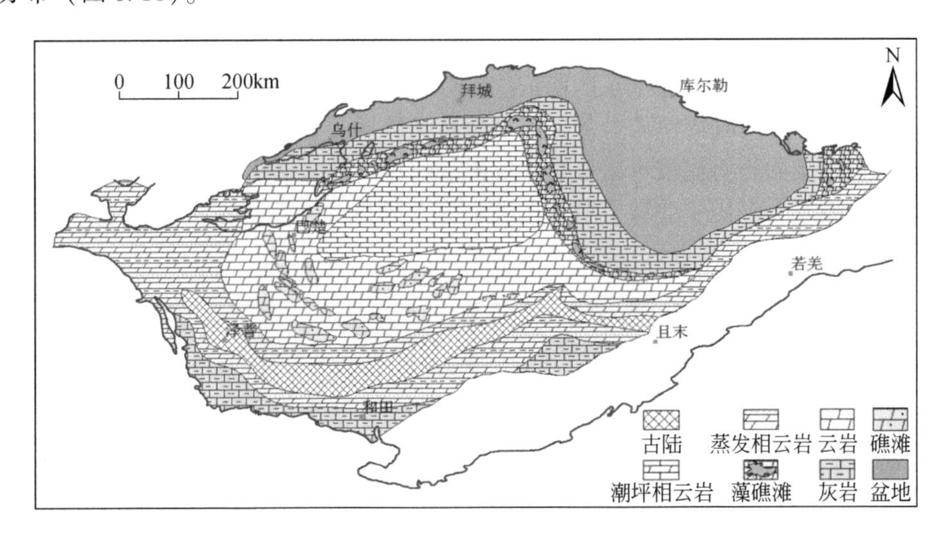

图 6.11　塔里木盆地下寒武统沉积相图

2）震旦系储层

井震结合进行盆地上震旦统沉积相研究，认为震旦系发育大型缓坡碳酸盐岩沉积（图 6.12），中缓坡高能滩相、外缓坡灰岩及盆地相在地震剖面上可以解释、追踪，主要分布在北部拗陷及柯坪地区，塔西南地区也有少量地层。其中，满加尔地区较厚，厚度约为 350m，分布总面积达 $10\times10^4\text{km}^2$。

上震旦统白云岩储层主要分布在塔北及柯坪北等地区，碳酸盐岩沉积特征清楚，各沉积微相在品质较好的地震剖面上特征清楚，可以清晰划分。

3）奥陶系中组合储层

塔北、塔中奥陶系储层包括一间房组和蓬莱坝组。奥陶系蓬莱坝组整体为一平缓台地沉积背景，西厚东薄，塔东最薄，满加尔凹陷有一个沉积中心，在塔北古城一线存在一个厚度陡变带，向西围绕沉积中心缓慢减薄。

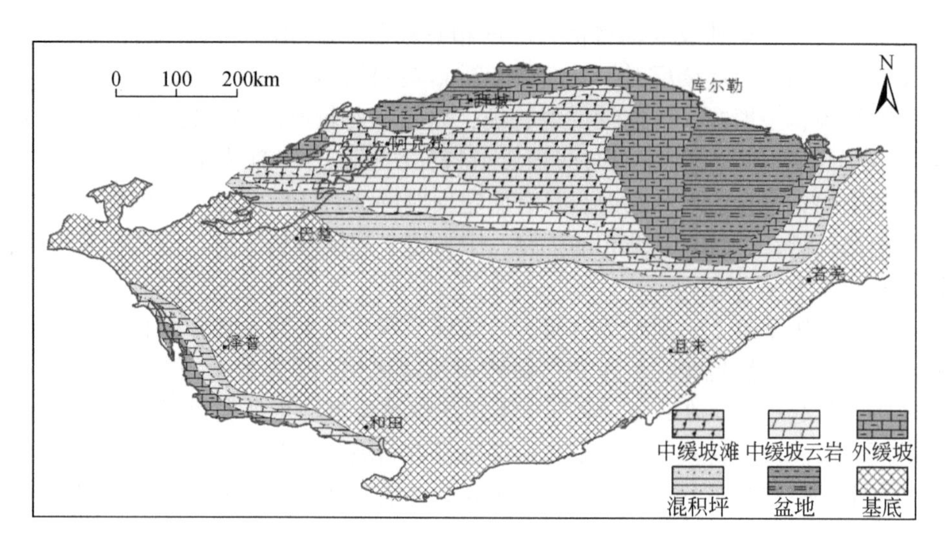

图6.12　塔里木盆地上震旦统沉积相图

蓬莱坝组沉积相平面图上从东向西依次发育盆地相、台缘相、台坪相、台内滩相及潮坪相（图6.13），台内滩颗粒云岩及云灰岩为有利储层。露头及地震资料进一步证实，受不整合及断裂控制的岩溶储层可以接受大气淋滤作用，发生次生改造，储层更有利。白云岩有利相带主要发育在塔中北坡、塔北南坡和麦盖提斜坡。塔中北坡和塔北南缘紧邻生烃凹陷，是深层勘探最为有利区。

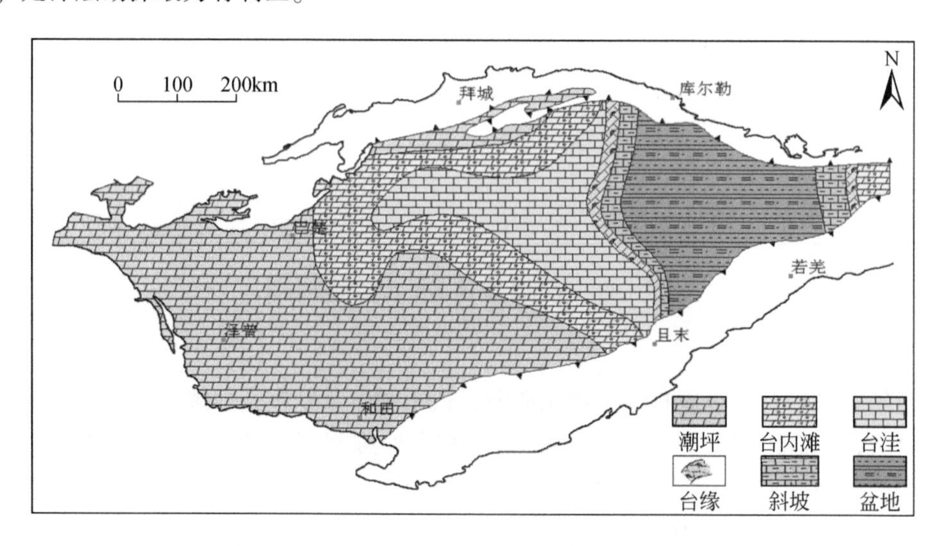

图6.13　塔里木盆地奥陶系蓬莱坝组沉积相图

3. *盖层*

中寒武统膏盐岩是塔里木盆地寒武系生储盖组合中的盖层，对深层油气的保存至关重要。

中寒武统厚度为0～880m，除库车拗陷及东南拗陷外，全盆地都有分布，并向和田-

塔中古陆超覆减薄尖灭沉积。平面上，地层厚度东西差异明显，以古城-轮西一线为界，盆地东部地区地层厚度较小，一般介于 90～390m；盆地西部地区地层厚度较大，地层厚度中心均位于满西地区，最厚可达 880m，由厚度中心向塔北地区迅速减薄，向和田-塔中古陆方向缓慢超覆尖灭减薄。麦盖提斜坡也是一个厚度薄区，向西昆仑山上逐渐加厚，整体沿车尔臣断裂与东部薄区连成一片。

地震相平面追踪及综合研究表明，中寒武统膏岩湖沉积具有明显的“同心圆”沉积模式。中寒武世，膏岩湖沉积主要发育于阿瓦提凹陷，盐岩湖沉积主要呈环带状发育于膏岩湖沉积外围，主体南部边界越过巴楚南缘，主要与这一时期镶边台缘相带不断发展，局限性水体范围扩大及深度不断加深有关。

综合来看，北部拗陷大部分地区中寒武统处于膏云岩及盐岩发育区，具备良好的盖层发育背景。目前钻井也已证实，中寒武统广泛分布膏盐岩沉积，厚度达几百米，是寒武系盐下白云岩的优质盖层。

4. 深层油气成藏分析

塔里木深层油气藏埋深大，地质结构复杂，油气的分布和富集受诸多因素的影响和控制。当前研究认为，油气成藏的主控因素主要表现为几个方面：良好的油气供给是油气藏形成的基本条件；沉积相展布及关键成藏期的有利区带是形成油气藏的关键；盐相关构造发育模式及其演化的研究影响了圈闭的落实；断裂及不整合对油气运移和聚集至关重要。

研究表明，烃源岩以及深层的储层横向发育稳定，纵向上相互接触，为油气生成和储集提供了良好的条件。中寒武世，塔里木盆地处于蒸发台地沉积背景下，规模性分布的蒸发盐岩盖层披覆在下寒武统白云岩储层之上，可作为良好的盖层，是盐下规模油气成藏与后期保存的有利条件。

5. 盆地勘探潜力及方向

塔里木盆地深层-超深层的油气勘探主要有以下三套组合。

一是上震旦统白云岩作为储层，下伏南华系为生油层，上覆寒武系玉尔吐斯组既可作为上部的生油层，又可作为盖层。根据储层研究，上震旦统白云岩储层主要分布在塔北及柯坪地区，结合埋深 8500m 构造线，优选塔北地区为震旦系有利区带。

二是下寒武统高能滩下的碳酸盐岩层作为优质储集层，下伏的震旦系—南华系潜在烃源岩可作为生油层，中寒武统底部的膏岩层可作为良好的盖层。结合沉积相及沉积模式分析，优选麦盖提斜坡及塔北地区可作为下寒武统的有利区带。

三是奥陶系中组合，鹰三段、鹰四段作为储层，鹰一段、鹰二段作为盖层；蓬莱坝组作为储层，上覆鹰三段、鹰四段致密灰岩层作为盖层。

通过沉积演化、构造发育及盖层有效性分析，优选塔中、塔北地区为奥陶系中组合的有利勘探区。

（三）油气勘探区带与目标

通过开展塔里木盆地区域工业制图，深化超深层地质研究，强化物探解释技术攻关，优选与评价深层有利勘探区带 12 个，提出深层有利勘探目标 21 个。

1. 盐下重点区带评价及目标

通过对优质源岩、规模储层、盖层及构造演化的综合研究，认为塔中隆起、塔北轮深-英买力、柯坪及麦盖提斜坡是寒武系盐下勘探最有利的区域（胡九珍等，2009）。塔中为继承型古隆起，塔北为残余继承型古隆起，柯坪-巴楚为晚期改造型古隆起，麦盖提斜坡一直为斜坡背景，北侧由断裂遮挡形成多个大型断鼻，从油气运聚有利指向区看：塔中寒武系盐下最好，塔北寒武系盐下及上震旦统较好，麦盖提斜坡寒武系盐下可以作为后备领域。

1）塔中

塔中寒武系盐下深埋白云岩的勘探程度较低，钻井资料较少，仅 TC1 井、ZS1 井和 ZS5 井钻穿。新部署上钻的 ZH1 井在非构造区多层系见良好显示，且下寒武统底部在塔中首次钻揭泥岩（疑似源岩）。钻探证实塔中大背斜寒武系盐下白云岩具备规模成藏条件，中、下寒武统白云岩将成为塔中地区油气勘探战略接替领域，白云岩面积分布广，展示了该领域广阔的勘探前景。

塔中地区整体发育大型背斜构造，面积约为 9300km^2，中国石油天然气集团有限公司矿权内面积约为 4700km^2，分布广，规模大，东部埋藏浅，埋深在 7500～8000m，西部埋藏深，埋深在 8000～9000m，西深东浅，均不超过 9000m。本区主要沿尖灭线发育三大地层圈闭区，且地层圈闭区发育局部构造，勘探潜力较大。

ZH1 在盐下油气显示活跃，取得突破，为扩展成果，优选 ZH6 圈闭，建议上钻 ZH3 井，一旦突破，对“十四五”塔里木 3000×10^4t 稳产上产具有重要意义。ZH3 井目标比 ZH1 井的源储配置更好，同时位于岩性圈闭及构造圈闭叠合区，岩性圈闭面积有 410km^2，构造圈闭面积为 106km^2，幅度 200m，海拔为-7150m。

2）塔北

塔北地区是油气长期持续运移指向区和聚集区。目前该区寒武系钻探程度较低，LS2 井钻遇上寒武统，TS1 井钻揭下寒武统优质储层、取心见沥青，揭示寒武系发育多期次礁滩相地层沉积，因盖层条件差失利。地震上表现为杂乱反射特征，发育藻黏结白云岩、亮晶鲕粒白云岩、灰白色亮晶鲕粒砂屑白云岩等高能环境的产物，为台地边缘浅滩和藻丘沉积。LT1 井测试获工业油气流后，在地质理论认识上突破了传统的 8000m 超深层勘探“死亡线”，在塔里木盆地打开一个重要接替层系和崭新勘探领域，证实了 8000m 超深层具备形成大油气田的石油地质条件。

轮南地区下寒武统吾松格尔组—上寒武统发育 5 期垂向加积型为主的礁丘建隆，即下寒武统吾松格尔组 1 期礁滩体与中寒武统 2、3 期礁滩体及上寒武统 4、5 期礁滩体。受台缘控制沙依里克组+吾松格尔组台内局限-半局限环境形成白云岩边坡-滩相沉积，阿瓦塔格组礁体快速生长，台内直接发育蒸发相膏岩。阿瓦塔格组为盖层，依次发育盐湖-膏坪-膏云坪-礁后滩-台缘-斜坡-深海相带，LT1 井位于膏坪覆盖区，盖层条件好。沙依里克组依次发育云坪-云滩-台缘-斜坡-深海相带，吾松格尔组依次发育云滩-台缘-斜坡-深海相带，LT1 井位于云滩发育区。钻探结果表明吾松格尔组礁后滩面积及规模较大。轮南-古城地区吾松格尔组发育礁后滩南北长 430km，东西宽 16～36km，台缘带总面积为 1.3×10^4km^2，中国石油天然气集团有限公司矿权范围内面积为 2000km^2。

塔北地区震旦系整体为沿玉东–牙哈–轮台东西向展布的凸起带，向南向北埋深增加，自西向东依次发育玉东构造带、轮台凸起削截带、轮南构造带。在工区的东部和西部分别发育满加尔凹陷、阿瓦提凹陷，塔中与塔北之间发育满西低梁。

塔北震旦系圈闭集中发育区喀拉玉尔滚构造带、红旗构造带及轮南凸起一直处于高部位，是油气运聚的有利指向区，成藏条件非常有利。

围绕塔北北部相变线落实寒武系岩性圈闭两个，圈闭总面积为564km²，其中英买力岩性圈闭为264km²，玉中岩性圈闭为300km²。

落实震旦系构造型圈闭两个，面积约为1626km²；中国石油天然气集团有限公司矿权内面积450km²，且高点均在中国石油天然气集团有限公司矿权内，准备后备目标LZ1、LZ2。

2. 盐上中组合重点区带评价及有利目标

受多期构造运动影响，塔里木盆地下古生界呈现隆拗相间的构造格局，其中塔中隆起为继承型古隆起，塔北隆起为残余型古隆起，而巴楚断隆为海西晚期后形成的活动型古隆起。塔里木盆地古隆起及斜坡区在古生代经历了多期抬升剥蚀与构造变迁，形成了围绕古隆起边缘分布的高能台缘相带和沿不整合面分布的多期、多类型的古岩溶缝洞型碳酸盐岩储集系统，且古隆起古斜坡毗邻生烃拗陷，成为油气聚集的有利指向区（张玮等，2017）。

1）塔中

通过研究，ZG8～TZ12井区鹰山组断裂主要有三个方向：北西–南东向、北东–南西向和近南北向，其中以几乎相互垂直的北西–南东向、北东–南西向两个方向为主。北西–南东走向断裂为塔中Ⅰ号断裂形成时的伴生断裂，剖面上为呈“Y”形的逆冲断裂，在晚奥陶世活动，主要控制了大型构造带及局部小构造的发育；北东–南西向为走滑断裂，整体上东部在石炭纪—志留纪停止活动，而西部依然受到海西期—印支期运动影响重新活动。全区发育大型走滑断裂，宏观上对研究区切割，使之形成明显的东西分段性。走滑断裂表现为明显的左行走滑，且由南到北应力逐渐减弱。在塔中10号构造带以南表现为线性走滑，断层面陡直，断裂带很窄，局部表现为小型地垒地堑；在塔中10号带以北分支断裂发育。

断裂分期研究：北东东向走滑断层结束最早，志留系沉积前定型（加里东中晚期）；北东向走滑断层在石炭系沉积前定型（海西早期）；北东向走滑断裂持续活动时间最长，在三叠系沉积期定型（海西晚期）。

通过沉积演化研究，塔中沉积背景从鹰三段、鹰四段沉积期的缓坡型台缘变化到鹰一段、鹰二段沉积期的陡坡型台缘（郑兴平等，2011）。这就决定了坡上与坡下鹰一段、鹰二段的不同，在坡上鹰一段、鹰二段储层发育是开发井的主要目的层；而在坡下鹰一段、鹰二段的岩性主要为泥晶灰岩，储层不太发育，可作为下伏地层的直接盖层，整体表现为西好东差、北好南差。其中Ⅰ类盖层区面积为2588km²，Ⅱ类盖层区面积为5109km²。

综合评价奥陶系蓬莱坝组—寒武系下丘里组勘探领域，8000m埋深处面积为3200km²，片状+串珠区面积为2400km²，串珠状反射区面积为800km²，资源潜力为$5000\times10^8m^3$，提出ZP1井等井位目标。

2）塔北

从野外露头剖面观察，蓬莱坝组和鹰山组之间存在着明显的不整合面，不整合面下部发育岩溶角砾岩，与鹰山组之间缺失 1 ~ 2 个化石带，表明早奥陶世晚期，发生了一次大规模的海退，致使蓬莱坝组暴露地表，遭受侵蚀，之后迅速海侵，被鹰山组覆盖，北部存在北东–南西走向的削截线。另外，蓬莱坝组表生溶蚀强烈，溶蚀作用受断裂与旋回控制，单个旋回顶部发育溶蚀孔洞，断裂附近发育溶蚀孔洞。蓬莱坝组底部与寒武系为平行不整合接触。

塔北地区蓬莱坝组发育片状和串珠状储层。利用多种技术手段分别对塔北地区片状和串珠状储层进行预测。其中片状储层在工区内部大面积发育，在工区的东南部相对集中发育。在工区的西北部削截区片状储层基本不发育。串珠状储层在工区内发育规模大，在暴露剥蚀线内，在构造抬升和断裂活动的基础上，储层密度发育较大。自南向北串珠数量依次减少。蓬莱坝组为台地相沉积，地层厚度约 400m，整体相对稳定。

塔北地区蓬莱坝组的直接盖层为鹰三段、鹰四段，通过前期钻探可知，针对蓬莱坝组的多口探井因盖层封盖能力弱等原因造成失利。为此，对本区的盖层进行了详细分析。

塔北地区鹰三段、鹰四段在蓬莱组台地基础上进一步沉积，岩性为灰色与白色灰质白云岩和白云质灰岩。与上覆鹰一段、鹰二段呈整合接触，沉积时未遭受暴露剥蚀，淡水溶蚀的储层欠发育。鹰三段、鹰四段储层的原生孔隙在沉积后经过长期埋藏压实消失殆尽，储集空间以溶蚀的晶间孔为主，后期在断裂和热液溶蚀的作用下，断裂破碎带附近发育小规模的储层。因此，鹰三段、鹰四段局部具有一定封盖能力。

在对盖层厚度、断裂活动强度等影响因素综合分析的基础上，将本区盖层分为三类，Ⅰ类区位于工区的南部，整体盖层厚度较大，断裂活动强度不大，为有利盖层发育区；Ⅱ类区为工区的中部，盖层厚度适中，断裂活动强度较大，盖层具有一定的封盖能力，在断裂破碎带附近封盖能力差；Ⅲ类区位于工区的北部，为局部的抬升剥蚀区，断裂活动强度大，整体缺乏有效的盖层。

在盖层、储层综合研究的基础上，对蓬莱坝组的有利区域进行了划分与评价。在断裂活动强度分界线以北整体储层较为发育，盖层封盖能力有限，埋藏较浅，整体评价为Ⅱ类区。在鹰三段、鹰四段相变线以南，盖层较为发育，但由于储层欠发育以及埋藏较深的原因，将其评价为Ⅱ类区；在相变线以北以及断裂活动性分界线以南，储层较发育，盖层封盖能力好，埋藏深度适中，将这个区域评价为Ⅰ类区。

为了刻画断溶体的分布，以断层为中心，根据振幅、裂缝属性、地震相和趋势面异常共同确定断溶体平面边界，识别 6 个蓬莱坝组圈闭，其中Ⅰ类圈闭 4 个，Ⅱ类圈闭 2 个。其中 MP3 圈闭面积为 149km^2，高点埋深为 8020m，闭合高度为 220m，预测资源量为 3200×10^4t。

（四）勘探成效

1. 地质认识

1）塔里木盆地前寒武纪裂拗体系

塔里木盆地南华系—震旦系是前南华纪变质岩底基之上第一套沉积盖层，其形成的区域构造背景、应力机制及其继承性活动作用对下古生界的沉积具有一定继承性的控制作用，尤其对中下寒武统沉积具有重要的控制作用。但是，由于当时钻井资料有限，也没有针对深层处理的地震资料，认识不够，系统也不细致，还存在很多问题。因此，在物探技术攻关基础上创新提出塔里木盆地前寒武纪可能发育裂拗体系，对前寒武纪裂拗体系的分布及发育特征进行了系统研究。

应用理论创新及多种手段结合，建立了南华系—震旦系裂陷期及拗陷期地震解释模式。通过全盆地精细解释，落实了前寒武纪裂拗体系的分布特征，明确裂拗体系对深层两套储盖组合的控制作用及储盖组合配置最有利区，推动了一批超深层井位上钻。

油田公司在和田河南部采集一条长180km、最大炮检距12km的地震测线，深层反射特征清楚。通过解释成图，预测了巴楚地区深层裂拗体系空间展布，对整个麦盖提斜坡的烃源岩及深层油气藏规律有了新的认识。该项认识推动油田公司在盆地部署并实施4000km以上盆地格架高精度长排列测线。

2）满西低梁区域性走滑断裂带是塔里木盆地奥陶系断溶体的油气富集带

通过综合研究和大哈拉哈塘的整体认识，提出走滑断裂控储控藏的地质观点。通过二维与三维联合研究，梳理出塔北-塔中地区的区域性大断裂。其中，满深三维区内主要发育MS1北东向走滑断裂，该断裂平面上是哈拉哈塘地区断裂系统向南的延伸部分，纵向上向下断至寒武系油源，既是油气运移通道又是油气聚集的空间。该项地质认识得到油田公司的认可，相继上钻的MS1、MS2和MS3井取得油气突破。

2. 技术应用效果

（1）通过裂拗体系解释技术、重磁震联合反演技术、薄层烃源岩刻画技术及碳酸盐岩储层预测技术，落实了上震旦统白云岩、盐下肖尔布拉克组及奥陶系中组合三套源储盖的分布特征，明确了源储配置最有利区。

（2）评价寒武系盐下两套储盖组合及中组合的石油地质条件，刻画了塔北、塔中及麦盖提斜坡的寒武系盐下白云岩及塔北、塔中地区的奥陶系中组合的有利区。

（3）针对塔中北部中组合鹰三段、鹰四段碳酸盐岩复杂储层段，应用断溶体精细雕刻技术，落实了ZG70井区储层发育区有利区面积近4000km^2，优选ZG70井、ZG71井取得油气突破。

（4）应用深层断裂识别及刻画技术，梳理满加尔地区区域大断裂，精细刻画了满西低梁东部F17号断裂及其周缘断溶体空间展布。据此，相继提出MS1、MS2和MS3井获油田公司采纳，在奥陶系碳酸盐岩断溶体中获得高产油气流。

3. 超深层油气勘探成果

通过解释技术攻关和应用，发现、落实和评价了一批超深层有利区带和目标，配合油田公司取得重大油气勘探成效。

1）震旦系获较好油气显示，8000m以深寒武系获油气高产

LT1井位于塔北隆起轮南低凸起上，钻至8882m震旦系苏盖特组完钻。该井油气显示活跃：中下寒武统53m/23层，震旦系奇格布拉克组12m/6层。针对震旦系奇格布拉克组8737～8750m试油，定产结果为气举敞放，气微量，点火可燃，焰高0.5m，测试结论是

酸压效果不理想，暂不定性；对中寒武统 7940～8260m 井段测试，产油 $134m^3/d$，产气 $45917m^3/d$。

2）塔中北斜坡中组合断溶体持续取得油气突破

应用断溶体地质理论及解释技术，优选塔中北部斜坡区为中组合鹰山组有利勘探区，提出并被油田公司采纳的 ZG70 井和 ZG71 井获得高产气流。ZG70 井在鹰山组 7318.0～7413.8m 井段日产气 $17.9×10^4m^3$。ZG71 井在鹰山组 7090.0～7344.6m 井段日产气 $12.5×10^4m^3$。

ZG70 井和 ZG71 井的相继突破，证实了塔中深层及超深层奥陶系鹰三段、鹰四段勘探潜力，预测塔中奥陶系深层有利区面积近 $4000km^2$，资源量超过 $3500×10^8m^3$ 天然气规模，为塔里木油田“十三五”期间建设年产 $3000×10^4t$ 大油气田的目标奠定了坚实的基础。

3）满深超深层油气的突破，为塔中-塔北地区油气连片奠定了基础

应用 $5.13×10^4km^2$ 三维相干属性+2100km 二维构造趋势面，在重点目标区落实 FI17 等多条通源大断裂，发现奥陶系圈闭 29 个，推动井位部署 20 余口。其中，MS1 井是塔河南岸勘探新区的一口重点超深探井，目的层为奥陶系一间房组碳酸盐岩，埋深接近 8000m，以裂缝和洞穴为主，该井在一间房组 7509～7665m 井段日产油 $624m^3$，产气 $37×10^4m^3$；2021 年，MS3 井一间房组 7846.25～8010m 井段日产油 $1610m^3$、产天然气 $52.5×10^4m^3$，创新了塔里木盆地碳酸盐岩领域单井日产最高纪录；同年，MS2 井在一间房组日产油 $145m^3$、产天然气 $81465m^3$。这 3 口井的突破证实了盆地 7500m 以深的碳酸盐岩发育着良好的油气储层，在盆地腹地开辟出一个新的油气战略接替区，为塔中-塔北近 $4×10^4km^2$ 油气连片奠定了基础。

4）塔东鹰三段云化滩缝洞体是深层油气战略展开的有利区带

塔东地区广泛发育奥陶系鹰山组白云岩储层滩断溶体，控制了油气富集。通过古地貌分析，确定浅缓坡内带和内缓坡为滩体发育的有利相带。在古城东地区，应用地震属性分析技术识别鹰三段中下旋回滩体 $138.5km^2/9$ 个，未钻圈闭 $77.3km^2/4$ 个。

建议上钻的 GC17 井钻遇鹰三段云化滩储层，测井解释储层 17.8m/2 层，孔隙度为 1.4%～3.6%，平均孔隙度为 2.2%，在 6215～6290m 井段酸压测试，8mm 油嘴日产气 $22.73×10^4m^3$，新增天然气地质储量近千亿立方米。

2021 年，建议上钻的 XT1 井在鹰三段断溶体测试，日产天然气 $10.4×10^4$～$18.2×10^4m^3$。

二、四川盆地区带优选与评价

（一）盆地地层与构造特征

1. 盆地地层

四川盆地中新元古界主要包括震旦系灯影组、陡山沱组，南华系南沱组、莲沱组，其中灯影组是油气勘探主力层系。

灯影组是一套以灰色及灰白色为主的碳酸盐岩地层，基本上由白云岩组成。该组与上

覆寒武系筇竹寺组呈平行不整合接触，与下伏震旦系下统陡山沱组呈整合接触（杜金虎等，2015）。灯影组主要分为四段，从下到上依次为灯一段、灯二段、灯三段和灯四段，其中灯二段和灯四段相对较厚，为储集性能较好的层段，岩性主要为富藻白云岩、微晶白云岩、泥微晶白云岩夹碎屑岩条带等；灯三段相对较薄，岩性为硅质白云岩和泥质白云岩互层，在四川盆地南江杨坝地区也见碎屑砂岩、砾岩、泥岩和硅质岩等陆源岩性；灯一段厚度较薄，岩性主要为晶粒白云岩，部分地区见富藻白云岩和葡萄状白云岩。

1）地震地质统层

四川盆地新元古界灯三段底界面在地震剖面表现为强波峰，容易对比追踪。灯底界面在地震剖面表现为双强波峰间的波谷，也容易对比追踪。四川盆地钻遇陡山沱组的井仅1口，仅WT1井钻至南华系；陡山沱组底界面在地震剖面特征不明显，主要根据钻井资料进行推测对比解释。

在井位离格架线较远的情况下，通过过井线标定地震地质层位，然后相交测线闭合解释，将层位引入到格架剖面。

2）灯影组层序

通过开展灯影组内部沉积层序识别，明确灯影组发育4个三级层序，灯底（SB1）、灯三底（SB3）、寒底（SB5）是三个典型层序界面，野外、钻井均清楚；SB3（桐湾Ⅰ幕运动结果）为灯三段和灯二段之间的不整合面，灯三段底部发育薄层凝灰岩或含凝灰质的泥岩，海相碳酸盐岩碳同位素（$\delta^{13}C$）明显负漂，自然伽马测井（GR）大幅升高；SB5（桐湾Ⅱ幕运动结果）为寒武系与震旦系之间的不整合面，同位素明显负漂，GR大幅升高，灯影组顶部角砾岩普遍发育，野外见风化残积层。灯影组除灯底、灯三底、寒底三个典型界面之外，内部还存在两个层序界面SB2、SB4，控制沉积分异，高磨地区灯一段、灯二段与灯三段、灯四段厚度横向变化不大，岩性及储层发育情况差异较大，推测内部可能存在内幕层序控制沉积。SQ1与SQ2界面特征在陈家乡剖面表现为暴露不整合及岩性岩相转换面，界面之上为海侵产物（具备超覆的特征），界面之下岩石受岩溶改造而原始组构不清；SQ3与SQ4界面特征在GS103井剖面表现为高角度侵蚀面及岩性岩相转换面，界面之上为含硅质泥晶云岩，界面之下为纹层藻云岩，见角砾化、帐篷构造等典型暴露标志；GR值增高、曲线齿化，钍、铀元素异常。地震剖面上该界面波峰反射横向连续可追踪，灯影组内部4个三级层序纵横向上厚度变化较大，反映沉积充填过程的多样性，灯影组由下向上划分为SQ1、SQ2、SQ3、SQ4四套等时的地质体，其中SB2、SB4层序界面之下的SQ1、SQ3厚值区具有较明显前积收敛的丘滩建隆特征，界面之上均可见上部层序上超的丘滩间洼地。

应用三维资料，精细刻画川中古隆起区灯影组四套层序的厚度分布。各层序在古隆起北斜坡各层序北东向展布格局明显，总体上与沉积相带展布规律吻合，SQ1平面厚度厚值区明显表现出北东向展布的特征，SQ2与SQ1沉积呈互补关系，整体展布同样具有北东向特征。

灯影组岩相古地理演化过程表明，现今槽台体系是沉积与岩溶侵蚀共同导致的结果。在川北斜坡地区存在灯影组沉积期的深水海槽，沉积型台缘带保留相对较全，是寻找台缘相控储层的有利区；川中-川南地区转变为侵蚀槽，侵蚀槽边缘陡坎带、槽内残丘为岩溶型储层发育的有利地区。

3）沉积相特征

本次研究主要应用高磨-射洪地区资料、九龙山-元坝地区三维资料、蜀南地区三维及二维资料、黑楼门地区二维资料。通过井震标定、多信息综合开展地震平面追踪，基本落实了震旦系灯影组四段裂陷槽边界。在新的地震资料应用区，细化了灯四段台缘带及浅台群沉积相平面分布，新的研究成果可靠性及解释精度较早期明显提高。

四川盆地西部地区裂陷槽西侧灯影组发育 1 个台缘带，东侧发育早、晚两期 2 个台缘带；东部地区在盆缘发育台地边缘带，灯影组裂陷槽内发育多个槽内浅台。由于盆地周缘及山前带等地区局部资料品质较差以及认识上的差异，部分地区有待持续开展研究，进一步准确落实。

基于前人对灯影组沉积成因分析认为：前震旦古隆起及古裂陷控制灯四段继承性沉积格局。本次研究重点针对高磨古构造单元区、川南浅台发育区开展沉积相特征深化研究工作。此外，高磨地区钻井揭示灯四段发育早、晚两期台缘。围绕高磨地区，利用二维、三维地震资料对灯四段台缘带也进行了精细落实工作。通过川南地区灯四段浅台解释发现，丘滩体北部自成背斜，构造落实，可形成良好构造-岩性气藏。

2. 盆地结构与构造单元

四川盆地的大地构造位置属于扬子准地台的一个次一级构造单元，是由盆地周边的褶皱和断裂包围的一个大型构造沉积盆地。沉积构造特征表明：四川盆地是在古生代海相沉积盆地的基础上发展起来的一个陆相盆地。二级构造单元根据形成时期及构造形态划分为：川东南中隆高陡构造区、川北古中拗陷低缓构造区、川中古隆平缓构造区、川西中新拗陷低陡构造区（刘树根等，2008）。

纵向上从元古宇前震旦系到新生界第四系沉积过程中，主要经历了 6 个构造旋回、11 个构造运动，浅、中、深各套地层受力挤压形变存在较大差异。因此，浅、中、深地层构造样式有所不同。

以川中地区为例，其处于盆地相对独特的构造位置，变形特征主要表现为构造不发育、缺少大的构造，除威远外，基本没有大的高幅度构造圈闭，圈闭以低幅度构造为主，断裂不发育、断距也较小，以微弱的挠曲变形为特点。

3. 盆地构造与断裂特征

1）盆地新元古界构造特征

四川盆地新元古界灯影组顶界及灯三段底界现今构造呈现出南高北低的大型鼻状斜坡背景。由西南向东北，老龙坝-威远-安岳-广安-达州地区为大型隆起，发育威远西、龙女寺大型背斜，其中威远西背斜南北长 62km，东西宽 43km，呈似穹窿构造，面积约 2150km^2，高点埋深为-2300m，幅度为 1100m；老龙坝-威远-安岳-广安-达州大型隆起东翼受北东-南西向断层系控制，形成江北-邻水-大竹-达州背斜、断背斜、断鼻带。涪陵及以东的大耳山、桥子山地区发育短轴背斜，以浅洼与江北-邻水-大竹-达州背斜、断背斜、断鼻带相隔。大巴山前金珠坪-马槽坝-黑楼门地区则受北东东-南西西向断层控制，以斜坡鞍部与老龙坝-威远-安岳-广安-达州为大型隆起斜接。桐梓观、九龙山-黄洋场、涪阳场-天井岩地区则为局部隆起与老龙坝-威远-安岳-广安-达州大型隆起隔凹相望。雅安、邛崃、眉山地区则位于老龙坝-威远-安岳-广安-达州大型隆起西翼，受北东-南西向断层控制形成鼻状隆起带，发育断背斜、断鼻、断块等局部构造。

从01线、02线、03线等盆地区域格架剖面上看，灯三段、灯四段断裂基本为基底卷入断裂，上陡下缓，在川西南地区纵向断开层位多，多断至中三叠统，而川东地区则断至二叠系及下伏地层中。断层在纵向上呈现“Y”字形或阶梯叠瓦型组合。从北西-南东向剖面上看，发育乐山-龙女寺大型隆起，西翼相对较大，受断裂控制发育局部断背斜、断鼻及断块，东翼则相对宽缓，发育低幅度构造。

2）基底断裂特征

通过地震和非地震资料联合研究，建立了地震基底断裂地震识别模式，认为基底断裂对油气具有重要控制作用。

（1）受基底断裂控制，沉积地层中具有系统性沉积构造响应特征：沉积地层具有共同褶皱轴线，为前期沉积、晚期整体变形的特征；前南华系—基底具有斜反射地震响应特征。

（2）前南华系地震异常响应与非地震异常响应叠合分析：地震剖面显示前南华系—基底反射特征单元具有成层和分带性；与上覆褶皱变形区域纵向叠置后，成层分带边界可能为基底断裂发育位置。

（3）根据地震反射特征，将基底断裂地震识别模式分为两类：斜反射和杂乱反射。其中，前南华系—基底具有斜反射及沉积盖层系统性褶皱特征；认为深大断裂和沉积盖层系统性褶皱受控于深部基底断裂（重磁异常区，南充断裂）。此外，前南华系—基底还具有杂乱反射及沉积盖层系统性褶皱特征，深部杂乱反射和沉积盖层系统性褶皱受控于深部基底断裂（重磁异常区，威远地区的晚期隆升作用）。

（4）通过综合地震资料与航磁异常特征研究，识别7条基底断裂，斜反射区面积为$1.95\times10^4km^2$。

（5）基底断裂平面分布特征与新元古界震旦系灯影组平面分布特征叠置分析。

基底断裂与震旦系灯影组剥蚀区、厚度变化边界相关性强；认为基底断裂控制震旦系灯影组展布特征、古构造特征。其中F2、F3、F5、F6主要控制灯影组剥蚀区，F1、F2、F4、F7主要控制地层厚度变化边界。

3）盆地构造演化

四川盆地经历了六期主要区域构造演化旋回，震旦系—寒武系经历了其中五期，包括加里东、海西、印支、燕山和喜马拉雅旋回，其中对下古生界—震旦系圈闭和气藏的形成起决定性作用的是早期的加里东旋回和晚期的燕山旋回及喜马拉雅旋回。

在经历了陡山沱期填平补齐沉积之后，灯一段-灯二段进入了上扬子乃至中国南方地质历史上第一次大规模碳酸盐台地发育期。该时期构造趋于稳定，其沉积厚度较为均一且陆源碎屑注入较少，露头剖面和钻井揭示其残余厚度均在500～600m。其岩相古地理格局总体为镶边碳酸盐台地、台缘斜坡、较深水盆地。

介于灯二段与灯三段沉积期之间的桐湾运动一幕作用使灯二段顶部遭受了不同程度的剥蚀或侵蚀，发育区域性不整合，同时，由于基底差异发生了不同程度的抬升与沉降，形成了海盆的雏形。

灯三段总体上属构造活动期的沉积。由于强烈拉张裂陷，灯三段台盆范围较大，从川北平武、宁强向南深入四川盆地内部，直至蜀南的长宁地区，并形成了以磨溪、长宁和镇雄等为沉积中心的沉降带。但盆地内部仅在高石梯-磨溪及其以东和威远及其西南地区残存沉积记录。沉积物类型为暗色泥页岩、粉砂质泥岩和粉砂岩，构成了四川盆地腹部的有效烃源层之一。

在经历了灯三段沉积充填作用后，灯四段进入了上扬子乃至中国南方地质历史上第二次大规模的碳酸盐台地发育期。与灯二段不同的是，沿同沉积深大断裂所带来的硅质热流体活动极为强烈，在上扬子乃至中国南方沉积了一套巨厚的含硅质条带或硅质团块的微晶白云岩。其总体岩相古地理格局为一发育台盆的镶边碳酸盐台地，台地边缘大致沿康定、绵竹、北川、广元、宁强、汉中、镇巴、城口、奉节、恩施、黔江、湄潭、峨边呈环带状展布，同样发育具抗浪构造、高大的微生物格架岩建隆。台盆从川北平武、青川向南深入四川盆地内部，向南可能达 GS17 井。青川-磨溪-高石梯以西的灯三段-灯四段推测为低能的瘤状泥质泥晶白云岩与泥岩。台盆东侧台缘带位于泸州-遂宁-广元-汉中一带，发育富含菌藻类、以建隆高大具抗浪构造的凝块石格架岩为特征的菌藻丘及被风浪、潮汐打碎后形成的内克拉通台地边缘浅滩，厚度一般为 300 ~ 400m；西侧台缘带位于自贡-威远-资阳-绵阳一带，以发育砂屑滩为特征。台地边缘外侧为台缘斜坡与盆地相。

发生在灯影组沉积末期的桐湾运动二幕作用使得四川盆地整体抬升，长期位于潜水基准面之上，表现为高部位风化剥蚀、低部位流体下切侵蚀。

总的来说，四川盆地下二叠统与上震旦统灯三段、灯四段作为盆地的基本地层单元，其沉积、演化与四川盆地所处的大地构造位置及所经历的构造旋回息息相关。四川盆地处于上扬子地台，前震旦纪地槽经过晋宁运动回返，包括其后的澄江运动，使扬子准地台固结，从此进入了地台发展阶段。

通过盆地格架线 A02、B05 与 2018GJ01、2018GJ02、2018GJ03、2018GJ04、2018GJ05 地震地质演化剖面分析，可以清楚看出加里东运动、云南运动、东吴运动、印支运动、喜马拉雅运动对盆地沉积、构造演化影响巨大。

（二）石油地质条件

1. 烃源岩

四川盆地震旦系—寒武系在纵向上发育三套烃源岩，自下而上依次为震旦系陡山沱组泥岩、震旦系灯影组三段泥岩和下寒武统筇竹寺组泥页岩，其中筇竹寺组泥页岩为深层主力烃源岩（魏国齐等，2013）。

下寒武统筇竹寺组黑色泥页岩，分布广，面积大，且厚度也大，盆地内厚度在 0 ~ 400m，平均厚度在 180m，德阳-安岳台内裂陷带厚度最大，一般为 200 ~ 450m。在盆地西缘被剥蚀殆尽，在川东地区厚度为 100 ~ 300m，在城口东侧较厚，最厚可达 500m。在地层厚度大的地方，烃源岩厚度也相对较大。

下寒武统筇竹寺组残余有机碳含量（TOC）为 0.06% ~ 6.57%，平均为 1.48%，川东北部 10 个野外剖面 149 块样品测试，其 TOC 分布在 0.11% ~ 11.07%，平均为 1.52%，为优质有效烃源岩。平面上以威远地区有机碳含量最高为2.33%，其次为川东北地区和川中地区有机碳含量较高。

下寒武统筇竹寺组泥页岩有机质成熟度较高，R_o 值为2.0%～5.8%，其中大部分地区超过2.5%，普遍达到过成熟阶段，其中以川东、川南地区热演化程度最高。盆地西缘和盆地中部-北部生气强度相对较低，盆地西南部的自贡-宜宾-泸州一带生气强度相对较高，川东北地区生气强度最高达 $80\times10^8 m^3/km^2$，烃源条件优越。

2. 储层

1）灯四段储层

震旦系灯四段在川中地区钻探揭示为灰色-深灰色泥、粉晶云岩夹藻云岩、藻纹层云岩和较多硅质岩条带，顶部为灰色溶洞粉晶风暴角砾云岩，中部为深灰、灰色、浅灰色黑灰色溶洞粉晶云岩，下部以灰色、浅灰色云岩为主，少量夹深灰色、灰褐色细晶云岩及灰色溶洞粉晶云岩（陈宗清，2010）。

基于盆地格架地震剖面及钻井、测井、地质、露头等资料，通过多信息开展地震地质综合研究，基本落实了震旦系灯影组的沉积模式、灯四段的厚度及岩相平面分布特征（图6.14）。

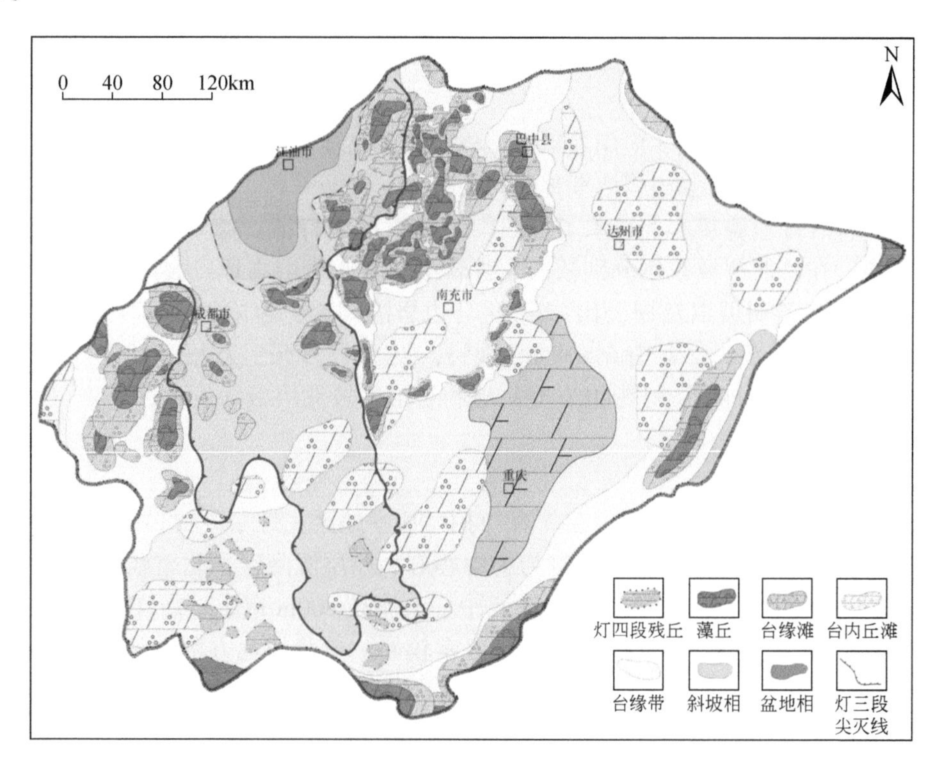

图6.14 四川盆地灯影组四段岩相图

灯三段、灯四段厚度在30～510m，整体呈现两薄四厚条带状相互间隔的特征。两薄带分别为：德阳-安岳裂陷槽最薄，厚度<200m，大致呈近南北走向，成都-安岳地区最宽；其次是达州-涪陵浅洼，厚度为200～300m，大致呈北北东-南南西走向，中部广安-

梁平一带稍宽。德阳–安岳裂陷槽西缘为汉王场–宜宾台缘带，厚度为 300～400m，北北西–南南东走向，西宽东窄。德阳–安岳裂陷槽东缘发育九龙山–八角场–高石梯–荷包场–合川台缘带，分为南北两段，北段为九龙山–八角场地区，近南北转北北东走向，整体较厚，最大厚度在 500m 左右，主要分布在八角场东北一带；南段为高石梯–荷包场–合川地区，北北西–南南东走向，高石梯–磨溪一带较厚，厚度为 300～450m。九龙山–八角场–高石梯–荷包场–合川台缘带以东整体表现为两缓斜坡夹一台内隆起的特征，由西向东依次为巴中–仪陇–合川–石柱斜坡带。台隆斜坡带厚度为 250～400m，大致呈北北东–南南西走向。此外，在德阳–安岳裂陷槽南部，发育威远–泸州槽内浅台，类似“河流心滩”的高地，厚度 200～300m，北北西走向，在泸州地区最宽且厚度相对较大。

灯四段在盆地广泛分布，发育碳酸盐台地、台缘带、斜坡和盆地等沉积。德阳–安岳裂陷槽呈南北向展布，槽内发育一系列浅台，浅台在蜀南地区规模较大。裂陷槽两侧发育规模较大的台缘带，其中，东侧台缘带由北往南规模逐步减小，其东侧发育一个面积较大的台地，其上广泛发育台内滩。概而述之，通过精细刻画灯影组台缘，落实了 2 大台缘带、2 个缓坡带、1 个浅台，即德阳–安岳裂陷槽西缘汉王场–宜宾台缘带、东缘九龙山–八角场–高石梯–荷包场–合川台缘带，达州–涪陵浅洼西缘巴中–仪陇–合川缓坡带、东缘开州–万州–忠县缓坡带，德阳–安岳裂陷槽南部威远–泸州槽内浅台。中新元古界灯四段储层发育，受裂陷槽与灯四段台缘展布控制，储层主要分布在盆地西部裂陷槽两侧及盆地边缘地区。

在灯四段刻画的基础上，应用盆地区域格架线和三维资料对灯影组的岩溶古地貌进行刻画，明确了四川盆地灯影组岩溶期地貌特征。

灯影组岩溶古地貌基本上继承了灯四段的沉积地貌特征。德阳–安岳裂陷槽基本处于岩溶盆地，在其西侧及东侧分别依次发育岩溶斜坡、岩溶高地。裂陷槽西侧发育大兴场–威远–屏山岩溶斜坡以及周公山–峨眉–马边岩溶高地；裂陷槽东侧的岩溶古地貌整体来看变化较为频繁，发育南充–武胜、渠县–达州、万州、石柱、綦江等岩溶高地，高地之间则发育岩溶斜坡。灯影组岩溶高地和岩溶斜坡储层最为发育，是油气勘探的有利地区。

2）灯二段储层

灯二段在四川盆地广泛分布。在剑阁–阆中–盐亭地区，灯一段–灯二段最为发育，残存地层厚度在 900m 以上；川西南以犍为为中心有一厚层沉降区，北至威远、自贡，南至马边、屏山，沉积厚度在 500m 以上，该区中心最厚在 800m 以上；南江以北有小部分地区灯一段–灯二段厚度在 500m 以上，并且出露较好。最薄的地方则在德阳–安岳裂陷槽内，残存厚度一般小于 100m，部分地区剥蚀殆尽。这是因为灯二段沉积时期末，桐湾运动Ⅰ幕使德阳–安岳裂陷槽北部抬升遭受风化剥蚀，以红土风化壳、钙结壳覆盖为标志，并发育大量溶蚀孔洞，形成岩溶储集层。另外，盆地东部大竹–达州–开江–万源地区为台地沉积洼地，灯一段–灯二段厚度较薄，在 50～130m 之间。

依据地震、露头、钻井等资料，研究认为灯二段发育裂陷槽、斜坡、台地边缘、局限台地等相带。

灯影组灯二段发育台缘丘滩、台内丘滩、残丘型三类储层。其中，台缘带丘滩主要发育在蓬莱-剑阁地区，岩溶残丘主要发育在川中-川南地区，不同类型的丘滩体叠加岩溶改造均可形成规模储层。

（三）区带与目标优选

1. 灯四段区带与目标

综合烃源岩分布、有利储层分布、古构造背景，优选了震旦系灯四段川中古隆起北斜坡灯四台缘带、川中古隆起南斜坡东侧台缘带、川西北九龙山地区灯四台缘带、川西南部灯四台缘带、川南槽内灯四滩体群等8个有利区带，总面积为$2.94\times10^4km^2$，具有规模勘探潜力。

1）川中古隆起北斜坡灯四台缘带

针对本区勘探关键地质问题，开展三维区地震资料一体化处理解释技术攻关，取得了新的成果及认识。

射洪三维区灯四段上亚段滩相大面积发育。北部滩相较为集中，呈块状分布；南部滩相呈零星分布，有利面积约$1400km^2$。

叠合构造、岩溶残丘、有利地震相，整体优先三维区的有利勘探区5个，总面积为$650km^2$。

向油田公司建议JT1、PT1、PT2井等深层钻探目标，若这些井获得突破，则建议再上钻4口井（PT3、PT6、JT2、JT3），落实该区带整体储量规模。

2）川中古隆起南斜坡灯四台缘带

应用荷包场-鹿角场、GS19井南、西山南、L203、云锦、鹿角场等三维地震资料（总面积$4437km^2$），结合二维地震资料（2039km），开展川中古隆起南斜坡灯四段台缘带区带评价及目标优选，取得以下成果及认识。

（1）荷包场-鹿角场地区发育灯四段缓坡台缘，面积约为$3600km^2$。从高磨主体往南，灯四段台缘坡度变缓、厚度变薄（280～230ms），宽14～19km；地震剖面上变化特征较为明显。

（2）井震研究认为，荷包场以南推测主要赋存灯四段下地层，颗粒滩及藻丘亚相云岩发育；叠合桐湾Ⅱ期岩溶改造，推测储层发育。

（3）从成藏期古构造形态看，荷包场-鹿角场地区成藏期灯影组古构造位于斜坡背景，具备侧向供烃、背斜优先聚集成藏的条件。

（4）综合评价及目标优选：高磨主体-5230m气水界面以南，发育4排构造带，其中2排构造与台缘带叠合；鹿角场构造较为落实，且与台缘带叠合，建议部署HS2井和LT1井。

3）川西南部地区灯四段台缘带

基于东瓜场、大兴场、白马庙北等三维地震资料（总面积$1150km^2$）和二维地震资料（1600km），整体刻画川西南部灯四台缘带展布及成藏研究，认为东瓜场地区发育“半岛型”台缘，斜坡背景上具备形成致密带遮挡的复合圈闭条件。

通过灯影组灯四段台缘带整体刻画，落实了川西南部地区“半岛型”台缘带的展布，有利区面积为$1200km^2$。

东瓜场灯四半岛型台缘西侧陡坎带丘滩发育，类比高磨地区灯影组储层地震相特征，东瓜场地区灯四段台缘带整体表现为弱振幅杂乱反射特征，往东发育强振幅、平行反射的滩间致密带，具备形成岩性圈闭条件。

通过二维和三维地震资料连片解释，刻画岩性圈闭 342km^2/6 个。其中二维区圈闭 122km^2/4 个；三维区圈闭 220km^2/2 个。

1 号岩性圈闭面积较大，储层较为落实，建议部署井位 DT1 井。

2. 灯二段区带与目标

通过盆地结构划分、构造沉积演化、烃源岩、储层和区带成藏综合分析，认为灯二段发育多个有利区带和目标。其中，槽内发育灯影组残丘群，规模大；荣昌–金堂地区位于古隆起高部位、埋较浅–适中。地震刻画川中–川南地区发育残丘 4763km^2/18 个，单个面积为 14 ~ 1250km^2，圈闭高点寒底埋深–6750 ~ –2450m。孤岛型残丘为448km^2/6 个，面积为 14 ~ 201km^2，幅度为 190 ~ 855m；浅台型残丘 3393km^2/9 个，面积为 76 ~ 1260km^2，幅度为 190 ~ 1700m；残缘型残丘 922km^2/3 个，面积为 183 ~ 544km^2，幅度为260 ~ 2120m。

1）川中北斜坡灯二段台缘带

在德阳–安岳裂陷槽东侧发育台缘带丘滩体，其中蓬莱–剑阁地区以台缘带丘滩体为对象。部分钻井钻遇厚层块状丘滩型储层，ZJ2 井灯二段储层测井解释有效储层 119. 8m/10 层，平均孔隙度为 3. 5%；PT1 井储层灯二段钻厚 635m，测井解释储层 264m/12 层，孔隙度为 2% ~7. 75%，平均为 3. 2%，整体储层非常发育。

针对金堂–蓬莱地区开展灯二段丘滩体精细刻画，落实该区带台缘（残缘）型圈闭 5 个，共计 1750km^2，其中金堂残丘、蓬莱南部残丘、中江南部残丘规模大，是有利的深层及超深层钻探目标。

2）川中侵蚀槽内残丘带

该带主要发育于金堂–长宁侵蚀槽内。目前，ZY1 井、GS17 井以及威远地区钻井均揭示白云岩，储层较为发育。

槽内灯影组残丘与寒武系厚层优质烃源岩形成“裹覆式”源储配置，比高磨地区“侧接式”源储配置条件更加优越。台缘带筇竹寺组厚度，由高磨地区 200m 向槽内增至 700m 以上，烃源岩厚度由 130m 向北增厚至 560m。“裹覆式”源储配置比高磨地区“侧接式”更好，有利于油气规模充注和有效保存。

针对金堂–内江地区开展重点目标刻画，落实孤岛型残丘 448km^2/6 个，预测天然气资源量 $2400\times10^8m^3$。其中施家坝残丘规模最大，面积为 201km^2，圈闭资源量 $1060\times10^8m^3$，是中新元古界勘探的有利目标。

3）蜀南侵蚀槽内残丘带

在侵蚀槽南部内江–长宁地区，侵蚀作用较北部弱，发育大型的槽内浅台型残丘，且该区残丘为寒武系筇竹寺组优质烃源岩所包裹，成藏条件非常有利。

通过初步刻画，落实了浅台型残丘 3393km^2/9 个，预测天然气资源量 $12000\times10^8m^3$。其中，贾家场残丘规模最大，面积为 1260km^2，圈闭资源量 $4500\times10^8m^3$，是中新元古界勘探的有利目标。

(四) 勘探成效

1. 地质认识

1) 灯影组沉积认识

通过井震综合研究，认为四川盆地灯影组具“北沉积、南侵蚀”的特征，受桐湾期南强北弱构造运动影响，盆地北部侵蚀作用弱，保留原始台缘带，南部侵蚀作用强，金堂-内江地区海槽推测为遭受侵蚀改造而成（图 6. 15）。

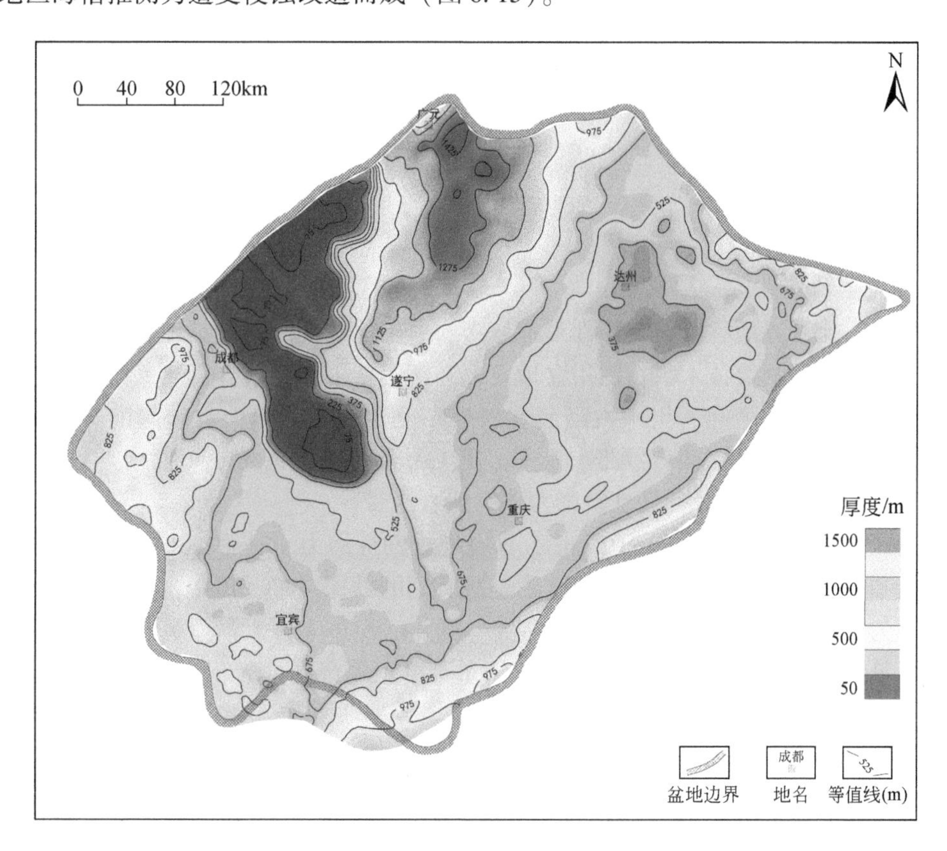

图 6. 15 四川盆地震旦系灯影组地层厚度图

从盆地北部灯影组地质露头看，金凤、羊木、胡家坝、杨坝剖面分别揭示了碳酸盐岩盆地相-斜坡相-台地边缘相-局限台地相，具有完整的横向相序特征。

从盆地北部双鱼石-九龙山拉平灯影组底界的三维地震剖面看，灯二段具有明显的台缘丘滩体特征及斜坡前积楔状沉积特征，表明灯二段保留了原始台缘。而灯三段、灯四段，具有明显的侧向削截特征，代表遭受强烈的侧向侵蚀改造，现今所表现的“陡坎”并不是原始沉积台缘。

从盆地中西部金堂-高磨地区顺侵蚀槽连井地震剖面看，在槽内钻探的 ZY1 井及 GS17 井钻井缺失灯三段、灯四段，灯二段与寒武系麦地坪组不整合接触，代表该区遭受强烈剥蚀。其中 ZY1 井灯一二段厚度为 63. 4m，岩性以砂屑云岩、藻屑云岩为主，反映沉积期为水体较浅的丘滩环境，与 GS1 井岩性相似。

从对应的拉平灯影组底界的地震剖面看，高石梯–磨溪地区灯影组具有明显的顶部及侧向削截特征，代表遭受强烈的纵向岩溶及侧向侵蚀改造；现今所表现的“陡坎”并不是原始沉积台缘。沉积期台缘带推测位于金堂–成都一线，这些地区沉积的灯影组在桐湾期遭受了强烈侵蚀改造，形成侵蚀槽。

2）川东古隆起认识

通过区域地质背景、野外露头、钻井及二维、三维地震解释成果综合分析认为，受基底的影响，四川盆地震旦纪—早寒武世具有隆洼相间的格局，盆地东北部发育宣汉–开江古隆起。

四川盆地东部地区地震资料显示，灯影组内部存在明显的上超现象，利用灯影组厚度进一步刻画古隆起构造特征。古隆起核部位于宣汉–开江地区，整体呈现北北东走向，轮廓面积近 $2\times10^4km^2$。地震剖面上灯影组厚度向古隆起核部变薄趋势明显，特别是西侧，上超特征清晰。

2. 技术应用效果

应用中新元古界地震资料解释性目标处理、地震地质大剖面精细解释、新元古界灯影组碳酸盐岩储层预测等技术，在四川盆地发现和落实了中新元古界震旦系灯影组 8 个有利区带，分别为川中古隆起、川中古隆起北斜坡东侧台缘带、川中古隆起南斜坡东侧台缘带、川西北九龙山地区灯四台缘带、达州–开江台隆西侧边缘带、川西南部灯四台缘带、川南槽内灯四滩体群、达州–开江台隆东侧灯四台缘带。

有利区带总面积达到 $2.94\times10^4km^2$，具有规模勘探潜力。其中，川中古隆起北斜坡东侧台缘带和川中古隆起南斜坡东侧台缘带是最有利的勘探区带，川中古隆起北斜坡东侧台缘带面积为 $6000km^2$，高磨气田位于其南部，目前已经进入开发阶段，向北拓展的 JT1 井在震旦系见到大量的油气显示；川中古隆起南斜坡东侧台缘带面积为 $3000km^2$，HS2 井已经取得突破。

通过创新灯影组岩溶缝洞型储集体地震描述技术，解决了岩溶缝洞体描述的难题。在研究过程中，形成了两个技术创新点：一是缝洞型储层定量预测，通过岩石物理分析，以叠前弹性参数反演为核心，有效去除低速硅质，定量预测储层，储层预测符合率由原来的 68% 提高到 81%；二是小尺度碳酸盐岩岩溶缝洞精细描述，通过敏感参数的多属性融合，突出小尺度岩溶缝洞体特征，实现了缝洞体的定量刻画，部署的 G7 等 5 口井获得了 $30\times10^4\sim210\times10^4m^3/d$ 的高产，成功率达 100%，技术应用效果显著。

3. 深层勘探成果

1）川中北部

在川中古隆起北斜坡东侧台缘带开展资料精细解释，发现了灯四段早期台缘勘探有利区带，从高磨地区向东北延伸，宽 5～12km，长 280km，新增有利勘探面积 $2369km^2$；在 SH 三维区，开展灯影组储层预测，综合评价深层勘探综合有利目标 $676km^2$/23 个，部署 JT1 井获得采纳。该井寒武系沧浪铺组 6972.00～7026.00m 井段试油，气产量为 $51.62\times10^4m^3/d$。

通过精细研究和目标评价，在川中北斜坡发现灯二段丘滩带，区带面积为1720km^2，提出PT1井获油田公司采纳。2020年，震旦系灯二段测试获高产工业气流，日产气121.89×10^{4}m^3，发现了灯二段岩性气藏勘探的新领域。

2022年，DB1井在磨溪-龙女寺构造带北斜坡灯影组日产气20.28×10^{4}m^3，标志着灯四段向北勘探取得重大新发现。

2）川中南部

通过工业构造成图及地质解释论证，在盆地西侧震旦系台缘带中段东翼，落实HBC地区震旦系灯四段构造-地层圈闭，灯四段面积为163km^2，天然气预测地质储量为407.5×10^{8}m^3。位于构造高点的HS2井在灯四段测试，产气量为19.13×10^{4}m^3/d。

3）川东

川东南地区寒武系—震旦系发育7排构造带，圈闭31个，面积为1344.2km^2，勘探潜力巨大。

通过基本石油地质条件评价认为，川东TMC、HLC构造既位于古隆起核部，又为现今构造高点，石油地质条件最为有利。基底卷入的断褶构造方斗山南段及马槽坝-黑楼门构造落实，可作为下一步风险勘探的备选区域。

针对TMC构造建议WT1井被油田公司采纳，该井实钻井深8060m/南华系，是中石油在川渝地区钻探最深的一口风险探井。最终二叠系茅口组酸化后测试，日产气82.18×10^{4}m^3。

位于HLC构造上的LT1井被油田公司采纳并实施钻探，在深层钻探过程中发现大量油气显示。该井灯四段7251.6～7430.0m井段测试产水66m^3/d，水型为$CaCl_2$型，总矿化度为38～82g/L，说明川东地区在7000m以下的超深层依然发育良好的储层。

三、华北探区区带优选与评价

（一）冀中拗陷中新元古界

1. 主要地层及岩相古地理

冀中拗陷北部位于华北克拉通盆地的东北部，区域上中新元古界包括长城系、蓟县系以及青白口系等多套层序。

长城系自下而上包括常州沟组、串岭沟组、团山子组和大红峪组，主要为一套河流相向浅海相过渡的岩性组合，分布范围广，沉积厚度大于2600m。蓟县系自下而上由高于庄组、杨庄组、雾迷山组、洪水庄组和铁岭组组成，下部主要是一套碳酸盐岩，上部则是页岩、泥质白云岩和砂岩的组合，厚度可达6000m左右。待建系只残余下马岭组，为一套细碎屑岩，最厚处约250m。青白口系自下而上为龙山组和景儿峪组，岩性以砂岩和页岩为主，夹少量的碳酸盐岩，厚度小于400m。

蓟县系雾迷山组是中新元古界主要油气勘探目的层。其分布范围广，厚度大，发育有两个沉积中心，分别在蓟县和平泉-建昌一带。自蓟县向东到遵化-滦县地区，向西至阳原地区，雾迷山组厚度变薄。而平泉向北，建昌向南，雾迷山组则是快速减薄。雾迷山组沉积的韵律性和旋回性极其明显，叠层石等生物碳酸盐岩十分发育。此外，在雾迷山组沉积边缘的阳原与平泉一带均发现有雾迷山期的同沉积张性断层的证据，这说明雾迷山期虽然整体上沉积环境比较稳定，但还是会有些构造的扰动，并且其构造背景很可能是一个拉张环境（乔秀夫和高林志，2007）。

冀中凹陷北部雾迷山组的沉积厚度较高于庄组显著增加，在 D6 井处为 1700m 左右，并向北增厚，在 C2、C3 井附近达到 3400m 左右。其沉积相与高于庄组一致，主要为浅海相至半深海相的白云岩。

2. 深层油气勘探潜力

冀中拗陷北部地区中新元古界海相碳酸盐岩地层发育较齐全，地层厚度大，横向分布较广。中新元古代经历了多次构造沉降和海水进退，沉积地层具有多旋回特征，生储盖组合关系较好，具有形成多套含油气层系的基础。拗陷北部区虽历经海西、印支-燕山和喜马拉雅构造运动的后期改造，但仍有中新元古界保存相对完好的区带，有利于原生油气藏的保存。目前，前人在中新元古界雾迷山组、铁岭组已发现了近 50 处的原生油苗或沥青显示，证明曾经有过油气的生成及运聚成藏过程。中新元古界在冀中拗陷是油气勘探的新层系、新领域，具有较大的勘探潜力。

（二）油气勘探区带与目标

1. 构造精细解释及区带划分

研究的总体思路是充分吸收和总结前人的研究成果，结合二维资料解释成果、生油和储层等基础研究的新进展，分析野外露头剖面、区域地质调查、非地震勘探等资料，开展构造、生油、储层、地质综合研究等基础研究，优选区带和目标评价，研究冀中拗陷北部地区下古生界和中新元古界原生油气藏的成藏条件和勘探潜力，不断创新地质认识，指出有利勘探方向。

在具体研究工作中突出研究重点：一是及时收集文献和研究成果，深化中新元古界烃源岩评价，搞清主力生油气层系的资源规模和潜力；二是加强盆地性质认识及后期构造改造运动研究，分析原生油气藏的保存条件；三是依据野外地质调查资料，围绕已发现的原生油苗和沥青显示点，分析油气的成藏特点和分布规律，优选有利勘探区带和目标。

以冀中拗陷北部地震地质综合解释为例，该地区划分为 HXW 构造带、廊固凹陷与 SCD 潜山带、武清凹陷，构造和断裂发育，是深层勘探的有利地区。

2. 区带成藏及油气富集规律

潜山油藏一直是冀中拗陷最重要、最富集的油藏类型。已发现的储量规模在 1000×10^4t 以上的潜山油藏有 4 个，其中任丘雾迷山组油藏储量规模达到 3.7463×10^8t。截至目前，潜山共发现 6 套含油层系：Ar、Chg、Jxw、Qbj、$Є_1$f、O；发现了任丘、雁翎、南马庄、薛庄、八里庄、八里庄西、河间、大王庄、留北、何庄、何庄西、何庄北、何庄东、深西和清辉头等潜山油田，主要分布在任丘、薛庄-八里庄潜山、雁翎-鄚州、河间-肃宁等潜山带上，有利勘探面积达 4500km²。

通过潜山领域资源量复算，潜山层系石油资源总量达 10.02×10^8t，较三次资评预测结

果增加了 $2.36\times10^8\sim3.59\times10^8$t，三个凹陷剩余潜山石油资源总量>$5.0\times10^8$t；霸县-饶阳-深县凹陷潜山具有较大勘探潜力，仍是潜山勘探的有利区带和目标。

冀中拗陷潜山油气主要赋存于海相碳酸盐岩储集体，与陆相碎屑岩存在显著差异，造成油气运聚情况存在明显的特殊性。油气的主要运移通道由深大基底断裂与不整合构成，而储集体则起次要的输导作用。另外，由于供烃方式多样，碳酸盐岩潜山储集系统复杂多变，造成油气运移和聚集规律较为复杂。因此，在综合考虑油气主要运移通道、供烃方式的基础上，按照油气从“源”到“藏”的过程，建立了常见的潜山及内幕油气成藏模式。

在综合分析油气输导体系、供烃方式和油气藏类型的基础上，根据其组合配置关系，提出了八种潜山油气运聚成藏模式，即近源断层输导潜山顶成藏、近源断层输导潜山内幕成藏、远源不整合输导潜山顶成藏、近源不整合输导潜山坡成藏、近源复合输导潜山顶成藏、近源复合输导潜山坡成藏、复合输导潜山顶成藏、近源内幕成藏。其中以烃源岩直接与潜山接触的复合多向供油模式最为有利，其次为源储直接接触的单向不整合或断层供油模式。各种模式既集中分布，又局部叠置，从而构建了冀中拗陷不同类型油气藏在平面和剖面上的含油气格局及油气富集规律。

当前，潜山内幕油气藏探明石油储量为 1046×10^4t，仅占潜山总探明石油储量的2.3%，仍有较大勘探潜力，是寻求勘探突破的领域方向。通过综合分析潜山构造特征、成藏过程及分布规律，可将冀中拗陷潜山内幕油气藏划分为断阶断块型潜山内幕油气藏、断脊断块型潜山内幕油气藏、断堑断块型潜山内幕油气藏和山腹（坡）型潜山内幕油气藏。

冀中拗陷潜山油气成藏主控因素有以下几点：生油洼槽控制了潜山油气藏的分布特征和富集程度、主断裂控制潜山油气藏的形成与分布、良好的保存条件是成藏的关键、良好的运移通道为油气聚集的必要条件、各成藏要素良好的配置关系是潜山油气藏形成的保障以及区域稳定的构造背景利于油气藏的形成。

3. 深层有利勘探区带及目标优选

1）冀中北部

中新元古界区带优选的原则是：烃源岩发育，生油指标好，储盖组合配置合理，埋深适中，保存条件好。因此，冀中北部研究的重点地区为廊固凹陷和武清凹陷。对雾迷山组、寒武系和奥陶系等层进行追踪解释，编制了主要目的层雾迷山组顶面构造图（图6.16），落实了YSW、HSC和GXZ等三个地区多层潜山内幕圈闭，发现5个有利目标，面积达126.5km²，预测圈闭天然气资源量为 $760\times10^8\mathrm{m}^3$。其中的HXW潜山构造带和SCD潜山构造带是深层勘探的有利区带。

A. HXW潜山构造带及有利目标

HXW潜山带潜山顶面表现为垒堑相间式的特点，总体向北和向西倾伏，细分6个潜山构造：杨税务潜山、东储潜山、韩村潜山、刘其营潜山、刘其营西潜山和别古庄潜山。这些构造多依附于断层发育并在东西两垒块上呈串珠状排列，如杨税务西潜山、韩村潜山、中岔口呈串珠状排列在西垒块上，杨税务东潜山、东储潜山、刘其营潜山呈串珠状排列在东垒块上。

有利勘探目标YSW潜山：潜山内幕为北西向的古鼻隆东侧被河西务断层切割而成的

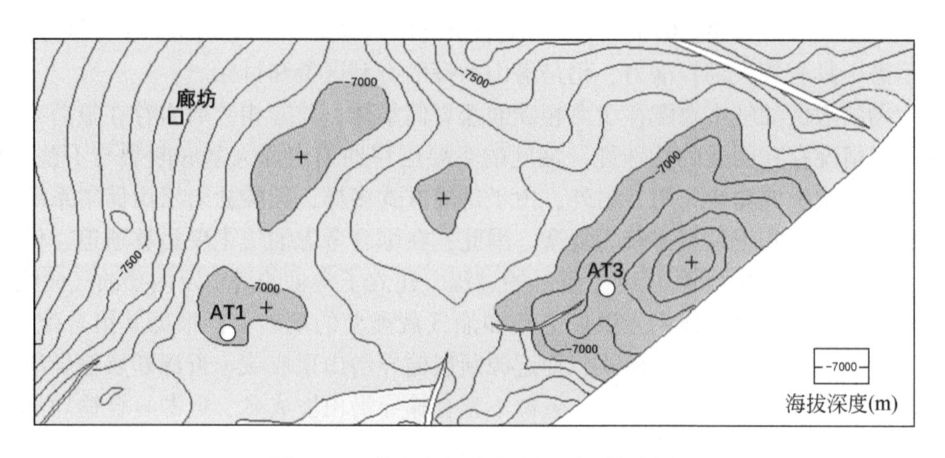

图 6.16　冀中北部雾迷山组顶面构造图

断背斜构造，奥陶系内幕断层复杂，由三个高点组成三个潜山内幕圈闭，预测天然气资源量达 $651\times10^8m^3$。AT3 断鼻面积最大，由 4 层圈闭组成，高点埋深为 5650 ~ 6500m，面积为 11 ~ $21km^2$，资源量为 $475\times10^8m^3$，为深层勘探有利目标。

B. SCD 潜山构造带及有利目标

SCD 潜山位于武清凹陷大孟庄洼槽东南，是在杨村斜坡带后期构造反转持续抬升背景下，受 SCD 东和大孟庄断层控制形成西北倾、东南抬的大型翘倾断垒。主控潜山幅度大小的 SCD 东断层走向北东，延伸 35km，北西向二维剖面上潜山地层东南抬西北倾，北东向二维剖面上潜山背斜形态特征明显。

SCD 潜山构造带的有利石油地质条件如下。

（1）大孟庄洼槽具备较好的油气资源基础。AT3x 井在大孟庄洼槽钻遇 550m 的暗色泥岩，进一步揭示了大孟庄洼槽沙三段烃源岩有机质丰度高。总体上，沙三段 TOC 平均为 1.36%，S_1+S_2 平均为 3.28mg/g，沥青“A”平均为 0.1382%，为有机质丰度较高的中等-好烃源岩。沙三段烃源岩有机质类型为Ⅱ2 型，沙三段烃源岩 T_{max} 平均为 443℃，为成熟烃源岩，生烃转化率在沙三下达到最高，具备较高的生排烃能力。

（2）构造圈闭发育，落实程度较高。武清凹陷在古生界奥陶系、寒武系、石炭—二叠系发现多个构造圈闭，邻近大孟庄生油洼槽的杨村斜坡带是油气运移的指向区，在斜坡高部位埋深相对较浅，断层断点清晰，圈闭平面形态可靠，面积较大，是潜山领域勘探的首选区带。

（3）储盖组合配置理想，成藏条件好。武清凹陷储层以奥陶系为主，上覆石炭—二叠系、古近系为盖层，古近系泥岩、中生界侧向封挡，储盖配置理想。

有利勘探目标 SCD 潜山：潜山位于武清凹陷西北部，大孟庄洼槽东侧，潜山整体表现为受两条北东向断层控制的断垒构造，圈闭面积 $50km^2$，构造幅度 575m，高点埋深 5800m。

2）冀中南部

冀中南部包括霸县、饶阳及深县三大富油凹陷。该区共有四条二级断裂，分别为牛东断层、马西断层、献县断层和衡水断层，存在 8 个洼槽、27 个正向构造。

霸县凹陷划分出了多个有利二级构造单元（潜山带）：牛驼镇凸起潜山构造带、牛东断阶潜山带、岔河集-高家堡构造带、鄚州构造带、文安斜坡和霸县洼槽、淀北洼槽。

在冀中南部共发现和落实中新元古界及下古潜山目标231个，圈闭面积1250km^2，预测圈闭资源量约6.018×10^{8}t。其中，雾迷山组潜山目标22个，总面积为97km^2；有利钻探目标7个，面积为73km^2，主要分布在肃宁-大王庄、虎北、长洋淀和留路潜山带。

长城系及太古宇潜山目标12个，总面积为48km^2；有利钻探目标7个，面积为28km^2，主要分布在河间和牛坨镇凸起潜山带。

A. SN古储古堵型潜山及有利目标

SN潜山带发现古储古堵型潜山目标5个，总面积为10km^2，预测资源量达1500×10^{4}t。

NG8井南目标位于NG1潜山带中段，NG8井东南，是受三条断层控制的局部断块圈闭，与NG8井之间以一个寒武系—奥陶系的洼槽相隔，是被寒武纪地层包围的高幅度雾迷山古储古堵型潜山，圈闭核部为背斜形态，构造落实程度高。圈闭面积为2.6km^2，幅度为550m，高点埋深为5050m，预测资源量为970×10^{4}t。

B. HB潜山带及目标

潜山构造带位于饶阳凹陷的南端，东临献县凸起，南面是新河凸起，西北方向为HB洼槽，为一个继承性的潜山构造带。该区的勘探工作始于20世纪70年代，已钻探井28口，三维区内共有探井25口，钻至潜山的井有7口，均未获得工业油流，其中H2井、H9井、H10井、H6井在高于庄组中见不同级别的油气显示。

H8北潜山为受两条断层控制的断鼻构造，构造面积为10km^2，高点埋深为3750m，幅度为375m。该目标面临HB生油洼槽，顶部被Es4、Ek覆盖，成藏条件有利。

C. WA斜坡带及目标

S8西潜山奥陶系圈闭面积较大，埋藏较浅，寒武系府君山组、蓟县系雾迷山组潜山内幕圈闭面积大，埋藏深。S8西潜山是一个依附于北东向南倾正断层控制的断鼻型潜山圈闭，从蓟县系雾迷山组到奥陶系顶面均有发育。奥陶系顶面圈闭面积为4.3km^2，埋藏较浅，高点埋深为-4950m；寒武系府君山组顶面圈闭面积为12.6km^2，但埋藏深，高点埋深为-6100m；蓟县系雾迷山组圈闭面积为7.7km^2，埋藏更深，高点埋深为-6300m。累计预测圈闭资源量为1200×10^{4}t。

（三）勘探成效

1. 地质认识

（1）开展叠前深度域地震资料解释，改变了对YSW潜山构造面貌的认识，由以往的独立小潜山观点变成了具有多个山头、统一溢出点的大型潜山新认识，潜山面积达45km^2，降低了勘探风险。

（2）强化沉积储层研究，由原来的简单潜山风化壳储层变成了奥陶系内幕复杂储层新认识，即将奥陶系划分为3个三级层序、6个沉积旋回，明确海退高位域潮坪微相的准同生白云岩和泥晶石灰岩为有利储集岩性，进而预测了有利储层分布。

（3）构建了油气成藏模式：YSW潜山为潜山构造和储层非均质性两个因素控制的层-块复合型油气藏模式，发育两种类型油气藏：一种是层-块复合型潜山油气藏，发育在峰峰组、上马家沟组中上部；另一种是潜山内幕层状油气藏，发育在上马家沟组底部、下马家沟组底部–亮甲山组顶。该项认识已经被钻探所证实。

2. 技术应用效果

通过重磁电震综合构造解释技术及中新元古界烃源岩预测技术，明确冀中坳陷北部HXW潜山构造带和SCD潜山构造带是深层勘探的有利区带。HXW潜山带上的YSW潜山已经突破，SCD潜山带紧邻大孟庄生油洼槽，是下一步勘探的有利区带。

2018年，针对SCD潜山提出1口深层探井被华北油田公司采纳。受地面条件限制，ST1X井通过终审后迟迟不能上钻，为此研究人员扩大区带研究，扩展研究层系，针对古近系沙四段又提出了一系列新目标。2023年，ST1X井在古近系沙四段5031.4～5047.6m井段压裂测试，日产油84.56m^3，首次在冀中坳陷发现近5000m埋深的碎屑岩高产油气层，冀中坳陷又发现一个新的富油气凹陷。

3. 深层油气勘探成果

落实YSW潜山带的构造和储层分布，提出AT1x等一批井取得突破。其中，AT1x井奥陶系马家沟组5065.2～5203m井段试油，日产气$40.89\times10^4m^3$、日产油71.16m^3；AT3井亮甲山组日产气$50.26\times10^4m^3$、日产油35.04m^3。后期，通过地震精细解释，协助油田公司又钻探AT101x等一批加深井，AT101x井、AT501x井获得高产，进一步扩大了深层奥陶系的勘探场面。

四、鄂尔多斯盆地区带优选与评价

（一）盆地结构与构造演化

1. 地层及基底发育特征

长城系：在盆地广泛发育，地层尖灭线沿鄂尔多斯–神木–绥德一线分布，厚度在0～5500m。结合钻井、周边地质露头资料及高密度三维地震资料，认为盆地内部长城系自下而上发育四套层系：百草坪组、北大尖组、崔庄组及洛峪口组。自上而下，第一套层序地震相表现为中等–不连续反射，不发育强反射界面，且发育前积反射，对应的百草坪组以发育陆相碎屑岩沉积为主；第二套层序地震相表现为连续–中等连续反射，中强发射界发育，对应的北大尖组下部以发育碳酸盐岩沉积为主，上段为石英砂岩；第三套层序地震相表现为反射连续，存在多套中强反射界面，对应的崔庄组以暗色为主的泥岩、源岩发育，洛峪口组发育海陆交互相碎屑岩沉积；第四套层序表现为中强连续反射特征，发育前积反射特征，对应的洛峪口组发育海陆交互相碎屑岩沉积。

蓟县系：盆地南部出露洛南群，以白云岩、硅质条带白云岩、含燧石条带白云岩夹少量泥质白云岩、板岩为主；西部出露王全口组，岩性以含硅质条带和结核的白云岩为主，下部含少量的板岩、石英砂岩。盆地内部，蓟县系以厚层燧石结核及条带白云岩为主。蓟县系主要分布在盆地陶乐–正宁–永济一线的西南部，平面展布较长城系明显萎缩，厚度在0～1900m。

青白口系：仅在盆地东南缘洛南石北沟地区有出露，其分两岩性段，下段为白云岩夹碳质板岩或白云岩与碳质板岩互层，上段为碳质板岩。

震旦系：沿着鄂尔多斯盆地西南边缘出露，陕西境内称为罗圈组，下段为泥砾岩、块状砂砾岩，上段为泥质、粉砂质板岩，石英砂岩与板岩互层；宁夏地区称正目关组，其岩性与罗圈组相似。盆地内部为灰色冰碛砾岩，局部地区上部为板岩。震旦系仅在乌海–环线一线以西及富平–永济一线以南残留，厚度在0～150m（杨俊杰，2002）。

2. 盆地结构与构造单元划分

中新元古代为拗拉谷盆地发育期。在地震新老资料结合的基础上，通过盆地格架线精细解释，进一步落实了拗拉槽展布形态。

新元古代时期，秦、祁、贺三叉裂谷系向鄂尔多斯地块延伸发育4个狭窄的裂陷槽，由北向南依次为：贺兰拗拉槽、定边拗拉槽、晋陕拗拉槽及豫陕拗拉槽。中新元古界西南厚，向东北方向逐渐尖灭；由东北向西南呈隆拗相间展布，厚度范围为0～7000m，其中，盆地西部最厚，向东逐渐减薄至尖灭。

1）断层构造样式

中新元古代盆地处于典型的伸展背景下，该背景下的构造样式可大致划分为4类：地垒与地堑、多米诺式半地堑系、滚动式半地堑、复式半地堑。结合地震资料，鄂尔多斯盆地中新元古界主要表现为地垒与地堑、多米诺式半地堑系两种构造剖面样式。

地垒与地堑样式地震剖面特征为：正断层几何形态表现为平面式、运动学表现为非旋转的特点，上下盘作相对差异升降运动；基底产状近水平，拗拉槽（次级拗拉槽）呈对称的凹、凸相间；中新元古界产状同样为近水平，具有双断陷的特点。

多米诺式半地堑系的地震剖面特征为：正断层几何形态表现为平面式，拗拉槽（次级拗拉槽）一侧发育主控断裂，派生断层与主断层倾向相同；运动学上断面具有旋转性，上下盘作同相、同幅度掀斜；基底产状倾斜，单个断陷为不对称箕状；中新元古界受基底形态控制，表现为楔状沉积体，地层自下而上由陡倾变平缓，同时呈现为断超型结构。

2）平面构造形态

通过鄂尔多斯盆地二维、三维联合标定构造解释，首次编制了中新元古界长城系底部及顶部构造图，落实了长城系、蓟县系顶部构造形态呈东高西低的近东西向单斜；古元古界顶部构造受断裂控制，构造高程具有变化大的特点。

鄂尔多斯盆地内长城系顶部发育的8排鼻隆状构造，轴向为北西、东西、南西，轴长150～300km，宽度为20～80km，幅度为50～350km，区内延伸距离最长为300km。相较而言，庆城鼻隆带、宜川–L2井鼻隆带及杭锦旗–E18井鼻隆带较为可靠，由十字线控制；正宁鼻隆带、延安–吴起鼻隆带、榆林–CC1井鼻隆带及鄂托克前旗鼻隆带较为可靠。

鄂尔多斯盆地西缘地震资料深层品质较差，中新元古界裂陷槽不清楚。2019年，采用人工源时频电磁获得盆地格架资料，落实了西缘构造特征及地层赋存情况。

通过时频电磁骨架剖面资料，揭示了六盘山–鄂尔多斯西缘–中央古隆起的横向接触关系及构造–断裂体系和深层裂陷槽的分布。盆地西缘发育近南北向区域骨干大断裂，西缘冲断带西侧与六盘山盆地以青固断裂相接，东侧与鄂尔多斯盆地以青平断裂相接，深层与中央古隆起之间以中新元古裂陷槽相隔。剖面上可见中新元古裂陷槽长城系低阻层，总体具有南厚北薄的特点，厚度变化在1000～5000m之间，是潜在的烃源岩。时频电磁多参数与地震联合预测，裂隙槽上的向斜区油气极化异常丰富，勘探前景较好。

（二）石油地质条件分析

1. 烃源岩

鄂尔多斯盆地周缘露头长城系暗色泥岩、板岩的烃源岩地球化学特征良好，如南缘巡检司镇中元古界长城系暗色泥岩样品TOC变化在0.08%～1.52%之间，平均值为0.4%，有机质类型以Ⅰ型为主，其次为Ⅱ型，显示出有机质丰度高、类型好的特点；北缘有机碳含量更高，达2.75%；乌拉特前旗TOC含量主体分布在2%～5%之间，平均为3.33%，最高可达7.71%；固阳北地区采集43个样品，TOC含量主体分布在4%～12%之间，平均为7.52%，最高可达16.99%。

近年来，盆地内部T59井、JT1井在长城系先后钻遇良好的暗色泥岩（T59井样品TOC含量平均为0.39%；JT1井样品TOC平均为0.62%），进一步证实了长城系具备生烃潜力。除长城系外，有学者对蓟县系的源岩条件做过研究，其残余有机碳剩余含量低，生烃潜力不容乐观。

围绕长城系源岩开展工作，主要分析了盆地周缘长城系沉积背景。长城系底部水动力强，沉积以砂岩为主；北大尖组、崔庄组皆在TST期沉积了高伽马的泥质沉积；洛峪口组沉积末期发育高位体系域。

结合盆地周边沉积背景，落实泥岩主要发育于盆内北大尖组及崔庄组。长城系内部的沉积背景及地震相分别为：洛峪口组初始沉积期，水动力较强，前积反射；崔庄组存在多次海侵，指示泥岩沉积的连续强反射；北大尖组存在海侵，海侵次发育，指示泥岩次发育的连续、中等连续中强反射；百草坪组沉积末期，存在高位体系域，中等连续、不连续中强反射。

中新元古界储层发育，落实烃源岩成为盆地中深层勘探突破的关键。野外地质露头以及钻井资料证实了盆地周缘元古宇发育潜在烃源岩。其中，崔庄组泥岩以Ⅰ型干酪根为主，TOC为0.2%～1.44%，平均为0.59%，R_o=2.1%～4.0%。盆地南部JT1井在长城系钻遇厚层暗色碳质泥岩，盆地中部T59井在长城系也钻遇暗色泥岩，该套泥岩现场热解分析TOC含量为3%～5%，进一步证实盆地长城系具备一定的烃源条件。

中新元古界发育大套的砂岩，其内部如果发育泥质岩类，尤其是暗色岩类，可与砂岩形成中强波阻抗界面。JT1井崔庄组泥岩剖面上表现为中强波谷反射，在地震剖面上可连续追踪。

结合长城系泥岩地震相特征，综合属性技术进行泥岩点段刻画，可以定性地预测泥岩是否发育，明确了长城系泥岩平面分布整体受四大拗拉槽控制，盆地西部较为发育。

通过开展岩石物理学分析，明确长城系烃源岩地球物理参数特征，泥岩表现为低阻抗的特点，可以较好地与围岩区分。通过岩石物理学分析，利用泥岩具有低纵波阻抗的特点，运用地震波阻抗反演技术，可对目的层泥岩开展定量预测，落实泥岩厚度平面变化规律。

通过地震属性、反演多手段联合预测，对盆地长城系泥岩厚度进行分析，认为长城系泥岩平面展布明显受控制于拗拉槽，最终落实泥岩发育区面积为$10.67\times10^4km^2$，其中正宁-庆城地区沉积泥岩较厚，厚度普遍大于100m。

经过大量的分析试验，提出总有机碳含量的经验公式：

$$\mathrm{TOC}=\Delta \lg R\times 10a+C \tag{6.6}$$

其中：

$$\Delta \lg R=\lg(R/\bar{R})+0.02\times(\mathrm{DT}-\overline{\mathrm{DT}})$$

$$a=2.297-0.1688\times \mathrm{LOM}$$

TOC 是烃源岩评价的一种指标，指地层中有机碳的总量，以碳的质量浓度表示。$\Delta \lg R$ 为成熟度 R_o 的函数，有机碳总量与 $\Delta \lg R$ 呈线性相关。式中，R 为计算点的电阻率（单位 $\Omega\cdot m$），$\bar{R}$为目标地层平均电阻率（单位 $\Omega\cdot m$），DT 为计算点声波时差（单位 μs/m），$\overline{\mathrm{DT}}$为目标地层平均声波时差（单位 μs/m）。LOM 是热变指数，与镜质组反射率 R_o 有关，它反映有机质成熟度，可以根据大量样品分析（如镜质组反射率分析）得到，或从埋藏史和热史评价中得到。通过分析镜质组反射率实验数据，本区块 R_o 平均为 2，由图版读出 LOM 为 13.5。C 为地层有机碳含量背景值，由岩心分析 TOC 标定得出，本区取值在 0.6 附近。

在明确崔庄组泥岩的基础上，探索烃源岩的预测方法。通过 TOC 预测等手段，首次刻画烃源岩厚度及分布特征，落实烃源岩发育区面积 8000km^2，主要分布在盆地西缘，厚度普遍大于 100m（图 6.17）。

2. *储层*

1）长城系储层

鄂尔多斯盆地长城系主要发育近岸、扇三角洲、低隆、滨海、浅海和深海相。岩性以变质石英岩、褐色砂泥岩互层、含砾石英岩及紫红色泥岩为主。长城系发育杭锦旗古陆、米脂古陆及韩城古陆。三大古陆附近依次分布近岸、扇三角洲及滨海相，浅海相分布在北部乌拉特后旗-白云鄂博一带、中部的鄂托克前旗-神木一带及西南部的吴忠-千阳-西安-洛南一带；深海相分布在盆地西南部。

通过钻井分析认为，YT1 井位于盆地东南部，岩性为浅灰色、棕褐色石英砂岩，地震特征为弱振幅较连续反射特征；HT1 井位于伊盟隆起，岩性为石英砂岩，地震特征为弱振幅较连续反射特征；JT1 井位于永济地区，岩性为石英砂岩夹砂质云岩，地震特征为中强振幅连续反射特征。

波形对比分析认为，长城系石英砂岩表现为弱振幅较连续反射特征；石英砂岩夹其他岩性储层时，表现为中强振幅连续反射特征。波形对比结合钻井岩性资料展示盆地整体以石英砂岩为主，杭锦旗地区以石英砂岩夹片麻岩为主；鄂托克前旗地区以石英砂岩夹灰绿岩为主；志丹地区以石英砂岩夹白云岩互层为主；永济地区以泥岩与石英砂岩互层为主。

钻井、岩性分布及古地质综合分析认为：长城系物性较好的石英砂岩主要分布在长城系剥蚀线以西的杭锦旗-榆林-靖边-志丹-延安-宜川一带；其他广大地区物性较差。

长城系岩性以石英砂岩为主，同时发育泥岩、白云岩、辉绿岩及片麻岩。通过盆地多口井岩石物理分析，长城系砂岩与不同岩性围岩可通过纵波阻抗得到有效区分。

在致密砂岩储层的岩石物理模型中，裂隙的孔隙度和裂隙纵横比对弹性性质的影响是

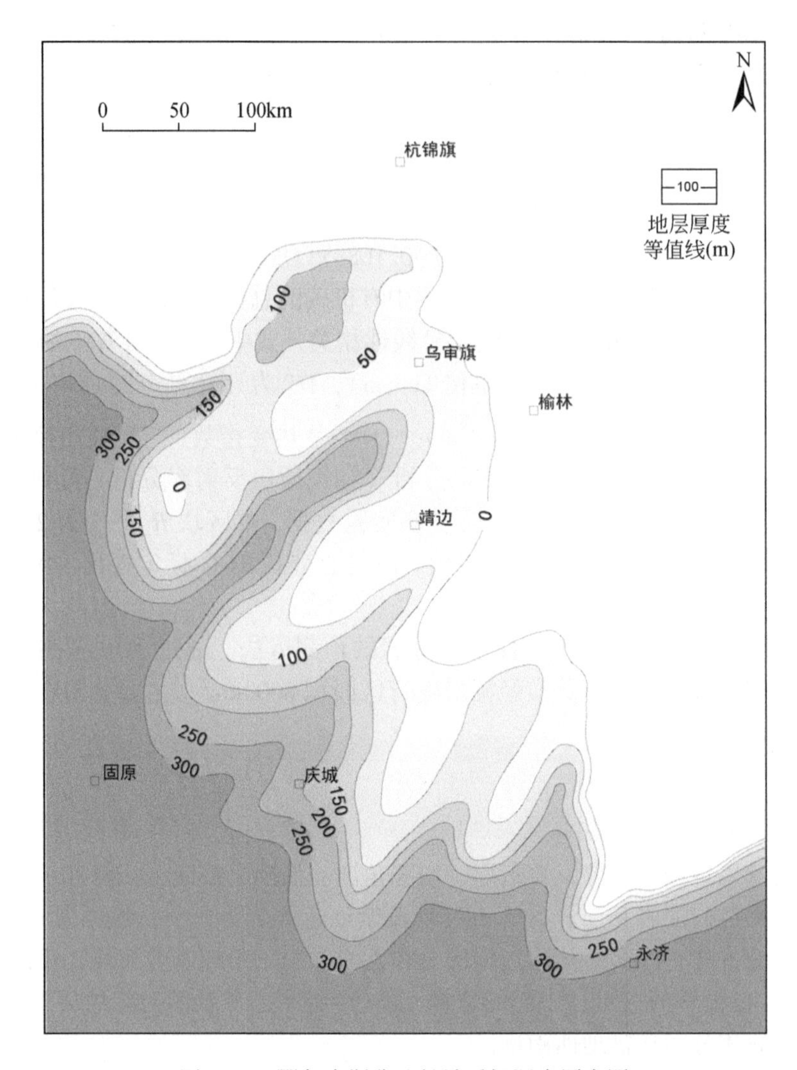

图 6. 17　鄂尔多斯盆地长城系烃源岩厚度图

非常重要的。裂隙密度与裂隙孔隙度和纵横比的关系根据公式计算。宽带约束反演理论预测的饱和岩石纵波速度和横波速度降低，泊松比增大，而且裂隙纵横比的影响相对于裂隙密度来说较小。

在岩石物理建模过程中，岩石的总孔隙度一般可通过测井资料计算，但是纵横裂隙孔隙度未知。根据已知的实测纵波测井资料，将纵波模量作为约束条件来反演求取裂隙孔隙度。

利用岩石物理学分析结果对盆地内多口井孔隙度进行反演，结果表明盆地内超深层致密储层储层物性较好。

2）蓟县系储层

蓟县系主要发育陆表海碳酸盐台地相、浅海相沉积，碳酸盐台地又分为局限台地相与开阔台地相。岩性为厚层条带白云岩。蓟县纪，鄂尔多斯盆地大部分地区为古陆，仅在盆地西南部一带沉积。其中，石嘴山-吴忠-平凉-洛南一带为碳酸盐台地相，盆地西南部为浅海相。

通过钻井分析认为，QS2 井位于盆地西南部，完钻层位蓟县系，井深 5213m，钻遇蓟县系 549m，蓟县系岩性为浅灰色、褐灰色白云岩，地震特征为弱振幅较连续反射特征；QS1 井位于盆地西南部，完钻层位太古宇，井深 4640m，钻遇蓟县系 310.5m，岩性为浅红色石英岩与紫色泥岩、红色灰岩互层，地震特征为中强振幅连续反射特征。

波形对比分析认为，蓟县系白云岩表现为弱振幅较连续反射特征，白云岩与石英砂岩及泥岩互层表现为中强振幅连续反射特征。波形对比结合钻井岩性资料揭示蓟县系岩性以白云岩为主，分布于鄂尔多斯盆地西南地区。庆城地区以白云岩与石英砂岩互层为主。

3. 深层油气成藏条件

通过对源岩及储集层条件的分析，中新元古界勘探有利层系为长城系，该层系可形成自生油气藏。一种为岩性遮挡油气藏型，这类油气藏由长城系内部泥岩供烃，在拗拉槽上倾的斜坡部位受岩性控制，油气聚集成藏；另一种为断块型油气藏，该类油气藏受断块控制，埋深较自生自储岩性油气往往更浅，利于工程实施。黄龙-宜川地区受渭北隆起后期抬升影响，目的层埋深浅，可形成后期改造型断块。

另外，盆地局部长城系储层可直接与二叠系煤层接触，煤成气在构造高部位的砂岩储层中聚集成藏，形成上生下储气藏（如 J13 井气藏）。

（三）油气勘探区带与目标

通过开展盆地工业制图，深化超深层地质研究，优选与评价深层有利勘探区带 3 个，提出深层有利勘探目标 4 个。

1. 构造精细解释

在高品质三维地震的基础上，通过二维、三维资料结合，进一步落实鄂尔多斯盆地中深层地质结构。从盘克三维出发，结合二维资料联合标定解释，明确西南部中深层五大明显反射界面，落实地层展布规律及构造特征。

结合盆地内已知油气藏及已钻井的分析，认为盆地存在古峰庄、马家滩和宜川 3 个深层勘探有利区带，是下一步中新元古界油气勘探的重要领域。

依托马家滩及古峰庄三维，利用二维、三维联合标定解释中深层蓟县系及长城系，向东西南北延伸，落实鄂尔多斯盆地中新元古界拗拉槽展布形态及中深层主要目的层构造特征。针对盆地东南部黄龙-宜川地区，通过 YT1 井、FT1 井及 Y63 井合成记录标定制作，井震标定结果显示长城系上覆寒武系，寒武系底部表现为中强波峰反射。通过引层标定，确定黄龙-宜川地区长城系顶部解释方案。

2. 区带与目标

1）马家滩区带

马家滩地区长城系顶面构造为一近南北走向的大型鼻状构造，北高南低，并发育有多个完整背斜构造。马家滩三维区位于该大型鼻状构造的南部倾末端，三维区长城系顶面构造形态也表现为北高南低的鼻状构造，并发育多个局部小高点。

在区带综合优选基础上，结合圈闭评价，提供ZT2、MJ1两口获油田公司采纳，有效推动了深层中新元古界勘探进展。

MJ1井位于马家滩地震三维区内，目的层地震资料品质较好；钻探目标地质位置位于构造斜坡部位，紧邻拗拉槽，具备“近水楼台”的优势；部署目的为落实马家滩古凸起成藏潜力，该井一旦突破，将落实马家滩地区古凸起有利区330km^{2}及长城系源岩发育条件；存在的风险为井点没有位于构造高部位；预测该井目的层埋深为5000m，长城系厚度为650m。

ZT2井位于二维区马家滩古凸起核部，是油气运移长期的指示方向，构造位置更为有利。部署目的为落实马家滩古凸起成藏潜力，该井一旦突破，将推动其他古凸起勘探及相应物探部署，彻底打开中新元古界的勘探场面；存在的风险为二维东西线资料品质一般，古凸起落实程度不如三维区；预测该井目的层埋深为4300m，长城系厚度为450m。

2）黄龙-宜川区带

黄龙-宜川地区位于鄂尔多斯盆地南部中新元古界古凸起，构造位置相对较高，东侧拗拉槽长城系发育，厚约6500m，区内Y63井发育暗色泥岩，推测拗拉槽内泥岩更为发育，长城系泥质烃源岩和石炭系—二叠系煤系烃源岩通过断层为运移通道，对长城系顶部进行双源供烃，源储配置良好，可形成断块圈闭油气藏。区内长城系顶部构造整体呈南高北低之势，发育17个构造圈闭鼻隆，面积148.11km^2。

提出LT1井深层目标，该井点位于黄龙-宜川地区，为断块油气藏，埋藏浅，邻近生烃洼陷，长城系泥质源岩向上运移，石炭系—二叠系煤系源岩通过断层为运移通道，对长城系顶部进行双源供烃，源储配置良好，可形成断块圈闭。部署目的为落实黄龙-宜川古凸起成藏潜力；钻探意义为一旦突破，将推动黄龙-宜川地区古凸起勘探及相应物探部署，彻底打开中新元古界勘探场面；存在的风险为二维古凸起落实程度低；预测该井目的层埋深为3900m，长城系厚度1300m。

3）古峰庄区带

古峰庄三维区中新元古界顶界面构造东高西低，海拔在-25600～-2800m，断裂发育，呈近南北走向，断鼻、断背斜发育。

古峰庄地区位于鄂尔多斯盆地中部中新元古界古凸起斜坡部位，构造位置相对较高，东侧长城系较厚，发育疑似暗色泥岩的地震相，预测油气向古斜坡区运移，在局部高部位聚集成藏。

设计井GC1井位于古峰庄三维区内，目的层资料品质较好。位于构造斜坡部位的地垒，该井紧邻拗拉槽，地震剖面上泥岩反射较为发育。部署目的为落实古峰庄古凸起成藏潜力；钻探意义为一旦突破，将落实长城系展布，探索中新元古界源岩条件。井点预测目的层埋深为5750m，长城系厚度为1200m。

（四）勘探成效

（1）在地震资料成像大幅提升的基础上，通过重磁电震综合构造解释技术，进一步落实贺兰拗拉槽、定边拗拉槽、晋陕拗拉槽及豫陕拗拉槽展布形态。

（2）利用平衡剖面技术，研究深层和超深层沉积构造演化特征，明确了长城纪裂谷、蓟县纪大陆边缘拗陷、新元古代边缘拗陷三大沉积构造演化阶段。

（3）根据地震相分析、振幅属性定性预测、叠后反演定量预测等技术，首次预测了长城系泥岩和烃源岩厚度。

（4）按照“向源勘探”的思路，综合分析源储配置关系，明确马家滩、黄龙-宜川及古峰庄三个长城系勘探目标有利区带。

（5）针对深层基岩，提供的ZT2、MJ1、PT1井被油田公司采纳并钻探。MJ1井钻至5402m完钻，钻入长城系87m（未穿）；ZT2井钻至4969m完钻，该井缺失元古宇蓟县系、长城系，寒武系馒头组直接接触太古宇贺兰山群变质花岗岩；PT1设计井深6200m，主要目的层长城系，2023年11月完钻，完钻井深5818m/长城系，钻遇崔庄组黑色泥岩16m，TOC平均值为0.1%。以上钻探为后续深层和超深层研究提供了重要的地质资料。

（6）依托综合研究成果，成功推动油田公司针对盆地深层勘探领域的多轮次物探部署。2016～2017年，在盆地西南缘部署并实施二维高密度地震资料2600km；2019年，在盆地西缘实施线束三维127km，时频电磁为900km；2017～2022年，相继实施盘克、演武北、古峰庄、李庄子、洪德、庆城北、合水、山城、演武、高家堡等三维地震。

参考文献

陈宗清. 2010. 四川盆地震旦系灯影组天然气勘探［J］. 中国石油勘探，(4)：1-14.
杜金虎，汪泽成，邹才能，等. 2015. 古老碳酸盐岩大气田地质理论与勘探实践［M］. 北京：石油工业出版社.
胡九珍，冉启贵，刘树根，等. 2009. 塔里木盆地东部地区寒武系—奥陶系沉积相分析［J］. 岩性油气藏，21（2）：70-75.
贾承造，李本亮，张兴阳，等. 2007. 中国海相盆地的形成与演化［J］. 科学通报，(S1)：1-8.
刘树根，汪华，孙玮，等. 2008. 四川盆地海相领域油气地质条件专属性问题分析［J］. 石油与天然气地质，29（6）：781-792.
乔秀夫，高林志. 2007. 燕辽裂陷槽中元古代古地震与古地理［J］. 古地理学报，9（4）：337-352.
魏国齐，沈平，杨威，等. 2013. 四川盆地震旦系大气田形成条件与勘探远景区［J］. 石油勘探与开发，40（2）：129-138.
杨俊杰. 2002. 鄂尔多斯盆地构造演化与油气分布规律［M］. 北京：石油工业出版社.
张玮，李建雄，康南昌，等. 2017. 中国碳酸盐油气藏地震勘探技术与实践［M］. 北京：石油工业出版.
郑兴平，潘文庆，常少英，等. 2011. 塔里木盆地奥陶系台缘类型及其储层发育程度的差异性［J］. 岩性油气藏，23（5）：1-4.

第七章　超深层重磁电震配套技术集成及技术经济适用性评价

第一节　超深层重磁电震勘探技术集成及一体化解决方案

针对三大克拉通盆地的塔里木盆地、鄂尔多斯盆地、渤海湾盆地和四川盆地等4个重点目标区，对超深层油气勘探成熟技术分别进行归纳整理，形成了重磁电震综合勘探技术一体化方案制定流程图（图7.1）。

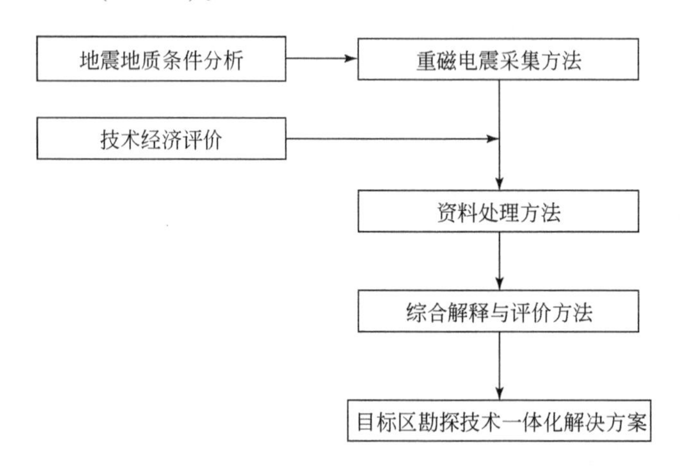

图7.1　重磁电震综合勘探技术一体化方案制定流程图

一、超深层目标地震地质条件及重磁电震关键技术

围绕我国三大克拉通盆地（塔里木、上扬子、华北）内四个重点目标区（塔里木、鄂尔多斯、渤海湾、四川），开展地上、地下地震地质条件分析，了解其相同点和不同点（表7.1），为制定勘探技术一体化解决方案奠定基础。

围绕我国三大克拉通盆地（塔里木、上扬子、华北），研究集成了超深层的地震采集、资料处理、地质解释和重磁电勘探（黄仲良，1998；何展翔等，2008）等四项技术。其中包括集成了“十三五”前的超深层重磁电震勘探关键技术（图7.2）和“十三五”攻关形成的超深层重磁电震勘探关键技术（图7.3）。

表 7.1　四个重点目标区地震地质条件一览表

地质条件	不同之处				相同之处
	塔里木盆地	鄂尔多斯盆地	渤海湾盆地	四川盆地	
主要目的地质层位	奥陶系、寒武系、震旦系	奥陶系、寒武系	奥陶系、寒武系、青白口系、蓟县系、长城系、太古宇	寒武系、震旦系	均为碳酸盐岩储层，非均质性强地震反射能量弱，信噪比和连续强振幅
目标埋深/m	6000～10000	4000～6000	4000～7000	5000～9000	
沉积类型	海相	海相	陆相、海相	海相	
碳酸盐岩储层类型	缝洞型、风化壳型、礁滩型	风化壳型、孔洞型	风化壳、缝洞型	礁滩型、孔隙型、裂缝型	
地震反射特征	波场复杂，频率低，速度不敏感	波场简单，频率较低，AVO 特征明显	波场复杂，频率低，速度敏感	波场复杂，频率适中，速度敏感	
吸收衰减情况	地下地层吸收衰减严重	地下地层吸收衰减严重	地下地层吸收衰减情况适中	地下地层吸收衰减相对较弱	
地表条件	地形起伏大，以沙丘为主，局部有山地、沼泽、农田	地形相对平坦，以黄土塬、沙漠为主，局部草滩、沼泽	地形平坦，以城镇、农田为主，局部有水域	地形起伏大，以山地、农田为主，局部有水域	

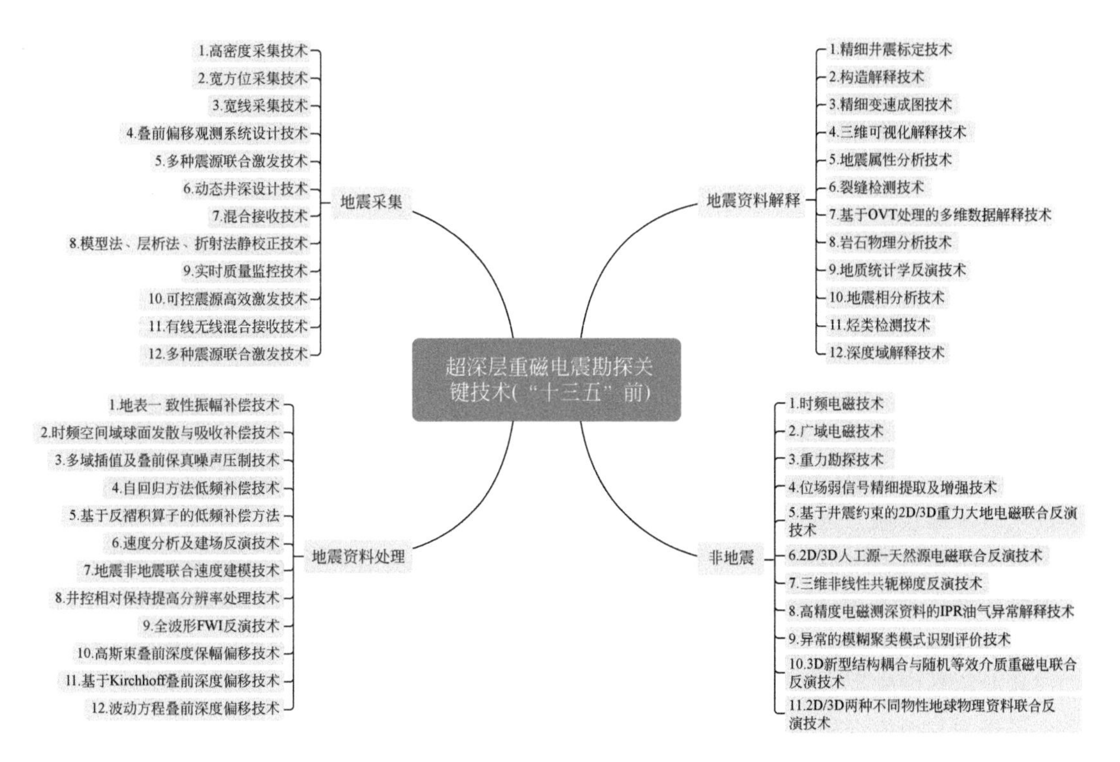

图 7.2　"十三五"前的超深层重磁电震勘探关键技术

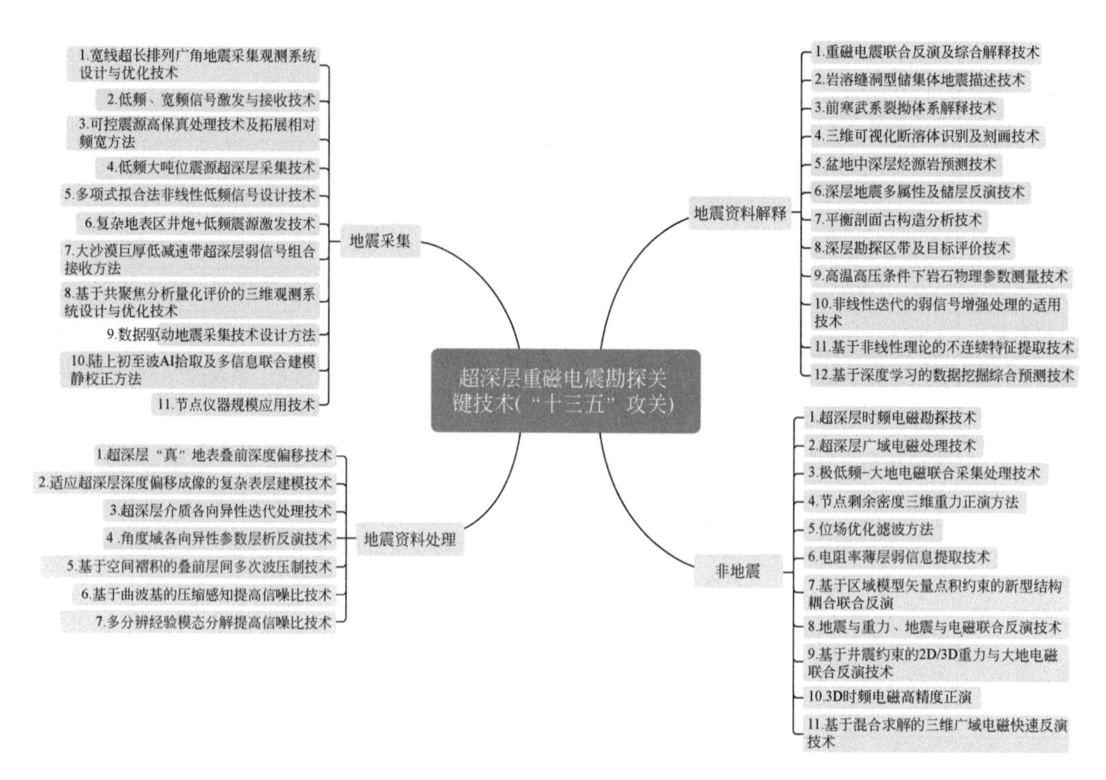

图 7.3　“十三五”攻关形成的超深层重磁电震勘探关键技术

二、塔里木盆地超深层勘探技术一体化解决方案

（一）区域概况

塔里木盆地位于我国新疆维吾尔自治区南部，面积为 $56\times10^4\text{km}^2$，是由天山山脉、昆仑山山脉和阿尔金山脉环绕的大型内陆盆地，也是我国最大的内陆含油气盆地，具有重大的油气资源潜力。塔里木盆地自 20 世纪 70 年代末开始规模化地震勘探以来，已先后发现了柯克亚、轮南、塔河、桑塔木、解放渠东、东河塘、塔中 4、塔中 16、牙哈等油田及和田河、克拉苏、迪那、大北、却勒、东秋等一批大型气田，证实了该盆地是一个潜力巨大的油气资源聚宝盆，也是我国油气资源重要的战略接替基地。

塔里木盆地的构造活动非常复杂，多起构造作用相互叠合和改造，使油气运移、聚集和成藏条件十分复杂（邓志文等，2002；Zhi，2004；邓志文，2006；杨海军等，2011），制约着油气勘探进程，而且构造圈闭较少，岩溶储层发育程度相对较差，寻找好的储集层和寻找非构造圈闭，是取得油气突破的关键。

塔里木盆地内沉积层系多，基底以上充填元古宇到第四系，在地质演化历史中存在多个不整合面，在大地构造和区域构造运动的控制下，盆地沉积发展史呈多级次、多旋回发展的特征。

塔里木盆地深层寒武系和奥陶系是盆地的主力生油岩系和储集岩系，具有多套储盖组合，但对寒武系、奥陶系的构造格局、沉积相展布，以及区域不整合构造运动面的发育特征分布、储集岩发育区带分布等地质问题的认识，仍显得十分薄弱，制约了进一步的勘探选区和目标评价。

1. 区域构造格局

塔里木盆地是在前震旦纪陆壳基底上发展起来的大型复合叠合盆地。经历了震旦纪—中泥盆世、晚泥盆世—三叠纪、侏罗纪—第四纪三大伸展-挤压旋回的演化，形成了不同阶段、不同性质的原型盆地复杂叠加的地质构造。

塔里木盆地现今盆地构造格局的划分十分复杂。按照构造性质、基底的起伏，划分为隆起构造、拗陷构造和边缘断隆构造三类一级构造单元。其中隆起构造有 3 个，分别是塔北隆起、中央隆起、塔南隆起；拗陷构造有 4 个，分别是库车拗陷、北部拗陷、唐古孜巴斯拗陷、西南拗陷；边缘断隆构造有 5 个，分别是柯坪断隆、铁克里克断隆、库鲁克塔格断隆和阿尔金断隆（图 7.4）。

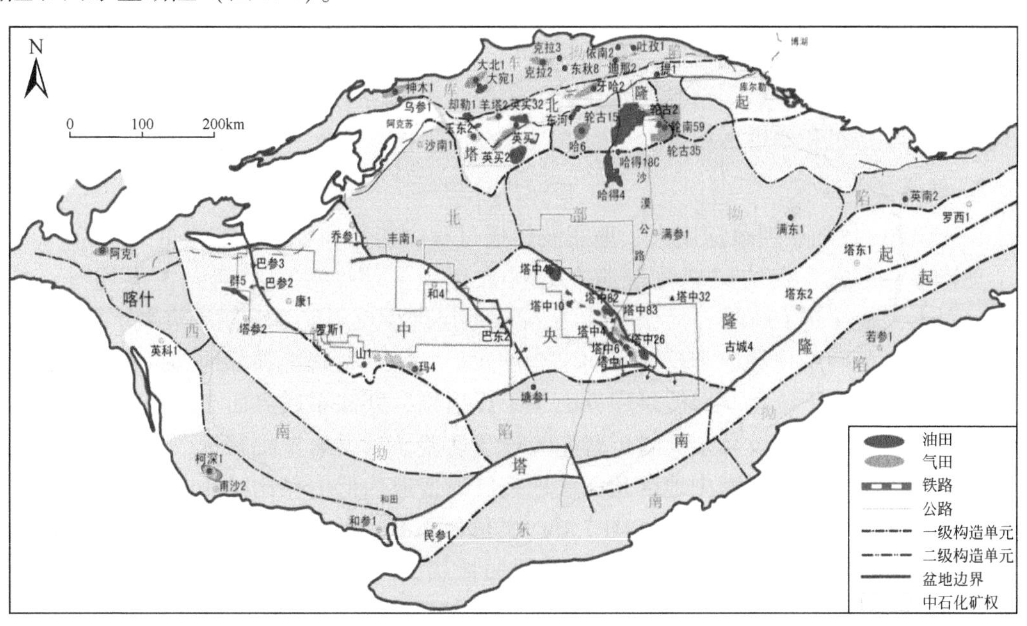

图 7.4　塔里木盆地现今区域构造图

2. 深部地层发育特征及分布

塔里木盆地基地由太古宙—古元古代的结晶基底和中、新元古代的浅变质基底两部分组成。基底之上发育有震旦系至第四系的巨厚盖层，厚达 10km 以上。震旦系主要发育碎屑岩，而寒武系—奥陶系为海相地层，盆地内部分布碳酸盐岩。塔里木盆地震旦系—奥陶系厚度较稳定，分布广泛。盆地中西部在震旦纪以滨浅海碎屑岩沉积为主，沉积范围相对较小，寒武纪—早奥陶世以台地相碳酸盐岩沉积为主，而中奥陶世则发育混积陆棚相沉积；盆地东部满加尔拗陷在震旦纪—早奥陶世以广海陆棚相泥质泥晶灰岩占优势，中晚奥陶世则主要发育以深海相碎屑岩充填沉积。

1）震旦系分布

震旦系由长石砂岩、粉砂岩、泥岩组成，夹砂岩和泥灰岩，发育水平层理、正粒序韵律层。部分地区顶部见火山岩相，主要为玄武岩及辉绿岩、灰黑色蚀变玄武岩、浅褐色安山岩和褐红色花岗岩闪长岩等，构成盆地寒武系的基底。主要古生物为棱面球藻类的角藻 *Polyedryxium* 及结构比较复杂的褐藻等。

2）寒武系分布

寒武系主要出露于西北缘的柯坪地区，东北缘的库鲁克塔格地区以及阿尔金的红柳沟、巴什考贡地区；南缘尚未发现可靠的寒武系。在塔里木盆地内部分布广泛，不同地区岩性和厚度都有较大的差异。在台地相区，塔参 1 井的寒武系厚度超过 1000m，下部为白云岩夹灰岩、膏质白云岩及泥灰岩，上部为大套白云岩；在盆地相区，塔东 1 井的寒武系仅厚约 200m，下部以黑色硅质泥岩为主，中部为黑色钙质泥岩夹泥灰岩，上部为灰黑色粉晶灰岩、泥质粉晶灰岩。

3）奥陶系分布

奥陶系主要出露于盆地西部的巴楚地区、西北部的柯坪地区、东北部的库鲁克塔格地区、南缘的西昆仑及阿尔金地区。西部露头以台地相碳酸盐岩为主，东部露头以陆棚-盆地相泥岩、页岩为主。奥陶系主要包括下奥陶统丘里塔格上亚群、中奥陶统一间房组，上奥陶统良里塔格组和桑塔木组。

3. 勘探技术难点

1）超深层目的层埋藏深度大、地震波传播过程中能量和频率衰减严重

奥陶系—寒武系目的层埋藏普遍在 6000m 以上，该区深层中新元古界埋深一般在 8000m 以上，最深超 10000m，巨厚的盖层导致地层地震反射能量和频率衰减严重。

塔中地区奥陶系顶部地震反射界面 T70 反射层、中下奥陶统顶部地震反射界面 T74 反射层上寒武统与中下统之间地震层序界面 T81 反射层、寒武系底界面 T90 反射层为强反射层，振幅强，连续性好。其余反射层普遍为连续性差，弱反射振幅特征。加之上覆地层对地震波的剧烈吸收衰减，塔中地区超深层地震反射普遍为低信噪比特征（图 7.5）。

从塔中地区的地震速度谱中（图 7.6）也可以看到，地下地层反射在 2000ms 以下能量迅速变弱，3400ms 以下即对应于奥陶系顶面地层，反射层以下地震反射波能量进一步降低，远远低于来自上构造层的多次波能量，奥陶系—震旦系地层反射为极低信噪比。

2）奥陶系碳酸盐岩油藏类型复杂，对勘探要求高

塔中低隆形成的时期正处于古气候的冰期—间冰期，这一时期属于古构造运动活跃期，内部作用与外部作用相互叠加，引发了“地动型”“水动型”两种截然不同的海平面升降，导致向上变浅沉积序列的形成与沉积期后的隆升剥蚀，形成了以礁滩相灰岩为特征的沉积体。与此同时，塔中Ⅰ号台缘带受到多期次、不同级别的溶蚀作用，大气淡水的影响十分明显。以上两点与后期的埋藏岩溶作用相结合，在这些特殊因素共同影响下，塔中Ⅰ号带最终成为礁滩体、同生期大气淡水透镜体、准同生期层间岩溶、后生期风化壳岩溶和埋藏岩溶“五位一体”的碳酸盐岩储层。塔中地区针对碳酸盐岩的探井近一半获得了高产油气流，显示了该区的碳酸盐岩良好的勘探前景，且石油资源潜力巨大，是寻找大油田的主要领域。

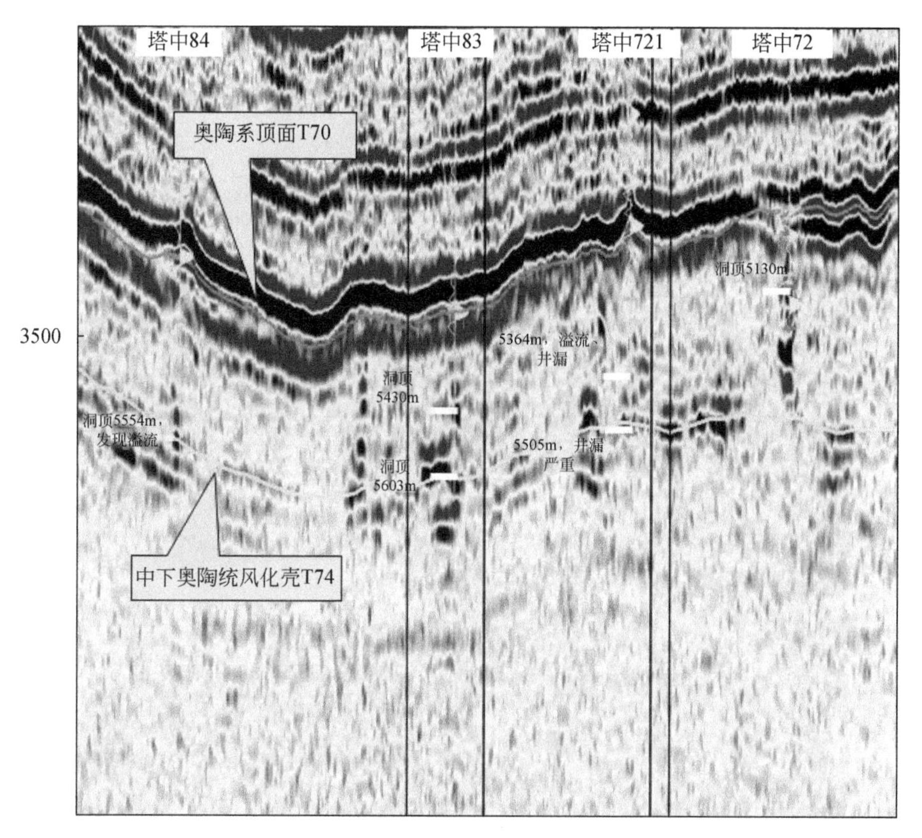

图7.5　塔中地区奥陶系及以下反射特征剖面

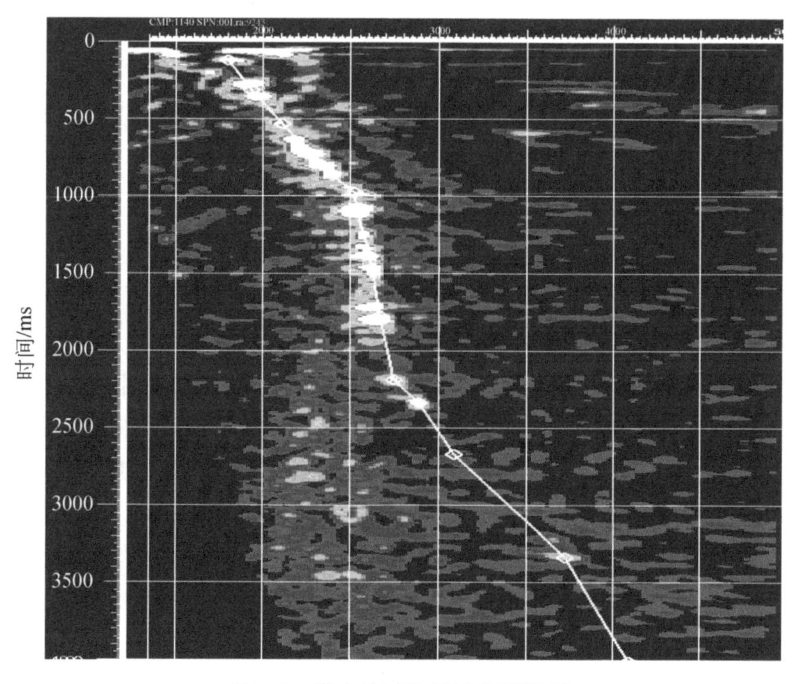

图7.6　塔中地区地震速度谱资料

但以礁滩复合体、潜山风化壳（图 7.7、图 7.8）、内幕岩溶等为储集特征的主要目的层碳酸盐岩具有强烈的非均质性，储集空间以溶孔、溶洞、裂缝为主，在地震资料中呈串珠状、片状、杂乱反射，要进行精细落实和刻画，对地震资料信噪比、分辨率要求非常高；以往在该区域曾展开过多次三维地震勘探工作，受技术、装备等条件的限制，相当一部分资料信噪比低，潜山顶面模糊、内幕反射不清，孔洞-裂缝型储层无法识别，地震资料难以满足正确认识和评价地震反射和储层的关系，储层识别难度大。利用这些资料不能完成储层评价和预测工作，钻井成功率低。

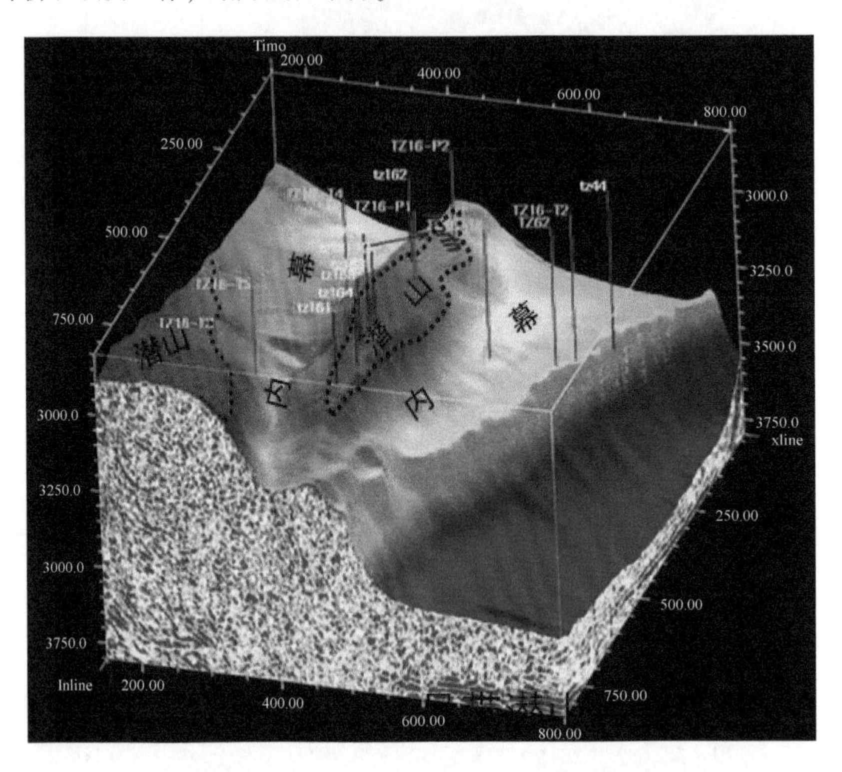

图 7.7　塔中地区奥陶系顶面潜山解释图

3）地下反射特征复杂，地震成像困难

断裂系统复杂，大、小断裂系统发育，火成岩分布广泛（温声明等，2006），使地下地震反射特征进一步复杂化，地震成像较为困难（邓志文等，1998，2002）。

塔中隆起-塘古巴斯拗陷区整体上发育的两套断裂体系：以塔中Ⅰ号断裂带为主干断裂的近北西向断裂体系和其南侧的近东西向或北东向断裂体系。两套断裂体系的叠加改造使得塔中隆起-塘古巴斯拗陷断裂带组合具有“南北分带，东西分块”的特征。大型构造带形成的同时也使得塔中地区奥陶系碳酸盐岩的构造裂缝数量剧增，而奥陶系碳酸盐岩沉积至今经历了多次构造运动，亦形成多期裂缝，同时裂缝发育程度与断裂位置吻合，是油气的主要聚集带。这些断裂和裂缝使得低信噪比的地震资料进一步复杂化，使得准确成像更为困难。

此外，岩浆作用过程中带来地壳深部热液流体上涌，对正常碳酸盐岩储层进行了改

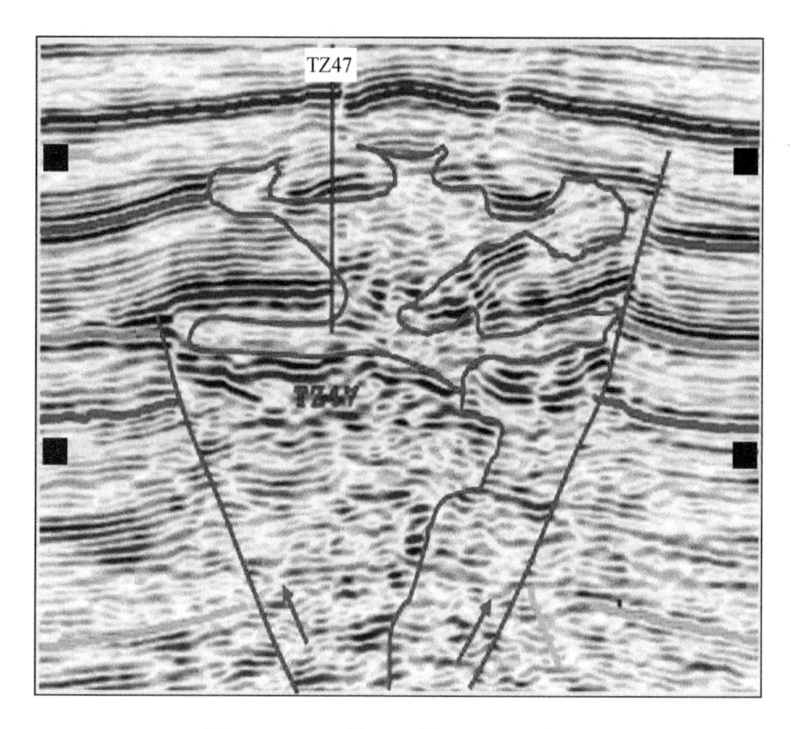

图 7.8　TZ47 井区三维 Trace 617 剖面

造，促进了新的裂缝和孔隙的形成，并进行溶蚀或沉淀相关矿物。在地震剖面中表现为将原有的连续反射错断、上拱、杂乱化，难以刻画其分布范围和运移通道。

4）地表沙丘高大，沙层巨厚

本区位于塔克拉玛干沙漠中部，地表为巨厚沙丘所覆盖。地处大陆内部深部，受高山影响湿润空气很难进入，导致年降水量多在 50mm 以下，沙丘表面极为干旱疏松。经过季风搬运，沙丘表面呈现垄状复合型沙山，走向呈北东-南西向，沿东西向沙丘呈垄状剧烈起伏。干燥疏松沙丘表层速度极低，地震纵波速度为 350 ~ 700m/s，且速度随压实状况连续变化，其下为深埋的变化较为平缓的潜水面。

由此带来以下三个方面的问题：

（1）沙丘剧烈起伏，沙丘表层速度极低，给地震勘探带来严重的静校正问题；

（2）疏松地表对地震波强烈吸收衰减，随着沙丘厚度增加，衰减作用增强，严重影响资料的信噪比和分辨率（图 7.9）；

（3）剧烈起伏的沙丘地表，导致各种次生干扰发育，主要包括面波、起伏沙丘引起的次生干扰（沙丘鸣震）及浅层折射和折反射（图 7.10）。

（二）塔里木盆地超深层重磁电震勘探技术

集成了塔里木盆地超深层重磁电震勘探技术（表 7.2），包括 10 项采集技术、12 项处理技术、12 项解释技术和 8 项重磁电勘探技术（刘云祥等，2005，2006；索孝东等，2011）。

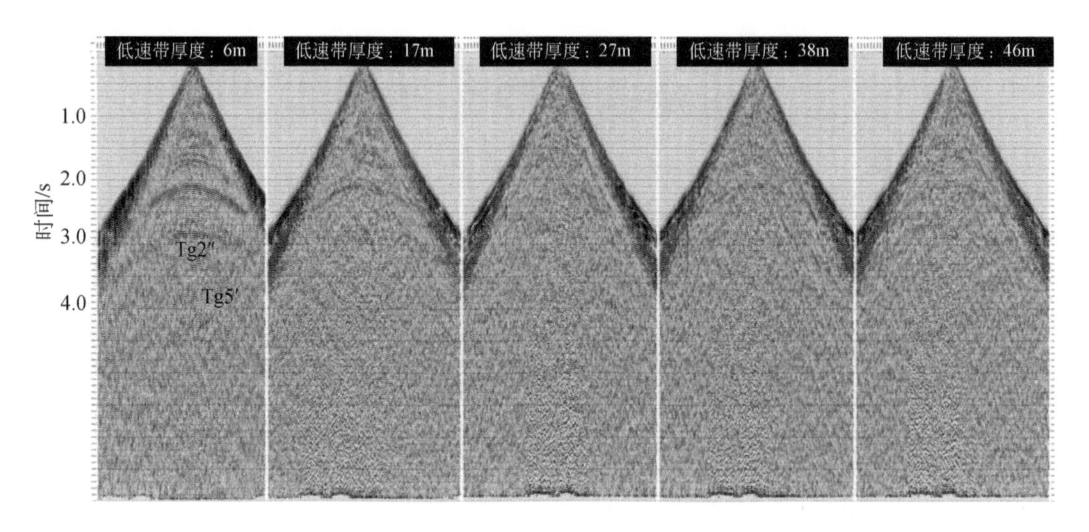

图 7.9　不同沙丘厚度（低速带厚度）激发的单炮滤波记录（高通：30～40Hz）

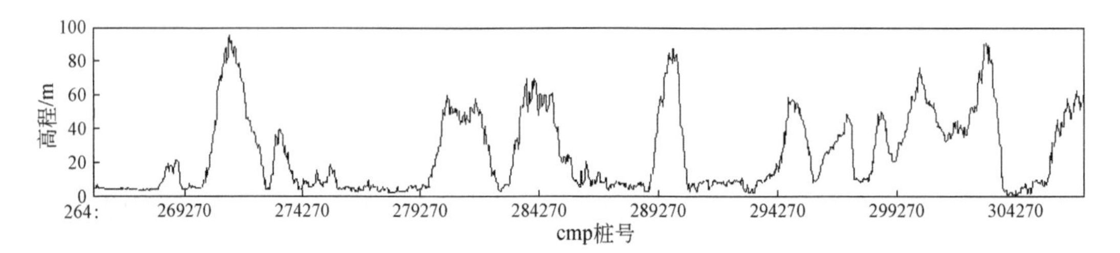

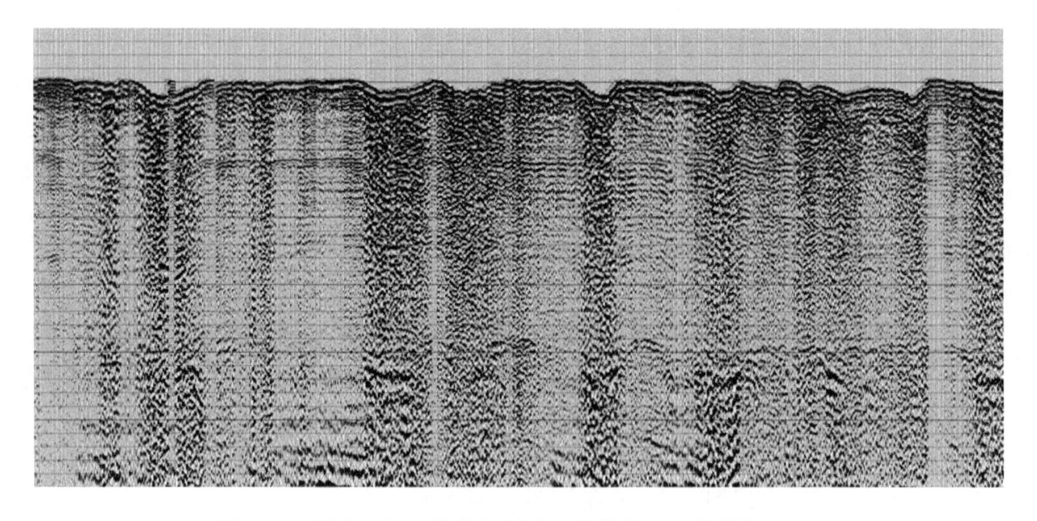

图 7.10　塔中地区二维单次剖面（固定增益、偏移距 2km）

表 7.2　塔里木盆地超深层重磁电震勘探技术一览表

采集技术（10 项）	处理技术（12 项）	解释技术（12 项）	重磁电勘探技术（8 项）
1. 沙漠区深井激发技术 2. 噪声压制组合接收技术 3. 沙丘曲线静校正技术 4. 高密度观测系统技术 5. 宽方位接收技术 6. 基于叠前偏移观测系统设计技术 7. 大炮初至层析静校正技术 8. 实时质量监控技术 9. 宽线、长排列广角采集参数设计与优化技术 10. 低频、宽频信号激发与接收技术	1. 多域插值及叠前保真噪声压制技术 2. 地表一致性振幅补偿技术 3. 时频空间域球面发散与吸收补偿技术 4. 速度分析及建场反演技术 5. 井控相对保持提高分辨率处理技术 6. 波动方程叠前深度偏移技术 7. 各向异性叠前深度偏移技术 8. 高精度综合静校正技术 9. 宽方位高密度资料 OVT 处理技术 10. 基于压缩感知的地震信号表征与噪声压制技术 11. 逆散射多次波压制技术 12. 超深层折射波成像技术	1. 精细变速成图技术 2. 三维可视化解释技术 3. 基于 OVT 处理的多维地震数据解释技术 4. 地震叠前、叠后反演技术 5. 地质统计学反演技术 6. 裂缝检测技术 7. 地震相分析技术 8. 岩石物理分析技术 9. 烃类检测技术 10. 多种地球物理资料联合储层参数反演技术 11. 中新元古界残留地层分布研究 12. 沉积与岩相古地理研究	1. 广域电磁处理技术 2. 时频电磁处理技术 3. 位场弱信号精细提取及增强技术 4. 3D 新型结构耦合与随机等效介质重磁电联合反演技术 5. 基于井震约束的 2D/3D 重力大地电磁联合反演技术 6. 高精度电磁测深资料的 IPR 油气异常解释技术 7. 异常的模糊聚类模式识别评价技术 8. 高精度重磁电采集处理技术

（三）塔里木盆地超深层重磁电震勘探技术一体化解决方案

集成了塔里木盆地超深层重磁电震勘探技术一体化解决方案（图 7.11）。

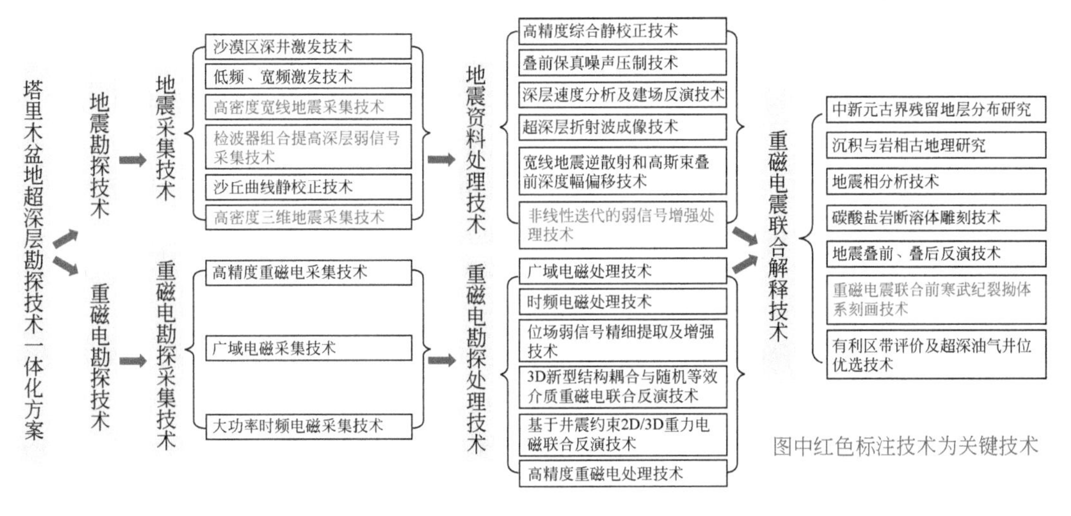

图 7.11　塔里木盆地超深层重磁电震勘探技术一体化解决方案

三、鄂尔多斯盆地超深层勘探技术一体化解决方案

（一）区域概况

1. 地质概况

鄂尔多斯盆地中新元古界顶部构造形态整体呈现为东高西低的近东西向单斜，相对较为平缓，海拔为-6400～-800m。盆地西缘及南缘断裂发育，构造复杂，海拔为-12400～1600m。盆地发育8排北东-南西、南东-北西向鼻隆状构造，幅度为50～350m，宽度为20～80km，区内延伸距离最长为300km。局部发育低幅度隆起或洼陷，幅度为40～100m。

鄂尔多斯盆地中新元古界沉积受拗拉槽控制，地层呈隆拗相间展布，沿拗拉槽地层由西南向东北方向逐渐尖灭，由下至上分为长城系、蓟县系、震旦系。盆地西南部邻近祁连海槽，地层向西、向南逐渐加厚。发育中新元古界拗拉槽，其中定边拗拉槽呈北东-南西向展布，宽度为4～9km，深度范围为2000～5000m；晋陕拗拉槽呈北东-南西向展布，宽度为2～8km，深度范围为2000～5000m。新元古代鄂尔多斯地区沉积了一套滨浅海砂页岩-冰碛砾岩相，发育暗色泥岩，具备一定生烃能力，为中新元古界成藏提供了可能。新元古界主要分布于盆地西南部，厚度为0～150m，地层由西南向东北方向减薄至尖灭。

通过分析中新元古界展布、构造形态及基础石油地质条件，进一步明确了盆地中部及南部为中新元古界勘探有利区，面积为28000km^2。有利区主要分布于盆地中部及南部的拗拉槽发育区，其中南部有利区面积为18000km^2，中部有利区面积为10000km^2，地层沉积厚度大，长城系泥岩点段较为发育，盆地南部古隆起东侧区域的上古源岩具备供烃条件，源储配置更优越，晚期断裂不发育，为下一步深层勘探现实展开区。

中新元古代沉积构造演化先后经历了长城纪裂谷发育、蓟县纪大陆边缘拗陷发育、青白口纪整体隆升及震旦纪边缘拗陷四个构造演化阶段。长城纪早期，鄂尔多斯结晶基底受地幔热点作用开始裂陷，沉积了一套滨浅海砂岩相及裂谷页岩-喷发岩相，地层岩性主要为紫红色、灰白色等厚层块状石英砂岩，粉红色砾岩，夹板岩、泥质砂岩、泥岩、砂质泥岩及火成岩。长城系总体表现为受北东向正断层控制，隆拗相间，西南厚，东北薄，呈向东北方向逐渐尖灭的沉积构造格局。

综上所述及地质研究表明，鄂尔多斯盆地中新元古界目的层埋藏深（陈启林等，2015），一般在5000m左右，蓟县系储层主要为白云岩储层，长城系储层主要为石英砂岩和含砾砂岩，储集空间类型主要为粒间孔和溶蚀孔，储层类型多样，识别难度大。区内不同地层断裂发育程度不尽相同，导致储层变化较大，给该区油气勘探带来较大难度。

2. 勘探难点

鄂尔多斯盆地深层勘探主要在西部台缘带，地表主要为黄土、沙漠及草原，中新元古界目的层埋藏较深，结合现有地震资料的分析，认为在该区超深层勘探存在以下勘探难点。

(1) 黄土山地地形起伏剧烈，原始资料信噪比低。

黄土山地地形起伏剧烈（程建远等，2009；Rui et al.，2023），黄土厚度达100～200m，近地表结构复杂，黄土疏松、干燥，地震波衰减严重。受复杂近地表结构影响，各种干扰较为发育，严重淹没有效反射信息，造成地震记录单炮信噪比低（图7.12），同时复杂地表条件给静校正带来了较大难度。

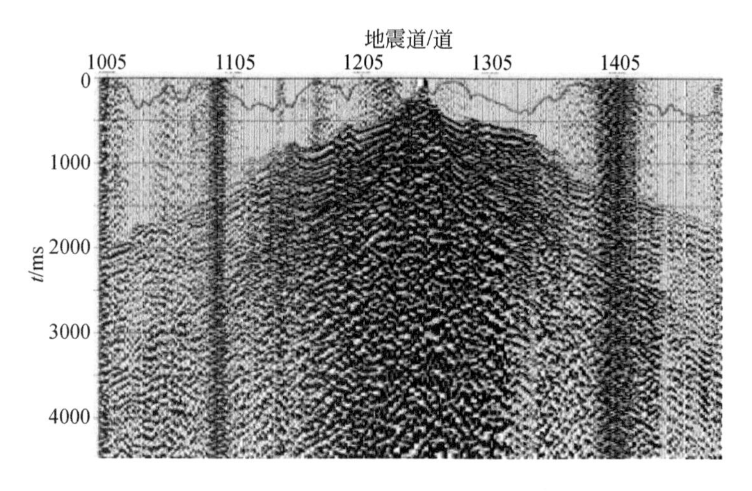

图7.12 工区内典型单炮记录

(2) 目的层埋藏深，深层资料信噪比低，准确落实构造形态难度大（图7.13）。

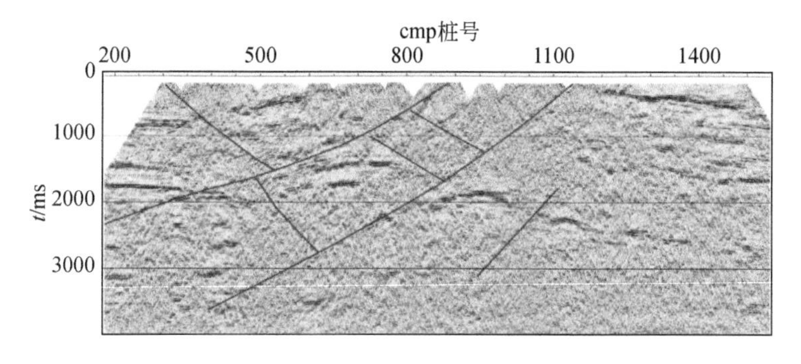

图7.13 区内典型剖面

本区中新元古界目的层埋深一般超过7000m，对地震波传播过程中吸收衰减较为严重，地震反射信号弱，特别是高频成分吸收尤为严重，造成深层地震资料的信噪比低，成像差。同时由于受复杂断层的影响，地震勘探波场复杂，准确归位难度大。

3. *勘探历程*

在2012年以前，鄂尔多斯盆地没有针对深层进行勘探；在2012年之后，开展了一些深层勘探研究工作。在2012年前采用方法主要为：黄土山地直测线，最大炮检距为4000～5000m，道距为20m，覆盖次数为100～200次，井炮激发，激发方式为（11～18口）×18m×（3～5kg）。由于最大炮检距偏小，覆盖次数低，深层成像质量差，认识该区深层构造特征难度较大（图 7. 14）。

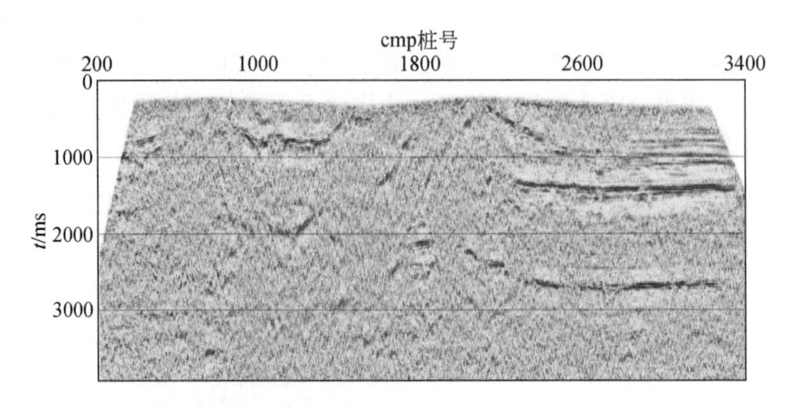

图 7. 14　H05885 测线叠前时间偏移剖面（常规二维 120 次覆盖）

2012 年后，在鄂尔多斯盆地西缘平凉采用高密度束线地震采集，束状观测解决了制约本区深层油气勘探的资料信噪比低、成像质量差的技术问题。针对深层开展了一系列的物探技术攻关研究工作，打破了常规地震资料采集的思想禁锢，创新并应用了束状地震采集技术。束状观测地震采集技术主要根据各种干扰波的发育特点及其具体特征，有效地压制了由于地表剧烈起伏及表层岩性的非均质性而导致的各种复杂侧面散射干扰波，增强了深层弱有效反射信号的拾取能力，提高了单炮资料的原始信噪比（Zhi，2007；Deng et al.，2009），为室内的资料处理工作提供了良好的信噪比基础。本区深层勘探主要采用 4 线 3 炮束线状观测系统，最大炮检距由 5000m 增加到 7200m，覆盖次数由 200 次增加到 1080 次，炮道密度由 2500 道/km^2 增加到 7500 道/km^2（表 7. 3）。通过二维高密度束线观测增加最大炮检距和覆盖次数，鄂尔多斯盆地西缘深层地震资料的品质得到较大幅度提高，有效地改善了复杂构造区资料的信噪比，台缘带成像获得较大提升（Zhi et al.，2014；Deng et al.，2016），主要表现为地震剖面上构造、断裂成像清楚，地质现象清晰（图 7. 15、图 7. 16）。

表 7. 3　2012 年平凉地区采集参数表

时间	工区	基本观测系统	道数/(接收排列/道)	道距/m	炮道密度/(道/km^2)	覆盖次数/次	激发参数
2012 年前	西缘地区	4030-50-20-50-4030	2×400	20	2500	100-200	井炮：(11～15 口)×18m×(3～5kg)
2012 年	西缘地区	7190-10-20-10-7190	4×720	20	7500	1080	井炮：(11～15 口)×18m×(3～5kg)

对鄂尔多斯盆地深层勘探结果表明，高密度束状观测系统、大炮检距增强了该区深层信息接收，进一步提高了深层成像能力。同时，采用小道距接收对提高地震资料保真度也较为重要，特别是提高噪声保真度，为后续资料处理时去噪打下了坚实的基础。

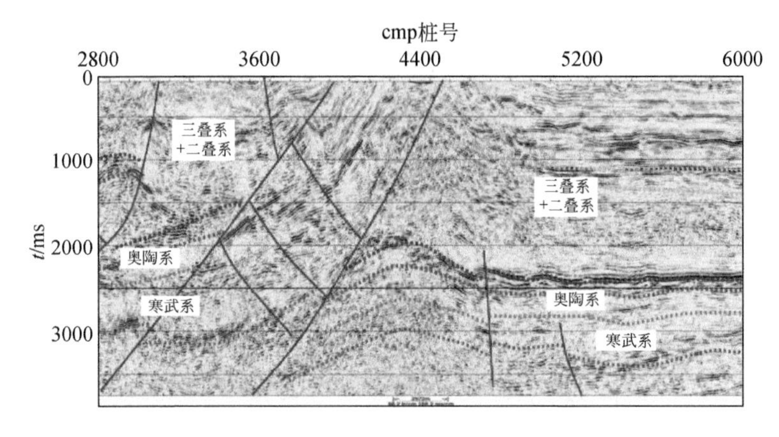

图 7.15　2012 年西部台缘带采集效果（束状观测）

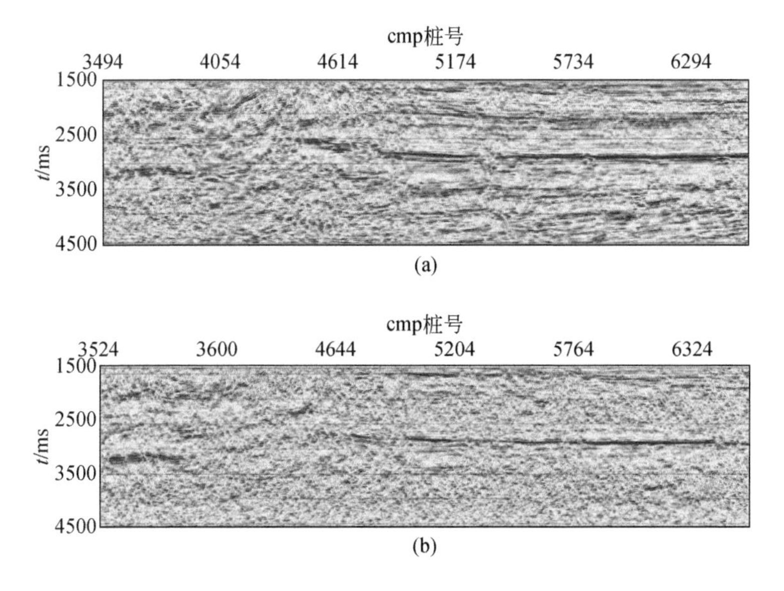

图 7.16　2016 年西部台缘带采集效果

（a）束状观测；（b）以往常规二维

（二）鄂尔多斯盆地超深层重磁电震勘探技术

集成了鄂尔多斯盆地超深层重磁电震勘探技术（表 7.4），包括 14 项采集技术、12 项处理技术、9 项解释技术和 5 项重磁电勘探技术（Rui and Zhi，2018；邓志文和许长福，2021）。

（三）鄂尔多斯盆地超深层重磁电震勘探技术一体化解决方案

集成了鄂尔多斯盆地超深层重磁电震勘探技术一体化解决方案（图 7.17）。

表 7.4　鄂尔多斯盆地超深层重磁电震勘探技术一览表

采集技术（14 项）	处理技术（12 项）	解释技术（9 项）	重磁电勘探技术（5 项）
1. 非纵观测技术	1. 地表一致性振幅补偿技术	1. 三维可视化解释技术	1. 广域电磁处理技术
2. 宽线设计技术	2. 时频空间域球面发散与吸收补偿	2. 地震信息挖掘技术	2. 时频电磁处理技术
3. 高密度观测系统技术	3. 叠前多域保真噪声压制技术	3. 精细变速成图技术	3. 高精度电磁测深资料的 IPR 油气异常解释技术
4. 大吨位低频可控震源激发技术	4. 自回归方法低频补偿技术	4. 地震叠后反演技术	4. 异常的模糊聚类模式识别评价技术
5. 双井微测井激发参数优选技术	5. 基于反褶积算子的低频补偿方法	5. 地质统计学反演技术	5. 高精度重磁电采集处理技术
6. 复杂地表区动态井深设计技术	6. 回折波+反射波层析速度建模技术	6. 地震相分析技术	
7. 有线无线混合接收技术	7. 速度分析及建场反演技术	7. 重磁电震深大断裂及构造综合解释技术	
8. 单点接收技术	8. 基于 Kirchhoff 叠前深度偏移技术	8. 中新元古界残留地层分布研究	
9. 黄土曲线静校正技术	9. 各向异性叠前时间/深度偏移技术	9. 沉积与岩相古地理研究	
10. 多方法联合静校正技术	10. 基于压缩感知的地震信号表征与噪声压制技术		
11. 实时质量监控技术	11. 3D 高阶抛物 Radon 变换地震数据保幅重建技术		
12. 提高信噪比的环噪监控和压制技术	12. 宽线地震黏弹性高斯束叠前深度偏移技术		
13. 宽线、超长排列广角采集观测系统设计与优化技术			
14. 低频、宽频信号激发与接收技术			

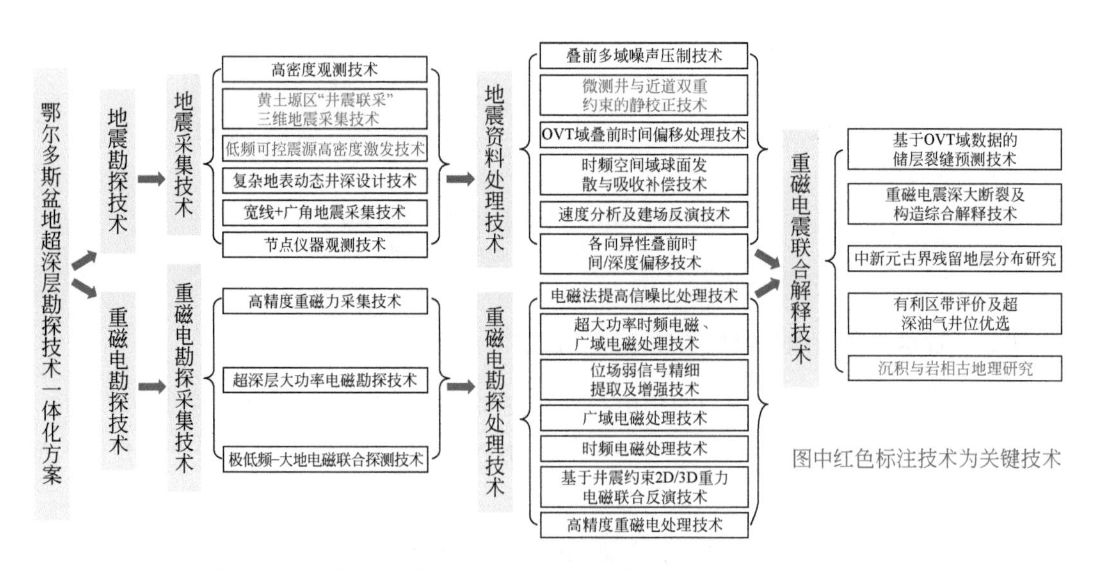

图 7.17　鄂尔多斯盆地超深层重磁电震勘探技术一体化解决方案

四、渤海湾盆地超深层勘探技术一体化解决方案

（一）区域概况

1. 地质情况分析

渤海湾盆地新元古界深层碳酸盐岩地层发育较齐全，地层厚度大，横向分布较广。纵向上，中新元古代经历了多次构造沉降和海水进退，沉积地层具有多旋回特征，生储盖组合关系较好，具有形成多套含油气层系的基础。虽然经海西、印支—燕山和喜马拉雅构造运动的后期改造，但仍有分布于中新元古界保存相对较完好的区带，有利于原生油气藏的保存。目前，前人在中新元古界雾迷山组、铁岭组已发现了近50处的原生油苗或沥青显示，证明曾有过油气的生成及运聚成藏过程。在冀中拗陷中新元古界是油气勘探的新层系，原生性油气藏是新领域，具有较大的勘探潜力。

通过多年的研究，中新元古界主要包括3个系12个组，主要的地层有：蓟县系雾迷山组、洪水庄组、铁岭组，待建系下马岭组，青白口系长龙山组、景儿峪组。纵向上，中新元古代经历了多次构造沉降和海水进退，沉积地层具有多旋回特征，生储盖组合关系较好，具有形成多套含油气层系的基础。渤海湾盆地圈闭类型也非常多，有凸起潜山带、浅断阶潜山带、深断阶潜山带、洼中断阶潜山带、内幕潜山带、斜坡高部位潜山带等。

在研究区北部的大厂凹陷、廊固凹陷和武清凹陷，中新元古界下马岭组、洪水庄组烃源岩厚度较大，生烃指标较好，是中新元古界勘探的有利区带。冀中拗陷北部地区中新元古界海相碳酸盐岩地层发育较齐全，地层厚度大，横向分布较广，埋藏较深，最深超过7000m。

近年来，针对渤海湾盆深层在武清凹陷泗村店潜山开展研究工作。武清凹陷杨村斜坡是目前研究区中新元古界勘探的有利区带，中新元古界发育多套储盖组合，埋深适中，上覆寒武系、奥陶系、石炭系—二叠系、中生界、古近系，保存条件相对较好，利于原生性油气藏成藏。铁岭组、长龙山组油藏应具备层状特征，雾迷山组为块状油藏特征。冀中拗陷中北部中新元古界烃源岩具备一定的生烃能力，洪水庄组、下马岭组与铁岭组泥页岩均达到了中等–好的烃源岩标准，勘探潜力巨大。下马岭组沉积环境为主动大陆边缘弧后伸展型。地质研究表明，对寒武系顶、府君山组顶、长龙山组和雾迷山组顶等地层进行系统追踪解释，杨税务、侯尚村和顾辛庄等三个地区存在多层潜山内幕圈闭，发现5个有利目标，面积为126.5km^2，预测圈闭天然气资源量为$760\times10^8m^3$。杨税务潜山内幕（杨克绳，2013）为北西向的古鼻隆东侧被河西务断层切割而成的断背斜构造，被内幕断层复杂化，由三个高点组成三个潜山内幕圈闭，合计预测天然气资源量达$651\times10^8m^3$。安探3断鼻高点面积最大，由4层圈闭组成，高点埋深为5650～6500m，面积为11～21km^2，资源量为$475\times10^8m^3$，为有利目标区。

综上所述及地质研究表明，杨税务潜山目的层埋藏深，最深地段超过7000m，储层类型多样，识别难度大。同时断裂十分发育，也增加构造及圈闭识别难度。区内不同地段断裂发育程度不尽相同，导致碳酸盐岩非均质较强、储层裂缝发育程度存在较大差异，给该

区油气勘探带来较大难度。

2. 勘探难点

通过工区地质情况及现有地震资料的分析，该区超深层勘探存在以下勘探难点。

（1）埋藏深度变化大，目的层非均质性强，有效储层识别难度大。

在该区进行中新元古界勘探时，勘探目的层不仅为中新元古界，还包括古生界，目的层埋深从 3000 多米到 7000 多米。不同地段断层的发育程度也不尽相同，造成地层受到挤压程度变化较大，导致目的层非均质性强，在地质上表现为储层裂缝、孔隙度在横向变化较大，给油气在空间展布识别带来了较大的困难。

（2）潜山内幕主要目的层波场复杂，内幕断层准确归位难。

渤海湾盆地由于受多期构造运动影响，断裂十分发育，不同时期断层在空间叠合，使得该区构造十分复杂，油气藏类型多种多样，这给该区构造识别带来了较大困难。由于受复杂断层的影响，造成地震勘探时波场复杂，各种断面波交会在一起，准确归位难度大，这给潜山内幕层位识别和标定带来了不小的挑战。

（3）地层产状较陡，断裂发育，构造破碎，信噪比低，成像效果差。

受多期构造运动的影响，伴随构造运动剧烈，使得地层挤压幅度大，导致地层产状较陡，断裂发育，各个时期运动大小各异，造成断裂发育，且断距变化较大。复杂断层带来地层挤压剧烈，地层破碎，造成地震波不能形成有效反射，地震资料的信噪比低，影响地震勘探成像效果。

（4）目的层埋藏深，深层资料信噪比低，准确落实构造形态难度大。

本区中新元古界目的层埋深一般在 6000m 左右，最深超过 7000m。由于目的层埋藏较深，地震波传播过程中吸收衰减较为严重，高频成分吸收尤为严重，造成深层地震资料的信噪比低、成像差；同时地震波的波场又复杂，这给构造的准确落实带来了较大的难度。

3. 勘探历程

渤海湾盆地廊固凹陷牛东深层潜山油气田发现为最成功示范区，现以牛东深层潜山油气田发现为例说明渤海湾盆地深层勘探历程。

牛东深层潜山勘探始于 20 世纪 70 年代，勘探起初采用常规重磁电勘探，并结合区域地质结构进行综合研究认为高家堡地区存在潜山。通过重磁电勘探对存在深层潜山可能目标区开展高精度重磁电勘探（邓志文等，2013；邓志文和白旭明，2018；张以明和邓志文，2019），再结合二维地震联合研究证实兴隆宫潜山存在，并按垒堑间互模式构建出牛东地区潜山由两个山头组成。

2001 年开始采用宽线、长排列二维地震采集、三维地震采集，进一步证实深层潜山的存在。2008 年基于地质目标的观测系统设计技术、高密度、宽方位三维地震采集、宽频信号激发技术、复杂表层调查技术、基于提高信噪比的环噪监控和压制技术等采集技术（Deng，2007；邓志文等，2017）实施，以及高保真叠前噪声压制技术、波动方程叠前深度偏移技术等一体化处理技术的应用，资料品质较原来三维地震资料品质又有所改善，基底波组清楚，基底断阶结构清晰，精细落实了牛东潜山构造形态和内幕结构（图 7. 18）。

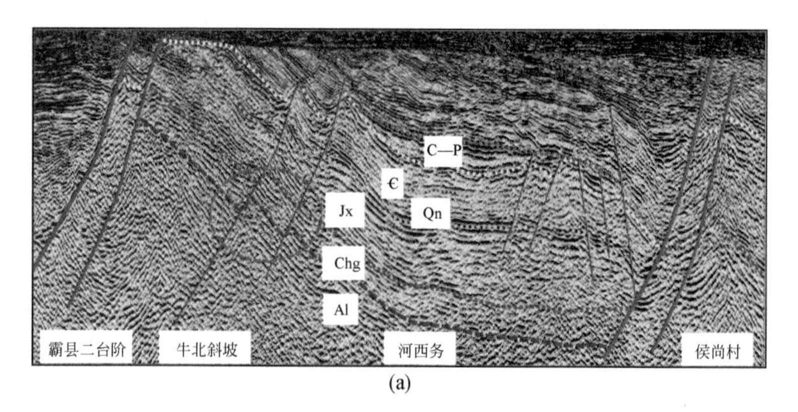

(a)

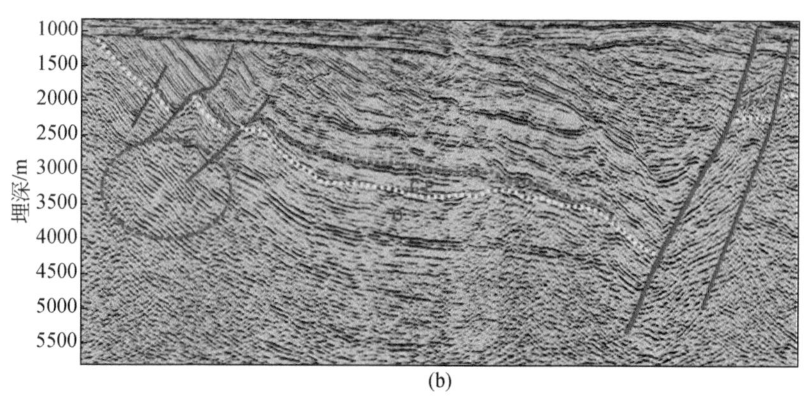

(b)

图 7.18　牛东新老三维剖面对比

(a) 牛东高密度宽方位三维剖面；(b) 牛东常规三维剖面

（二）渤海湾盆地超深层重磁电震勘探技术

集成了渤海湾盆地超深层重磁电震勘探技术（表 7.5），包括 11 项采集技术、10 项处理技术、13 项解释技术和 11 项重磁电勘探技术。

（三）渤海湾盆地超深层重磁电震勘探技术一体化解决方案

集成了渤海湾盆地超深层重磁电震勘探技术一体化解决方案（图 7.19）。

五、四川盆地超深层勘探技术一体化解决方案

（一）区域概况

1. 地质情况分析

四川盆地是一个在上扬子克拉通基础上发展起来的大型叠合盆地。盆地现今地表出露主要为侏罗系和白垩系。盆地具基底和沉积盖层二元结构；盆地沉积盖层巨厚，总厚达

6000～12000m，为海相地层和陆相地层的叠合。中三叠统以上为碎屑岩陆相地层，厚2000～5000m。震旦系—中三叠统为以海相碳酸盐岩地层为主的海相地层，厚4000～7000m。

表 7.5　渤海湾盆地超深层重磁电震勘探技术一览表

采集技术（11 项）	处理技术（10 项）	解释技术（13 项）	重磁电勘探技术（11 项）
1. “宽线+长排列接收”采集技术	1. 叠前多域保真去噪处理技术	1. 三维可视化解释技术	1. 时频电磁处理技术
2. “点+片”结合的激发点布设技术	2. 混源激发资料一致性处理技术	2. 地震反演技术	2. Bostick 反演技术
3. 高密度、宽方位三维地震采集技术	3. 深层低频能量补偿技术	3. 裂缝检测技术	3. 视模反演技术
4. 基于叠前观测系统设计技术	4. 井控保幅宽瞻前顾后处理技术	4. 地震相分析技术	4. 二维快速松弛反演（2D RRI）技术
5. 基于自动避障的炮点预设计技术	5. 速度分析与建演反演技术	5. 岩石物理分析技术	5. 拟三维约束反演技术
6. 基于 PPV 的激发参数设计技术	6. 高密度宽方位 OVT 域偏移处理技术	6. 烃类检测技术	6. 三维有限差分法正演技术
7. “节点+有线”联合采集技术	7. TTI 各向异性叠前深度偏移技术	7. 深度域构造精细解释技术	7. 三维非线性共轭梯度反演（3D NLGD）技术
8. 多种震源联合激发技术	8. 基于压缩感知的地震信号表征与噪声压制技术	8. 构造演化及成因机制分析技术	8. 高精度电磁测深资料的 IPR 油气异常解释技术
9. 复杂障碍区高效采集技术	9. 3D 高阶抛物 Radon 变换地震数据保幅重建技术	9. 超深潜山及内幕储层预测技术	9. 异常的模糊聚类模式识别评价技术
10. 低频、宽频信号激发与接收技术	10. 逆散射多次波压制技术	10. 重磁电震深大断裂及构造综合解释技术	10. 高精度重磁电采集处理技术
11. 实时质量监控技术		11. 地质沉积特征分析技术	11. 超深层岩石重磁电物性测定技术
		12. 生储盖组合分析技术	
		13. 烃源岩分析技术	

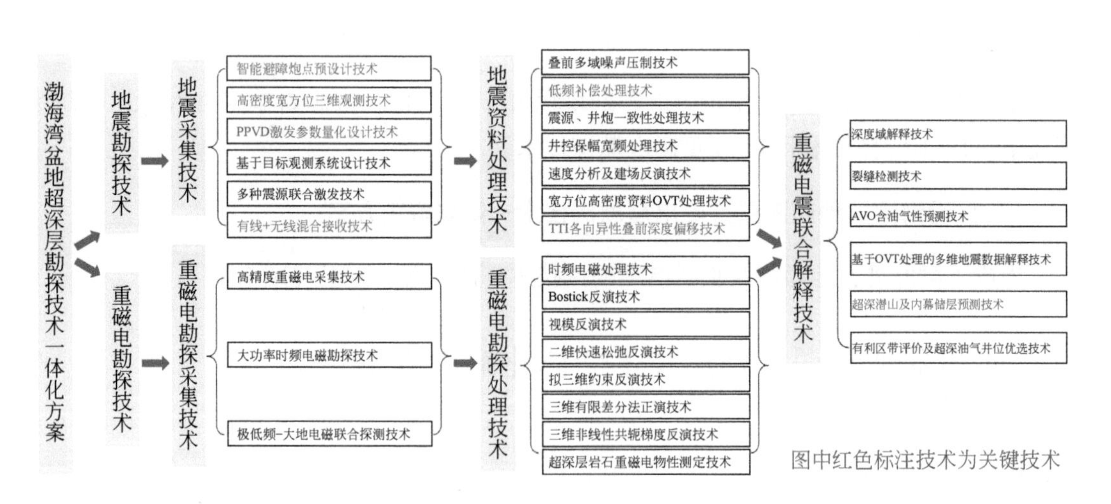

图 7.19　渤海湾盆地超深层重磁电震勘探技术一体化解决方案

盆地经历了多期次构造运动，印支期形成盆地雏形，喜马拉雅运动褶皱定形，对油气分布有重大影响。现今盆内形成六大构造单元：川北低缓构造带、川中平缓构造带、川西南低褶构造带、川东高陡构造带、川南低陡构造带、川西低陡构造带，四周褶皱山系环绕，为具有菱形边界的构造盆地。

高磨地区位于四川盆地川中平缓构造区中部、加里东古隆起的东端，东与龙女寺背斜构造相邻，西到威远构造，南临川西中新拗陷低陡构造区，北到川北古中拗陷低缓构造区，属于乐山-龙女寺构造带。

加里东期乐山-龙女寺古隆起及其周围均具有良好的生储油气条件，并具有保存条件好的构造圈闭，威远气田以及龙女寺构造已获工业气流，不仅可以对构造圈闭勘探，还可以在乐山-龙女寺古隆起翼部，寻找寒武系、奥陶系不整合油气藏和超覆岩性气藏。四川盆地震旦系—下古生界在长达570Ma的漫长演化过程中，历经了桐湾运动、加里东运动、云南运动、东吴运动、印支运动、燕山运动和喜马拉雅运动等七期重大构造运动，最大埋深达6000m以上。不同成岩环境和成岩作用多次叠加，影响着储层的孔隙演化和现今构造的分布，其断层裂缝的形成既有利于储层的改造，也利于油气的输导、运聚；众多的构造圈闭和良好的保存条件为油气成藏提供了聚集场所，是油气成藏的有利地区。勘探也证实了该区具有较大的勘探潜力和良好的勘探前景。

2. 勘探难点

1）超深层寒武系—震旦系勘探对纵向分辨率需求高

首先是高磨地区龙王庙组埋深为4700～5200m，灯影组埋深为5100～5600m，地层吸收衰减严重，原始地震资料主频很低。

寒武系龙王庙组储层一般为5～64m，储层单层厚度薄，横向非均质性强，高产井储层厚度一般大于18m；灯影组缝洞尺度小，储层非均质性强，测试产量为10×10^4t/d以上，灯四段储层厚度基本大于20m。按照地层平均速度6000m/s、20m储层厚度、$1/4\lambda\leqslant20$m计算，主频应高于37Hz。

高磨地区地震资料表明本区寒武系走滑断层发育（图7.20），且具有高角度、小断距特征，断层识别和分辨困难，需要更高纵向分辨率。

2）满足裂缝预测需求较为困难

高磨地区寒武系龙王庙组和震旦系灯影组储层类型复杂，储层主要类型为孔洞型、裂

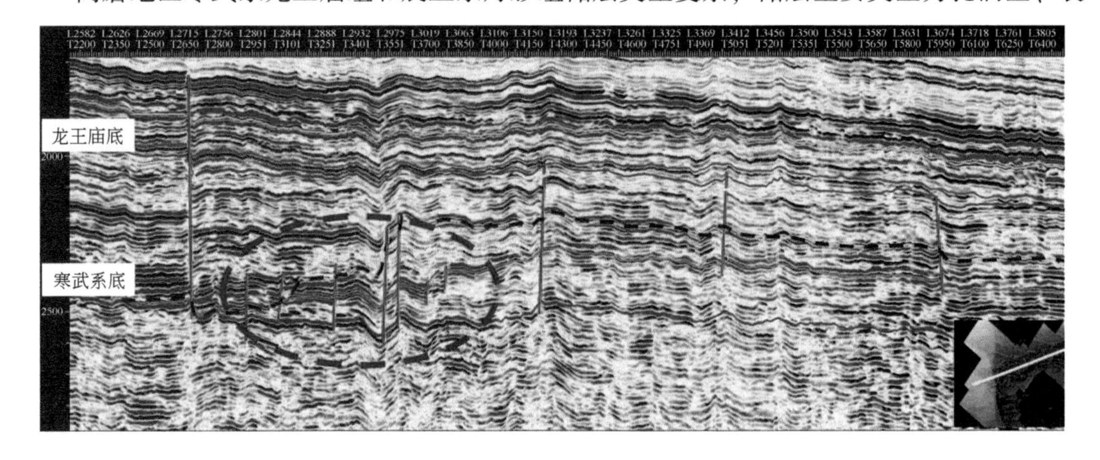

图7.20　高磨地区寒武系底断层特征

缝型、裂缝–孔隙型和裂缝–孔洞型，储层非均质性强，需要利用地震资料进行裂缝预测，来查找有利区。

3）地震资料需要满足储层预测和含气性预测

对地震勘探而言，深层勘探存在以下困难。

（1）深层碳酸盐岩地震资料的主频低，分辨率也低。一般情况下，因深层地震波的传播距离远，受到的吸收衰减较中浅层地震波更强烈，地震波的主频一般只有 20Hz 左右，再加上碳酸盐岩地震波传播速度远较碎屑岩的高，二者综合，使得地震分辨率大为降低，对岩性识别、流体预测、薄层勘探等非常不利。

（2）最大炮检距 X 与地层埋藏深度 H 之比（X/H）很小，对转换横波的产生不利，对利用 AVO（振幅随炮检距的变化）属性也不利，这限制了多波地震勘探和 AVO 属性分析等有效技术的利用。

（3）受构造、溶蚀、大气降水淋滤等地质作用的影响，碳酸盐岩地层的孔、洞、缝发育，且多尺度性强，使地震资料的信噪比低，有效信号识别困难，地震解释和反演的多解性突出，储层识别陷阱多。

（4）碳酸盐岩储层的孔隙类型多，孔隙结构复杂，横向非均质性强，增加了含油气储层地质建模和烃类预测的难度。

（5）碳酸盐岩探区往往地表起伏大，地下构造复杂，速度和密度的关系复杂，有时呈负相关关系，使地震偏移成像十分困难。

3. 勘探历程

下面就以四川盆地川中地区高石梯–磨溪地区为例，说明四川盆地超深层勘探技术勘探历程。

四川盆地高石梯–磨溪地区深层勘探主要分为三个阶段。

第一阶段主要集中在 2000 年以前，采用较低覆盖次数二维普查，未对深层采取针对技术措施，在前期二维勘探基础上，通过分析研究，认为深层具有形成大型油气藏地质条件。

从 2000 年后至 2010 年进行第二阶段深层勘探工作，2008 ~ 2011 年采用长排列接收技术、动态选岩性单深井激发、单点检波器接收技术，以及配套处理解释技术的应用，地震资料的品质较以往有较大幅度提高，深层资料信噪比高，连续好，断裂也较为清楚，基本落实深层构造展布情况。2010 年一批针对中浅层的常规三维，发现并初步落实了寒武系龙王庙组构造特征和震旦系灯影组台缘带滩体构造。

由于二维资料对圈闭落实可靠程度较低，在第二阶段二维勘探基础上，2011 年开始进行第三阶段，针对下古生界—震旦系大面积部署宽方位高密度三维地震采集，处理中采用井控相对保持提高分辨率处理技术提高分辨率、波动方程逆时偏（RTM）叠前深度偏移、宽方位高密度资料 OVT 处理、各向异性叠前深度偏移技术，高磨三维区地震资料主要反射层特征明显，分辨率高，内部反射信息丰富，深层小断层成像清晰，台缘带和滩体特征明显，有效落实该区深层碳酸盐岩裂缝、岩溶特征，能够满足多层系勘探开发需求。在高石梯–磨溪地区发现一批油气圈闭，并钻采了工业油气井。

（二）四川盆地超深层重磁电震勘探技术

集成了四川盆地超深层重磁电震勘探技术（表 7.6），包括 12 项采集技术、12 项处理技术、14 项解释技术和 9 项重磁电勘探技术。

表 7.6　四川盆地超深层重磁电震勘探技术一览表

采集技术（12 项）	处理技术（12 项）	解释技术（14 项）	重磁电勘探技术（9 项）
1. 高密度三维地震勘探技术	1. 多域插值及叠前保真噪声压制技术	1. 三维可视化解释技术	1. 复合型高精度重磁力采集技术
2. 宽方位接收技术	2. 地表一致性振幅补偿技术	2. 地震反演技术	2. 广域电磁处理技术
3. 基于目标观测系统设计技术	3. 时频空间域球面发散与吸收补偿	3. 地震属性分析	3. 时频电磁处理技术
4. 复杂地表区动态井深设计技术	4. 速度分析及建场反演技术	4. 构造解释技术	4. 基于井震约束的 2D/3D 重力大地电磁联合反演技术
5. 多种震源联合激发技术	5. 反射波层析速度建模技术	5. 裂缝检测技术	5. 高精度电磁测深资料的 IPR 油气异常解释技术
6. 单点接收技术	6. 井控相对保持提高分辨率技术	6. 地震相分析技术	6. 异常的模糊聚类模式识别评价技术
7. 复杂表层结构表层调查技术	7. 叠前深度偏移技术	7. 岩石物理分析技术	7. 超深层广域电磁勘探技术
8. 折射波静校正技术	8. 各向异性叠前时间偏移技术	8. 烃类检测技术	8. 极低频-大地电磁联合勘探技术
9. 大炮初至层析静校正技术	9. 宽方位高密度资料 OVT 处理技术	9. 基于 OVT 处理的多维地震数据解释技术	9. 位场三维正演剥层技术
10. 实时质量监控技术	10. 基于压缩感知弱信号信噪分离与增强技术	10. 地震波形相控反演技术	
11. 提高资料品质的采集参数优化技术	11. 逆散射多次波压制技术	11. 基于地震纹分析的深层储层含气性识别技术	
12. 超长排列地震采集观测系统技术	12. 基于角道集的 VTI 介质各向异性参数反演技术	12. 沉积与岩相古地理研究	
		13. 成藏条件及富集规律研究	
		14. 有利区带评价及超深油气井位优选技术	

（三）四川盆地超深层重磁电震勘探技术一体化解决方案

集成了四川盆地超深层重磁电震勘探技术一体化解决方案（图 7.21）。

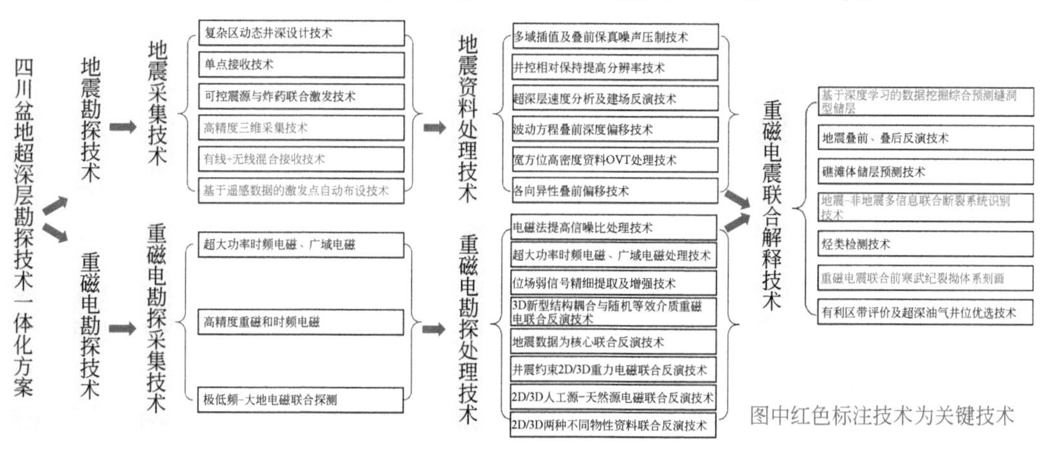

图 7.21　四川盆地超深层重磁电震勘探技术一体化解决方案

第二节　技术经济适用性评价

随着油气勘探深度的不断增大，重磁电震综合勘探技术解决超深层地质问题的难度也越来越大。为优选技术先进、经济可行的增强超深层地球物理信号的重磁电震联合勘探方法，结合重点盆地深层目标建立一套可行的重磁电震技术经济适用性评价体系，对关键技术从以下三个层次进行评价：第一，评价技术的先进性，通过与国内外先进技术进行对标，评价其技术的先进性；第二，评价技术的经济有效性，建立重磁电震综合勘探技术经济评价因素，预测经济成本；第三，评价技术解决地质问题的能力，对重磁电震采集、处理、解释等技术方法的一体化应用效果进行综合评价。

一、重磁电震技术经济评价方法选择

（一）三种评价方法的特点及应用前提条件

成本法、市场法和收益法作为评估基本方法，在评估中应结合评估无形资产具体条件判断是否具备使用条件，三种方法的特点及运用前提见表 7.7。

表 7.7　无形资产评估方法特点及运用前提

方法	特点	运用前提
市场法	从市场购买相关技术所需资金来确定技术价值； 价值直接、可靠并具有可检验性； 受苛刻条件的限制	有一个充分活跃的技术市场； 有可比性的交易； 交易资料充分、可取
成本法	从重新投资开发所需资金角度来确定技术价值； 操作简便；数据确定比较准确、可靠； 忽视技术是智慧与创造性的产物； 技术价值与其开发成本不成正比关系	技术具有使用价值； 技术具有剩余使用寿命； 收益大于或足以补偿支出； 相关成本数据能够获取
收益法	从投资能获得未来超额收益来确定技术的价值； 符合投资者的目的和价值观； 客观、准确地反映了技术价值； 资料收集工作量大； 因素分析和指标评分需要经验判断	被评估资产必须具备预期的超额收益的能力； 收益可比较准确地预测； 受益期限可确定； 资产所承担的风险必须可以度量

（二）重磁电震技术经济评价背景及方法选择

本次评价的重磁电震技术并非是某一公司独有的单一专利技术，而是从宏观角度看待该技术产生的经济性（马跃，2009），涵盖了重力、磁力、电法和地震技术以及重磁电震联合反演技术。在各项单独技术和联合反演技术发展过程中，不同的石油公司、地球物理专业服务公司、油田综合服务公司都有自己的技术研发投入和重磁电震技术应用投资，并且在各自的应用范围内产生了不同的经济价值。

考虑无形资产评估的三类方法，由于本次重磁电震技术涵盖范围广，无可比性技术交易且成本数据难以获取和计算，本次采用收益法对重磁电震技术在不同应用范围内产生的收益进行计算和预测，从而评价其经济性。

由于重磁电震技术一般是通过联合应用的方式，有效提升地球物理解释中的定量化，并提高解释结果的精确性。该技术主要与增加储量有关，因此在计算收益时考虑采用与增加储量有关的技术资产收益额的计算方法来计算。

（三）评价方法的优化

根据上述收益法对重磁电震技术进行经济性评价时，将重磁电震技术作为了共同影响储量的一个整体，采用该方法计算出的数值为重磁电震技术的整体经济性，无法反映重、磁、电、震技术分别产生的价值，因此考虑通过收益分成率的方法对各项技术的贡献和价值进行区分。

1. 收益分成率的理论依据

收益分成法的理论基础是技术资产对总收益的贡献率，即技术资产的价值取决于它对总收益的贡献。技术资产作用的模糊性，即单一技术资产必须与其他资产有机结合起来才能发挥作用创造收益，因此要估算和确定某项技术资产的收益相当困难。解决这个问题，在实践中一般遵循利润（利益）分享这一基本原则，通过收益分成率乘以所获收益的方式确定某项技术资产的经济性。

2. 收益分成率的影响因素

影响收益分成率的因素可以归纳为法律、技术、市场和企业四个维度。

法律维度是指从法律的角度来评价一项有形化技术的价值。技术的法律状态是指技术资产受到法律保护的程度和期限的反映，是指技术的产权、期限、类型、保密情况等，可进而分析该项技术资产的垄断程度和范围。例如，对于专利技术，要了解该项专利的类型及有效期限；对于专有技术要了解其保密措施及国家相关政策法规和法律的相应规定。

技术维度指从技术本身来评价其价值，是决定技术价值的重要因素，主要包括技术的成熟度、先进性、技术更新速度、配套技术依存度、可替代性、适用范围等，是对具体技术在其技术领域的把握。

市场维度是从专利技术的市场经济效益的角度来评价待评估有形化技术价值，技术的价值最终会体现在产品和工艺方法上，而产品和工艺方法的价值受市场需求、市场规模、市场占有率、市场应用情况、竞争情况和政策适应性等因素的影响。

企业维度是从企业的角度评价一项技术的价值，结合企业发展战略，判断该技术是否符合企业既定的战略方向，是否符合企业利益导向，该维度包括战略匹配度和健康安全环保（HSE）。

3. 确定收益分成率的方法

确定收益分成率的方法目前并没有统一的规定，它与技术的复杂程度、产品的产量、销售额、提成年限或利润高低等有直接联系；不同技术领域，不同交易条件其收益分成率也有所不同，一般方法包括：边际分析法、约当投资分析法、经验分析法和专家分析法。

1）边际分析法

该方法是根据对被评估资产的边际贡献因素的分析求取利润分成率，从而确定技术资产收益现值的方法。根据对被评估资产的贡献因素的分析，估算评估有效期各年度产生的追加利润之和并与资产收益（利润）总额比较，求出利润分成率。这种方法关键是科学分析技术资产投入可带来之净追加利润，因而要求委托评估者提供被评估资产的有关经济分析的资料。由于技术资产的追加利润数据无法获取，本次评价无法采用该方法。

2）约当投资分析法

该方法是指通过转让方在总资产投资中的比重测算资产利润分成率的方法。技术资产产生的效益往往与其他资产的贡献分不开，对技术资产的投资可以采取在成本的基础上附加相应的成本利润率，折合成约当投资的方法。该方法也因缺乏成本数据在本次评价中无法采用。

3）经验分析法

在具体评估业务中，技术资产的追加利润和技术资产的约当投资量的求取都很难直接得到，所以确定利润分成率多采用国际惯例及统计数据，由评估师根据经验分析来确定。国内外技术转让中确定利润分成率的依据主要有“三分法”和“四分法”等几种形式。联合国工业发展组织在对印度等发展中国家引进技术的价格进行分析后，认为利润分成率在16%～27%较为合理。但该种方法只能确定企业利润中技术的利润分成率，无法区分联合技术中单个技术的利润分成率。

4）专家分析法

在实际的评估操作中，运用专家分析法进行判断，也不失为一种简便有效的方法。依据收益分成率的影响因素，邀请相关领域专家对各指标权重和技术价值进行打分，最终确定加权分数和调整系数作为分成率。此方法在本次数据基础较弱和需要区分不同技术的价值时可行，因此，采用经验分析法和专家分析法作为本次经济性评价中收益分成率的方法。

二、经济评价模型建立

（一）整体思路

采用收益法进行重磁电震技术的经济性评价，其中，在计算收益时采用与增加储量有关的技术资产收益额的计算方法来计算；新增投资额通过近几年的投资额的均值进行预测；在收益年限上，由于本次为宏观技术，技术使用年限无法判断，考虑按照5年、10年两个时间段预测；折现率采用石油行业的基准折现率12%。

重磁电震技术中各项技术的单独评价通过引入收益分成率来实现，收益分成率按照专家分析法获得。在专家分析法中，将收益分成率的影响因素细化，设计出各项影响因素的权重赋值表和分值打分表，邀请管理和技术专家对各项技术分别打分，最终通过加权平均的方式取得各项技术的调整系数和收益分成率范围，确定收益分成率，从而获得各项技术的经济性评价结果。

同时，考虑到此次评价技术为全球范围内适用的宏观技术，将评价范围分为三个层级，一是评估重磁电震技术在全球应用过程中带来的价值；二是技术在国内带来的收益；三是具体盆地或油田应用过程中应用重磁电震技术带来的价值。按照三个层级分别评价重磁电震技术的经济性（图 7.22）。

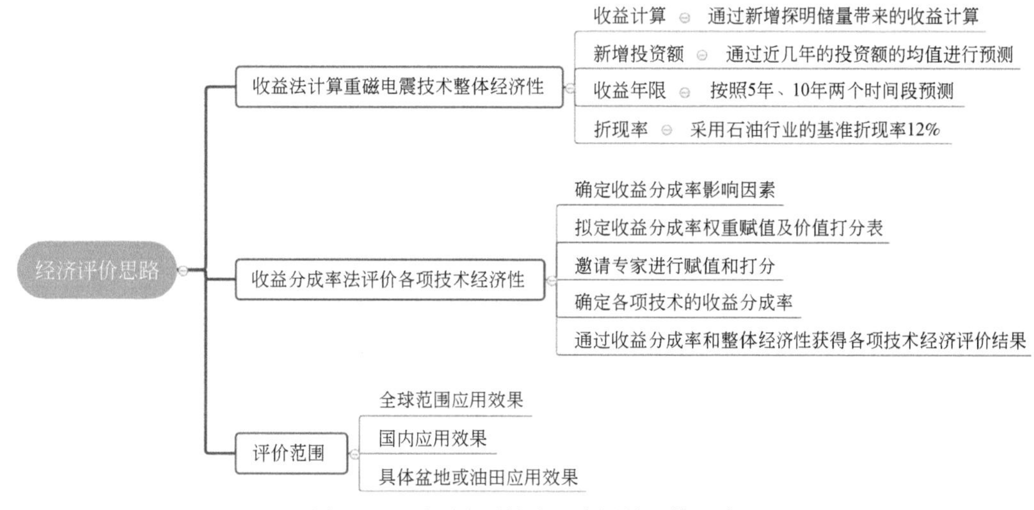

图 7.22　重磁电震技术经济评价整体思路

（二）专家打分表设计

本次收益分成率评价体系中的指标系借鉴国家知识产权局专利管理司和中国技术交易所联合组织编写的《专利价值分析指标体系操作手册》，对其中影响技术价值的指标分类进行了整合和修改，更加贴合石油行业。

该体系一级指标分为法律维度、技术维度、市场维度和企业维度，二级指标共 22 项（表 7.8），其中法律维度指标 7 个，技术维度指标 7 个，市场维度指标 6 个，企业维度指标 2 个。该评价体系通过在权重和打分标准两个层面对所有待评估专利技术进行分类。

表 7.8　石油技术价值化评估指标体系及含义

指标类别	指标名称	指标含义
法律维度	涉诉情况	专利是否曾经涉及法律诉讼
	权利要求数量	专利权利要求项的数量
	不可规避性	一项专利是否容易被他人进行规避设计，从而在不侵犯该项专利权的情况下仍然能够达到与本专利相似的技术效果，即权利要求的保护范围是否合适
	依赖性	一项专利的实施是否依赖于有授权专利的许可，以及本专利是否作为后续申请专利的基础
	专利侵权可判定性	基于一项专利的权利要求，是否容易发现和判断侵权行为的发生，是否容易取证，进而行使诉讼的权利
	有效期	基于一项授权的专利从当前算起还有多长时间的保护期
	多国申请	本专利是否在除本国之外的其他国家提交过申请

续表

指标类别	指标名称	指标含义
技术维度	行业发展趋势	专利技术所在的技术领域目前的发展方向
	技术更新速度	评价技术创新的速度，即相邻两代技术时间间隔。时间越短，说明技术发展越快，专利价值越高
	成熟度	专利技术在分析时所处的发展阶段
	先进性	专利技术在当前进行分析的时间点上与本领域的其他技术相比是否处于领先地位
	可替代性	在当前时间点，是否存在解决相同或类似问题的替代技术方案
	配套技术依存度	专利技术可以独立应用到产品，还是经过组合才能应用，即是否依赖于其他技术才可实施
	适用范围	专利技术可以应用到的范围
市场维度	市场需求	技术在当前市场上的需求有无、大小及迫切程度
	市场规模	指技术经过市场推广后，在未来可能实现的销售收益
	市场应用情况	专利技术目前是否已经在市场上投入使用；如果还没有投入市场，则将来在市场上应用的前景
	市场占有率	专利技术在经过充分的市场推广后可能在市场上占有的份额
	竞争情况	市场上是否存在与目标专利技术的持有人形成竞争关系的竞争对手，以及竞争对手的规模
	政策适应性	国家与地方政策对应用一项专利技术的相关规定。包括专利技术是否是政策所鼓励和支持的技术，是否有各种优惠政策
企业维度	战略匹配度	结合企业发展战略，如原油开采行业和开采设备制造行业可扩展范围不大，企业不作为重点战略开展。新能源领域的技术可能相对具有战略意义
	HSE	石油化工产业与易燃易爆、高温高压、有毒污染等特性有不同程度的关联，因此安全风险大，职业危害严重。除发生事故造成的破坏外，还可能导致患职业病等，危害职业健康。实施专利对生态环境带来的破坏影响度

1. 权重赋值

一级指标的权重由10名专家根据四个不同维度对待评估技术价值的影响大小，在参考范围内分别赋以权重后取平均获得，各专家权重赋值情况和最终一级指标权重结果见表7.9。

表7.9　各专家权重赋值和最终一级指标权重情况表

一级指标	权重打分	专家1	专家2	专家3	专家4	专家5	专家6	专家7	专家8	专家9	专家10
法律维度	21%	25%	28%	25%	20%	25%	20%	20%	10%	20%	15%
技术维度	42%	40%	42%	40%	45%	45%	45%	40%	40%	45%	45%
市场维度	19%	20%	15%	20%	15%	15%	20%	20%	30%	15%	20%
企业维度	18%	15%	15%	15%	20%	15%	15%	20%	20%	20%	20%
总计	1	1	1	1	1	1	1	1	1	1	1

二级指标权重邀请五名专家分别对重法、磁法、电法和地震技术进行权重赋值，在赋值过程中，首先采用9标度法确定指标相对重要性，之后采用层次分析法（AHP）计算各二级指标的权重。四个维度二级指标权重打分表设计见表7.10，其中考虑重磁电震技术均为各方向的综合技术，法律维度中的各项指标权重和分值相对不易区分，本次将各项技术法律维度的二级权重固定，均将不可规避性和专利侵权可判定性作为最重要的指标，具体权重赋值见表7.10中法律维度二级指标权重打分结果。

表7.10（a）　二级权重赋值表设计

法律维度二级指标权重打分表（本次不涉及该维度打分）								
二级指标		涉诉情况	权利要求数量	不可规避性	依赖性	专利侵权可判定性	有效期	多国申请
涉诉情况	重法	1	1	1/9	1/8	1/9	9	9
	磁法	1	1	1/9	1/8	1/9	9	9
	电法	1	1	1/9	1/8	1/9	9	9
	地震技术	1	1	1/9	1/8	1/9	9	9

表7.10（b）　二级权重赋值表设计

市场维度二级指标权重打分表（企业管理人员完成）							
二级指标		市场需求	市场规模	市场应用情况	市场占有率	竞争情况	政策适应性
市场需求	重法	1					
	磁法	1					
	电法	1					
	地震技术	1					

表7.10（c）　二级权重赋值表设计

企业维度二级指标权重打分表（企业管理人员完成）			
二级指标		战略匹配度	HSE
战略匹配度	重法	1	
	磁法	1	
	电法	1	
	地震技术	1	

表7.10（d）　二级权重赋值表设计

技术维度二级指标权重打分表（技术专家完成）								
二级指标		行业发展趋势	技术更新速度	成熟度	先进性	可替代性	配套技术依存度	适用范围
行业发展趋势	重法	1						
	磁法	1						
	电法	1						
	地震技术	1						

2. 价值打分

技术分值主要由各二级指标权重和相应分值确定。二级指标分为定性和定量两类，法律、技术、市场和企业四个维度，共 22 项。其中，指标体系中包含四个定量指标，分别是多国申请、有效期、适用范围和权利要求数量，这四个定量指标的分值通过技术专利查询后，按照勘探技术定量指标打分标准（表 7.11）确定。由于本次评估重法、磁法、电法和地震技术均为宏观技术，范围较广，涵盖专利技术较多，故本次定量指标分值均采用固定值 5。

表 7.11　二级定量指标打分标准

	分值	多国申请	有效期		适用范围	权利要求数量
			发明	实用新型		
勘探技术	1		0～9	0～4		
	2	0	10～12	5		1～2
	3	1	13～15	6～7	1	3～8
	4	2	16	8	2～3	9～16
	5	3 及以上	17 及以上	9 及以上	4 及以上	17 及以上

定性指标打分标准利用李克特量表法，对指标进行评价。价值度越低，分值越低。1 分代表价值度很低，2 分代表价值度较低，3 分代表价值度中等，4 分代表价值度较高，5 分代表价值度很高。综上所述，本次重磁电震技术价值评估专家打分表设计如表 7.12 所示。

二级指标分值的计算通过三角模糊数方法求得。在该评估体系中具体的操作方法如下：通过专家打分将 1～5 分值模糊成三角模糊数（L，M，U），即将每个分值转换成一段分数界限，及该分值在 100 分制的情况下的期望值。通过平均求得每个指标的对上下限及期望值。通过公式将模糊数转换成最后的分值。最后将分值与权重的乘积和作为待评估技术的调整系数 α 值。

（三）数据准备

从评价整体思路看，计算过程中需要获取的数据主要是收益相关数据、新增投资额数据和收益分成率。

1. 收益相关数据

根据与增加储量有关的技术资产收益额的计算方法，在单位储量价值可知时，收益额计算采用公式：

$$M_t=(P_t-C_t)\times Q_t$$

式中，P_t为第 t 年的探明储量单位价值；C_t为第 t 年单位勘探成本；Q_t为第 t 年采用新技术后新增探明储量。

表 7.12　重磁电震技术价值评估专家打分表

<table>
<tr><th rowspan="2">一级指标
及权重</th><th rowspan="2">二级
指标</th><th colspan="4">分值</th><th rowspan="2" colspan="2">打分标准</th></tr>
<tr><th>重法</th><th>磁法</th><th>电法</th><th>地震技术</th></tr>
<tr><td rowspan="16">法律
（21%）</td><td>涉诉情况</td><td>5</td><td>5</td><td>5</td><td>5</td><td colspan="2">0 个（1 分）
≥1 个（5 分）</td></tr>
<tr><td>权利要
求数量</td><td>5</td><td>5</td><td>5</td><td>5</td><td colspan="2">1～2 个（2 分）
3～8 个（3 分）
8～16 个（4 分）
≥17 个（5 分）</td></tr>
<tr><td>不可规
避性</td><td>5</td><td>5</td><td>5</td><td>5</td><td colspan="2">在不侵犯专利权的情况下，其他技术：
可以规避（1 分）
较难规避（3 分）
很难规避（5 分）</td></tr>
<tr><td>依赖性</td><td>5</td><td>5</td><td>5</td><td>5</td><td colspan="2">依赖性很高（1 分）
依赖性较高（2 分）
依赖性中等（3 分）
依赖性较低（4 分）
依赖性很低（5 分）</td></tr>
<tr><td rowspan="5">专利侵权
可判定性</td><td rowspan="5">5</td><td rowspan="5">5</td><td rowspan="5">5</td><td rowspan="5">5</td><td colspan="2">非常难于判定（1 分）</td></tr>
<tr><td colspan="2">比较难于判定（2 分）</td></tr>
<tr><td colspan="2">难以确定（3 分）</td></tr>
<tr><td colspan="2">比较易于判定（4 分）</td></tr>
<tr><td colspan="2">非常易于判定（5 分）</td></tr>
<tr><td rowspan="2">有效期</td><td rowspan="2">5</td><td rowspan="2">5</td><td rowspan="2">5</td><td rowspan="2">5</td><td>发明专利</td><td>实用新型</td></tr>
<tr><td>0～9 年（1 分）
10～12 年（2 分）
13～15 年（3 分）
16 年（4 分）
≥17 年（5 分）</td><td>0～4 年（1 分）
5 年（2 分）
6～7 年（3 分）
8 年（4 分）
≥9 年（5 分）</td></tr>
<tr><td>多国申请</td><td>5</td><td>5</td><td>5</td><td>5</td><td colspan="2">0 个（2 分）
1 个（3 分）
2 个（4 分）
≥3 个（5 分）</td></tr>
</table>

续表

<table>
<tr><th rowspan="2">一级指标及权重</th><th rowspan="2">二级指标</th><th colspan="4">分值</th><th rowspan="2">打分标准</th></tr>
<tr><th>重法</th><th>磁法</th><th>电法</th><th>地震技术</th></tr>
<tr><td rowspan="7">技术（42%）</td><td>行业发展趋势</td><td></td><td></td><td></td><td></td><td>很不符合行业发展趋势（1 分）
较不符合行业发展趋势（2 分）
一般符合行业发展趋势（3 分）
较符合行业发展趋势（4 分）
很符合行业发展趋势（5 分）</td></tr>
<tr><td>技术更新速度</td><td></td><td></td><td></td><td></td><td>技术更新非常慢（1 分）
技术更新较慢（2 分）
技术更新一般（3 分）
技术更新较快（4 分）
技术更新非常快（5 分）</td></tr>
<tr><td>成熟度</td><td></td><td></td><td></td><td></td><td>成熟度很低（1 分）
成熟度较低（2 分）
成熟度中等（3 分）
成熟度较高（4 分）
成熟度很高（5 分）</td></tr>
<tr><td>先进性</td><td></td><td></td><td></td><td></td><td>先进性很低（1 分）
先进性较低（2 分）
先进性中等（3 分）
先进性较高（4 分）
先进性很高（5 分）</td></tr>
<tr><td>可替代性</td><td></td><td></td><td></td><td></td><td>可替代性很高（1 分）
可替代性较高（2 分）
可替代性中等（3 分）
可替代性较低（4 分）
可替代性很低（5 分）</td></tr>
<tr><td>配套技术依存度</td><td></td><td></td><td></td><td></td><td>配套依存度很高（1 分）
配套依存度较高（2 分）
配套依存度中等（3 分）
配套依存度较低（4 分）
配套依存度很低（5 分）</td></tr>
<tr><td>适用范围</td><td>5</td><td>5</td><td>5</td><td>5</td><td>1 个（2 分）
2 个（3 分）
3～4 个（4 分）
≥5 个（5 分）</td></tr>
</table>

续表

一级指标及权重	二级指标	分值				打分标准
		重法	磁法	电法	地震技术	
市场（19%）	市场需求					市场需求很低（1分） 市场需求较低（2分） 市场需求中等（3分） 市场需求较高（4分） 市场需求很高（5分）
	市场规模					市场规模很小（1分） 市场规模较小（2分） 市场规模中等（3分） 市场规模较大（4分） 市场规模很大（5分）
	市场应用情况					市场应用很小（1分） 市场应用较小（2分） 市场应用中等（3分） 市场应用较大（4分） 市场应用很大（5分）
	市场占有率					市场占有率很低（1分） 市场占有率较低（2分） 市场占有率中等（3分） 市场占有率较高（4分） 市场占有率很高（5分）
	竞争情况					竞争对手很多（1分） 竞争对手较多（2分） 竞争对手一般（3分） 竞争对手较少（4分） 竞争对手很少（5分）
	政策适应性					政策适应性很低（1分） 政策适应性较低（2分） 政策适应性一般（3分） 政策适应性较高（4分） 政策适应性很高（5分）

续表

一级指标及权重	二级指标	分值				打分标准
		重法	磁法	电法	地震技术	
企业（18%）	战略匹配度					很不符合企业战略（1分） 较不符合企业战略（2分） 一般符合企业战略（3分） 较为符合企业战略（4分） 很符合企业战略（5分）
	HSE					从危害较严重的方面衡量， 职业危害很大或对生态环境破坏影响很大（1分） 职业危害较大或对生态环境破坏影响较大（2分） 职业危害较小或对生态环境破坏影响较小（3分） 职业危害很小或对生态环境破坏影响很小（4分） 没有职业危害且对生态环境没有破坏（5分）

如果单位储量价值难以测算，可采用公式：

$$M_t=(P_t-C_t)\times Q_t\times r$$

式中，P_t为第 t 年原油价格；C_t为第 t 年原油成本；Q_t为第 t 年采用新技术后新增探明储量；r 为采收率。

1）全球储量增加带来的收益

全球 2010～2019 年新发现油气量数据及原油价格数据如表 7.13 所示。

表 7.13　全球 2010～2019 年新发现油气量数据及原油价格数据

年份	2010	2011	2012	2013	2014	2015	2016	2017	2018	2019
新发现油气量/10^8t 油当量	84.2	42.4	50.6	35	27.6	34.5	10.9	24.9	10.7	12.8
石油/10^8t 油当量	37.7	11.8	18.4	12.4	12.5	8.7	4.7	9.7	4.5	4.5
天然气/10^8t 油当量	45.5	30.6	32.2	22.6	15.1	24.8	7.2	14.2	6.1	8.3
新发现油气量/10^8bbl	611.52	311.64	371.91	257.25	202.86	246.23	80.12	175.67	78.65	94.08
WTI 原油价格/（美元/bbl）	79.48	94.88	94.05	97.98	94.17	48.66	44.29	50.8	65.23	56.99
Brent 原油价格/（美元/bbl）	79.61	111.26	111.63	108.56	98.97	52.32	44.64	54.13	71.34	64.3
原油平均价格/（美元/bbl）	79.55	104.07	102.84	104.27	96.07	50.49	44.47	52.47	68.29	60.65

注：1bbl=1.58987×10^2 dm^3。

全球 2010～2019 年物探投资额和勘探开发投资额数据如表 7.14 所示。

表 7.14　全球 2010～2019 年物探投资额和勘探开发投资额数据

年份	2010	2011	2012	2013	2014	2015	2016	2017	2018	2019
全球物探投资额/亿美元	136.0	158.0	176.4	181.2	171.9	122.2	80.2	74.6	76.3	87.8
全球勘探开发资额/亿美元	4913	5931	6632	6916	6795	5300	3752	3820	4272	4444

采用第二种方式变体计算由重磁电震技术增加储量带来的资产收益额如表 7.15 所示。

表 7.15　由重磁电震技术增加储量带来的资产收益额

年份	2010	2011	2012	2013	2014	2015	2016	2017	2018	2019
新增储量带来的收益额/亿美元	43730	26190	31615	19650	12694	7132	-270	5396	1098	1261

2）中国新增探明储量带来的收益

中国 2010～2019 年新增油气探明储量及探明储量交易价格数据如表 7.16 所示。

表 7.16　中国 2010～2019 年新增油气探明储量及探明储量交易价格数据

年份	2010	2011	2012	2013	2014	2015	2016	2017	2018	2019
新增探明储量/10^8t 油当量	16.1	19.2	22.9	15.7	18.3	16.6	14.9	14.2	16.2	24.7
石油/10^8t	11.4	14.4	15.2	10.8	10.7	11.2	9.1	8.8	9.6	11.0
天然气/$10^8 m^3$	5912	7225	9610	6159	9458	6772	7266	5554	8312	16000
天然气/10^8t 油当量	4.7	5.8	7.7	4.9	7.5	5.4	5.8	4.4	6.6	12.7
新增探明储量/10^8bbl 油当量	118.1	140.8	168.0	115.5	134.2	121.8	109.7	97.0	119.2	174.6
1P 储量交易价格/（美元/bbl）	9.22	8.66	7.85	11.11	14.31	10.73	6.73	4.76	6.25	9.44
2P 储量交易价格/（美元/bbl）	6.05	6.59	5.32	7.69	8.45	7.20	4.77	5.28	4.31	4.93

将三大油（中石油、中石化、中海油）勘探开发支出作为国内勘探开发投资额，数据如表 7.17 所示。

表 7.17　三大油勘探开发支出作为国内勘探开发投资额数据

年份	2010	2011	2012	2013	2014	2015	2016	2017	2018	2019
三大油勘探开发支出/亿美元	339	405	581	659	660	443	317	361	454	538

采用第一种方式计算由重磁电震技术增加储量带来的资产收益额如表 7. 18 所示。

表 7. 18　由重磁电震技术增加储量带来的资产收益额

年份	2010	2011	2012	2013	2014	2015	2016	2017	2018	2019
新增储量带来的收益额/亿美元	750	814	738	624	1126	865	421	101	291	1110

3）中石油新增探明储量带来的收益

中石油 2010 ~ 2019 年新增油气探明储量数据如表 7. 19 所示。

表 7. 19　中石油 2010 ~ 2019 年新增油气探明储量数据

年份	2010	2011	2012	2013	2014	2015	2016	2017	2018	2019
新增探明储量/10^8t 油当量	8. 07	9. 16	10. 70	10. 62	10. 75	11. 83	10. 81	11. 13	11. 03	18. 25
新增探明储量/（亿桶油当量）	59. 31	67. 33	78. 64	78. 09	79. 05	86. 91	79. 46	81. 84	81. 07	134. 11

中石油 2010 ~ 2019 年勘探开发支出数据如表 7. 20 所示。

表 7. 20　中石油 2010 ~ 2019 年勘探开发支出数据

年份	2010	2011	2012	2013	2014	2015	2016	2017	2018	2019
中石油勘探开发支出/亿美元	240. 3	251. 9	361. 8	372. 2	357. 8	254. 6	209. 0	261. 9	311. 0	350. 6

采用第一种方式计算由重磁电震技术增加储量带来的资产收益额如表 7. 21 所示。

表 7. 21　由重磁电震技术增加储量带来的资产收益额

年份	2010	2011	2012	2013	2014	2015	2016	2017	2018	2019
新增储量带来的收益额/亿美元	306. 6	331. 2	255. 5	495. 3	694. 3	678. 0	325. 8	127. 7	195. 7	915. 4

4）中石油西南油气田新增探明储量带来的收益

中石油西南油气田 2017 ~ 2019 年新增探明储量数据如表 7. 22 所示。

表 7. 22　中石油西南油气田 2017 ~ 2019 年新增探明储量数据

年份	2017	2018	2019
新增天然气探明储量/$10^8 m^3$	682. 96	1134. 25	952. 92
新增探明储量/亿桶油当量	4. 00	6. 64	5. 58

中石油西南油气田 2017 ~ 2019 年物探支出数据如表 7.23 所示。

表 7.23　中石油西南油气田 2017 ~ 2019 年物探支出数据

年份	2017	2018	2019
物探投资/万元	17550	57870	275509
非地震及 VSP 投资/万元	450	450	19620

采用第一种方式计算由重磁电震技术增加储量带来的资产收益额如表 7.24 所示。

表 7.24　由重磁电震技术增加储量带来的资产收益额

年份	2017	2018	2019
新增储量带来的收益额/亿美元	18.77	40.60	48.41

2. 新增投资额数据

由于各公司未来 5 ~ 10 年对重磁电震技术的投资额数据无法知晓，本次预测采取近几年重磁电震技术平均值进行计算，其中全球重磁电震技术每年新增投资额取近五年的平均数 88.0 亿美元；中石油重磁电震技术每年新增投资额用近三年平均数 6.4 亿美元；中国重磁电震技术每年新增投资额采用 15.0 亿美元。

3. 收益分成率数据

1）专家打分计算调整系数 α

邀请专家对各项技术进行权重赋值和各二级指标打分，通过三角模糊数法和赫威兹法把分值和一级二级权重相乘再累加求和确定技术的调整系数 α。

A. 重力技术

重力技术的一二级指标权重结果如表 7.25 所示。

表 7.25　重力技术的一二级指标权重

一级指标	二级指标	权重
法律（21%）	涉诉情况	0.035
	权利要求数量	0.035
	不可规避性	0.319
	依赖性	0.283
	专利侵权可判定性	0.319
	有效期	0.004
	多国申请	0.004

续表

一级指标	二级指标	权重
技术（42%）	行业发展趋势	0.064
	技术更新速度	0.056
	成熟度	0.141
	先进性	0.248
	可替代性	0.038
	配套技术依存度	0.178
	适用范围	0.274
市场（19%）	市场需求	0.139
	市场规模	0.227
	市场应用情况	0.139
	市场占有率	0.076
	竞争情况	0.139
	政策适应性	0.279
企业（18%）	战略匹配度	0.367
	HSE	0.633

重力技术的二级指标打分结果如表 7.26 所示。

表 7.26　重力技术的二级指标打分结果

一级指标	二级指标	专家 1	专家 2	专家 3	专家 4	专家 5	Y
法律	涉诉情况	5	5	5	5	5	0.97
	权利要求数量	5	5	5	5	5	0.97
	不可规避性	5	5	5	5	5	0.97
	依赖性	5	5	5	5	5	0.97
	专利侵权可判定性	5	5	5	5	5	0.97
	有效期	5	5	5	5	5	0.97
	多国申请	5	5	5	5	5	0.97
技术	行业发展趋势	2	2	2	3	2	0.36
	技术更新速度	3	1	2	2	2	0.31
	成熟度	4	3	3	4	3	0.67
	先进性	4	3	3	3	3	0.64
	可替代性	5	4	4	3	5	0.82
	配套技术依存度	3	3	4	4	3	0.67
	适用范围	4	3	3	3	4	0.67

续表

一级指标	二级指标	专家1	专家2	专家3	专家4	专家5	Y
市场	市场需求	2	2	2	3	2	0.36
	市场规模	2	2	3	3	3	0.48
	市场应用情况	3	2	2	2	3	0.42
	市场占有率	1	2	3	3	3	0.43
	竞争情况	4	2	3	3	4	0.61
	政策适应性	4	3	4	4	4	0.74
企业	战略匹配度	3	3	4	4	3	0.67
	HSE	5	5	5	5	5	0.97

利用三角模糊法，将专家的打分模糊为三角模糊数（L，M，U），通过赫威兹法把分值和一级二级权重相乘再累加求和，得到最终重力技术的调整系数 $\alpha=0.721648$。

B. 磁法技术

磁法技术的一二级指标权重结果如表7.27所示。

表7.27　磁法技术的一二级指标权重结果

一级指标	二级指标	权重
法律（21%）	涉诉情况	0.035
	权利要求数量	0.035
	不可规避性	0.319
	依赖性	0.283
	专利侵权可判定性	0.319
	有效期	0.004
	多国申请	0.004
技术（42%）	行业发展趋势	0.075
	技术更新速度	0.057
	成熟度	0.110
	先进性	0.293
	可替代性	0.065
	配套技术依存度	0.151
	适用范围	0.249
市场（19%）	市场需求	0.141
	市场规模	0.229
	市场应用情况	0.141
	市场占有率	0.092
	竞争情况	0.141
	政策适应性	0.256

续表

一级指标	二级指标	权重
企业（18%）	战略匹配度	0.333
	HSE	0.667

磁法技术的二级指标打分结果如表 7.28 所示。

表 7.28　磁法技术的二级指标打分结果

一级指标	二级指标	专家 1	专家 2	专家 3	专家 4	专家 5	Y
法律	涉诉情况	5	5	5	5	5	0.97
	权利要求数量	5	5	5	5	5	0.97
	不可规避性	5	5	5	5	5	0.97
	依赖性	5	5	5	5	5	0.97
	专利侵权可判定性	5	5	5	5	5	0.97
	有效期	5	5	5	5	5	0.97
	多国申请	5	5	5	5	5	0.97
技术	行业发展趋势	2	2	2	3	3	0.42
	技术更新速度	3	1	1	1	1	0.15
	成熟度	4	3	3	4	3	0.67
	先进性	4	3	2	3	3	0.58
	可替代性	5	4	2	3	5	0.72
	配套技术依存度	3	3	4	4	3	0.67
	适用范围	4	3	4	3	4	0.71
市场	市场需求	3	2	2	2	3	0.42
	市场规模	2	2	3	3	3	0.48
	市场应用情况	3	2	1	2	3	0.37
	市场占有率	1	1	3	2	3	0.31
	竞争情况	3	2	2	2	3	0.42
	政策适应性	4	3	3	3	4	0.67
企业	战略匹配度	3	3	3	3	3	0.60
	HSE	5	5	5	5	5	0.97

利用三角模糊法，将专家的打分模糊为三角模糊数（L，M，U），通过赫威兹法把分值和一级二级权重相乘再累加求和，得到最终磁法技术的调整系数 $\alpha=0.698721$。

C. 电法技术

电法技术的一二级指标权重结果如表 7.29 所示。

表 7.29　电法技术的一二级指标权重结果

一级指标	二级指标	权重
法律（21%）	涉诉情况	0.035
	权利要求数量	0.035
	不可规避性	0.319
	依赖性	0.283
	专利侵权可判定性	0.319
	有效期	0.004
	多国申请	0.004
技术（42%）	行业发展趋势	0.046
	技术更新速度	0.091
	成熟度	0.154
	先进性	0.262
	可替代性	0.016
	配套技术依存度	0.160
	适用范围	0.271
市场（19%）	市场需求	0.128
	市场规模	0.128
	市场应用情况	0.159
	市场占有率	0.128
	竞争情况	0.173
	政策适应性	0.283
企业（18%）	战略匹配度	0.25
	HSE	0.75

电法技术的二级指标打分结果如表 7.30 所示。

表 7.30　电法技术的二级指标打分结果

一级指标	二级指标	专家 1	专家 2	专家 3	专家 4	专家 5	Y
法律	涉诉情况	5	5	5	5	5	0.97
	权利要求数量	5	5	5	5	5	0.97
	不可规避性	5	5	5	5	5	0.97
	依赖性	5	5	5	5	5	0.97
	专利侵权可判定性	5	5	5	5	5	0.97
	有效期	5	5	5	5	5	0.97
	多国申请	5	5	5	5	5	0.97

续表

一级指标	二级指标	专家 1	专家 2	专家 3	专家 4	专家 5	Y
技术	行业发展趋势	1	3	3	4	1	0.41
	技术更新速度	3	2	3	3	3	0.54
	成熟度	4	4	4	3	4	0.74
	先进性	3	3	3	3	3	0.60
	可替代性	4	3	3	4	4	0.71
	配套技术依存度	3	3	2	2	3	0.48
	适用范围	3	4	5	5	3	0.78
市场	市场需求	2	3	3	4	3	0.58
	市场规模	1	3	2	2	2	0.31
	市场应用情况	3	3	3	3	3	0.60
	市场占有率	1	2	2	3	3	0.37
	竞争情况	3	2	4	4	3	0.61
	政策适应性	4	3	3	3	4	0.67
企业	战略匹配度	1	4	3	4	1	0.44
	HSE	3	4	3	4	3	0.67

利用三角模糊法，将专家的打分模糊为三角模糊数（L，M，U），通过赫威兹法把分值和一级二级权重相乘再累加求和，得到最终电法技术的调整系数 $\alpha=0.685859$。

D. 地震技术

地震技术的一二级指标权重结果如表 7.31 所示。

表 7.31　地震技术的一二级指标权重结果

一级指标	二级指标	权重
法律（21%）	涉诉情况	0.035
	权利要求数量	0.035
	不可规避性	0.319
	依赖性	0.283
	专利侵权可判定性	0.319
	有效期	0.004
	多国申请	0.004
技术（42%）	行业发展趋势	0.039
	技术更新速度	0.124
	成熟度	0.169
	先进性	0.214
	可替代性	0.028
	配套技术依存度	0.149
	适用范围	0.277

续表

一级指标	二级指标	权重
市场（19%）	市场需求	0.065
	市场规模	0.060
	市场应用情况	0.197
	市场占有率	0.151
	竞争情况	0.171
	政策适应性	0.357
企业（18%）	战略匹配度	0.273
	HSE	0.727

地震技术的二级指标打分结果如表7.32所示。

表7.32　地震技术的二级指标打分结果

一级指标	二级指标	专家1	专家2	专家3	专家4	专家5	Y
法律	涉诉情况	5	5	5	5	5	0.97
	权利要求数量	5	5	5	5	5	0.97
	不可规避性	5	5	5	5	5	0.97
	依赖性	5	5	5	5	5	0.97
	专利侵权可判定性	5	5	5	5	5	0.97
	有效期	5	5	5	5	5	0.97
	多国申请	5	5	5	5	5	0.97
技术	行业发展趋势	5	5	5	5	5	0.97
	技术更新速度	5	5	5	5	5	0.97
	成熟度	5	5	5	5	5	0.97
	先进性	5	5	5	5	5	0.97
	可替代性	5	5	5	5	5	0.97
	配套技术依存度	3	2	2	1	2	0.31
	适用范围	5	5	5	5	5	0.97
市场	市场需求	5	5	5	5	5	0.97
	市场规模	5	5	5	5	5	0.97
	市场应用情况	5	5	5	5	5	0.97
	市场占有率	5	5	5	5	5	0.97
	竞争情况	4	4	4	4	4	0.78
	政策适应性	5	5	5	5	5	0.97
企业	战略匹配度	5	5	5	5	5	0.97
	HSE	3	3	3	3	3	0.60

利用三角模糊法，将专家的打分模糊为三角模糊数（L，M，U），通过赫威兹法把分值和一级二级权重相乘再累加求和，得到最终地震技术的调整系数 $\alpha=0.86503$。

2）技术分成率确定

联合国工业发展组织在对印度等发展中国家引进技术的价格进行分析后，认为利润分成率在16%～27%较为合理，可将16%～27%作为重磁电震技术整体分成率的取值范围。

根据联合国工业发展组织对石油化工行业技术贸易合同的调查统计结果，考虑实际应用过程中重磁电震单项技术的投资额和实际应用效果，重、磁和电法技术的收益分成率范围取0.5%～2%；而地震技术涵盖了多种地震及反演、解释技术，历年投资额和实际应用效果都与其他三种方式有较大差异，选用整体分成率减去其他三项技术收益分成率的方式获得其收益分成率范围为14.5%～21%。

利用以下公式可以分别求得重力、磁法、电法和地震技术整体分成率 K。

$$K=m+(n-m)\alpha$$

式中，K 为技术分成率；m 为技术分成率的取值下限；n 为技术分成率的取值上限；α 为技术分成率的调整系数。

被评估重力技术分成率的取值范围为0.5%～2%，调整系数 $\alpha=0.721648$，所以其技术分成率为：K重=0.5%+（2%～0.5%）×0.721648=1.58%。

被评估磁法技术分成率的取值范围为0.5%～2%，调整系数 $\alpha=0.698721$，所以其技术分成率为：K磁=0.5%+（2%～0.5%）×0.698721=1.55%。

被评估电法技术分成率的取值范围为0.5%～2%，调整系数 $\alpha=0.685859$，所以其技术分成率为：K电=0.5%+（2%～0.5%）×0.685859=1.53%。

被评估地震技术分成率的取值范围为14.5%～21%，调整系数 $\alpha=0.86503$，所以其技术分成率为：K震=14.5%+（21%～14.5%）×0.86503=20.12%。

被评估重磁电震技术的整体收益分成率为 $K=K$重$+K+$磁$+K$电$+K$震=24.78%。

三、评估过程

（一）重磁电震技术整体评估

根据前述评价方法和评价思路，本次经济性评价考虑按照2010～2019年的历史收益值确定其在前5年和前10年已产生的经济价值，并通过近几年的收益数据和新增投资额预计未来5～10年的收益额和新增投资额，计算重磁电震技术按照此趋势未来5～10年的经济性（吕友生等，1989）。

根据2010～2019年重磁电震技术通过带来新增储量在不同范围内产生的收益和现值系数及技术分成率等数据（表7.33），计算得出在2015～2019年这5年内，在全球范围由重磁电震技术带来的收益现值为2451亿美元，在国内范围内的收益现值为509亿美元，在中石油范围的收益现值为410亿美元。在2010～2019年这10年内，在全球范围由重磁电震技术带来的收益现值为15240亿美元，在国内范围内的收益现值为927亿美元，在中石油范围的收益现值为633亿美元。

表 7.33　2010～2019 年重磁电震技术价值评估表

年份		2010	2011	2012	2013	2014	2015	2016	2017	2018	2019
历史值/亿美元	全球范围收益	43730	26190	31615	19650	12694	7132	-270	5396	1098	1261
	国内范围收益	750	814	738	624	1126	865	421	101	291	1110
	中石油范围收益	306.6	331.2	255.5	495.3	694.3	678	325.8	127.7	195.7	915.4
现值系数/%		32.2	36.1	40.4	45.2	50.7	56.7	64.6	71.2	79.7	89.3
折现值/亿美元	全球范围收益	14080	9444	12769	8889	6431	4047	-172	3841	875	1126
	国内范围收益	241.5	294.5	298.1	282.3	570.5	490.8	267.6	71.9	232.0	991.1
	中石油范围收益	98.7	119.4	104.2	224.0	351.8	384.7	207.1	90.9	156.0	817.3
技术分成率/%		24.78									
技术价值/亿美元	全球范围	3489	2340	3164	2203	1594	1003	—	952	217	279
	国内范围	59.8	72.7	74.9	69.9	141.4	121.6	66.3	17.8	57.5	245.6
	中石油范围	24.5	29.6	25.6	55.5	87.2	95.3	51.3	22.5	38.7	202.5

对于西南油气田而言，2017～2019 年的收益和现值系数等数据如表 7.34 所示，重磁电震技术 2017～2019 年在西南油气田产生的价值为 23.04 亿美元（表 7.34）。

表 7.34　2017～2019 年的收益和现值系数

年份	2017	2018	2019
新增储量带来的收益/亿美元	18.77	40.6	48.41
现值系数/%	71.2	79.7	89.3
重磁电震技术产生价值/亿美元	4.31	8.02	10.71

预测未来 5～10 年重磁电震技术在不同范围能带来的收益时，每年收益采用前 5 年数据加权平均值、新增投资额采用固定值进行预测，评估数据如表 7.35 所示。

表 7.35　2020～2029 年重磁电震技术价值评估表

年份		2020	2021	2022	2023	2024	2025	2026	2027	2028	2029
收入值/亿美元	全球	2923	2082	2552	1983	2160	2340	2223	2252	2192	2233
	国内	557.6	496.1	511.1	594.2	654.6	562.3	564.3	576.7	589.8	589.1
	中石油	448.5	402.6	418.0	476.0	532.1	455.5	456.8	467.7	477.6	477.9
新增投资额/亿美元	全球	88	88	88	88	88	88	88	88	88	88
	国内	15	15	15	15	15	15	15	15	15	15
	中石油	6.4	6.4	6.4	6.4	6.4	6.4	6.4	6.4	6.4	6.4
现值系数/%		100	89.3	79.7	71.2	64.6	56.7	50.7	45.2	40.4	36.1
技术分成率/%		24.78									

续表

年份		2020	2021	2022	2023	2024	2025	2026	2027	2028	2029
技术价值/亿美元	全球	702.6	441.1	486.8	334.3	326.3	316.7	268.1	242.5	210.6	191.7
	国内	134.5	106.4	98.0	102.0	100.6	77.0	68.8	64.0	57.5	51.3
	中石油	109.6	87.7	81.3	82.8	82.8	64.1	56.6	51.7	47.2	42.1

根据评估结果，在2020～2024年这5年内，在全球范围由重磁电震技术带来的收益现值预估为2291.1亿美元，在国内范围内的收益现值预估为541.5亿美元，在中石油范围的收益现值预估为444.2亿美元；在2020～2029年这10年内，在全球范围由重磁电震技术带来的收益现值预估为3520.7亿美元，在国内范围内的收益现值预估为859.0亿美元，在中石油范围的收益现值预估为704.9亿美元。

由于西南油气田仅有近三年数据，且数据波动较大，本次评估未对重磁电震技术在西南油气田未来5～10年能带来的收益进行评估。

（二）重磁电震技术单项评估

根据前文计算所得重力、磁法、电法和地震技术的技术分成率，可分别计算不同评估期和不同评估范围内由相应技术带来的价值现值。重磁电震单项技术2010～2019年价值评估结果和2020～2029年预估结果见表7.36和表7.37。

表7.36　2010～2019年重磁电震单项技术价值评估表　（单位：亿美元）

年份		2010	2011	2012	2013	2014	2015	2016	2017	2018	2019
重力技术评估现值	全球范围	222.5	149.2	201.7	140.4	101.6	64.9	—	60.7	14.8	17.8
	国内范围	4.82	4.64	4.71	4.46	9.01	7.76	4.23	1.14	4.67	15.66
	中石油范围	1.56	1.89	1.63	4.54	5.56	6.08	4.27	1.44	2.46	12.91
磁法技术评估现值	全球范围	218.2	146.4	197.9	137.8	99.7	62.7	—	59.5	14.6	17.5
	国内范围	4.74	4.55	4.62	4.38	8.84	7.61	4.15	1.11	4.60	15.36
	中石油范围	1.53	1.85	1.60	4.47	5.45	5.96	4.21	1.41	2.42	12.67
电法技术评估现值	全球范围	215.4	144.5	195.4	136.0	98.4	61.9	-2.6	58.8	14.4	17.2
	国内范围	4.69	4.49	4.56	4.32	8.73	7.51	4.09	1.10	4.55	15.16
	中石油范围	1.51	1.83	1.58	4.43	5.38	5.89	4.17	1.39	2.39	12.51
地震技术评估现值	全球范围	2833	1900	2569	1788	1294	814	—	773	176	227
	国内范围	48.6	59.1	60.0	56.8	114.8	98.8	54.8	14.5	46.7	199.4
	中石油范围	19.9	24.0	20.8	45.1	70.8	77.4	41.7	18.3	31.4	164.4

对于西南油气田而言，2017～2019年的各项技术产生的价值现值数据见表7.38，重力、磁法、电法和地震技术于2017～2019年在西南油气田产生的价值分别为1.41亿美元、1.38亿美元、1.36亿美元和17.90亿美元。

表 7.37　2020 ~ 2029 年重磁电震单项技术价值评估表　（单位：亿美元）

年份		2020	2021	2022	2023	2024	2025	2026	2027	2028	2029
重力技术评估现值	全球范围	44.8	28.1	31.0	21.3	20.8	20.2	17.1	15.5	14.4	12.2
	国内范围	8.57	6.79	6.25	6.50	6.41	4.91	4.39	4.01	4.67	4.27
	中石油范围	6.99	5.59	5.18	5.28	5.28	4.03	4.61	4.30	4.01	2.69
磁法技术评估现值	全球范围	44.9	27.6	30.4	20.9	20.4	19.8	16.8	15.2	14.2	12.0
	国内范围	8.41	6.66	6.13	6.38	6.29	4.81	4.31	4.94	4.60	4.21
	中石油范围	6.85	5.48	5.09	5.18	5.18	4.95	4.54	4.23	2.95	2.64
电法技术评估现值	全球范围	44.4	27.2	30.1	20.6	20.1	19.6	16.6	15.0	14.0	11.8
	国内范围	8.30	6.57	6.05	6.30	6.21	4.75	4.25	4.89	4.55	4.17
	中石油范围	6.76	5.41	5.02	5.11	5.11	4.90	4.49	4.19	2.91	2.60
地震技术评估现值	全球范围	570	358	395	271	265	257	218	197	171	156
	国内范围	109.2	86.4	79.6	82.8	81.7	62.5	55.9	51.1	46.7	41.7
	中石油范围	89.0	71.2	66.0	67.3	67.2	51.3	45.9	42.0	38.3	34.2

表 7.38　2017 ~ 2019 年西南油气田重磁电震单项技术价值评估结果　（单位：亿美元）

年份	2017	2018	2019
重力技术产生的价值	0.211	0.511	0.683
磁法技术产生的价值	0.207	0.502	0.670
电法技术产生的价值	0.204	0.495	0.661
地震技术产生的价值	2.688	6.512	8.697

由于西南油气田仅有近三年数据，且数据波动较大，本次评估未对重磁电震技术单项技术在西南油气田未来 5 ~ 10 年能带来的收益进行评估。

根据评估结果，各项技术在不同评价范围内和不同评价时间段内已产生或预计将产生的价值现值结果见表 7.39。

表 7.39　重磁电震单项技术不同范围和不同时间段价值评估结果（单位：亿美元）

年份		2015 ~ 2019	2010 ~ 2019	2020 ~ 2024	2020 ~ 2029
重力技术评估现值	全球范围	156.24	971.73	146.08	224.48
	国内范围	32.44	59.08	34.52	54.77
	中石油范围	26.16	40.34	28.32	44.94
磁法技术评估现值	全球范围	154.28	954.28	144.31	220.22
	国内范围	31.83	57.96	34.87	54.73
	中石油范围	25.67	39.57	27.78	44.09

续表

年份		2015～2019	2010～2019	2020～2024	2020～2029
电法技术评估现值	全球范围	148.67	938.35	141.46	217.38
	国内范围	31.42	57.21	34.43	54.04
	中石油范围	25.34	39.06	27.42	44.52
地震技术评估现值	全球范围	1989.64	12374.15	1860.24	2858.58
	国内范围	414.13	752.31	439.64	697.50
	中石油范围	334.19	514.69	360.63	572.30

四、评估结果

依上述评估目的、评估依据，经评定测算，重磁电震综合技术：2015～2019年，在全球范围、国内范围和中石油范围内带来的价值测算值分别为2451亿美元、509亿美元和410亿美元；2010～2019年，在全球范围、国内范围和中石油范围内带来的价值测算值分别为15240亿美元、927亿美元和633亿美元；2020～2024年，在全球范围、国内范围和中石油范围内带来的价值测算值分别为2291.1亿美元、541.5亿美元和444.2亿美元；2020～2029年，在全球范围、国内范围和中石油范围内带来的价值测算值分别为3520.7亿美元、859.0和704.9亿美元。

依上述评估目的、评估依据，经评定测算，重力技术：2015～2019年，在全球范围、国内范围和中石油范围内带来的价值测算值分别为156.24亿美元、32.44亿美元和26.16亿美元；2010～2019年，在全球范围、国内范围和中石油范围内带来的价值测算值分别为971.73亿美元、59.08亿美元和40.34亿美元；2020～2024年，在全球范围、国内范围和中石油范围内带来的价值测算值分别为146.08亿美元、34.52亿美元和28.32亿美元；2020～2029年这10年，在全球范围、国内范围和中石油范围内带来的价值测算值分别为224.48亿美元、54.77亿美元和44.94亿美元。

依上述评估目的、评估依据，经评定测算磁法技术：2015～2019年，在全球范围、国内范围和中石油范围内带来的价值测算值分别为154.28亿美元、31.83亿美元和25.67亿美元；2010～2019年，在全球范围、国内范围和中石油范围内带来的价值测算值分别为954.28亿美元、57.96亿美元和39.57亿美元；2020～2024年，在全球范围、国内范围和中石油范围内带来的价值测算值分别为144.31亿美元、34.87亿美元和27.78亿美元；2020～2029年，在全球范围、国内范围和中石油范围内带来的价值测算值分别为220.22亿美元、54.73亿美元和44.09亿美元。

依上述评估目的、评估依据，经评定测算电法技术：2015～2019年，在全球范围、国内范围和中石油范围内带来的价值测算值分别为148.67亿美元、31.42亿美元和25.34亿美元；2010～2019年这10年，在全球范围、国内范围和中石油范围内带来的价值测算值分别为938.35亿美元、57.21亿美元和39.06亿美元；2020～2024年这5年，在全球范围、国内范围和中石油范围内带来的价值测算值分别为141.46亿美元、34.43亿美元和

27.42 亿美元；2020～2029 年这 10 年，在全球范围、国内范围和中石油范围内带来的价值测算值分别为 217.38 亿美元、54.04 亿美元和 44.52 亿美元。

依上述评估目的、评估依据，经评定测算地震技术：2015～2019 年，在全球范围、国内范围和中石油范围内带来的价值测算值分别为 1989.64 亿美元、414.13 亿美元和 334.19 亿美元；2010～2019 年，在全球范围、国内范围和中石油范围内带来的价值测算值分别为 12374.15 亿美元、752.31 亿美元和 514.69 亿美元；2020～2024 年，在全球范围、国内范围和中石油范围内带来的价值测算值分别为 1860.24 亿美元、439.64 亿美元和 360.63 亿美元；2020～2029 年这 10 年，在全球范围、国内范围和中石油范围内带来的价值测算值分别为 2858.58 亿美元、697.50 亿美元和 572.30 亿美元。

五、四个重点目标区经济效益评估

（一）塔里木盆地经济效益评估

塔里木盆地塔中地区碳酸盐岩油气资源丰富，塔中实施三维地震 20 块，满覆盖面积 7616km^2。新三维实施后，串珠落实的数量是实施前的 2 倍多，油气井的钻探成功率由原来的 50% 提升到 80%，多口井获得高产。下面以中古 8 井（ZG8）三维为例评价经济社会效益。

1. 高密度三维资料品质明显提高

（1）如图 7.23 所示，高密度资料的多期多组走滑断裂体系成像品质更高、走滑断裂拉分特征更明显，断层发育特征明显，断点清晰。

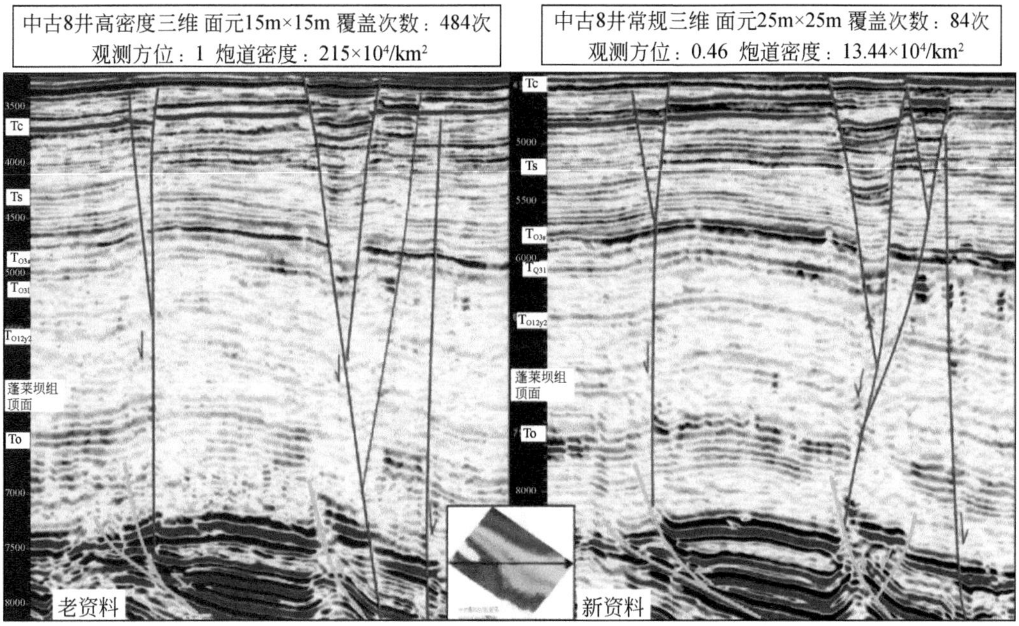

图 7.23　中古 8 井新老三维成果剖面

（2）高密度资料所揭示的断裂与缝洞体系关系密切，岩溶水沿断裂扩溶特征明显。

（3）高密度资料对“串珠”型反射更加清晰，数量整体由少变多、局部从无到有（图 7.24）。串珠个数由以往的 54 个提升到 112 个。

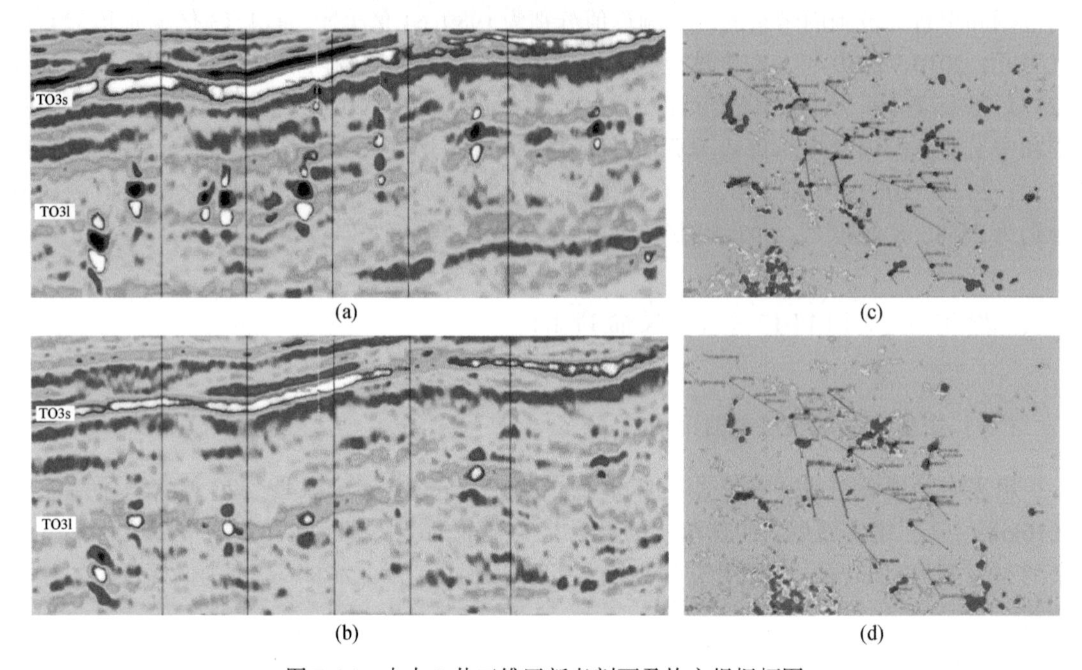

图 7.24　中古 8 井三维区新老剖面及均方根振幅图

（a）中古 8 井三维区高密度 PSDM 任意连线剖面；（b）中古 8 井三维区常规三维资料 PSDM 任意连线剖面；（c）中古 11 井区高密度鹰 1 段均方根振幅图；（d）中古 11 井区常规三维资料鹰 1 段均方根振幅图

2. 井震吻合率高

中古 8 井高密度资料评估之井分析表如表 7.40 所示。

表 7.40　中古 8 井高密度资料评估之井分析表

井名	孔隙度	地震反射及储层吻合情况		
		叠前时间偏移		
		BGP-1600	BGP-high	SLBX
ZG11-H7		强串	中强串	强串
ZG11-H3C		强串+弱片	强串+弱片	中强串+弱片
ZG8		强串	强串	强串
ZG8-1H	钻遇充填洞穴	**弱串**	弱反射	弱反射
ZG8-H1		强串	强串	弱串
ZG23		强串	强串	中强串
ZG23CH		弱片+强片	弱片+强片	弱反射+强片
ZG21-H5		中强串	强串	**中弱串**

续表

井名	孔隙度	地震反射及储层吻合情况		
		叠前时间偏移		
		BGP-1600	BGP-high	SLBX
ZG11		强串	强串	强串
ZG11C		强串	强串	强串
ZG103		强串	强串	强串
ZG11-H4C	储层差	**弱串**	弱反射	**中弱反射**
ZG231H		中强片	中强片	中强片
钻井吻合率/%		84.6	100	84.6

注：反射类型标加粗及下划线表示与井不吻合。

基于OVT五维叠前方位AVO烃类检测可信度高（图7.25），满覆盖区14口井，其中12口吻合，符合率达到85%。

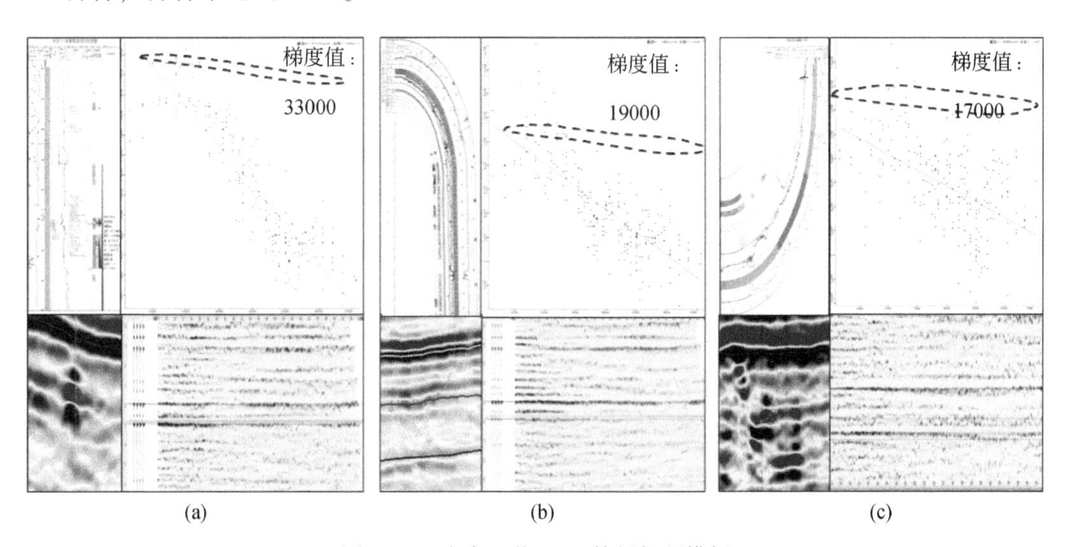

图7.25　中古8井AVO特征解释模板

（a）ZG111—油气井AVO模板；（b）ZG231H—油气水同出井AVO模板；（c）ZG8-1H—出水井AVO模板

高密度资料与钻测井资料解释优质储层位置相匹配（图7.26），可有效支撑位部署。

3. 钻井成功率高

利用高密度资料进行井位部署，钻井投产成功率大幅提高。2014年之前应用老资料部署井位17口（含探评井7口），其中投产10口，投产成功率为58.8%；2014年起应用高密度资料部署井位17口，目前完钻8口，投产7口，投产成功率为87.5%；2017年起应用高密度资料部署井位10口，目前完钻10口，投产10口，投产成功率为100%。

（1）博孜（BZ）9井获高产油气流，标志着塔里木油田又发现一个超千亿立方米的优质、整装、高产凝析气藏。博孜-大北气区已发现近50个储藏油气的圈闭，天然气总资源量为$1.2\times10^{12}m^3$，是继克拉-克深万亿立方米大气区后，又一天然气地质储量超万亿立

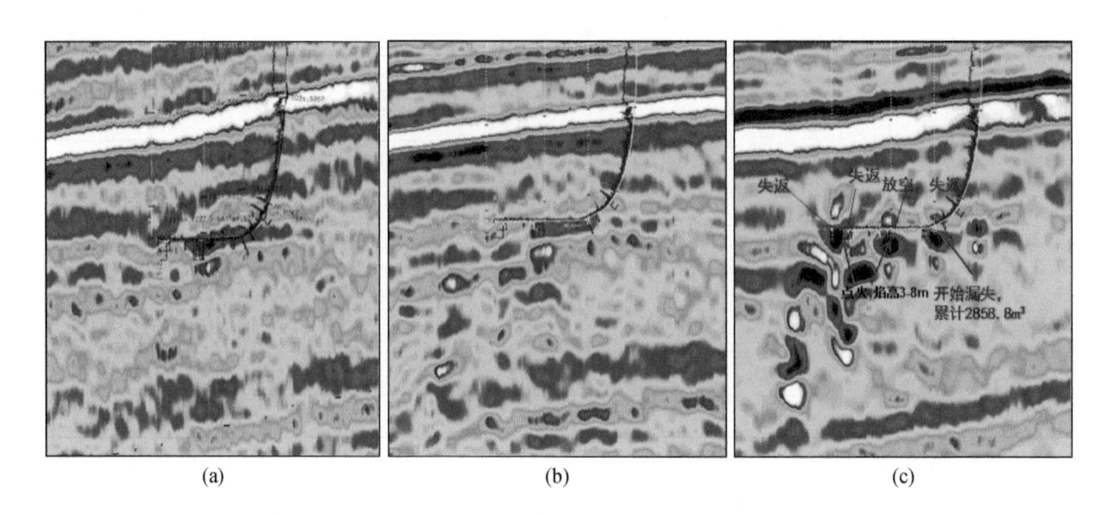

图 7.26　ZG11-H13 井，测井解释优质储层位置与“串珠”反射相匹配

（a）常规三维 2009 年重处理剖面；（b）常规三维 2012 年重处理剖面；（c）中古 8 高密度三维剖面

方米的大气区。

（2）中秋（ZQ）1 井突破，标志着塔里木油田又发现一个千亿立方米的气藏，拉开了秋里塔格构造带的勘探序幕。

（3）中古 70 井突破，拉开了台盆区碳酸盐岩中组合勘探序幕。

（4）固探（GT）1 井获良好油气显示，标志着塔西南前陆斜坡区新生界背斜领域具备较大勘探潜力。

4. 经济效益

塔里木沙漠区炸药激发三维地震价格：50 万～55 万元/km^2，钻井费用：5000 万～6000 万元/口。每 100km^{2}高精度三维相当于 1～1.5 口井的钻井费用。100km^{2}按照投产 10 口井计算，用老资料成功率 58.8%，目前成功率 100%。如果不做高精度三维勘探，4 口井有失败的风险，可能损失 2 亿元。做 1 块高精度三维，费用为 5000 万元，可降低 4 口井失败的风险，直接节省 1.5 亿元。中古 8 井三维及邻区观测系统参数表如表 7.41 所示。

表 7.41　中古 8 井三维及邻区观测系统参数表

方案名称	方案 1	中古 8 井方案	中古 43 井区块 1 期方案
观测系统	44 线 4 炮 480 道	44 线 8 炮 352 道	36 线 5 炮 480 道
面元尺寸/m	12.5×25	15×15	12.5×25
接收线距/炮线距/m	200/250	240/240	250/250
覆盖次数/次	22×24＝528	22×22＝484	18×24＝432
横纵比	0.73	1	0.75
纵向最大炮检距/m	5987.5	5265	5987.5
最大非纵距/m	4375	5265	4475

续表

方案名称	方案 1	中古 8 井方案	中古 43 井区块 1 期方案
最大炮检距/m	7415.58	7445.83	7475
炮道密度/（$10^4/km^2$）	168.96	215	138
排列总道数/道	21120	15488	17280
激发参数	1 口高速顶下 5m、12kg	1 口高速顶下 5m、12kg	1 口高速顶下 3m、8kg
接收参数	20 个检波器组合	20 个检波器组合	2 个宽频检波器
满覆盖面积/km^2	400/700	400/700	400/700
总炮数/炮	49852/78892	86496/139008	49980/78765
单价/（万元/km）	45	50	42

（二）鄂尔多斯盆地经济效益评估

2016 年以来，长庆油田在盆地中南部实施四块“两宽一高”三维（表 7.42）。

表 7.42　2016 年以来部署三维情况表

序号	三维名称	采集日期	面积/km^2	备注
1	古峰庄三维（Ⅰ期）	2016 年 9 月	200	第一块可控震源三维地震； 第一个 616 次高覆盖； 第一个 154 万炮道密度
2	盘克三维	2017 年 12 月	133	第一块黄土塬巨厚区三维
3	古峰庄三维（Ⅱ期）	2018 年 3 月	249	
4	演武北三维	2018 年 6 月	300	

1. 三维地震资料整体品质得到质的提升

2016 年古峰庄三维取得重大突破。创长庆探区地震三个第一（第一块可控震源三维地震，第一个 616 次高覆盖、第一个 154 万炮道密度），获得了高品质全方位地震资料（图 7.27），开启盆地“两宽一高”三维地震勘探先河。

2017 年在黄土塬的合水盘克地区首次采用井炮和可控震源“混采”三维勘探技术。野外单炮视主频达到 25Hz 以上，频宽达到 70Hz 以上，资料品质有了质的提高（图 7.28）。

2. 钻井成功率提升

依据三维研究成果，阶段共建议评价井、探井 30 口，完钻 16 口。构造预测符合率 100%，砂体预测符合率 87.5%。完试 12 口，获工业油流井 8 口，其中大于 20t 的高产井有 4 口，钻探成功率为 66.7%（三维实施前综合钻探成功率为 26.7%）。

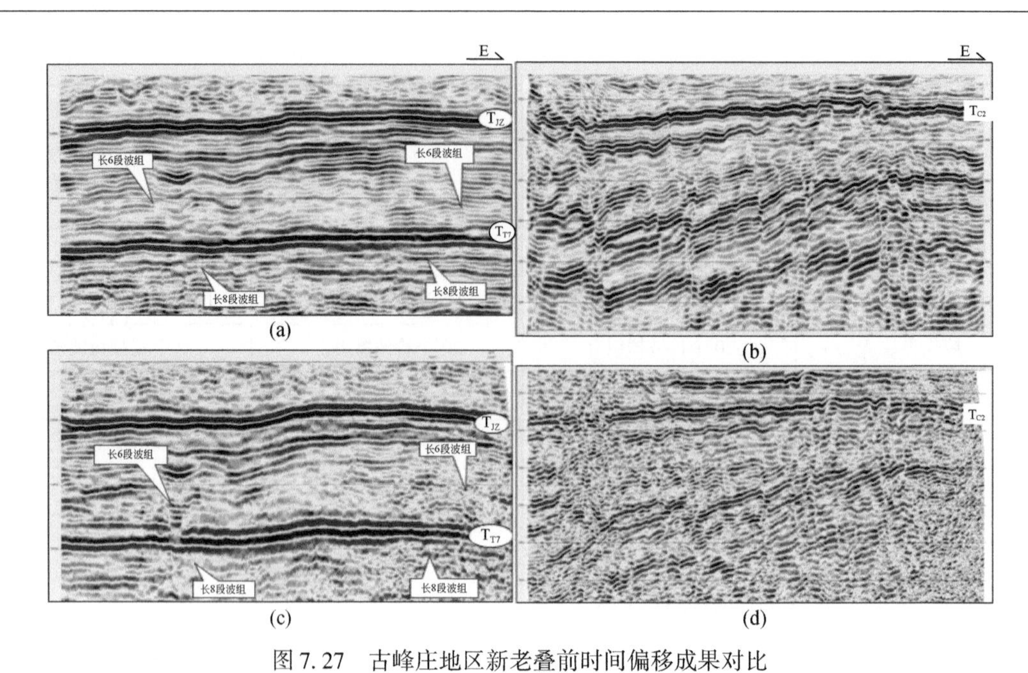

图 7.27　古峰庄地区新老叠前时间偏移成果对比

(a)(b)2016 年古峰庄地区三维 Inline978 叠前时间偏移成果(局部放大);(c)(b)二维 H146401 叠前时间偏移成果(局部放大)

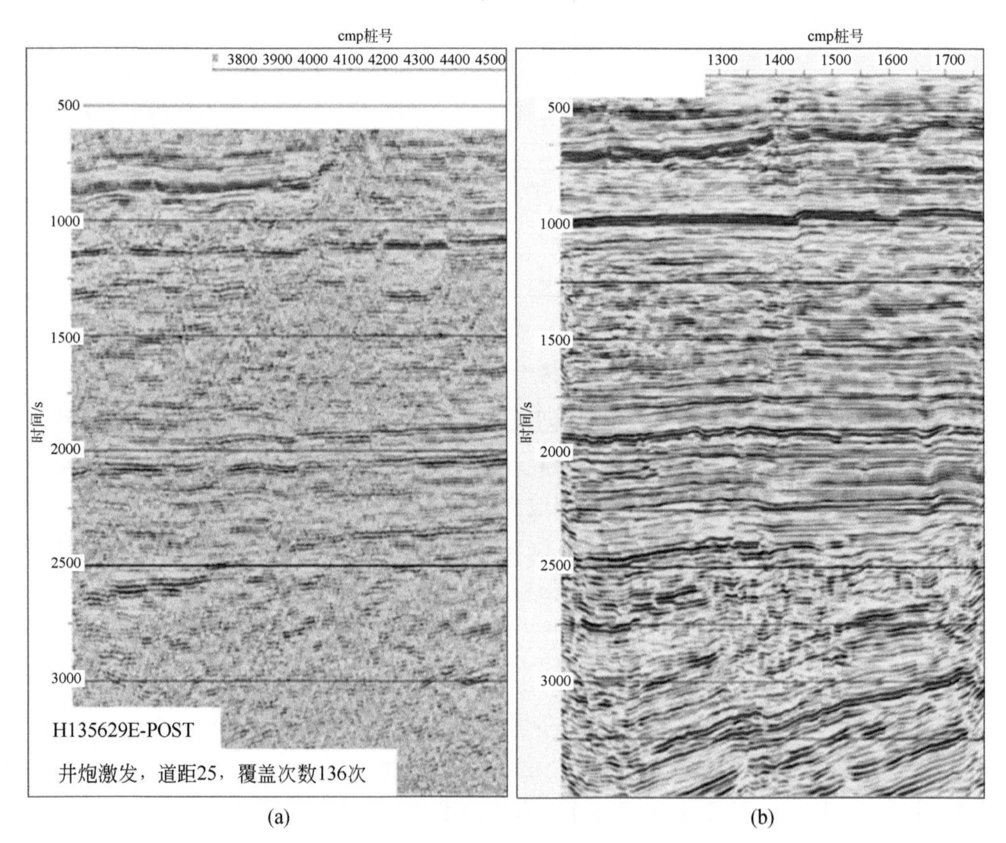

图 7.28　盘克地区新老叠前时间偏移成果对比

(a)二维测线;(b)盘克三维

3. 三维地震在油田开发井位部署中作用显著

构造预测效果：符合率100%，最大深度误差14.3m。平均误差率0.26%。古峰庄三维Ⅰ期地震提供井位完钻数据见表7.43。

表7.43　古峰庄三维Ⅰ期地震提供井位完钻详表

支撑领域	序号	井号	目标层	构造预测				
				地震预测/m	实钻结果/m	预测误差/m	误差率/%	符合情况
油藏评价（复杂构造区）	1	盐322	直罗	-34	-48.3	14.3	0.8	符合
			长91	-788	-799	11	0.5	符合
			长1011	-910	-919.7	9.7	0.4	符合
	2	盐323	直罗	-31	-41.9	10.9	0.6	符合
			长91	-861	-860	1	0.04	符合
			长1011	978	-976.9	1.1	0.04	符合
油藏评价（构造平缓区）	3	盐313	延4+5	-365	-376	11	0.5	符合
			长91	-1107	-1109	2	0.1	符合
	4	盐314	延3	-324	-322.7	1.3	0.06	符合
			长91	-1100	-1110	0	0	符合
	5	盐331	延6	-460	-462.3	2.3	0.13	符合
	6	盐349	延9	-525	-533	8	0.4	符合
			长91	-1040	-1038.2	1.8	0.07	符合
	7	盐350	直罗	-305	-304.5	0.5	0.03	符合
	8	盐366	延8	-455	-448.3	6.7	0.34	符合
	9	盐290	延4+5	-350	-353.6	3.6	0.19	符合
			长91	-1110	-1116.2	6.2	0.24	符合
	10	盐335	延4+5	-320	-314.4	5.6	0.31	符合
			长91	-1095	-1090.1	4.9	0.19	符合
	11	盐286	延8	-545	-548	3	0.18	符合
			长91	-1135	-1136.5	1.5	0.05	符合
石油勘探（复杂构造区）	12	盐180	延8	-535	-544	9	0.43	符合
	13	峰64	直罗	-242	-232	10	0.38	符合
			长91	-1036	-1032	4	0.2	符合
	14	峰69	直罗	-275	-270.3	4.7	0.26	符合
	15	峰73	长91	-1120	-1128.2	8.2	0.31	符合
平均误差							0.26	100%

储层预测效果：符合率87.5%。厚度最大误差9.6m，最小误差1.5m。

古峰庄三维Ⅰ期地震提供井位完钻（储层）数据见表7.44。

表 7.44　古峰庄三维 I 期地震提供井位完钻（储层）详表

支撑领域	序号	井号	目标层	砂厚预测		
				地震预测厚度/m	实钻厚度/m	符合情况
油藏评价	1	盐 313	长 63	18	23.6	符合
	2	盐 314	长 63	18	27.6	不符合
	3	盐 331	长 62	20	23.5	符合
	4	盐 315	长 62	18	19.2	符合
			长 63	10	8.2	符合
	5	盐 349	长 81	12	9.9	符合
	6	盐 366	长 63	16	17.5	符合
石油勘探	7	峰 64	长 81	20	17.4	符合

三维地震在油田开发井位部署中的作用：在峰 19 井区部署开发井位 11 口，依据古峰庄三维地震综合评价成果，加深的峰 19-1、19-5 和 19-8 在延长组下组合均钻遇油层、油水层。直罗–长 10 建产能 0.8×10^4t。

三维地震在油田开发井位调整中的作用：根据构造刻画及储层预测效果，针对盐 319 井区长 82 油层段结合已钻开发井钻探效果，建议长 82 开发井向断裂上盘高部位、储层发育带调整。盐 119-103 井试油获 172.2t/d 的超高产工业油流。

4. 致密油水平井油层钻遇率达 88.5%

盘克三维致密油水平井油层钻遇率达 88.5%，及时有效支撑了井位部署及钻探目标需求，针对 11 口未钻水平井开展了复查分析工作，提出了按计划实施 4 口、延长 2 口、调整 1 口、缩短 2 口及暂缓 2 口的建议，同时新部署水平井 2 口。完钻的 9 口水平井，油层平均钻遇率 88.5%，油层钻遇率超 90% 井 4 口（图 7.29）。

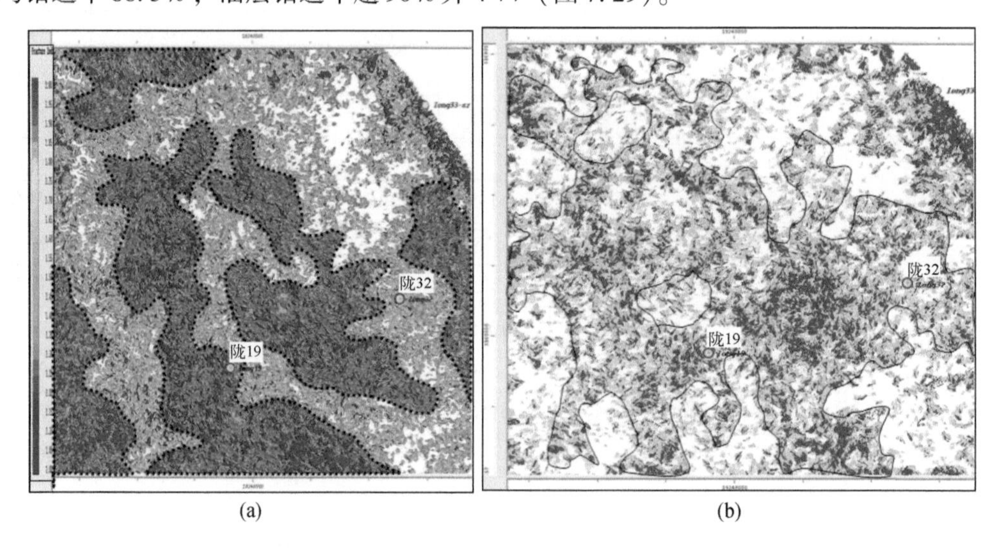

图 7.29　盘克三维精细预测储层空间展布图

（a）盘克三维盒 8 裂缝密度（各向异性强度）平面图；（b）盘克三维马家沟组裂缝密度（各向异性强度）平面图

5. 三维区古生界天然气勘探初见成效

三维区古生界天然气勘探初见成效，目前已优选气探井7口，采纳6口（古峰庄3口，盘克3口），目前完钻1口（李51井），上下古生界均获得较好的含气显示；优选并采纳天然气开发井2口，待钻。李51井在上古生界盒8段钻遇厚层状砂体并获得良好气显示，有望打开天环向斜南段上古生界致密气勘探局面。

精细预测储层空间展布，评价甜点区3个，有利区面积为135.3km²。利用不同方位及不同入射角信息，刻画裂缝密度和裂缝方向。预测裂缝发育方向以北北西为主。预测上古生界盒8段裂缝面积为86.2km²，预测下古生界裂缝发育区面积为103km²。

6. 经济效益

古峰庄油评价项目三维地震价格为45万元/km²，钻井费用为5000万元/口。每100km²高精度三维相当于1～1.5口井的钻井费用。100km²按照投产10口井计算，用老资料成功率为26.7%，目前成功率为87.5%。如果不做高精度三维勘探，5口井有失败的风险，可能损失2.5亿元。做1块高精度三维，花费4500万元，可降低5口井失败的风险，直接节省2亿元。项目采集参数见表7.45。

表7.45　古峰庄三维项目地震采集参数

设计方案模板	44L4S224R
纵向观测系统	4460-20-40-20-4460
面元尺寸/m	20×20
观测方位/（°）	90
覆盖次数/次	22（横向）×28（纵向）=616
纵向最大偏移距/m	4460
横向最大偏移距/m	3500
最大偏移距/m	5669.356
最大的最小偏移距/m	197.990
每条线接收点数/个	224
每束线接收线条数/条	44
每炮满排列接收道数/道	9856
纵横比：模板/（中生界目标层）	0.785（1）
接收线距/m	160
激发线距/m	160
炮道密度/（10^4/km²）	154
单价/（万元/km²）	45

（三）渤海湾盆地经济效益评估

1. 三维地震资料整体品质得到质的提升

首次获得超复杂地表区超深潜山及内幕高品质的地震资料，填补了廊坊城区三维资料的空白，成像精度较老资料提高 2 倍。新老资料对比见图 7. 30。不同层位使用新老资料后误差数据见表 7. 46。

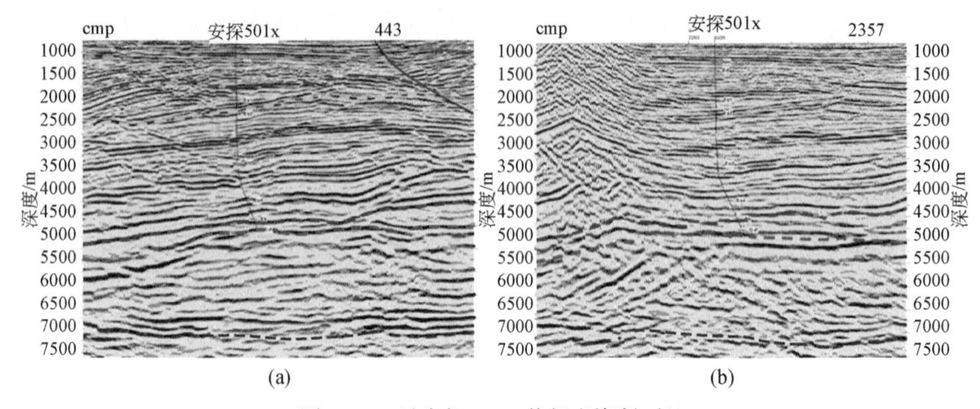

图 7. 30　过安探 501x 井新老资料对比

（a）新资料解释剖面；（b）老资料解释剖面

表 7. 46　不同层位使用新老资料后误差　（单位：m）

分层（底）	实钻	老资料	误差	新资料	误差
E-K	4495	4600	105	4458	-37
C-P	4793	4950	157	4840	47

潜山顶面及内幕反射特征清楚，潜山与洼槽构造格局清楚，新老资料对比见图 7. 31。

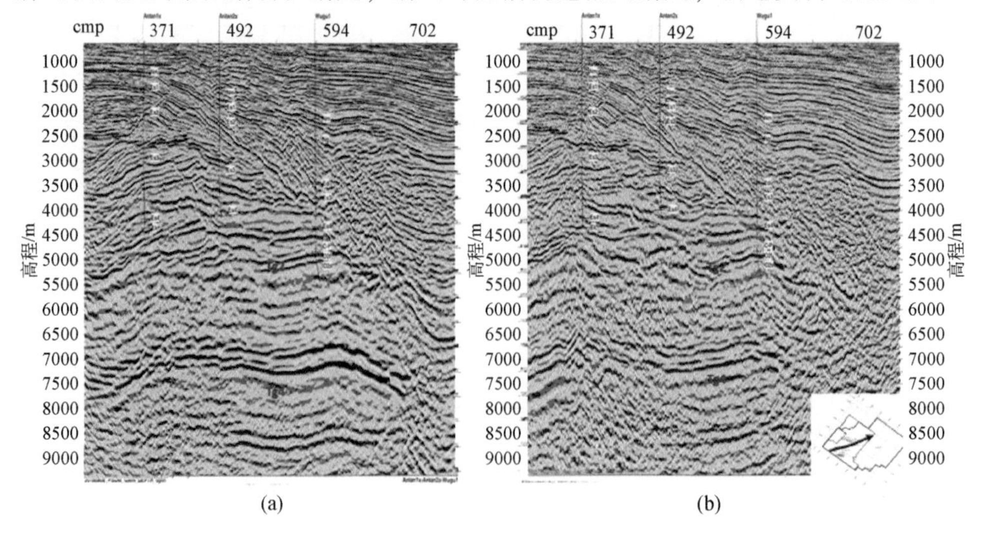

图 7. 31　新老资料（深度域）对比

（a）本次成果（深度域）；（b）以往成果（深度域）

利用新资料重新解释奥陶系潜山顶面，构造特征发生了重大变化。潜山构造面貌和形态发生变化，整体呈现出大型断垒山的特征，潜山东部带形态与老资料较相似，中部带和西部具有背斜特征，顶面较平，幅度325m，圈闭面积由42km^{2}增大到52km^2。

利用新资料，指导新钻探8口井，进山深度误差均小于1%（表7.47）。

表7.47　新钻探8口井进山深度及误差

井名	地震资料进山深度/m	实钻进山深度/m	绝对误差/m	误差百分比/%
安探6x井	4580	4577	3	0.07
安探101x井	4830	4824	6	0.12
安探501x井	4810	4794	16	0.33
安探401x井	4810	4787	23	0.48
安探2x1井	4810	4778	32	0.67

2. 地质效果突出

利用攻关资料，在杨税务潜山取得重大突破。潜山带共完钻探井6口、加深井1口、评价井3口，安探501、安探401、安探101三口评价井油气显示活跃；气藏范围50km^2、含气高度900m，共上交天然气预测储量360×10^{8}m^3。

安探1x井获高产，目前稳产。上马家沟组（5065.2～5203m），日产气40.89×10^{4}m^3、油71.16m^3；稳产日产气9.32×10^{4}m^3，日产油28.49m^3；

安探2x井钻遇厚气层，试油获工业油流。下马家沟组（5287.4～5445.4m）常规试油：日产油11.01m^3、气3.118×10^{4}m^3；

安探3井钻遇新层系，获工业油流。亮甲山组（5298.6～5458.4m）酸化压裂：日产油35.04m^3、气50.266×10^{4}m^3；

安探4x井，获工业油流。下马家沟组（5277.8～5392m）酸化压裂：日产油101.88m^3、气16.58×10^{4}m^3；

安探5x井，获工业油流。上马家沟组（5335～5446.2m）酸化压裂：日产油189.1m^3。

安探501井获得高产油气流。压前定产：4mm放喷，油压为9.44～11.79MPa，套压0MPa，日产油5.62m^3，日产气22889m^3，试油结论为气层。压后定产：16mm油嘴放喷，产气量131302m^3/d，油13.92m^3/d。

钻探在安探1x与安探2x间的评价井，潜山井段：5110～5660m（垂4824～5526.08m=702）；完钻层位：冶里组；地质录井：见荧光94m/25层，发现4套油气显示，气测全烃1.038%～13.661%；录井解释：油气层14m/3层，差油层45m/14层，共59m/17层。

测井解释：Ⅰ+Ⅱ类储层80m/29层，其中Ⅰ类储层1.6m/1层、Ⅱ类储层78.4m/28层；储层发育段：峰峰底部－上马上部（5120～5275m）、下马家沟组（5589～5740m）、亮甲山组（5789～5875m）；对峰峰+上马5113.61～5210m井段中途测试日产气5083～1863m^3；对奥陶系5113.61～5960.00m井段中途测试日产气1983～11653m^3。

3. 经济效益

杨税务－泗村店三维地震价格：35万元/km^2，钻井费用：10000万元/口。每100km^2

高精度三维相当于0.4口井的钻井费用。100km^{2}按照投产10口井计算，圈闭面积较以前发现提升了25%。如果不做高精度勘探，2.5口井有失败的风险，可能损失2.5亿元。做1块高精度三维，3500万元，即降低2口井失败的风险，直接节省2亿元以上。泗村店潜山，大孟庄洼槽，杨税务潜山的地震采集参数见表7.48。

表7.48　泗村店潜山–大孟庄洼槽–杨税务潜山观测系统

观测系统	泗村店潜山	大孟庄洼槽	杨税务潜山（廊坊特观）
观测系统类型	42L×4S×240R 正交	44L×4S×200R 正交	88L×4S×200R 正交
纵向观测系统	5975-25-50-25-5975	4975-25-50-25-4975	4975-25-50-25-4975
CMP 面元/m	25×25	25×25	25×25
覆盖次数/次	480	480	800
接收道数/道	10080	8800	17600
道间距/m	50	50	50
接收线距/m	200	200	100
炮点距/m	50	50	50
炮线距/m	250	250	250
最大非纵距/m	4175	4375	4375
最大炮检距/m	7289	6625	6625
覆盖密度/（10^4 道/km^2）	76.8	76.8	128
横纵比（方位角）	0.7	0.88	0.88
单价/（万元/km^2）	35		

（四）四川盆地经济效益评估

1. 三维地震资料整体品质得到明显提升

新三维地震资料主要反射层特征明显，内部反射信息丰富，能够满足多层系勘探开发需求；小断层成像清晰，灯影组台缘带特征明显，满足精细构造解释需求（图7.32）。

2. 地质效果突出

基于灯四段地层优选了有利区带7个。Ⅰ类有利区带4个，面积为14000km^2，Ⅱ类有利区带3个，面积为23000km^2。

截至2018年底，安岳气田灯四段探明地质储量4979.06×10^8m^3，控制储量2152.75×10^8m^3。累计开钻136口，完钻107口（2018年至今完钻井42口，其中建产井34口，评价井2口，试采井1口，探井5口）。灯四段试油测试92口，获工业气井81口，累计测试获气4127.17×10^4m^3/d。

高磨–龙女寺地区灯四台内东部地区甩开预探获得高产工业气流，开辟规模增储新区块。

3. 钻井成功率提升

依据三维研究成果，阶段共建议钻井9口，完钻8口。钻探成功率88.8%（三维实施

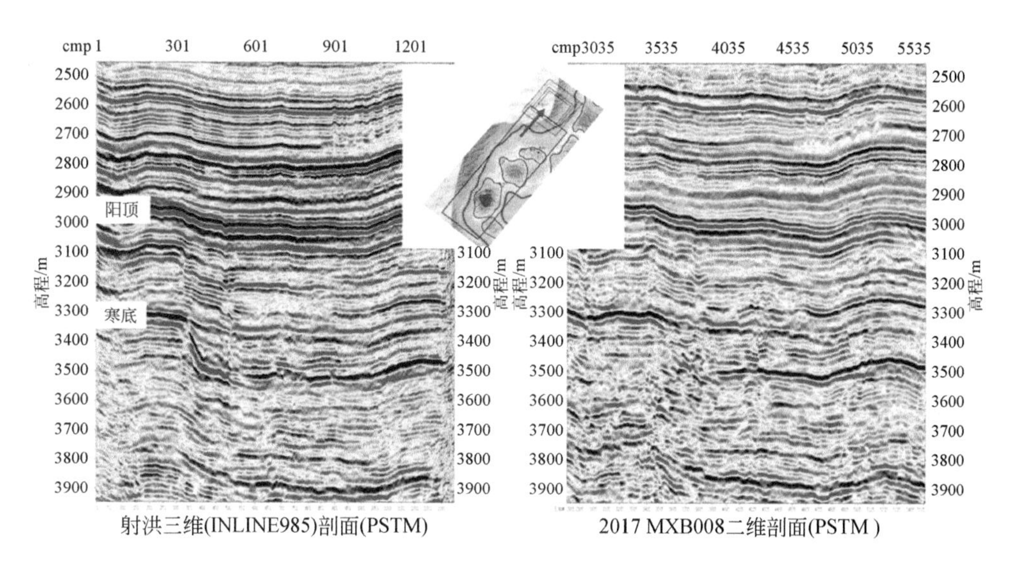

图 7.32　新老 PSTM 剖面对比

前综合钻探成功率 49%)。

4. 经济效益

射洪-盐亭三维地震价格：50 万元/km^2，钻井费用：9000 万～10800 万元/口。每 100km^2高精度三维相当于 0.5 口井的钻井费用。100km^2按照投产 10 口井计算，用老资料成功率 49%，目前成功率 88.8%。如果不做高精度三维勘探，5 口井有失败的风险，可能损失 5 亿元。做 1 块三维，5000 万元，即降低 5 口井失败的风险，直接节省 4.5 亿元。射洪-盐亭三维地震采集参数见表 7.49。

表 7.49　射洪-盐亭三维地震采集参数

名称	设计参数	名称	设计参数
排列形式	24L10S288R 正交	激发线距/m	480
纵向观测系统	5740-20-40-20-5740	最大最小炮检距/m	596.66
接收道数/道	6912	最大非纵距/m	4780
覆盖次数/次	144	方位角/(°)	37.94
纵向覆盖次数/次	12	接收点距/m	40
最大炮检距/m	7470	激发点距/m	40
横向覆盖次数/次	12	接收线距/m	400
横纵比	0.83	炮道密度/(10^4/km^2)	36
单价/(万元/km^2)	50		

针对我国塔里木、上扬子、华北三大克拉通盆地超深层勘探存在的能量弱、信噪比低、成像精度低等地球物理难题，开展超深层重磁电震勘探技术集成、重磁电震综合勘探技术一体化方案与经济适用性评价、以地震数据为核心的多种地球物理资料联合反演软件

系统研发等三个方面的攻关，集成了超深层重磁电震配套技术和建立技术经济适用性评价体系，形成了适合目标区且经济适用的重磁电震一体化解决方案，实现了超深层重磁电震勘探技术的有形化，获得了高品质的地震资料及丰硕的地质成果。

参考文献

陈启林，白云来，廖建波，等. 2015. 鄂尔多斯盆地深层寒武系烃源岩展布特征及其勘探意义［J］. 天然气地质学，26（3）：397-407.

程建远，李宁，侯世宁，等. 2009. 黄土源区地震勘探技术发展现状综述［J］. 中国煤炭地质，21（12）：72-76.

邓志文. 2002. 高陡逆掩推覆构造地区地震观测系统研究［J］. 石油物探，2：127-131.

邓志文. 2006. 复杂山地地震勘探［M］. 北京：石油工业出版社.

邓志文，白旭明. 2018. 富油气区目标三维宽频地震勘探新技术［M］. 北京：石油工业出版社.

邓志文，魏修成，刘贵增. 1998. 敦煌盆地库姆塔格沙漠静校正方法［J］. 石油地球物理勘探，3：399-406，422.

邓志文，倪宇东，陈学强，等. 2002. 复杂山地三维地震勘探采集技术［J］. 石油物探，1：15-22.

邓志文，白旭明，郭亚斌. 2013. 陆地单点地震资料采集技术进展与发展趋势［C］. 哈尔滨：物探技术研讨会.

邓志文，赵贤正，陈雨红，等. 2017. 自适应波形多道匹配追踪断层识别技术［J］. 石油地球物理勘探，52（3）：532-537，547.

邓志文，许长福，等. 2021. 油藏精细描述与剩余油气分布预测［M］. 北京：科学出版社.

何展翔，刘云祥，刘雪军，等. 2008. 三维综合物化探一体化配套技术及应用效果［J］. 石油科技论坛，27（5）：49-54.

黄仲良. 1998. 石油重磁电法勘探［M］. 东营：中国石油大学出版社.

刘云祥，何毅，李德春，等. 2005. 利用高精度重磁电勘探资料识别火成岩储层相带［J］. 石油地球物理勘探，40（增刊）：99-101.

刘云祥，何展翔，张碧涛，等. 2006. 识别火成岩岩性的综合物探技术［J］. 勘探地球物理进展，29（2）：44-47.

吕友生，曾庆全，赵恒，等. 1989. 重磁电勘探在油气资源评价中的应用［J］. 中国海上油气，3（1）：19-24.

马跃. 2009. 科技成果适用性评价原理和方法的研究［J］. 科研管理，4：36-42.

索孝东，张生，陈德炙，等. 2011. 用重磁电异常信息模式识别石炭系火山岩岩性［J］. 新疆石油地质，32（3）：318-320.

温声明，杨书江，雷裕红，等. 2006. 综合物探在塔里木盆地英买力地区火成岩研究中的应用［J］. 成都理工大学学报，33（3）：317-320.

杨海军，朱光有，韩剑发，等. 2011. 塔里木盆地塔中礁滩体大油气田成藏条件与成藏机制研究［J］. 岩石学报，27（6）：1865-1885.

杨克绳. 2013. 从任 4 井到牛东 1 井古潜山油气藏（田）的发现与勘探［J］. 断块油气田，20（5）：577-579.

张光荣，冉崎，廖奇，等. 2016. 四川盆地高磨地区龙王庙组气藏地震勘探关键技术［J］. 天然气工业，36（5）：31-37.

张以明，邓志文，等. 2019. 中国城市油气三维地震勘探技术［M］. 北京：科学出版社.

Deng Z W. 2007. The application of uphole time Tau in high-precision seismic prospecting [C]. San Antonio: SEG' 77 Annual meeting.

Deng Z W, Bai X M, Wei Z Q, et al. 2009. Influence of time-variant near-surface structure and piece-jointed static correction technique [C]. Huston: SEG' 79 Annual meeting.

Deng Z W, Bai X M, Yuan S H, et al. 2016. The fractured calcilutite reservoir modeling and seismic wavefield propagation characteristics [C]. Dalas: SEG' 86 Annual meeting.

Rui Z, Zhi W D. 2018. A depth variant seismic wavelet extraction method for inversion of poststack depth-domain seismic data [J]. Geophysics, 83 (6): 569-579.

Rui Z, Zhi W D. 2023. Depth-domain angle and depth variant seismic wavelets extraction for prestack seismic inversion [J]. Geophysics, 88 (1): R1-R10.

Zhi W D. 2004. 3D seismic acquisition in a complex mountainous area [J]. Journal of Geophysics and Engineering, 1: 17-27.

Zhi W D. 2007. New geophysical techniques for oil and gas reservoir evaluation in Eastern China [J]. The Leading Edge, 26 (3): 284-293.

Zhi W D, Wen H Y, Shuang H S, et al. 2014. Application of prestack stochastic inversion on exploring the interbeded coal, sandstone and shale [C]. Beijing: Society of Exploration Geophysicists and Chinese Pteroleum Society.